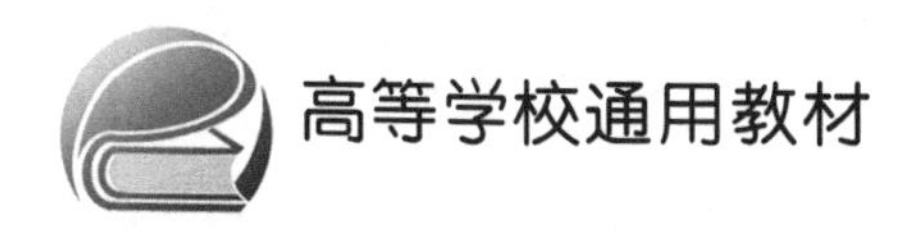

现代激光原理与技术

胡姝玲 编著

北京航空航天大学出版社

内容简介

本书是现代激光原理与技术的专业教材，重点介绍了现代激光的基本原理和相关专业基础知识，内容从激光与创新开始，包括国内外激光发展史、激光原理、激光器参数特性、激光谐振腔及其控制技术、激光放大技术、光纤激光系统、激光稳频技术、现代激光应用以及激光在引力波探测中的应用等9个部分。

本书适用于电子科学与技术、光学工程、光电子信息、仪器科学与技术等专业高年级本科生和研究生的专业学习，也可供有关科研人员参考使用。

图书在版编目(CIP)数据

现代激光原理与技术 / 胡姝玲编著. -- 北京 ：北京航空航天大学出版社，2022.8

ISBN 978-7-5124-3867-5

Ⅰ. ①现… Ⅱ. ①胡… Ⅲ. ①激光理论②激光技术 Ⅳ. ①TN241

中国版本图书馆 CIP 数据核字(2022)第 151895 号

现代激光原理与技术

胡姝玲 编著

策划编辑 陈守平 责任编辑 杨 昕

*

北京航空航天大学出版社出版发行

北京市海淀区学院路 37 号(邮编 100191) http://www.buaapress.com.cn

发行部电话：(010)82317024 传真：(010)82328026

读者信箱：goodtextbook@126.com 邮购电话：(010)82316936

北京富资园科技发展有限公司印装 各地书店经销

*

开本：787×1 092 1/16 印张：20.25 字数：518 千字

2022 年 8 月第 1 版 2024 年 5 月第 2 次印刷 印数：1 001－1 600 册

ISBN 978-7-5124-3867-5 定价：65.00 元

前言

激光器的发明时至今日不过刚过甲子，是与原子能、半导体、计算机技术同时代的20世纪的又一个重大技术发明。随着科学技术的不断进步、不断提升，“神奇”的激光以其独有的性能在国民生产、生活的各个领域发挥着重要的作用，激光科学与技术同其他新理论、新技术一道，彼此之间相互融合、渗透，必将出现更多创新性的理论、方法和技术。

本书是作者10余年在北京航空航天大学为本科生和研究生讲授“激光原理与技术”课程的基础上编写而成的。自20世纪末开始，激光原理与技术的发展日新月异，书名增加了“现代”二字，一是考虑到激光科学是最早的交叉学科，历史仅仅60余年，为适应新工科研究生的教学要求，增加了新型激光系统的研讨性内容；二是考虑到进入21世纪以来，激光科学的巨大发展，作者力求将激光原理与技术的经典理论与当今的新发展相互结合。现代激光技术作为研究生的主干课程内容，必须结合专业的特色和特点，并将创新融合进来，把研讨性的专业内容引入教材。

激光科学发展的简史就是一部诺贝尔奖的榜单，当前社会上诸多的前沿技术领域中离不开激光。本书紧跟这些前沿技术领域中与激光相关的科学技术应用，以激光器设计与新型激光器和技术的应用为主要内容，结合课题组近年来的教学与科学研究成果编撰而成。

本书力求遵循由浅入深、由易到难、由简到繁、循序渐进的教学规律，从激光与创新开始出发，较为系统地介绍激光原理与技术，包括国内外激光发展史、激光原理、激光器参数特性、激光谐振腔及其控制技术、激光放大技术、光纤激光系统、激光稳频技术、现代激光应用以及激光在引力波探测中的应用等9部分。

随着人类探索能力的不断提升，激光已经成为众多科研工作者手中的工具，创新地运用好这一工具必将会出现更多创新性的理论、方法和技术。本书是面向未来、着眼于现代激光原理与技术应用的专业教材，重点介绍了激光产生的基本原理和相关现代激光技术专业基础知识，寄望于为读者提供一个激光传感系统设计的参考，适用于光学工程、精密仪器与机械、电子信息等学科研究生的专业学习，亦可作为高年级本科生的参考书。

“焚膏油以继晷,恒兀兀以穷年”。本书是作者在激光系统与应用领域历年教学与科研实践工作的基础上,结合国内外相关文献所做的一个总结。课题组王博、石瑞雪、王一松、孙传奇等在材料收集、学术讨论、图表绘制和公式编写上完成了大量工作。

受限于笔者之能力,书中的观点难免有不妥之处,恳请读者批评指正,使之完善提高。

作　者

2021年10月18日北京

目　　录

第1章 绪 论

激光被称为20世纪的四大发明之一，当前距离第一台激光器成功演示已经接近60年。在此期间，激光科学与技术以其强大的生命力谱写了一部经典的学科交叉的创造发明史。从1898年的科学幻想小说，1917年爱因斯坦提出的受激辐射理论基础，到Maiman在1960年发明的第一台激光器，再到目前遍及科技、经济、军事和社会发展的诸多领域的应用，激光的发展和应用远远超出了人们原有的认知。

纵观诺贝尔奖，可以明显地看出激光所体现出的知识、思维创新和技术创新活动是如何推动经济、社会的发展而造福人类的物质和精神生活的，也使我们看到了激光与创造性思维的关联及其在科学技术发展中的重要作用。放眼未来，激光在科学技术发展与应用两方面都还有着巨大的机遇、挑战和创新的空间，激光科学和与激光密切相关的光子学孕育着突破性的进展。

1.1 激光的历史——从科幻到现实

本节从激光的相关文字记载出发，通过枚举诺贝尔奖项中关于激光的内容，再到激光与创新的关系，让人们直接认识到激光在社会生活和科技发展中的作用和重大意义。

1.1.1 从科幻到现实

一提起激光的产生，人们首先想到的是阿尔伯特·爱因斯坦(Albert Einstein)提出的受激辐射(stimulate emission)理论，很多人认为这是关于激光最早的描述。事实上关于激光现象的描述最早的记载是1898年在H. George Wells的科幻小说《世界大战之火星人入侵》(*War of the worlds*:*Martain aggression*):

"在一个非导体的腔内通过某种方法产生出超级热的射线，它通过凹面镜成为平行光线后直接射向目标。这些射线并不可见，但确实是某种热能……"

"Extremely hot generated by some ways in a un-conduct chamber, it shots to the targets as parallel rays after by concave mirror. These rays are not visible light, but some kind of thermal energy..."

仔细分析小说中的描述，结合火星的自然环境，可以将小说中的描述与现实激光器进行对比：二氧化碳(CO_2)激光器产生的是波长10.6 μm、不可见的红外激光，其泵浦方式就是采用气体的辉光放电；火星的表面充满了二氧化碳气体，经常会发生大气闪电，当然这也给研究人员提出了问题：大气中的闪电是否可以作为泵浦？谐振腔是激光产生的必要条件之一，而小说原文中的chamber一词指的就是会议室、房间、器官的腔等，与谐振腔有相似之处。因此这部小说被公认是对激光最早的文字描述。

1.1.2 诺贝尔奖与激光

诺贝尔奖(The Nobel Prize)——国际最顶级的科研神坛一样的存在，奖项中与激光相关的内容不在少数。“相信在不久的将来，我自己发明的 LED 技术受制于其发光效率的物理极限，最终会被激光取代，激光或将成为未来显示产业的一个发展趋势。”这是 2014 年诺贝尔物理学奖得主、被瑞典皇家科学院誉为“21 世纪爱迪生”的中村修二在参加 2016 年在中国成都举行的全球创新创业交易会世界未来科技论坛时说的话。LED 行业始祖级的人物，为什么认为在显示产业激光才是未来呢？

带着上面的问题，首先来看一下在诺贝尔物理奖和化学奖领域中与激光相关的内容，如表 1.1 所列。从激光产生的理论基础、激光的发明及应用中可以明晰激光与创新、激光的未来发展方向，从中大家不难得到相关的结论。

表 1.1 诺贝尔奖中涉及激光相关的内容

<table>
<tr><th>年 份</th><th>获奖人</th><th>国 别</th><th>获奖原由</th></tr>
<tr><td colspan="4">激光产生的理论基础</td></tr>
<tr><td>1907</td><td>阿尔伯特·迈克尔逊</td><td>美国</td><td>精密光学仪器，以及借助它们所做的光谱学和计量学研究</td></tr>
<tr><td>1918</td><td>马克斯·普朗克</td><td>德国</td><td>对量子的发现而推动物理学的发展</td></tr>
<tr><td>1922</td><td>尼尔斯·玻尔</td><td>丹麦</td><td>对原子结构以及由原子发射出的辐射的研究</td></tr>
<tr><td>1923</td><td>罗伯特·安德鲁·密立根</td><td>美国</td><td>关于基本电荷以及光电效应的工作</td></tr>
<tr><td>1929</td><td>路易·德布罗意公爵</td><td>法国</td><td>发现电子的波动性</td></tr>
<tr><td rowspan="2">1952</td><td>费利克斯·布洛赫</td><td>瑞士</td><td rowspan="2">发展出用于核磁精密测量的新方法，并凭此获得研究成果</td></tr>
<tr><td>爱德华·珀塞尔</td><td>美国</td></tr>
<tr><td rowspan="2">1961</td><td>罗伯特·霍夫施塔特</td><td>美国</td><td>关于对原子核中的电子散射的先驱性研究，并由此得到相关原子核结构的研究发现</td></tr>
<tr><td>鲁道夫·路德维希·穆斯堡尔</td><td>德国</td><td>有关 γ 射线共振吸收现象的研究以及以他的名字命名的效应(穆斯堡尔效应)相关的研究发现</td></tr>
<tr><td rowspan="3">1963</td><td>耶诺·帕尔·维格纳</td><td>美国</td><td>对原子核和基本粒子理论的贡献，特别是对基础的对称性原理的发现和应用</td></tr>
<tr><td>玛丽亚·格佩特-梅耶</td><td>美国</td><td rowspan="2">发现原子核的壳层结构</td></tr>
<tr><td>J·汉斯·D·延森</td><td>德国</td></tr>
<tr><td>1966</td><td>阿尔弗雷德·卡斯特勒</td><td>法国</td><td>发现和发展了研究原子中赫兹共振的光学方法</td></tr>
<tr><td colspan="4">激光的发明及应用</td></tr>
<tr><td rowspan="3">1964</td><td>查尔斯·汤斯</td><td>美国</td><td rowspan="3">在量子电子学领域的基础研究成果，并且基于激微波-激光原理建造了振荡器和放大器</td></tr>
<tr><td>尼古拉·根纳季耶维奇·巴索夫</td><td>苏联</td></tr>
<tr><td>亚历山大·普罗霍罗夫</td><td>苏联</td></tr>
</table>

续表 1.1

年 份	获奖人	国 别	获奖原由
1968	路易斯·沃尔特·阿尔瓦雷茨	美国	对粒子物理学做出决定性贡献,特别是发展了氢气泡室技术和数据分析方法,从而发现了一大批共振态
1971	伽博·丹尼斯	英国	发明并发展了全息照相法
1981	凯·西格巴恩	瑞典	对开发高分辨率电子光谱仪的贡献
	尼古拉斯·布隆伯根	美国	对开发激光光谱仪的贡献
	阿瑟·肖洛	美国	
1997	朱棣文	美国	发展了用激光冷却和捕获原子的方法
	克洛德·科昂·唐努德日	法国	
	威廉·菲利普斯	美国	
2005	罗伊·格劳伯	美国	对光学相干的量子理论的贡献
	约翰·霍尔	美国	对包括光频梳技术在内的基于激光的精密光谱学发展做出的贡献
	特奥多尔·亨施	德国	
2009	高锟	英国	在光学通信领域光在纤维中传输方面的突破性成就
2014	赤崎勇	日本	发明了高亮度蓝色发光二极管
	天野浩	日本	
	中村修二	美国	
2017	基普·S·索恩	美国	在 LIGO 探测器和引力波观测方面的决定性贡献
	巴里·巴里什		
	雷纳·韦斯		
2018	阿瑟·阿斯金	美国	光镊及其在生物系统中的应用
	热拉尔·穆鲁	法国	高强度超短光脉冲的应用
	唐娜·斯特里克兰	加拿大	
诺贝尔化学奖中的激光应用			
1999	亚米德·齐威尔	埃及	用飞秒光谱学对化学反应过渡态的研究
2014	埃里克·白兹格	美国	在超分辨率荧光显微技术领域取得的成就
	斯特凡·W·赫尔	德国	
	威廉姆·艾斯科·莫尔纳尔	美国	

可以说激光的发展简史就是一部诺贝尔奖的陈列展,纵观诺贝尔奖,可以明显地看出激光所体现出的基础原理知识、思维创新和技术创新活动是如何推动经济、社会的发展而造福人类的物质和精神生活的;也使我们看到了激光与创造性思维关联及其在科学技术发展中的重要作用。放眼未来,激光在科学技术发展与应用两个方面都还存在着巨大的机遇、挑战和创新的空间,激光科学和与激光密切相关的光子学孕育着突破性的进展。

1.2 激光是什么

1.2.1 “激光”名称的由来

LASER是Light Amplification by Stimulated Emission of Radiation首字母的集合，译为“受激辐射引起的光放大”，这个单词直接揭示了激光产生的原理，被广大科学工作者认可并沿用至今。早先对于激光器的称呼有采用直接翻译的“受激辐射引起的光放大”，还有采用音译的“镭射”“莱塞”，等等，一直不统一。直到1964年10月，钱学森致信《光受激发射译文集》编辑部，建议称为“激光”；12月在全国第三届光受激辐射学术会议上，正式采纳了钱老的这个建议，从此LASER的中文译名统称为“激光”。激光一词由此产生并固定下来，研究人员普遍认为这个词既简单，又生动形象，在我国沿用至今。

1.2.2 激光的特性

激光的本质是光，与普通光一样，但是激光又有自己的特殊性，包括很多独特的性能，概括起来就是所谓的高方向性、高亮度、单色性和相干性。

1. 方向性

光的方向性描述光源向空间发射光能量的集中程度，用立体角Ω表示。立体角的规定如图1.1所示，以光源为顶角，以角的顶点O为球心、单位长度为半径作一个球，此球与光源发射的圆锥光束相截出的那一部分球面积S就是立体角的量度，其单位是立体角弧度。

立体角在某一平面内的投影得到的平面角则为光源的发射角，单位是弧度。如果立体角是一很小的圆锥，那么立体角Ω与平面角θ之间的关系则为

$$\Omega=\frac{\pi}{4}\theta^2 \tag{1.1}$$

普通的面光源发光角度为：普通2π的点光源在4π的立体角内发光，就是说普通光源的方向性是极差的；而激光基本上沿着激光器的轴向发射，其发散角仅为10^{-3}弧度量级，较普通光源提高了好几个数量级。普通光源与激光光源辐射光子的特性如图1.2所示。

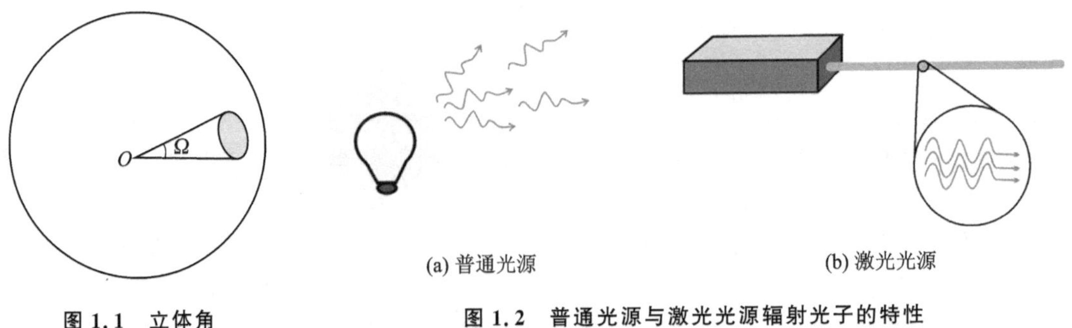

图1.1 立体角

图1.2 普通光源与激光光源辐射光子的特性

通过图1.2可以明显看出并且得到激光方向性好的结论。更进一步地，考虑将方向性最好的灯与激光器进行比较。

假设两种光源的总辐射能量相同，若氙灯的灯管直径为 6 mm，电极间距为 80 mm，则它的发光面积为 15 cm^2；而激光集中在激光管的一端发光，发光面积仅仅为 0.2 cm^2。也就是说激光器在单位面积上发光的总能量是氙灯的 75 倍。更重要的是，氙灯是向四面八方辐射能量，而激光的发散角只有 10^{-3} rad，因此在相同的立体角内，激光器的输出能量是氙灯的 1 000 万倍。如果把激光器每单位面积上发光能量比氙灯大的因素一起考虑，激光能量由于发光面积和发光方向高度集中，其量度将是氙灯的几亿倍！由此可以看出，激光器的定向发射具有多么大的优越性！

激光的方向性极好，因此可以把激光束当作一束又细又长的直线对物体做精确定位。激光束既不会像拉直的细绳或者钢丝那样承受重力而向下弯曲，也不会因为风吹而飘动，所以激光束可以帮助工程施工和机器安装。比如挖掘长距离隧道所用的准直仪、高层建筑中所用的铅垂仪，其定位精度可达百分之几毫米。这些仪器用来安装大型精密仪器和飞机，可使飞机的中心轴线严格准直，确保飞机的平衡。

激光的高方向性，表明它是一束射得很远的光线。光的性质决定了它不受干扰，沿直线传播又可以被目标反射；它还可以转变为电信号，又可以随电信号的强弱而变化，非常“神通广大”！

激光测距仪通过测量激光束射向目标并被反射回来所经历的时间，可以精确测量到目标的距离。用这种测量仪测量地球和月亮之间的距离，虽然距离长达 40 万 km，但其测量误差不超过 15 cm。如果在坦克上装上激光测距仪，坦克对目标的命中率就会大大提高。激光雷达不但可以准确测量目标的距离，还能自动、精密地跟踪高速飞行的飞机、导弹、卫星。

激光通信是把声音的信号“骑”在光线上发射出去，经过对方接收并还原为声音信号达到通信的目的。由于光的频率为 $10^{13}\sim10^{15}$ Hz，根据通信原理，在同一条光路中可以同时容纳 100 亿个通信线路和 1 000 万套电视节目。这是普通的无线电通信所无法比拟的。看不见的红外激光通信，保密性特别强，并且不怕窃听和干扰。由于激光能量在空间上的高度集中，所以激光通信特别适合空间通信。

激光报警器用来封锁重要道路，以保护机场、仓库、国境线、军营等重要基地。让一条激光束通过待监视的区域，当有人闯入该区域时，遮断了光线，报警器就会发出警报。如果使用红外激光并加上棱镜或者反射镜，使一条看不见的激光束变成几十束纵横交叉地封锁特定的区域，那么任何目标都不会逃脱。

2. 亮 度

亮度是描述光源的明暗程度的物理量。所谓亮度就是光源在单位时间、单位面积和单位立体角内辐射的光能量，用 B 表示：

$$B=\frac{W}{\Delta S\cdot\Delta t\cdot\Delta\Omega} \tag{1.2}$$

式中，W 表示光源发射的总能量，以焦耳(J)为单位；ΔS 表示光源发光的面积，以平方厘米(cm^2)为单位；Δt 表示光源发光的时间，以秒(s)为单位；$\Delta\Omega$ 表示光源发光的空间立体角，以弧度(rad)为单位。亮度的单位是瓦特/(厘米^2 · 弧度$^{-1}$)W/($cm^2\cdot rad^{-1}$)。

普通光源的发光面积大，且向四面八方辐射光能量；而激光器可以将光辐射的方向集中在一个很小的立体角内，辐射面积很小。如氦氖激光器的发光立体角只有 mrad，出光面积也只有 mm^2 量级，同时还可以采用某些特殊技术使光在极短的时间($10^{-7}\sim10^{-15}$ s)内发射出来。

激光 ΔS、Δt、$\Delta\Omega$ 均很小，因此如果普通光源和激光器具有相同的辐射能量(W)，则激光的亮度远远高于普通光源。

为了解激光在亮度上所取得的飞跃，将激光的亮度与普通光源的亮度进行比较。从表 1.2 可以看出，红宝石激光器的亮度比高压脉冲氙灯的亮度提高了 37 亿倍。这是多么惊人的飞跃啊！当然激光的总能量并不是太大，但是激光器可以将能量在时间上和空间上高度集中，具有很大的威力。

众所周知，用普通的放大镜汇聚太阳光，很容易把纸片烧一个洞，光源的亮度越高，汇聚后能达到的温度也就越高。汇聚一束激光，不但会在汇聚点附近产生高温、高压和强磁场，而且焦点的直径可以小到 μm 量级以下。因此，激光成为工业、农业、国防、医疗和科学技术等各个领域广泛应用的一种工具。

表 1.2 几种光源的亮度

光源	电灯	超高压水银灯	太阳	高压脉冲氙灯	红宝石激光器
亮度/[$\mathrm{W\cdot(cm^2\cdot rad^{-1})^{-1}}$]	127	32 000	446 000	270 000	10^{15}

中等强度的激光在焦点附近能产生几千乃至几万摄氏度的高温，容易熔化甚至气化各种对激光有一定吸收的金属和非金属材料，可给极坚硬、难熔化的金刚石、红宝石打孔，加工钟表和钻石，等等。它可以为集成电路刻线、焊接等，制造卫星精密电阻和电容器等元件。它还可以作为外科手术刀，做无血开刀术或治疗视网膜脱落，把视网膜重新焊接在眼底上。它还可以作为能工巧匠，在玉石、象牙上进行巧夺天工的精细雕刻……

汇聚高亮度的脉冲激光可以在尺寸仅为几 μm 的焦点区域产生几万度的高温，几百个大气压(1 个大气压=101.325 kPa)和几千万伏每厘米的强电场。因此它不但可以加工、焊接、切割大型金属部件(如钢板、汽车齿轮等)，更重要的是能够引发热核聚变，如使氘和氚聚变为氦和中子后释放出大量的能量，以解决人类面临的越来越迫切的能源问题。另外，超高亮度的激光还可以作“死光”武器，可以摧毁敌方的装甲车、坦克、飞机、导弹，甚至卫星等。

3. 单色性

光和无线电波一样，都是一种电磁波，只是波长和频率不同而已。描述波动性质的三个主要物理量是波长 λ、频率 ν 和传播速度 V。它们之间的关系为 $\nu=\dfrac{V}{\lambda}$。显然频率和波长成反比。光波的传播速度是非常快的，在真空中的速度达到 3×10^5 km/s，通常记为 c。就光波而言，波长为微米量级(micron，μm)，远远小于无线电波或者微波，换句话说就是频率远远大于无线电波或微波。例如，中波广播电台发出的无线电波的波长为几百 m，而可见绿色光的波长大约只有 0.55 μm。不同波长的光作用在人眼的视网膜上引起的不同反应，使人对光感觉到不同的颜色。光的波长在 0.40～0.76 μm 的，为可见光范围；波长小于 0.40 μm 的，称为紫外光；波长大于 0.76 μm 的，称为红外光。红外光和紫外光都是人眼看不到的。

世界上任何一种光源所发出的光都不是单一的波长(频率)，而是有一定的波长(频率)范围的。例如太阳光就是由红、橙、黄、绿、青、蓝、紫等各种颜色的光组成的白光。单色光也不是指单一波长的光，而是指波长范围很小的一段光辐射，一般小于零点几个 nm。凡是发射一种或分离的几种单色光源，称为单色光源。单色光经分光装置分解后不是一段色带，而是一条条分立的亮线，这些亮线通常称为谱线。单色光的波长范围就叫作单色光的谱线宽度。波长范围越小，即谱线宽度越窄，单色性就越好。因此，谱线宽度是衡量光源单色性好坏的标志。光源的波长为 λ，它包含的范围是 $\Delta\lambda$，光波的单色性表示为

$$\Delta\lambda/\lambda \quad \text{或者} \quad \Delta\nu/\nu \tag{1.3}$$

显然波长范围(或者频率范围)越小，单色性越好。图 1.3 给出了几种常见光源的对比。

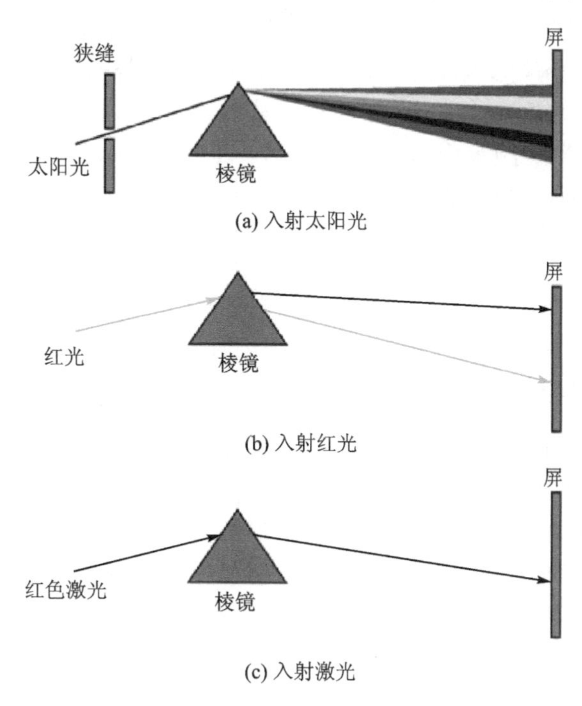

图 1.3　常见光源与激光单色性对比

在普通光源中，单色性光源最好的是氪灯。氪是一种惰性气体原子。其发射波长是 604.7 nm，带宽为 0.047 nm。而一台氦氖激光器所产生的激光波长为 632.8 nm，其带宽是 10^{-6} nm，单色性较氪灯提高了 10 万倍。对于一些特殊的激光器，其单色性还要好很多。激光是世界上单色性最好的光源，这是激光的又一宝贵特点。

在日常生活、工业生产和科学实践中，测量物体的长度是一件十分重要的事情，其测量精度取决于所选用的测量工具和测量方法。为了提高测量精度，人们早已用光波的波长作为长度标准，即将光波的波长作为“尺子”来测量物体。由于光波的波长只有 μm 量级，当然不可能直接采用光波对物体进行直接测量，必须借助于光的干涉现象来实现以光波作为长度标准的精密测量。

利用光波作为“尺子”来测量，其精度可达到 1/10 个波长，即 0.1 μm 以内。将一单色光源发出的光分为两束，使之通过不同的路径，然后再将两束光会合在同一光屏上，光屏上就会出现明暗相间的条纹，这就是光的干涉现象。理论计算表明，当两束光的光程差(即光走过的几何路程与光通过的介质折射率的乘积)为波长的整数倍，即 $\Delta=N\cdot\lambda$(N 为正整数)时，光屏上出现亮条纹；当两束光之间的光程差为半个波长的奇数倍，即 $\Delta=(N+1/2)\lambda$ 时，屏幕上将出现暗条纹。因此可以通过检测干涉条纹的明暗变化推算出光程差的变化，就是说如果亮

条纹变化了 N 个，那么光程差就变化了 N 个波长。如果其中一束光的光程正好是从被测物体的起点变化到它的终点，那么测量出来的光程差正好是被测物体的长度。由此可见，干涉计量方法的测量精度远远高于普通测量工具的测量精度。此外，最大测量范围 L 可表示为 $L=\lambda^2/\Delta\lambda$。

光源的单色性越好，光谱宽度越窄，最大可测量范围也就越大。普通光源中单色性最好的氪灯，其最大可测量长度约为 38 cm，若测量 1 m 长的尺子，需分段进行测量后再接起来。这不仅降低了测量精度，使用上也不方便。激光的单色性好，例如激光雷达可追踪距离几十 km 外的目标，进行长距离的精密测量，这再次显示了激光高单色性的优越性。

激光在彩色现实中的应用。红、绿、蓝是三种基本的颜色，俗称“三原色”，按照一定的比例调和就能配成各种所需要的颜色。光波也是如此，如果将红、绿、蓝三种激光叠加在一起，就可以组成各种颜色的光。由于激光的高单色性，所以颜色极为单纯。它们组合的颜色特别艳丽和逼真，看起来和大自然的景色一样美丽自然。同时激光束可以聚焦得很细很亮，所以三种不同颜色的激光将电视信号显示在大屏幕上，产生的图像既鲜艳明亮，又自然清晰。

4. 相干性

相干性是波动现象的普遍特性。光是一种电磁波，具有波粒二象性，因此同样具有相干性，即光波在一定的条件下会发生干涉现象。这是因为光波与其他的波动现象一样遵守波的叠加原理。所谓波的叠加原理就是如果两列波同时作用在某一点上，该点的振动等于每列波单独作用时所引起的振动的和，如图 1.4 所示。也就是说，两列波相互叠加后的情况，与它们之间的相位差有着密切的关系。如果叠加波的频率和相位与原来的波相同，则叠加后的振幅是两列波的振幅之和，即两列波相互加强；如果两列波的频率相同而相位相反，则叠加后的振幅是两列波振幅之差，即相互抵消。光的干涉现象正是波的叠加原理的一种表现。但是在一般情况下，光并不表现出相干现象，这是由于光波的特殊性引起的。如前所述，光波是一种波长很短（或者频率极高）的电磁波，光的振动频率高达 10^{14} 次/s。对于这样的振动，人眼根本来不及反应。因此我们所能观察到的只是在一段短时间内光强的平均值。如果两列波的相位杂乱无章地变化，则在空间某一点处的叠加结果一会儿相互加强，一会儿又相互抵消，时间平均的效果仍是一片均匀的光亮。只有两列波具有固定的相位差，才能在叠加区域形成稳定叠加的结果，人们才能觉察到干涉现象。

在普通光源中，各发光粒子相互区别，且相互之间基本上没有相位关联，也就很难显示出干涉现象。普通的光源相干性很差。对于激光器来说，发光粒子是相互关联的，可以在较长的时间内存在恒定的相位差，所以激光的相干性是很好的。

如何衡量相干性的好坏呢？一般把相干性分为时间相干性和空间相干性。这里借助干涉仪来说明激光的时间相干性和空间相干性。

(1) 时间相干性

从迈克尔逊干涉仪入手说明光的时间相干性。图 1.5 是迈克尔逊干涉仪的原理图。从单色光源发出的光在半透反射镜 G 上被一分为二，一部分被反射到全返镜 M_1 上，然后被 M_1 反射到观察屏；另一部分透过 G 镜射向全反镜 M_2，再由 M_2 和 G 反射至观察屏。这两束光最后会合在观察屏上到底是相互加强还是相互抵消，需要看光程差是多少。由图 1.5 中可以看到光程差 $\Delta=2(M_2G-M_1G)$。若 $\Delta=N\cdot\lambda$，则两束光相互加强，观察屏将出现亮点；若 $\Delta=$

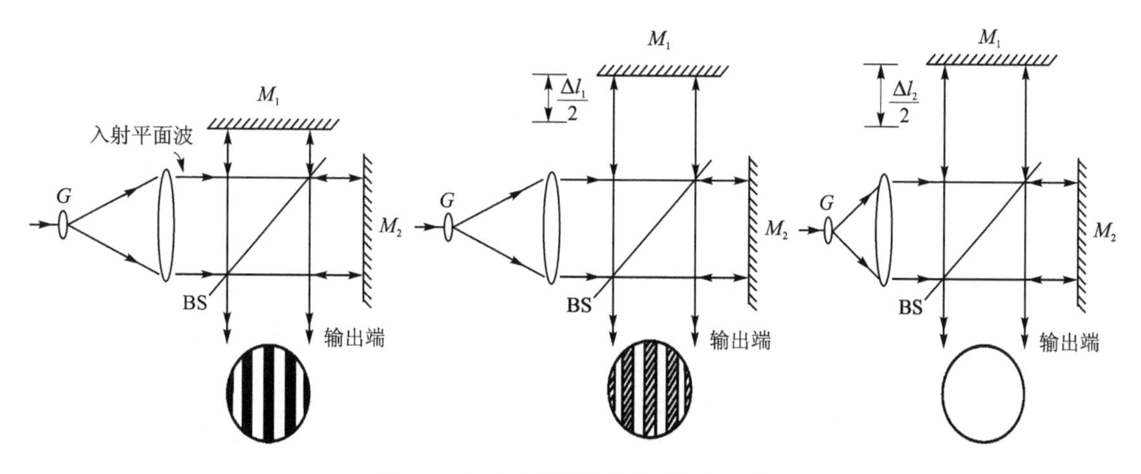

图 1.4 迈克尔逊干涉仪与时间相干性

$(N+1/2)\cdot\lambda$，则两束光相互抵消，在观察屏上将出现暗点。将 M_2 向前移动，光程差 Δ 不断变化，则观察屏上出现明暗交替的变化。显然从一个亮点过渡到第二个亮点时，M_2 移动的距离正好是半个波长，所以若 M_2 移动到 M_2'，数出所出现过的亮点个数 n，就可以知道 M_2 与M_2' 之间的距离 l，即 $l=1/2\cdot n\lambda$。

由于单色光的波长 λ 有一定的范围 $\Delta\lambda$，所以 M_2 的移动距离有一定的限度。设单色光源的中心波长为 λ_0，则最长的波长为 $\lambda_0+\Delta\lambda/2$，最短的波长为 $\lambda_0-\Delta\lambda/2$。当光程差 Δ 大到一定程度后，就会只出现这样的情况：当光波波长为 $\lambda_0+\Delta\lambda/2$ 的两列波相互抵消时，波长为 $\lambda_0-\Delta\lambda/2$ 的两列波正好相互加强，于是明暗交替的情况就模糊不清了，此时光程差 Δ 就是可以观察到的干涉现象的最大光程差，记为 L_c，$L_c=\lambda^2/\Delta\lambda$，其中 L_c 称为光源的相干长度。

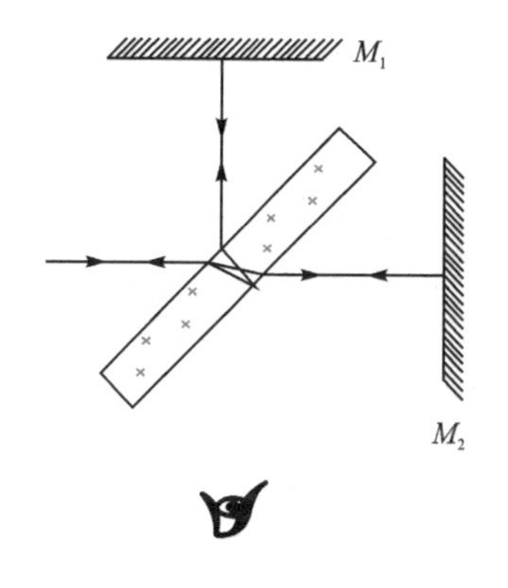

图 1.5 迈克尔逊干涉仪原理图

在迈克尔逊干涉仪中，光程差反映了两束光到观察屏的时间不同，因此光程差与时间差是对应的。与最大光程差相对应的时间间隔 t 称为相干时间。所以也可以用相干时间来度量光源的时间相干性。光速为 c，所以 $t=L_c/c=\lambda^2/c\Delta\lambda$。因为光源的频率范围 $\Delta\nu$ 与 $\Delta\lambda$ 的关系为 $\Delta\nu=c\Delta\lambda/\lambda^2$，因此相干时间 t 与 $\Delta\nu$ 的对应关系为 $t=1/\Delta\nu$。由此，光源的单色性越好，时间相干性也就越好，因而相干长度就越长。前面提到的干涉测量中的最大可测量范围 L_c 就是单色光源的相干长度。

(2) 空间相干性

为说明光的空间相干性，结合杨氏双缝实验来进行说明。图 1.6 中有单色光源照明狭缝 S。在 S 的前方有两个相距很近的狭缝 S_1 和 S_2，它们的距离为 d（由狭缝中心计算），S 到 S_1 的距离与 S 到 S_2 的距离相等，这三个狭缝都与图面垂直。由于狭缝很窄，所以 S 射出的光其波面为圆柱面，图中以圆弧表示。光波到达 S_1、S_2 时将产生子波，所以由 S_1 和 S_2 射出的光波面也是圆柱面。由 S_1 和 S_2 射出的两列光在其前方的空间内发生干涉。在与狭缝 S_1 和 S_2 距离为 D 处放置一观察屏，则可以看到明暗相间的干涉条纹。

如图 1.7 所示，首先假定 S 很窄。O 为观察屏的中心，由 S 经 S_1 到 O 处的光和由 S 经 S_2 到 O 的光具有相等的光程，即这两束光在 O 处的光程差 $\Delta L=0$，所以在 O 处形成亮干涉条纹。再看屏上 P 处，设 $S_1S_2=d$，$OP=y$，且 $y\ll D$，由几何关系很容易得到

$$\Delta L = dy/D \tag{1.4}$$

当 ΔL 等于 $\lambda/2$ 的奇数倍时，两束光在 P 处干涉将形成暗条纹；当 ΔL 等于 $\lambda/2$ 的偶数倍时，两束光在 P 处干涉将形成亮条纹。可以算出相邻亮条纹（或暗条纹）之间的距离为 $\Delta y=D\lambda/d$。这说明观察屏上亮条纹是等间距排列的。

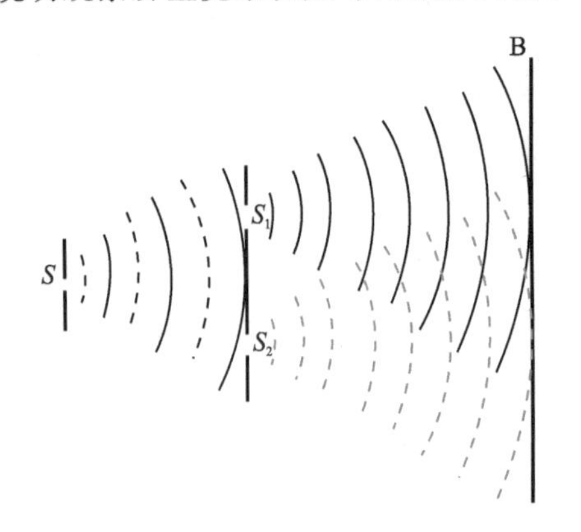

图 1.6 杨氏双缝实验示意图

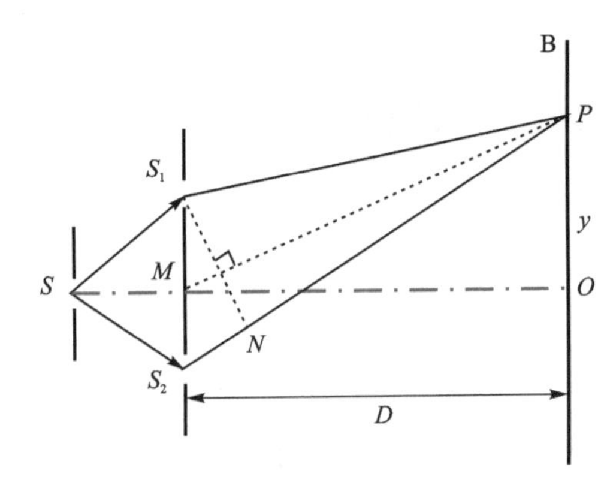

图 1.7 杨氏干涉数学模型

下面进一步讨论狭缝 S 的宽度对于干涉现象的影响。如图 1.8 所示，设狭缝 S 的宽度为 $2l$，当 $2l$ 逐渐增大时，屏上的亮暗条纹逐渐变模糊，$2l$ 增大到一定程度，干涉现象将消失。分析狭缝上的两个点 S_0 和 S_0' 射出光的干涉情况。S_0 射出的光经由 S_1 和 S_2 到达屏上将相互干涉，当这两束光到达 P 处的光程差 ΔL_0 为 $\lambda/2$ 的偶数倍时，将形成亮条纹。同样，S_0' 射出的光经由 S_1 和 S_2 到达屏上也将相互干涉，当这两束光到达 P 处的光程差 ΔL_0 为 $\lambda/2$ 的奇数倍时，将形成亮条纹。就是说由 S_0 和 S_0' 射出的光在屏上形成两套亮暗相间的条纹，如果由 S_0 射出的光形成的暗条纹正好与 S_0' 射出的光形成的亮条纹相互重叠，则屏上观察不到干涉现象。

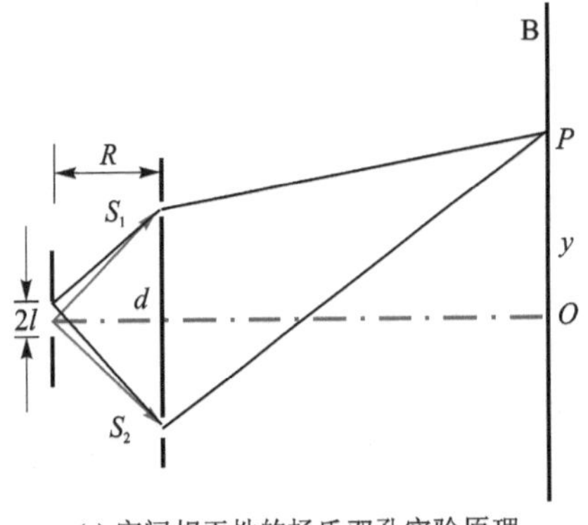

(a) 空间相干性的杨氏双孔实验原理

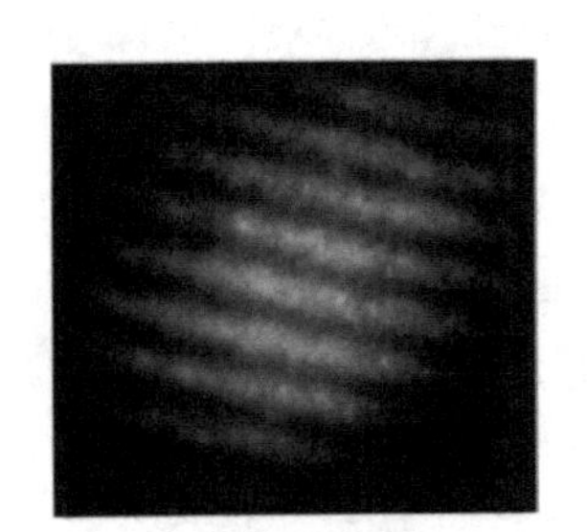

(b) 实验结果

图 1.8 激光的空间相干性分析

下面进行证明，当

$$2l \geqslant \lambda R/d \tag{1.5}$$

时，两套条纹的亮暗将相互重叠。

设两个狭缝 S_1 和 S_2 对狭缝 S 张开的角$\angle S_0S_1S_2=2\theta$，由于 2θ 很小，所以

$$\theta = d/2R \tag{1.6}$$

于是两套条纹亮暗相互重叠的条件也可以写为

$$\theta \geqslant \frac{\lambda}{4l} \tag{1.7}$$

以上的讨论仅限于 YZ 平面，已知光沿着 Z 方向传播，光源在 Y 方向的线度为 $2l$，那么由光源在线度 $2l$ 以内的各点所发出的光，通过与光源相距 R 的两点 S_1 和 S_2。当这两点之间的距离 d 满足

$$d \leqslant \frac{\lambda R}{2l} \tag{1.8}$$

或者 S_1 和 S_2 两点对光源的张角 θ 满足

$$\theta \leqslant \frac{\lambda}{4l} \tag{1.9}$$

时，通过这两点的光是相干的。

比较容易理解，若试验装置绕 Z 轴旋转 90°，即 Y 方向变为 X 方向，Z 方向不变，则实验结果完全不变。由此推论，在 XY 平面内，由光源面积 $\Delta S=4l^2$ 内各点所发出的光，通过与光源相距 R，并与光传播方向 Z 垂直的平面上的两点（即 S_1 和 S_2），如果该两点的距离满足式(1.8)的要求，则通过这两点的光是相互干涉的。由式(1.8)得到

$$\Delta S = \frac{\lambda^2 R^2}{d^2} \tag{1.10}$$

式中，ΔS 为相干面积。

由以上的讨论可以看出，光的空间相干性指的是垂直于光传播方向的截面上各点的相干性，且由相干面积 ΔS 来描述，当然相干面积越大，光源的相干性越好。从上述的理论分析中可以看出，激光光源的空间相干性与其方向性好是一致的，同时也明确了光源线度的问题。

综上所述，时间相干性描述了光波在不同时刻经过空间某一点的相位关系；而空间相干性则描述了同一时刻空间两点的相位关系。激光的时间相干性和空间相干性都是非常好的，在实际应用中具有重要的意义。

下面讨论空间相干性的测量。横向相干长度 Δl_c 可用杨氏双孔实验测量。待检查的辐射场照亮两个针孔，观察衍射图样。两个针孔以距离 $2l$ 布置，并且与光源的距离相同，参见图 1.7、图 1.8。

在该实验中，仅当两个针孔 $2l$ 的距离选择得足够小时，才出现可观察到的衍射图案。如果距离 $2l$ 增加，则干涉图案的对比度越来越弱。超过针孔的临界距离 $2l_{\max}$，干涉图案消失。如果不超过临界距离 $2l_{\max}$，则辐射场显然是空间相干的。这就是为什么 $2l_{\max}$ 被解释为横向相干长度 d_c。通过测量垂直于光传播方向的横向相干长度来确定横向相干面积。空间相干性的条件与光的衍射密切相关。为了简单起见，下面我们考虑圆形光源的情况。实验表明，空间相干仅在以下条件下存在：

$$1.22\frac{\lambda}{2a} \geqslant \frac{2b}{R} \tag{1.11}$$

充满了波长为λ的光，圆形光源的半径为$2a$，两个针孔的间距为$2b$，光源和双孔之间的距离为R。等式(1.11)意味着当在光源的衍射角内观察时，光是空间相干的，即$1.22\lambda=2a$。两个孔之间的最大距离(其中干涉图案仍然可以被看见)经式(1.11)计算为

$$d_c=2b_{\max}=1.22\frac{\lambda}{2a}R \tag{1.12}$$

这就是所谓的横向相干长度d_c。对于圆形光源，横向相干区域如下：

$$A_c=\pi b_{\max}^2=1.22^2\pi\frac{\lambda^2}{16a^2}R^2\approx0.918\frac{\lambda^2}{\pi a^2}R^2\approx\frac{\lambda^2}{\pi a^2}R^2 \tag{1.13}$$

则该等式即产生空间相干的条件为

$$\Delta A\cdot\Delta\Omega_c\approx\lambda^2 \tag{1.14}$$

这里$\Delta A=\pi a^2$是光源的有效面积；$\Delta\Omega_c=R^2/A_c$是最大立体角，在此范围内光是空间相干的，$\Delta\Omega_c$称为立体相干角。它是由光源有限面积ΔA处的光衍射决定的。如果光阑只利用了光源表面的一部分，那么立体相干角以及横向相干面积都可以增加。由以上的讨论可以看出，光的空间相干性指的是垂直于光传播方向的截面上各点的相干性，且由相干面积A来描述，当然相干面积越大，光源的相干性越好。

综上所述，时间相干性描述了光波在不同时刻经过空间某一点的相位关系；而空间相干性则描述了同一时刻空间两点的相位关系。激光的时间相干性和空间相干性都是非常好的，具有重要的意义。

1.3 中国激光的发展

1.3.1 中国激光发展概述

1958年，Townes和Schawlow在*Physical Review*上发表了题为*Infrared and optical maser*的论文，提出了研制激光器的可能性和条件的设想。各国科学家提出各种实验方案，试图研制成功这种新光源。Maiman捷足先登，采用掺铬的红宝石作为介质，应用脉冲氙灯抽运，经过2年的努力，终于在1960年5月15日宣布研制成功了新光源——红宝石激光器，开创了激光技术的历史。

在我国，激光的发展同样是中国科学发展史上少有的一项新技术能够在1年之内赶上世界先进行列，这是中国共产党领导下的科学技术发展的成果。早在20世纪50年代初，包括王大珩在内的大批光学专家汇聚在一起成立了我国第一所光学专业研究所——中国科学院长春光学精密机械研究所，使得我国的光学事业迅速发展。王之江、邓锡明先后开展了激光的研究工作，得到了科学管理部门的高度重视，促使我国激光技术研究获得迅速的发展。1964年，中国科学院上海精密机械研究所正式成立。

激光器的发明使得研究人员的学术思想更加活跃，不断向更深层次探究，产生了一系列新概念、新方法和新技术，比如调Q技术中机械转镜调Q、声光调制与布里渊散射混合调Q、行波放大、阻挡层式脉冲氙灯等。

激光的产生伴随着激光材料、光源、多层介质膜等元件的研制成功，激光技术的进一步发展又对元件提出了更高的要求。近60年来，我国激光技术在基础研究、实验探索和应用开发

等方面，无论是从事激光研究的人数，还是从激光研究涉及范围的广度，均堪称世界之最。

1.3.2 中国激光发展进程中的典型故事

下面摘选了一些能够呈现中国激光研究人员不断创新、努力奋斗的小故事。

故事一 我国第一台激光器的设计——不一味模仿，敢于实践创新

1. 泵浦光源：结构的改进和解决的难题

梅曼研制的世界第一台激光器选择螺旋状氙灯作为泵浦光源，其他研究小组也纷纷仿效。在设计脉冲氙灯时，我国没有采用当时国外流行的螺旋状，而是把氙灯设计成直管状。

使用螺旋状氙灯的目的是保证光射到红宝石激光晶体棒中去，实际上，氙灯发出的光只有很少部分能照射到红宝石激光晶体棒中。这是因为用尺寸不能超过红宝石棒、螺旋状结构的玻璃管，光能量分散比较严重，能量不够集中；另外还有一个重要的原因，当时螺旋管灯需要的供电电压高，电容量要求也高。而我们的设备还达不到这样的要求，所以需要对结构做进一步的改进，制作成直管状的脉冲氙灯，这一直管状氙灯设计后来得到全世界的认可。固体激光器发展的历史证明，用直管氙灯泵浦的固体激光器成为发展的主流。

我国当时还没有合适的氙灯产品，需要自己动手制作，遇到不少困难。比如，为了解决石英玻璃与钨电极的封接，制造氙灯的师傅选择了几种玻璃。把从上海中央商场弄来的硬质玻璃盘砸碎，混合成十几种过渡玻璃，终于制造成功我国第一支高功率石英管壁钨电极脉冲氙灯。这种金属-玻璃封接工艺一直沿用到今天。

当时，我国还没有氙气产品，也无法从国外进口，是一位采购员走遍半个中国，最后在上海一家灯泡厂的库房找到新中国成立前留下来仅存的几瓶氙气，这才解决了氙灯制造问题。

2. 照明系统：首先采用球形照明器

光源照明的亮度是激光工作物质内实现能级粒子数布居反转的重要条件，采取何种照明系统对激光实验能否成功有着举足轻重的影响。梅曼采用的是椭圆漫射照明器，这种照明方式在国外非常流行。

我国科学家认为，成像照明系统的效率比浸射照明方式更高。对于不太长的红宝石激光晶体棒和氙灯而言，球形照明系统比椭圆照明系统效率更高。当时国外还流行多灯、多椭圆柱的照明方式。我们认为，当激光工作物质和泵浦灯的直径一样大时，采用多次光学成像方法提高光源亮度，比采用光源重叠的方法更有效，多灯照明并不比单灯照明有任何好处。因此，我国在世界上首先采用了球形照明器，实验证实了这种设计获得的泵浦效率比梅曼方式的高。

故事二 “激光”名称的由来

起初，在我国这种新式光源没有统一的名称，有按英文 LASER 的发音称“莱塞”；有按它的发光机制称光量子放大器和受激光辐射器；或因为是从微波波段转到光学波段的微波激射，称它为光激射器；等等。1964 年，在上海召开第三届光受激发射学术报告会前夕，《光受激辐射》杂志编辑部（即现在的《激光与光电子学》编辑部）给钱学森教授写了封信，请他给这种新光源起一个中国名字，钱教授很快给编辑部回信。

《光受激辐射》杂志编辑部：

我有一个小建议：光受激发射这个名称似乎太长，说起来费事，能不能就称“激光”？

钱学森

钱教授的建议在这次会议上获得代表们的一致赞同，此后，在中国的新闻、期刊的报道上便统一使用“激光”“激光器”，从此科学技术词典也多了“激光”和“激光器”这两个词。

故事三　氦-氖激光器：冷静严谨，科学分析

在氦-氖(He－Ne)激光器实验研究过程中，还有几段小插曲。用单色仪测量氖原子两条原子谱线的相对强度比，表明在氖原子两个工作能级之间确实已经存在粒子数布局反转状态，但却观察不到激光输出。人们发现用高温封接，按布儒斯特角安放的石英窗片，在表面留下了几乎看不见的沉积物，这对于每米增益只有1%～2%的低增益激光器来说，光学损耗太严重了。最后，靠工人师傅高超的玻璃封接技术才解决了沉积物问题。在当时谁也没有见到过波长632.8 nm的连续激光，曾经一度把接近振荡时放电管内出现的红色亮斑误认为激光。经过整整几天的测量才终于否定了它。

改善球面反射镜法布里-珀罗谐振腔的稳定性，依然没有见到想象中的激光。随后加长了放电管的长度，从单色仪表到那条波长632.8 nm谱线的强度远远超过周围谱线强度，证实获得了激光，从放电管一端输出一束明亮的红色光束。

故事四　二氧化碳激光器：多方动员，因地制宜

二氧化碳激光器实验用的高纯度二氧化碳分子气体当时在市场上也买不到，只好自己制备。中国科学院上海光学精密机械研究所化学实验室的马笑山研究员，提议利用加热碳酸钙分解的方法制造二氧化碳分子气体。这个办法简单易行，而且碳酸钙又是普通化学材料，在市场上就可以买到。根据研究氦-氖激光器的经验，估计使用的二氧化碳分子气体纯度应该很高，要达到光谱级。

碳酸钙材料本身的纯度并不高，而且表面和里面还吸附了大量的空气，因此由加热分解得到的二氧化碳分子气体中必然含有许多杂质气体，必须提纯。提纯装置是一个附设有冷凝器的真空排气系统，在真空条件下收集到的二氧化碳分子混合气体由液态氮制冷，在液态氮温度下变成干冰，沉淀在容器底部，而其他杂质气体被真空排气系统抽走。再将得到的干冰解冻，便可以得到高纯度的二氧化碳分子气体。一次提纯得不到光谱纯气体，需要反复进行。

中国激光的发展史其实就是我国激光研究人员将理论与实践、应用不断结合的创新发展史，在此也将激光技术的发展按照时间顺序向读者呈现出来。

(1) 按时间进行排序

1961年，中国第一台激光器诞生，它是由王之江领导设计的红宝石激光器。

激光工作者的智慧、创新能力、艰苦创业、自强不息的精神以及获得的成就，给我国的生产建设、科学技术发展和生活带来财富与便利。科学创新来源于实践，来源于科学知识的积累，科学工作者要不畏困难，敢于冲破旧观念，摒弃旧技术，敢于采用新技术。

(2) 晶体激光器

1962年，中国科学院长春光学精密机械研究所的沃新能、刘颂豪等研制成功掺铀氟化钙($UCaF_2$)晶体激光器和掺镝氟化钙($DyCaF_2$)晶体激光器。1964年，中国科学院长春光学精密机械研究所的刘顺福、陈兮等研制成功世界上第一台可以在室温条件下连续输出激光的掺镝氟化钙晶体激光器，在Nd:YAG激光器问世之前，这种晶体激光器一直是最主要的连续输出和以高脉冲重复工作的固体激光器。

1966年，西南技术物理研究所屈乾华、胡洪魁等研制成功脉冲输出Nd:YAG晶体激光器。1973年，上海交通大学激光研究室器件组研制成功连续输出Nd:YAG倍频晶体激光器。1978年，中国科学院上海光学精密机械研究所叶碧霄、马忠林等尝试使用连续氖灯做泵浦光源，实现多Nd:YAG激光棒串接，获得了连续波高激光功率输出。

(3) 玻璃激光器

1962年，中国科学院长春光学精密机械研究所干福熹、姜中宏等研制成功掺钕硅酸盐玻璃激光器。1978年，中国科学院上海光学精密机械研究所徐至展、李安民等研制成功输出激光功率高达万兆瓦级的钕玻璃激光器。1987年，中国科学院上海光学精密机械研究所蒋亚丝、祁长鸿等研制成功掺铒磷酸盐玻璃激光器。

(4) 气体激光器

1953年，中国科学院长春光学精密机械研究所邓锡铭、杜继禄等研制成功波长为632.8 nm的氦-氖激光器，开创了我国气体激光器的历史。

1965年，中国科学院上海光学精密机械研究所王润文、雷仕湛等研制成功中国第一台二氧化碳分子激光器。1967年，雷仕湛、刘振堂等研制成功我国第一台折叠分离式高功率二氧化碳激光器，是中国当时连续输出功率最高的、可工业应用的二氧化碳激光器。1971年，复旦大学物理系李富铭、章志鸣等研制成功直流电泳式氦-镉离子激光器，清华大学徐亦庄、付云鹏等研制成功空心阴极放电氯-镉白光激光器。1973年，中国科学院北京物理研究所邱元武、章思俊等研制成功采用石墨放电管的氩离子激光器，获得高功率连续输出。1974年，上海复旦大学物理系金耀根、李郁芬等，中国科学院长春光学精密机械研究所郭川、金钟声等，以及中山大学物理系高兆兰、余振新等，分别研制成功氮分子激光器。1977年2月，中国科学院安徽光学精密机械研究所胡雪金、魏守安，以及中国科学院上海光学精密机械研究所梁培辉、袁才来等研制成功氟化氙准分子激光器。1978年，复旦大学光学系伍长征、杨寅等，以及中国科学院上海光学精密机械研究所梁宝根、景春阳等研制成功纯铜蒸气激光器。1979年，中国科学院上海光学精密机械研究所横流激光器研究组研制成功流动工作气体型二氧化碳分子激光器，连续输出激光功率达到2 kW。

(5) 半导体激光器

1964年，中国科学院长春光学精密机械研究所科学家王乃弘、潘君骅等，以及中国科学院半导体研究所刘伍林研制成功砷化镓(GaAs)半导体激光器。1973年，北京大学物理系李忠林等研制成功单异质结半导体激光器。1975年，中国科学院北京物理研究所研制成功双异质结半导体激光器。1986年，重庆光电技术研究所科学家张道银用液相外延法制备出对称分别限制异质结可见光Ga1－xAlxAs－GaAs激光器。1987年，中国科学院半导体研究所张永航、孔梅影等研制成功室温连续输出多量子阱激光器。1992年，北京大学物理系陈娓兮、钟勇等研制成功用银膜作反射镜的垂直腔面发射激光器；1993年，中国科学院半导体所集成光电子学国家重点实验室林世鸣、吴荣汉等研制成功低阈值电流垂直腔面发射半导体激光器。

(6) 化学激光器

1966年，中国科学院上海光学精密机械研究所邓锡铝、刘振堂等研制成功我国第一台化学激光器。1966年12月，中国科学院大连化学物理所陶渝生、张荣耀，以及中国科学院上海光学精密机械研究所谢相森等研制成功氯化氢化学激光器。1972年，中国科学院大连化学物理所陈锡荣、何国钟等研制成功电激发氟化氢化学激光器。1979年，中国科学院大连化学物理所沙国河、尹厚明等研制成功电子束引发氟化氢激光器。1984年，中国科学院大连化学物理所张荣耀、陈方等研制成功光引发脉冲输出氧碘化学激光器，并于1985年研制成功放电引发脉冲氧碘化学激光器。

(7) 自由电子激光器

1985年，中国科学院上海光学精密机械研究所锗成、陆载通等研制成功拉曼型自由电子激光器。1986年。中国科学院上海光学精密机械研究所傅恩生、王之江等研制成功发射可见光的康普顿型自由电子激光器。

(8) 光纤激光器

国内光纤激光器起步较晚，但进入21世纪后，我国的光纤元器件的生产居于世界前列，光纤激光器也随之发展起来。目前千瓦级光纤激光器已经商业化。光纤激光器涉及的内容非常多，将在后续章节进行具体的说明，在此不再赘述。

1.4 创新方法在激光技术中的应用

激光与创新的关系可以从诺贝尔奖中窥一豹。本节将结合本书的主旨，根据激光器实现的关键要素，按照理论、实践的顺序详细阐述激光与创新的故事和相关的内容。

1.4.1 原子跃迁与受激辐射理论

激光被称为20世纪新四大发明之一，从上面激光与诺贝尔奖的相关表格中可以清晰地看出激光的发展史就是一部科学技术的创新发展史。

1913年，玻尔(N. Bohr)在普朗克(M. Planck)、卢瑟福(E. Rutherford)原子模型与爱因斯坦的光子学说的基础上，提出了原子结构以及由原子发射出的辐射的特性。玻尔能级理论给出了经典力学范围内成功地利用电子在两个能级之间的跃迁现象解释了氢原子和类氢原子的光谱现象。这个理论包含两个假设：

定态假设：① 原子中存在具有确定能量的定态，在这些定态中，电子绕核运动不辐射也不吸收电磁能量；② 原子定态能量是量子化的，只能取某些分立数值 $E_1, E_2, \cdots, E_n$；③ 原子各定态的能量值称为原子能级，最低的能级称为基态，高于基态的能级称为激发态。

跃迁假设：只有当原子从具有较高能量 E_n 的定态跃迁到较低能量 E_m 的定态时，才能发射一个能量为 $h\nu$ 的光子，其频率满足 $h\nu = E_n - E_m$；反之，原子在较低能量 E_m 的定态，吸收一个能量为 $h\nu$、频率为 ν 的光子，跃迁到较高能量 E_n 的定态。

原子模型如图1.9所示，氢原子光谱如图1.10所示，氢原子能级如图1.11所示。

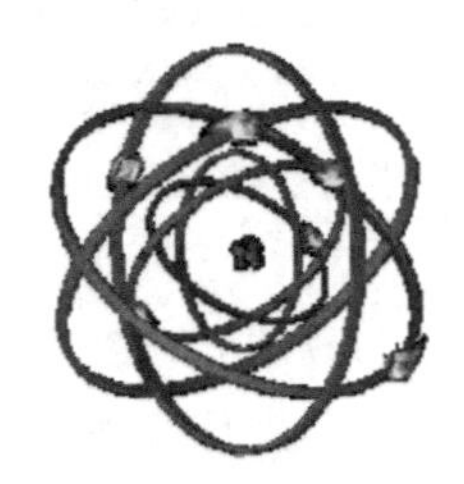

图1.9 原子模型

图1.10 氢原子光谱

1916年底，爱因斯坦在玻尔能级理论的基础上提出受激辐射的概念，认为原子或者分子的发光除了自身自发发光外，还有可能在外来光子的“刺激”或“感应”下发光，这就是受激辐射发光过程。不过爱因斯坦并没有想到利用受激辐射来实现光的放大。其原因可以归结为：根据玻耳兹曼统计分布，平衡态中低能级的粒子数远大于高能级的粒子数，因此利用受激辐射实现光的放大是不可能的。因此，受激辐射理论在提出的很多年之后，除了在理论上讨论光的散射、折射、色散和吸收等过程外，并没有太多的应用。

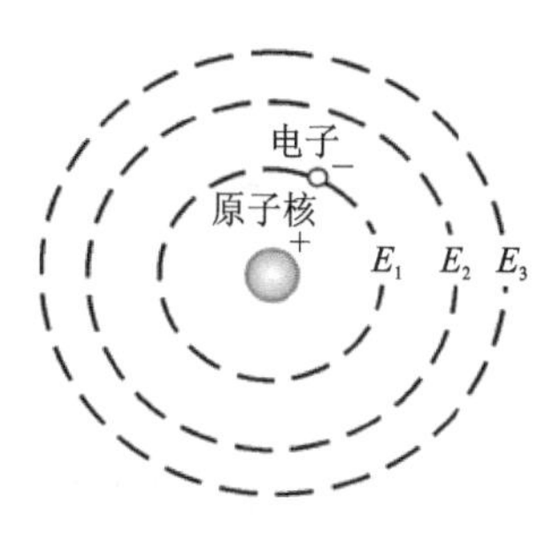

图 1.11 氢原子能级

玻尔的原子能级理论虽然对量子理论的发展起到了至关重要的作用，但它是理想化的，依然在经典力学的范围内，特别在当时并没有认识到光具有波粒二象性，没有考虑到微观电子的特性，因此无法解释多电子原子的光谱，甚至也不能说明氢原子光谱的精细结构。受激辐射理论是爱因斯坦在论述普朗克黑体辐射公式的推导过程中提出的，给出了两种辐射的形式——自发辐射和受激辐射，其中自发辐射与玻尔能级理论中的描述是一致的；受激辐射则是给出了在外部光场的影响下，辐射出来光子的特性与外来光子“完全复制”，即频率、发射方向、偏振态、位相和速率等完全一致，因此一个光子变成了两个。简单地说，二者的区别在于是否存在外部光场的刺激。受激辐射过程如图 1.12 所示。

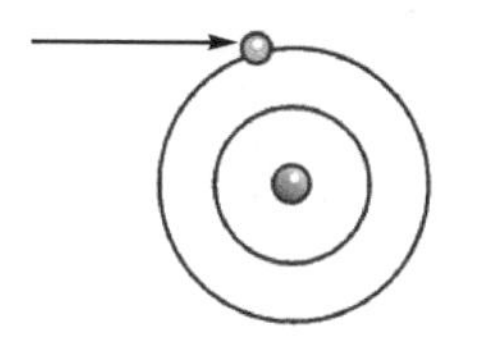

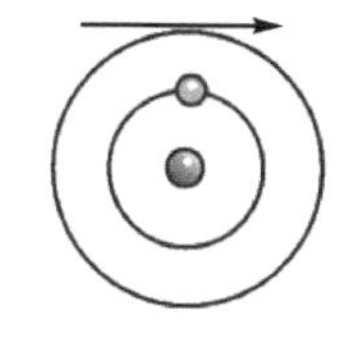

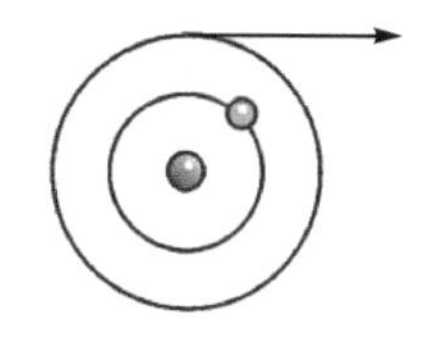

图 1.12 受激辐射过程

1.4.2 正色散与负色散

1. 色 散

牛顿著名的“三棱镜”实验，证明了色散现象的存在，雨后彩虹也是一种色散现象。那么到底什么是色散呢？材料的折射率随入射光频率（波长的变化）而变化的性质，称为色散。当它们通过棱镜时，传播方向有不同程度的偏折，这就是常说的正常色散。

早在 1900 年 P. Drude 就建立了色散理论，但这一理论是建立在经典电磁理论基础上的，与玻尔的稳态原子模型有矛盾，所以在 20 世纪一二十年代里陆续有一些学者致力于用量子理论说明色散现象，其中包括德拜和索末菲。

2. 负吸收与粒子数集居

直到 1928 年，德国光谱学家 R. W. Ladenburg 得到了一个折射率 n 随波长 λ 变化的量子理论公式，公式中有一个负色散项，表示由于高能态存在的粒子集居数而引起的修正，相当于辐射理论中的负吸收。

1926—1930 年间，Ladenburg 和他的合作者的实验研究了氖气体 594.5 nm、614.3 nm 和 640.2 nm 谱线的色散性质，发现上能级可聚集可观的粒子数。

1940 年，作为粒子数反转这一物理思想的倡导者苏联物理学家法布里坎特预见到了利用某种辅助手段使高能级的“浓度”大于平衡态下的“浓度”；1946 年，瑞士科学家布洛赫(F. Bloch)在斯坦福大学研究核磁共振，实验中他和他的合作者观察到了粒子数反转的信号。

1947 年，兰姆(W. E. Lamb)和雷瑟福(R. C. Retherford)在关于氢的精细结构的著名论文中加有一个附注，指出通过粒子数反转可以期望实现感应辐射(即受激辐射)。

1948 年，E. M. Purcell 与合作者一起观察到了负吸收，观察到了粒子数反转的信号。“正如我们所期望的……信号一直保持原来的正值。然而几秒钟后信号变小了，消失了，然后以负值出现，又过了几秒钟达到最大的负值。在外界条件固定的情况下出现信号的异常逆转表示质子自旋重新取向的渐变过程”。1952 年，他与瑞士科学家布洛赫共获诺贝尔物理奖。

但是布洛赫一心想的是如何精确测定原子的弛豫时间，没有把这一新现象联系到集居数问题，更没有想到要利用这一现象来实现粒子数反转。直到 1958 年才有人重新研究并运用于二能级固体微波激射器。

观察反常色散的装置如图 1.13 所示。

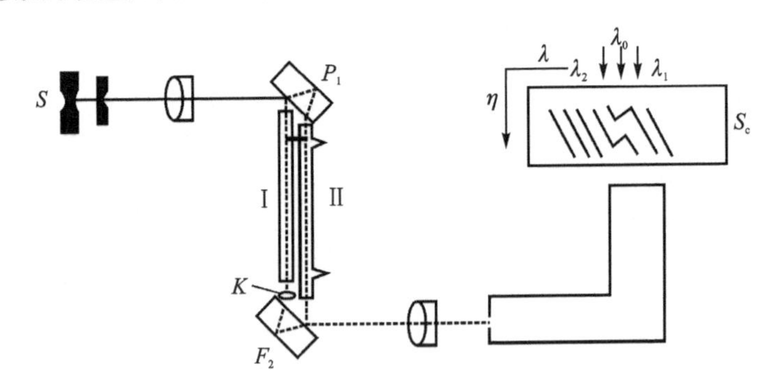

图 1.13 观察反常色散的装置

1.4.3 光泵浦的提出

图 1.14 法国物理学家卡斯特勒

所谓光泵浦，实际上就是利用光辐射改变原子能级集居数的一种方法。1949 年，法国物理学家卡斯特勒(A. Kastler)(见图 1.14)发展了光泵方法。其初衷是要建立一种用光探测磁共振的精密测量方法，没有想到可以实现粒子数反转，更没有想到通过这一途径进行光的放大。这项工作为以后的固体激光器提供了重要的泵浦手段，为此卡斯特勒获得了 1966 年诺贝尔物理奖。

1.4.4 从 MASER 到 LASER

1. MASER

由于第二次世界大战中雷达得到广泛运用，微波技术发展很快，微波器件充分发展，磁共振方法因而得到研究，光泵方法也大显身手。微波波谱学发展起来了，这为发明微波激射放大器(Microwave Amplification by Stimulated Emission of Radiation，MASER)准备了充分的条件。

1952年，韦伯(F. Weber)在著名光谱学家赫兹堡(G. Herzberg)主持的受激辐射讨论会上得到启示，提出了微波激射器的原理，即利用受激辐射诱发原子或分子从而放大电磁波的思想，这对汤斯(C. Townes)产生了影响。

第二次世界大战期间，汤斯应要求研制频率为24 000 MHz的雷达，这台设备具有前所未有的高频率和高分辨率，因此被汤斯用来研究微波和分子之间的相互作用。此时珀赛尔和庞德在哈佛大学已经实现了粒子数反转，不过信号太弱，人们无法加以利用。汤斯设想如果将介质置于谐振腔内，利用振荡和反馈，就可以放大。

在汤斯的回忆中写道："……思考是什么原因没有制成(毫米波发生器)？很清楚，需要找到一种制作体形极小而又精致的谐振器的方法。这种谐振器具有可以与电磁场耦合的某种能量。……也许正是早晨新鲜的空气使我突然看清了这个方案的可行性。几分钟内我就草拟好了方案，并计算出下列过程的条件：把分子束系统的高能态与低能态分开，并使之馈入腔中，腔中充有电磁辐射以激发分子进一步辐射，从而提供了反馈，保持持续振荡。"

与此同时，还有几个科学集体在尝试实现微波的放大。在苏联的莫斯科，列别捷夫物理研究所普洛霍洛夫和巴索夫的小组一直在研究分子转动和振动光谱，使用非均匀电场使不同能态的分子分离；他们认定只要人为地改变能级的集居数就可以大大增加波谱仪的灵敏度，并且预言，利用受激辐射有可能实现这一目标。至此，人们经过各方面的努力，为激光的诞生做好了各种准备，激光的出现已是指日可待。

2. LASER

1959年Gordon Gould最早使用"LASER"一词。但是LASER的研制成功并不是一帆风顺的事情。

1957年美国贝尔实验室的两个人——哥伦比亚大学教授、贝尔实验室顾问C. Townes和博士后研究生A. Schawlow在一起吃饭，同时商讨如何把微波的波长压缩到红外的问题。谁也不会想到，由于两人因共同的专题而展开的讨论，对科学技术的发展产生了多么重大的影响！

Schawlow说把这一装置称为光辐射发生器。Townes向Schawlow描述了他的设想：一个玻璃盒子，盒内充满铊(反射镜)，盒外有一个铊灯。Townes说：靠这一个装置也许能产生光的放大，Schawlow说应该做两个改变：① 盒内不是放铊而是放钾；② 不必完全搬用微波放大器由四个反射镜围城一个空腔的方案，有两块反射镜即可。1958年12月，二人在*Physics Review*发表了被公认为激光领域具有划时代意义的文章。

1958年，他们决定发表这个构想，在发表前向贝尔实验室打了一个报告，希望申请光辐射发生器的专利，但是得到的回答是："光波从来没有对通信有过重大作用，该项发明对贝尔系统的利益几乎没有意义。"但是Townes坚持自己的学术观点，才在1960年3月获得专利权。无论是Townes和Schawlow本人，还是贝尔实验室的人员，谁也没有想到，在20多年后光通信的飞速发展，激光器成了新一代的通信工具。同时，苏联的巴索夫和普罗霍罗夫提出了几乎相同的原理，他们的理论在世界科学界引起震动，由此展开了一场研究竞赛。

图1.15为1964年诺贝尔物理学奖获得者。

图 1.15 1964 年诺贝尔物理学奖获得者(C. Townes(左)、N G. Basov(中)和 A. M. Prokhorov(右))

在实际的激光器制造过程中,有两个人的影响最大:一个是休斯实验室的 Maiman(见图 1.16),另一个是贝尔实验室的 Ali Javan。Maiman 用了 5 年的时间研究用红宝石产生微波,在他读到 Schawlow 和 Townes 的文章后,推翻了 Schawlow 认为红宝石 R_1 谱线不适合产生激光的论点,认为用红宝石的 R_1 谱线能够产生激光。他从美国通用电气公司买了一个螺旋状的氙气航空摄影灯,组装了一个氙灯供电回路,并将红宝石(基质为 Al_2O_3,掺入质量比为 0.05%的 Cr^{3+})棒插入螺旋管内,棒的两端是石英;增加一个内表面反射膜的圆筒,以让更多的氙灯的光回照到红宝石上。

经过 9 个月的研究,当氙灯的光照到红宝石上时,突然一束深红色的亮光从红宝石中射出来。在随后的两年中激光的发展超级迅猛,每年发表的论文以几百篇的速度增长。所以很多研究人员与社会人士均认为激光的发展史就是一部科技发展与社会文明相结合的人类社会的发展史!

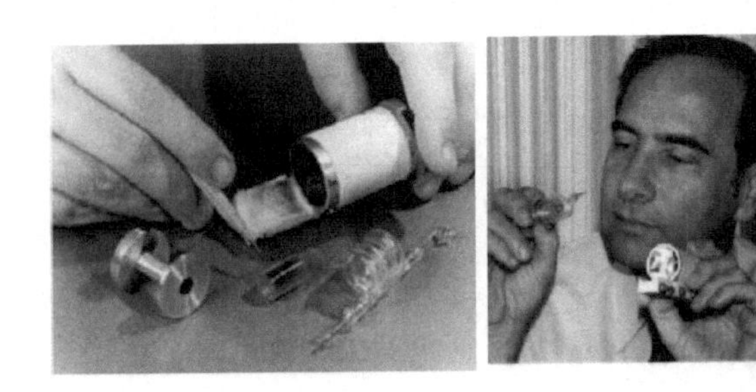

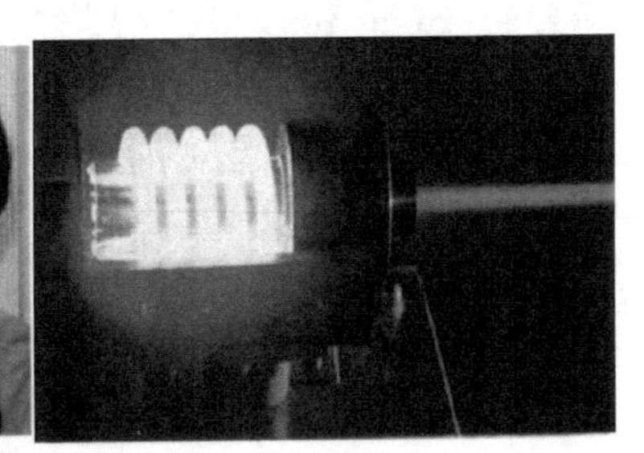

图 1.16 Maiman 和他的世界第一台激光器

激光发展的简图如图 1.17 所示。

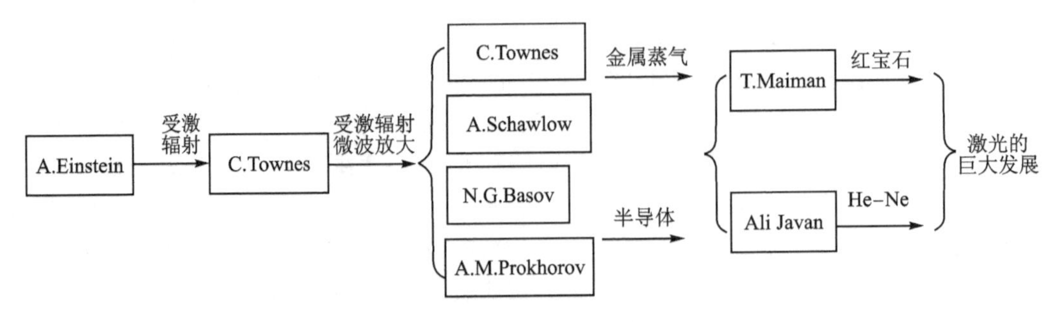

图 1.17 激光发展的简图

1.4.5 “不忘初心”,方得始终

历来事情都不会一帆风顺。尽管人们普遍认为成功者被鲜花和掌声围绕着,但在激光领域却并非如此。Townes 和 Schawlow 仅提出了设想,但是实验上并没有成功,申请专利遭到拒绝,由于 Townes 的坚持才最终得到通过;Maiman 利用红宝石得到激光后,论文寄到 *Physics review letters*,主编看后不认为 Maiman 的文章有何创新能够在杂志上发表,Maiman 无奈只好在纽约时报上作为一条消息宣布。

Ali Javan 获得了 He-Ne 激光输出(见图 1.18),但是他获得的是波长 1.15 μm 的激光,是人眼无法见到的,只能靠仪器观察。当他把结果给别人看时,那人却说:你不一定获得了激光,你使用的仪器有非线性。诸如此类,不一而足。

图 1.18 Ali Javan 和他的 He-Ne 激光器

Gordon Gould 激光器的发明者并不为广大科研人员所认知,但是他为激光的发明打了近 30 年的官司最为著名。当 Townes 和 Schawlow 在构思光学激光器之际,Gould 正在哥伦比亚大学 P. Kusch 教授手下当博士研究生,做铊原子束共振实验。就在这时,Gould 产生了用光泵方法实现粒子数反转的想法:认为需要用法布里-珀罗谐振腔(简称法珀腔),并为光学激射器起了一个名字叫 LASER。他在笔记本上写下了自己的想法和计算过程,请人签字旁证后密封。他曾参加曼哈顿计划,由于政治观点左倾被解雇。他想成立公司研制激光器,又被军方认为不符合保密条件不许他参加。Gould 心中不平,多次向专利局申请专利,遭到拒绝。于是请律师与专利局打官司,直到 1987 年 11 月 4 日终于得到胜诉,但时光已经过去快 30 年。最终他被承认是激光的发明者,1991 年被列入美国发明家名人堂,并得到一大笔专利费,但其中的 80%付给了律师。尽管如此,Gordon Gould 几十年的坚持其实也在告诉世人,尽管有各种可能的挫折,但是坚持不懈,持之以恒,科学的工作方法和管理方法是科研工作的必需品。

习 题

1.1 激光的特点是什么?你认为最核心的内容是其中的哪个或者哪几个?

1.2 激光为什么是近共振作用?

1.3 激光是什么?你如何理解?

1.4 激光与创新的关系你如何看待?

参考文献

[1] 邓锡明. 中国激光史概要. 北京:科学出版社,1991.

第2章　光与物质相互作用的基本概念和激光的产生

21世纪被公认为是光子的时代，光子学说认为光是一种以光速 c 运动的光子流。与光波具有波粒二象性一样，光子的基本性质除粒子属性（能量、动量、质量等）外，还包含波动属性（频率、波矢、偏振等）。光子具有两种可能的独立偏振状态；自旋量子数为整数的玻色子，也就是说大量光子的集合服从玻色-爱因斯坦统计规律，即处于同一状态的光子数目没有限制，因此可以证明同一个光子态的光子是相干的。激光的产生即是一个以光子或量子为单位、大量光子的不连续的与物质相互作用的过程，这也是激光发明和发展的物理基础。

2.1　光子的相干性

2.1.1　光波模式和光量子状态

根据经典电磁理论，电磁波的运动规律由麦克斯韦方程组决定，单色平面波是该方程的一个特解，其通解可以表示为一系列单色平面波的线性叠加。在自由空间中，具有任意波矢的单色平面波都可以存在，但当光波被有效地限制在一个封闭空间如激光器的谐振腔内时，只可能存在一系列独立的具有特定波矢的单色平面驻波。这种存在于谐振腔内并以波矢 k 为标志的单色平面驻波称为光波模式。不同波矢的单色平面驻波为不同的光波模式，考虑到每一个光波有两种独立的偏振状态，因此每一个波矢对应两个具有不同偏振方向的光波模式。考虑一个足够大的有限空间，采用笛卡儿坐标，体积为 $V=\Delta x\Delta y\Delta z$ 的立体空腔中可以独立存在的光波模式数量。

如图2.1所示，在存在边界的空腔 $V=\Delta x\Delta y\Delta z$ 内，沿三个坐标轴方向传播的波应分别满足下面的驻波条件：

$$\Delta x=m\frac{\lambda}{2},\quad \Delta y=n\frac{\lambda}{2},\quad \Delta z=q\frac{\lambda}{2} \tag{2.1}$$

式中，m、n、q 为正整数，则波矢的三个分量应满足：

$$k_x=m\frac{\pi}{\Delta x},\quad k_y=n\frac{\pi}{\Delta y},\quad k_z=q\frac{\pi}{\Delta z} \tag{2.2}$$

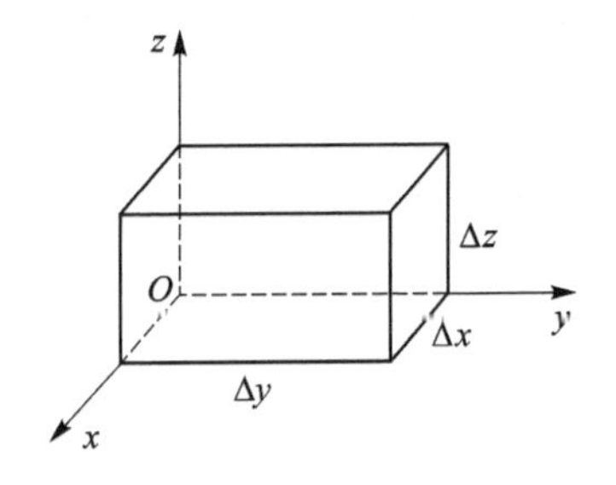

图2.1　笛卡儿坐标下的有限空腔

每一组正整数 m、n、q 对应腔内一种包含两个偏振态的模式。在以波矢量为坐标轴的波矢空间中，相邻光波模式的间隔为

$$\begin{cases}\Delta k_x=\dfrac{\pi}{\Delta x}\\[2ex]\Delta k_y=\dfrac{\pi}{\Delta y}\\[2ex]\Delta k_z=\dfrac{\pi}{\Delta z}\end{cases} \tag{2.3}$$

因此，每个波矢在波矢空间的体积称为体积元，有

$$\Delta k_x \Delta k_y \Delta k_z = \frac{\pi^3}{\Delta x \Delta y \Delta z} = \frac{\pi^3}{V} \tag{2.4}$$

考虑一个波矢对应两个不同的光子偏振态，则一个光波模式对应的体积元为

$$\Delta k_x \Delta k_y \Delta k_z = \frac{8\pi^3}{\Delta x \Delta y \Delta z} = \frac{8\pi^3}{V} \tag{2.5}$$

由光子的基本性质可知，不同种类的光子是以其能量、动量和偏振等特征加以区分的，这些不同特征所决定的光子状态叫作光量子态。而处于同一状态的光子，彼此之间是不能加以区分的。

对于光子，其状态受到量子力学中坐标与动量之间存在的海森堡测不准关系的限制，即

$$\begin{cases} \Delta x \Delta p_x \geqslant h \\ \Delta y \Delta p_y \geqslant h \\ \Delta z \Delta p_z \geqslant h \end{cases} \tag{2.6}$$

这意味着微观粒子的位置和动量不能同时准确地测定。可以这样说，光子的运动状态与二维相空间(x, p_x)中的面积元 $\Delta x \Delta p_x = h$ 相对应。在六维相空间中，测不准关系为

$$\Delta x \Delta y \Delta z \Delta p_x \Delta p_y \Delta p_z \geqslant h^3 \tag{2.7}$$

因此一个光子状态对应的相空间体积元，又称为相格，为

$$\Delta x \Delta y \Delta z \Delta p_x \Delta p_y \Delta p_z = h^3 = \Delta V_{\text{相}} \tag{2.8}$$

这说明光子不同于经典的质点，光子的运动状态对应的不是一个点，而是一个相格。考虑波矢与光子动量的关系 $\boldsymbol{P} = \hbar \boldsymbol{k}$，可以证明光波模式与光子态势是等价的。

综上所述，可以得到以下结论：

① 光波模式、光量子态、相格及相干体积是等价的概念。利用其等价性，在描述相干性等光子宏观统计规律问题时，将会得到一致的结果。

② 同一状态的光子或者处于同一模式的光波是相干的；不同状态的光子或者不同模式的光波是不相干的。

③ 偏振方向相互垂直，其他量子数相同的两个给定光子状态的光子，在相空间占有相同的相格和相干体积；反之，每个相格及相应的相干体积可对应偏振方向互相垂直的两个光子或模式。

2.1.2　光子简并度

大量光子的集合遵从玻色-爱因斯坦统计规律，处于同一状态的光子，数目动态变化且不受限制，其平均光子数是可以确定的。这种处于同一光子态的平均光子数称为光子简并度，用 $\bar{n}$ 表示。其涵义可以表述为：同态光子数；同一模式的光子数；处于同一相格、偏振态相同的光子数。

当辐射与物质相互作用处于热平衡状态时，处于各个模式上的平均光子数为

$$\bar{n} = \frac{1}{\exp(h\nu / k_B T) - 1} \tag{2.9}$$

对于准平行准单色辐射的情况，光子简并度的求法如下：设光束截面为 ΔS，发散角为 $\Delta \Omega$，频率宽度为 $\Delta \nu$，平均功率为 p，则在 Δt 时间内通过光束截面 ΔS 的光子数为

$$N=\frac{p\Delta t}{h\nu} \tag{2.10}$$

上述光子数可能对应的状态数为

$$N_{\Delta\Omega}=\frac{8\pi\nu^2}{c^3}\frac{\Delta\Omega}{4\pi}\Delta\nu V=\frac{8\pi\nu^2}{c^3}\frac{\Delta\Omega}{4\pi}\Delta\nu\Delta tc\Delta S$$
$$=\frac{2}{\lambda^2}\Delta\Omega\Delta S\Delta\nu\Delta t \tag{2.11}$$

由此可以求出一个光波模式的平均光子数，即平均光子简并度为

$$\bar{n}=\frac{N}{N_{\Delta\Omega}}=\frac{p}{(2h\nu/\lambda^2)\Delta\Omega\Delta S\Delta\nu} \tag{2.12}$$

辐射源的单色定向亮度定义为单位表面积、单位立体角、单位频率间隔内所发射的功率，表示为

$$B_\nu=\frac{p}{\Delta\Omega\Delta S\Delta\nu} \tag{2.13}$$

由式(2.12)和式(2.13)可以推出：

$$\bar{n}=\frac{\lambda^2}{2h\nu}B_\nu \tag{2.14}$$

由式(2.14)可见，对于给定波长或频率的光辐射，光子简并度与单色定向亮度成正比，因此光子简并度也是反映光源基本特性的一个较直观的物理量。激光光源的光子简并度高，不仅表明激光光源的单色亮度高，而且由于大量光子处于相同的光量子态，具有相同的传播方向、偏振、频率等，又反映出激光光源的好的相干性。值得注意的是，一个光波模式的光子简并度是光源单色亮度的微观反映，且单色定向亮度并不能取代光子简并度的地位。

2.2 光与物质相互作用的经典理论

物质辐射光和吸收光能量，涉及到光与物质粒子(原子、分子、离子)与光的相互作用。玻尔假说已经让人们认识到了高低能级之间，原子吸收或辐射光能量；爱因斯坦则创新性地提出受激辐射理论，这个理论也是激光产生的理论基础。

考虑到在光学和激光领域中所遇到的大多数情况，光频电磁场对物质的作用都远大于磁场的作用，因此一般会考虑光电场与物质的相互作用，忽略磁场的影响。人们从经典电动力学出发，建立起解释物质对光波吸收和发射现象的电偶极振子模型理论。

2.2.1 受激吸收和色散的经典理论

1. 自发辐射的电偶极振子模型

(1) 电偶极振子模型

经典理论的电偶极振子模型如图 2.2(a)所示，由一个正电荷中心和负电荷中心组成，正负电荷电量相等，以 e 表示。若正负电荷中心偏离平衡位置的距离为 $\boldsymbol{r}$，则电偶极距为 $\boldsymbol{p}=-e\boldsymbol{r}$。如果电偶极矩 $\boldsymbol{p}$ 在平衡位置附近做高频周期振荡，将向周围辐射电磁场，即为发光。根据经典力学，电偶极子辐射出的电磁波的电场 $\boldsymbol{E}\propto e\ddot{\boldsymbol{x}}$，即

$$E(t)=E_0 e^{i(\omega_0 t+\varphi)} \tag{2.15}$$

式中，电偶极振子的固有振荡频率 $\omega_0=\sqrt{\dfrac{k}{m}}$，其中 k 为弹性恢复系数，m 是电子的质量。实际上，电偶极子在振荡过程中因向外辐射能量而不断损耗自身的能量，这可等效看作辐射阻尼力作用在偶极子上。当考虑辐射阻尼力 $\bar{\boldsymbol{F}}$ 时，电子的运动方程写为

$$m\ddot{x}+kx=\frac{e^2}{6\pi\varepsilon_0 c^3}\dddot{x} \tag{2.16}$$

由于辐射阻尼力非常小，用简谐振荡的结果简化式(2.16)，得到

$$\ddot{x}+\gamma\dot{x}+\omega_0^2 x=0 \tag{2.17}$$

式中，γ 为经典阻尼系数，$\gamma=\dfrac{e^2\omega_0^2}{6\pi\varepsilon_0 c^3}$。在光频段 $\omega_0\gg\gamma$，$\omega\approx-\dfrac{i\gamma}{2}+\omega_0$，则方程(2.16)的解为

$$x=x_0 e^{-\frac{\gamma}{2}t} e^{i\omega_0 t} \tag{2.18}$$

电偶极子模型及其简谐阻尼振荡示意图如图 2.2 所示。

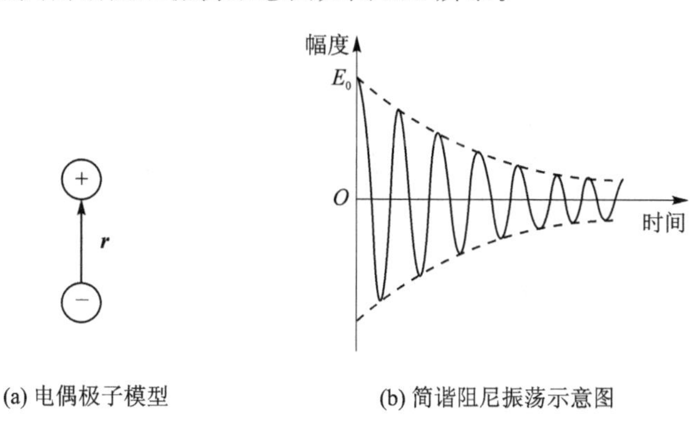

(a) 电偶极子模型　　(b) 简谐阻尼振荡示意图

图 2.2　电偶极子模型及其简谐阻尼振荡示意图

(2) 自发辐射

式(2.18)表明振子做简谐阻尼振荡，即存在阻尼力，但是没有外场的作用，这就与原子自发辐射相对应。考虑振子能量随时间的变化 $\varepsilon=\varepsilon_0 e^{-\gamma t}$，当 $t=\dfrac{1}{\gamma}=\tau_{\mathrm{rad}}$ 时，电偶极振子的能量下降到原来的 $1/e^2$，在一个周期内的平均能量则可以由此推导得出。偶极振子的辐射场

$$E(t)=E_0 e^{-\frac{\gamma}{2}t} e^{i\omega_0 t} \tag{2.19}$$

2. 受激吸收和色散

考虑单色平面波，波长比原子的线度大很多，电磁场分布均匀。忽略磁场的作用，考虑激光器的实际情况即光电场的振动方向与电偶极振子的振动方向相同。假设电场表达式为 $E(z,t)=E(z)e^{i\omega t}$，即为经典电偶极振子在外光场 $E(z,t)$ 作用下受迫振动，此时电子的运动方程为

$$\ddot{x}+\gamma\dot{x}+\omega_0^2 x=-\frac{e}{m}E(z,t)e^{i\omega t} \tag{2.20}$$

式中，$eE(z,t)e^{i\omega t}$ 是场作用到电子上的力。对于激光来讲，只对近共振作用感兴趣，此时 $\omega\approx$

ω_0，微分方程的解为

$$x(t)=\frac{-\frac{e}{m}E(z)}{2\omega_0(\omega_0-\omega)+\mathrm{i}\gamma\omega_0}\mathrm{e}^{\mathrm{i}\omega t} \tag{2.21}$$

此时，电偶极振子在外光电场的作用下做受迫谐振动，因此电偶极振子吸收外光电场的能量形成对入射光波的吸收现象。不考虑大量原子组成的体系中原子之间的相互作用，则介质的宏观极化强度为原子数密度 n 与单个电偶极振子的感应电偶极矩的乘积，即 $\boldsymbol{P}(z,t)=n\boldsymbol{p}(z,t)$，这种情况就是电偶极子相干振荡，其中单个电偶极振子的感应电偶极距为

$$p(z,t)=-ex(z,t)=\frac{\frac{e^2}{m}E(z)}{2\omega_0(\omega_0-\omega)+\mathrm{i}\gamma\omega_0}\mathrm{e}^{\mathrm{i}\omega t} \tag{2.22}$$

由麦克斯韦方程组和物质方程，以及一般介质中磁导率等于1，则感应极化强度为

$$\boldsymbol{P}(z,t)=\varepsilon_0\chi(\omega)\boldsymbol{E}(z,t)=\varepsilon_0\chi\boldsymbol{E}(z)\mathrm{e}^{\mathrm{i}\omega t} \tag{2.23}$$

则介质的电极化系数 χ 为

$$\chi(\omega)=\frac{ne^2}{\varepsilon_0 m}\frac{1}{2\omega_0(\omega_0-\omega)+\mathrm{i}\gamma\omega_0} \tag{2.24}$$

物质的相对介电系数与电极化率的关系为

$$\varepsilon'=1+\chi(\omega)=1+\chi'(\omega)+\mathrm{i}\chi''(\omega) \tag{2.25}$$

式中，$\chi(\omega)=\chi'(\omega)+\mathrm{i}\chi''(\omega)$，可以得到

$$\chi'(\omega)=\frac{ne^2}{m\varepsilon_0\omega_0\gamma}\frac{2(\omega-\omega_0)}{1+\frac{4(\omega-\omega_0)^2}{\gamma^2}} \tag{2.26}$$

$$\chi''(\omega)=-\frac{ne^2}{m\varepsilon_0\omega_0\gamma}\frac{1}{1+\frac{4(\omega-\omega_0)^2}{\gamma^2}} \tag{2.27}$$

对于 $\eta_c=\sqrt{\varepsilon'}=1+\frac{\chi'(\omega)}{2}+\mathrm{i}\frac{\chi''(\omega)}{2}$，定义 $\eta_c=\eta+\mathrm{i}\beta$，则有

$$\eta=1+\frac{\chi'(\omega)}{2},\quad \beta=\frac{\chi''(\omega)}{2} \tag{2.28}$$

将式(2.26)、式(2.27)代入式(2.28)，得到

$$\eta=1+\frac{\chi'(\omega)}{2}=1+\left(\frac{ne^2}{2m\omega_0\varepsilon_0\gamma}\right)\frac{\frac{\omega-\omega_0}{\gamma}}{1+\frac{4(\omega-\omega_0)^2}{\gamma^2}} \tag{2.29}$$

$$\beta=\frac{\chi''(\omega)}{2}=\left(\frac{ne^2}{2m\omega_0\varepsilon_0\gamma}\right)\frac{1}{1+\frac{4(\omega-\omega_0)^2}{\gamma^2}} \tag{2.30}$$

这说明复折射率的实部和虚部与极化率的实部和虚部相联系，可以得到场强为

$$E(z,t)=E_0\mathrm{e}^{-\frac{\omega}{c}\beta z}\mathrm{e}^{\mathrm{i}\omega\left(t-\frac{\eta}{c}z\right)} \tag{2.31}$$

可见 η_c 的实部 η 就是介质的折射率；其虚部导致场振幅的指数衰减，则光强表达为

$$I = I_0 e^{-\frac{2\omega}{c}\beta z} = I_0 e^{-\alpha(\nu)z} \tag{2.32}$$

式中，$\alpha(\nu)$称为介质对辐射场的吸收系数：

$$\alpha(\nu) = \frac{2\omega}{c}\beta = \left(\frac{ne^2\omega}{m\omega_0\varepsilon_0 c\gamma}\right)\frac{1}{1+\frac{4(\omega-\omega_0)^2}{\gamma^2}} \tag{2.33}$$

一般地，定义 $\alpha(\nu) = -\frac{\mathrm{d}I}{I\mathrm{d}z}$，即吸收系数是光通过单位距离光强减少的百分比。考虑式(2.29)和式(2.33)，令 $\Delta\nu_{\mathrm{H}} = \gamma/2\pi$，则 $\alpha(\nu)$ 改写为

$$\alpha(\nu) = \left(\frac{ne^2\nu}{4m\nu_0\varepsilon_0 c}\right)\frac{\frac{\Delta\nu_{\mathrm{H}}}{2\pi}}{(\nu_0-\nu)^2+\left(\frac{\Delta\nu_{\mathrm{H}}}{2}\right)^2} \tag{2.34}$$

$$\eta = 1 + \left(\frac{ne^2}{16\pi^2 m\nu_0\varepsilon_0}\right)\frac{\nu_0-\nu}{(\nu_0-\nu)^2+\left(\frac{\Delta\nu_{\mathrm{H}}}{2}\right)^2} \tag{2.35}$$

可以得到

$$\eta(\nu) = 1 + \frac{c(\nu_0-\nu)}{2\pi\nu\Delta\nu_H}\alpha(\nu) \tag{2.36}$$

色散在光的应用中起着重要作用，在激光器的设计中也是如此。在此对色散进行下面的说明：

① 通过复折射率的实部折射率 $\eta(\nu)$ 与介质线性电极化系数的实部的线性关系，会导致电磁场在介质中传播速度的改变，而折射率 $\eta(\nu)$ 又随入射场频率而变化，这就是色散。

② 复折射率的虚部与介质线性电极化系数相差一个系数，表示介质对入射场的吸收(或者放大)。

③ 正常色散与反常色散：在介质固有吸收波长附近区域，与正常色散区域的缓慢递增不同，反常色散如图 2.3 所示，随着入射光频率的增大，介质折射率下降，变化剧烈。对比正常色散在原来介质固有吸收波长的区域，介质折射率几乎不变。

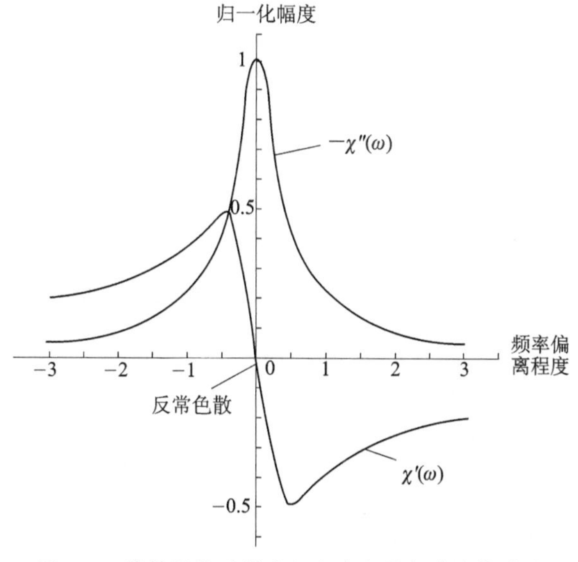

图 2.3　线性极化系数实部和虚部随频率变化曲线

2.2.2 激光产生的理论基础——原子能级、光的吸收和发射

1. 原子能级

光与物质相互作用是以物质的结构和能级理论为基础的，因此下面对原子物理学的相关概念进行简介。

(1) 原子能级理论

玻尔在卢瑟福原子模型的基础上，应用量子概念提出了关于原子结构的假说，很好地解释了氢原子光谱的实验事实，奠定了原子结构和能级的理论基础。玻尔理论的基本假设如下：

① 核外电子只能在某些特定的(有确定的半径 r 和能量 E)圆形轨道上绕核运动，电子在这些符合量子化条件的轨道上运动时处于“稳定状态”(这些轨道的能量状态不随时间而改变，称为定态轨道，简称定态)。在定态轨道上的电子既不吸收能量也不释放能量，其中能量最低的定态称为基态，其他的定态均称为激发态。

② 处于激发态的电子不稳定，可以跃迁到离核较近的轨道上；由于电子在能量不同的轨道之间跃迁时，原子吸收或辐射出能量，其对应的光子频率满足 $h\nu = E_2 - E_1$，高能级能量 E_2 大于低能级能量 E_1。

③ 原子内电子各种可能定态存在一定的限制：电子轨道角动量 P_Ψ 为$\hbar$的整数倍，其中

$$P_\Psi = n\hbar = \frac{nh}{2\pi}, \quad n = 1,2,3,\cdots \tag{2.37}$$

即玻尔的量子化条件，n 称为量子数或者主量子数。

索末菲在1915年以后发展了玻尔原子能级的理论，提出电子在原子核外的运动状态，可以用主量子数、角量子数、方向量子数和磁量子数这四个量子数描述。这就是说，我们可以用一组量子数描述电子的运动状态(原子的能级)。

(2) 原子的能级

考察只有一个电子的原子，其状态可以用该电子的状态来表示，即用其中一组主量子数、角量子数、方向量子数和磁量子数(n、l、m、m_s)来表征原子的量子态，如图2.4所示。两个量子态，当 n 不同时，其能量差别最大(根据玻尔理论，电子处于不同的壳层中)。当 n 相同而 l 不同时，能量差别小很多，只是轨道的形状有区别。当 n、l 相同而 m、m_s 不同时，往往具有相同的能量；只有在存在外磁场时，才显示出不同的能量，所以一个简并能级往往可以对应若干个量子态，简并度即为对应的量子态数目。

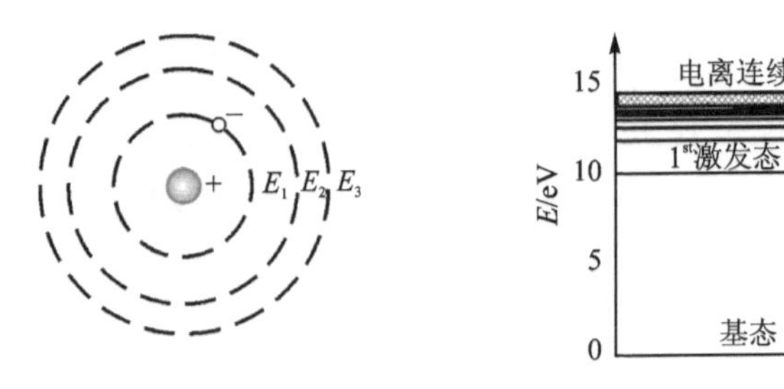

图 2.4 原子能级示意图

对于多电子的原子，原子的状态由多个电子的状态决定，其中每个电子对应一组量子数。

根据泡利不相容原理，一个原子中不可能有两个电子具有相同的量子态，即在其他量子数相同的情况下，它们的自旋电子数必然相反，一个为 $m_s=\frac{1}{2}$，另一个为 $m_s=-\frac{1}{2}$。为了便于进行激光产生过程中电子的跃迁行为，将能级简化，常见的能级系统如图 2.5 所示。

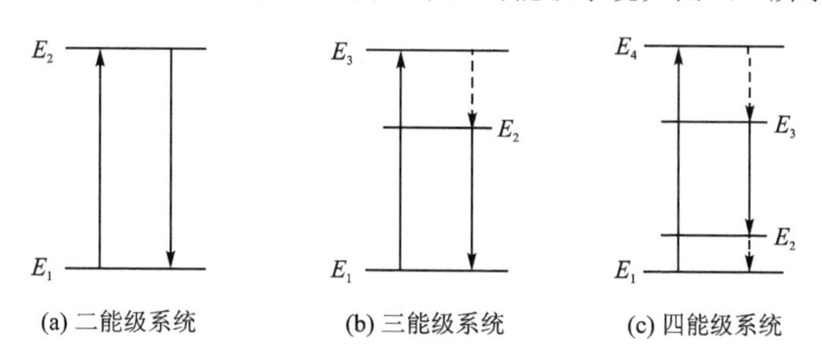

图 2.5　不同能级系统激光跃迁示意图

2. 自发辐射

(1) 自发辐射的特点

玻尔原子能级理论中所做的假设，给出的其实就是自发辐射的定义，在此不再赘述。普通光源的发光过程就是大量粒子的自发辐射过程，粒子能级间的这一跃迁过程完全是自发的，与物质中是否存在光辐射无关。这些粒子各自独立地、随机地、自发地发射能量相同但彼此无关的光子，这些光子具有相同的频率，但是其相位、偏振状态和传播方向彼此无关。

(2) 自发辐射系数

粒子(原子、分子或离子)的高能级 E_2 和低能级 E_1 之间满足辐射跃迁选择定则。高能级 E_2 上的粒子数密度为 n_2，在 $\mathrm{d}t$ 时间内单位体积中由高能级 E_2 自发辐射至低能级 E_1 的粒子数可以描述为

$$\mathrm{d}N_{21}=A_{21}n_2\mathrm{d}t \tag{2.38}$$

式中，A_{21} 称为自发辐射系数，又称爱因斯坦自发辐射系数，量纲为 s^{-1}。这个参数至关重要，可以从两个方面理解其物理意义。

① 单位时间内 E_2 能级自发跃迁到 E_1 能级的粒子数占 E_2 总粒子数的比例，即为每一个处于 E_2 能级的粒子在单位时间内向 E_1 能级跃迁的概率。如某一原子在某两个能级之间的自发辐射系数为 $A_{21}=6\times10^{-9}/\mathrm{s}$，这也就意味着在 6×10^{-9} s 的时间内，处于 E_2 上的粒子将有大约一半的粒子通过自发辐射返回 E_1，即在 6×10^{-9} s 时间内，激光能级上粒子发生自发辐射的概率是 1/2。

② 证明 A_{21} 是原子在能级 E_2 上的平均寿命的倒数。

如图 2.6 所示，考虑在能级 E_2 上粒子数密度 $n_2(t)$ 的减少仅仅是由于自发辐射而引起的，在这种情况下，式(2.38)可以写为 $-\mathrm{d}N_{21}=A_{21}n_2(t)\mathrm{d}t$，求解这个式子，并设 t_0 时刻 E_2 能级上的粒子数密度为 n_{20}，则有

$$n_2(t)=n_{20}\mathrm{e}^{-A_{21}t} \tag{2.39}$$

它表示 E_2 能级粒子数密度随时间按指数规律衰减。令 $A_{21}=\frac{1}{\tau}$，则上式可以写为

$$n_2(t)=n_{20}\mathrm{e}^{-t/\tau} \tag{2.40}$$

称为原子在能级 E_2 上的平均寿命。

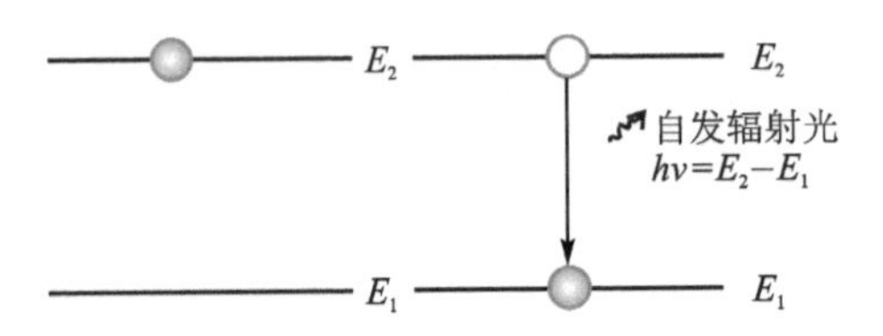

图 2.6 自发辐射的示意图

3. 受激跃迁

(1) 受激跃迁

存在两种受激跃迁过程:受激吸收和受激辐射。受激跃迁与玻尔假说中的原子跃迁不同,受激跃迁具有鲜明的特点:

① 受激跃迁过程是一种受迫的、被外界光辐射控制的过程,没有激励光子的入射,不可能发生受激吸收或者受激辐射跃迁;

② 受激辐射所产生的光子与外来激励光子为同一光子态,即二者具有相同的相位、偏振状态和传播方向等;

③ 激励光子照射粒子时,粒子是从低能级 E_1 吸收一个光子跃迁到高能级 E_2,还是从高能级 E_2 发射一个光子跃迁到低能级 E_1,完全取决于激励光子照射粒子前,粒子所在的能级是低能级 E_1 还是高能级 E_2。

(2) 受激跃迁概率和爱因斯坦系数

1) 受激吸收

如图 2.7 所示,设 n_1 为激光下能级上的粒子数密度。频率为 ν 的入射激光的能量密度为 ρ_ν,在 $\mathrm{d}t$ 时间内,单位体积从低能级 E_1 吸收入射光子能量而跃迁到高能级 E_2 的粒子数 $\mathrm{d}N_{21}$ 可表示为

$$\mathrm{d}N_{12}=B_{12}\rho_\nu n_1\mathrm{d}t \tag{2.41}$$

式中,比例系数 B_{12} 称为爱因斯坦受激吸收系数,简称受激吸收系数;它与自发辐射系数一样,只与原子性质相关。

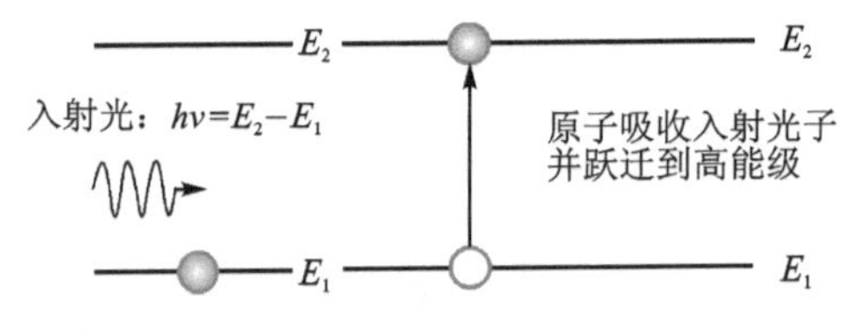

图 2.7 受激吸收示意图

定义 $W_{12}=B_{12}\rho_\nu$ 为受激吸收跃迁概率,则由式(2.41)可得

$$W_{12}=B_{12}\rho_\nu=\frac{\mathrm{d}N_{12}}{n_1\mathrm{d}t} \tag{2.42}$$

式中,W_{12} 是在单色辐射能量密度为 ρ_ν 的光照射下,在单位时间内产生受激吸收的粒子数在 E_1 能级粒子数中所占的比例。必须明确,受激跃迁概率不仅与原子性质相关,而且与入射的

单色能量密度 ρ_ν 有关。受激辐射和受激跃迁是两个相反的过程，因此受激辐射也有相似的定义和关系式。

2）受激辐射

如图 2.8 所示，高能级 E_2 上的粒子数密度为 n_2，单色入射光的辐射能量密度为 ρ_ν，则 $\mathrm{d}t$ 时间内单位体积中从高能级辐射回到低能级 E_1 的粒子数 $\mathrm{d}N_{21}$ 为

$$\mathrm{d}N_{21}=B_{21}\rho_\nu n_2\mathrm{d}t \tag{2.43}$$

式中，B_{21} 称为爱因斯坦受激辐射系数，简称受激辐射系数，其只与原子性质有关。同样地，定义 $W_{21}=B_{21}\rho_\nu$ 为受激辐射跃迁概率，则有

$$W_{21}=B_{21}\rho_\nu=\frac{\mathrm{d}N_{21}}{n_2\mathrm{d}t} \tag{2.44}$$

式中，W_{21} 是在单色辐射能量密度为 ρ_ν 的光照射下，在单位时间内产生受激辐射跃迁到低能级 E_1 的粒子数在 E_2 能级总粒子数中所占的比例；也可以看作在能级 E_2 上每一个粒子在单位时间内发生受激辐射的概率，且与单色辐射能量密度 ρ_ν 成正比。

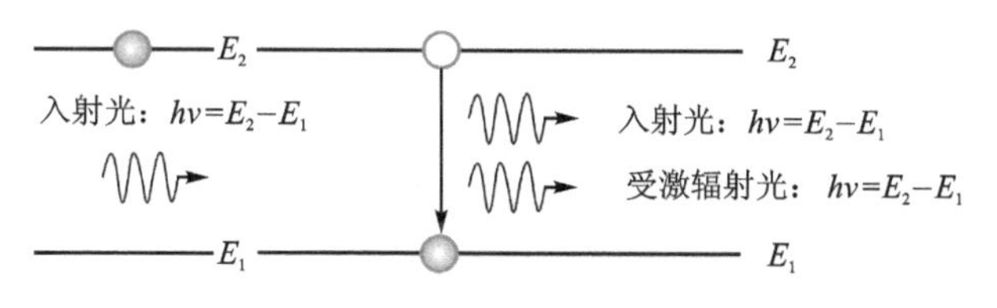

图 2.8　受激辐射示意图

3）爱因斯坦系数间的关系

光与物质相互作用的三个系数：自发辐射系数 A_{21}、受激吸收系数 B_{12} 和受激辐射系数 B_{21}，三者都只与原子性质有关。不难想象，原子本身的性质决定了它们之间的关系。根据光和物质相互作用的物理模型分析空腔黑体的热平衡过程，如图 2.9 所示。

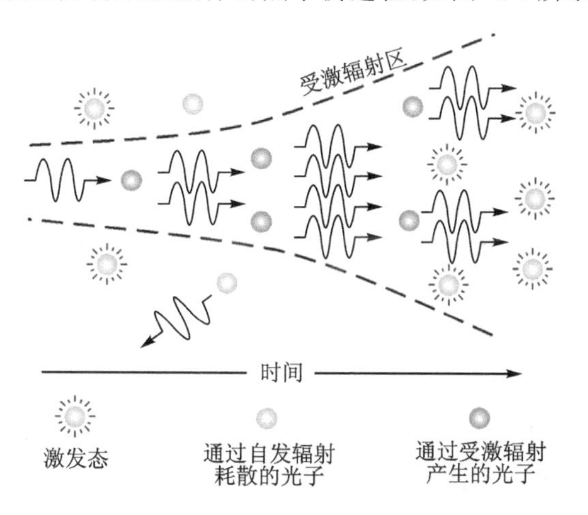

图 2.9　激光器内光子辐射示意图

在时间 $\mathrm{d}t$ 内，单位体积中自发辐射的粒子数为

$$A_{21}n_2\mathrm{d}t \tag{2.45}$$

受激吸收的粒子数为

$$B_{12}n_1\rho_\nu \mathrm{d}t \tag{2.46}$$

受激辐射的粒子数为

$$B_{21}n_2\rho_\nu \mathrm{d}t \tag{2.47}$$

在热平衡状态下，从 E_2 能级辐射到 E_1 能级上的粒子数等于 E_1 能级跃迁到 E_2 能级上的粒子数，即满足

$$n_2A_{21}+n_2B_{21}\rho_\nu=n_1B_{12}\rho_\nu \tag{2.48}$$

热平衡状态下，腔内物质的原子数按照能级的分布应服从玻耳兹曼分布统计规律，即

$$\frac{n_1}{n_2}=\frac{f_2}{f_1}\mathrm{e}^{-\frac{E_2-E_1}{kT}} \tag{2.49}$$

式中，f_1 和 f_2 分别是 E_1 和 E_2 能级的统计权重因子，k 为玻耳兹曼常数。由式(2.48)和式(2.49)可得

$$\rho_\nu=\frac{A_{21}}{B_{21}}\cdot\frac{1}{\frac{B_{12}f_1}{B_{21}f_2}\mathrm{e}^{h\nu/kT}-1} \tag{2.50}$$

根据黑体辐射普朗克公式，有

$$\rho_\nu=\frac{8\pi h\nu^3}{c^3}\cdot\frac{1}{\mathrm{e}^{h\nu/kT}-1} \tag{2.51}$$

由式(2.50)和式(2.51)得到

$$\frac{B_{21}}{A_{21}}\cdot\left(\frac{B_{12}f_1}{B_{21}f_2}\mathrm{e}^{h\nu/kT}-1\right)=\frac{c^3}{8\pi h\nu^3}\cdot(\mathrm{e}^{h\nu/kT}-1) \tag{2.52}$$

令 $T\to\infty$ 得

$$\frac{B_{21}}{A_{21}}=\frac{c^3}{8\pi h\nu^3} \tag{2.53}$$

$$B_{12}f_1=B_{21}f_2 \tag{2.54}$$

式(2.53)和式(2.54)确定了 A_{21}、B_{12} 和 B_{21} 这三个系数的关系。E_1 和 E_2 能级的统计权重因子 f_1 和 f_2 相等，则有

$$B_{12}=B_{21} \tag{2.55}$$

对应的受激吸收概率和受激辐射概率也相等，即 $W_{12}=W_{21}$。

前面是从理论方面对受激跃迁的相互关系进行了说明，在图 2.7～图 2.9 中的左侧均为对应过程的初始状态，右侧为过程的结果。这其实也反映出这几种相互作用的关系：三种跃迁“同生共死”，缺一不可。自发辐射是基础，受激辐射是选定的方向上的放大的自发辐射，并且对于受激辐射而言，如果要产生放大，则上能级的粒子数应足够多。整个关系在图 2.9 中亦可以进行说明。因此自发辐射、受激吸收和受激辐射这几种相互作用并非各自独立，而是同时存在，同时消亡，缺一不可。在激光阈值以下，以自发辐射为主导；在激光阈值以上，以受激辐射为主导。

2.3 光谱线的线型函数与谱线加宽

在描述准单色光与物质的相互作用中的跃迁现象时，必须引入光谱线型函数和光谱线加

宽的概念,因此在这一节中首先引入光谱线型函数和光谱加宽的概念,在此基础上着重讨论在描述准单色光与物质的相互作用跃迁中的爱因斯坦系数,亦可了解能级跃迁之间的相互关系,便于进行激光器的设计。

2.3.1 光谱线的线型函数

实验证明每一条光谱的波长(频率)均非单一频率的光波,而是包含一定的频率范围的。用光谱仪对光谱灯(例如汞灯、钠灯)的光进行拍照,就可以得到光谱灯光的光谱,如图 2.10 所示。光谱含有多条谱线,每一条谱线都代表了光谱灯发射对应的一种频率(或波长)的光,且是由高能级 E_2 上的粒子向低能级 E_1 自发辐射跃迁形成的。需要指出的是:每一条光谱的频率都不是一条无限窄的线,而是具有一定的宽度的;不同的光谱,谱线宽度也各不相同。按照自发辐射的定义,高能级 E_2 上的粒子跃迁到低能级 E_1 时辐射光的频率严格满足 $\nu_0=(E_2-E_1)/h$。这与上述实验观察到的现象是不一致的,原子辐射出来的光频率是在频率 ν_0 附近的某个范围内,因此需要对爱因斯坦系数进行修正。将上述一条光谱线包含一定频率范围的现象称为光谱线的加宽。此外,实验还表明,不仅各条谱线的宽度不同,而且对每一条谱线而言,在有限宽度的频率范围内,光强的相对分布也不相同,即由于谱线加宽,自发辐射的光强不再集中在一个单一的频率 ν_0 上,而是变成了以此频率为中心,随频率变化的函数,如图 2.11 所示。

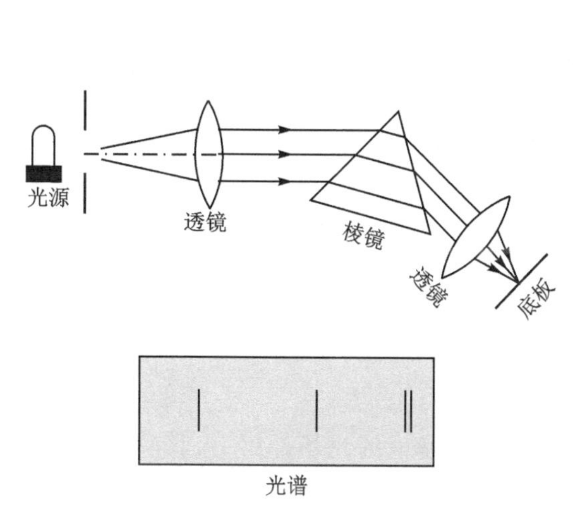

图 2.10　光谱线测量及其结果

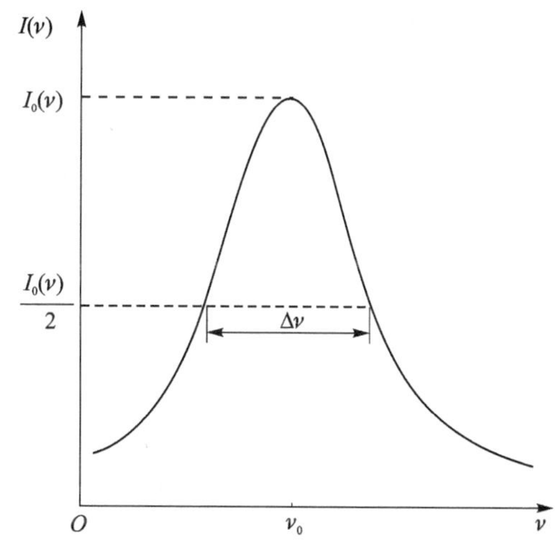

图 2.11　光谱线型函数

用 $I(\nu)$ 描述自发辐射强度按频率分布的函数,

$$I=\int_{-\infty}^{\infty} I(\nu)\mathrm{d}\nu \tag{2.56}$$

为方便观察曲线的形状,定义该谱线的线型函数 $g(\nu,\nu_0)$,其中,ν_0 为谱线中心频率,给出的是自发辐射按频率的相对分布,也可以理解为跃迁概率按照频率的分布。不同的谱线对应不同的线型函数。设某一谱线的总强度为 I_0,由线型函数的定义,有

$$g(\nu,\nu_0)=I(\nu)/I_0 \tag{2.57}$$

对所有的频率积分,得

$$I_0=\int_{-\infty}^{\infty}I(\nu)\mathrm{d}\nu=\int_{-\infty}^{\infty}I_0 g(\nu,\nu_0)\mathrm{d}\nu=I_0\int_{-\infty}^{\infty}g(\nu,\nu_0)\mathrm{d}\nu \tag{2.58}$$

$$\int_{-\infty}^{\infty}g(\nu,\nu_0)\mathrm{d}\nu=1 \tag{2.59}$$

因此 $g(\nu,\nu_0)$是归一化的,也称为线型函数的归一化条件,即曲线 $g(\nu,\nu_0)$在该曲线下的面积为 1。线型函数在 $\nu=\nu_0$ 时有最大值 $g(\nu,\nu_0)$,且在 $\nu=\nu_0\pm\Delta\nu/2$ 时下降至最大值的一半,此时有

$$g(\nu_0-\Delta\nu/2,\nu_0)=g(\nu_0+\Delta\nu/2,\nu_0)=\frac{1}{2}g(\nu_0,\nu_0) \tag{2.60}$$

式中,$\Delta\nu$ 称为谱线的半最大全宽度(FWHM),简称半宽度或者线宽。半宽度还可以用角频率或者波长表示:

$$\Delta\omega=2\pi\Delta\nu \tag{2.61}$$

$$\Delta\lambda=|\lambda_1-\lambda_2|=\frac{c}{\nu^2}\Delta\nu \tag{2.62}$$

且这三种表示的半宽度是相同的,即

$$\left|\frac{\Delta\nu}{\nu}\right|=\left|\frac{\Delta\omega}{\omega}\right|=\left|\frac{\Delta\lambda}{\lambda}\right| \tag{2.63}$$

2.3.2 爱因斯坦系数的修正

引入谱线的线型函数 $g(\nu,\nu_0)$后,发射和吸收光的概率也必须引入线宽因子,因此需要对爱因斯坦系数进行修正。根据式(2.38)和式(2.56)对于自发辐射系数 A_{21} 和线型函数 $g(\nu,\nu_0)$的定义,修正后的自发辐射系数可以写为

$$A_{21}(\nu)=A_{21}g(\nu,\nu_0) \tag{2.64}$$

式(2.64)给出了自发辐射概率按照频率的分布关系,亦为在频率 ν 处单位频带内的自发辐射概率。根据式(2.53),代入式(2.64),则得到

$$B_{21}g(\nu,\nu_0)=\frac{c^3}{8\pi h\nu^3}A_{21}(\nu) \tag{2.65}$$

定义:

$$B_{21}(\nu)=B_{21}g(\nu,\nu_0) \tag{2.66}$$

式(2.66)给出了爱因斯坦系数 B_{21} 按照频率的分布。在频率 ν 的光场作用下,受激辐射概率应为

$$W_{21}(\nu)=B_{21}g(\nu,\nu_0)\rho(\nu) \tag{2.67}$$

同理,可以推导出受激吸收跃迁概率为

$$W_{12}(\nu)=B_{12}g(\nu,\nu_0)\rho(\nu) \tag{2.68}$$

这说明由于光谱线的加宽,与原子发生相互作用的光频率 ν 并不一定要精确等于原子中心频率 ν_0,只要 ν 处于中心频率 ν_0 附近的一个范围内,受激跃迁依然可以发生,仅仅是概率不同而已。当入射光的频率 $\nu=\nu_0$ 时,受激跃迁概率最大;当入射光的频率 ν 偏离 ν_0 时,受激跃迁概率急剧下降。

引入线型因子后,自发辐射、受激吸收和受激辐射三种过程的速率分别为

$$\left(\frac{\mathrm{d}N_{21}}{\mathrm{d}t}\right)_{\mathrm{sp}}=-\int n_2A_{21}(\nu)\mathrm{d}\nu=-A_{21}n_2 \tag{2.69}$$

$$\left(\frac{\mathrm{d}N_{21}}{\mathrm{d}t}\right)_{\mathrm{st}}=-n_2B_{21}\int g(\nu,\nu_0)\rho(\nu)\mathrm{d}\nu \tag{2.70}$$

$$\left(\frac{\mathrm{d}N_{12}}{\mathrm{d}t}\right)_{\mathrm{st}}=-n_1B_{12}\int g(\nu,\nu_0)\rho(\nu)\mathrm{d}\nu \tag{2.71}$$

有几点需要说明：① 对于自发辐射、受激吸收和受激辐射等过程，光谱线的线型函数是相同的；② 引入光谱线的线型函数 $g(\nu,\nu_0)$ 对于自发辐射没有影响，但是对于受激跃迁，则出现 $\int_{-\infty}^{+\infty}g(\nu,\nu_0)\rho(\nu)\mathrm{d}\nu$ 这一因子，其影响程度取决于光场的线宽。

2.3.3　两种极限光场的情况

1. 原子和准单色光相互作用

准单色光定义为其频率的带宽 $\Delta\nu'$ 远小于粒子的谱线宽度 $\Delta\nu$。激光的带宽远小于自发辐射的谱线带宽，因此激光与物质相互作用属于原子与准单色光相互作用。设激光的中心频率为 ν，线宽为 $\Delta\nu'$，原子谱线的中心频率为 ν_0，谱线宽度为 $\Delta\nu$，且 $\Delta\nu'\ll\Delta\nu$，如图 2.12 所示。

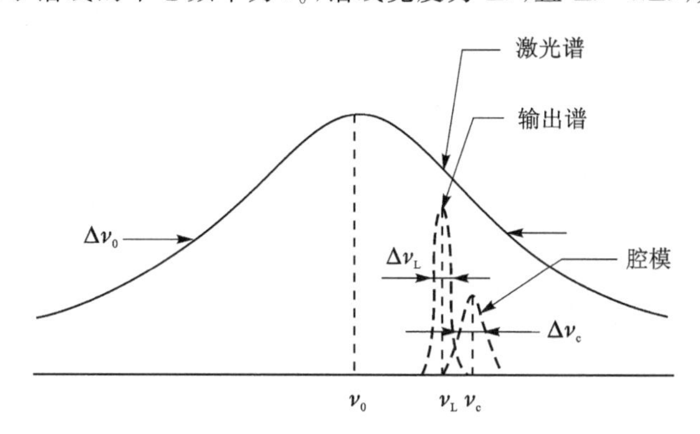

图 2.12　频率的带宽远小于粒子的谱线宽度时的相互作用

从图 2.12 中可以看出，式(2.70)和式(2.71)中的被积函数只在中心频率 ν 附近一个极窄的范围内才有非零值。在此范围内，线型函数 $g(\nu,\nu_0)$ 可近似看成不变。引入 δ 函数表示准单色光的光场，则有

$$\rho(\nu)=\rho\delta(\nu'-\nu) \tag{2.72}$$

$$\int_{-\infty}^{\infty}\rho(\nu)\mathrm{d}\nu'=\int_{-\infty}^{\infty}\rho\delta(\nu'-\nu)\,\mathrm{d}\nu=\rho \tag{2.73}$$

式中，ρ 为总能量密度。将式(2.73)代入式(2.70)中，得

$$\left(\frac{\mathrm{d}N_{21}}{\mathrm{d}t}\right)_{\mathrm{st}}=-n_2B_{21}\int_{-\infty}^{\infty}g(\nu',\nu_0)\rho\delta(\nu'-\nu)\,\mathrm{d}\nu'=-n_2B_{21}g(\nu,\nu_0)\rho \tag{2.74}$$

同理可以得到

$$\left(\frac{\mathrm{d}N_{12}}{\mathrm{d}t}\right)_{\mathrm{st}}=-n_1B_{12}g(\nu,\nu_0)\rho \tag{2.75}$$

从式(2.74)、式(2.75)两式可得，在频率为 ν 的准单色光的作用下，受激跃迁概率为

$$W_{21}(\nu)=B_{21}g(\nu,\nu_0)\rho \tag{2.76}$$

$$W_{12}(\nu)=B_{12}g(\nu,\nu_0)\rho \tag{2.77}$$

2. 原子和连续光谱辐射的相互作用

黑体辐射与物质的相互作用属于这类情况。如图 2.13 所示，辐射场 $\rho(\nu')$ 分布在 $\Delta\nu' \ll \Delta\nu$ 的频率范围内，$\rho(\nu')$ 为单色能量密度。此时式(2.70)中被积函数只在 ν_0 附近很小的频率范围内有非零值。在此范围可将 $\rho(\nu')$ 作为常数提到积分号外，于是有

$$\left(\frac{\mathrm{d}N_{21}}{\mathrm{d}t}\right)_{\mathrm{st}} = -n_2 B_{21}\int_{-\infty}^{\infty} g(\nu,\nu_0)\rho(\nu')\,\mathrm{d}\nu' = -n_2 B_{21}\rho(\nu_0) = -n_2 B_{21}\rho_{\nu_0} \tag{2.78}$$

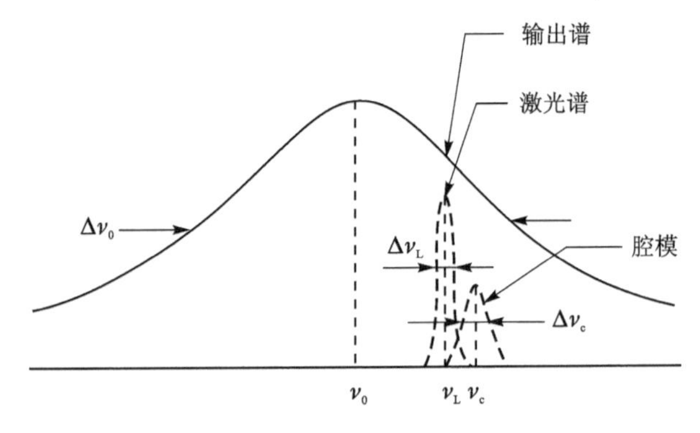

图 2.13 原子和连续谱相互作用

同理有

$$\left(\frac{\mathrm{d}N_{12}}{\mathrm{d}t}\right)_{\mathrm{st}} = -n_1 B_{12}\rho(\nu_0) = -n_1 B_{12}\rho_{\nu_0} \tag{2.79}$$

或者

$$W_{21} = B_{21}\rho_{\nu_0} \tag{2.80}$$

$$W_{12} = B_{12}\rho_{\nu_0} \tag{2.81}$$

比较上述两种情况，可以得到结论：在讨论黑体辐射问题时，不必考虑线型因子的因素，而在窄带激发的情况下，爱因斯坦系数表达式中必须考虑线型因子。

2.3.4 自发辐射与受激辐射的强度关系

介质中有粒子处于上能级 E_2 时，就有自发辐射；自发辐射光子成为该物质中其他原子的外来光子，能引起其他粒子的受激辐射或受激吸收。因此自发辐射和受激跃迁总是同时存在。当激光工作介质处于非激活状态时，自发辐射与受激辐射相比，占绝对优势。

设频率 ν 处单位频带内自发辐射的光强度为 I_{sp}，根据式(2.64)可以得到

$$I_{\mathrm{sp}} = n_2 A_{21} g(\nu,\nu_0) h\nu \tag{2.82}$$

设频率 ν 处单位频带内受激辐射的光强度为 I_{st}，根据式(2.76)、式(2.77)可得

$$I_{\mathrm{st}} = n_2 B_{21} g(\nu,\nu_0)\rho_\nu h\nu \tag{2.83}$$

两个光强度相比，有

$$\frac{I_{\mathrm{st}}}{I_{\mathrm{sp}}} = \frac{B_{21}\rho_\nu}{A_{21}} \tag{2.84}$$

将爱因斯坦系数的关系式(2.53)代入，得到

$$\frac{I_{st}}{I_{sp}}=\frac{c^3}{8\pi h\nu^3}\rho_\nu \tag{2.85}$$

式中，ρ_ν 由普朗克黑体辐射公式给出。可以计算在 $T=5\ 000$ K 的热平衡腔中，对于波长为 500 nm 的光，二者之比为 10^{-9} 的量级，即自发辐射强度比受激辐射强度高出约 9 个数量级，可以说受激辐射基本上是不存在的。

除了辐射跃迁外，一个原子也可以经过无辐射过程从高能级 E_2 跃迁到低能级 E_1，在此情形，二者的能量差转化为周围分子的平动、振动或转动的能量。在气体中，这种无辐射跃迁的发生是非弹性碰撞引起的；而在固体中，则是由于原子与晶格振动的相互作用引起的。无辐射跃迁与自发辐射是同时发生的，因此需要注意自发辐射所辐射出的光以指数形式衰减，其时间常数是上能级寿命 τ。

2.3.5　自然加宽和碰撞加宽

本小节将讨论各种谱线的加宽机制以及线型函数的相关特性。在前面的论述中已经假定自发辐射、受激辐射和受激吸收三种过程中，频谱都是相同的，因而线型函数也是相同的。

线型函数的具体表达式取决于引起谱线加宽的具体物理因素。自发辐射光的频率有一定的宽度，相对于理想地认为其频谱是单一频率来说，光谱线加宽了。常见的引起光谱线加宽的物理机制包括：自然加宽、碰撞加宽和多普勒加宽三种；此外，就引起光谱线加宽的物理因素对介质中每个发光粒子的影响和贡献是否相同而言，还可以将光谱线的加宽机制分为均匀加宽和非均匀加宽两大类。这里将根据不同的物理因素求出线型函数的具体形式。

1. 自然加宽

由于激发态能级具有自发辐射跃迁引起的有限寿命，而使自发辐射的谱线加宽，称为自然加宽。对于这一问题，考虑自发辐射的光随时间的衰减规律，此时经典振子模型可以解释自然加宽的现象。因此，从经典的电磁理论开始进行说明。

由式(2.18)，经典阻尼振子辐射场为

$$E(t)=E_0 e^{-\frac{\gamma}{2}t} e^{i\omega_0 t} \tag{2.86}$$

式中，$\omega_0=2\pi\nu_0$，ν_0 是原子做简谐振荡的频率，即原子发光的中心频率；γ 是阻尼系数。因为 $E_0\exp\left(-\frac{\gamma}{2}t\right)$ 因子表示振幅随时间而衰减，辐射场不再是频率 ν_0 的单色场，通过傅里叶变换，可以得到与式(2.86)相关的频率分布，如图 2.14 所示，从而表明形成自然加宽的原因。

将式(2.86)做傅里叶变换，将场振幅在时域上的振动变换到频域上的振动，得到

$$E(t)=\int_{-\infty}^{\infty}E(\omega)e^{i\omega t}\,d\omega \tag{2.87}$$

式(2.87)是将 $E(t)$ 用振幅为 $E(\omega)$ 的单色振荡 $e^{i\omega t}$ 的叠加来描述的，这表明 $E(t)$ 是一些单色振荡的叠加，不再是单一频率的振动，而是包含有多个频率的光波，因此光谱变宽。因此当 $t<0$ 时，$E(t)=0$，所以有

$$E(\omega)=\frac{1}{2\pi}\int_{0}^{\infty}E(t)e^{-i\omega t}\,dt \tag{2.88}$$

将式(2.18)代入式(2.88)，有

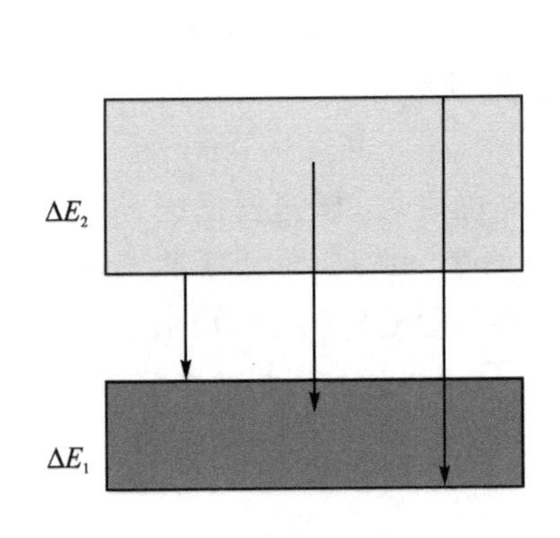

(a) 自然展宽原因

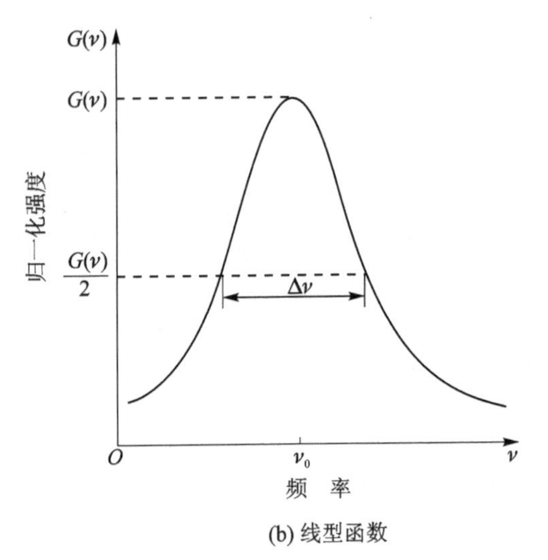

(b) 线型函数

图 2.14 自然展宽原因及线型函数

$$E(\nu)=\int_0^\infty E'_0 \mathrm{e}^{-\frac{\gamma}{2}t}\mathrm{e}^{\mathrm{i}2\pi(\nu_0-\nu)t}\mathrm{d}t=\frac{E'_0}{\frac{\gamma}{2}-\mathrm{i}(\nu_0-\nu)2\pi} \tag{2.89}$$

原子辐射的光强与光波振幅的平方成正比,即

$$I\propto|E|^2=EE^*\propto E_0^2\mathrm{e}^{-\gamma t} \tag{2.90}$$

频率在 $\nu\sim\nu+\mathrm{d}\nu$ 区间内的自发辐射强度为

$$I(\nu)\mathrm{d}\nu=C|E(\nu)|^2\mathrm{d}\nu \tag{2.91}$$

式中,C 是比例系数。根据公式 $I=\int_{-\infty}^{+\infty}I(\nu)\mathrm{d}\nu$,自发辐射的总强度为

$$I=C\int_{-\infty}^{+\infty}|E(\nu)|^2\mathrm{d}\nu \tag{2.92}$$

根据式(2.56),线型函数为

$$\begin{aligned}g(\nu,\nu_0)&=\frac{I(\nu)}{I}=\frac{|E(\nu)|^2}{\int_{-\infty}^{\infty}|E(\nu)|^2\mathrm{d}\nu}\\&=\frac{1}{\left[\left(\frac{\gamma}{2}\right)^2+4\pi^2(\nu-\nu_0)^2\right]}\cdot\frac{1}{\int_{-\infty}^{\infty}\frac{1}{\left(\frac{\gamma}{2}\right)^2+4\pi^2(\nu-\nu_0)^2}\mathrm{d}\nu}\end{aligned} \tag{2.93}$$

分母的积分为一常数,令其等于 A;考虑到线型函数的归一化条件,即

$$\int_{-\infty}^{\infty}g(\nu,\nu_0)\mathrm{d}\nu=\int_{-\infty}^{\infty}\frac{1}{A}\frac{\mathrm{d}\nu}{\left(\frac{\gamma}{2}\right)^2+4\pi^2(\nu-\nu_0)^2}=1 \tag{2.94}$$

故得

$$A=\int_{-\infty}^{\infty}\frac{\mathrm{d}\nu}{\left(\frac{\gamma}{2}\right)^2+4\pi^2(\nu-\nu_0)^2}=\gamma^{-1} \tag{2.95}$$

$$g_N(\nu,\nu_0)=\frac{\gamma}{\left(\frac{\gamma}{2}\right)^2+4\pi^2(\nu-\nu_0)^2} \tag{2.96}$$

这就是自发辐射的线型函数，为洛伦兹线型函数，下标 N 表示自然加宽，如图 2.15 所示。

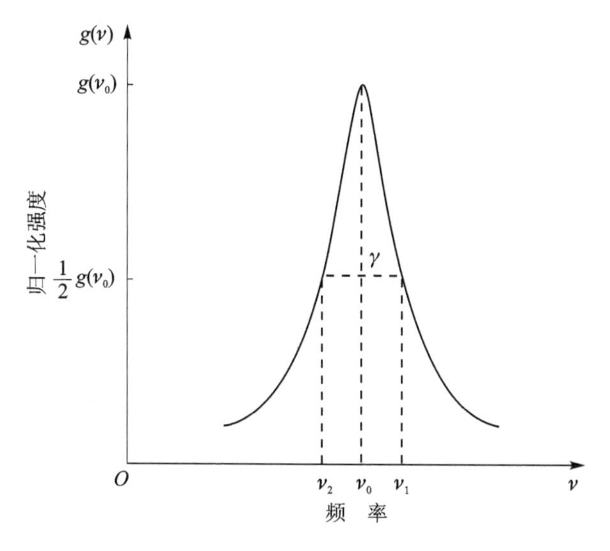

图 2.15　洛伦兹线型函数

当 $\nu=\nu_0$ 时，线型函数 $g_N(\nu,\nu_0)$ 为极大值；当 $\nu=\nu_0\pm\frac{\gamma}{4\pi}$ 时，$g_N(\nu,\nu_0)$ 为其极大值的一半，所以自然加宽的谱线宽度 $\Delta\nu_N$ 也被称为自然线宽，

$$\Delta\nu_N=\frac{\gamma}{2\pi}=\frac{A_{21}}{2\pi}=\frac{1}{2\pi\tau} \tag{2.97}$$

利用 $\Delta\nu_N$ 也可将 $g_N(\nu,\nu_0)$ 表示为

$$g_N(\nu,\nu_0)=\frac{\Delta\nu_N}{2\pi}\frac{1}{(\nu-\nu_0)^2+\left(\frac{\Delta\nu_N}{2}\right)^2} \tag{2.98}$$

因为能级位置是通过测量原子发射或吸收谱线而得到的，因此容易理解谱线的线宽意味着能级存在一定的宽度。先假定能级 E_1 是基态，基态相应的寿命为无限长，而能级宽度为零。我们观测由能级 E_2 的能量向能级 E_1 跃迁的谱线的自然线宽 $\Delta\nu_N$，这意味着能级 E_2 的能量不确定范围，或者是能级 E_2 的能量宽度可以表示为

$$\Delta E_2=h\Delta\nu_N=h\frac{A_{21}}{2\pi}=\frac{h}{2\pi\tau_s} \tag{2.99}$$

故有

$$\Delta E_2\tau_s=\frac{h}{2\pi} \tag{2.100}$$

式(2.100)说明，自发发射引起的能级寿命 τ_s 和能级能量的不确定性(或者谱线的自然线宽)之间成反比关系，当然该式也是量子力学中海森堡测不准关系的反映。需要注意的是，式(2.100)中的时间为表征系统自身的演化性质，是系统的特征时间，而非测量能量所用的时间。以上讨论的情况是自然加宽最简单的情况。对一般的情况，E_2 和 E_1 都是激发态。这时

无论 E_2 或 E_1 都可能通过自发辐射跃迁而衰变到几个低能级，所以每一个能级的总衰减速率是这些不同自发发射跃迁速率之和，分别为

$$\Gamma_1=\sum_i A_{1i} \tag{2.101}$$

$$\Gamma_2=\sum_j A_{2j} \tag{2.102}$$

则这两个能级间跃迁的谱线自然线宽为

$$\Delta\nu_N=\frac{1}{2\pi}\left(\sum_i A_{1i}+\sum_j A_{2j}\right) \tag{2.103}$$

式中，i 是包括自然能级 E_1 向所有可能的自发发射跃迁的末态；j 包括自然级 E_2 向所有可能的自发发射跃迁的末态。这一结果与经典理论做出的估计一致。

2. 碰撞加宽

大量原子之间、原子与器壁之间的无规则频繁的碰撞是引起谱线加宽的另一重要原因。所谓碰撞，通常是指原子之间、原子与器壁之间的相互作用。碰撞又分为弹性碰撞和非弹性碰撞，两者都会引起谱线加宽。

经典振子模型认为，非弹性碰撞使偶极振子的振幅衰减更快，即碰撞过程相当于增大了偶极振子的阻尼系数 γ，或者说使辐射寿命 τ_{rad} 缩短，因而使谱线加宽。从量子力学的观点看，处于激发态的原子，在非弹性碰撞过程中，失掉内能而回到基态，使原子在激发态上的平均寿命缩短了，从而导致了谱线加宽。

对弹性碰撞，经典模型认为，不改变原子内能，或者说不改变原子能量的衰减 γ，因而不改变所发射光波的振幅，但弹性碰撞使所发射光波的相位发生跃迁。或者说碰撞使入射光波的相位相对原子波函数的相位发生了一个跃变，但不改变入射光波的振幅。所以称弹性碰撞为退相位碰撞。

由于碰撞是随机发生的，可以从它们的统计平均性质说明谱线的碰撞加宽机理。现就最简单的情况进行讨论，暂不考虑自然线宽和多普勒加宽对线宽的影响，并只考虑弹性碰撞。这种情况下每个激发态原子总是发射频率为 ω_0 的辐射，如果受到其他原子的碰撞，碰撞之后原子仍以原来频率继续辐射，只是碰撞时波列相位中断，即新波列的相位与碰撞前不相关，好像由于碰撞而失掉了相位记忆，于是辐射波列被分成若干相位不相关的小波列，这些波列的傅里叶分解，就表明频率的弥散性。图 2.16 画出了一个原子所发射的波列由碰撞引起的相位中断。

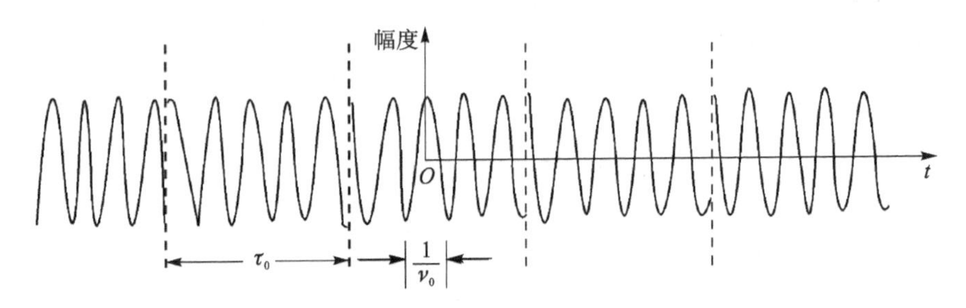

图 2.16 波列由碰撞引起相位中断

设 T_2 为气体原子平均自由飞行的时间，根据气动力学理论有

$$n_2(t)=n_2(0)\mathrm{e}^{-\frac{t}{T_2}} \tag{2.104}$$

式中，$n_2(0)$表示 $t=0$ 时，没有受到碰撞的激发态的原子数密度。式(2.104)的物理意义是没有受到碰撞的原子数密度随时间而衰减。可以将式(2.104)改写成

$$\frac{n_2(t)}{n_2(0)}=\mathrm{e}^{-\frac{t}{T_2}} \tag{2.105}$$

上式表示处于激发态的一个原子在 t 时刻没有受到碰撞的概率。显然，某个原子自由飞行时间最后终止在 $\tau\sim\tau+\mathrm{d}\tau$ 之间的概率为

$$p(\tau)\mathrm{d}\tau=\frac{1}{T_2}\exp\left(-\frac{\tau}{T_2}\right)\mathrm{d}\tau \tag{2.106}$$

若该原子自由飞行是从 t_0 时刻开始，经 τ 时间结束，那么所发射波列的电场可写成

$$E(t)=E_0\exp(-\mathrm{i}\omega_0 t+\mathrm{i}\phi) \tag{2.107}$$

式中，ϕ 是波列的初相位，E_0 和 ω_0 对其他波列来说都是相同的。对 $E(t)$ 作傅里叶变换，有

$$\begin{aligned}E(t)&=\frac{1}{2\pi}\int_{t_0}^{t_0+\tau}E_0\exp(-\mathrm{i}\omega_0 t+\mathrm{i}\phi+\mathrm{i}\omega t)\,\mathrm{d}t\\&=\frac{E_0}{2\pi}\exp[\mathrm{i}(\omega-\omega_0)t_0+\mathrm{i}\phi]\frac{\exp[\mathrm{i}(\omega-\omega_0)\tau]-1}{\mathrm{i}(\omega-\omega_0)}\end{aligned} \tag{2.108}$$

因此，在 t_0 和 $t_0+\tau$ 之间原子辐射的平均强度 $I_\tau(\omega)$为

$$I_\tau(\omega)\propto|E(\omega)|^2=(E_0/\pi)^2\frac{\sin^2[(\omega-\omega_0)\tau/2]}{(\omega-\omega_0)^2} \tag{2.109}$$

上式是考虑一个原子在自由飞行时间 t_0 和 $t_0+\tau$ 之间辐射波列的频谱展开对频率 ω 处强度的贡献。在任何时刻，辐射的总强度都是由大量激发态原子所贡献的总和，且不同的飞行时间(因而不同长度的波列)按式(2.107)有一概率分布，因此求总强度 $I(\omega)$就必须让式(2.106)和式(2.109)相乘，并对 τ 积分，得

$$\begin{aligned}I_\tau(\omega)&\propto\frac{1}{T_2}\int_0^\infty\frac{\sin^2[(\omega-\omega_0)\tau/2]}{(\omega-\omega_0)^2}\exp(-\tau/T_2)\,\mathrm{d}\tau\\&=\frac{1/2}{(\omega-\omega_0)^2+(1/T_2)^2}\end{aligned} \tag{2.110}$$

式中，T_2 为平均碰撞时间；积分限表示，对大量的原子，自由飞行时间的分布为 $0\to\infty$。由线型函数的定义得

$$g_{\mathrm{L}}(\omega,\omega_0)=\frac{I(\omega)}{\int_{-\infty}^{\infty}I(\omega)\mathrm{d}\omega}=\frac{1/(\pi T_2)}{(\omega-\omega_0)^2+(1/T_2)^2} \tag{2.111}$$

$$\Delta\omega_{\mathrm{L}}=\frac{2}{T_2} \tag{2.112}$$

可见碰撞加宽的线型函数也是洛伦兹型，也可以写成下面的形式：

$$g_{\mathrm{L}}(\nu,\nu_0)=\frac{\Delta\nu_{\mathrm{L}}}{2\pi}\frac{1}{(\nu-\nu_0)^2+(\Delta\nu_{\mathrm{L}}/2)^2} \tag{2.113}$$

$$\Delta\nu_{\mathrm{L}}=\frac{1}{\pi T_2} \tag{2.114}$$

上述讨论只考虑弹性碰撞而且原子不发生辐射衰减的最简单情况。如果原子在自由飞行期间

所辐射的波列不断衰减，那么一个原子自由飞行的时间是从 t_0 开始，经 τ 时间结束，所发射波列的电场应改写成

$$E(t)=E_0 e^{-\frac{\gamma}{2}t}\exp(-i\omega_0 t+i\phi),\quad t_0<t<t_0+\tau \tag{2.115}$$

这个被截断了的阻尼简谐振荡的频谱分布也可在经典理论基础上进行分析，其线型函数仍是洛伦兹型。

$$g_L(\omega,\omega_0)=\frac{\dfrac{\gamma}{2\pi}+\dfrac{1}{T_2\pi}}{(\omega-\omega_0)^2+\left(\dfrac{\gamma}{2}+\dfrac{1}{T_2}\right)^2} \tag{2.116}$$

对应线谱宽度为

$$\Delta\omega_L=\gamma+\frac{2}{T_2} \tag{2.117}$$

式中，阻尼因子 γ 包含辐射阻尼、非辐射阻尼以及非弹性碰撞衰变等；平均碰撞时间 T_2 还表示原子辐射光子之间的相干性，故也称为相位改变时间、横向弛豫时间等。这是碰撞加宽按经典模型处理。按照量子力学处理碰撞加宽也是可以的，但碰撞加宽是原子同周围环境的相互作用，其本质上是一个多体问题，因此处理相当复杂。

平均碰撞时间 T_2 与气压、原子的碰撞截面、温度等因素有关。如果气体中包含两种原子 a 和 b，其粒子数密度为 n_a 和 n_b，则根据统计力学可以计算 a 类一个原子和 b 类一个原子的平均碰撞时间 T_{2ab}，可用下式计算：

$$\frac{1}{T_{2ab}}=n_b\sigma_{ab}\sqrt{\frac{8k_B T}{\pi}\left(\frac{1}{m_a}+\frac{1}{m_b}\right)} \tag{2.118}$$

式中，m_a 和 m_b 分别为 a 和 b 原子的质量；T 为温度；σ_{ab} 为 a 类和 b 类原子的碰撞截面。任意一个 a 原子与同类原子的平均碰撞时间 T_{2ab} 都可用下式计算：

$$\frac{1}{T_{2ab}}=n_b\sigma_{ab}\sqrt{\frac{16k_B T}{\pi m_a}} \tag{2.119}$$

气体激光工作物质一般都是由激活气体 a 和辅助气体 b、c、…组成的。这时谱线的碰撞加宽应等于 a 类原子与其他种类原子 b、c、…的碰撞以及同类 a 原子碰撞所引起的加宽之和，因此有

$$\Delta\omega_L=2\left(\frac{1}{T_{2aa}}+\frac{1}{T_{2ab}}+\frac{1}{T_{2ac}}+\cdots\right) \tag{2.120}$$

原子数密度 n_a（或 n_b）与该气体的分压 p_a（或 p_b）有关，即

$$n_a=1.286\times10^{27}\ \frac{p_a(\mathrm{Pa})}{T(\mathrm{K})} \tag{2.121}$$

式中，p_a 的单位为 Pa，T 的单位为 K。

原子的碰撞截面一般由实验测定，如：$\sigma_{co_2-co_2}\approx10^{-18}\ \mathrm{m}^2$、$\sigma_{co_2-N_2}\approx10^{-18}\ \mathrm{m}^2$。在大气压强不高时，实验证明 $\Delta\nu_L$ 与气压 p 成正比，即

$$\Delta\nu_L=\alpha p \tag{2.122}$$

式中，α 为实验测得的比例系数，单位为 MHz/Pa。如 CO_2 气体，$\alpha\approx0.72$ MHz/Pa；按照 7∶1 混合的 He－Ne 气体，测得 Ne 中的 $\alpha\approx0.72$ MHz/Pa。

3. 多普勒加宽

这部分主要讨论运动的激发态原子的自发辐射频率和受激辐射频率与实验室坐标中静止原子中心频率的差异。在气体介质中，除了由于原子的有限寿命造成的自然加宽和由于原子无规碰撞造成的碰撞加宽之外，吸收或发射原子的热运动造成的多普勒加宽是低气压气体介质谱线加宽的主要原因。

与声学多普勒效应一样，光学多普勒效应也发生在运动体的发射和接收过程中。将光电探测器固定于实验室坐标中，考察以速度分量 v_z 向着探测器运动的自发辐射的原子。由狭义相对论可知，这时探测器接收到的发射频率为

$$\nu=\nu_0\sqrt{\frac{c+v_z}{c-v_z}} \tag{2.123}$$

式中，ν_0 为相对探测器静止原子发射光的频率。当发光原子向着探测器运动时，v_z 为正；当发光原子离开探测器运动时，v_z 为负。由于 $v_z \ll c$（光速），式(2.123)取一级近似，得

$$\nu=\nu_0(1+v_z/c) \tag{2.124}$$

对于激光器，其产生激光的过程就是原子和光场的相互作用的过程。与自发辐射原子的情况相似，以速度 v 穿过光场的激发态原子，其受激辐射频率也会变化。考虑任意单色平面波 $E=E_0\exp[\mathrm{i}(2\pi\nu t-\vec{k}\cdot\vec{r})]$，激发态原子在光波传播方向上的速度分量为 v_z，如图 2.17 所示。当原子的速度分量 $v_z=0$ 时，原子感受到的光波频率为 ν，当 $\nu=\nu_0$ 时，光波和激发态原子产生最强的受激跃迁。这意味着原子的中心频率为 ν_0。但对于 $v_z\neq 0$ 的原子，原子感受到的光波频率为

$$\nu'=\nu\left(1-\frac{v_z}{c}\right) \tag{2.125}$$

这时，只有 $\nu'=\nu_0$ 时才有最强的相互作用，即当

$$\nu'=\nu\left(1-\frac{v_z}{c}\right)=\nu_0 \tag{2.126}$$

或者

$$\nu=\frac{\nu_0}{1-\dfrac{v_z}{c}}\approx\nu_0\left(1+\frac{v_z}{c}\right) \tag{2.127}$$

时，才有最强的相互作用。这说明当运动原子与光场相互作用时，观察到原子表现出来的中心频率与原子运动速度有关，即为 $\nu_0'=\nu_0(1+v_z/c)$，只有当光场的频率 $\nu=\nu_0'$时，才能发生最强的受激跃迁。在式(2.127)中如果激发态原子的速度分量 v_z 与光场传播方向相同，则 v_z 取正号，反之取负号。

在热平衡下气体分子遵循麦克斯韦速度分布，在温度 T 时，能级 $E_i(i=1,2)$ 中速度分量在 v_z 和 $v_z+\mathrm{d}v_z$ 间的单位体积原子数为下式所示气体原子在热平衡时的分布：

$$n_i(v_z)\,\mathrm{d}v_z=n_i\left(\frac{m}{2\pi k_{\mathrm{B}}T}\right)^{1/2}\exp(-mv_z^2/2k_{\mathrm{B}}T)\,\mathrm{d}v_z \tag{2.128}$$

式中，能级 E_i 中的原子数密度 $n_i=\int n_i(v_z)\mathrm{d}v_z$。式(2.128)表示气体原子在热平衡时的速度

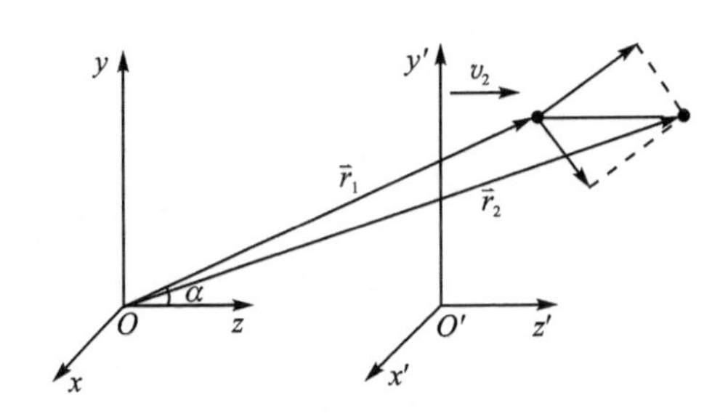

图 2.17 多普勒效应原理

分布,在激光情况(非热平衡状态)下,处于各能级的原子数的速度分布与热平衡时偏离不大,所以该式仍然适用。由式(2.124)或式(2.127)得

$$dv_z = \frac{c}{\nu_0} d\nu \tag{2.129}$$

并且因为原子的速度分量 v_z 和 $v_z + dv_z$ 之间的概率与频率 ν 和 $\nu + d\nu$ 之间的概率是相等的,因此有

$$n_i(v_z)\,dv_z = n_i(\nu)\,d\nu \tag{2.130}$$

对激发能级 E_2,有

$$d\nu = n_2 \frac{c}{\nu_0}\left(\frac{m}{2\pi k_B T}\right)^{1/2} \exp\left[-mc^2(\nu-\nu_0)^2/2k_B T\nu_0^2\right] d\nu \tag{2.131}$$

$n_2(\nu)d\nu$ 为自发辐射(受激辐射)电磁波频率处在 $\nu \sim \nu + d\nu$ 之间上能级 E_2 上的原子数。而在 $\nu \sim \nu + d\nu$ 间介质的自发辐射(或受激辐射)的能量正比于 $n_2(\nu)d\nu$,则由 $n_2(\nu)$ 的分布得到由于多普勒效应气体介质自发辐射(受激辐射)谱线的线型函数 $g_D(\nu, \nu_0)$ 为

$$g_D(\nu, \nu_0) = \frac{c}{\nu_0}\left(\frac{m}{2\pi k_B T}\right)^{1/2} \exp\left[-mc^2(\nu-\nu_0)^2/2k_B T\nu_0^2\right] \tag{2.132}$$

可以看出多普勒线型函数为高斯函数,满足归一化条件,如图 2.18 所示。

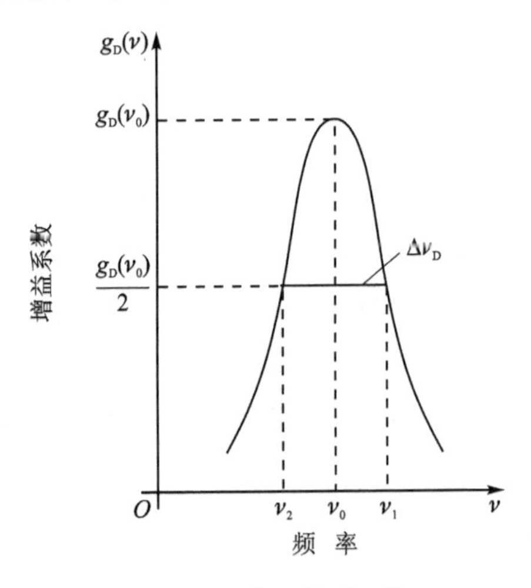

图 2.18 高斯线型函数

当 $\nu = \nu_0$ 时,$g_D(\nu, \nu_0)$ 有最大值:

$$g_D(\nu,\nu_0)=\frac{c}{\nu_0}\left(\frac{m}{2\pi k_B T}\right)^{1/2} \tag{2.133}$$

其半最大宽度 $\Delta\nu_D$ 为

$$\Delta\nu_D=2\nu_0\left(\frac{2k_B T}{mc^2}\ln 2\right)^{1/2} \tag{2.134}$$

称为多普勒线宽。将式(2.134)代入式(2.132)后，可将 $g_D(\nu,\nu_0)$ 表示为

$$g_D(\nu,\nu_0)=\frac{2}{\Delta\nu_D}\sqrt{\frac{\ln 2}{\pi}}\exp\left[-4\ln 2\left(\frac{\nu-\nu_0}{\Delta\nu_D}\right)^2\right] \tag{2.135}$$

多普勒线宽一般为 $10^8\sim10^{10}$ Hz，例如 $\lambda=632.8\ \mu m$ 的 He－Ne 激光器，Ne 原子的摩尔质量 $M=20$，在 $T=300$ K 时，$\nu_D\approx1.5\times10^9$ Hz；激光器中，$\lambda=10.6\ \mu m$，CO_2 分子的摩尔质量 $M=44$，$\nu_D\approx6\times10^7$ Hz。

4. 均匀加宽、非均匀加宽和综合加宽

谱线加宽按照其特点可以分为两类，均匀加宽和非均匀加宽。下面进行具体说明。

(1) 均匀加宽

自然加宽和碰撞加宽都是均匀加宽。对于自发辐射或者由频率为 ν 的辐射场引起的吸收或发射，如果在 E_1 和 E_2 两个能级之间的跃迁概率对处于同一能级 E_2 上(或 E_1)的每个原子都是相同的，则称这种跃迁的谱线加宽为均匀加宽，线型函数记为 $g_H(\nu,\nu_0)$。这种情况下 E_2 能级向 E_1 跃迁，频率为 ν 自发辐射的概率为

$$A_{21}(\nu)=A_{21}g_H(\nu,\nu_0) \tag{2.136}$$

也就是说处于能级 E_2 上的每个原子都具有相同的线型函数，与均匀加宽的定义的说法是一致的。每个单独原子的谱线和整个体系的谱线是一致的，即每个原子都按整个线型发射。或者说每个原子都以相同的概率对谱线内任一频率的功率 $I(\nu)$ 做出贡献。每个原子有相同的中心频率，对辐射场有相同的响应。

产生均匀加宽的机理有：自然加宽、碰撞加宽、偶极加宽和晶格热振动加宽。

① 激发态的自然加宽即寿命加宽，包括自发辐射和非自发辐射跃迁寿命。与其他加宽相比，固体中的自然加宽一般较小，自然加宽是指处于激发态的原子和晶格之间的热弛豫过程产生的非辐射跃迁，原子在激发态的寿命缩短。

② 气体中原子的碰撞加宽，当气压足够高时，原子之间、原子与器壁之间频繁碰撞，会造成寿命和相位中断，成为谱线加宽的主要因素。其线型函数是洛伦兹型函数。

③ 引起均匀加宽的机理还有偶极加宽、晶格热振动加宽等。偶极加宽源于相邻原子偶极场的相互作用，通过这种作用，处于激发态的原子将能量分配给其他原子，这种相互作用十分相似于碰撞加宽机理。一般情况下这种加宽较弱，但当掺杂的激活离子浓度增大时，会产生明显的作用。由于这些加宽机理的复杂性，难以从理论上求得线型函数的具体形式，一般是通过实验求得，或进行合理近似。

④ 晶格热振动引起的加宽，由于晶格原子的热振动，使激活离子处于随时间变化的晶格场内，导致它的能级位置也在一定范围内变化，从而引起加宽。一般晶体在室温下的谱线线宽基本上是由这种因素引起的，且与温度有关。

均匀加宽用洛伦兹线型函数描述，由于归一化分布，表示为

$$g(\nu)=\frac{1}{\frac{\Delta\nu}{2\pi}\left[(\nu-\nu_0)^2+\left(\frac{\Delta\nu}{2}\right)^2\right]} \tag{2.137}$$

(2) 非均匀加宽

如果能级 E_2 或 E_1 之间的跃迁概率对能级 E_2 上(或 E_1)的所有原子不相等,则称这种加宽为非均匀加宽。或者说,在非均匀加宽情况下每个原子具有不同的中心频率,它们只对其谐振频率附近小范围内的辐射频率做出贡献。不同的原子的谐振频率是有差异的,即以不同的中心频率进行吸收和发射。

在气体中的多普勒加宽时,处于同一能级上的原子,辐射或吸收单色辐射 $E(\nu)$ 的概率不再相等,而依赖于原子的速度,因而依赖于它们的表观频率。按速度分布将原子分群,速度分量在 $v_z \sim v_z+\mathrm{d}v_z$ 范围内的原子属于同一个子群,其中心频率 ν 满足:

$$\nu=\nu_0\left(1+\frac{v_z}{c}\right)=\nu_0+\frac{\vec{k}\cdot\vec{v}}{2\pi} \tag{2.138}$$

在固体激光介质中,晶体中激活离子的能级和跃迁概率与附近的晶格有关。局部晶格缺陷和无规则的应变的存在,使该区域的晶格发生畸变,因而使激活离子的能级发生不同程度的位移导致缺陷部位与理想部位激活离子发光中心频率不同,从而产生非均匀加宽。

(3) 综合加宽

在大多的实际情况中谱线的加宽可能同时涉及均匀加宽和非均匀加宽两种机理,一般来说线型较为复杂,存在两种极限情况:

① $\Delta\nu_H \ll \Delta\nu_D$,这种综合加宽近似于多普勒非均匀加宽。自发辐射的中心频率为 ν_0 的那部分原子只对光谱线中频率为 ν 的那部分光功率有贡献,其中 $\nu=\nu_0(1+v_z/c)$。

② $\Delta\nu_D \ll \Delta\nu_H$,此时的综合加宽近似于均匀加宽,高能级原子近似看成具有同一中心频率 ν_0,每个原子对整个光谱都有贡献。

从这几节描述的线型函数体现出:由于各种加宽的存在,自发辐射的频率并非严格等于能级 E_2 或 E_1 直接除以普朗克常数,而是包含一定的分布范围。

2.4 激光的产生

前面几节从理论上对激光器的基本原理和概念进行了详细的描述,实际上激光不是凭空产生的,需要有一定的结构且满足一定的条件,正是由于这些使得激光与众不同,造就了世界上“神奇”的光。本节主要从激光构成的要素和激光工作状态来分析激光产生的条件以及激光形成的过程。产生激光首先应满足两个必要条件:粒子数反转分布和减少振荡模式数。要形成稳定的激光输出,还必须满足起振和稳定振荡这两个充分条件。激光形成的过程则包括四个阶段。下面从激光产生的条件入手进行阐述。

2.4.1 激光产生的必要条件

1. 粒子数反转分布

当光束通过原子或分子系统时,总是同时存在着受激发射和受激吸收两个相互对立的过程，前者使入射光强增强，后者使光强减弱。由爱因斯坦关系式式(2.53)和式(2.55)可知，在一般的热平衡状态下，受激吸收总是远大于受激发射，绝大部分粒子处于基态；而如果激发态的粒子数远远大于基态粒子数，就会使激光工作物质中受激发射占支配地位，这种状态就是所谓的“粒子数反转分布”状态，亦可称为布居数反转。需要明确粒子数反转分布与布居数反转、集居数反转并不是相同的概念，但是对于此时的粒子数状态而言，这三个说法是一致的。

激光的产生特别需要注意的一点是对于同一个工作物质来讲，一般一个激光波长只对应一对激光的上下能级。为简单起见，考虑一个理想二能级系统，讨论在激光工作物质的两个能级 E_1、E_2 之间粒子数的分布情况。

设有一个频率为 $\nu_{21}=(E_2-E_1)/h$ 的光束通过这个二能级系统，那么由于受激吸收和受激发射，光束的能量将要发生变化。假设入射光的能量密度为 $\rho(\nu_{21})$，那么在 $t\sim t+\mathrm{d}t$ 的时间内，单位体积中因吸收而减少的光能为

$$\mathrm{d}\rho_1(\nu_{21})=N_1B_{12}\rho(\nu_{21})h\nu_{21}\mathrm{d}t \tag{2.139}$$

单位体积中因受激发射而增加的光能为

$$\mathrm{d}\rho_2(\nu_{21})=N_2B_{21}\rho(\nu_{21})h\nu_{21}\mathrm{d}t \tag{2.140}$$

能量密度总的变化量为

$$\begin{aligned}\mathrm{d}\rho(\nu_{21})&=\mathrm{d}\rho_1(\nu_{21})+\mathrm{d}\rho_2(\nu_{21})\\&=[N_2B_{21}-N_1B_{12}]\rho(\nu_{21})h\nu_{21}\mathrm{d}t\end{aligned} \tag{2.141}$$

将爱因斯坦关系式即 $B_{12}=B_{21}$ 代入上式，得到

$$\mathrm{d}\rho(\nu_{21})=(N_2-N_1)B_{21}\rho(\nu_{21})h\nu_{21}\mathrm{d}t \tag{2.142}$$

由式(2.142)可以看出，光束在传播过程中能量密度是不断增加还是减少，由式中 $\mathrm{d}\rho(\nu_{21})$ 的正负来决定。由于式(2.142)中 $B_{21}\rho(\nu_{21})h\nu_{21}\mathrm{d}t$ 总是为正，因此 $\mathrm{d}\rho(\nu_{21})$ 的正负完全由 N_2-N_1 的正负决定。根据以上推论可以把工作物质分为三类情况：

(1) 粒子数玻耳兹曼分布

这种分布是指能级上粒子数分布满足条件 $N_2-N_1<0$，即 $N_1>N_2$ 的分布情况。此时 $\mathrm{d}\rho(\nu_{21})<0$，因此入射光束能量密度随传播的进程不断减小。

一般情况下，介质中的粒子数总呈现这种分布，“上能级少，下能级多”。在热平衡的情况下，每个能级上的粒子数分布遵从玻耳兹曼分布规律。例如当介质处于热平衡状态且当激光上下能级简并度一致即 $f_1=f_2$ 时，原子数按能级分布服从玻耳兹曼分布，即

$$N_i=Af_i\exp\left(-\frac{E_i}{kT}\right),\quad i=1,2,3,\cdots \tag{2.143}$$

式中，A 为常数，k 为玻耳兹曼常数。因而有

$$\frac{N_2}{N_1}=\exp\left(-\frac{E_2-E_1}{kT}\right) \tag{2.144}$$

由于 $E_2>E_1$，所以粒子数分布有 $N_2<N_1$。以氢原子为例，第一激发态能级 $E_2=-3.40$ eV，基态能级 $E_1=-13.60$ eV，那么 $E_2-E_1=10.20$ eV，在室温 $T=300$ K 时，由式(2.144)计算得

$$\frac{N_2}{N_1}\approx 10^{-170} \tag{2.145}$$

可以看出在常温状态下，自发辐射占据主导地位。此时，单纯地依赖温度调整无法实现粒子数

反转分布。因为 $E_2>E_1,k>0,T>0$,所以 $N_2<N_1$,因此常温热平衡态下,光通过介质的强度变化为

$$dI(\nu,x)=(N_2-N_1)\frac{\lambda_n^2}{8\pi}A_{21}g(\nu)I(\nu,x)dx \tag{2.146}$$

即热平衡状态下必然有 $dI<0$,亦即光通过介质时光强逐渐减弱。式(2.146)可以改写为

$$\frac{dI(\nu,x)}{I(\nu,x)}=-G(\nu)dx \tag{2.147}$$

其中定义:

$$G(\nu)=(N_2-N_1)\frac{\lambda_n^2}{8\pi}A_{21}g(\nu) \tag{2.148}$$

对式(2.147)进行积分得到

$$I(\nu,x)=I_0(\nu)e^{-G(\nu)x} \tag{2.149}$$

式(2.149)表示两能级粒子数处于正常分布情况下,光通过介质随着传播距离的增大光强呈指数衰减状态,$G(\nu)$称为介质的吸收系数。满足玻耳兹曼分布的光子数分布如图2.19所示。

(2) 透明状态

处于这个状态时 $N_2=N_1$、$d\rho(\nu_{21})=0$,表明受激吸收与受激辐射相当,表现为一种所谓的"饱和吸收"现象,出射光强无变化。

(3) 粒子数反转分布(亦称为集居数反转)

这种状态是指能级上的粒子数分布满足条件 $N_2>N_1$ 的分布情况,如图2.20所示。此时 $d\rho(\nu_{21})>0$,因此入射光束能量密度随传播的进程不断增大,$dI>0$,打破了两能级间粒子数的常温分布状态,被称为粒子数"反转分布"状态。必须采用有效的激励方法,如电激励、光激励、化学激励等,才能形成粒子数反转分布状态。在这种情况下,光通过介质时光强逐渐增大。处于"粒子数反转分布"状态的工作介质为"激活介质",也就是说激活介质中粒子数分布与粒子数正常分布是相反的,即"上能级多,下能级少"。要实现粒子数反转分布状态,需要一个将低能级上的粒子抽运到高能级上的机构,这个机构称为"泵浦源"。因此泵浦源是激光器必不可少的组成之一。

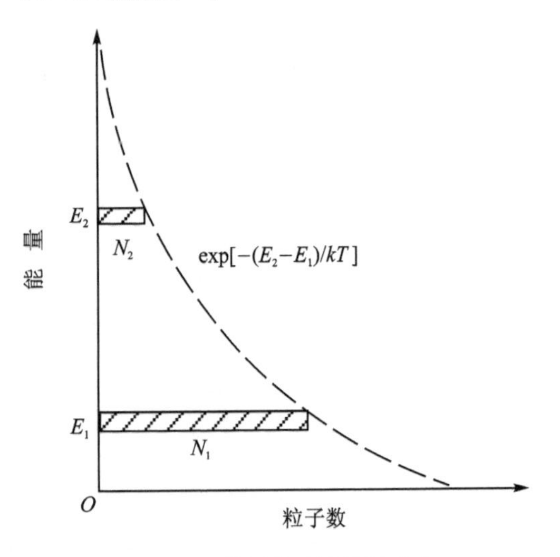

图2.19 粒子数玻耳兹曼分布

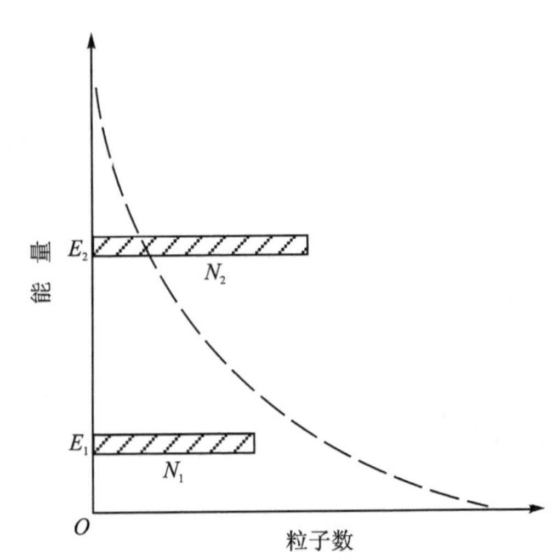

图2.20 粒子数反转分布

在激活介质中光的受激辐射占主导地位。受激辐射所产生光子与入射光子处于同一状态，也就是说受激发射光子与入射光子同频率、同相位、同偏振态、同传播方向，所以受激辐射光是相干光。通过以上分析可以知道，在工作物质中建立粒子数反转分布状态是形成激光的必要条件。

2. 减少振荡模式数

(1) 采用开放式的光学谐振腔的必要性

想要得到方向性好很好、单色性很好的激光，仅有激光介质是不够的，这在本章 2.1 节也有所描述。一般情况下，激光器中的激活介质呈条状或圆柱状，在介质粒子数反转分布的能级之间由受激辐射产生的光可以沿各个不同的方向传播。传播方向与激活介质轴线呈一定夹角的光在传播一定距离后就射出工作物质，因此很难形成极强的光束。由于激活介质中存在多个激发态，由激发辐射产生的光可以有很多频率，对应很多模式，每一种模式的光都将携带能量，因此封闭腔很难形成单色性很好的光，如图 2.21(a)所示。

(2) 开放式光学谐振腔

为了使由受激发射产生的光来回往复地通过激活介质，使它沿某一方向得到不断的放大，并且减少振荡模式数，在激光器中使用“开放式光学谐振腔”(其原因在于，在仅存一对约束条件的情况下，依然能够起到约束的作用)。特别是在谐振腔轴线方向，可以形成光强最强、模式数目最少的激光振荡，如图 2.21(b)所示。而和轴线有较大夹角方向的光束，则由侧面逸出激活介质。

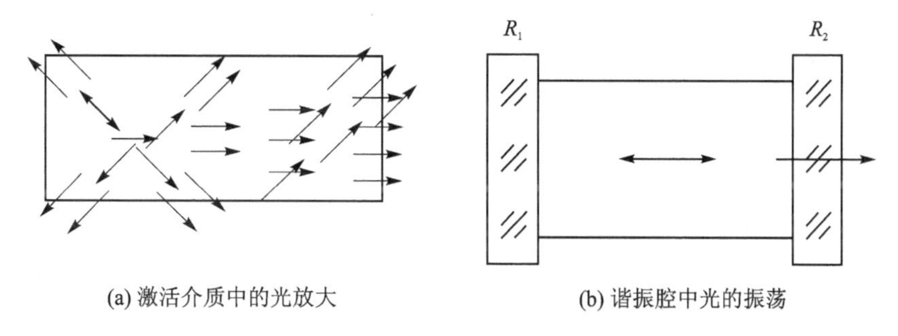

(a) 激活介质中的光放大　　(b) 谐振腔中光的振荡

图 2.21　谐振腔示意图

把激活介质放在镜面相对的一对平面反射镜之间，这两块反射镜的反射率近似为 $R_1=1$，$R_2<1$。这样一对反射镜可以组成一个“光学谐振腔”——法珀腔(F-P 腔)。在镜面轴线方向形成光的振荡，在 $R_2<1$ 的镜面处有激光输出。因此，光学谐振腔也是激光器必不可少的组成之一。

(3) 驻波条件

透过上述现象进一步分析激光谐振腔的作用。光束在谐振腔内多次来回反射，只有极少频率的光才能满足干涉相长条件，光强得到加强，频率得到筛选。考察均匀平面波在法珀腔中沿轴线方向往返传播的情形。当波在腔镜上反射时，入射波和反射波将会发生干涉，多次往复反射时就会发生多光束干涉。为了能在腔内形成稳定振荡，要求波能因干涉而得到加强。发生相长干涉的条件是：波从某一点出发，经腔内往返一周再回到原来位置时，应与初始出发波相同，也就是说相位差为 2π 的整数倍，如图 2.22 所示，腔内形成驻波。

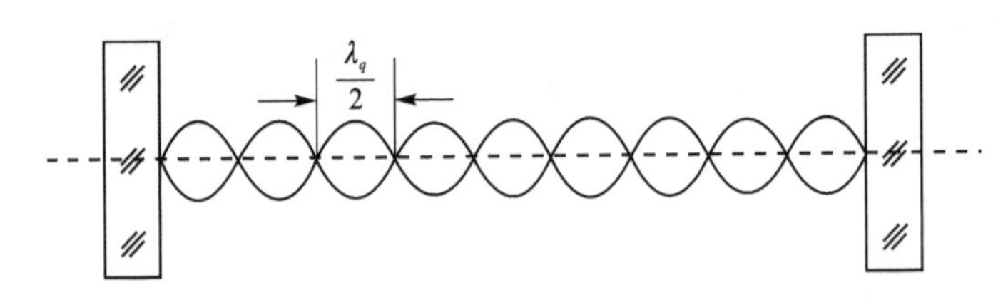

图 2.22 谐振腔驻波示意图

如果以 $\Delta\phi$ 表示均匀平面波在腔内往返一周时的位相滞后，则相长干涉的条件表示为

$$\Delta\phi=\frac{2\pi}{\lambda_0}\cdot 2L'=q\cdot 2\pi \tag{2.150}$$

式中，λ_0 为光在真空中的波长，L' 为腔的光学长度，q 为整数。将满足上式的波长以 λ_q 来标记，则有

$$L'=q\cdot\frac{\lambda_q}{2} \tag{2.151}$$

式(2.151)也可以用频率来表示。

综上光学谐振腔的作用归结为两点。一是产生与维持激光振荡。在线型腔中，谐振腔可以提供轴向光波模的反馈，即轴向光波模在反射镜间往返传播，等效于增加放大器的长度。但是提供反馈这种说法在环形激光器中并不适合，形成某些频率的相长干涉才是谐振腔的核心作用。二是激光输出质量和光学参数选择，这是较为严谨的一种表述。谐振腔的参数包括谐振腔的尺寸、光学参数和组成谐振腔的腔镜大小等是激光束输出和参数保障的必需。一般地，应用中多采用保证激光器单模或少数轴向模振荡，从而提高激光器的相干性。

当整个光学谐振腔内充满折射率为 η 的均匀物质时，有

$$\begin{cases} L'=\eta L \\ \nu_q=q\dfrac{c}{2\eta L}=q\dfrac{c}{2L'} \end{cases} \tag{2.152}$$

式中，L 为腔的几何长度。对于光学长度一定的谐振腔，频率满足式(2.150)的光束才能形成相长干涉，即形成所谓的谐振。ν_q 称为激光器的谐振频率，可以看出法珀腔的频率是梳状分立的。式(2.150)又称为谐振腔的驻波条件，即当光波长和谐振腔的光学长度满足这个相位变化的正整数倍时，谐振腔内将形成驻波。腔内相邻的两个频率之差为

$$\Delta\nu_q=\nu_{q+1}-\nu_q=\frac{c}{2L'} \tag{2.153}$$

可以看出，频率之差与 q 无关，对于一定的光腔为一常数。因此有

$$L'=q\frac{\lambda_q}{2} \tag{2.154}$$

式中，$\lambda_q=\dfrac{2\eta L}{qc}$，则 $\lambda_q'=\dfrac{\lambda_q}{\eta}$ 为物质中的谐振波长。

2.4.2 激光产生的充分条件

1. 起振条件——阈值条件

光在谐振腔内传播、放大的同时，通常还存在着光的损耗(由于镜面和腔内激活介质，存在

吸收、散射等损失),因而只有光的增益能超过这些损失时,光波才能被放大,从而在腔内振荡起来,也就是说,激光器必须满足某个条件才能“起振”,我们称这个条件为振荡阈值条件。

(1) 激光增益

光强在激活介质中不断放大,为此定义激活介质的增益系数 $G(\nu)$,当强度为 I_0 的光束通过几何长度为 L 的介质后强度为 I_1:

$$I_1 = I_0 \exp[G(\nu)L] = I_0 G_L(\nu) \tag{2.155}$$

式中,$G_L(\nu)=G(\nu)L$,称为单程增益,即光束经过长度为 L 的激活介质一次所得的放大倍数。$G(\nu)$ 与频率相关,如图 2.23 所示。

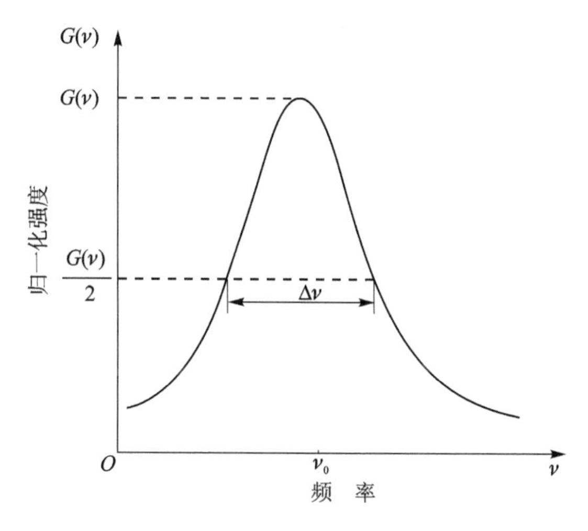

图 2.23　增益谱线

对应的一对激光上下能级 E_1 和 E_2 之间的激光跃迁频率 ν_{21},经过 dx 的放大倍数,由爱因斯坦关系式有

$$G(\nu_{21})\mathrm{d}x = \frac{\mathrm{d}I(\nu_{21})}{I(\nu_{21})} = \frac{\mathrm{d}\rho(\nu_{21})}{\rho(\nu_{21})} \tag{2.156}$$

根据受激辐射和受激吸收爱因斯坦系数定义式,可以写为

$$\begin{aligned} G(\nu_{21})\mathrm{d}x &= \frac{[N_2 B_{21}\rho(\nu_{21}) - N_1 B_{12}\rho(\nu_{21})]h\nu_{21}\mathrm{d}t}{\rho(\nu_{21})} \\ &= (N_2 - N_1)B_{21}h\nu_{21}\mathrm{d}t \end{aligned} \tag{2.157}$$

考虑光谱加宽效应,则通过激光介质后光能量密度的变化为

$$\mathrm{d}\rho_{\nu_{21}} = (N_2 - N_1)B_{21}h\nu_{21}g(\nu_{21})\mathrm{d}t \tag{2.158}$$

(2) 激光器产生的思想

构成激光器的基本思想:通常情况下黑体辐射源辐射场为非相干光。这是因为受激辐射产生相干光子,而自发辐射产生非相干光子,这个关系对腔内每一特定光波模式都是成立的。设想我们能创造一种情况,使腔内某一特定模式或少数模式的辐射场能量密度 ρ_ν 大大增加,而其他所有模式的辐射场能量密度很小,也就是说,使相干的受激辐射的光子集中在某一特定或少数几个模式内,而不是均匀分配在所有的模式内。这种情况可以用下述方法实现:将一个充满物质原子的长方体空腔(黑体)去掉侧壁,只保留两个端面。如果端面对光有很高的反射系数,则沿垂直端面的腔轴方向传播的光(相当于少数几个模式)在腔内多次反射而不逸出腔

外，而所有其他方向的光则很容易逸出腔外。此外，如果沿腔轴传播的光在每次通过腔内物质时不是被原子吸收（受激吸收），而是由于原子的受激辐射而得到放大，那么腔内轴向模式的辐射场能量密度就能不断地增强，从而获得相干性极好的光。由此，得到

$$\mathrm{d}I(\nu,x)=I_0(\nu)\mathrm{e}^{G(\nu)\mathrm{d}x} \tag{2.159}$$

式中，$\mathrm{d}I(\nu,x)$是传播距离 $\mathrm{d}x$ 时光强的增量，$G(\nu)=\dfrac{B_{21}h}{\lambda}$。这说明介质的增益系数在数值上等于光束强度在传播单位长度的距离时增大的百分数。

(3) 最简谐振腔的分析

考虑最简单的谐振腔法珀腔，如图 2.24 所示，两镜面反射率为 R_1、R_2，透过率为 T_1、T_2，镜面其他损耗为 α_1、α_2，则有

$$\begin{cases}R_1+T_1+\alpha_1=1\\R_2+T_2+\alpha_2=1\end{cases} \tag{2.160}$$

光束在腔内往返一次的强度变化情况如图 2.24 所示。

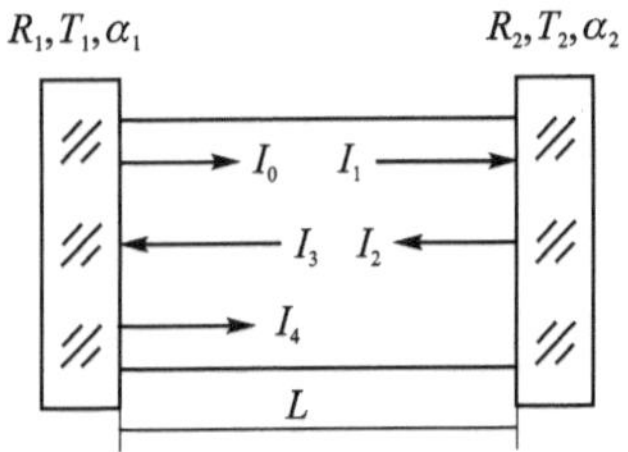

图 2.24 谐振腔内光束往返图

光在腔内往返一次的强度变化为

$$\begin{cases}I_1=I_0G_L\\I_2=I_1R_2\\I_3=I_2G_L\\I_4=I_3R_1\end{cases} \tag{2.161}$$

于是

$$I_4=I_0R_1R_2G_L^2 \tag{2.162}$$

如果 $I_4<I_0$，则光束通过激活介质振荡一次后，强度减小，从而多次振荡后光强将不断衰减，因此无法形成激光振荡；如果 $I_4>I_0$，则随着振荡的不断进行，光强逐渐加强，形成有效激光谐振。可见，形成有效激光振荡的条件为 $I_4\geqslant I_0$，需要注意，等于零，表明一种临界状态——阈值状态。于是，激光振荡必须满足的最基本条件为

$$R_1R_2G_L^2=1 \tag{2.163}$$

由此可得增益的阈值为

$$G_{\mathrm{th}}=-\frac{1}{2L}\ln(R_1R_2) \tag{2.164}$$

激光振荡的反转粒子数阈值为

$$(N_2-N_1)_{\mathrm{th}}=-\frac{1}{K}\cdot\frac{\ln(R_1R_2)}{2Lg(\nu)} \tag{2.165}$$

式中，$g(\nu)$为光谱线的线型函数，假设两能级简并度相等，即 $f_1=f_2$；K 为与辐射截面相关的比例系数。

2. 稳定振荡条件——增益饱和效应

当激光束在激光器中往返经过激活介质时，激光的强度将随传播距离的增加而呈指数关系上升，对于激活介质的光放大，激光强度会不会无限制地增大呢？理论和实验结果表明：当入射光强足够弱时，增益系数与光强无关，是一个常数；而当入射光强增加到一定程度时，增益系数 G 将随光强的增大而减小。这种增益系数 G 随输入光强 I 的增大而减小的现象称为增

益饱和效应。这是激光器建立稳态振荡过程的稳定振荡条件。

实际上,光强 I 的增大正是由于高能级原子向低能级受激跃迁的结果,或者说光放大正是以单位体积内集居数差值 $N_2(z)-N_1(z)$的减小为代价的;并且光强 I 越大,$N_2(z)-N_1(z)$减小得越多,所以实际上 $N_2(z)-N_1(z)$随 z 的增大而减小,增益系数 G 也随 z 的增大而减小。因而随着往返振荡,I 不断增大,G 不断减小,直到光所获得的增益恰好等于在激光腔内的损耗,就建立了稳态的振荡,形成了稳定的激光输出。图 2.25 中,I_m 为稳定输出光强,I_0 为初始光强,G_0 为初始增益系数,α 为光强衰减系数。

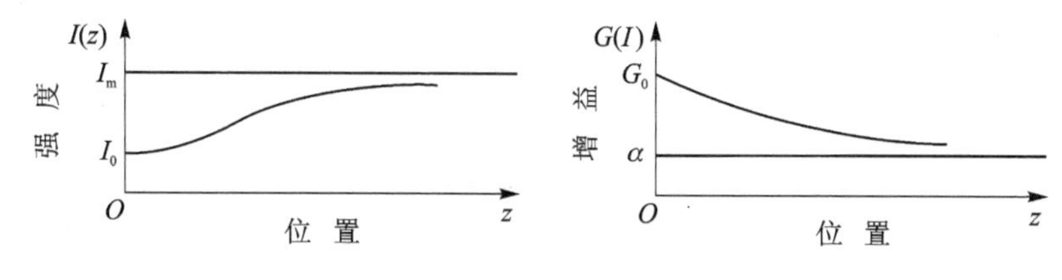

图 2.25　增益饱和与自激振荡

激光产生不是简单的事情,从上面的充分条件和必要条件的分析可以看出,激光器的基本结构不是偶然得之,而是必然的结果。

2.4.3　激光形成过程

1. 宏观过程

从宏观上看激光器是一个能量转换器,是将某一频段的能量转移到其他频率的装置,因此从激光产生的条件看激光的形成,可以认为是一个蓄水池问题,如图 2.26 所示。水从外部抽运进入水池,同时水还在向其他地方流淌,需要满足水的消耗和补充以保持平衡。激光产生的宏观过程也是如此。通过泵浦源对激光工作物质进行激励,吸收外部能量将激活粒子从基态抽运到高能级,当积累到一定程度时,上能级粒子数大于下能级粒子数,实现粒子数反转。此时受激辐射会大于受激吸收,当频率为 ν 的光束通过工作物质时,大量粒子从激光上能级以受激辐射的形式向下跃迁到激光下能级,光强就会得到放大,即便没有入射光,只要工作物质中有一个频率合适的光子存在,也可迅速产生大量相同光子态的光子。当大量光子的能量能够抵消掉腔内的损耗时,形成激光输出。了解这一宏观过程,对于理解激光器设计有较大的帮助。

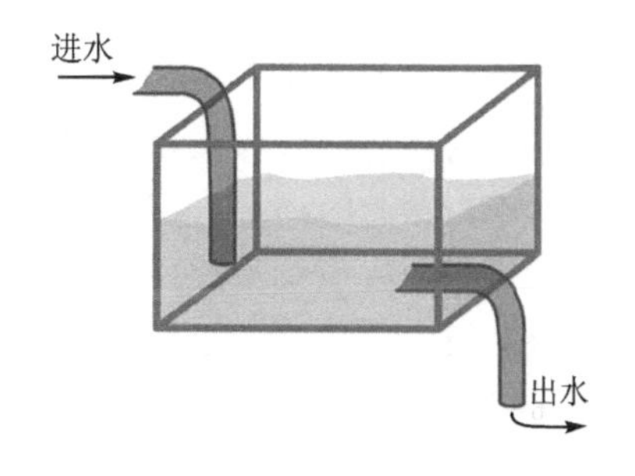

图 2.26　蓄水池问题模型

2. 微观过程

以三能级系统为例,激光的产生过程可以归纳为四个过程,了解激光产生过程,对于激光器设计并选择适合的工作物质达到相应的参数需求,具有较为重要的意义。

图 2.27(a)是泵浦源将激光下能级粒子抽运到激发态能级,这个过程吸收泵浦能量;图 2.27(b)是由于激发态能级寿命极短,因此该能级上的粒子以无辐射跃迁的形式跃迁到激光上能级,这

个过程发生速度快，能量损耗小，而且不产生光子。图 2.27(c)是粒子数的积累过程，尽管有的积累时间很快，但是这个过程是不容忽视的；这也是为什么有的激光器采用连续泵浦但是输出脉冲的原因。图 2.27(d)是达到粒子数反转的状态后，大量粒子从激光上能级以受激辐射的形式向下跃迁到激光下能级，并辐射出相干光子形成激光。

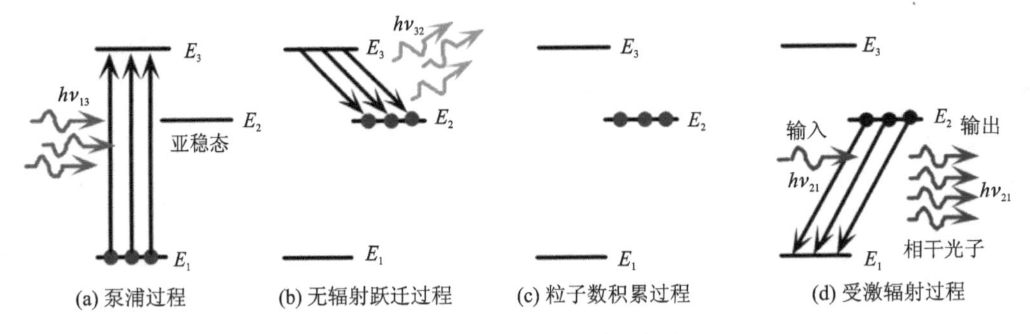

图 2.27 三能级激光泵浦示意图

2.5 激光器的基本结构

激光工作物质在泵浦的激励下被激活，即介质处于粒子数反转状态。在粒子数反转分布的两个能级 E_2 和 E_1 之间，由自发辐射过程产生很微弱的特定频率 $\nu=\dfrac{E_2-E_1}{h}$ 的光辐射。在自发辐射光子的感应下，在上下能级 E_2 和 E_1 之间产生受激辐射。这种受激辐射光子与自发辐射光子的性质(频率、位相、偏振等)完全相同。很快地，由这些光辐射在介质中产生连锁反应。由于谐振腔的作用，这些光子在腔内多次往返经过介质，产生更多的同类光子。由于受激辐射的概率取决于粒子数反转密度和工作物质中的同类光子密度，因此就可能使某些光子的受激辐射成为介质中占绝对优势的一种辐射，从而能够从光学谐振腔的输出耦合镜输出光能，这就是激光振荡，如图 2.28 所示。

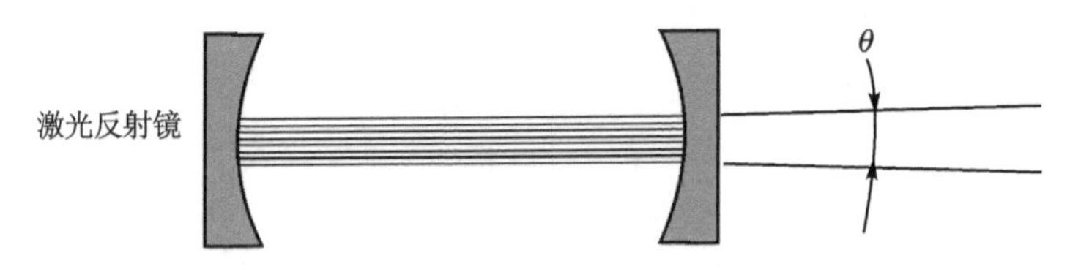

图 2.28 激光振荡示意图

由于输出的激光是由两个特征能级之间的受激辐射产生的，而且有谐振腔的频率限制和频率选择作用，所以激光具有良好的方向性、相干性和单色性。

通过激光的发光条件看到，激光器类似于无线电中的振荡器，因此激光器也叫作受激光辐射的振荡器，其基本结构包括激光工作物质、泵浦源和光学谐振腔，如图 2.29 所示。其中激光工作物质提供形成激光的能级机构体系，是激光产生的内因；泵浦源提供形成激光的能量激励，是激光形成的外因；光学谐振腔为激光器提供相长干涉实现放大的机构，是将工作物质与泵浦源能量有机结合的一种特殊形式。

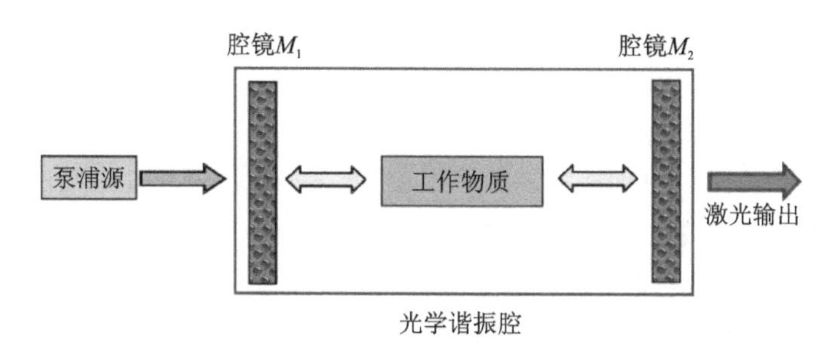

图 2.29 激光器基本结构示意图

2.5.1 激光工作物质

激光的产生必须选择合适的工作物质,可以是气体、液体、固体或半导体。这种工作物质可以实现粒子数反转,以制造获得激光的必要条件。什么样的物质适合做激光工作物质呢?可以反向试想一下,如果任何物质都能形成激光——确实不能,“点火就着”对于大部分物质来讲是不可以的。

要使受激辐射过程成为发生于某一介质中的主导过程,必要条件是在介质中形成粒子数反转分布,即使介质激活。实验表明,各种各样的物质在一定的外界激励条件下,都有可能成为激活介质,因而可能产生激光。这样的一些能产生激光的物质叫作激光工作物质,它们具有相对高的激光上能级寿命,一般可以达到 ms 量级,便于实现粒子数的积累。如红宝石激光器的工作物质是掺铬离子的氧化铝晶体。选择合适的激光工作物质是构成一台激光器的首要前提。

为了选择激光工作物质,必须对物质做能谱分析,并在此基础上,根据不同的需要进行选择。这是一个比较复杂的问题,需要考虑的内容很多,最重要的是一种物质是否有合适的跃迁能级,即在某两个能级之间是否可以实现粒子数反转分布,这就要求上能级的自发辐射寿命大于下能级的自发辐射寿命;而且根据跃迁选择定则,该两能级之间的辐射是被允许的,同时辐射的频率 $\nu=(E_2-E_1)/h$ 适合我们的要求。激光工作物质的特性是激光物理的重要内容,后续将在速率方程理论中进行较详细的分析和说明。

2.5.2 泵浦源

1. 泵浦源概述

要使激光工作物质激活,需要有外界的激励作用。激励方法有光激励、电激励和化学激励等,而每种激励都需要有外加的激励源,即泵浦源。泵浦源的作用就是使介质中处于基态能级的粒子不断地被提升到较高的一些激发态能级上(这个过程叫作抽运过程),使工作物质形成粒子数反转分布。当然,所谓粒子数反转分布并非所有的较高能级上的粒子数都比较低能级上的粒子数多。一般地,粒子数反转分布只出现在某一(或某几)个较高能级和某一(或某几)个较低能级之间,其他能级的粒子数分布仍为正常分布。

激励源的选择取决于工作物质的特点,因而不同工作物质往往需要不同的泵浦源,如对固体激光器一般采用脉冲氙灯、碘钨灯等光激励的方法,对光纤激光器一般采用半导体激光器进行激励；对气体激光器则用电激励方法，通过放电直接激励工作物质。此外激励源的选择也应考虑到激励效率等问题。

2. 常见的泵浦方式

在通常情况下，原子总是处于最低的能量状态上，低能级的原子数目总是远大于高能级的原子数目。要建立起粒子数反转状态，必须依靠外界的能量对原子体系进行有选择的激励，使较多的原子激发到某一个或某几个较高的能级上去，造成高能级的原子密度大于低能级的原子密度。针对不同物理状态的工作物质，采取不同的激励手段，如放电激励、光激励、热激励、化学激励等。

(1) 放电激励

一般的气体或蒸气激光器都采用气体放电的激励手段。气体放电现象并不陌生，教室里的日光灯、马路旁的高压水银灯、足球场上的人造小太阳、商店外面的霓虹灯等都是气体放电光源。不论哪一种气体放电光源，都有一个放电管，通常叫作灯管，管内有电极并充入一定种类的气体，当灯管接上电源后，灯管内便有电流通过并发出明亮的光。人们也许会问，气体怎么会从一个不导电、不发光的绝缘体一下子变成了会导电、会发光的导体呢？

气体在通常情况下是很好的绝缘体，但由于宇宙射线的电离作用，每立方厘米的大气中仍包含几个或几百个带电的正离子和电子，这样少的带电粒子在气体中游走，自然起不了什么作用，更谈不上发光导电。然而把这些带电粒子放置在足够强的电场中，情况就不同了。电子和正离子在电场库仑力的作用下，电子向着阳极运动，正离子向着阴极运动。电子在运动过程中，受到电场的加速动能越来越大，变成了快电子，用 e 表示。它一方面和灯管内的气体原子发生碰撞，在碰撞中电子表现得慷慨无私，把自己从电场中得来的能量几乎全部送给原子，将原子从基态激发到高能级，使原子成为激发原子，电子自己由于失去了动能又变成了慢电子，用 e 表示。这种过程称为电子激发过程，表示为

$$\underset{\text{快电子}}{\mathrm{e}} + \underset{\text{基态原子}}{\mathrm{A}} \rightarrow \underset{\text{慢电子}}{\mathrm{e}} + \underset{\text{激发原子}}{\mathrm{A}^{*}} \tag{2.166}$$

另一方面，电子和原子碰撞时，还可能将原子电离，使原子变成了一个正离子和一个新电子。这种过程称为电子电离过程，表示为

$$\underset{\text{快电子}}{\mathrm{e}} + \underset{\text{基态原子}}{\mathrm{A}} \rightarrow \underset{\text{慢电子}}{\mathrm{e}} + \underset{\text{离子}}{\mathrm{A}^{+}} + \underset{\text{新电子}}{\mathrm{e}} \tag{2.167}$$

慢电子又重新从电场得到能量成为快电子，继续进行激发和电离的过程，新电了在电场作用下同样可以对原子进行激发和电离，这样反复进行千百万次，使激发原子越来越多，电子和离子的数目越来越大，雪崩式地迅速增加。大量的激发态原子由于自发辐射可发出明亮的光辉，大量的正离子和电子使气体变成了导体。由此可见，气体导电、发光的秘密主要是通过电子这个“搬运工”将电场的能量不断地传送给原子，变成原子的激发能和电离能。

气体激光和气体光源在放电激励上并没有本质上的区别，区别仅仅在于放电状态的不同，这种放电状态与放电参数有关，如气体的种类和压力、工作电压和电流以及放电管的几何尺寸等。不同的气体激光必须选择合适的放电参数，才能获得粒子数反转状态，使气体成为放大介质。

按照放电参数的不同，放电类型一般分为三种。一种是辉光放电，其主要特点是工作电压较高，工作电流较小，发光较弱，如霓虹灯、日光灯、He－Ne 激光器都属这种放电类型。另一

种是弧光放电，其主要特点是工作电压较低，工作电流较大，发光较强，如人造小太阳、高压水银灯、氩离子激光器都属这种放电类型。最后一种是脉冲放电，放电持续时间仅千分之一～十万分之一秒($10^{-3}\sim10^{-5}$ s)，其主要特点是瞬时的工作电压、工作电流都很大，发光最强，如脉冲氙灯、闪光灯、高气压二氧化碳激光器都属这种放电类型。

表 2.1 给出了三种放电类型的放电参数范围。

表 2.1　三种典型气体放电泵浦的放电参数

放电类型	工作电压/V	工作电流/A	工作气压/mmHg	电子平均能量/eV	电子密度/(个・cm^{-3})
辉光放电	10^3	$10^{-4}\sim10^0$	$10^{-1}\sim10^1$	$10^0\sim10^1$	$10^9\sim10^{11}$
弧光放电	$10^1\sim10^2$	$10^0\sim10^2$	$10^1\sim10^3$	10^0	10^{15}
脉冲放电	10^4	$10^3\sim10^4$	$10^{-2}\sim10^2$	10^2	$10^{15}\sim10^{17}$

(2) 光激励

对于固体和液体激光器通常都是采用光激励(简称光泵)，也就是用强光去照射工作物质，工作物质中的发光粒子(多为离子和分子)吸收了光的能量以后，就从基态激发到高能级去。光的能量变成了离子或分子的激发能。如果光的激励是有选择性的，主要激发某一个或几个能级，那么，就能够在某两个能级之间建立起粒子数反转，使工作物质成为放大介质。光激励方法在日常生活中虽然少见，但是比起气体放电激励过程要简单得多，也比较容易理解。

作为光泵的光源一般采用气体放电光源和激光光源。前者通常使用在固体激光器上，后者使用在染料和远红外分子气体激光器上。为了达到很高的粒子数反转状态，需要有很高的发光强度，因此必须采用高光强的弧光放电和脉冲放电光源，如氪弧光灯、水银弧光灯、脉冲氙灯等。脉冲氙灯每秒发光数次，适合于脉冲式工作的激光器。连续发光的氪弧光灯适合于连续工作的激光器。

普通光源向四面八方发光，要让所有的光都能充分地用来照射激光工作物质，必须将光源和激光棒一起放入聚光腔内，聚光腔可以将光源发出的光有效地、均匀地会聚到固体激光棒上，使固体棒中发光粒子能充分地吸收光源的光能。聚光腔内壁的反射面要求光亮并镀上反光膜。聚光腔的结构很多，常用的有圆柱形、椭圆柱形聚光腔，以及组合形聚光腔。聚光腔及其与泵浦源、工作物质以及谐振腔镜的关系如图 2.30 所示。

圆柱形聚光腔结构简单，加工容易，但聚光效率较低，因为光源和激光棒不可能同时放在圆柱体的中心轴线上。椭圆柱形的情况就不同，因为椭圆有两个焦点 F_1 和 F_2，图 2.30 中闪光灯和激光晶体所在的位置即为椭圆聚光腔的两个焦点位置。从一个焦点上发出的光经过椭圆反射后会聚在另一个焦点上，只要我们把激光棒和泵浦灯管分别放置在椭圆柱体的两条焦线上，从灯管上发出的光经椭圆柱面反射后就将会聚在激光棒上。可见它的聚光效率非常高，但是腔体的加工比较复杂。椭圆柱形组合腔把几根灯管发出的光同时照射一根激光棒，可以大大提高泵浦的能量，增加激光的输出功率，但是腔体加工较为困难。

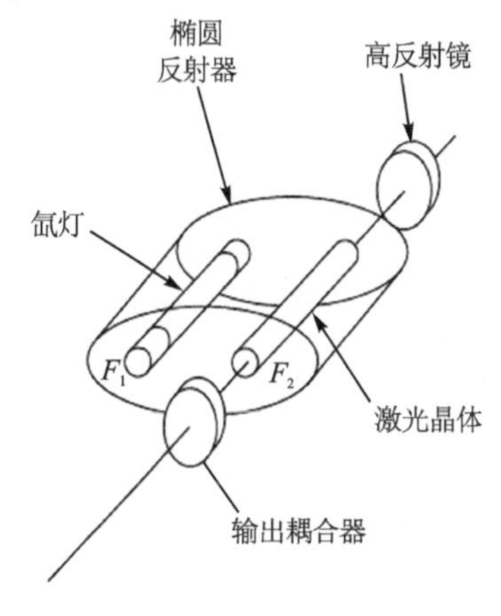

图 2.30　聚光腔

利用普通的气体放电光源作为激光工作物质的光泵光源，存在一个明显的缺点。因为光源中包含着各种不同频率的光，这些频率的光当中只有少数对泵浦有作用，它们刚好使发光粒子激发到激光需要的能级上，其余频率的光对于这些能级的激发非但没有帮助，而且还会造成激光工作物质发热等有害影响。因此，选择合适的单色光源对于泵浦是十分有利的。激光本身就是一个高单色亮度的光源，利用它来泵浦激光工作物质自然是十分理想的。

(3) 热激励

对于气体激光器还可以用加热的方法激励工作物质，即热激励方法。按照以前的讨论，把气体放到高温炉里烧，气体由于剧烈的热运动处于热平衡状态，高能级的原子密度总是小于低能级的原子密度，不可能建立起粒子数反转，自然谈不上产生激光。这样说来，加热的方法不是行不通吗？是的，通过加热使气体处于热平衡状态，要想获得激光是没有希望的。但是，如果我们仔细地、辩证地分析一下热平衡的问题，就会发现一种有趣的情况。

让我们来比较一下高温和低温的热平衡状态。不管是高温还是低温，能级之间的原子密度分布都满足玻耳兹曼公式：

$$\frac{N_2}{N_1}=\mathrm{e}^{-(E_2-E_1)/kT} \tag{2.168}$$

式中，N_2 和 N_1 对应于上能级 E_2 和下能级 E_1 的原子密度，T 是原子体系的热平衡温度。从式(2.168)可以看到，温度 T 越大，N_2/N_1 的比值也越大，即上能级的原子密度 N_2 更加接近下能级的原子密度 N_1（尽管 N_2 小于 N_1）。为了直观起见，用图 2.31 来说明这个问题。图 2.31 将表示低温 T_1 和高温 T_2 时的原子密度分布进行了对比：对应于上、下能级的原子密度，低温时为 N_2、N_1，高温时为 N_2'、N_1'，不管是低温或者高温，上能级的原子密度总是小于下能级的原子密度，即 $N_2<N_1$，$N_2'<N_1'$，满足玻耳兹曼分布规律。但是比较一下低温和高温的情况，就会发现高温时的上能级原子密度 N_2'大于低温时的原子密度 N_1，即

$$N'_2>N_1 \tag{2.169}$$

这叫作不同温度状态下的粒子数反转，这种有趣的现象令人产生了一个非常巧妙而聪明的设

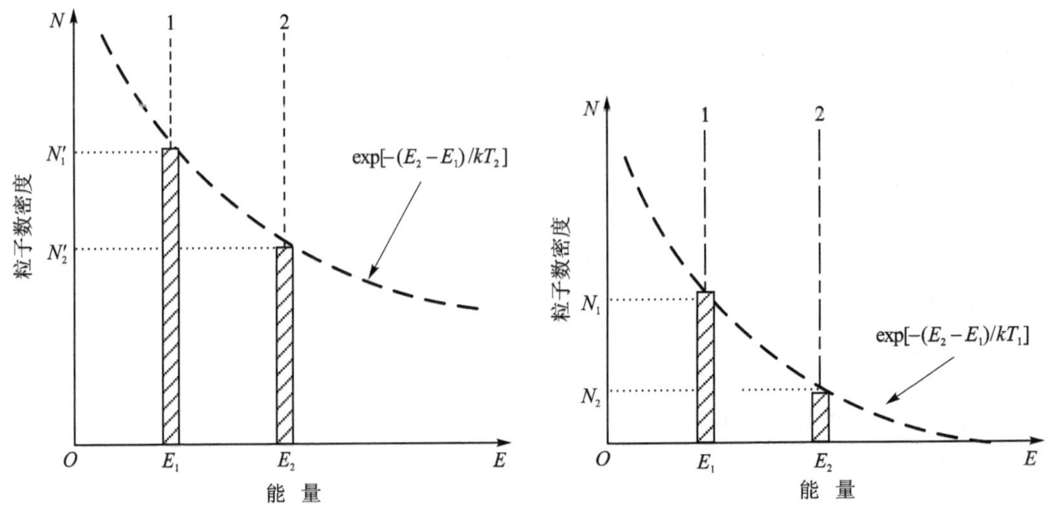

图 2.31 不同温度下原子密度的热平衡分布

想。先把原子体系加热到高温状态，然后突然冷却到低温状态，如果原子在上能级的寿命比较长，在冷却时还来不及跃迁到下能级，原子密度还基本上“冻结”在高温时的 N_2'，而原子在下能级的寿命却比较短，在冷却时已经往下跃迁，原子密度基本上恢复到低温时的 N_1，由于 $N_2'>N_1$，因此在气体突然冷却的时间内就可以建立起粒子数反转状态。这种有趣的想法导致了一种叫作“气动激光器”的诞生。

所谓“气动激光器”(见图 2.32)就是利用气体动力学的原理来迅速冷却高温气体介质，形成粒子数反转而产生激光。当高温高压气体通过喷口时，气体流速就像喷气式超声速飞机的飞行速度那样快，比声音的传播速度(340 m/s)还要快 1～2 倍，喷口犹如喷气发动机或火箭发动机的喷口一般。气体通过喷口后突然膨胀，温度迅速下降，冷却气体的速度快得惊人，1 s 可使气体温度下降 10^8 ℃。在喷口附近的区域内气体介质形成了粒子数反转，配上合适的谐振腔，就可以产生激光。

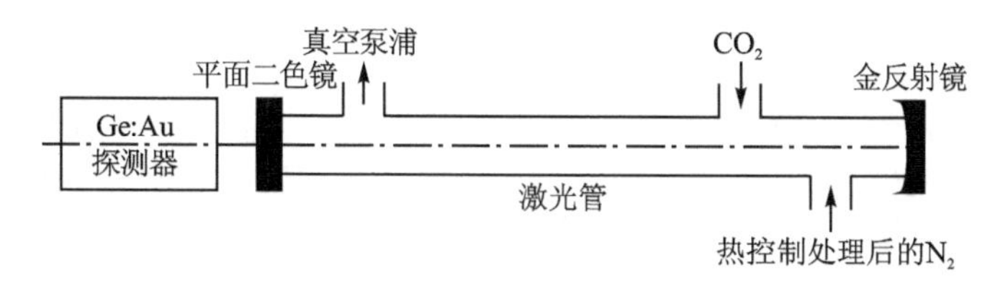

图 2.32　气动激光器原理图

(4) 化学激励

利用化学反应中释放出来的能量来激发或者加热激光工作物质的方式称为化学激励。化学激励的能量来源于工作物质本身，不需要外界的电能、光能和热能等。例如 1 kg 的氢气和 1 kg 的氟气化学反应后能产生约 10^7 J 的巨大能量。

化学激励的途径之一是利用化学反应中释放出来的能量直接激发反应生成物质的原子或分子，原子或分子包含有很多的能级，各个能级有高有低，寿命有长有短。因此，各个能级被激发的程度也各不相同，有可能在某两个能级间造成粒子数反转。例如氟原子(用 F 表示)和氢分子(用 H_2 表示)反应生成激发态的氟化氢(HF)分子，反应式可写为

$$F + H_2 \rightarrow HF^* + H \tag{2.170}$$

或者

$$F_2 + H \rightarrow HF^* + F \tag{2.171}$$

式中，HF^* 表示激发态的氟化氢分子，被激励的能级是分子的振动和转动能级。实验发现，在两个振动能级之间实现了粒子数反转，产生波长 2.6～3.6 μm 的红外激光。

化学激励的途径之二是利用化学反应中释放出来的能量来加热反应的生成物到高温状态，然后类似于气动激光器那样，气体通过喷口突然膨胀而冷却到低温状态，在寿命长的上能级和寿命短的下能级之间形成粒子数反转。煤气可用来烧饭，这是众所周知的事情。煤气中的主要成分是一氧化碳气体，燃烧后生成二氧化碳。在二氧化碳化学激光器中，将液态的氧和液态的一氧化碳注入燃烧室，通过人工点火装置，使一氧化碳燃烧，生成高温的二氧化碳气体，气体迅速通过喷口，在工作室里，冷却的二氧化碳形成了粒子数反转，配上适当的反射镜，就可产生 10.6 μm 的红外激光。

2.5.3 谐振腔

对大多数激活介质来说，由于受激辐射的放大作用不够强，光波被受激辐射放大的部分往往被介质中的其他因素（如介质的杂质吸收、散射等）所抵消，因而受激辐射不能成为介质中占优势的一种辐射。而谐振腔的作用正是加强介质中的受激放大作用。光学谐振腔是由两个反射镜组成的，其一是全反射的，另一个是部分透过的。谐振腔的光轴与工作物质的长轴相重合。这样沿谐振腔轴方向传播的光波将在腔的两反射镜之间来回反射，多次反复地通过激活介质，使光不断地放大，而沿其他方向传播的光波很快地逸出腔外。这就使得只有沿腔轴传播的光波在腔内择优放大，因而谐振腔的作用可使输出光有良好的方向性。另外，谐振腔还有限制频率的作用。由于多普勒效应，频率 ν 与速度 $\vec{V}$ 有关。由式(2.124)可知

$$\nu=\nu_0+\left(1+\frac{V_z}{c}\right) \tag{2.172}$$

如果 $\vec{V}$ 方向不同，$V_z=\cos\alpha$ 就不同，而谐振腔使 V_z 和 $-V_z$ 的光子群存在，其他速度的光子群很快地逸出腔外，因此输出光的频率也就受到了限制。同时，沿腔轴往返传播的光波在腔内形成驻波条件的频率 $\left(\nu_q=\frac{c}{2nL}q\right)$ 才能振荡，因此输出频率得到选择。这些溢出腔外的光子也表现为损耗。损耗是谐振腔至关重要的参数，2.6 节将进行具体的阐述和相关推导分析。

2.6 光学谐振腔的损耗和相关参数

光学谐振腔的损耗是衡量谐振腔质量的重要参数。光学谐振腔的损耗大致包括以下几个方面：① 几何偏折损耗。光线在腔内往返传播时，可能从腔的侧面折出去，这种损耗为几何偏折损耗。② 衍射损耗。由于腔的反射镜片通常具有有限大小，因而当光在镜面上发生衍射时，必将造成一部分能量损失。③ 腔镜反射不完全引起的损耗。这部分损耗包括镜中的吸收、散射以及镜面的投射损耗。④ 材料中的非激活吸收、散射，腔内插如物（如布儒斯特窗、调 Q 元件、调制器等）所引起的损耗。本节将对腔的几种损耗做粗略介绍，并引入几个与损耗有关的重要参数。

2.6.1 损耗的定义

对各种损耗，无论其起因如何，都可以引进一个“平均单程损耗因子”γ 来描述，所谓“单程”即指光在腔内传播一个光学长度。γ 的定义为：如果光强为 I_0，在线型腔内往返传播一次后光强衰减为 I，则可写为

$$I=I_0\mathrm{e}^{-2\gamma} \tag{2.173}$$

所以

$$\delta=\frac{1}{2}\ln\frac{I}{I_0} \tag{2.174}$$

如果有多种损耗因子 $\gamma_1,\gamma_2,\cdots,\gamma_i$，而且每种损耗是相对独立的，则有

$$\gamma=\sum_i\gamma_i \tag{2.175}$$

$$I = I_0 e^{-2\gamma_1} \times e^{-2\gamma_2} \times e^{-2\gamma_3} = I_0 e^{-2\gamma} \tag{2.176}$$

γ 表示总的损耗因子为腔内损耗因子的总和。

当 $\gamma \ll 1$ 时，上式可近似为 $I = I_0(1-2\gamma)$，再将其代入损耗的公式，可以得到损耗的代数定义式 $\gamma = \dfrac{I - I_0}{2I_0}$。

平均单程损耗示意图如图 2.33 所示。

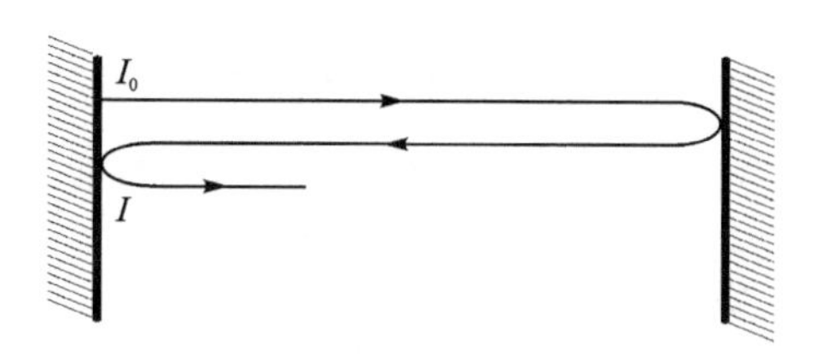

图 2.33　平均单程损耗示意图

2.6.2　光在腔内的平均寿命

设光在腔内往返传播 m 次所用的时间为 t，则

$$m = \frac{t}{\dfrac{2nL}{c}} \tag{2.177}$$

由式(2.177)得

$$I(t) = I_0 e^{-2m\gamma} = I_0 e^{-\frac{c\gamma}{nL}t} \tag{2.178}$$

设

$$\tau_c = \frac{nL}{c\gamma} \tag{2.179}$$

则

$$I(t) = I_0 e^{-\frac{t}{\tau_c}} \tag{2.180}$$

式中，τ_c 就称为光在腔内的平均寿命，当 $t = \tau_c$ 时，由式(2.175)可知，腔内光强衰减为初始值 I_0 的 $\dfrac{1}{e^2}$。腔内的损耗越大，τ_c 越小，腔内光强衰减越快。

2.6.3　谐振腔的 Q 值

光学谐振腔的质量也沿用 LC 振荡回路的品质因数 Q 值来表示，其定义为

$$Q = 2\pi\nu \frac{\text{腔内储存的总能量}}{\text{单位时间损耗的能量}} = \omega \frac{\text{腔内储存的总能量}}{\text{单位时间损耗的能量}} \tag{2.181}$$

在 t 时刻，设腔内的总能量为 $W(t)$，由式(2.175)可推出

$$W(t) = W_0 e^{-\frac{t}{\tau_c}} \tag{2.182}$$

式中，W_0 为初始腔内的总能量。单位时间内能量的损耗量为

$$-\frac{dW(t)}{dt} = \frac{W(t)}{\tau_c} \tag{2.183}$$

将其代入到式(2.181)，得

$$Q = 2\pi\nu \frac{W(t)}{-\dfrac{dW(t)}{dt}} = 2\pi\nu\tau_c = 2\pi\nu \frac{nL}{c\gamma} \tag{2.184}$$

由上式看出，腔长越长，损耗越小，则谐振腔的 Q 值越高。还可以设腔内振荡光束的体积为 V，当光子在腔内均匀分布时，腔内存储的总能量 $\varepsilon = nh\nu V$，单位时间内损耗的光能为

$$P=-\frac{\mathrm{d}\varepsilon}{\mathrm{d}t}=-\frac{\mathrm{d}n}{\mathrm{d}t}\cdot h\nu V=\frac{n_0}{\tau_c}\mathrm{e}^{-\frac{t}{\tau_c}}\cdot h\nu V \tag{2.185}$$

n_0 为腔内初始时单位体积内的光子数密度。可以看出损耗、平均寿命及 Q 值均可以描述无源腔的损耗(也可以说是质量),三者之间存在确定的关系。

2.6.4 谐振腔的损耗

谐振腔的损耗主要有四种。这些损耗可能同时存在,但在理论处理时认为它们是相互独立的,则腔的总损耗为这些损耗之和。作者提出将这些损耗根据是否可以进行设计优化或者人为控制大致分为两类:选择性损耗和非选择性损耗。选择性损耗包括几何损耗、衍射损耗和输出损耗。

光束在谐振腔内的往返传播过程,采用近轴光线描述,导致光线偏折出谐振腔外,造成的损耗称为几何损耗。衍射损耗受到反射镜尺寸限制,会因腔镜边缘的衍射效应产生损耗,且衍射损耗的大小与腔的几何参数、菲涅尔数以及横模的阶次有关。输出损耗无法避免,可以在满足阈值条件的基础上进行优化选择。非选择性损耗主要包括非激活吸收损耗、散射损耗,指光束通过腔内的光学元件以及到达反射镜表面时会发生吸收、散射现象,其中激活介质材料会造成非激活吸收损耗,介质的不均匀性和缺陷会造成散射损耗,这些损耗是无法避免的。

几何损耗主要包括以下两种情况。

1. 腔内斜射光线的损耗

如图 2.34 所示,平行平面腔的两个镜面平行,光线与腔轴线之间的角度为 θ,光线往返 m 次后逸出腔外,由此引起的损耗记为 γ_θ,则光在腔内传播所用的时间根据式(2.177)为 $\tau_c=mt=m\dfrac{2\eta L}{c}$。

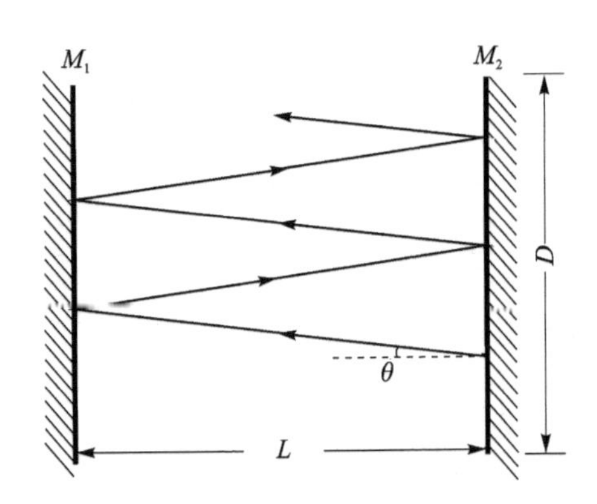

图 2.34 腔内斜入射光线引起的损耗

当光线与腔轴线之间的夹角 θ 很小时,有 $2mL\theta=D$,可得腔寿命为 $\tau_c=\dfrac{\eta D}{c\theta}$,可以推导出斜射光线的几何损耗率为

$$\gamma=\frac{\eta L}{c\tau_c}=\frac{L\theta}{D} \tag{2.186}$$

2. 腔镜不完全准直引起的损耗

在实际的光学谐振腔中，两块反射镜的光轴不完全重合是常有的现象。这样光在腔内多次反射将逸出腔外，使光在腔内的寿命减少，把这种损耗称为 γ_β，如图 2.35 所示。

初始入射光线与一个镜面垂直，当光线在两镜面间多次反射后，相邻两光线之间的夹角依次为 $2\beta,4\beta,6\beta,\cdots$。光线每往返一次，在镜面上移动的距离为 $L\theta$。光线在腔内往返 m 次后逸出腔外，则有 $2\beta L+6\beta L+\cdots+2(2m-1)\beta L=D$，即 $m=(D/2\beta L)^{1/2}$。由于光线在腔内往返 m 次，因此单程损耗因子 $\gamma_\beta=\frac{1}{2}m$，即平均单程损耗因子为

$$\gamma_\beta=\frac{1}{2m}=\sqrt{\frac{\beta L}{2D}} \tag{2.187}$$

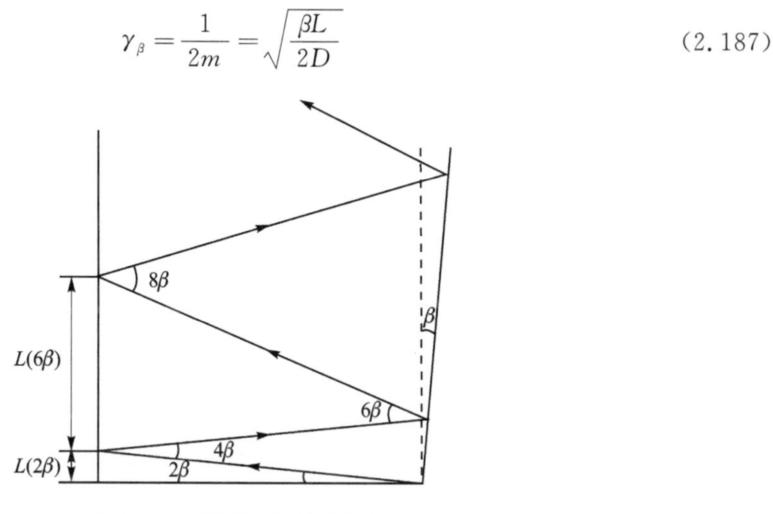

图 2.35　腔镜倾斜时的损耗

3. 腔镜不完全反射引起的损耗

这种损耗包括反射镜面的吸收、散射和透射损耗。为了把光能量引到腔外，谐振腔必须有合适的透过率，有时输出镜透过率还很高。例如某些固体激光器，输出镜的透过率达 50%。这种透过率损耗是很大的腔内能量的损耗。但它与其他形式的损耗不同，应该说是一种“有益”的损耗。另外，通常的全反射镜，其反射率也不可能达到 100%。如果两个反射镜反射率 $r_1=r_2=r\approx1$，如小型 He - Ne 激光器，如图 2.36 所示，则这种腔镜不完全反射引起的损耗 $\gamma_r\approx1-r$。若 $r_1=1,r_2\approx1$，则

$$\gamma_r\approx\frac{1}{2}(1-r) \tag{2.188}$$

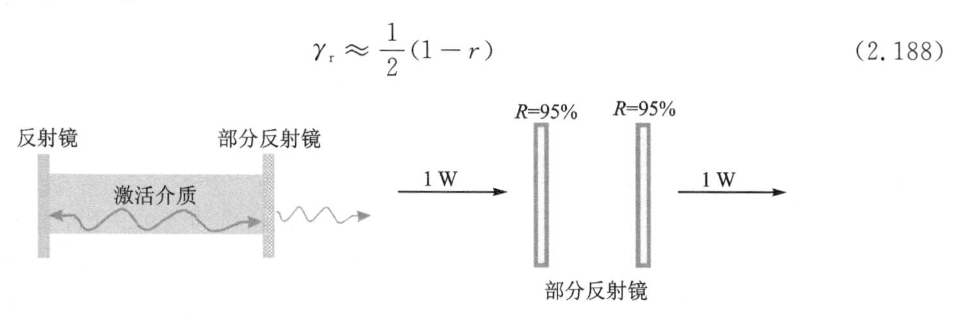

图 2.36　腔镜不完全反射时的损耗

4. 衍射损耗

光在谐振腔内来回反射，由于腔镜的有效孔径的大小是有限的，因此，光将在镜面上发生衍射，镜面有效孔径以外的衍射能量将损失，这就产生了衍射损耗，如图 2.37 所示。这是一个较为复杂的问题。衍射损耗的大小 γ_d 与腔镜的有效孔径有关。理论分析表明，对有效孔径为 $2a$ 的平行平面镜的衍射损耗，有

$$\gamma_a \approx \frac{1}{1+N} \tag{2.189}$$

$$N=\frac{a^2}{L\lambda} \tag{2.190}$$

式中，L 为腔长，λ 为波长，N 称谐振腔的菲涅尔数。另外提及一下，衍射损耗与模式有关，不同模式其衍射损耗不同。高阶横模的衍射损耗大于低阶横模的衍射损耗。因此通常情况下，激光器总是振荡在少数几个低阶横模。

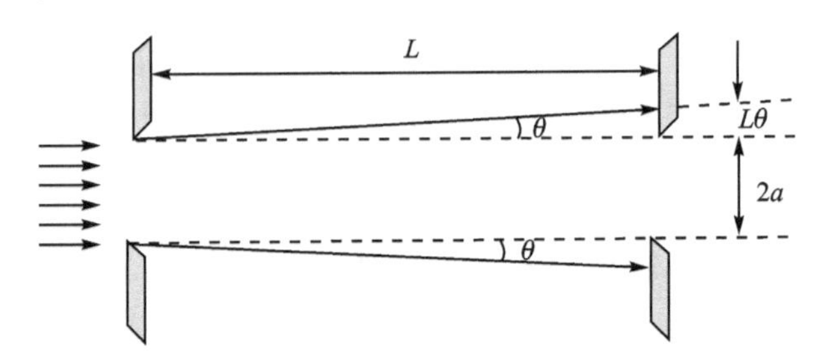

图 2.37 平面波的夫琅和费衍射损耗

以均匀平面波为例，对谐振腔的单程损耗因子进行粗略的估算。均匀平面波光束从左镜面向右镜面沿水平轴线方向传播，由于衍射作用，在右镜面光束能量重新分布。根据夫琅禾费公式：

$$\theta=1.22\frac{\lambda}{2a}=0.61\frac{\lambda}{a} \tag{2.191}$$

衍射光斑的第一极小值出现在上述方向。忽略掉第一暗环以外的光，假设在中央亮斑内光斑均匀分布，则射到右镜面以外损耗掉的光能与到达第二个圆孔的总光能之比，等于被中央亮斑照亮的孔外面积与中央亮斑总面积之比，即单程衍射损耗为

$$\gamma_d=\frac{\pi(\theta L+a)^2-\pi a^2}{\pi(\theta L+a)^2}\approx\frac{2\theta L}{a}\approx\frac{1}{\frac{a^2}{\lambda L}} \tag{2.192}$$

当衍射损耗较小时，可以近似认为其与平均单程衍射损耗因子 γ_d 相等，等于菲涅尔数的倒数。

5. 吸收损耗

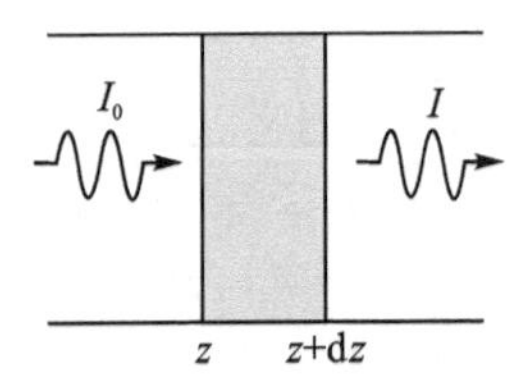

图 2.38 光通过长度为 dz 的介质

由于腔内介质对光的吸收作用，当光通过一段长度为 dz 的介质后，光强由 I_0 变为 I，如图 2.38 所示，其中 $dI=I-I_0$。吸收系数 α 为通过单位长度介质后

光强衰减的百分比 $\alpha=-\frac{\mathrm{d}I}{I\mathrm{d}z}$，即介质中不同位置处的光强为 $I(z)=I_0\mathrm{e}^{-\alpha z}$，则单程损耗因子为

$$\gamma=\alpha L \tag{2.193}$$

2.7　光学谐振腔及激光器输出的特征参数

2.7.1　光学谐振腔的作用

1. 光腔与谐振腔

光学谐振腔是常用激光器的三个重要组成部分之一，在很多文献中依然有研究人员用“光腔”一词进行描述。首先就谐振腔与光腔进行说明：光腔指的是一个光学容器，这个容器与光学频率相关；谐振腔与光腔从本意来讲，区别在于是否谐振，且光学谐振腔仅仅是谐振腔的一种。所以，光学谐振腔最主要的特征是谐振，且包含特定的响应光学频率。

激光产生的方法与众不同，受到光学谐振腔的影响，最终导致出现了一种新形式的光波，被称为激光束或高斯激光束，其特性和传播规律与普通球面光波完全不同(平面光波可以看作曲率半径无限大的球面波)。因此可以采用激光束光学变换原理阐述光学谐振腔中的许多问题，这也是这部分的主要内容。一般来说，如果没有采取特殊的措施来限制振荡模的数量，则激光器就是多模振荡器。其原因在于这样的事实，即非常多的谐振腔纵模都处于激光跃迁的能带内，即在激活材料的带宽内可能有很多横模。

2. 激光器的光学谐振腔

对于法珀腔而言，置于激活介质两端的一对反射镜构成了激光器的光学谐振腔，其有提供光反馈、频率选择和改善激光方向性的作用，就是说，光学谐振腔对激光特性的影响是非常重要的。

光学谐振腔的作用主要有两大方面。

(1) 产生与维持激光振荡形成谐振

① 增加了光在激光介质中的有效长度。如图 2.39 所示，一个光子通过单位长度的激光介质，出射三个光子，经过三段相同的介质后，出射的光子数才总共 27 个，如果需要达到 1 W 的输出功率，则需求激光介质的个数大约 40 个。可以想象，数量多的同时也意味着体积的臃肿和调整难度的增大。与此做对比，如果采用谐振腔，则光束在光学介质往复传播，可以存在多程光束同时通过介质，介质的有效长度得到大幅度的增加，因此可以选用长度较短的激光介质。

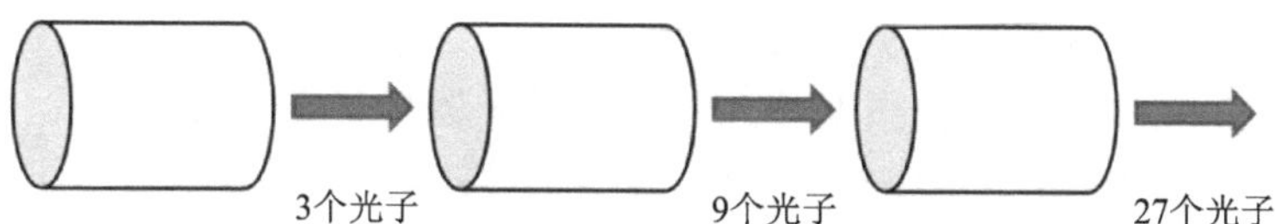

图 2.39　光子通过三段介质

② 形成相长干涉,或为线型腔提供轴向光波模的光学正反馈。这是指通过谐振腔镜面的反射,轴向光波模可在腔内往返传播,多次通过激活介质而得到受激辐射放大,从而在腔内建立和维持稳定的自激振荡。光腔的这种光学反馈作用主要取决于腔镜的反射率、几何形状以及它们之间的组合方式。这些因素的改变将引起光学反馈作用的变化,即引起腔内光波模损耗的变化,形成有效的相长干涉。

(2) 控制振荡模式的特性

由于激光模式的特性由光学谐振腔结构决定,因此,可通过改变腔参数实现对光波模特性的控制。通过对腔的适当设计以及采取特殊的选模措施,可有效控制腔内实际振荡的模式数目,使大量光子集中在少数几个模式状态中,从而提高光子简并度,获得单色性和方向性好的相干光。通过调节腔的几何参数可直接控制激光模的横向分布特性、光斑半径、谐振频率以及远场发散角等,也就是常说的横模、纵模、线宽、光束特性等。

2.7.2 光学谐振腔的构成和分类

根据结构、性能和机理等方面的不同,谐振腔有不同的分类方式。按能否忽略侧面边界,可将其分为开腔、闭腔以及气体波导腔封闭腔。这个很容易理解,比如一间教室,包括六面墙,在忽略损耗的理想情况下,可以认为是一个封闭的结构,光子在里面不停地发生折反射与碰撞。只要这个教室盒子固定,一堆光子在里面进行无规运动的话,那么尽管受到六个面的约束,其输出的特性依然是众多光子的行为表现,依然是无规则的,如图 2.40(a)、图 2.40(b)所示。

1. 开 腔

约束条件减少。从封闭腔(见图 2.40(a))到开腔(见图 2.40(b))的变化可以利用身边的环境举例:如教室可以看成三对相互平行的平面,尝试一对一对地减少平行面。结果发现,到只剩下一对平行面的时候,尽管其采用开放腔的结构,光束发散、模式特性和输出功率等参数受到光学谐振的影响,但这说明开放式光学谐振腔依然是一个光学约束结构。法珀谐振腔是最简单的谐振腔结构,以此进行研究和分析。谐振腔两个相对的面由反射镜组成,其余四个侧面是开放的。理论分析时,通常认为其侧面没有光学边界。

对开腔而言,根据腔内傍轴光线几何逸出损耗的高低,又可分为稳定腔、非稳定腔及临界腔;按照腔镜的形状和结构,可分为球面腔和非球面腔;就腔内是否插入透镜之类的光学元件,或者是否考虑腔镜以外的反射表面,可分为简单腔和复合腔;根据腔中辐射场的特点,可分为驻波腔和行波腔;从反馈机理的不同,可分为分立端面反馈腔和分布反馈腔;根据构成谐振腔反射镜的个数,可分为两镜腔和多镜腔等。

波导腔如图 2.40(c)所示。它是随着光波导技术兴起的,早期主要用于二氧化碳激光器,以减小光学谐振腔的体积;固体介质波导腔和气体波导腔,两端为腔镜,中间为波导。波导的孔径或横向尺寸较小,但不能忽略侧面边界的影响。

与微波腔相比,光学频率腔的主要特点是:① 侧面敞开以抑制振荡模式;② 轴向尺寸远大于光波长和腔的横向尺寸。从理论上分析,通常认为其侧面没有边界,因此,将其称为开放式光学谐振腔。光学谐振腔主要针对这类开放式光腔进行讨论。

2. 典型谐振腔的谐振频率

(1) 平行平面腔

如图 2.40(d)所示，两个平面镜平行放置，在一级近似条件下，谐振腔中的模式可以看成沿腔光轴反向传输的两列电磁波的叠加。

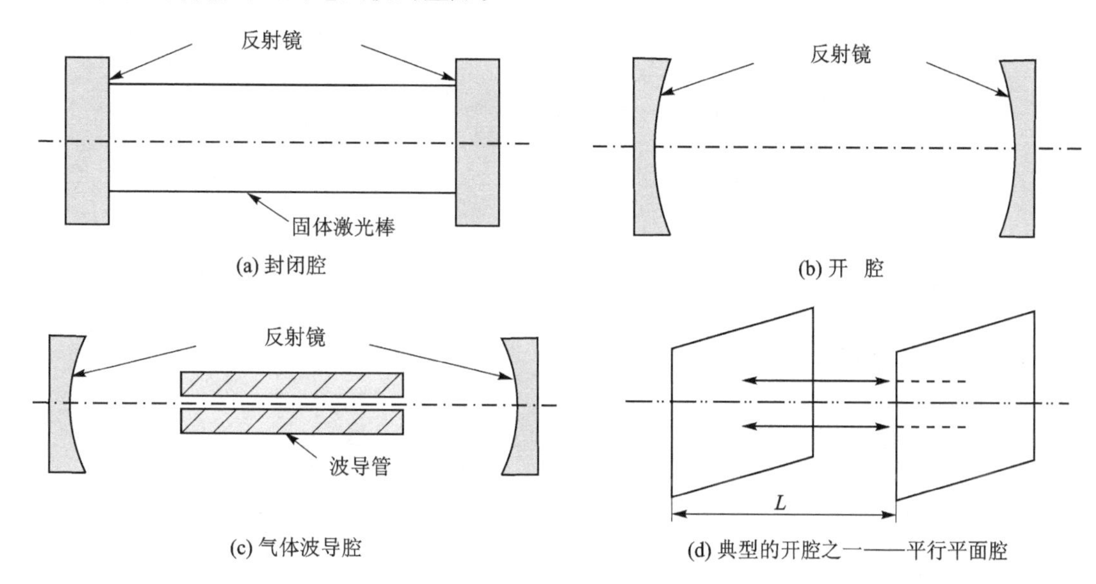

图 2.40　封闭腔和常见开腔对比

在这种近似条件下，谐振腔长 L 为激光半波长的正整数倍，即

$$L = n(\lambda/2) \tag{2.194}$$

因此谐振腔频率很容易得到，这也是电磁行波在两个腔镜处的电场强度为零的必要条件。由此可以推导出谐振频率满足：

$$\nu = n\left(\frac{c}{2L}\right) \tag{2.195}$$

通过式(2.195)也可以说明充满折射率为 η 的介质的谐振腔中，利用在谐振腔内往返一次平面波的相移同样必须是 2π的整数倍，$2k\eta L = 2kn\pi, k \neq 0$。这是通过自洽论据得到的。如果平面波的频率等于腔内模式的频率，腔内往返一次后的相移一定是零(或者是 2π的整数倍)，因为只有在这种情况下，在任意位置的振幅由于持续地反射，可以估计整个场在相位上的叠加。相邻的模式间隔为

$$\Delta\nu = \frac{c}{2\eta L} \tag{2.196}$$

(2) 共心球面腔

如图 2.41 所示，这种谐振腔由两个半径为 R、间隔为 L 的球面镜组成，两个曲面的球心是重合的，即 $L = 2R$。在这种条件下，模式可以近似表示为从球心点发出的两列反向传输的行波叠加形成的。应用自洽观点能够得到谐振频率表达式(2.195)和相邻的模式间隔表达式(2.196)。

(3) 共焦谐振腔

如图 2.42 所示，这种谐振腔由两个半径为 R、间隔为 L 的球面镜组成，两个曲面的焦距

是重合的，球面镜的球心位置为另一个球面镜的顶点，即 $L=R$。利用几何光学的观点通过改变光线与谐振腔轴线的距离，可以画出任意多组这样的光线。图中的光线可以反向。但是几何光学的描述并没有给出模式的特性。实际上，这种结构不能用平面波或者球面波描写，因此谐振频率不能直接从几何光学的考虑直接得到。

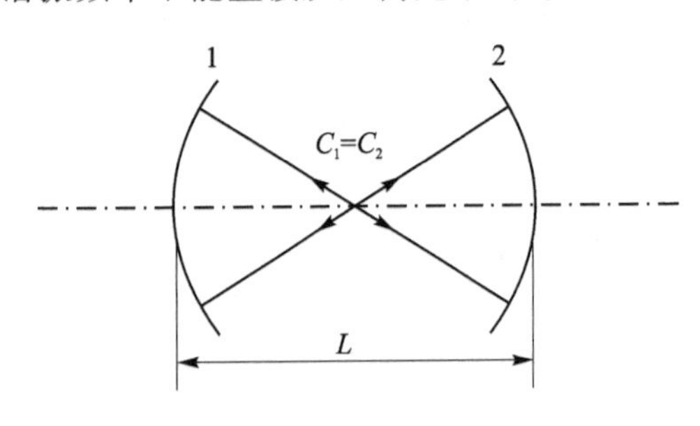

图 2.41 共心谐振腔

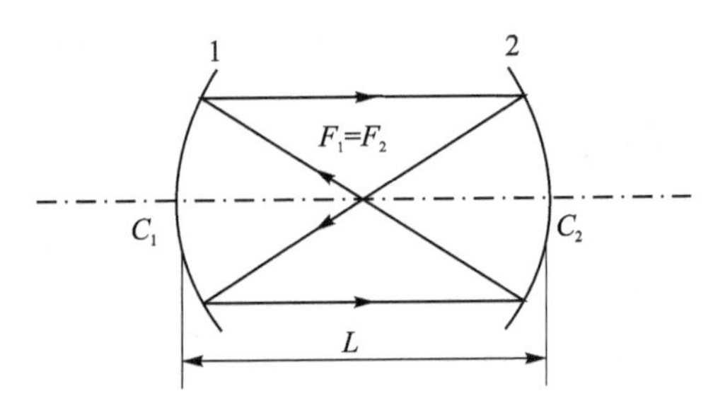

图 2.42 共焦球面腔

(4) 广义球面谐振腔

由两个相同半径的球面镜间隔 L（$R<L<2R$）构成的谐振腔，介于共心谐振腔和共焦球面腔之间，如图 2.43 所示。对于这种情况，使用光线方法来描述在一个或者几个来回之后光线与初始光线轨迹相同不太可能。

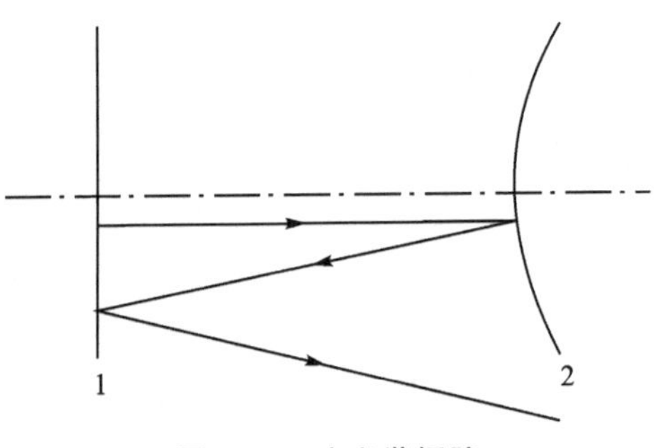

图 2.43 广义谐振腔

所有这些谐振腔可以看成是由一个凹面镜（$R>0$）和一个凸面镜（$R<0$）、间距为 L 构成的一般谐振腔特例。这些谐振腔可以分为两类：稳定谐振腔和非稳定谐振腔。关于谐振腔的稳定性条件将在 3.4.8 小节专门进行说明。

在前后两个腔镜之间的弹性反射使得光线最终偏离光轴溢出腔外。如图 2.43 所示为一个非稳定腔的典型例子。相反地，如果光线经若干次往返仍然在腔内，则称为稳定谐振腔。

(5) 环形腔

另一类重要的谐振腔是环形谐振腔，光线是在环形的结构中运行，具体结构如图 2.44 所示。

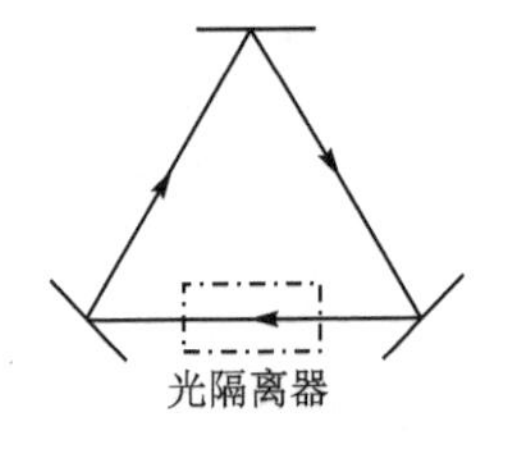

(a) 仅有顺时针方向

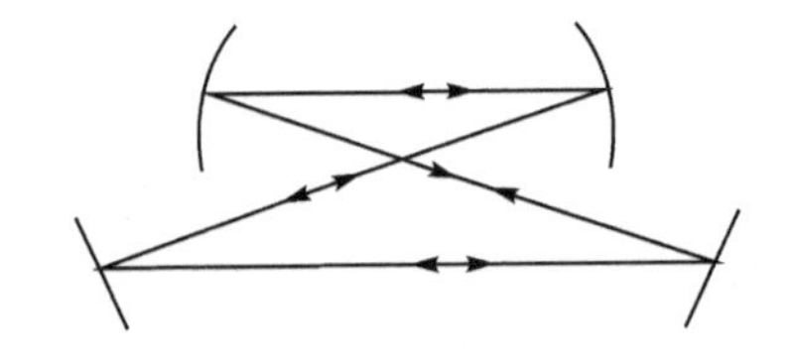

(b) 既有顺时针方向又有逆时针方向

图 2.44 环形腔的典型光循环路径

无论是哪种环形谐振腔，其谐振频率均能够通过一次循环后总的相移变化 2π 得到。谐振频率满足：

$$\nu = \frac{nc}{L_p} \tag{2.197}$$

式中，L_p 为环形腔周长，n 为整数。对于图 2.44(a)，其中的光隔离器使得仅有顺时针一个方向的光通过。对于图 2.44(b)所示的谐振腔，腔内光的运转方向可以是顺时针或者是逆时针的。因此腔的模式和频率不再满足驻波条件。因此这种环形谐振腔可能是稳定的，也可能是非稳定的。

2.7.3　激光器输出的特点及其参数特性

1. 激光的特点

一般采用亮度来衡量光源的输出光束质量。光亮度定义为：单位面积的光源表面，在其法向单位立体角内传送的光功率。由于激光器在时间和空间方面的高度集中，因而具有极高的亮度。此处需要注意的是，同等输出功率情况下，亮度高的光源性能更好。

2. 激光器的输出参数

分析激光器的输出特性时发现，它是由许多独立的频率分量组成的，它们彼此间的频率差各不相同，从而使光学谐振腔产生不同的模式。这些模式，是指腔内存在的、稳定的光波基本形式。所谓稳定包含下列意思：① 有确定的频率；② 振幅在空间的相对分布是确定的，不随时间而改变；③ 相位在空间的相对分布是确定的，不随时间而改变。

激光的产生是光与物质的近共振相互作用，这是激光工作物质能够形成增益的基础，也是从理论上分析研究激光放大、谐振特性的基础。激光工作物质一般称为电介质，并且理想情况下假定激光工作物质各向同性。

理想情况下激光可用简谐平面波表示：

$$E(z,t) = E_0 \cos(\omega t - kz + \varphi_0) \tag{2.198}$$

$$B(z,t) = B_0 \cos(\omega t - kz + \varphi_0) \tag{2.199}$$

当光场沿 z 方向传播时，电场强度矢量 $\boldsymbol{E}$ 可以用 E 表示，磁场感应强度矢量 $\boldsymbol{B}$ 可以用 B 表示；E_0、B_0 分别是电场强度和磁场感应强度的振幅，$\omega = 2\pi f$ 为角频率，k 为角波数，φ_0 为初始相角，$\boldsymbol{E}$、$\boldsymbol{B}$、$\boldsymbol{k}$ 三个矢量相互垂直，如图 2.45 所示。

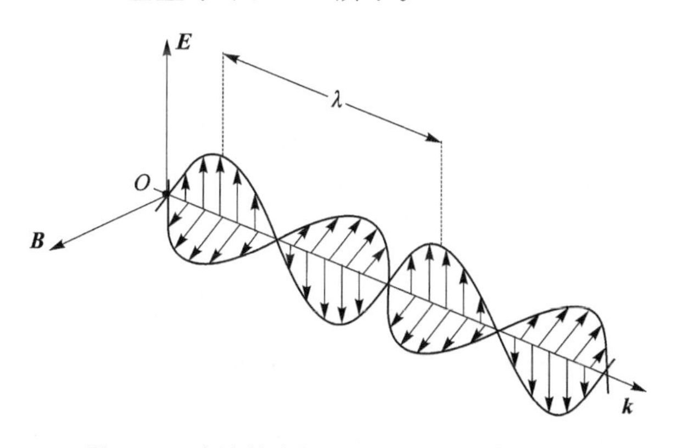

图 2.45　光波的电场、磁场和波矢关系示意图

根据传播方向上有无电场分量或磁场分量了解激光的传播形态时,可将激光的传播分为三类:

TEM 波:在传播方向上没有电场和磁场分量,称为横电磁波;

TE 波:在传播方向上有磁场分量但无电场分量,称为横电波;

TM 波:在传播方向上有电场分量而无磁场分量,称为横磁波。

任何光都可以用这三种波的合成形式表示出来。

光是一种横波,其电场强度、磁感应强度(也有用磁场强度表示的情况)和波矢 $\boldsymbol{k}$ 的传播方向两两相互垂直,如图 2.45 所示。但是光波的电场和磁感应强度(或磁场强度)成正比 $E\propto B$(或者 $E\propto H$);此外激光领域中面临的普遍情况是,光频电磁场中电场对物质的作用远大于磁场对物质的作用,描述电磁波,采用电场强度就足够。

光作为电磁波进行能量传输。光强 I 实际上是电磁波的平均能流密度(单位时间通过单位面积的能量为能流密度),通常正比于电场强度模的平方:$I\propto|E|^2$。

激光的产生是光与物质的近共振相互作用,激光谱线是光与物质的近共振作用结果的体现。一般地,在无外界电场的情况下可以将激光工作物质的原子或分子分为极性分子和非极性分子,尽管这两类工作物质受到外部电场作用的总效果是一致的。爱因斯坦 1917 年发表的受激辐射理论被认为是激光产生的理论基础,除与玻尔-卢瑟福模型等的不同之处在于存在外部光场外,他提出的自发辐射、受激辐射、受激吸收三个过程在激光产生过程中缺一不可,并且可以明确自发辐射对激光谱线参数起着重要作用。

由于激光工作物质组成原子或分子的无规则热运动使得电偶极子取向无规则,因此激光工作物质的自发辐射常表现为自然光,即所发出的光子在发射方向、偏振态和初相位上都不相同。由于高强度激光的出现,光电场强度得到急剧提高,原来被忽略不计的非线性项才表现出来。当激光强度不高时,非线性效应不明显,因此一般只考虑线性相互作用的情况就足够。

(1) 输出参数

平面谐波由五个独立参数唯一描述,光谱参数包括强度、相角、传播方向、波长和偏振方向等。对于许多实际应用,还须主动控制激光束参数。

通过激光束与测量对象的相互作用,激光光谱参数(例如波长)以特有的方式改变。激光测量技术的任务就是检测这些变化并推断测量对象的特性或状态。在当前技术应用中需求的技术指标越来越两极化发展,这就需要从底层出发进行参数设计。

1) 激光强度

激光束的强度是一个非常重要的测量参数。可见光谱的激光频率约为 10^{14} Hz。因此,不可能用肉眼或光电探测器探测激光束的时间强度曲线。然而,从计量学上讲,光强表现为激光若干振荡周期的平均值,与振幅模的平方成正比,单位是 W/m^2。为了测量激光强度,目前多采用辐射吸收类型的探测器。

2) 相 角

相角无法通过探测器直接进行测量,但可以通过光波叠加来间接测量。当两个或两个以上的波叠加时,合成场强由单个场强的矢量相加得到,即所谓的叠加原理。对于相位角 ϕ_0 的两列波:

$$E_1(z,t)=E_0\cos(\omega t-kz) \tag{2.200}$$

$$E_2(z,t)=E_0\cos(\omega t-kz+\phi_0) \tag{2.201}$$

叠加后有

$$E = E_1 + E_2 = 2E_0\cos(\phi_0/2)(z,t)(\omega t - kz + \phi_0/2) \tag{2.202}$$

叠加后激光强度与波的振幅的平方成正比，即

$$I = 4I_0\cos^2(\phi_0/2) \tag{2.203}$$

式中，I_0 是波 E_1 或 E_2 的光强。

图 2.46 说明了两种极限情况。(a) 对于 $\phi_0=0$，两个波同相，此时场强同向，合成后场强是独立波的 2 倍，激光强度是原来独立存在时的 4 倍。这种情况被称为相长干涉。(b) 在 $\phi_0=\pi$ 的情况中，两个场强相反方向振荡，合成场强和激光强度为零。这种情况称为相消干涉。使用式(2.203)得到的波，可以计算出波 E_2 的相位角 ϕ_0。波 E_1 定义了零相位(ϕ_0,0)，被称为参考波。前面已经明确相长干涉是激光形成的关键，激光相关设计也是以此为中心展开的。

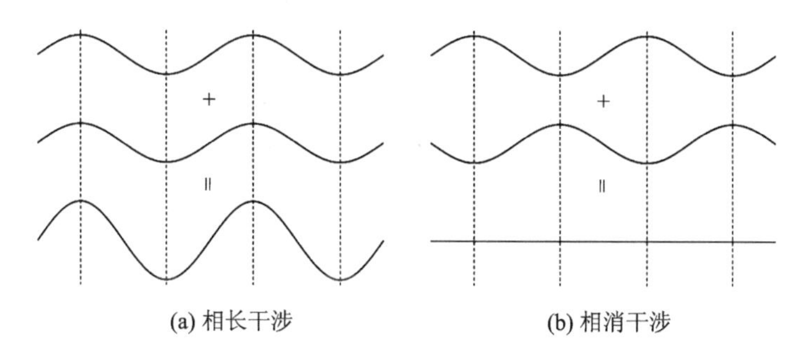

(a) 相长干涉　(b) 相消干涉

图 2.46　相长干涉和相消干涉

3) 传播方向

考虑仅在传播方向上两个不同的光束。为了测量两个传播方向之间的角度 α，可以检测相互间隔距离为 L 的两个光束，垂直间距为 d_1 和 d_2(对于非常小的角度 α，这种方法由于存在测量误差，不太准确)，有

$$\tan\left(\frac{\alpha}{2}\right) = \frac{d_2 - d_1}{2L} \tag{2.204}$$

如果 $\alpha \ll 1$，结果简化为

$$\alpha = \frac{d_2 - d_1}{L} \tag{2.205}$$

采用干涉叠加原理进行理想情况下的分析是较为精确的方法。考察同一传播方向上两个不同的平面波的叠加。这样的两列波由于相干叠加会产生等距的条纹图样，可通过 CCD 或者 CMOS 相机记录下来。由干涉条纹的间距 D_x 可以推导出角度 α；对于足够小的角度，即当 $\alpha \ll 1$ 时，可以得到

$$\alpha = \frac{\lambda}{\Delta x} \tag{2.206}$$

两个波之间的夹角 α 越小，干涉条纹的间距 D_x 越大。通过测量条纹间距 D_x，可以确定两个光波的传播方向之间的角度 α。这里依然存在一个问题：这种方法是否可以测量一个任意小的角度 α 呢？需要注意的是，两个光波的直径 $2a$ 都是有限的，因此可测角度是存在最小值的，并且要求条纹间距 D_x 不能大于直径 $2a$，这也就意味着

$$\alpha_{\min} = \frac{\lambda}{2a} \tag{2.207}$$

因此,原则上相对于传播方向,两个波列在不大于 $\alpha_{\min}$(包括 $\alpha_{\min}$)的角度 α 范围内无法区分,此时这两个波列是平行的。临界角 $\alpha_{\min}=\lambda/2a$ 被称为衍射角。

4) 波　长

激光束的波长 λ 可以用衍射光栅以及更加精确的干涉方法进行测量,其中多种干涉仪可以选择,如迈克尔逊干涉仪。

在激光测量技术中出现的相对波长偏移 $\Delta\lambda/\lambda$ 通常非常小。但是在测量过程中不可避免地存在测量误差,通过 λ_1 和 λ_2 的绝对测量得到 $\Delta\lambda$ 是不可能的。这就是为什么建议直接测量波长差 $\Delta\lambda$ 的原因。直接测量波长微小变化的常用方法是,将两列波长分别是 λ 和 $\lambda+\Delta\lambda$ 的波基于叠加原理进行拍频,两个波长稍有不同的波相互叠加。相邻两个最大强度之间的时间间隔,称为拍频周期 T_b(简称拍),由下式给出:

$$T_b=\frac{\lambda^2}{c\Delta\lambda} \tag{2.208}$$

假设绝对波长 λ 是已知的,测量 T_b 允许确定绝对波长偏移 $\Delta\lambda$。拍频周期 T_b 的实验涉及更多的强度最大值和最小值。两个波长 λ 和 $\lambda+\Delta\lambda$ 原则上是不可区分的,测量周期 τ 的下限是拍周期 T_b 本身,即要求

$$\tau<T_b=\frac{\lambda^2}{c\Delta\lambda} \tag{2.209}$$

5) 偏　振

在线性偏振波中,电场强度矢量在确定的方向上垂直于传播方向振荡。电场强度的振动方向被称为偏振方向。为实验确定线偏振波的偏振方向,可以使用对于特定偏振方向的光是透明的偏振滤波器。如果光的偏振方向和偏振滤光器的前进方向彼此垂直,则理想情况下光透过率为零。如果两个相同频率的正交线偏振光波叠加,则结果一般为椭圆偏振光。圆偏振光是椭圆偏振光的特例。

对于非偏振光,电场强度矢量也垂直于传播方向振荡。然而,磁场强度矢量以随机方式迅速改变它们的振荡方向,因此观察不到优势方向。然而,可以通过在激光腔中安装偏振元件来强制限定偏振方向。

光像任何其他波一样,显示出衍射现象。这意味着几何光学定律所描述的光传播存在偏差。光束的任何横向限制都会引起衍射。典型的例子就是一个平行光束通过一个孔的实验。在这个孔后面,透射光发散并进入几何阴影区。惠更斯-菲涅耳原理清楚地解释了衍射的成因:波前的每一点都是同频率球面二次波的起点,这些二次波不是均匀地向各个方向辐射的。利用倾斜因子描述二次发射的方向性:

$$K(\theta)=\frac{1}{2}(1+\cos\theta) \tag{2.210}$$

式中,θ 是主波前的法线所成的角度,K 在向前方向($\theta=0$)有最大值,在向后方向($\theta=\pi$)消失。小孔后面任何一点的波场都是所有这些二次波源场叠加的效果,形成所谓的衍射图案。由于二次波源一般传播的距离不同,因此相长干涉或相消干涉的图样或多或少会出现。

(2) 高斯光束

如果考察正在传播的高斯光束,发现尽管光束的每个截面上的强度分布都是高斯形,但是强度分布的宽度却沿着光轴发生变化。在波前为平面的束腰处,高斯光束的直径收缩为最小

的 $2\omega_0$。如果从束腰处测量 z 值,光束的扩展规律就会表现为一种简单的形式。与束腰相距为 z 的光斑尺寸以双曲线表示为其渐近线与轴线成 $\theta/2$ 角,如图 2.47 所示。

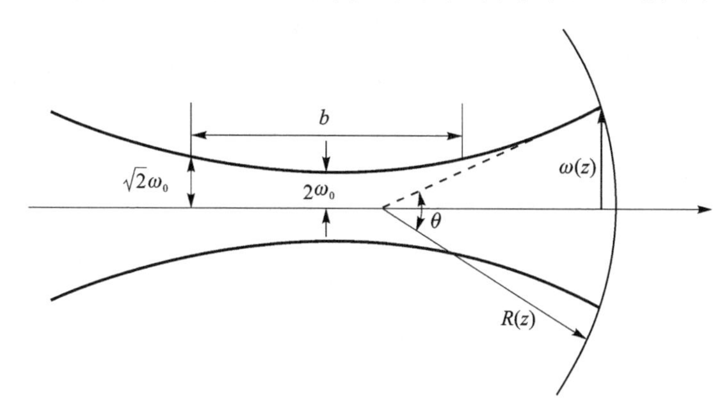

图 2.47　高斯光束的基本参数

高斯光束的远场发散角:

$$\theta \approx 1.27\frac{\lambda}{2\omega_0} \tag{2.211}$$

从式(2.211)以及图 2.47 中可见:当距离变得远时,光束以恒定的锥角 θ 发散,光斑尺寸随 z 呈线性增大,此处最引人关注的是在束腰处的光斑尺寸越小,z 处发散角就相对越大。

将高斯光束和平面波光束的发散角进行比较。激光器输出 TEM_{00} 模时,根据等式可求出光束发散角。当一个平面波入射到直径为 D 的圆孔上时,由夫琅禾费衍射花样的第一个最小值确定的中心圆斑(艾里斑)的最大锥角 $\theta_p=\frac{1.22\lambda}{D}$,即夫琅禾费衍射花样的半锥角,也称为光学仪器的角分辨率的"瑞利判据"。

在实验室里,通常用尺子测量光斑直径以得到光束尺寸。但是这并不是定义式中所定义的光斑尺寸 $2\omega_0$。对于光斑,不能明显地从视觉上判断出其尺寸,"光斑尺寸"和"可视光斑尺寸"是完全不同的概念,前者是激光谐振腔的特性,后者是主观上的估计值。为了测量出光斑尺寸,可以用针孔后面的光电探测器来扫描光斑,所得到的强度与针孔位置的函数关系将呈高斯曲线,凭借该曲线可以计算出光斑尺寸 ω_0。

如果使用电子束诊断仪,得出结果的速度会快得多。这些仪器配备有 CCD 阵列摄像机、计算机和光束分析软件等,其中 CCD 阵列摄像机能够在透镜聚焦面上对光束取样,这类的仪器能够快速地显示二维或三维的可视光束分布,并能计算出光束的参量。

习　题

2.1 有 10 μm 远红外光、500 MHz 无线电波、500 nm 绿光三种电磁波,试按光子能量大小进行排列。

2.2 对光谱线的描述需要哪些参数,各自的微观物理意义是什么?

2.3 三种光源,有相同的光谱线中心波长 630 nm,线宽不同:0.10 μm、3 000 MHz、0.5 cm^{-1},请按线宽的大小将这些谱线排列起来。

2.4 以频率为变量的线型函数相对于中心频率 ν_0 处左右对称。若以波长为变量，请举例说明线型函数还会左右对称吗？

2.5 什么是谱线均匀加宽，什么是谱线非均匀加宽，还有没有别的加宽类型？

2.6 光学谐振腔的构成要素有哪些，光学谐振腔的作用是什么？

2.7 激光产生的条件是什么？激光产生的过程是怎样的？

2.8 谐振腔损耗的种类有哪些？

2.9 激光输出的极限线宽与谐振腔 Q 值的关系是什么？

参考文献

[1] 盛新志，娄淑琴. 激光原理. 北京：清华大学出版社，2015.

[2] 王青圃，张行愚，刘泽金. 激光原理. 济南：山东大学出版社，2003.

第3章 典型激光器速率方程和光学谐振腔理论

第2章对激光器涉及的基本概念和激光器产生的条件及参数等进行了具体的说明。已经知道激光产生的必不可少的条件是粒子数反转，因此粒子数反转有关的各个因素及粒子数反转的变化规律至关重要，其中需要考虑以下几个方面的内容：① 激光适合的上下能级；② 能级系统的特点以及能级系统的分类问题；③ 根据能级系统的特点等，对速率方程进行简化；④ 谱线加宽对增益的影响；⑤ 增益饱和问题。因此很多研究人员期望对激光器的动态特性进行具体的描述——激光的动态特性可以通过一组联立的速率方程进行精确描述，最简单的方法就是用一对儿联立的微分方程来描述空间均匀分布的激光工作物质内的反转粒子数和能量密度。一般来说速率方程有助于估计激光输出的总体性能，如平均功率、峰值功率等。除工作物质外，光学谐振腔的作用至关重要。激光辐射的光谱等则不能用速率方程来描述。

3.1 典型激光器

激光器的分类方法很多，比如按功率分有：超大功率、大功率、中功率、小功率激光器；按输出激光连续性状况分有：连续、脉冲激光器；按泵浦方式分有：光泵浦、电泵浦激光器等；按输出耦合腔镜个数分有：单镜腔、双镜腔、多镜腔激光器等；还可以按光路的运转方向分为线形腔和环形腔激光器；按是否包含外腔分为简单腔和复合腔激光器，等等。最典型的激光器一般按激光工作物质的类型来划分，有气体、液体、固体以及半导体激光器四大类。

3.1.1 气体激光器

1. 概 述

以气体为工作物质的激光器称为气体激光器。气体激光器实物照片如图3.1所示。它是目前引用最广泛的一类激光器，包括从教学实验用的小功率氦氖激光器到工业用的大功率的二氧化碳激光器。大多数气体激光器能连续工作，其激励过程中涉及的能级比较固定，一般采用气体放电中的电子碰撞来激发。自从1961年首次报道研制成氦氖激光器以来，相继出现各种原子、离子、分子、准分子型气体激光器。

图3.1 气体激光器实物照片

气体激光器的优点主要表现在以下方面：

① 工作物质均匀一致。它保证了激光束的优良光束质量，大部分的气体激光器能产生接近高斯分布的光束模式。激光束的相干性、单色性都优于固体激光器、半导体激光器。同时气体工作物质的

谱线宽度远比固体小,因而激光的单色性好。

② 谱线范围宽。有数百种气体和蒸气可以产生激光,已经观测到的激光谱线有万余条。谱线覆盖范围从亚毫米波到真空紫外线,甚至X射线、γ射线波段。

③ 输出激光功率大,既能连续工作又能脉冲工作,效率高。气体激光器能使用大体积均匀的工作物质,且工作物质的流动性好,因此能获得很大功率的输出。例如高功率电激励CO_2激光器连续输出功率已达数万瓦以上。大部分的气体激光器既能连续工作又能脉冲工作。

与半导体、固体激光器相比较,气体激光器的气体或蒸气的粒子密度较低,因此,一般来说气体激光器的体积较大,不容易做到大能量的脉冲输出。但是近年来的发展在原理、结构和技术上都有所突破;超紧凑型的器件及高气压大能量脉冲激光器不断开发出来,如图3.1所示。

气体激光器的激励方式很多。但是产生激光作用的原子、分子或离子都以气体或蒸气的形式存在于激光物质中,因此通常采用气体放电作为激励手段,使之达到粒子数反转状态。一般采用气体泵浦方式,即在高电压作用下,气体分子(原子)电离而导电。高速电子对发光粒子直接碰撞激发,或与辅助气体原子碰撞激发,然后辅助气体原子与发光粒子发生能量的共振转移。如图3.2所示,其中EF段为正常辉光放电,电流增大,管压几乎不变,氦氖激光器工作于该区;GH段为弧光放电,氩离子激光器工作于该段区。

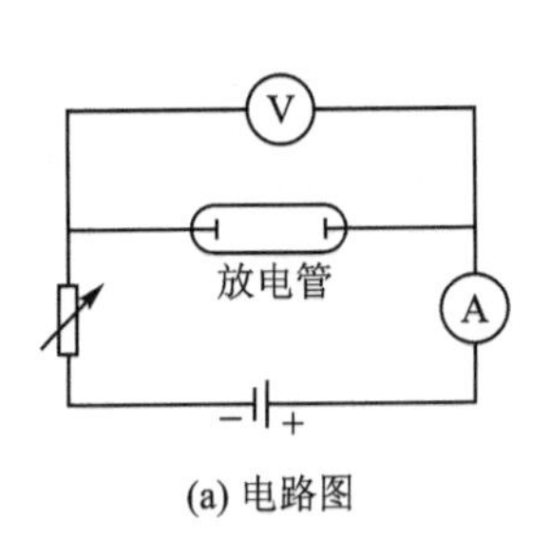

(a) 电路图

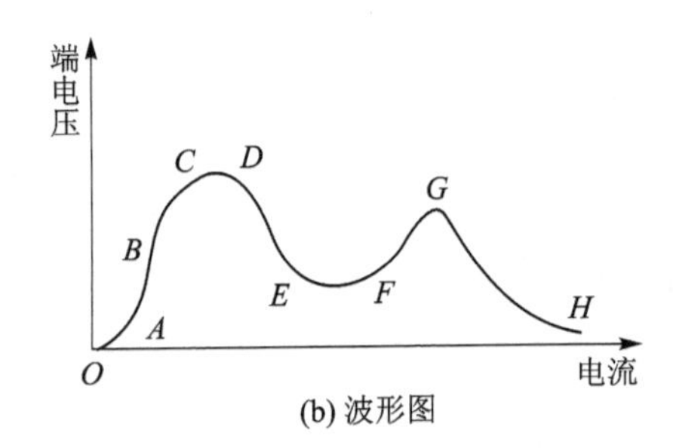

(b) 波形图

图3.2 气体泵浦方式

2. 氦氖激光器

氦氖激光器是最早研制成功的气体激光器,也是最典型的惰性气体原子激光器。在$P=1.333\times10^3$ Pa的小口径玻璃管中按He∶Ne=1∶10的比例填充激活介质,Ne是提供激光跃迁能级产生激光的物质,He是提高泵浦效率的辅助气体,其能级如图3.3所示。

氦氖激光器的激励机制是阴极和阳极两端加上2~4 kV的直流高压,通过充有氦氖混合气体的毛细管放电,使得Ne原子的某一对或几对能级间形成粒子数反转。虽然混合气体中He的含量高于Ne数倍,但激光跃迁只发生于Ne原子的能级间,辅助气体He的作用是提高泵浦效率,如图3.4所示。

在一定的放电条件下,阴极发射的电子向阳极运动并被电场加速,当快速电子与基态He原子发生非弹性碰撞时,将He原子激发到激发态2^1S_0而自身减速。2^1S_0是亚稳态,因而可以积聚大量He原子。当激发态He原子和基态Ne原子发生非弹性碰撞时,将Ne原子激发到$3S_2$能级。这一过程称为共振能量转移。因而在$3S_2-2P$、$2S_2-2P$、$3S_2-3P$能级间产生反转分布,获得波长为632.8 nm、1.15 μm、3.39 μm的激光。

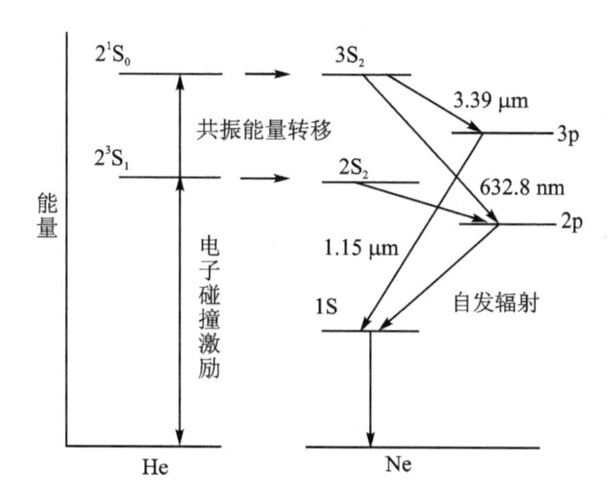

图 3.3　氦氖激光器能级跃迁示意图

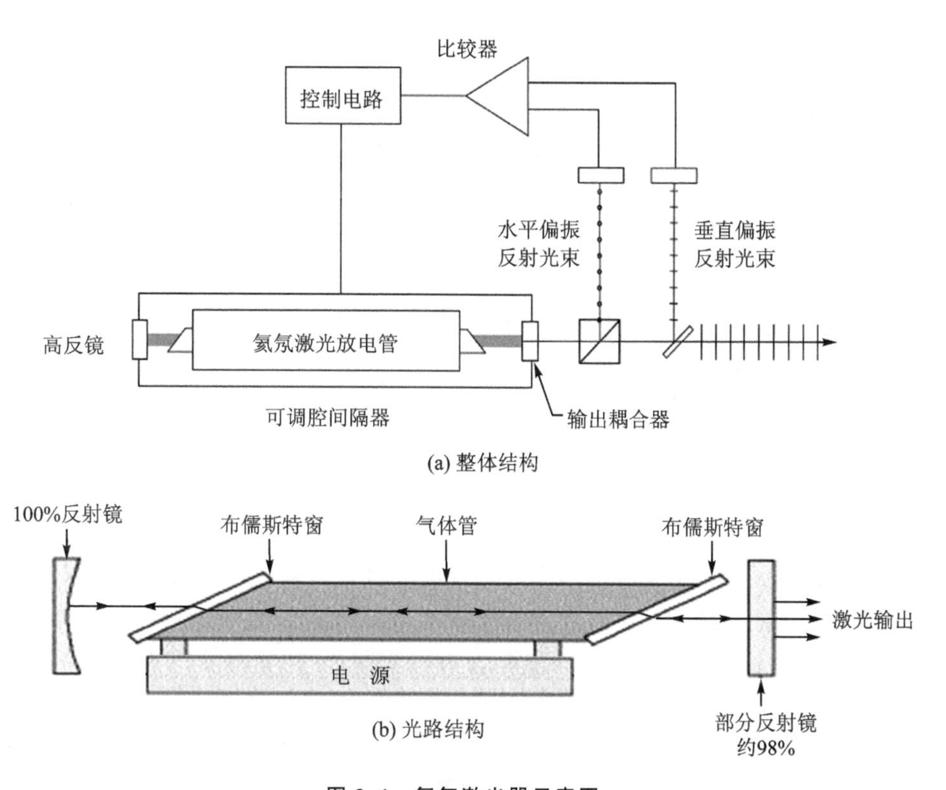

(a) 整体结构

(b) 光路结构

图 3.4　氦氖激光器示意图

在实际激光器中通常只出现一条谱线，采取的措施有：① 使用选择性谐振腔。谐振腔由对所需激光器谱线呈高反射，对气体谱线呈低反射、高损耗的反射镜组成。② 腔内夹色散元件。在谐振腔内放置一个棱镜，通过调整反射镜使所需要的光在腔内振荡，而其他光偏离腔外。③ 腔内吸收法。在腔内加一个对要抑制的谱线有强吸收而对振荡谱线为透明的元件来实现谱线的输出。如甲烷吸收盒对 3.39 μm 有强吸收，但对 632.8 nm 则为透明元件。④ 加非均匀磁场。采用非均匀磁场，降低介质对谱线的增益来达到抑制谱线的目的。

放电管：由毛细管和储气管组成，放电只在毛细管进行，储气管与毛细管相通，不断更新气体。电极：阳极采用钨棒，阴极采用电子发射率高的铝及其合金，阴极做成圆筒状，再用钨棒引至导管外。谐振腔：一般采用平凹腔，平面镜透过率为 1%～2%，有内腔式、外腔式、混合式三种。图 3.5 给出采用不同工作物质与腔镜耦合形式组成的氦氖谐振腔。

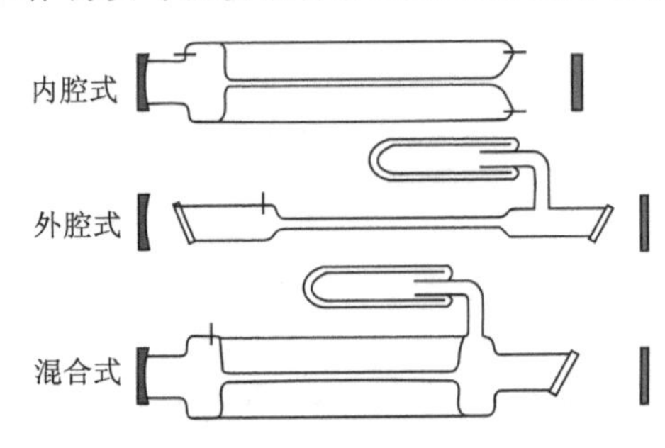

图 3.5 内腔式、外腔式和混合式谐振腔

激光腔由外部的两面反射镜组成，在腔镜上镀有多层电介质膜以使其对期望波长具有高反射率；采用损耗低且容易调整的球面反射镜构成的共焦谐振腔；玻璃管两端窗口按布儒斯特角设置（布儒斯特窗）以得到最大透过率和线偏振光。激活介质按 He∶Ne=10∶1～7∶1填充，Ne 为发光气体；He 为辅助气体，用来改善放电特性，提高 Ne 原子的反转粒子数密度。氦氖激光器是典型的四能级系统，其激光谱线主要有三条：$3S_2 \rightarrow 2P_4$ 对应波长为 0.632 8 μm；$2S_2 \rightarrow 2P_4$ 对应波长为 1.15 μm；$3S_2 \rightarrow 3P_4$ 对应波长为 3.39 μm。

(1) 输出功率特性

氦氖激光器的放电电流对输出功率影响很大。在最佳充气条件下，存在使输出功率最大的放电电流，即最佳放电电流。

存在着最佳混合比和最佳充气总压强，即存在最佳充气条件。放电毛细管的直径为 d，充气压强为 p，则存在一个使输出功率最大的最佳 p、d 值。在最佳放电条件下，工作物质的增益系数与毛细管直径 d 成反比。

(2) 谱线竞争

0.632 8 μm、1.15 μm、3.39 μm 中哪一条谱线起振完全取决于谐振腔介质膜反射镜的波长。有三种方法。色散法：在腔内插入棱镜，如图 3.6(a)所示；吸收法：在腔内插入对 3.39 μm 光有强吸收而对 0.632 8 μm 光透明的甲烷，如图 3.6(b)所示；外加非均匀磁场：使谱线加宽，增益系数下降，3.39 μm 光的增益下降最多，如图 3.6(c)所示。

氦氖激光器输出功率较小，放电管长数十 cm 的氦氖激光器输出功率为 mW 量级，放电管长 1～2 m 的激光器输出功率可达数十 mW；能量转换率较低，为 0.01%；其单色性好，谱线宽度很窄，频率稳定度高，方向性好，发散角小，相干长度可达几十 km，可用在精密计量、准直、测距、通信、跟踪及全息照相等方面。

3.1.2 液体激光器

液体激光器是指工作物质为液体的激光器。这种激光器分为无机液体激光器和有机液体激光器。染料激光器是最重要的一类液体激光器之一。其主要优点是：波长连续可调（调谐范围从紫外直到红外），价格低，增益高，输出功率可与固体和气体激光器相比，效率高，激光均匀性好，制备容易，可以循环操作，利于冷却。

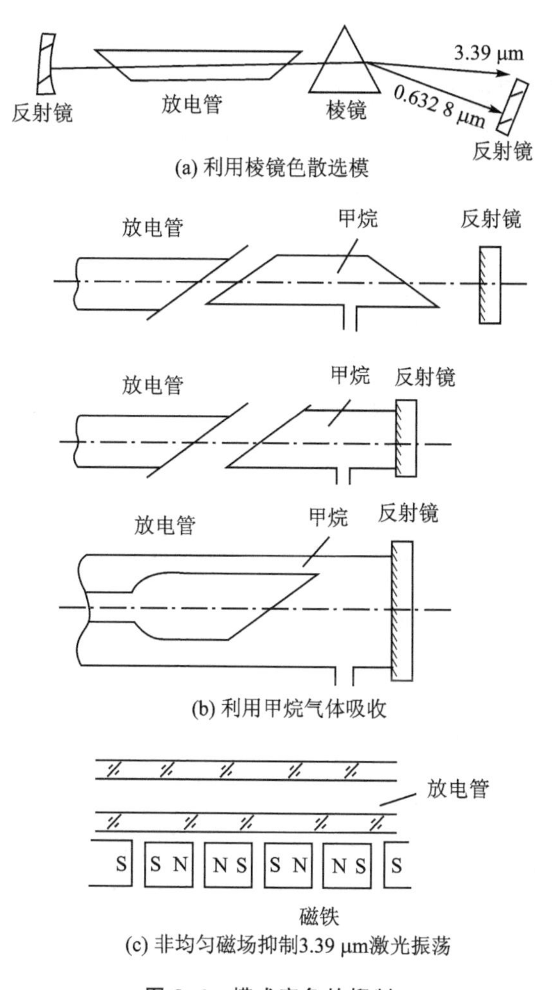

图 3.6　模式竞争的抑制

液体激光器既可连续运转又可脉冲运转，可以大范围调谐，并且可以用于产生极窄的光脉冲。根据染料的性质，可以分为有机溶液激光器即染料激光器和无机溶液激光器两大类，一般采用光泵浦的方式。其基本结构包括染料池、谐振腔、泵浦光源、染料溶液的循环及过滤系统等。图 3.7 为典型染料激光器的能级跃迁图，图 3.8 为典型染料的吸收和荧光光谱。

染料激光器多使用光泵浦，泵浦波长稍短于激光器输出波长。泵浦源有：① 横向泵浦，泵浦光束和染料激光束垂直；② 纵向泵浦，泵浦光束与染料激光束同轴；③ 倾斜入射式泵浦，泵浦光束与染料激光束成一锐角。如图 3.9 所示为斜入射染料激光器的工作原理图。

3.1.3　固体激光器

固体激光器通常是指以绝缘晶体或玻璃等固态物质作为工作物质的激光器。激光工作物质是掺入少量的过渡金属离子或稀土离子的晶体或玻璃。典型的固体激光器有红宝石激光器、掺钕钇铝石榴石激光器(Nd:YAG)、掺钛蓝宝石激光器。

固体激光器的主要特征：运行方式多样。可在连续、脉冲下运行，分别获得高平均功率、高重复频率、高单脉冲能量及高峰值功率。多棒串接的 YAG 激光器平均输出功率达 4 kW，自

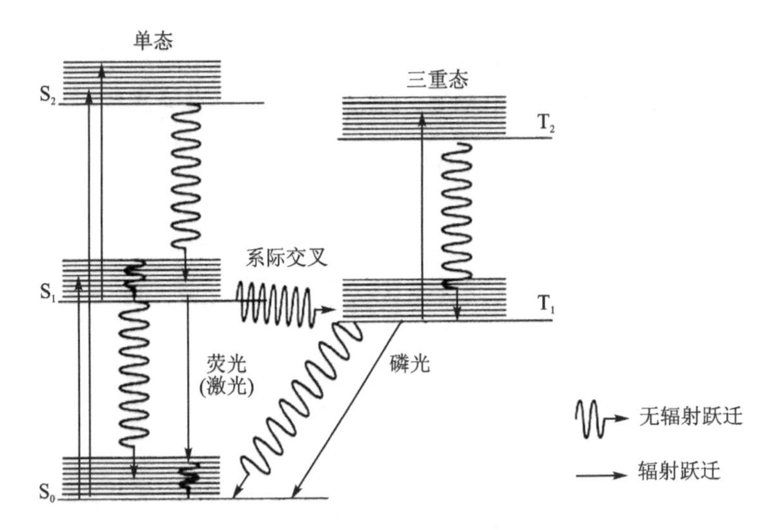

图 3.7 染料分子跃迁能级图

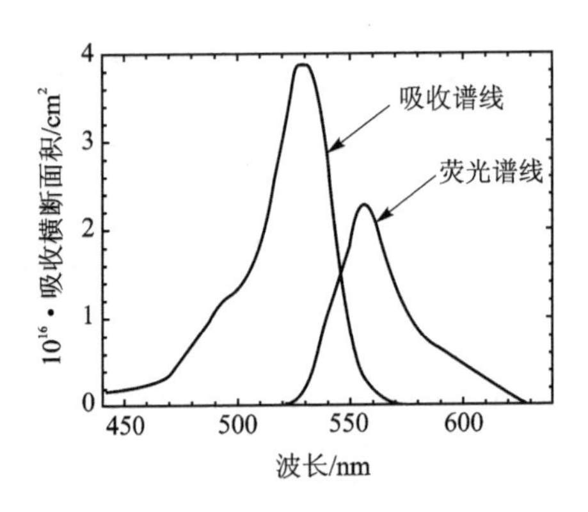

图 3.8 典型染料的吸收及荧光光谱图

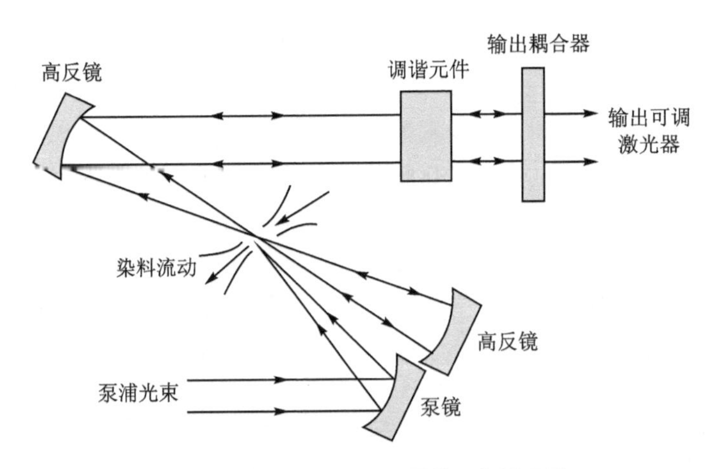

图 3.9 斜入射染料激光器的工作原理图

由运转重复频率超过 200 Hz。多级钕玻璃脉冲激光器，最大单脉冲能量达数万 J。

能实现激光运转的固体工作物质多达数百种，激光谱线达数千条，多分布于可见光及近红外区，能够实现倍频、3 倍频、4 倍频，其频率可达紫外区；固体激光器导光系统简单，制作容易。由于可用光纤传输，增加了固体激光器应用的灵活性；固体激光器结构紧凑、牢固耐用、价格适宜，有着广泛的应用前景。商品化的固体激光器目前极为成熟，如图 3.10 所示。

图 3.10 商品化固体激光器

固体激光器的基本结构：固体激光器主要采用光泵浦。固体工作物质中的激活粒子吸收某些波段的光能，在工作物质中形成粒子数反转，从而产生激光。固体激光器由工作物质、泵浦源、聚光腔、光学谐振腔、冷却滤光及激光电源等主要部分组成。

① 工作物质是激光器的核心，它由掺杂离子型电介质晶体与玻璃材料加工而成。工作物质按激光离子的能级结构形式，可分为三能级和四能级系统。三能级系统主要是红宝石晶体；四能级系统主要由钕玻璃以及几种掺入三价和二价离子的某些晶体材料组成，最具代表性的是掺杂 Nd^{3+} 离子的钇鋁石榴石晶体（$Y^3AL_5O_{12}$）简称 Nd^{3+}：YAG。工作物质的形状有圆柱体（棒状）、平板形（板条状）、圆盘形和管状，其中棒状最多。为改善热效应和提高输出功率，出现了板条形、圆盘形及管状激光器。

② 泵浦源为工作物质中粒子反转提供光能。常用的泵浦源有惰性气体放电、金属蒸气灯、钨丝灯、太阳能及二极管激光器。其中惰性气体放电灯是当前最常用的，如氙、氪闪光灯和氪弧灯。太阳能泵浦在小功率器件中常用，尤其在航天工作中的小激光器可用太阳能作为永久能源。二极管泵浦是目前固体激光器的发展方向之一，它的转换效率高、结构紧凑、体积小、寿命长、输出光束质量好，已成为目前发展最快的激光器之一。聚光腔的作用是将泵浦源辐射的光能有效均匀地汇聚至工作物质上，以获得高的泵浦效率。

固体激光器无论是连续还是脉冲工作方式，输入泵浦灯的能量只有很小部分（百分之几）转化为激光输出，其余的能量都转化为热及辐射损耗，总体效率较低。其中激光棒产生的热对激光器输出影响最大。工作物质温度升高，引起荧光谱线加宽、量子效率降低，导致激光器阈值升高和效率降低。

固体激光工作物质一般都采用光泵浦。以前的泵浦光源多为工作于弧光放电状态的惰性气体放电灯（氙灯或氪灯），现在大多采用 LD 泵浦。泵浦灯在空间的辐射都是全方位的，因而固体工作物质一般都加工成圆柱棒形状，为了将泵浦灯发出的光能完全聚到工作物质上，必须采用聚光腔。如第 2 章所述，椭圆柱聚光腔是小型固体激光器中最常采用的聚光腔，它的内表面被抛光成镜面并镀膜，也有双灯一棒、四灯一棒的形式，如图 3.11 所示。

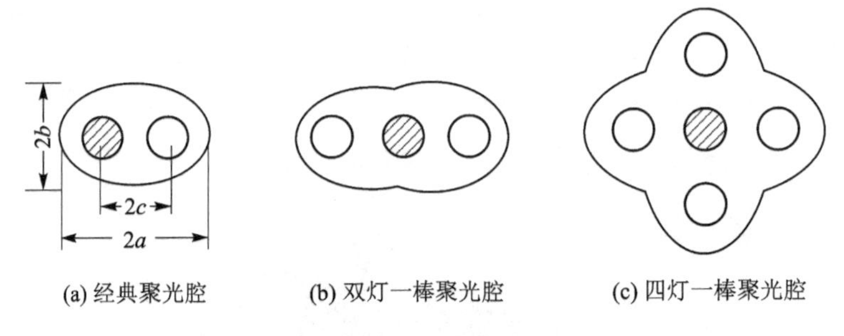

(a) 经典聚光腔　(b) 双灯一棒聚光腔　(c) 四灯一棒聚光腔

图 3.11 聚光腔常用泵浦结构

③ 谐振腔由全反射镜和部分反射镜组成，是激光器的重要部分。受激辐射光通过反馈在其中形成振荡与放大，并由部分反射镜输出。

④ 冷却与滤光系统是激光器中必不可少的辅助装置。其作用是防止聚光腔及内部元件温升过高，并减小泵浦灯中紫外辐射对工作物质的有害影响，如图 3.12 所示。

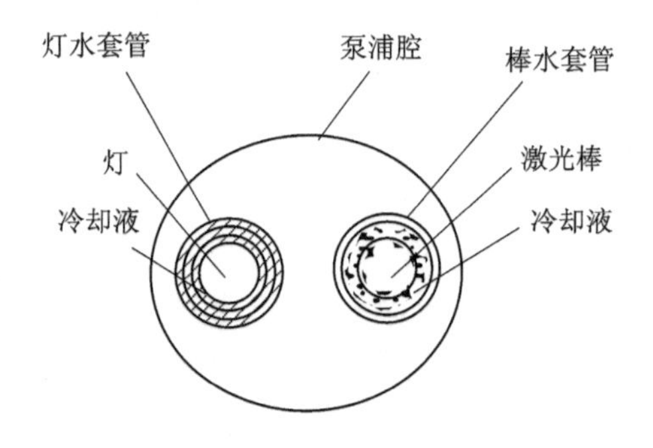

图 3.12 泵浦结构截面图

1. 红宝石激光器

红宝石激光器是 1960 年世界上首次研制成功的激光器，激光工作物质是红宝石。红宝石是掺有少量 Cr_2O_3 的 Al_2O_3 的人工晶体。红宝石激光器是输出波长为 694.3 nm 的三能级系统激光器。

当用内密封有氙气的闪光作为泵浦光照射红宝石时，Cr^{3+} 离子吸收其中波长为 360～450 nm 和 510～600 nm 的光。当电容储存的能量在一瞬间释放在氙灯上，引起氙灯在数毫秒内的脉冲放电时，发出波长范围较宽的脉冲光。红宝石晶体内的 Cr^{3+} 离子的能级如图 3.13 所示。这也是世界上第一台激光器——红宝石激光器，其内部结构如图 3.14 所示。红宝石激光器是典型的三能级系统，泵浦阈值能量高，温度效应明显，如当温度升高时，波长红移，同时线宽也增加，单色性变差；温度每增加 10 ℃，波长变化 0.07 nm。激光上能级寿命长(3 ms)，有利于储能，输出能量大，荧光线宽较大，有 100 多个纵模振荡，单色性差；以脉冲方式运转，输出峰值功率几十 MW，脉宽几十 ns，调 Q 巨脉冲。

2. 钕激光器(Nd:YAG)

Nd:YAG 的激活介质是 YAG($Y_3Al_5O_2$)和以杂质形式出现的稀土金属离子 Nd^{3+}，其能

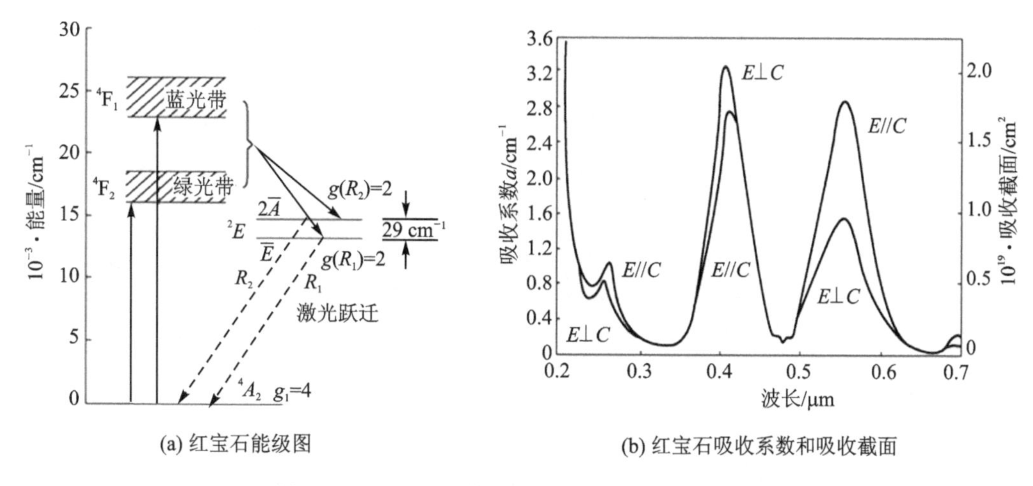

(a) 红宝石能级图　　(b) 红宝石吸收系数和吸收截面

图 3.13　红宝石晶体能级和材料吸收系数和截面

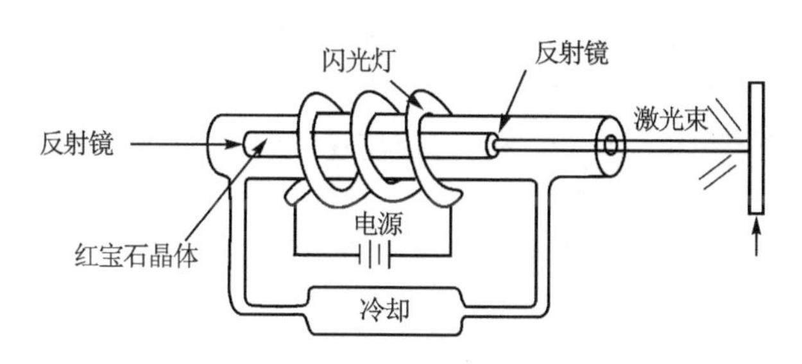

图 3.14　红宝石激光器

级跃迁如图 3.15 所示。这类激光器的最大优点是受激辐射跃迁概率大，泵浦阈值低，容易实现连续发射。以往通常用高强度氙灯泵浦，脉冲串维持可达 0.5 ms，平均输出功率 20 kW，但是转换效率低，仅 0.1%左右；近几年这类激光器向二极管激光器泵浦的全固态小型化方向发展，转换效率可达 10%。其吸收谱如图 3.16 所示，包含五条吸收带：0.53 μm、0.58 μm、0.75 μm、0.81 μm、0.87 μm；以 0.75 μm、0.81 μm 为最强，带宽约 30 nm。

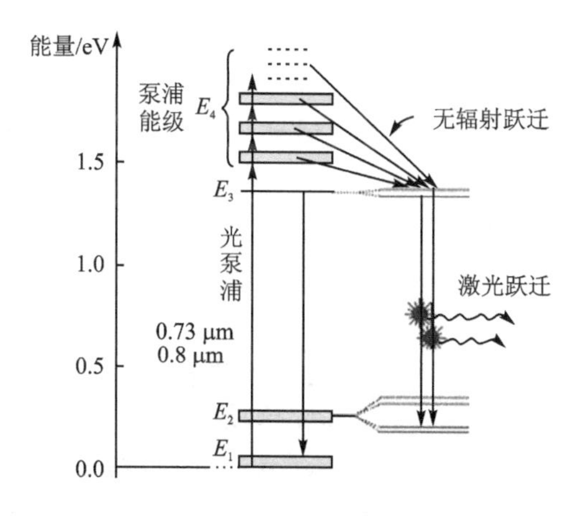

图 3.15　Nd:YAG 能级跃迁图

Nd:YAG 发射谱中最强处位于 1.064 μm，次强处位于 0.946 μm，最弱处位于 1.35 μm，

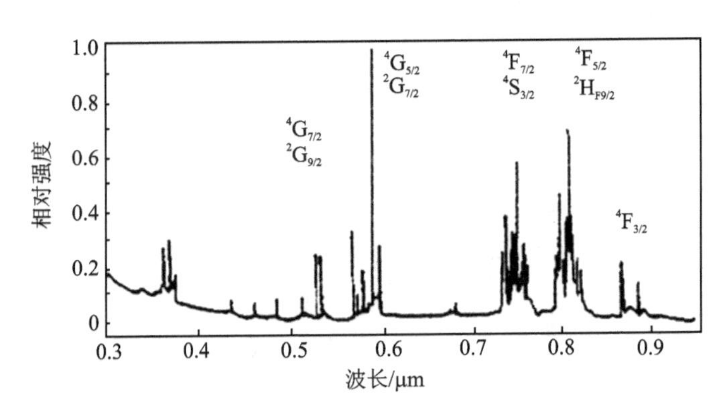

图 3.16 Nd:YAG 吸收谱

强度比为 0.6∶0.25∶0.14，此外还有其他谱线。由于存在谱线竞争，必须进行谱线选择。Nd:YAG 为四能级系统，阈值能量低，可连续运转；YAG 基质导热率高，易于散热，尺寸长，均匀性好，易加工，价格低；可连续运转、脉冲运转、调 Q(ns 脉冲)、锁模(ps 脉冲)。

掺钕玻璃基质激光器的吸收谱类似于 Nd:YAG，但吸收谱更宽。发射谱：0.92 μm 、1.062 μm 、1.37 μm，荧光线宽大(约 30 nm)；锁模超短脉冲：脉宽<1 ps。其优点在于可以实现大尺寸(例如直径 10 cm、长度 1 m)；玻璃各向同性，均匀性好，亚稳态寿命长(600～900 μs)，储能大，可用于大能量大功率激光器。但是其也有不足之处，例如导热率低，振荡阈值大于 Nd:YAG，不适于连续或高重复频率运转。

3.1.4 半导体激光器

半导体激光器是以半导体材料(主要是化合物半导体)作为工作物质，以电流注入作为激励方式的一种小型化激光器，自 1962 年问世以来发展迅速，如今已从最初的低温(77 K)下运转发展到室温下连续工作，由小功率型向高功率型转变，输出功率由几 mW～kW 级(阵列器件)，其结构从同质结发展成异质结、量子阱、布拉格反射型(DBR)和分布反馈型(DFB)等多种形式，而阈值电流密度从 10^5 A·cm^{-2} 下降到 10^2 A·cm^{-2}，工作电流最小达几 mA。

在所有各类激光器中，半导体激光器输入能量最低、效率最高、体积最小、重量最轻，可以直接调制，结构简单，具有集成电路生产的全部优点，价格低廉，可靠性高，寿命长，目前销售总数量已占各种激光器的 99%，成为世界激光器市场上的绝对主流，半导体激光器的输出光束情况如图 3.17 所示。

下面分别介绍几种典型的半导体激光器。

1. 同质结半导体激光器

同质结半导体激光器是更复杂、更高性能半导体激光器的基本结构，它简单、直观而精炼地体现了半导体激光器的工作原理。同质结半导体激光器的激光工作物质为由半导体材料构成的有源区——Ⅲ～Ⅴ族化合物，如砷化镓(GaAs)、磷化铟(InP)，为直接带隙结构，导带底与价带顶都在 K 空间的同一位置，注入的电子-空穴带间的光跃迁，无需声子参与，跃迁概率很大，因此这种材料有很高的发光效率，是良好的半导体激光工作物质。同质结半导体激光器的粒子数反转分布是通过 p-n 结正向大注入途径来实现的：正向偏压下，大量电子和空穴分别

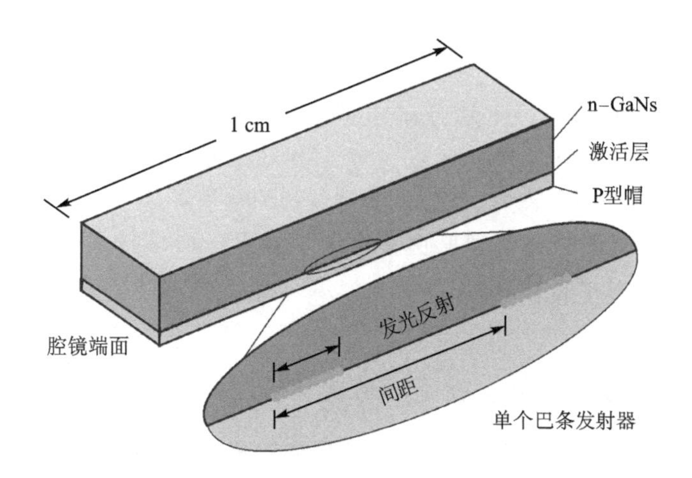

图 3.17　半导体激光器输出光束特点

通过耗尽层注入到 p 侧和 n 侧，于是导带中存在电子而价带中不存在电子，形成粒子数反转分布。其谐振腔一般通过解理形成。GaAs 半导体材料折射率很高，解理面大约反射 35% 的入射光，因而可形成一对优质的法珀腔，若再在两腔面分别镀以反射膜和增透膜，则可以进一步提高谐振腔的运行效果。

同质结半导体激光器看似发光二极管，但实际上它们有本质的区别：发光二极管的结构公差不严格，而半导体激光器需要精确控制制造工艺，以保证两个端面形成极为光滑平整且相互平行的光学谐振腔。这样，当低于激光阈值时，注入式激光器就像一个发光二极管，无规律地发光；当注入芯片的电流增大到某一量值时，就会发生粒子数反转，这时受激原子数目多于低能态原子，从某些激发态原子自发地发出光子与 p－n 结的激发态电子碰撞，触发更多的光子辐射出来，形成受激辐射；通过谐振，最终在两端面间建立这些光子的谐振。

半导体激光器产生激光输出所需的最小注入电流称为阈值电流，是衡量半导体激光器性能的重要参数之一，与材料、工艺结构等因素密切相关，且随温度升高而增大。

2. 异质结半导体激光器

异质结半导体激光器由两种不同带隙的半导体材料薄层，如 GaAs 和 AlGaAs 所组成。高带隙势垒可以阻止注入载流子向注入端深层扩散，从而增加反转粒子数密度，改善激光器的温度特性，缩短有源区厚度，降低阈值电流密度。如 GaAs/AlGaAs 异质结激光器就是由 AlAs∶GaAs＝x∶(1－x)的比例制成，其中 x 称为混晶比，从 0～1 变化，改变 x 可获得波长为 750～905 nm 的连续或脉冲激光。

双异质结构是由两种不同带隙材料形成的一种夹心结构。如 AlGaAs/GaAs/AlGaAs 双异质结半导体激光器就是将低带隙不掺杂的 GaAs 层夹在两层重掺杂的高带隙的 AlGaAs 层中间，形成一个双异质 p－i－n 结构。低带隙的 GaAs 作为激光有源层，在正向偏置下，n 区和 p 区的 AlGaAs 分别向有源区注入电子和空穴。

总之，与同质结半导体激光器相比，异质结半导体激光器具有有源层厚度薄、阈值电流密度低、内部损耗低、电-光转换量子效率高、可通过改变混晶比调节输出波长等一系列优点。

3. 量子阱半导体激光器

两个高势能的阱壁夹住一个低势能阱底就构成一个势阱，双异质结构就是这样一个半导体势阱。这类势阱中，当有源区的厚度被减小到同电子的德布罗意波的波长差不多(约10 nm)时，就会发生量子尺寸效应，此时的势阱就称为量子阱。

量子阱半导体激光器就是有源区由多个夹层状量子阱结构重叠而构成的半导体激光器，具有阈值电流小、温度特性好、噪声低等优点，可以做成阵列结构，是当前信息光电子系统常用的光源。

4. 半导体激光器泵浦固体激光器的优势

半导体激光泵浦固体激光器与闪光灯泵浦固体激光器相比有很多优点：光谱匹配好，能量转换效率高；热效应小，光束空间质量好；寿命长，可靠性高；体积小，结构紧凑。半导体激光器泵浦固体激光器的结构，有直接端面泵浦(见图 3.18)、光纤耦合端面泵浦和侧面泵浦(见图 3.19)方式。端面泵浦适合中小功率激光器，侧面泵浦适合大功率激光器。

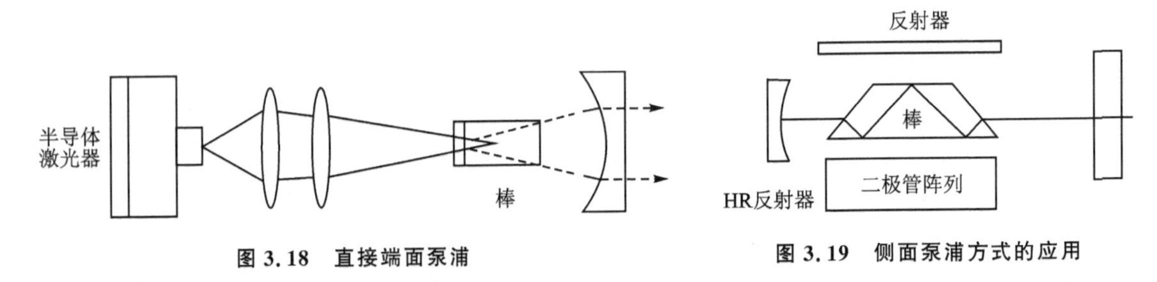

图 3.18 直接端面泵浦　　图 3.19 侧面泵浦方式的应用

3.2 稀土元素及其能级

3.2.1 稀土元素及其结构

稀土元素(Rare Eerth, RE)即元素周期表中的镧系元素，目前总共 15 个，在元素周期表中占倒数第二行的位置。从原子结构上看，稀土元素都具有相同的外电子壳层结构，即 $5S^2 5P^6 6S^2$，属满壳层结构。表 3.1 给出了全部稀土元素的电子结构，其中[Xe]表示元素氙的满壳层电子结构 $5S^2 5P^6$。

表 3.1 稀土元素及其电子结构

元素名称	元素符号	原子数	电子结构
镧	La	57	$[Xe]6S^2 5D$
铈	Ce	58	$[Xe]6S^2 4F5D$
镨	Pr	59	$[Xe]6S^2 4F^3$
钕	Nd	60	$[Xe]6S^2 4F^4$
钷	Pm	61	$[Xe]6S^2 4F^5$

续表 3.1

元素名称	元素符号	原子数	电子结构
钐	Sm	62	[Xe]$6S^2 4F^6$
铕	Eu	63	[Xe]$6S^2 4F^6$
钆	Gd	64	[Xe]$6S^2 4F^7 5D$
铽	Tb	65	[Xe]$6S^2 4F^9$
镝	Dy	66	[Xe]$6S^2 4F^{10}$
钬	Ho	67	[Xe]$6S^2 4F^{11}$
铒	Er	68	[Xe]$6S^2 F^{12}$
铥	Tm	69	[Xe]$6S^2 4F^{13}$
镱	Yb	70	[Xe]$6S^2 4F^{14}$
镥	Lu	71	[Xe]$6S^2 4F^{14} 5D$

3.2.2　稀土离子及其跃迁特性

1. 稀土离子的光谱特性

稀土离子是指镧系元素发生了二价或者三价电离，统称是以三价电离态出现，下文用 RE^{3+} 表示。由于剩余的 $N-1$ 个内层 4F 电子受到 $5S^2 5P^6$ 形成的外壳层屏蔽作用，使得 4F→4F 跃迁的光谱特性（如荧光特性与吸收特性）不易受到宿主玻璃外场的影响，因此掺稀土元素的固态激光材料4F→4F 跃迁产生的激光线型极其尖锐。

掺稀土离子的光谱特性是指稀土离子的吸收和荧光特性，是分析和了解掺杂光纤激光作用特性的重要基础，增益谱特性、泵浦功率、泵浦波长、输出功率、功率转换效率及噪声系数等都与这一特性相关。

稀土离子的吸收与荧光特性由其能级结构决定。由下能级至上能级的电子跃迁对应于光的吸收过程，随后辐射出光的过程即荧光过程。

2. 光谱符号

稀土元素三价离子跃迁在光谱中显示为尖锐的线，即在基质之间（玻璃或晶体中）能量位置变化很小。光谱项是通过量子数 l、磁量子数 m 以及它们之间的不同组合来表示与电子排布相联系的能级关系的一种符号，当电子依次填入 4F 亚层的不同 m 值的轨道时，组成了镧系基态原子或离子的总轨道量子数 L，总自旋量子数 S 和总角动量量子数 J 和基态光谱项

$$^{2S+1}L_J \tag{3.1}$$

式中，L 为原子或离子的总磁量子数的最大值，$L=\sum m$；S 为原子或离子的总自旋量子数沿 z 轴磁场方向分量的最大值，$S=\sum m_s$；J 表示轨道和自旋角动量总和的大小，总角动量的总简并数由下式确定：

$$L-S<J<L+S \tag{3.2}$$

光谱项$^{2S+1}L_J$ 是由这 3 个量子数组成的表达式，光谱项中 L 的值以大写字母表示。

总轨道角动量 L 被赋予一个字母(S、P、D、F、G、H、I、K、L、M、N 等),对应于一个整数(0、1、2、3、4、5、6、7、8、9、10 等);$2S+1$ 是多重数,因为 L、S 和 J 都是量子化向量,所以它们在空间中可以有多个方向。此外,这些向量的 z 分量也被量化。

式(3.1)有几个方面的含义:第一,单个 L 项由 $2L+1$ 个状态组成。由于轨道的相互作用,这些状态不一定具有相同的能量。第二,对于 S 的任何值,都有 $2S+1$ 个状态。例如,自旋相同的两个电子可以处于三种不同的状态(具有三种不同的取向),而自旋相反的两个电子只有一种可能的状态。第三,J 的每个值表示 $2J+1$ 个单独的状态。通常情况下,因为原子没有首选方向,所以每个 $2J+1$ 态的能量是相等的。然而,这种简并度可以通过给原子一个优先方向来分裂,比如电场(斯塔克效应)或磁场(塞曼效应)。对于证明了 J 为半整数值的情形,相应的状态至少是双重退化的;也就是说,最多有 $J+1/2$ 个能量不同的水平。

任何角动量的简并度都取决于基质材料的特殊对称性。注意,当壳层被填充时,电子占据了所有可能的方向,因此壳的净 L 和 S 为零。因此,只有未填充的壳层才构成原子的 L 和 S。

类似地,从对称性来看,缺少一个电子且所有轨道都填满的壳层的外观和行为与只有一个电子的壳层相同,缺少两个电子的壳层相当于包含两个电子的壳层。例如 Nd^{3+} 离子的上激光能级 ^4F_J ($S=3/2$;$L=3$;$J=3/2$ 或 $5/2$)由四个态和两个能量不同的能级组成。Nd^{3+} 离子 ^4I_J ($S=3/2$;$L=6$;$J=9/2$、$11/2$、$13/2$ 或 $15/2$)的较低激光能级有四个能级。

3.2.3 三能级和四能级系统的特点

1. 三价稀土离子的能级

稀土掺杂玻璃是目前最有前途和应用最广泛的光纤激光器的工作介质。图 3.20 中的能级位置以合理的精度反映了不同激光玻璃中观察到的稀土离子吸收和辐射光谱。

增益光纤中掺杂稀土离子的主要光谱特征:在光纤激光器的增益介质玻璃中,RE^{3+} 离子具有与晶体非常相似的光谱参数;这证明了与离子所在环境的玻璃性质相关的一些主要差异。此外,和大多数晶体一样,RE^{3+} 离子能级的位置在玻璃之间并没有显著变化,这是由于 5S 和 5P 电子壳层屏蔽了离子;也就是说,能级位置的相似性并不一定意味着同一稀土离子在不同玻璃中的大多数光谱参数存在相似性。

和晶体不同的是,玻璃是一种无序材料,显示出谱线的不均匀加宽结构,因此,玻璃显示了单个吸收和辐射跃迁的宽吸收和辐射光谱。本小节内容包括现代光纤激光器设计和开发中最常用稀土离子的主要光谱参数。在描述不同的稀土离子时,不仅回顾了不同的玻璃基质,涵盖了特定类型的激光玻璃,还举例说明了用于光纤激光增益介质的不同基质材料。

2. 三能级系统特点

一般地,在三能级激光器中,从最高能级向产生激光作用能级的无辐射转换速率必须要快于其他的自发跃迁速率,以 G(ground state)表示基态,如图 3.21 所示,因此能态 E_2 的寿命要长于 2→1 跃迁的弛豫时间,即 $\tau_{1g}>\tau_{21}$。因此,与其他两个能态中的原子数相比,能态 E_2 的原子数 N_2 可以忽略不计,即 $N_2 \ll N_1$、N_g,所以有

$$N_1 + N_g \approx N_{tot} \tag{3.3}$$

三能级系统存在以下特点:

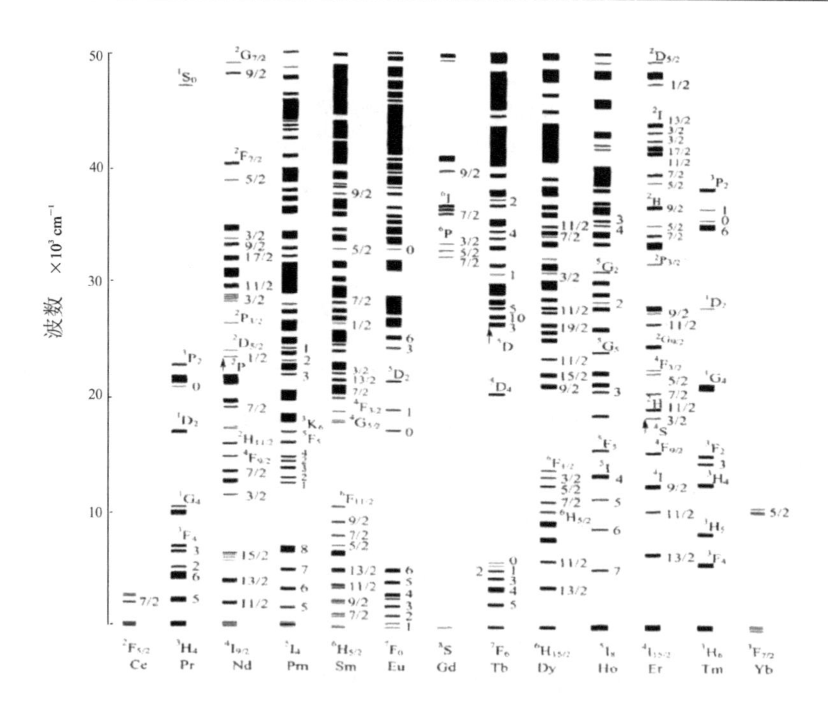

图 3.20　不同掺杂稀土元素的能级

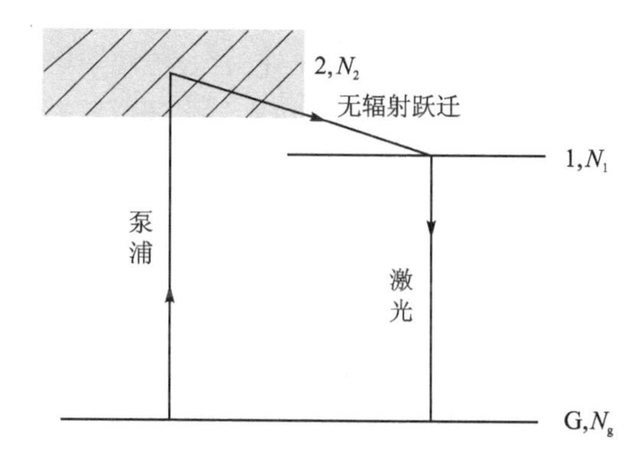

图 3.21　激光三能级系统工作示意图

① 在三能级系统中，激光下能级即是基态，或者是极靠近基态的能级，由于热激发而有较多的粒子数。

② 在稳态条件下，三能级系统需要比四能级系统高的泵浦功率以获得粒子数反转。

③ 不论缺陷引起的损耗如何，都存在一个最佳长度以获得最小的阈值功率。在端面泵浦的系统中，泵浦光子数和反转粒子数在泵浦端达到最大值。

3. 四能级系统的特点

泵浦跃迁从基态（能级为 E_0）扩展到宽带吸收带 E_3，与三能级系统一样，受激原子快速进入窄能级 2。激光跃迁出现在能级 2 和能级 1 之间。原子再从这里（能级 1）快速无辐射跃迁回到基态能级，如图 3.22 所示。

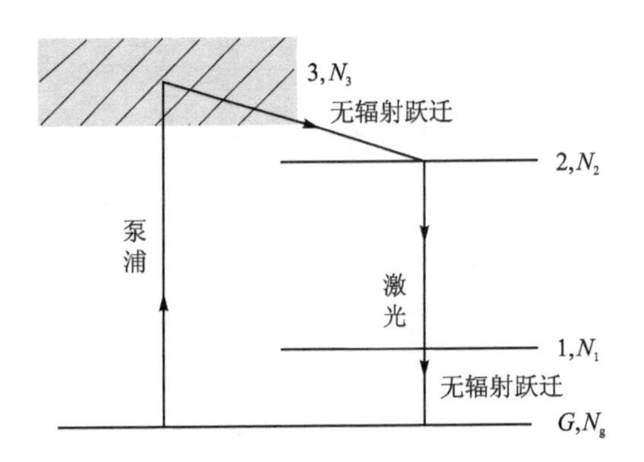

图 3.22　激光四能级系统工作示意图

一般四能级系统要求能级 1 和能级 G 之间的弛豫时间必须要明显短于荧光寿命，即 $\tau_{1g} \ll \tau_{21}$。此外能级 1 还要远在基态能级之上，这样它的热粒子数就很少，能级 E_1 的平衡粒子数取决于下式：

$$\frac{N_1}{N_g} = \exp\left(\frac{-\Delta E}{kT}\right) \tag{3.4}$$

式中，ΔE 为能级 1 与基态能级之间的能量差，T 为激光材料的工作温度。如果 $\Delta E \gg kT$，则 $N_1/N_g \ll 1$，此时中间能级 1、2 较空。

四能级系统存在以下特点：

① 激光的下能级与基态能级之间存在一个跃迁，常为无辐射跃迁。

② 只要由于缺陷引起的损耗足够小，则阈值功率与光纤增益介质的长度成反比。

4. 常用稀土掺杂离子的能级跃迁

掺稀土离子的光谱特性是指稀土离子的吸收和荧光特性，是分析和了解掺杂光纤激光作用特性的重要基础，增益谱特性、泵浦功率、泵浦波长、输出功率、功率转换效率及噪声系数等都与这一特性相关。

稀土离子的吸收与荧光特性由能级结构决定。由下能级至上能级的电子跃迁对应于光的吸收过程，即荧光过程。

(1) Er^{3+} 离子的能级跃迁

Er^{3+} 的吸收和荧光辐射分别发生在下列能级之间，如图 3.23 所示，仅讨论有重要意义的跃迁过程。

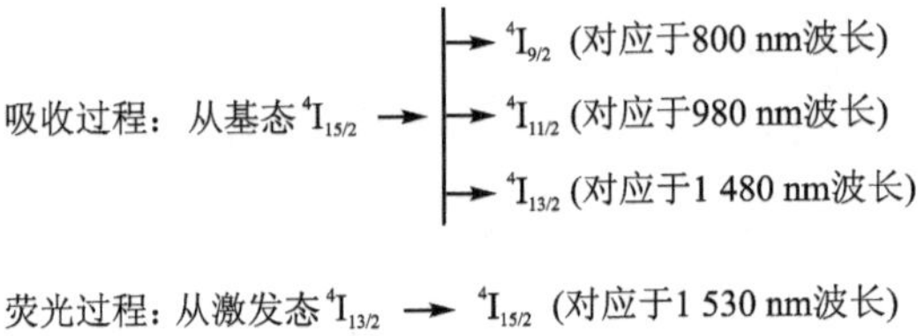

吸收过程：从基态 $^4I_{15/2}$ →
- → $^4I_{9/2}$ (对应于800 nm波长)
- → $^4I_{11/2}$ (对应于980 nm波长)
- → $^4I_{13/2}$ (对应于1 480 nm波长)

荧光过程：从激发态 $^4I_{13/2}$ → $^4I_{15/2}$ (对应于1 530 nm波长)

图 3.23　Er^{3+} 的能级跃迁图

(2) Nd^{3+} 离子的能级跃迁

Nd^{3+} 的吸收和荧光辐射分别发生在下列能级之间，如图 3.24 所示。

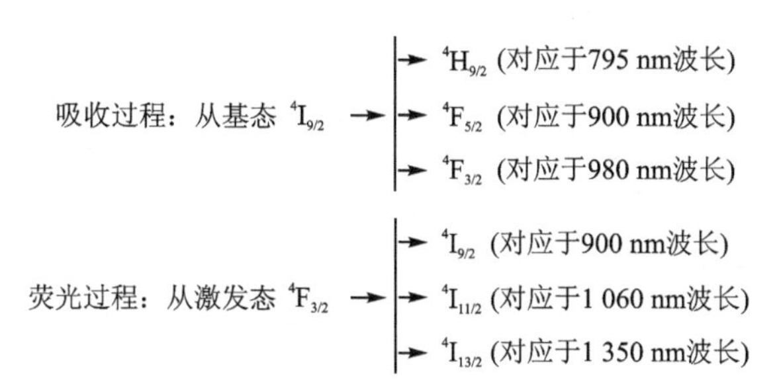

图 3.24　Nd^{3+} 的能级跃迁图

(3) Yb^{3+} 离子的能级跃迁

Yb^{3+} 的能级结构相对简单，只有基态和激发态两个能级簇与激光跃迁有关。当 Yb^{3+} 掺入石英基质材料后，其能级结构发生变化，从而使其吸收与辐射光谱发生很大的变化。能级结构的变化主要有：Stark 分裂和能级加宽。通常 Stark 分裂是由于基质材料中电场非均匀分布的影响而造成的，它消除了原有的能级简并；对掺入石英基质材料的 Yb^{3+} 而言，其能级 Stark 分裂产生 e、d 和 c、b 等能级。

Yb^{3+} 的能级加宽有两种机理。第一种是声子加宽，当两个能级之间发生跃迁时将发生某种形式的能量交换，这种能量交换包含有声子的产生和湮灭。因此，在给定的温度下，将存在一个声子的能量分布，从而引起能级的扩展。第二种加宽机制来源于基质电场对能级的微扰。在低温(20 K)下，能级的简并解除使能级分裂；但是在室温(25 ℃)下，由于强烈的均匀和非均匀加宽使得玻璃中的 Yb^{3+} 在支能级之间处于准连续状态，不能完全清晰地分开。四个基态 Stark 能级只有两个可被分开，激发态的三个 Stark 能级中也只有一个可被分开，如图 3.25(a) 所示。图 3.25(b)为 Yb^{3+} 的典型吸收和辐射截面。

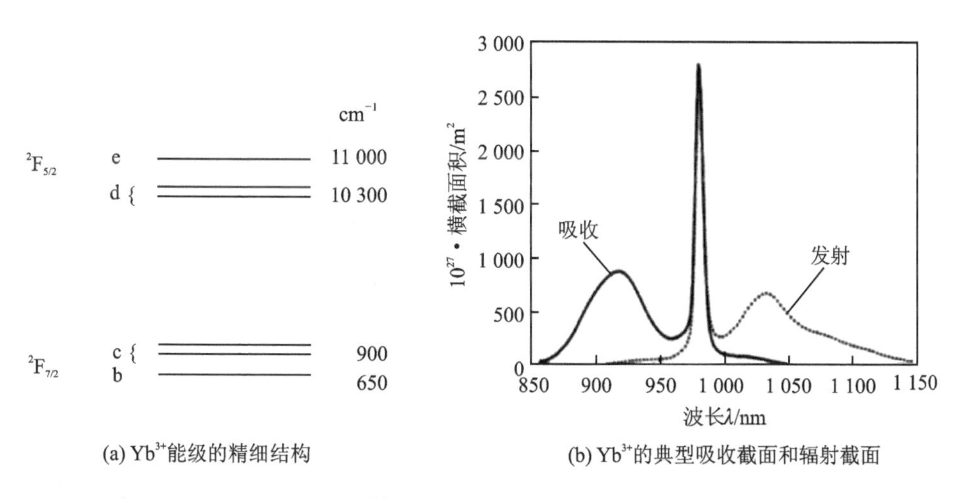

图 3.25　Yb^{3+} 相关的能级及其辐射和吸收截面

5. 影响稀土掺杂玻璃特性的因素

(1) 激发态吸收

所谓激发态吸收(ESA)是指掺杂离子的上能级电子，吸收泵浦能量向更高能级跃迁的过程，这是一种能量无效的消耗，无助于激光及其放大的产生，而且降低了掺杂光纤激光器和放大器的效率。此外，这个过程还以噪声的形式出现，降低了光放大器的噪声系数。掺铒光放大器在 980 nm 和 1 480 nm 波长泵浦带上 ESA 很小，可以不予考虑。然而，在 800 nm 泵浦带上存在较大的激发态吸收，如图 3.26 所示。必须设法避免 800 nm 波长上的 ESA 问题。

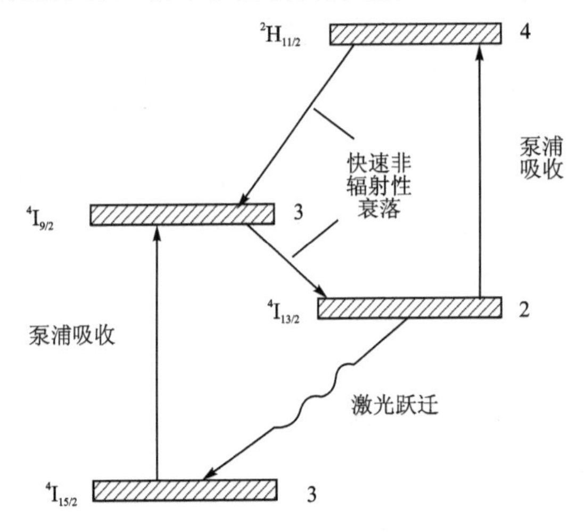

图 3.26 ESA 产生过程的简化能级图

(2) 能量上转换

研究结果表明，当掺杂光纤中的铒浓度增大时，其亚稳态能级 $^4I_{13/2}$ 的寿命将缩短，其原因是相邻 Er^{3+} 之间距离过近，引起原子间的交叉弛豫和能量转换，这种弛豫过程称为双粒子能量上的转换过程，如图 3.27 所示。

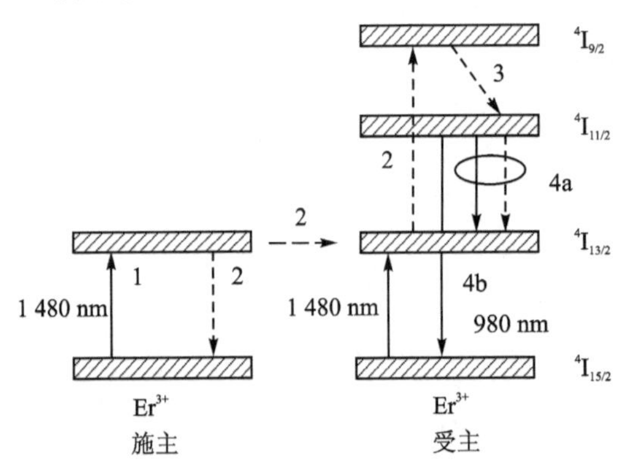

图 3.27 能量上转换的简化能级图

原子用 1 480 nm 的两个光子激发到上能级 $^4I_{13/2}$，而后能量从一个原子(施主)以非辐射形式传递给相邻原子(受主)，这种能量传递使受主跃迁到较高的 $^4I_{9/2}$ 能级；接着受主原子快速弛豫到能级 $^4J_{11/2}$；最后大多数受主原子衰变(4a)跃迁至激光上能级 $^4I_{13/2}$(4b)，但是约有 10^{-4} 的受主原子弛豫回基态(4b),并辐射出 980 nm 的光。这种效应使光纤掺杂浓度的提高受到了限制。解决这种限制的方法是在掺铒光纤中掺入三氧化二铝,只要 Er^{3+} 分布均匀,这种限制就可忽略不计。

3.2.4 激光器典型掺杂离子及其特性

1. 掺杂 Nd^{3+} 离子

自从激光器的发明和光纤激光作用的首次演示以来,在晶体和玻璃中 Nd^{3+} 离子因为 Nd:YAG 激光器已成为许多工业和科学应用中使用的主要固态激光器,引起了研究人员和工程师的密切关注。考虑到不同玻璃基质中 Nd^{3+} 能级位置的相似性,在此着重介绍 Nd^{3+} 离子在最发达、研究最多和使用最广泛的磷酸盐玻璃中的光谱信息,如图 3.28 所示。

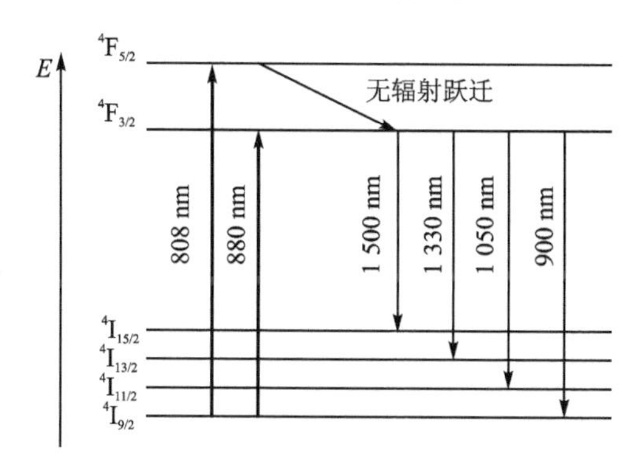

图 3.28　Nd^{3+} 离子在磷酸盐玻璃中的主要跃迁谱线

图 3.28 显示了磷酸盐玻璃中 Nd^{3+} 离子的吸收光谱,在 583 nm、750 nm、802 nm 和 873 nm 处,对应于 Nd^{3+} 能级之间的以下跃迁:$^4I_{9/2}\rightarrow{}^2G_{7/2}$,$^2G_{5/2}$;$^4I_{9/2}\rightarrow{}^2S_{3/2}$,$^4F_{7/2}$;$^4I_{9/2}\rightarrow{}^2H_{9/2}$,$^4F_{5/2}$ 和 $^4I_{9/2}\rightarrow{}^4F_{3/2}$(见图 3.29),均为强吸收带。其中 802 nm 处的吸收跃迁(如晶体中的吸收跃迁)是用于泵浦掺钕光纤激光器的最广泛的方法,因为 805 nm 和 810 nm 光谱范围内的 Al-

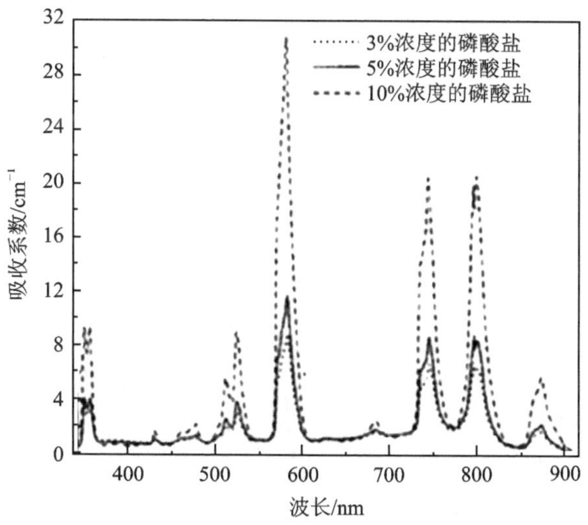

图 3.29　磷酸盐玻璃中 Nd^{3+} 的吸收光谱

GaAs 激光二极管已经成熟且广泛应用。

图 3.30 显示了磷酸盐玻璃中 Nd^{3+} 离子的受激辐射光谱。最强的辐射峰位于 900 nm、1 053 nm 和 1 330 nm 处，对应于 Nd^{3+} 能级之间的以下跃迁：${}^4F_{3/2}\rightarrow{}^4I_{9/2}$；${}^4F_{3/2}\rightarrow{}^4I_{11/2}$ 和 ${}^4F_{3/2}\rightarrow{}^4I_{13/2}$（见图 3.28）。在 300 K 下，掺杂量质量分数小于 3％的磷酸盐玻璃中，Nd^{3+} 离子的测量寿命和辐射寿命分别为 300 μs 和 330 μs。使用 Fuchtbauer－Ladenburg 公式计算受激辐射截面，给出 300 K 下 900 nm、1 053 nm 和 1 330 nm 谱线的值，分别为 1.5×10^{-20} cm^2、5×10^{-20} cm^2 和 0.75×10^{-20} cm^2。当 Nd^{3+} 掺杂质量分数水平超过 5％（5.36×10^{20} 个/cm^3）时，Nd^{3+} 离子的发光在该玻璃中开始严重猝灭。受激辐射截面几乎与 Nd^{3+} 浓度无关，并具有以下温度依赖性：

$$\sigma_{32}(T)=\sigma_{32}(T_0)\times\exp[b\times(T_0-T)] \tag{3.5}$$

式中，T_0 是已知受激辐射截面的温度；$\sigma_{32}(T_0)$是激光上能级 3 和下能级 2 之间受激辐射横截面，通过测量得到；$b=4.3\times10^{-4}K^{-1}$。

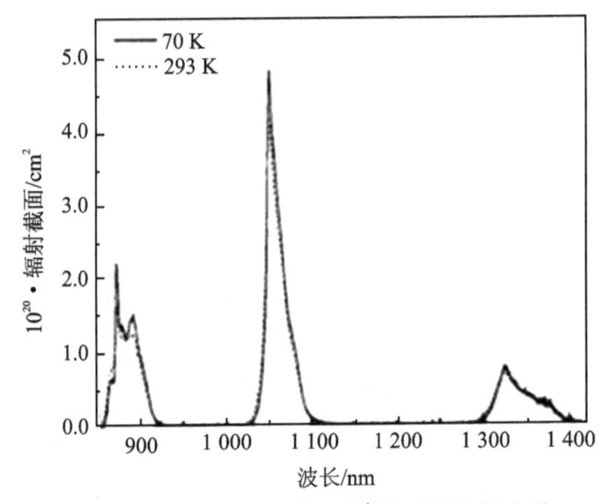

图 3.30　磷酸盐玻璃中 Nd^{3+} 的受激辐射光谱

为了表示的完整性和便于比较，这里提供广泛用于增益光纤的掺 Nd^{3+} 硅酸盐玻璃的吸收和辐射光谱。图 3.31 和图 3.32 显示了掺 Nd^{3+} 硅酸盐玻璃的室温吸收和辐射光谱，掺 Nd^{3+}

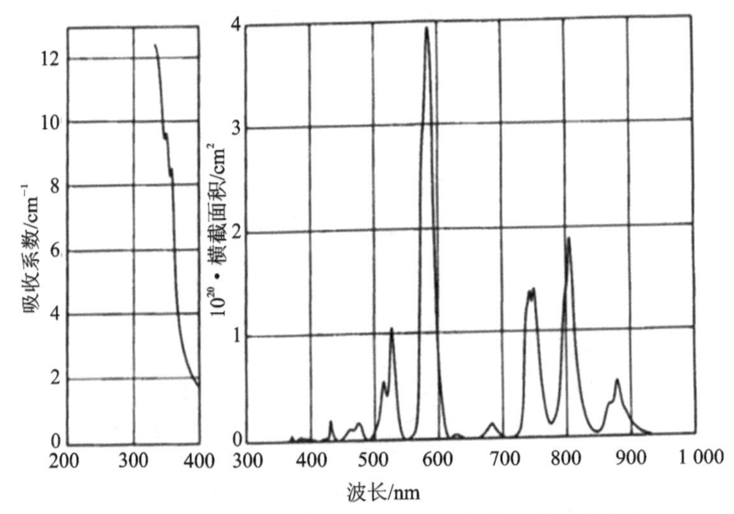

图 3.31　室温下硅酸盐玻璃掺杂 Nd^{3+} 离子的吸收光谱

石英玻璃与其他基质的掺 Nd^{3+} 玻璃非常相似，在 590 nm、750 nm、805 nm 和 890 nm 处有吸收带。二极管泵浦激光器应用中最常用的吸收带为 805 nm 和 890 nm。荧光光谱在 950 nm、1 065 nm 和1 320 nm 处显示出最强的谱线。图 3.32 显示了 1 065 nm 附近最广泛使用的辐射谱线，对应于$^4F_{3/2}\rightarrow{}^4I_{11/2}$ 的 Nd^{3+} 光学跃迁。

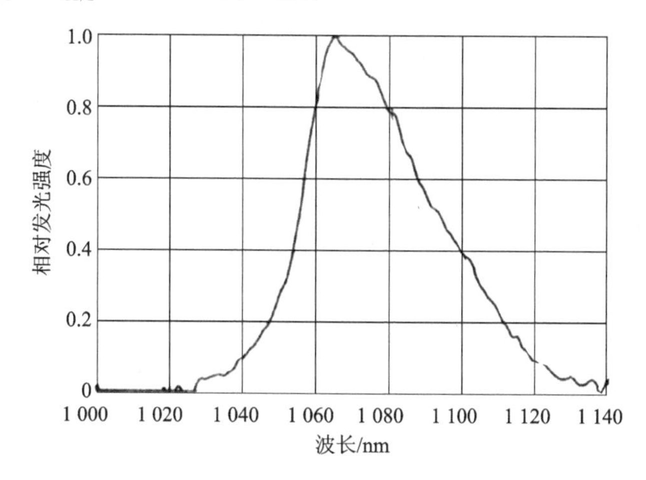

图 3.32 室温下硅酸盐玻璃中掺杂 Nd^{3+} 离子特定能级$^4F_{3/2}\rightarrow{}^4I_{11/2}$ 的辐射光谱

2. 掺杂 Yb^{3+} 离子

Yb^{3+} 作为固体（如晶体和玻璃）中的激光活性离子，与传统的 Nd^{3+} 离子相比具有许多优点，包括更长的上限状态寿命、较小的量子缺陷，即单位泵功率的热负荷较低以及简单的能级，不存在激发态吸收和能量上转换损耗。掺 Yb^{3+} 的有源硅基玻璃在 915 nm 和 976 nm 附近具有强而宽的吸收带，适合于用坚固的 InGaAs 激光二极管进行二极管泵浦。此外，掺 Yb^{3+} 的硅基激光介质在 950～1 200 nm 的光谱范围内具有宽而足够强的辐射带，在 976 nm 处具有零声子线。室温激发态寿命约为 1 ms。由于辐射谱线较宽，掺 Yb^{3+} 的硅基激光介质，特别是光纤激光器，在 980～1 150 nm 的宽光谱范围内表现出可调谐激光的特点。

如图 3.25(a)所示，Yb^{3+} 离子的能级图有两个主要能态：基态$^2F_{7/2}$ 和激发态$^2F_{5/2}$，掺 Yb^{3+} 石英玻璃的吸收和辐射光谱如图 3.25(b)所示。

硅基激光介质中的 Yb^{3+} 有两个主要吸收峰，分别位于 915 nm 和 976 nm 处，对应于从基态$^2F_{7/2}$ 的最低斯塔克子能级到$^2F_{5/2}$ 能态的第二和第一（最低）斯塔克子能级的跃迁。可见一般的掺 Yb^{3+} 玻璃激光器在室温下为准三能级激光器。

研究人员在三种玻璃类型包括硅酸盐玻璃、锗酸盐玻璃和磷酸盐玻璃中总结了在三种最常用的玻璃基质中通过实验测得的 Yb^{3+} 离子振荡器强度，按硅酸盐—锗酸盐—磷酸盐的顺序增加；此外，除了线宽以外的其他光谱参数几乎相同，包括谱带的相对强度。

3. 掺杂 Er^{3+} 离子

由于在光通信中的重要性，掺 Er^{3+} 光纤放大器和激光器是研究最广泛、商用化最普遍的。针对应用光信号传输的 1.5 μm 光纤激光源和放大器的需求，已经开发出几种激光玻璃作为 Er^{3+} 光纤激光器的 a 基质材料。与其他三价稀土离子一样，玻璃中 Er^{3+} 的光谱性质在不同的玻璃基质中也略有不同。Er^{3+} 离子最重要的激光跃迁能级图如图 3.33 所示。

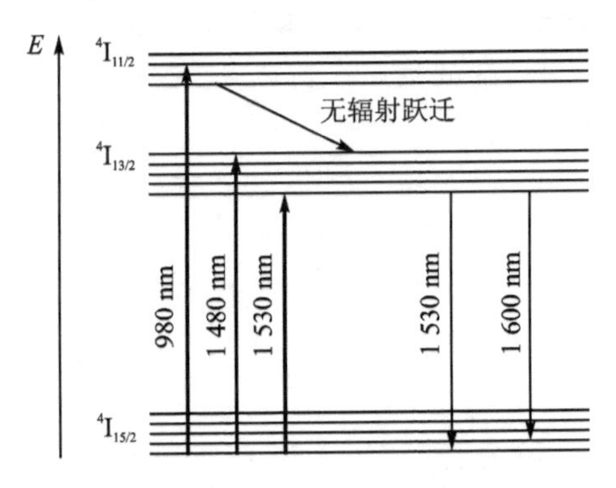

图 3.33 Er^{3+} 离子重要的能级跃迁

由于 Er^{3+} 离子在不同玻璃基质中具有相似的光谱特性，因此以偏磷酸盐玻璃基质中 Er^{3+} 的主要光谱特性为例。偏磷酸盐玻璃是磷酸盐玻璃的一种变体。掺杂 Er^{3+} 的偏磷酸盐玻璃的制备成分如下：

$$(59-x/2)P_2O_5-17K_2O-(15-x/2)BaO-9Al_2O_3-xEr_2O_3 \tag{3.6}$$

式中，$x=0.01$、0.1、1.0、2.0 和 3.0(玻璃符号缩写为 PKBAEr)。与硅酸盐玻璃相比，磷酸盐玻璃被认为是更好的 Er^{3+} 离子基质，因为它们具有更高的声子能量、更大的 Er^{3+} 离子溶解性(便于制造高浓度光纤以实现较短增益长度)以及更小的 $^4I_{13/2}$ 能级上转换系数。特别是，这对于仅掺 Er^{3+} 的增益光纤非常重要，其中需要高 Er^{3+} 浓度和低上转换率。

图 3.34 给出掺 Er^{3+} 硅基光纤的吸收峰和辐射谱，这是对应光通信和传感 1 550 nm 波段典型的掺 Er^{3+} 光纤的光谱参数。对于光纤激光器和光纤放大器应用，最重要的吸收带位于 980 nm 和 1 530 nm 光谱位置附近。研究人员对这些吸收带的光抽运进行了广泛的研究，特别是使用纤芯抽运的方法，这通常用于电信领域。

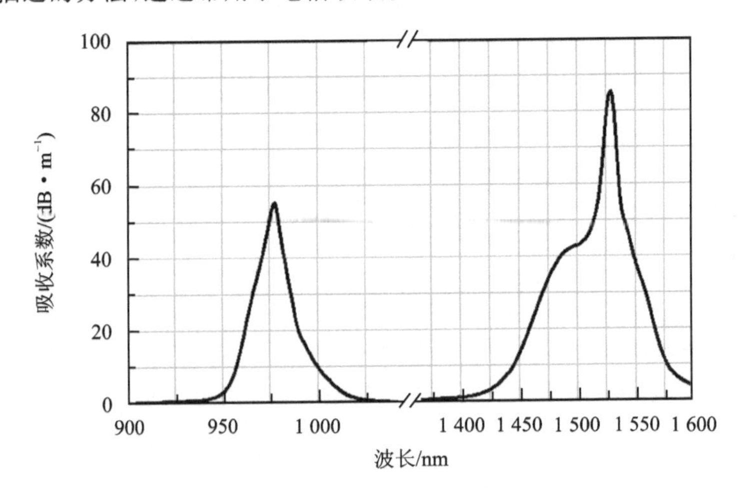

图 3.34 Er^{3+} 离子的吸收和辐射截面

Er^{3+} 光纤激光器领域的研究初始阶段一直持续到 20 世纪 80 年代末，直到所谓的双包层光纤的出现彻底改变了弱光子源的限制。这些光纤使得使用低亮度、低成本和高功率激光二

极管作为 Er^{3+} 光纤激光器和放大器的泵浦源成为可能。包层泵浦技术可以显著提高 Er^{3+} 光纤激光器的功率，目前已证明在 1.5～1.6 μm 的光谱范围内可以产生数百 W 的相干辐射。

包层泵浦技术的引入，尤其是 Er^{3+}/Yb^{3+} 光纤的使用，主要有两个原因：

一是与高亮度二极管激光器(包括单模光纤耦合二极管)的功率有限有关，该技术用于对掺入光纤单模纤芯的激光活性离子进行光泵浦。由于单模光纤的横截面非常小，因此高效的泵浦耦合需要单横模泵浦二极管激光器。用于光纤中 Er^{3+} 的光泵浦的单模二极管激光器的输出功率约为数百 mW。因此，核心泵浦技术基本上局限于瓦特级光纤激光器(当多个单模二极管激光器通过光谱或偏振组合成一个泵浦光束或光纤泵浦端口时)。

二是希望使用低亮度和低成本的多模二极管激光器将光纤激光泵浦到掺杂芯周围的非掺杂包层中，由于包层泵浦几何结构中的有效吸收截面较低，因此需要较高的激光活性离子浓度。在大多数适合高效激光主机的掺 Er^{3+} 光纤中，Er^{3+} 的浓度较低，并且沿光纤长度的有效泵浦吸收需要数百米的光纤才能吸收包层泵浦功率。将 Er^{3+} 与较高浓度的 Yb^{3+} 共掺杂(通常 Yb^{3+} 掺杂浓度比 Er^{3+} 高 10 倍以上)是解决这一问题的有效方法。Yb^{3+} 和 Er^{3+} 吸收带的重叠以及 Yb^{3+} 泵浦辐射吸收到 Er^{3+} 能级激发态的有效能量转移如图 3.35 所示，产生了有效的包层泵浦吸收以及 Er^{3+} 激光活性中心的光激发。此外，由于可以使用具有包层泵浦几何结构的较短光纤，长增益光纤中出现的受激非线性散射过程的阈值降低，故窄线宽 Er^{3+} 光纤激光器和放大器可以使用功率放大。

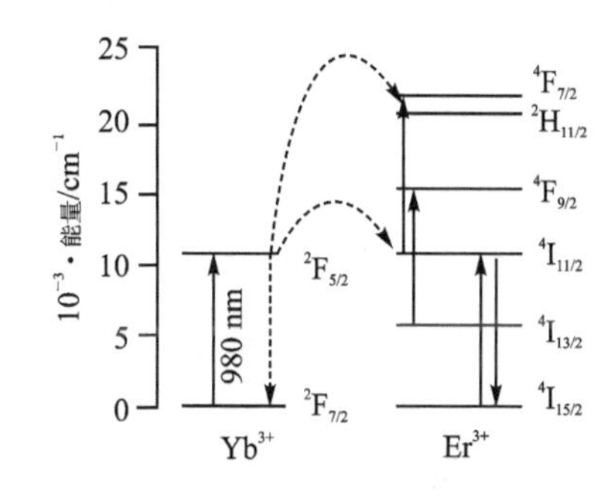

图 3.35　Er^{3+}/Yb^{3+} 共掺光纤能级跃迁示意图

在 Er^{3+}/Yb^{3+} 光纤激光系统中，3.3 光泵浦入 Yb^{3+} 的 980 nm 吸收带，随后能量从 Yb^{3+} 转移到 Er^{3+}，Er^{3+} 在 1 520～1 650 nm 光谱范围内受激辐射。因此，使用坚固且高功率的自由空间或光纤耦合 915 nm 或 980 nm 激光二极管，可以实现 Er^{3+} 光纤激光器和放大器的显著功率缩放。Er^{3+}/Yb^{3+} 光纤激光系统的典型光学效率值为 30%～35%，比 Yb^{3+} 光纤激光系统的光学效率低 1/5 之多。

4. 掺杂 Tm^{3+} 离子

掺 Tm^{3+} 光纤激光器和放大器是最有趣的光纤激光器系统之一。一方面它们提供 1.47 μm 和 2 μm 光谱波段的激光操作，另一方面这些波段属于所谓的眼睛安全光学波长范围。

激光制造商将工作波长超过 1 400 nm(中远红外)的激光称为眼睛安全型。由于许多军事和工业应用，这种眼睛安全的光谱范围非常重要。该区域的波长被人眼的前部(主要是角膜)吸收，因此永远不会到达视网膜；视网膜位于眼睛的内侧背面，起到感光屏的作用。这与 400～1 400 nm(可见光和近红外)光谱中对眼睛有害的部分形成对比，其中眼睛前部具有高透射率和折射率。对于可见光和近红外波长，视网膜的辐照度水平通常比角膜的辐照度水平大五个数量级。虽然超过 1 400 nm 的波长不会与视网膜相互作用，但它们会与皮肤或角膜相互作用，导致热损伤，也就是说，眼睛的安全操作取决于激光功率水平和波长。高功率激光，尤其是那些使用高脉冲能量的激光(即调 Q 或高平均功率激光)仍然可能会损害眼睛。因此在眼睛安全的波长范围内使用激光，仍然需要采取与眼睛安全的光谱范围外的激光类似的预防措施。

与其他掺 RE^{3+} 光纤激光器系统一样，开发高效的 Tm^{3+} 光纤激光器和放大器的主要问题与选择合适的玻璃基质材料和 Tm^{3+} 离子浓度有关。Tm^{3+} 中最有效的激光跃迁是 $^3H_4$ 激发态和 $^3F_4$（或 $^3F_4$ 和 $^3H_6$）低能级之间的跃迁，如图 3.36 所示。

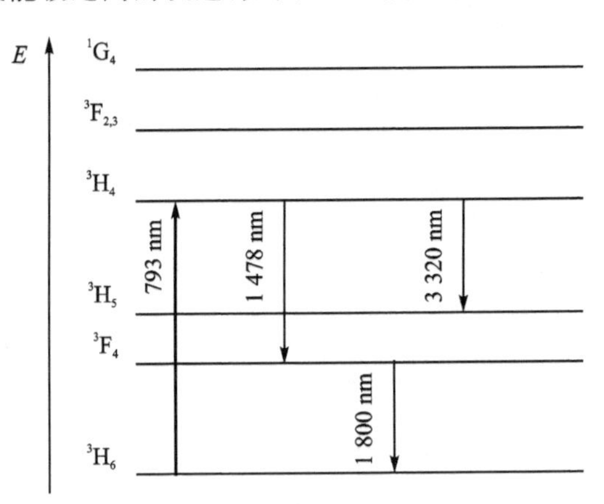

图 3.36 Tm^{3+} 离子的激光能级跃迁

为了使 $^3H_5$ 能级位置接近 $^3H_4$ 激发态能级，需要选择具有低声子能量的玻璃基质材料，以最小化激发过程后的非辐射多声子弛豫。在用于 Tm^{3+} 光纤激光器的所有玻璃基质中，碲酸盐玻璃基质显示出低声子能量（最高声子的能量为 780 cm^{-1}）和高折射率。常用的掺 Tm^{3+} 激光介质为 Tm:YAG。图 3.37 给出了室温下 Tm:YAG 的荧光辐射谱，这对于实际的激光设计极为重要。

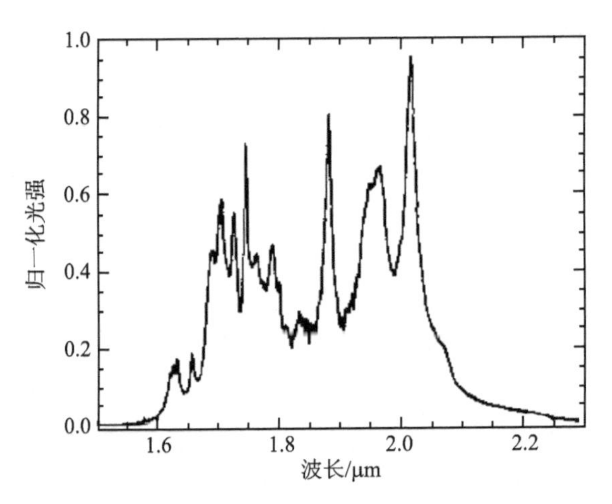

图 3.37 Tm:YAG 荧光辐射谱

3.3 速率方程

激光器粒子数变化的动态特性可以通过一组联立速率方程精确地描述。最简单的方法是用一对联立的微分方程，来描述空间分布均匀的激光介质内的反转粒子数和辐射密度。

在激光作用过程中，首要的两个能级是受激辐射的激光上能级和激光下能级。假设：使用单组速率方程时，忽略激光介质内辐射的轴向与径向变化。以三能级和四能级系统为例，如图 3.38 所示进行说明。

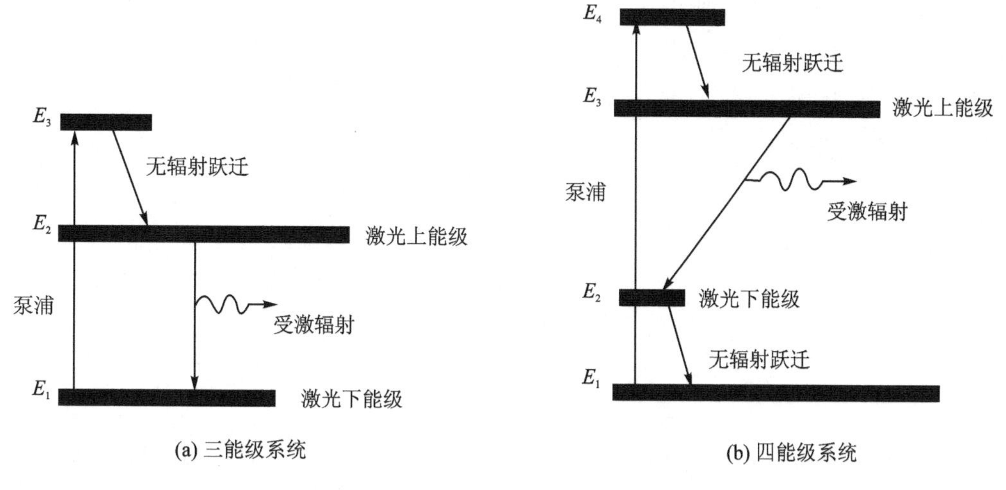

图 3.38　典型三能级激光器、四能级光子辐射示意图

3.3.1　三能级系统

如图 3.38(a)所示，参与整个过程的有三个能级：E_1 为基态能级，即激光工作的下能级；E_2 为激光工作的上能级，一般为亚稳能级。一般选择具有较大宽度的能级，以充分利用宽带泵浦的能量，提高泵浦效率。三能级工作物质在能级间的跃迁过程如下：

① 在外界泵浦源的作用下，基态能级 E_1 上的粒子吸收泵浦能量而跃迁到 E_3 能级上，其泵浦概率为 W_p，同时 E_3 能级上的粒子也会以相同的概率受激跃迁到基态能级 E_1 上。

② E_3 能级上的粒子将主要通过无辐射跃迁的形式迅速地转移到激光上能级 E_2 上，其概率为 S_{32}。此外，E_3 能级上的粒子也能以自发辐射和无辐射跃迁的方式返回 E_2 和 E_1 能级上，其概率分别为 A_{32}、A_{31} 和 S_{31}。此外，为提高泵浦效率，应使 E_3 能级上的绝大部分粒子弛豫到 E_2 能级上，因此应选择 $S_{32} \ll W_p$。

③ 激光上能级 E_2 应为亚稳态，以利于形成粒子数反转。在未形成粒子数反转之前，E_2 能级上的粒子返回基态能级的方式以自发辐射为主，其概率为 A_{21}。一般选择具有较小的 A_{21} 的工作介质。通过无辐射跃迁返回基态能级的概率更小，即 $N_2 > N_1$，在这两个能级间的受激吸收和辐射将占主导地位。下面给出各能级粒子密度随时间的微分方程：

$$\frac{dN_3}{dt} = (N_1 - N_3) W_p - N_3 S_{32} \tag{3.7}$$

$$\frac{dN_2}{dt} = N_1 W_{12} - N_2 W_{21} - N_2 (A_{21} + S_{21}) + N_3 S_{32} \tag{3.8}$$

$$N_1 + N_2 + N_3 = N_t \tag{3.9}$$

3.3.2　四能级系统

参加激光工作的四个能级如图 3.38(b)所示，其中 E_1 为基态能级，E_2 和 E_3 分别为激光工作下能级和上能级，E_4 为泵浦高能级。理想的四能级系统要求粒子在激光下能级的寿命非常短，这样能级 E_2 上的粒子数密度 N_2 接近于零，便于激光能级之间的粒子数反转。图中各个符号代表的物理意义与三能级系统相同。对于实际工作介质，一般有 S_{41} 和 $A_{41} \ll S_{43}$；$S_{32} \ll A_{32}$，并且 A_{32} 也较小。所以在下面的速率方程组中忽略 S_{41} 和 A_{41} 的影响。此外，为了使落到能级 E_2 的粒子能以无辐射跃迁的形式迅速地返回基态，以最大限度地维持粒子数反转，要求工作介质具有较大的 S_{21}。S_{21} 称为激光下能级的抽空速率。

四能级系统的速率方程组如下：

$$\frac{dN_4}{dt} = (N_1 - N_4)W_p - N_4 S_{43} \tag{3.10}$$

$$\frac{dN_3}{dt} = \left(\frac{g_3}{g_2}N_2 - N_3\right)W_{32} - N_3(A_{32} + S_{32}) + N_4 S_{43} \tag{3.11}$$

$$\frac{dN_2}{dt} = \left(N_3 - \frac{g_3}{g_2}N_2\right)W_{32} + N_3(A_{32} + S_{32}) - N_2 S_{21} \tag{3.12}$$

$$N_1 + N_2 + N_3 + N_4 = N_t \tag{3.13}$$

注意事项：一是无论对于三能级系统还是四能级系统，建立速率方程的依据是选用与工作物质对应的确定的激光上下能级和能级结构；二是激光器与放大器的区别，在速率方程组中激光介质即为放大器的速率方程，因此有人说一段工作物质就是一个最简单的放大器。

3.3.3 利用吸收截面或辐射截面表示的速率方程

在实际的激光器设计仿真过程中，一般很难得到掺杂浓度等的具体参数而多采用给出吸收或者辐射截面的方式。因此将速率方程改写为吸收截面和辐射截面参数的形式应用更为方便。

1. 吸收或者辐射截面

在均匀激光介质中，对应某一光波长 λ，若单位长度上的吸收系数或辐射系数分别为 $\gamma_a(\lambda)$ 和 $\gamma_e(\lambda)$，单位体积中最大反转粒子数的浓度为 N_0，则相应的吸收截面 $\sigma_a(\lambda)$ 和辐射截面 $\sigma_e(\lambda)$ 分别定义为

$$\sigma_a(\lambda) = \gamma_a(\lambda)/N_0 \tag{3.14}$$

$$\sigma_e(\lambda) = \gamma_e(\lambda)/N_0 \tag{3.15}$$

需要注意，截面的量纲为面积单位。式(3.15)定义的吸收截面和辐射截面包含了与光谱相关的信息，这在描述其谱特性中极为重要。

方法一：

如果假定无粒子被激发，吸收截面可根据下式和衰减测量直接得到：

$$\sigma_a(\nu) = \frac{\alpha(\nu)}{10\lg(e) \cdot 2\pi\int_0^{a_{dot}} \rho_{Er}(r) I^{01}(\nu) r dr} \tag{3.16}$$

式中，$\alpha(\nu)$ 为在频率 ν 处以 dB/km 为单位的粒子引起的吸收，$\rho_{Er}(r)$ 为粒子掺杂浓度，α_{dot} 为粒子掺杂半径，$I(\nu,r)$ 为归一化的模强度，由归一化条件有

$$2\pi\int_0^{\infty} I^{01}(\nu,r) r dr = 1 \tag{3.17}$$

与此类似，假定所有粒子均被激发，可通过增益测量来决定辐射截面的大小，即

$$\sigma_e(\nu)=\frac{g(\nu)}{10\lg(e)\cdot 2\pi\int_0^{a_{dot}}\rho_{Er}(r)I^{01}(\nu)r\mathrm{d}r} \tag{3.18}$$

式中，$g(\nu)$是在频率 ν 处以 dB/km 为单位的增益系数。

方法二：

根据荧光谱型和自发辐射速率 A_e 来决定截面的大小。根据 $A_e=1/\tau_2$，τ_2 为上能级粒子寿命。这种方法可以从 Fuchtbauer - Ladenburg 方程推导得到，即

$$\sigma_e(\nu)=\frac{A_e\lambda^2}{8\pi n^2}\cdot\frac{I_e(\nu)}{\int I_e(\nu)\mathrm{d}\nu} \tag{3.19}$$

式中，n 为折射率，λ 为平均波长。同样可以根据 Fuchtbauer - Ladenburg 方程推导出吸收截面公式：

$$\sigma_a(\nu)=\frac{A_e\lambda^2}{8\pi n^2}\cdot\frac{2J_2+1}{2J_1+1}\cdot\frac{I_e(\nu)}{\int I_e(\nu)\mathrm{d}\nu} \tag{3.20}$$

式中，J_1 和 J_2 分别为基态和激发态的角动量量子数。

方法三——McCumber 理论：

假定在每一多重谱线中建立的热分布时间较多重谱线上的粒子寿命短得多。从平衡角度出发，辐射截面与吸收截面之间的关系遵从：

$$\sigma_e(\nu)=\sigma_a(\nu)\cdot\exp\left(\frac{\varepsilon-h\nu}{kT}\right) \tag{3.21}$$

式中，$k=1.381\times10^{-23}\ \mathrm{J\cdot K^{-1}}$ 为玻耳兹曼常数；ε 为依赖于温度的激发能量，可以将它看成在温度 T 下将一个 Er^{3+} 从能级$^4I_{13/2}$ 激发到状态$^4I_{11/2}$ 所需的净能量的大小。

由于多重谱线的宽度超过了 kT，吸收谱与辐射谱相互抵消，使吸收趋于更短的波长，而辐射趋向于更长的波长。从式(3.16)可以看出：当频率为 $\nu_c=\varepsilon/h$ 时，辐射截面和吸收截面相等；当 $\nu<\nu_c$ 时，辐射截面大于吸收截面；而当 $\nu>\nu_c$ 时，情况相反，吸收截面大于辐射截面。τ_{21} 与辐射截面的关系表示为

$$\frac{1}{\tau_2}=\frac{8\pi n^2}{c^2}\int\nu^2\sigma_e(\nu)\mathrm{d}\nu \tag{3.22}$$

即在截面谱型已知的条件下，式(3.22)可用于计算辐射寿命。

2. 吸收系数和辐射系数

如果已知掺 Er^{3+} 光纤的辐射截面和吸收截面谱线，就可以计算掺杂光纤的受激吸收和受激辐射速率，并进一步求得吸收系数和辐射系数。对于三能级系统，当泵浦光和信号光通过激光工作物质时，在稳态情况下，上、下能级粒子数浓度分布 $n_2(r,\phi,z)$、$n_1(r,\phi,z)$分别为

$$n_2(r,\phi,z)=\rho_{Er}\frac{R_{pa}(r,\phi,z)+W_{sa}(r,z)}{R_{pa}(r,\phi,z)+W_{sa}(r,z)+R_{pe}(r,\phi,z)+W_{se}(r,z)+A_e} \tag{3.23}$$

$$n_1(r,\phi,z)=n_1(r)-n_2(r,\phi,z) \tag{3.24}$$

式中，R_{pa} 和 R_{pe} 分别为泵浦吸收和辐射速率，W_{sa} 和 W_{se} 分别为信号吸收和辐射速率，n_1 为总的粒子浓度。

泵浦吸收速率 R_{pa} 需对所有泵浦模式的作用求和，可表示为

$$R_{pa}(r,\varphi,z)=\sigma_{pa}\sum_{lp}I_{p}(r,\varphi,z)\frac{1}{h\nu_{p}} \tag{3.25}$$

式中，σ_{pa} 为泵浦波长处的吸收截面，$I_{p}(r,\varphi,z)=p_{p}(z)|E_{p}(r,\varphi)|^{2}$ 为泵浦模场强度，$p_{p}(z)$ 是光纤位置 z 处泵浦模的大小，h 为普朗克常数，ν_{p} 为泵浦频率，所有的模场均按照

$$\int_{0}^{2\pi}\int_{0}^{b}\left|E(r,\phi)\right|^{2}r\mathrm{d}r\mathrm{d}\phi=1 \tag{3.26}$$

进行归一化。式(3.26)中 b 为激光工作物质的外径。

以掺 Er^{3+} 光纤为例。泵浦的辐射速率 R_{pe} 在 1 480 nm 波长的泵浦下可以求出：

$$R_{pe}(r,\phi,z)=\sigma_{pe}\sum_{lp}I_{p}^{lp}(r,\phi,z)\frac{1}{h\nu_{p}} \tag{3.27}$$

式中，σ_{pe} 为 1 480 nm 泵浦波长处的辐射截面。在 980 nm 时，$\sigma_{pe}=0$，因此 $R_{pe}=0$。在仅考虑泵浦光基模 LP_{01} 的条件下，信号的辐射速率 W_{se} 和吸收速率 W_{sa} 为

$$W_{se}(r,z)=\left[\frac{\sigma_{e}(\nu_{s})}{h\nu_{s}}P_{s}(z)+\int_{0}^{\infty}\frac{\sigma_{e}(\nu)}{h\nu}S_{ASE}(\nu,z)\mathrm{d}\nu\right]\cdot I_{s}^{01}(r) \tag{3.28}$$

$$W_{sa}(r,z)=\left[\frac{\sigma_{a}(\nu_{s})}{h\nu_{s}}P_{s}(z)+\int_{0}^{\infty}\frac{\sigma_{a}(\nu)}{h\nu}S_{ASE}(\nu,z)\mathrm{d}\nu\right]\cdot I_{s}^{01}(r) \tag{3.29}$$

式中，$\sigma_{e}(\nu_{s})$ 和 $\sigma_{a}(\nu_{s})$ 分别为在信号频率 ν_{s} 处的辐射截面和吸收截面，$S_{ASE}(\nu,z)$ 为位置 z 处放大自发辐射功率谱密度，两个极化方向上的 ASE 均可用 $S_{ASE}(\nu,z)$ 表示，$I_{s}^{01}(r)=|E_{s}^{01}(r)|^{2}$ 为归一化的信号模场强度，$P_{s}(z)$ 为信号功率。

由于与光纤轴同向及反向传输的自发辐射均可得到放大，因此式(3.29)中的 $S_{ASE}(\nu,z)$ 表示前向及后向传输和放大自发辐射谱之和，即

$$S_{ASE}(\nu,z)=S_{ASE}^{+}(\nu,z)+S_{ASE}^{-}(\nu,z) \tag{3.30}$$

将式(3.28)和式(3.29)代入式(3.23)，就能够计算出掺 Er^{3+} 光纤放大器中各能级的粒子数分布 $n_{2}(r,\phi,z)$ 和 $n_{1}(r,\phi,z)$。最后求出辐射系数 $\gamma_{e}(r,z)$ 和吸收系数 $\gamma_{a}(r,z)$ 为

$$\gamma_{e}(r,z)=\sigma_{e}(\nu)\int_{0}^{2\pi}\int_{0}^{a_{dot}}n_{2}(r,\phi,z)I_{s}^{01}(r)r\mathrm{d}r\mathrm{d}\phi \tag{3.31}$$

$$\gamma_{a}(r,z)=\sigma_{a}(\nu)\int_{0}^{2\pi}\int_{0}^{a_{dot}}n_{a}(r,\phi,z)I_{s}^{01}(r)r\mathrm{d}r\mathrm{d}\varphi \tag{3.32}$$

3.4 激活介质的增益饱和

3.4.1 增益系数和增益饱和现象

根据 2.4.2 小节，令

$$\gamma=-\frac{1}{2}\ln(R_{1}R_{2}) \tag{3.33}$$

则根据式(2.160)，激光振荡的条件可进一步写为

$$G \geqslant \frac{\gamma}{L} \tag{3.34}$$

令

$$\alpha = \frac{\gamma}{L} \tag{3.35}$$

则激光振荡的最低条件,即阈值条件式(2.160)可以改写为

$$G_{\text{th}} = \alpha \tag{3.36}$$

式中,G_{th} 通常称为增益系数的振荡阈值。

式(3.33)表示的 γ 为激光器的单程损耗因子。在一般情况下,γ 表示光波在腔内传播一个单程所经受的全部损耗,α 则称为单位长度的单程损耗因子。显然,激光介质的长度越长,或激光器的损耗越低,激光的振荡阈值就越低,即激光越易起振。然而,激光透射的光强与输出镜的透过率 t 成正比。因此,不能单纯地依靠降低输出镜的透过率来使激光易于起振,实际上正确选择耦合系数(即腔镜的反射率 R 和透过率 T 的比值 R/T),使激光器既易于起振,又使激光器有最佳的光强输出,尽可能降低激光器的其他损耗量是最重要的。由式(2.161)得到

$$G(\nu) = (N_2 - N_1)\frac{1}{8\pi\nu_{21}^2}A_{21}g(\nu) \tag{3.37}$$

显然,增益系数是频率 ν 的函数且正比于光谱线的线性函数 $g(\nu)$,由于光谱线具有一定的线型和宽度,所以增益系数对频率的依赖关系也以 $g(\nu)$ 的轮廓形状变化,我们称之为增益轮廓。如图 3.39 所示,在谱线中心处增益最大,而偏离谱线中心增益逐渐减小,由于只有增益系数大于阈值,位于该频率范围内的模式才能产生激光增益,显然这个频率范围因激光器的 γ 和 L 值的不同而异。

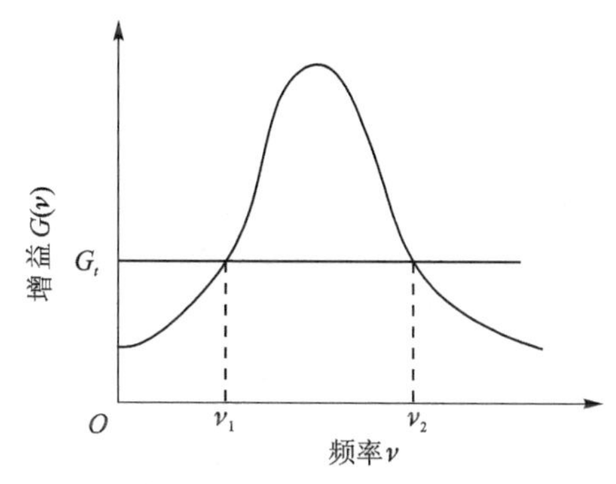

图 3.39　激活介质的增益轮廓曲线

当光通过激活介质时,由于受激辐射作用,某一特定频率的光波将被放大。为了描述激活介质的光放大特性,利用增益系数 $G(\nu)$ 即式(3.37)进行描述,可以明确其中 $g(\nu)$ 就是谱线加宽的线型函数,其他各项均可近似地看作常数,因而可以认为增益系数 $G(\nu)$ 与线型函数 $g(\nu)$ 具有相同的函数形式。因为介质被激活,即 $N_2 > N_1$,所以光在激活介质中传播时,受激辐射大于受激吸收,光被逐渐放大,即光强 $I(\nu)$ 逐渐增大。随着光强的增大,粒子数反转的程度,即 $N_2 - N_1$ 也就逐渐减小。这也就是说光强的增大是以牺牲反转粒子数为代价的,因此增益系数也应该是光强的函数,记为 $G(\nu, I)$。

如果光强 $I(\nu)$ 很弱,即 $I(\nu) \to 0$,那么 $N_2 - N_1$ 可近似地看作常数。这时的增益函数记为 $G_0(\nu)$,$G_0(\nu)$ 称为小信号增益系数。对于某种激光介质来说,小信号增益系数有确定的值,它表征粒子数的反转程度,是激光介质的一个重要参数。

在实际的激光器工作过程中,随着腔内光强的增大,激活介质上下能级的粒子数反转减小,增益系数也就不断下降。这种增益系数随着光强增大而下降的现象称为增益饱和。激活介质的增益饱和现象对激光器的工作特性(如频率特性和功率特性)有着直接的影响,而且均匀加宽线型和非均匀加宽线型激活介质的增益饱和行为有着很大的差别。下面分别进行

讨论。

3.4.2 均匀加宽激活介质的增益饱和

假定激光跃迁发生在 E_2 和 E_1 两个能级之间，E_2 和 E_1 能级的寿命为 τ_2 和 τ_1。理论分析表明，增益系数 $G_h(\nu,I)$ 为

$$G_h(\nu,I)=\frac{G_0(\nu)}{1+\dfrac{I(\nu)}{I_s(\nu)}} \tag{3.38}$$

式中，$G_0(\nu)$ 为小信号增益系数。

对式(3.38)进行讨论如下：

① 当入射光频率 ν 与频率中心 ν_0 重合(即 $\nu=\nu_0$)，且入射光强 $I(\nu)$ 很小时，得到 $G_0(\nu_0)$，称为最大小信号增益系数。

② 当 $I(\nu)<I_s(\nu)$ 时，$G_h(\nu,I)>\frac{1}{2}G_0(\nu)$，$I_s(\nu)$ 称为饱和参数，具有光强的量纲。$I_s(\nu)$ 值越大，就越容易获得较大的输出功率。$I_s(\nu)$ 也是表征激光介质特性的参数，同时 $I_s(\nu)$ 也是小信号增益时考量的参数值。例如氦氖混合气体的 $I_s(\nu_0)\approx 0.3\ \mathrm{W/mm^2}$，二氧化碳激光器的 $I_s(\nu_0)\approx 2\ \mathrm{W/mm^2}$。若 $I(\nu)\approx 0.1\ \mathrm{W/mm^2}$，对氦氖激光器已经不算小信号，但对二氧化碳激光器可以认为是小信号。

③ $I(\nu)$ 逐渐增大时，$G_h(\nu,I)$ 逐渐减小，其规律由式(3.38)描述。图 3.40 描述了不同光强下，均匀加宽谱线的增益饱和特性。从图中可以看出，随着光强的增大，相应增益曲线下降，增益线宽变宽。当 $I=I_s(\nu_0)$ 时，相应增益曲线的峰下降到小信号增益时的一半，这种由于增益饱和使增益曲线变宽的现象叫作饱和加宽。

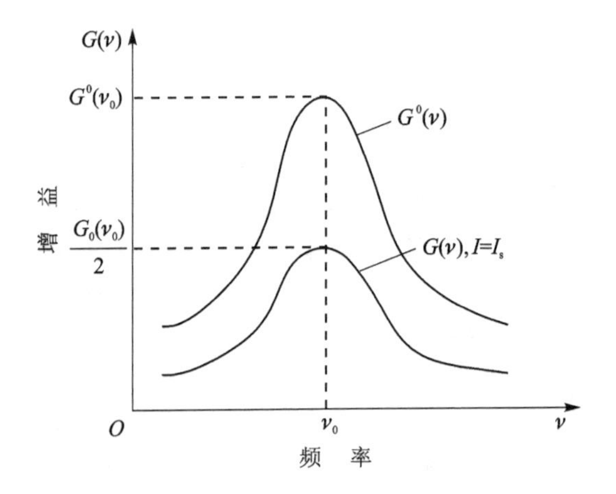

图 3.40 均匀加宽情况下不同入射光强下的增益曲线

3.4.3 非均匀加宽激活介质的增益饱和

理论分析证明，非均匀加宽激活介质的增益系数为

$$G_i(\nu,I)=\frac{G_{i0}g_i(\nu)}{\left[1+\dfrac{I(\nu)}{I_s}\right]^{\frac{1}{2}}} \tag{3.39}$$

式中，G_{i0} 为与激活介质和泵浦参数有关的量。I_s 为 $\nu=\nu_0$ 处的饱和参数。$g_i(\nu)$ 为非均匀加宽的线型函数。

1. 特殊情况下的小信号增益函数

① 当 $I(\nu)=0$ 时，

$$G_i(\nu,0)=G_{i0}g_i(\nu) \tag{3.40}$$

为非均匀加宽线型小信号增益函数。

② 当 $I(\nu)=I_s$ 时，增益系数为

$$G_i(\nu,I)=\frac{G_i(\nu,0)}{\sqrt{2}} \tag{3.41}$$

与均匀加宽激活介质的情况相比，非均匀加宽激活介质的增益系数随光强 $I(\nu)$ 的增大而下降的速度要慢一些。

2. 烧孔效应

在非均匀加宽的激活介质中，处于某一运动速度间隔的粒子数对谱线轮廓的某一频率间隔有贡献，引起不同运动速度的粒子对增益饱和的独立性。例如：有一频率为 ν 的光入射于该激活介质，则只有那些辐射频率为 ν 的粒子（它们相应的速度为 V_z）才能引起受激辐射，使光强增大，增益系数下降，出现饱和；而在增益曲线的其余部分仍保留原来的值。

对于实际的激活介质而言，光谱线型除了主要的非均匀加宽外，还有均匀加宽的成分。因而速度为 V_z 的粒子对增益曲线的影响是以 ν 为中心有一宽度 $\Delta\nu_H$；另一方面，以 V_z 为中心，在速度间隔 ΔV_z 内的所有粒子对增益曲线频率 ν 附近的 $\Delta\nu$ 范围有贡献。因此在频率 ν 附近出现增益饱和也就有一频谱宽度。但是由于粒子的速度不同，影响到频率为 ν 辐射的概率也就不同，加之它们的粒子数在粒子总数中占有的比例也不同，这就使得在增益曲线上出现增益系数下降的程度也不一样，即在增益曲线的频率 ν 附近出现一个凹陷，这种现象称为增益曲线的“烧孔”效应，如图 3.41 所示。孔的宽度一般比均匀加宽的宽度大一些。

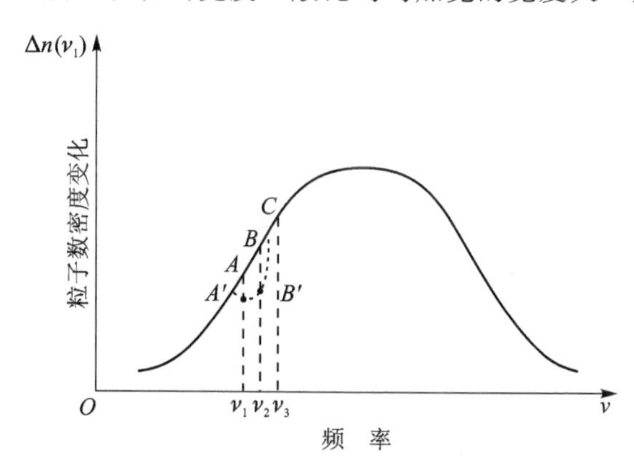

图 3.41　非均匀加宽介质增益曲线的“烧孔”效应

烧孔宽度

$$\delta\nu=\sqrt{1+\frac{I_{\nu_1}}{I_s}}\,\Delta\nu_H \tag{3.42}$$

烧孔深度

$$\Delta n^0(\nu_1)-\Delta n(\nu_1)=\frac{I_{\nu_1}}{I_{\nu_1}+I_s}\Delta n^0(\nu_1) \tag{3.43}$$

烧孔面积

$$\delta s=\Delta n^{0}(\nu_1)\Delta\nu_H\cdot\frac{I_{\nu_1}/I_s}{\sqrt{1+\frac{I_{\nu_1}}{I_s}}}\tag{3.44}$$

式中，上标0表示原始的意思。激光器谐振腔内，每一种模的振荡形成的驻波都可以分解成两个方向的行波，速度为V_z的粒子被反射镜反射后，其速度则为$-V_z$，这些速度为$-V_z$的粒子产生的受激辐射光在增益曲线上又烧出一个孔来，这两个孔对称地分布在ν_0的两侧：一个被称为“原孔”，一个被称为“像孔”，如图3.42所示。

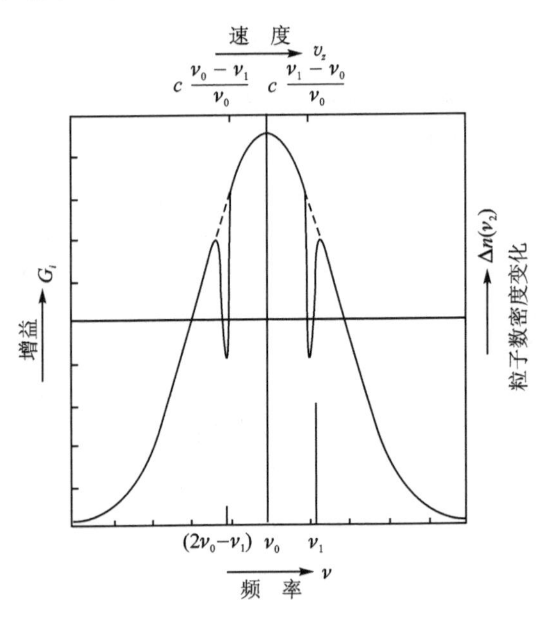

图3.42 原孔和像孔

3.4.4 均匀加宽谱线稳态激光器的工作特性

在均匀加宽的情况下，各发光原子对谱线线型的贡献概率都是相同的，所以在出现增益饱和时，整个增益曲线同时下降。如果有多个模式的谐振频率落在均匀加宽增益曲线的范围内，则其小信号增益系数$G_0(\nu)$均大于G_{th}($G_{th}=\frac{\delta}{L}$，阈值条件)。假设有频率为ν_{q+1}、ν_q、ν_{q-1}三个模满足以上的条件(见图3.43)，开始时，这三个模式的小信号增益曲线将随光强的不断上升而不断下降。当增益曲线下降到曲线1时，有

$$G(\nu_{q+1},I_{\nu_{q-1}},I_{\nu_q},I_{\nu_{q+1}})=G_{th}\tag{3.45}$$

因而$I_{\nu_{q+1}}$不再增加，但$I_{\nu_{q-1}}$、I_{ν_q}仍将继续增加，因而曲线继续下降，这使

$$G(\nu_{q+1},I_{\nu_{q-1}},I_{\nu_q},I_{\nu_{q+1}})<G_{th}\tag{3.46}$$

因此ν_{q+1}很快下降到零，即ν_{q+1}模熄灭。当增益曲线下降到曲线2时，

$$G(\nu_{q-1},I_{\nu_{q-1}},I_{\nu_q})=G_{th}\tag{3.47}$$

$I_{\nu_{q-1}}$不再增加，但I_{ν_q}仍继续增加，增益曲线随之继续下降，这就导致

$$G(\nu_{q-1},I_{\nu_{q-1}},I_{\nu_q})<G_{th}\tag{3.48}$$

因此ν_{q-1}模也很快熄灭。最后，当增益曲线下降至曲线3时，

$$G(\nu_q, I_{\nu_q}) = G_{\mathrm{th}} \tag{3.49}$$

I_{ν_q} 达到稳态值。所以虽然三个模式起振，但在达到稳态工作的过程中，ν_{q-1}，ν_{q+1} 模都相继熄灭，最终只有 ν_q 模维持稳定振荡。以上讨论说明，在均匀加宽激光器中，几个满足阈值条件的纵模在振荡过程中互相竞争，结果是靠近中心频率 ν_0 的一个纵模获胜，形成稳定振荡，其他模都相继熄灭，如图 3.43 所示。因此在一般情况下，均匀加宽稳定激光器的输出应是单纵模的，其单模频率总是在谱线中心附近。

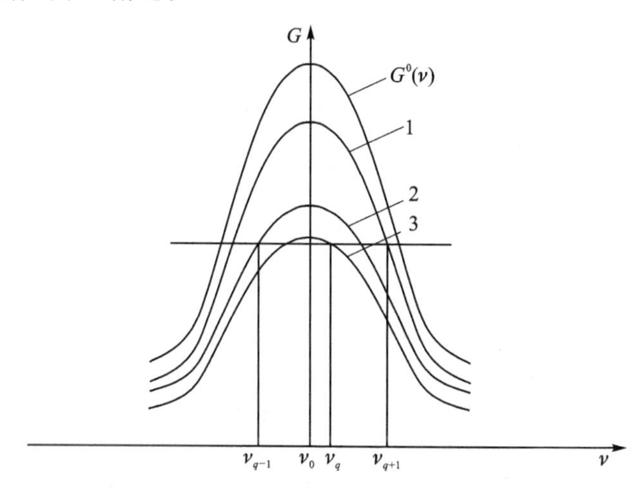

图 3.43　均匀加宽激光器的模式竞争

但是，在通常采用驻波腔的情形下，均匀加宽连续激光器一般是多纵模振荡，尤其当泵浦激励较强时，更为明显。我们知道，驻波腔激光器中每一个纵模都相应于沿轴向有一定波节和波腹的驻波。波腹处，该模光强最大，波节处光强最小，在腔轴方向光强大小是不均匀的。相应地，增益系数（同时粒子数反转密度）在空间的分布也不均匀。因此，当两列驻波（相应于两个腔模）的波腹和波节相互交错时（见图 3.44 中驻波 ν_q 和 ν_q'），有可能使两个模式在介质中都

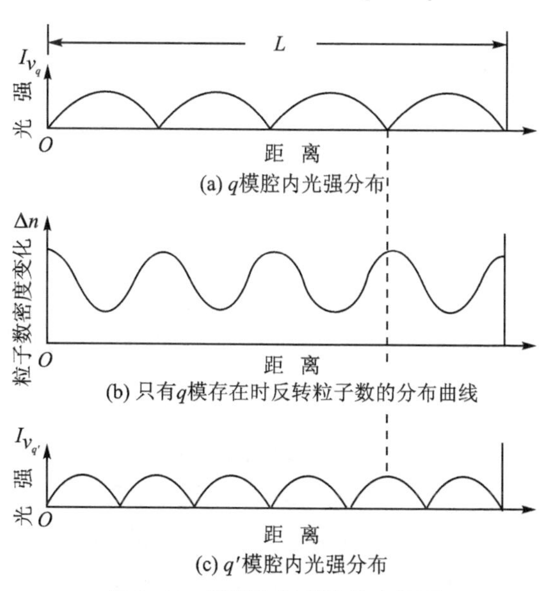

(a) q模腔内光强分布

(b) 只有q模存在时反转粒子数的分布曲线

(c) q'模腔内光强分布

图 3.44　说明空间烧孔效应的图

获得足够的增益而形成振荡。因此，在泵浦激励较强时，就会形成多模振荡。这种由于驻波场而造成增益在空间分布不均匀的现象称为“空间烧孔”效应，见图3.44。

均匀加宽情形的多模振荡现象在固体激光器中很明显，仅在均匀加宽气体激光器（如高压二氧化碳激光器）以及环形行波腔激光器中才能观察到单模振荡，前者是由于气体介质中发光粒子的空间弛豫和扩散消除了驻波场所造成的增益空间不均匀；后者则是由于腔内存在的是单向行进的行波。

3.4.5 非均匀加宽激光器的多模运转

为简单起见，仍将非均匀加宽谱线看成由许多宽度很窄的均匀谱线叠加而成，即 $\Delta\nu_i \ll \Delta\nu_H$。频率为 ν、强度为 I 的单色行波通过非均匀加宽介质时所获得的增益系数为

$$G_i(\nu, I) = G_i(\nu, 0)\left[1 + \frac{I}{I_s(\nu)}\right]^{-\frac{1}{2}} \tag{3.50}$$

在稳态情形，应有

$$G_i(\nu, I) = G_{ih} \tag{3.51}$$

现假定在非均匀加宽激光器中，有多个纵模满足振荡条件 $G_i(\nu_q, 0) > G_{ih}$。由于局部增益饱和效应，某一纵模光强的增大，但在增益曲线的相应频率处出现“烧孔”，该纵模的大信号增益下降到 G_{ih}，其他纵模则在另外的频率处烧出另外的“孔”，所以只要纵模间隔足够大，各模增益的饱和基本上互不相关，所有小信号增益系数大于阈值 G_{ih} 的纵模都能稳定振荡。因此，在非均匀加宽激光器中，一般都是多纵模振荡。稳态时，各模的增益系数 $G_i(\nu, I)$ 都应等于 G_{ih}。不同频率的纵模具有大小不同的光强，愈远离中心频率 ν_0，相应的 $G_i(\nu, 0)$ 愈小，稳态的腔内光强愈小，相应的输出功率也愈小。如图3.45所示，当外界激励增强时，小信号增益增大，满足振荡阈值条件的纵模个数增多，因而激光器的振荡模式数目增加。

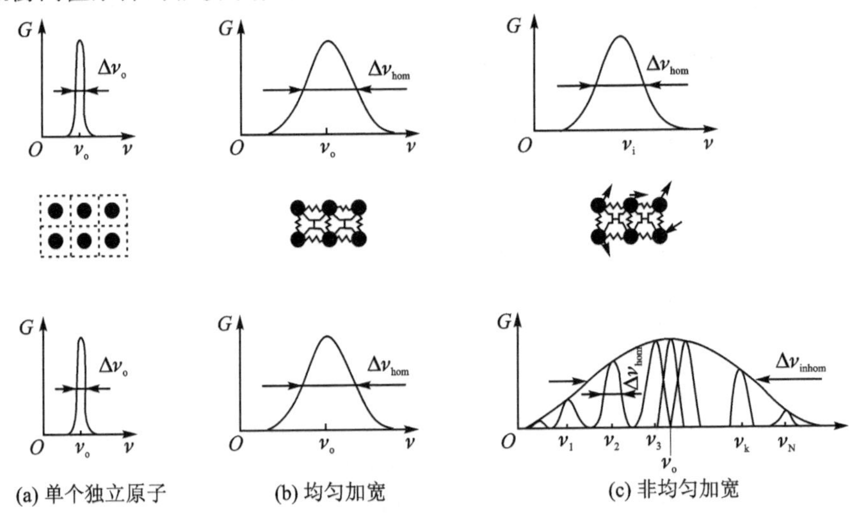

图3.45 非均匀加宽激光器的多模振荡

有时，非均匀加宽激光器中也存在模竞争现象。例如多普勒加宽的驻波腔型激光器，对称分布在中心频率 ν_0 两边的两个模，在增益曲线上形成的烧孔重合；也就是说，这两个模式共用同一部分反转粒子数，因而发生竞争，结果使两模式的输出功率会有无规则的起伏。

3.4.6　兰姆凹陷现象

在非均匀加宽情况下，一个振荡频率在其增益曲线上有两个“烧孔”，孔的面积与模的输出功率成比例。因为增益曲线对不同频率的小信号增益是不一样的，因而增益曲线各“烧孔”的深度和宽度也不相同，越接近谱线中心频率，“孔”的深度和宽度就越大，“孔”的面积就越大；同时，“原孔”和“像孔”的间隔也就越小，当振荡频率位于谱线中心频率时，方向相反的两列行波同时作用于 $V_z=0$ 的粒子，两“孔”合成一“孔”。这时虽然它对应着最大的小信号增益，但是对它做贡献的粒子数反转值减小了，因此“孔”的面积就比离中心频率较近的两孔面积的总和小些，其输出光强变小。振荡频率逐渐向中心靠拢时，输出光强增大；振荡频率非常接近中心时，输出光强又变小，在谱线中心达到极小值。上述过程由图 3.46 说明。

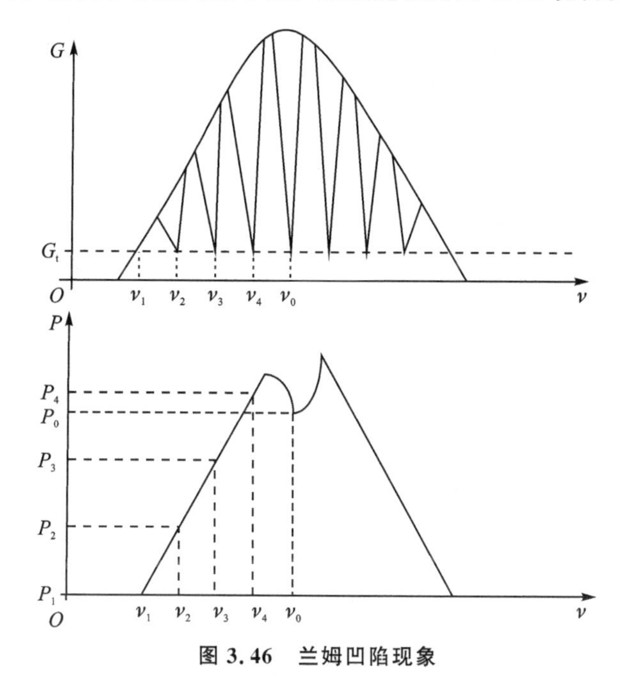

图 3.46　兰姆凹陷现象

激光器输出光强与振荡频率的关系曲线中，在谱线中心频率 ν_0 处，输出功率出现极小值，其两边出现极大值的现象，称为“兰姆凹陷”现象。兰姆凹陷的深度和宽度与激光器的工作条件有关：小信号增益越大，或光学损失越小，兰姆凹陷越深；均匀加宽的宽度越大，兰姆凹陷的宽度也就越大。

3.4.7　光学谐振腔理论

1. 引　言

本小节内容主要研究无源谐振腔的理论，其中谐振腔中没有增益介质。谐振腔由两片相距 L 的平面或者球面矩形镜(更多为圆形)构成。激光谐振腔一般为开放腔，目的在于在低损耗情况下降低腔内能够起振的模式数目。开放式激光谐振腔平行于谐振腔轴线附近的行波仅有几个模式的损耗足够低时才能形成激光振荡。由于电磁衍射，开放式谐振腔不可避免地有部分能量从腔的侧面损耗掉。我们发现在开放式谐振腔中确实存在低损耗驻波结构。因此定

义电磁结构中的电场为

$$\boldsymbol{E}(\boldsymbol{r},t)=E_0\boldsymbol{u}(\boldsymbol{r})\exp[(-t/2\tau_c)+\mathrm{i}\omega t] \tag{3.52}$$

式中，τ_c（电场强度模的平方的衰减时间）称为腔光子衰减时间。

2. 激光谐振腔的本征模和本征值

考察任意的双面镜谐振腔，如图 3.47(a)所示，假设一束光从腔镜 1 进入谐振腔，并在腔内往返传输。这时光束在谐振腔内的传输可以等效为一束沿单一方向传输的光束，如图 3.47(b)所示。各个参数的对应关系如图 3.47 所示。注意光阑的大小分别为 $2a_1$ 和 $2a_2$。

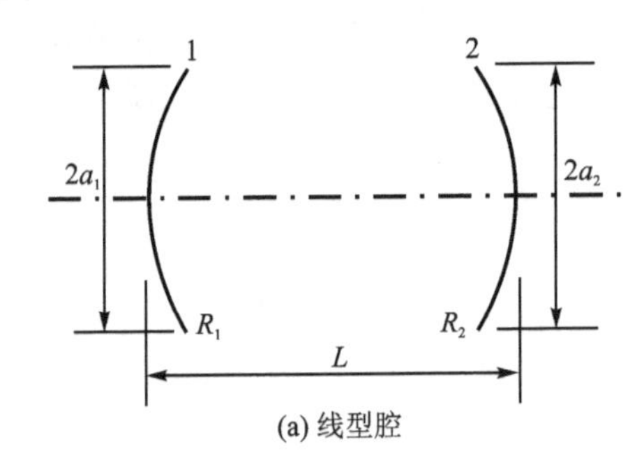

(a) 线型腔

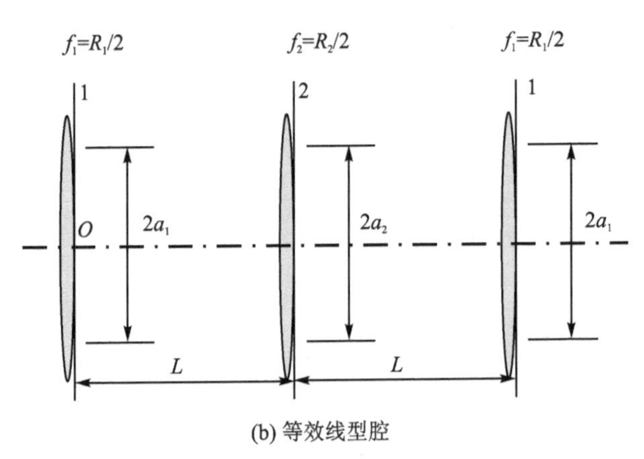

(b) 等效线型腔

图 3.47 线型腔及其模型

定义在光阑 1 纵向坐标在原点 O、横向坐标为 x_1 和 y_1 的光束复振幅为 $\tilde{E}(x_1,y_1,0)$，在经过一个透镜循环后，例如 $z=2L$ 处的振幅 $\tilde{E}(x,y,2L)$ 可以通过确定的 $\tilde{E}(x_1,y_1,0)$ 以及等效腔的几何参数 f_1、f_2、a_1、a_2 和 L 得到。

计算时一般采用 Huygens－Fresnel 传输方程得到，此外还要考虑其他光学元件（比如透镜摆放顺序等）问题。一般复振幅的线性 Huygens－Fresnel 传输方程的结果，可以写成

$$\tilde{E}(x,y,2L)=[\exp(-2\mathrm{i}kL)]\iint_1 K(x,y,x_1,y_1)\tilde{E}(x_1,y_1,0)\mathrm{d}x_1\mathrm{d}y_1 \tag{3.53}$$

式中，K 为 $z=0$ 和 $z=2L$ 平面内的横向坐标函数（叫作传输核心问题）。

如果 $\tilde{E}(x_1,y_1,0)$ 是以坐标 (x_1',y_1') 为中心的双 δ 函数，且 $\tilde{E}(x_1,y_1,0)=\delta(x_1-x_1',y_1-y_1')$，则从因子 $\exp(-2\mathrm{i}kL)$ 可以得到 $\tilde{E}(x,y,2L)=\exp(-2\mathrm{i}kL)K(x,y;x_1',y_1')$。不考虑

$\exp(-2ikL)$，函数 $K(x,y;x_1',y_1')$ 表示在入射平面坐标为 (x_1',y_1')、点光源在出射平面产生的场。

现在考虑具有图 3.47(a)模式对应的横向结构的一束光。在这种情况下根据自洽理论，在经过一组透镜传播之后场再现。因此传输方程可以更准确地表示为

$$\tilde{E}(x,y,2L)=\tilde{\sigma}\exp(-2ikL)\tilde{E}(x,y,0) \tag{3.54}$$

由于 K 本身是一个复函数，因此常数 $\tilde{\sigma}$ 也是一个复值。因此有

$$\tilde{\sigma}=|\tilde{\sigma}|\exp(i\varphi) \tag{3.55}$$

由于光束的衍射损耗，$|\tilde{\sigma}|<1$。相位 ϕ 在经历一组透镜后相移增加了 $-2kL$，这是由于平面波在自由空间传输了 $2L$ 的距离。一次的总相移为

$$\Delta\phi=2kL+\phi \tag{3.56}$$

将式(3.56)的结果代入式(3.55)，可以得到

$$\tilde{\sigma}\tilde{E}(x,y,0)=\iint_1 K(x,y,x_1,y_1)\tilde{E}(x_1,y_1,0)\mathrm{d}x_1\mathrm{d}y_1 \tag{3.57}$$

该方程表示第二类 Fredholm 均匀积分方程。它的本征解 $\tilde{E}_{lm}(x,y,0)$ 给出了如图 3.47(b)所示的经过一组透镜后的场分布。因此它也描述了模式通过腔镜，腔镜孔径对场分布的影响。无限的本征态用下标 l 和 m 以示区别，为本征解的阶数，相应的本征值也会表示成 $\tilde{\sigma}_{lm}$。

从前面的讨论可以看出，本征值 $\tilde{\sigma}_{lm}$ 在一个循环后，光束强度 $|\tilde{\sigma}_{lm}|^2$ 也会发生变化，这种变化主要是由于衍射损耗产生的，肯定地有 $|\tilde{\sigma}_{lm}|^2<1$，存在

$$\gamma_{lm}=1-|\tilde{\sigma}_{lm}|^2 \tag{3.58}$$

这是一个衍射循环造成的功率损耗。

一次往返的相移满足 $\Delta\phi_{lm}=-2kL+\phi_{lm}$，如果场为自再生场，则有 $\Delta\phi_{lm}=-2n\pi$，n 为整数。因而可以得到 $-2kL+\phi_{lm}=-2n\pi$，代入 $k=2\pi\nu/c$，得到谐振腔的响应频率为

$$\nu_{lmn}=\frac{c}{2L}\left(n+\frac{\phi_{lm}}{2\pi}\right) \tag{3.59}$$

总结一下：积分方程(3.57)，通过本征解 $\tilde{E}_{lm}$ 给出了在一个给定平面内所有点的本征模式场；对于每个模式 $\tilde{E}_{lm}$ 的本征值大小 $|\tilde{\sigma}_{lm}|$ 通过方程(3.58)得到衍射损耗；同时可以通过方程(3.59)得到谐振腔的谐振频率。

3. 谐振腔光子寿命和线宽

(1) 激光器寿命和线宽

考虑任意腔中一个给定的模式，并且认为除衍射损耗外还存在其他的损耗，如腔镜的反射损耗、光学元件的散射损耗等。考虑平行平面腔条件下给定腔模式的能量损耗速率。设 I_0 为某一横截面给定坐标 (x_1,y_1) 的复振幅 $\tilde{E}(x_1,y_1,0)$ 对应的初始光强。R_1 和 R_2 分为别两个腔镜的功率反射率，T_i 为单程损耗(包括衍射损耗以及其他的任何损耗)。在同一个点 (x_1,y_1)，经过一个循环 $t_1=2L/c$ 后的强度 $I(t_1)$ 表示为

$$I(t_1)=R_1R_2(1-T_i)^2I_0 \tag{3.60}$$

经 m 次往返后同一个横向坐标的强度为

$$I(t_m)=[R_1R_2(1-T_i)^2]^mI_0 \tag{3.61}$$

$$t_m = \frac{2mL}{c} \tag{3.62}$$

设 $N(t)$为 t 时刻给定模式包含的总光子数，由于每一次周程后模式的形状不变，因此能够得到 $N(t) \propto I(t)$，则根据式(3.61)，有

$$N(t_m) = [R_1 R_2 (1 - T_i)^2]^m N_0 \tag{3.63}$$

式中，N_0 为初始腔内的光子数。也可以将式子写成

$$N(t_m) = [\exp(-t_m/\tau_c)] N_0 \tag{3.64}$$

式中，τ_c 为一个适合的常数。比较式(3.63)、式(3.64)，利用式(3.62)，得到

$$\exp(-2mL/c\tau_c) = [R_1 R_2 (1 - T_i)^2]^m \tag{3.65}$$

式中，τ_c 为与 m 无关的量，因此可以得到

$$\tau_c = -\frac{2L}{c \ln[R_1 R_2 (1 - T_i)^2]} \tag{3.66}$$

假设式(3.64)对于任意时刻 t 都适用，有

$$N(t) \approx \exp(-t/\tau_c) N_0 \tag{3.67}$$

则式(3.66)可以表示成

$$\tau_c = \frac{L}{c\gamma} \tag{3.68}$$

式中，γ 为腔损耗。这样可以清楚地看到腔内光子寿命等于单程渡越时间 $\tau_T = L/c$ 除以腔损耗 γ，与之前的结论一致。

例 1 计算腔内的光子寿命。假设 $R_1 = R_2 = R = 0.98$，$T_i \approx 0$。利用式(3.66)得到 $\tau_c = \tau_T/[\ln R] = 49.5\tau_T$。其中 τ_T 为腔内单程渡越时间。可以看出对于一个低损耗腔，光子寿命比渡越时间长很多。若腔长为 90 cm，可以得到 $\tau_T = 3$ ns，$\tau_c \approx 150$ ns。

(2) 谐振腔的质量因子与线宽的关系

一个高质量的腔意味着低能量损耗，若能够得到存储的能量是 $Nh\nu$，则一个循环中的能量损耗为 $h\nu(\mathrm{d}N/\mathrm{d}t)(1/\nu) = h\,\mathrm{d}N/\mathrm{d}t$。根据 Q 值的定义式(2.176)有

$$Q = -\frac{2\pi\nu\phi}{\mathrm{d}N/\mathrm{d}t} \tag{3.69}$$

利用式(3.66)，得到

$$Q = 2\pi\nu\tau_c \tag{3.70}$$

根据式(3.69)可以得到

$$Q = \frac{\nu}{\Delta\nu_c} \tag{3.71}$$

这个式子给出了 Q 因子与谐振频率和线宽之间的关系。

计算完光子寿命之后，谐振腔内任意点的电场可写为 $E(t) = E\exp[(-t/2\tau_c) + \mathrm{i}\omega t]$，其中 ω 为模式的角频率。其同样适用于通过有限腔镜输出的出射波。对于这个场进行傅里叶变换，发现辐射光的频谱为洛伦兹型，线宽为

$$\Delta\nu_c = \frac{1}{2\pi\tau_c} \tag{3.72}$$

需要注意的是，这样得到的辐射光的透射谱线不是洛伦兹型的，与法珀干涉结果不一致。特别是得到的线宽假定 $T_i \approx 0$，与法珀干涉的结果也不符合。这种差异可以上溯至式(3.66)

所作的近似。但是数值计算的差别很小，特别是针对高反射率的条件。因此可以假设腔的线型为洛伦兹型，线宽由式(3.72)给出，腔内光子寿命由式(3.66)表示。

例 2　谐振腔的线宽。假设 $R_1=R_2=R=0.98$，$T_i\simeq 0$。利用式(3.69)和式(3.65)得到 $\Delta\nu_c=6.4307\times10^{-3}\times(c/2L)$。对于 F-P 干涉的情况，利用 $\Delta\nu_c=\dfrac{c}{2L'}\dfrac{1-(R_1R_2)^{1/2}}{\pi(R_1R_2)^{1/4}}$，其中 $L'=n_rL\cos\theta$，n_r 为介质折射率，θ 为入射角，有 $\Delta\nu_c=6.4308\times10^{-3}\times(c/2L)$。腔长取 90 cm，可以得到 $\Delta\nu_c\approx1.1$ MHz。

3.4.8　谐振腔的稳定条件

1. 谐振腔的稳定性条件

如上所述，通常的光学谐振腔由两个有一定距离的共轴球面反射镜(平面镜可看作 $R=\infty$ 的球面镜)所构成。光波在两反射镜之间往返传播。从几何角度看，如果光束在腔内经过多次往返传播之后，始终保持在腔内，则称这种谐振腔为稳定腔。如果光束在腔内经过少数几次反射后就离开腔体，则称这种谐振腔为非稳定腔。如果仅有某些特殊光束经过多次反射始终保持在腔内，则称这种谐振腔为介稳腔。激光器最广泛应用的是稳定腔，只有在某些特殊场合才采用非稳定腔。用几何光学的方法可以证明，腔长为 L、两反射镜的曲率半径分别为 R_1 和 R_2 的谐振腔，如果满足

$$0<\left(1-\frac{L}{R_1}\right)\left(1-\frac{L}{R_2}\right)<1 \tag{3.73}$$

或者

$$R_1=R_2=R,\quad 1-\frac{L}{R}=0 \tag{3.74}$$

则谐振腔是稳定的，这个式子称为谐振腔的稳定条件。为简单起见，令

$$g_1=1-\frac{L}{R_1},\quad g_2=1-\frac{L}{R_2} \tag{3.75}$$

则谐振腔稳定条件可以写为

$$0<g_1g_2<1\cup g_1=g_2=0\quad(\text{对称共焦腔}) \tag{3.76}$$

而介稳腔条件为

$$g_1g_2=0(g_1、g_2\text{ 不同时为零})\text{ 及 }g_1g_2=1 \tag{3.77}$$

不稳定腔的条件为

$$g_1g_2<0\quad\text{或者}\quad g_1g_2>1$$

下面进行证明。

考虑一般的双镜谐振腔(见图 3.48)，一条光线自腔镜 1 前面平面 β 上的 P_0 进入谐振腔。经过腔镜 2 和 1 的反射，这条光线与平面 β 相交于 P_1。设 r_0、r_1 为 P_0、P_1 相对于谐振腔轴的横向坐标，r_0' 和 r_1' 为它们与光轴的交角，这样就可以写出：

$$\begin{pmatrix}r_1\\r'_1\end{pmatrix}=\begin{pmatrix}\boldsymbol{A}&\boldsymbol{B}\\\boldsymbol{C}&\boldsymbol{D}\end{pmatrix}\begin{pmatrix}r_0\\r'_0\end{pmatrix} \tag{3.78}$$

式中，$\boldsymbol{ABCD}$ 矩阵为腔内往返矩阵。经过一次往返，光线离开 $P_1(\mathrm{r}_1,r_1')$ 与平面 β 相交于

$P_2(r_2, r_2')$，所以有

$$\begin{pmatrix} r_2 \\ r'_2 \end{pmatrix} = \begin{pmatrix} \boldsymbol{A} & \boldsymbol{B} \\ \boldsymbol{C} & \boldsymbol{D} \end{pmatrix} \begin{pmatrix} r_1 \\ r'_1 \end{pmatrix} = \begin{pmatrix} \boldsymbol{A} & \boldsymbol{B} \\ \boldsymbol{C} & \boldsymbol{D} \end{pmatrix}^2 \begin{pmatrix} r_0 \\ r'_0 \end{pmatrix} \tag{3.79}$$

因此经过 n 次往返，$P_n(r_n, r_n')$ 由下式给出：

$$\begin{pmatrix} r_n \\ r'_n \end{pmatrix} = \begin{pmatrix} \boldsymbol{A} & \boldsymbol{B} \\ \boldsymbol{C} & \boldsymbol{D} \end{pmatrix}^n \begin{pmatrix} r_0 \\ r'_0 \end{pmatrix} \tag{3.80}$$

若谐振腔稳定，则随 n 增大，初始点 $P_0(r_0, r_0')$ 以及点 $P_n(r_n, r_n')$ 不发散。

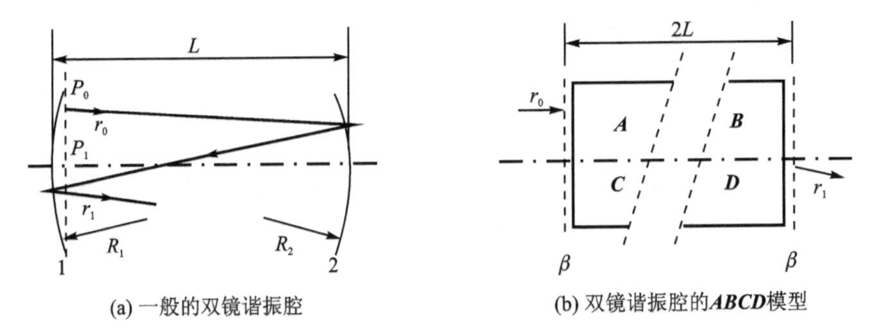

(a) 一般的双镜谐振腔 (b) 双镜谐振腔的**ABCD**模型

图 3.48 一般双镜腔光线和 *ABCD* 模型

可以将前面的考虑扩展到普通的谐振腔，并利用 ***ABCD*** 矩阵描述谐振腔，比如一个包含其他光学元件的双镜谐振腔，如透镜、望远镜等。这些情况均要求 n 阶功率的 ***ABCD*** 矩阵随着 n 的增大不发散。对于图 3.48(b)中所示的谐振腔，光线自 β 平面出发，最终到达同一个 β 平面，这就意味着对于两条光线输入 r_0 和输出 r_1 具有相同的折射率。最终的矩阵行列式 $\boldsymbol{AD}-\boldsymbol{BC}$ 等于单位值。矩阵微积分理论，常称为 Sylvester 理论，根据下面的关系式定义 θ：

$$\cos\theta = (\boldsymbol{A}+\boldsymbol{D})/2 \tag{3.81}$$

$$\begin{vmatrix} \boldsymbol{A} & \boldsymbol{B} \\ \boldsymbol{C} & \boldsymbol{D} \end{vmatrix}^n = \frac{1}{\sin\theta} \begin{vmatrix} \boldsymbol{A}\sin n\theta - \sin(n-1)\theta & \boldsymbol{B}\sin n\theta \\ \boldsymbol{C}\sin n\theta & \boldsymbol{D}\sin n\theta - \sin(n-1)\theta \end{vmatrix} \tag{3.82}$$

如果 θ 为一个实量，则 n 阶功率矩阵不发散。实际上 θ 为一个复数，可以写成 $\theta=a+ib$，相应地有

$$\begin{aligned} \sin n\theta &= [\exp(\mathrm{i}n\theta)+\exp(-\mathrm{i}n\theta)]/2\mathrm{i} \\ &= [\exp(\mathrm{i}na-nb)+\exp(-\mathrm{i}na+nb)]/2\mathrm{i} \end{aligned} \tag{3.83}$$

值得注意的是，$\sin n\theta$ 就是一个随着 n 的增大而指数增大的，n 阶功率矩阵因此也是随着 n 的增大而发散的。因此若要谐振腔是稳定的，必然有 θ 是实数。根据式(3.81)，可以得到

$$-1 < \frac{\boldsymbol{A}+\boldsymbol{D}}{2} < 1 \tag{3.84}$$

式(3.84)建立了如图 3.48(b)所示的谐振腔的稳定条件。在图 3.48(a)所示的条件下，能够进一步计算 ***ABCD*** 矩阵的值。总的矩阵可以由光束通过的不同分立的光学元件矩阵的乘积求出，矩阵相乘的顺序与光束通过的顺序相反。因此 ***ABCD*** 矩阵是下列矩阵的乘积：反射腔镜 1、自腔镜 1 至腔镜 2 的自由光传输、反射腔镜 2、自腔镜 2 至腔镜 1 的自由光传输。因此有

$$\begin{pmatrix} \boldsymbol{A} & \boldsymbol{B} \\ \boldsymbol{C} & \boldsymbol{D} \end{pmatrix} = \begin{pmatrix} 1 & 0 \\ -2/R_1 & 1 \end{pmatrix} \begin{pmatrix} 1 & L \\ 0 & 1 \end{pmatrix} \begin{pmatrix} 1 & 0 \\ -2/R_2 & 1 \end{pmatrix} \begin{pmatrix} 1 & L \\ 0 & 1 \end{pmatrix} \tag{3.85}$$

可以得到

$$\frac{\boldsymbol{A}+\boldsymbol{D}}{2}=1-\frac{2L}{R_1}-\frac{2L}{R_2}+\frac{2L^2}{R_1R_2} \tag{3.86}$$

式(3.86)可以整理为

$$\frac{\boldsymbol{A}+\boldsymbol{D}}{2}=2\left[1-\left(\frac{L}{R_1}\right)\right]\left[1-\left(\frac{L}{R_2}\right)\right]-1 \tag{3.87}$$

同样定义谐振腔的无量纲两个参数：

$$g_1=1-\left(\frac{L}{R_1}\right) \tag{3.88a}$$

$$g_2=1-\left(\frac{L}{R_2}\right) \tag{3.88b}$$

这样方程(3.84)变换为一个非常简单的形式：

$$0<g_1g_2<1 \tag{3.89}$$

如图3.49所示，式(3.89)非常方便地用g_1、g_2表示出来。实线表示$g_1g_2=1$的情况，$g_1g_2=0$，意味着$g_1=0$或者$g_2=0$，稳定区域为阴影部分，A、B、C点分别对应共心、共焦和平面腔谐振腔。需要注意稳定性条件式(3.89)并不能完全覆盖稳定谐振腔。

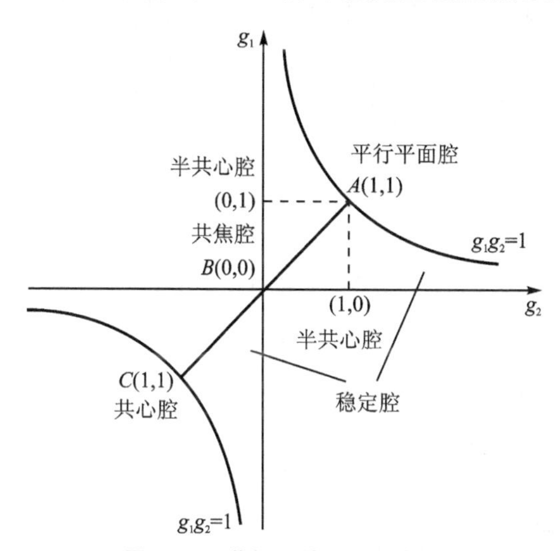

图3.49 谐振腔的稳定性条件

2. 几种典型球面腔的稳定性

(1) 平行平面腔——介稳腔

$R_1=R_2=\infty$，所以$g_1g_2=1$，即$g_1\cdot g_2=1$，对应图3.49上的点$A(1,1)$这个位置。介稳腔实质上是非稳腔。

(2) 对称共焦腔——稳定腔

此共焦腔的$R_1=R_2=L$，则$g_1=0$，$g_2=0$，在原点B处。

(3) 共心腔——介稳腔

共心腔的$R_1+R_2=L$，对于$R_1=R_2=\dfrac{L}{2}$的对称共心腔，$g_1g_2=1$，如图3.49上的C点。

(4) 平凹腔

$R_1=\infty, R_2=R$，则 $g_1=1, g_2=1-\dfrac{L}{R}$，当 $R>L$ 时的平凹腔为稳定腔。对于 $R=2L$ 的半共焦腔，显然是稳定腔。

(5) 双凹腔

当 $R_1>L, R_2>L$，或 $R_1<L, R_2<L$ 但 $R_1+R_2>L$ 时，双凹腔是稳定的。

3.4.9　纵模和横模

大多数激光器辐射的光都包含有几种分立的光学频率，它们彼此间的频率各不相同，使光学谐振腔产生不同的模式。通常将谐振腔产生的模式分为两类：纵模与横模。一般来说，如果没有采取特殊的措施来限制振荡模的数量，激光器就是多模振荡器。其原因在于非常多的谐振腔纵模都处于激光跃迁的能带内，而且在激活材料的带宽内，可能有很多横模。

谐振腔产生的模式分为两类："纵模"和"横模"，一般地理解如同将工作物质按照图 3.50 所示方向解理。纵模彼此间的差异仅在于它们具有不同的振荡频率；横模彼此间的差异除了具有不同的振荡频率之外，在垂直于其传播方向的平面内，光场的分布也不同。与一个给定的横模相对应的大量纵模同该横模具有相同的场分布，但是频率不同。

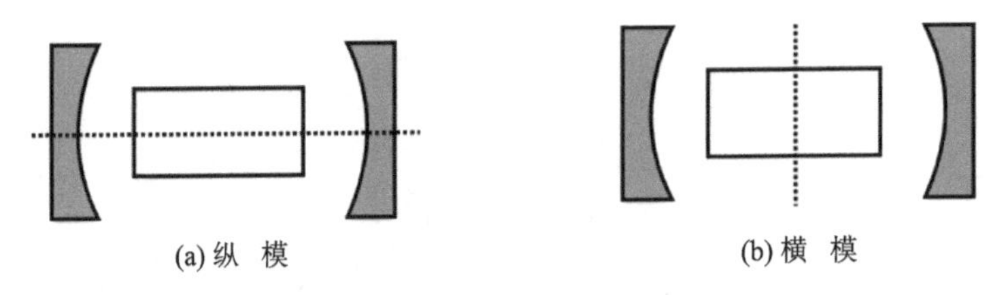

(a) 纵　模　　(b) 横　模

图 3.50　纵模和横模解理工作物质方向

振荡模式常用 TEM_{mnq} 来表示，m,n,q 可分别取 0，1，2 等整数。一组确定的 m,n,q 对应于一种模式，其中 TEM 表示横向电磁波；m 和 n 表示该模式在垂直于腔内平面内的振幅分布情况，称横模阶数；q 表示该模式在光腔轴向形成的驻波节点数，称纵模阶数。m,n,q 三者共同决定该模式的振荡频率。如在矩形腔中，设矩形腔 x,y,z 方向长度（长、宽、高）分别为 a、b、c，则相应振荡频率为

$$\nu_{mnq}=\frac{c}{2}\sqrt{\left(\frac{m}{a}\right)^2+\left(\frac{n}{b}\right)^2+\left(\frac{q}{c}\right)^2} \tag{3.90}$$

总之，激光器的光谱特性主要取决于纵模；光束发散角、光束直径和能量分布等取决于横模。下面进行具体的说明。

1. 激光的纵模

(1) 纵　模

在激光器中，光波在谐振腔中来回传播。对于法珀腔，也就是存在两列沿相反方向传播的同频率的波，这两列光波叠加的结果形成驻波。此时在这个谐振腔中，并非所有频率的电磁波都能产生振荡，只有频率满足一定共振条件的光波才能在腔内来回反射中形成稳定分布和获得最大强度。这个共振条件就是相长干涉条件，即往返一次相位变化为 2π 的整数倍，即

$$\Delta\varphi = \frac{2\eta\pi}{\lambda}2L = 2q\pi, \quad q = 0,1,2,\cdots \tag{3.91}$$

只有满足驻波条件的那些光波才形成稳定振荡，对于法珀腔，这时腔长 L 应正好等于这些光辐射的半波长的整数倍，即

$$L = q\,\frac{\lambda}{2}$$

式中，q 为正整数。在光频段 q 是一个很大的数，对应于不同的 q 值，就有不同波长的驻波。设激活介质的折射率为 η，利用波长和频率之间的关系，可以把上式改写为

$$\nu_q = \frac{c}{2\eta L}q \tag{3.92}$$

这表明，谐振腔只对特定的频率 ν_q 的光波有选择放大作用，显然，其他不满足驻波条件的那些光辐射将不能形成稳定振荡。正是由于谐振腔的这种频率选择放大作用，才使激光具有良好的单色性。

电磁场理论表明，在具有一定边界条件的腔内，电磁场只能有一系列分立的本征态，场的每种本征态部具有一定的振荡频率和空间分布。通常将谐振腔内可能存在的电磁场的本征态称为腔的模式。光学谐振腔内沿腔轴方向形成的可能的驻波称为谐振腔的纵模，所对应的频率 ν_q 叫作谐振腔的共振频率或纵模频率。可见纵模描述了激光在光轴方向的光场分布。式(2.195)中，q 称为纵模的阶数，由于 $\lambda \ll L$，故 q 一般很大。相邻两纵模间的频率间隔为相邻两个纵模之间频率距离，公式如下：

$$\Delta\nu_q = \nu_{q+1} - \nu_q = \frac{c}{2\eta L} \tag{3.93}$$

显然，由式(3.93)决定的谐振频率有无数个，但是对于一个具体的激光器来说，并不是所有满足驻波条件的频率都能形成激光振荡，究竟有多少个纵模振荡还取决于激光工作物质的特性及激光器的腔长。可见腔长确定后，不管频率为多少，频率间隔都不变。但并非所有满足上式的频率都能振荡。工作物质荧光线宽为 $\Delta\nu_D$，只有满足谐振条件，而且又落在荧光线宽 $\Delta\nu_D$ 内的那些模才能激光振荡(当然要满足阈值条件)。因此实际振荡模数为

$$\Delta q = \left[\frac{\Delta\nu_D}{\Delta\nu_q}\right] + 1 \tag{3.94}$$

式中，[]表示其内部分取整，$\Delta\nu_D$ 为激光工作物质的增益线宽。工作物质的增益曲线和纵模之间的关系如图 3.51 所示。从上式可以看出，激光器的腔长 L 越大，相邻纵模的间隔 $\Delta\nu_q$ 就越小，因而在同样的荧光宽度内可容纳的纵模个数也就越多。因此在设计激光器时直接采用短腔法以实现单纵模输出。

例如氦氖激光器，Ne 原子的荧光谱线宽度为 1.5×10^9 Hz，若激光器的腔长 $L=9.9$ cm，则 $\Delta\nu_q$ 约为 1.5×10^9 Hz，只有一个纵模落在荧光线宽内，因此 9.9 cm 的激光器只有一个纵模振荡；若 $L=29$ cm，则 $\Delta\nu_q$ 约为 0.5×10^9 Hz，可以有三个纵模落在荧光线宽内。因此29 cm 的氦氖激光器就可能出现三个纵模。

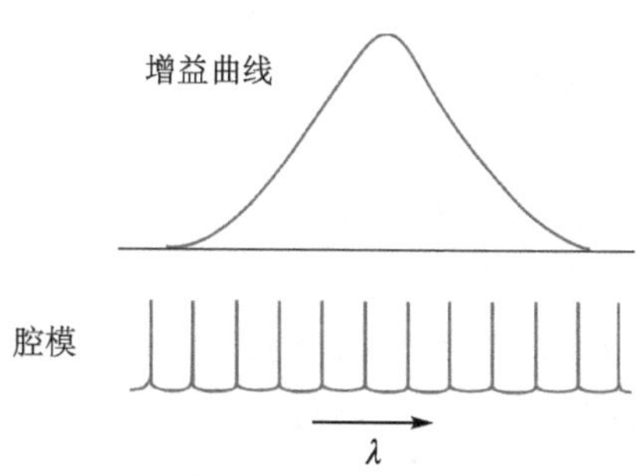

图 3.51　工作物质增益谱以及谐振腔纵模

由以上的分析可知，不同频率($\cdots,\nu_{q-1},\nu_q,$

ν_{q+1},…)的纵模,对应着腔内不同的光场驻波,其纵模序数相应于驻波场中波腹的个数,只是由于波长太短,所对应的 q 值很高(例如约10 cm 的氦氖激光器,$q\approx3\times10^5$);所以波节并不能由肉眼观察,且所能探测到的仅仅是它们之间的频率差异。

(2) 单纵模的形成

以时间为轴,描述单纵模在激光谐振腔中的形成过程,如图 3.52 所示。谐振腔固定,则纵模间隔确定;工作物质明确,则增益曲线范围是固定的。因此,激光建立之初首先是等幅度的纵模受到增益曲线的调制,形成不同的强度。由于激光器存在损耗,损耗不同,因此对应的激光阈值也不相同,只有满足增益大于或等于损耗的纵模才能够形成有效的激光振荡。同时也可以利用选频和选模的手段直至仅有一个纵模输出。

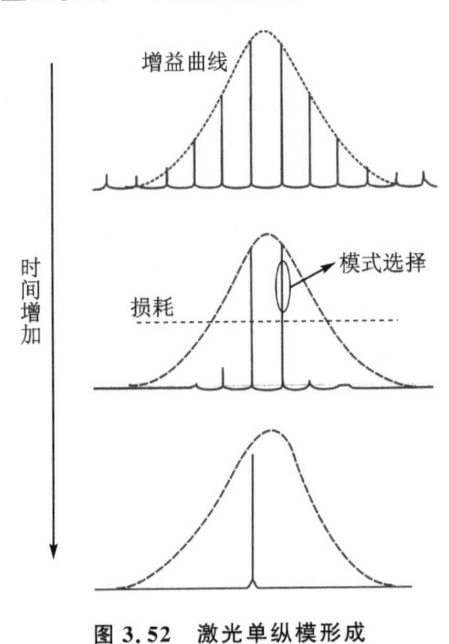

图 3.52　激光单纵模形成

2. 激光的横模

(1) 横　模

使用激光器时,往往将一个白屏插入光束,借以观察激光输出的强弱和光斑形状。我们会发现,除了出现一个对称的圆斑外,有时还会出现一些形状更为复杂的光斑。我们知道,对应于谐振腔中纵向不同的稳定的光场分布是不同的纵模。光场在横向(即垂直于光传播方向的 x、y 平面上)不同的稳定分布,通常称为不同的横模。

在激光器内,除了沿着腔轴分布的纵模之外,依然还存在保持不变分布的光场横向分布,即横模,它用整数 m、n 来表征。在直角坐标系中,m 和 n 的数值分别是该模式在 x 轴和 y 轴的节点数;在柱坐标系中,m 和 n 分别为径向和旋转角向的节点数。m 和 n 的数值越大,模的阶数就越高,能量分布越分散。

激光束即激光输出的光束,统称为高斯光束。$m=n=0$ 时的横模称为基横模,是具有高斯强度分布的光束,亦称为"基模"或 TEM_{00} 模。m 和 n 不同为零时的横模称为高阶模。高斯光束的场振幅随着距轴的距离 r 的增大而减小,可由下式表示:

$$E(r)=E_0\exp\left(-\frac{r^2}{\omega^2}\right) \tag{3.95}$$

由此，得到功率密度的分布为

$$I(r)=I_0\exp\left(-\frac{2r^2}{\omega^2}\right) \tag{3.96}$$

式中，ω 为在光轴上场振幅降至$\frac{1}{\mathrm{e}}$时的径向距离，或者轴上的功率密度降到$\frac{1}{\mathrm{e}^2}$时的径向距离。通常将参量 ω 称为光束半径或光斑尺寸，而将 2ω 称为光束直径。图 3.53 给出的就是各种横模图形。

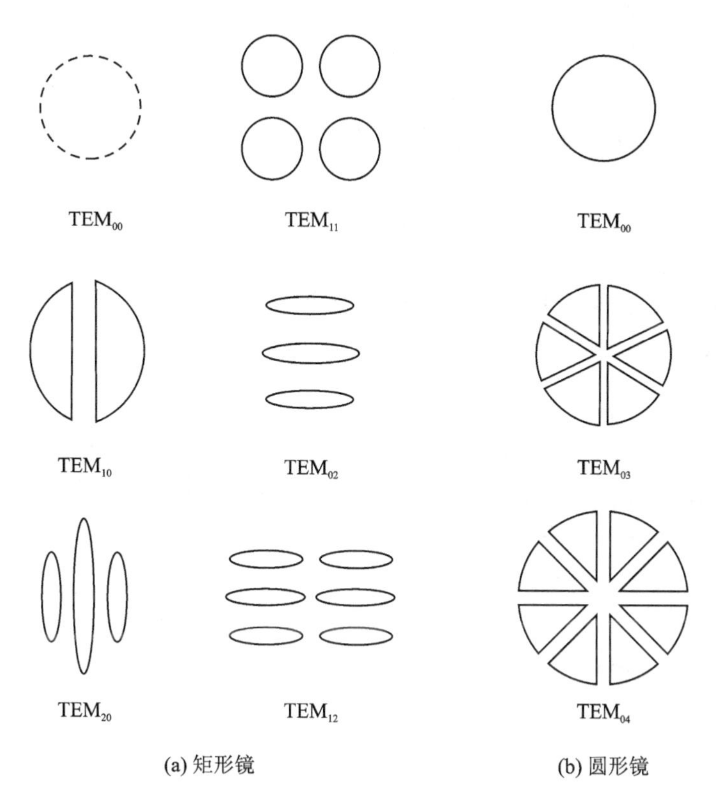

图 3.53　矩形腔模式和圆形腔模式分布

图 3.53 中画出的各种横模图形按其对称性可分为两类：

① 轴对称：当图形以 x（或 y）轴为轴，将右（或上）方图形叠加到左（或下）方时，两半图形完全重合的即是轴对称。对这一类横模图形是这样标记的：当图形中沿 x 轴方向出现一个暗区（即光强分布曲线出现一个极小值）时，就记 $m=1$；出现两个暗区（光强分布出现两个极小值）时，就记 $m=2$；以此类推。n 值则由 y 方向出现的暗区数确定。

② 旋转对称：当图形以其中心为轴，旋转一定角度后，与原图形完全重合，则称为旋转对称。如图 3.53(b)圆形镜即是。需要注意的是旋转对称的要求，即看上去是圆形的腔镜，但是其输出却是方形镜的结果。一种原因是通常增益介质的横截面是圆形的，所以横模图形应是旋转对称，但实际却常出现轴对称横模。这是由于增益介质的不均匀性，或谐振腔内插入元件（如布儒斯特窗、反射镜等）破坏了腔的旋转对称性的缘故。

对这一类横模图形是这样标记的：在半径方向上（不包括中心点）出现的暗环数以 m 表示，图中出现的暗直径数以 n 标记。

从图 3.53 中可以明确看出，无论是轴对称还是旋转对称，即应用方形镜还是圆形镜，激光器的基模都是一样地呈现圆形轮廓的不均匀分布。一般有圆形区域中间亮度大、两边低的情况。

(2) 横模的形成

设有图 3.47(a)的两块直径为 $2a$、间距为 L 的反射镜，构成一谐振腔，光束在其间反射时，只有落在镜面上的那部分才能被反射回来。所以光在腔内来回反射的情况等价于光束连续通过一系列间距 L、直径为 $2a$ 的圆孔。

设有一束光强均匀的平行光射入，经第一孔后由于衍射作用将使波阵面发生畸变，部分光将偏离原光束传播方向；当通过第二孔时，边缘部分将被阻挡，同时又将发生第二次衍射；通过第三、四孔时，将继续发生上述过程，而每次的作用是削弱边缘部分的光强。通过一系列的小孔（例如几百次）后，将形成图中所示的分布。这种分布的特点是光能集中在光斑的中心部分，而边缘部分光强甚小。研究人员将这样的效果用“孔阑传输线”描述，如图 3.54 所示。也正是基于这样的原因，衍射效应是激光器中最为重要的物理效应。这样的光束，在小孔系列中传播（即在反射镜间来回反射）时，可以保持其分布不变即自再现；也就是说，它是一种在反射镜之间来回反射时可保持住的横向光场分布，图 3.55 画的就是这种模的光强分布。

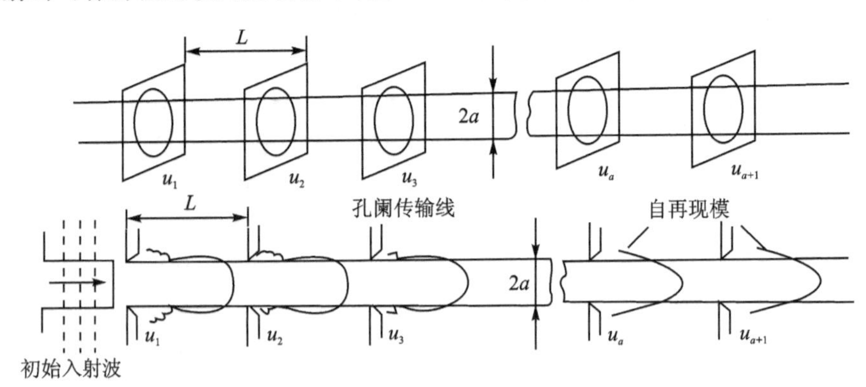

图 3.54 孔阑传输线

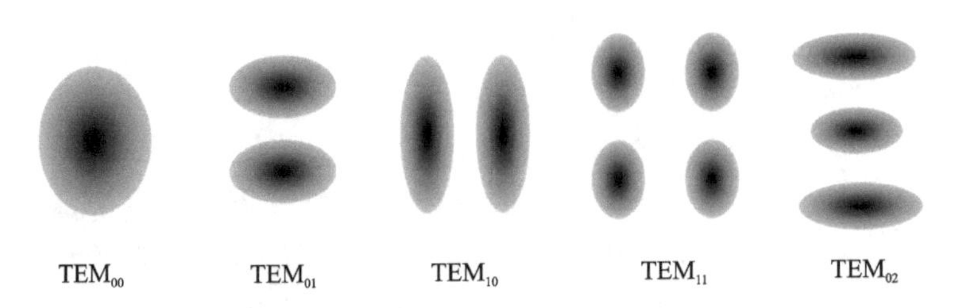

图 3.55 矩形镜时的模式分布特性

理论分析可以进一步证明，除了上述基模 TEM_{00q} 外，更高阶横模所代表的光场分布，也能在腔中来回反射保持不变。综上所述，激光的横模，实际上就是谐振腔所允许的（即在腔内来回反射时能保持稳定不变的）光场的各种横向稳定分布。

(3) 横模的强度分布

那些在两个反射镜之间来回反射，其振幅和相位保持不变的电磁场才能存在于光学谐振腔中，这些特殊的场分布形成无源谐振腔的横电磁模。

在直角坐标系和圆柱坐标系中，节点数 m、n、p 和 l 的数值越大，模的阶数越高。最低阶模是 TEM_{00} 模，在它的光轴上有最大的高斯强度分布。对于下标为1或者比1大的模，最大的强度值不在对称花样的轴上。为了确定振荡模的峰值和节点的位置、幅度，必须使用高阶厄米多项式或者拉盖尔多项式方程。应用直角坐标系时，使用厄米多项式；应用圆柱坐标系时，通常采用拉盖尔多项式。在圆柱坐标系中，由下式给出容许的圆对称 TEM_{pl} 模的径向强度分布：

$$I_{pl}(r,\phi,z)=I_0\rho^l[L_p^l\rho]^2(\cos^2 l\varphi)\mathrm{e}^{-\rho} \tag{3.97}$$

式中，$\rho=2r^2(z)/\omega^2(z)$，z 为光束的传播方向；r、ϕ 为垂直于光束方向的极坐标。径向强度分布被归一化为高斯分布的光斑尺寸，即 $\omega(z)$ 表示高斯光束的光斑尺寸，其定义为：TEM_{00} 模的强度为其轴线上峰值的 $1/\mathrm{e}^2$ 时的半径。L_p^l 表示 p 阶 l 次广义拉盖尔多项式。

式(3.97)给出的强度分布是径向部分与角向部分的乘积。对于 $l=0$ 的模，不存在角向的关系。而模花样有 p 个同心暗环，每一个暗环对应着一个值为0的 $L_p^l(\rho)$。由于因子 $\mathrm{e}^{-\rho}$ 的缘故，径向强度分布是衰减的。如 $l=0$，TEM_{pl} 模的中心就是亮点；否则会成为暗点。这些模除在径向方向上有 p 个零点外，在角向上也有 $2l$ 个节点。

只有改变光斑尺寸与轴向位置 z 的关系，才能改变 TEM_{pl} 模的分布。但是对于所有的 z 值，模仍然维持电磁场分布的一般形状。当 ω 随 z 增大时，模的横向尺寸也会增大，所以模花样彼此之间的尺寸保持稳定的比例。

在直角坐标系中，横模 $\mathrm{TEM}_{mn}(m,n)$ 的强度由下式给出：

$$I_{mn}(x,y,z)=I_0\left[H_m\left(\frac{x(2)^{1/2}}{\omega(z)}\right)\exp\left(\frac{-x^2}{\omega^2(z)}\right)\right]^2\cdot\left[H_n\left(\frac{y(2)^{1/2}}{\omega(z)}\right)\exp\left(\frac{-y^2}{\omega^2(z)}\right)\right]^2 \tag{3.98}$$

式中，函数 $H_m(s)$ 为第 m 阶厄米多项式。在一给定的轴箱位置点 z 处，强度分布由两个单独的函数 x 和 y 之积构成。数出图形中 x 和 y 方向上的暗带数目，就可以确定模式的 m、n 值。

(4) 高斯光束的形成与特征

需要注意高斯光束的同一波前上的相位是相同的，激光束的等相位面是变曲率的。高斯光束的场振幅随着距离轴的距离 r 增加而减小，在半径 $r=\omega$、1.5ω、2ω 的辐射孔径中，高斯光束的功率与总功率的百分比分别为86.5%、98.9%、99.9%。如果高斯光束通过半径为 3ω 的孔，则由于阻挡而损失的光束功率只占 10^{-6}%。在下面的讨论中"无限大孔径"是指超过3倍光斑尺寸的孔径。

考察传播中的高斯光束，发现尽管光束的每个截面上的强度分布都是高斯形，但是强度分布的光束宽度却沿着光轴线发生变化。在束腰处，高斯光束的直径收缩为 $2\omega_0$。若从束腰处开始测量 z 值，光束的传输规律就会表现为一种简单的形式，在与束腰相距为 z 处的光斑尺寸以双曲线表示为

$$\omega(z)=\omega_0\left[1+\left(\frac{\lambda_z}{\pi\omega_0^2}\right)^2\right]^{1/2} \tag{3.99}$$

其渐近线与轴线成 $\theta/2$ 角，如图3.56所示，由此确定辐射光束的远场发散角。基模的最大发

散角由下式给出：

$$\theta=\lim_{z\to\infty}\frac{2\omega(z)}{z}=\frac{2\lambda}{\pi\omega_0}=1.27\,\frac{\lambda}{2\omega_0} \tag{3.100}$$

由此可见，当距离很远时，光斑尺寸随 z 成线性增大，而光束以恒定的锥角 θ 发散。并且束腰处的光斑尺寸 ω_0 越小，发散角就越大。

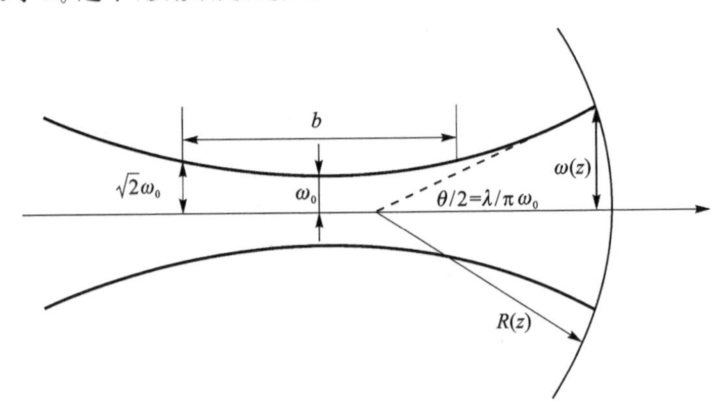

图 3.56　高斯光束的轮廓线

在距离束腰足够远的地方，考虑一个从束腰处的光轴线上的某点发出的球面波前。若用 $R(z)$ 表示与光轴交于点 z 的波前的曲率半径，则有

$$R(z)=z\left[1+\left(\frac{\pi\omega_0^2}{\lambda z}\right)^2\right] \tag{3.101}$$

用一个特定的共焦参量 b 说明 TEM_{00} 模的光束特性：

$$b=\frac{2\pi\omega_0^2}{\lambda} \tag{3.102}$$

为 $\omega(z)=\sqrt{2}\omega_0$ 时在束腰两边的点与点之间的距离。

(5) 光束参数与谐振腔参数之间的关系

首先讨论由相对的两个球面镜或平面镜构成的谐振腔产生的最低阶模。如果已知 TEM_{00} 模的参量，则可以通过本节的方法求出所有的高阶模。由于镜尺寸小，所以忽略其衍射效应。

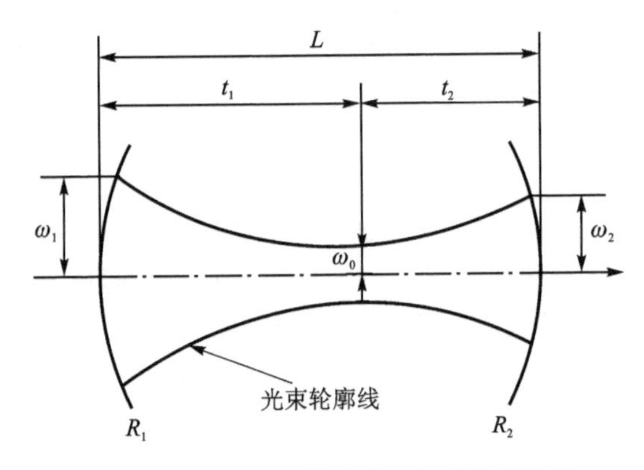

图 3.57　高斯光束等香味面与腔镜的关系

如图 3.57 所示，高斯曲线在距离束腰 t_1 处的波前曲率为 R_1，如果在 t_1 处放一面曲率半径等于 R_1 的镜子，模的形状就不会发生变化。在 z 轴上 TEM_{00} 模的半径为 R_2 的另一点 t_2 处，放一面曲率半径为 R_2 的镜子，使 R_2 等于球面波前的曲率半径，同样模的形状保持不变。

如果装配一个谐振腔，只需要插入两个与式(3.103)所定义的两个球面相匹配的反射镜即可。还可以采用这样一种方法，当两反射镜的间距为 L、平面位置 $z=0$ 时，若能够调节参量值 ω_0，使镜的曲率半径与波前相符合，就可以得到谐振腔模。

下面是 Kogelnik 和 Li 推导出来的公式，说明了模参量 ω_1、ω_2、ω_0、t_1、t_2 与谐振腔参量之间的关系。在镜上的光束的半径如下：

$$\begin{cases} \omega_1^4=\left(\dfrac{\lambda R_1}{\pi}\right)^2 \dfrac{R_2-L}{R_1-L}\cdot\dfrac{L}{R_1+R_2-L} \\ \omega_2^4=\left(\dfrac{\lambda R_2}{\pi}\right)^2 \dfrac{R_1-L}{R_2-L}\cdot\dfrac{L}{R_1+R_2+L} \end{cases} \tag{3.103}$$

形成的束腰半径为

$$\omega_0^4=\left(\frac{\lambda}{\pi}\right)^2\cdot\frac{L(R_2-L)(R_1-L)(R_1+R_2-L)}{(R_1+R_2-2L)^2} \tag{3.104}$$

测得束腰与两面镜的距离 t_1 和 t_2 为正值，如下：

$$t_1=\frac{L(R_2-L)}{R_1+R_2-2L} \tag{3.105}$$

$$t_2=\frac{L(R_1-L)}{R_1+R_2-2L} \tag{3.106}$$

这些方程适用于最一般的谐振腔。

(6) 横模选择

在实际应用中，单横模应用较多，如何选择横模是学习基础。常用方法是利用衍射效应的结果，加入孔径光阑，高阶横模损失掉，留下来的就是需要的横模，如图 3.58 所示。

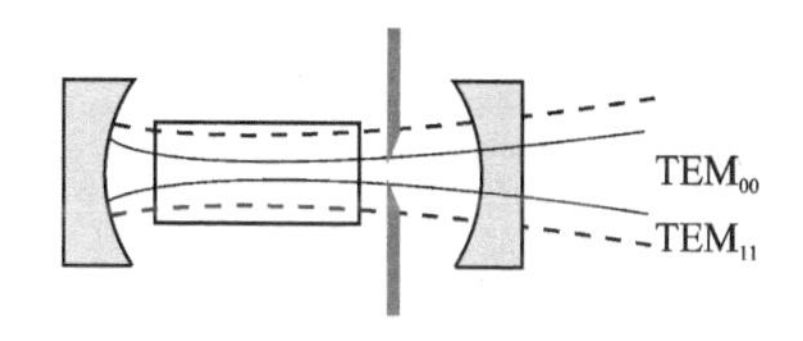

图 3.58　横模选择

3.4.10　激光束在空间中的典型应用

理论和实践证明，在可能存在的激光束形式中，最重要且最具典型意义的就是基模高斯光束。高阶模激光束的场分布不同于基模，但传输与变换规律和基模高斯光束相同，称为高阶模高斯光束。非稳定腔输出的基模光束经准直后在远场的强度分布也接近高斯型。无论是方形镜腔还是圆形镜腔，基模在横截面上的光强分布均为一圆斑，中心处光强最强，向边缘方向光强逐渐减弱，呈高斯型分布。因此一般将基模激光束称为“高斯光束”。这里需要明确，高斯光束是横向电场以及辐照度分布近似满足高斯函数的电磁波光束。许多激光都近似满足高斯光束的条件。因而研究人员也将激光输出光束统称为高斯光束，本书中涉及的高斯光束普遍指基模激光束。

在基模情况下，激光在谐振腔中以 TEM_{00} 模式传播，其截面振幅分布如图 3.59 所示。当它在镜面发生衍射时，若干参数会发生变化，高斯光束会变换成另一高斯光束。

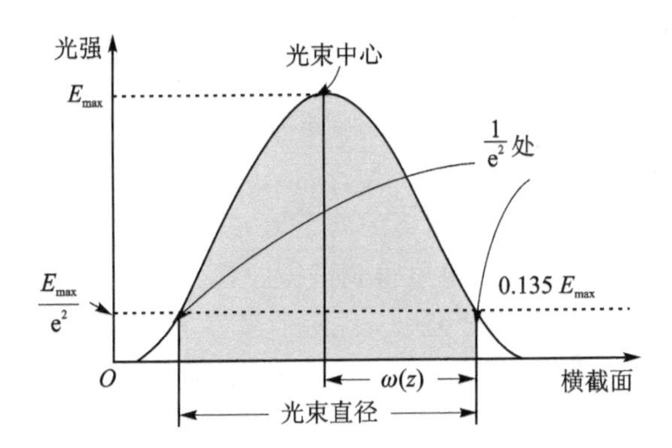

图 3.59 高斯光束横截面振幅分布示意图

1. 高斯光束的特点

常见的光源辐射场特性

均匀平面波：沿某方向(如 z 轴)传播的均匀平面波(即均匀的平行光束)，其电矢量为

$$E(x,y,z)=\frac{A_0}{\sqrt{x^2+y^2+z^2}}\exp(-\mathrm{i}k\sqrt{x^2+y^2+z^2})=\frac{A_0}{R}\exp(-\mathrm{i}kr) \tag{3.107}$$

这种光源的特点是在与光束传播方向垂直的平面上光强是均匀的。

均匀球面波：由某一点光源向外发射的，以原点为球心的一个等相球面，近轴时，$x,y\ll z$，$z\approx R$，$r=\sqrt{x^2+y^2+z^2}\approx z+\frac{x^2+y^2}{2R}$，由此可以推导出：

$$E(x,y,z)\approx\frac{A_0}{R}\exp\left[-\mathrm{i}k\left(z+\frac{x^2+y^2}{2R}\right)\right] \tag{3.108}$$

明显地，已知由于反射镜的衍射作用，谐振腔中形成的激光光束的光强分布是不均匀的，中心强边缘弱，所以激光束与均匀平行光束不同。此外由某一点光源(位于坐标原点)向外辐射的均匀球面光波，与坐标原点距离为常数，是以原点为球心的一个球面，在这个球面上各点的相位相等，即该球面是一个等相位面。如图 3.60 所示，这样的球面波显然不能在凹面镜腔中稳定存在。

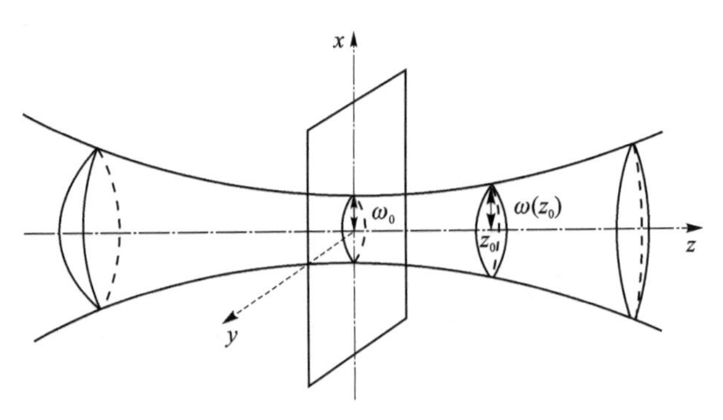

图 3.60 高斯光束三维图

高斯光束表示为

$$E(x,y,z)=\frac{A_0}{\omega(z)}\exp\left[\frac{-(x^2+y^2)}{\omega^2(z)}\right]\cdot\exp\left\{-\mathrm{i}k\left[\frac{x^2+y^2}{2R(z)}+z\right]+\mathrm{i}\phi(z)\right\} \tag{3.109}$$

式中，$\frac{A_0}{\omega(z)}\exp\left[\frac{-(x^2+y^2)}{\omega^2(z)}\right]$为振幅因子，$\exp\left\{-\mathrm{i}k\left[\frac{x^2+y^2}{2R(z)}+z\right]+\mathrm{i}\phi(z)\right\}$为相位因子。激光束的特性是幅度非均匀的变曲率中心的球面波，既不是均匀的平面光波，也不是均匀的球面光波，而是一种比较特殊的高斯球面波。

2. 高斯光束的基本性质

高斯光束是幅度非均匀的变曲率中心球面波。具体地讲，在传输轴线附近可以看作是一种非均匀球面波，在共焦腔中心处是强度为高斯分布的平面波，在其他地方则是强度为高斯分布的球面波，如图 3.61 所示。下面列举高斯光束的重要参数。

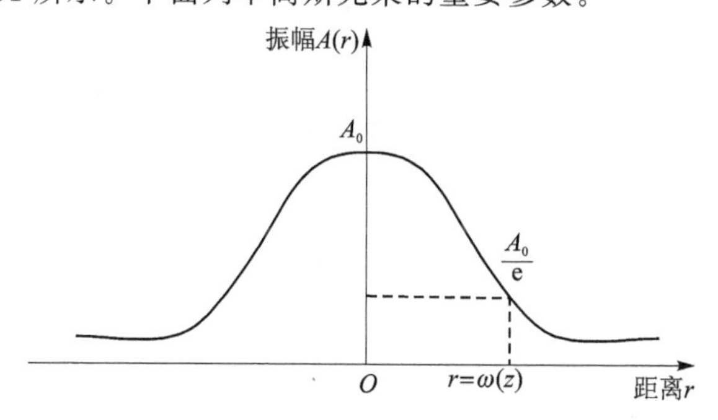

(a) 固定z处，随着到轴线距离r的不同的光场强度分布

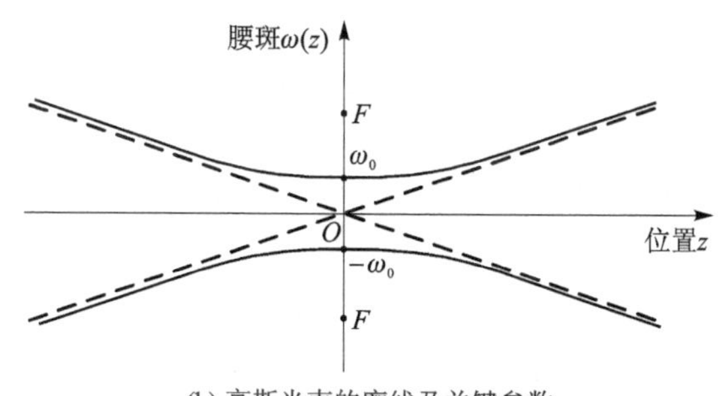

(b) 高斯光束的廓线及关键参数

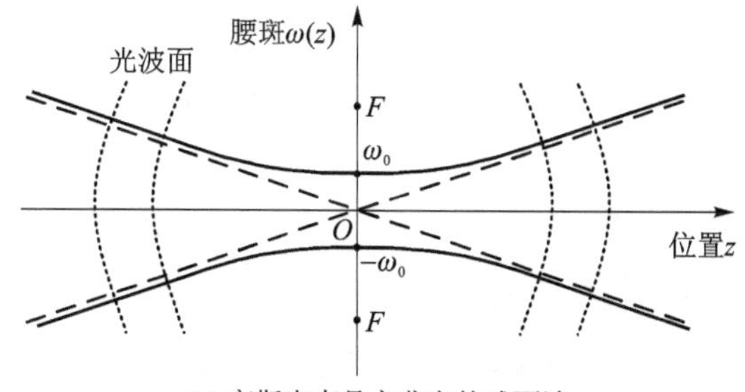

(c) 高斯光束是变曲率的球面波

图 3.61　高斯光束的分析

① 振幅分布以及光斑半径：

$$\omega(z)=\omega_0\sqrt{1+\left(\frac{z}{f}\right)^2}=\omega_0\sqrt{1+\left(\frac{\lambda z}{\pi\omega_0^2}\right)^2} \tag{3.110}$$

对应等相位面的曲率半径：

$$R(z)=z\left[1+\left(\frac{f}{z}\right)^2\right]=z\left[1+\left(\frac{\pi\omega_0^2}{\lambda z}\right)^2\right] \tag{3.111}$$

从上述公式中可以明显看出，$\omega(z)$、$R(z)$随 z 呈现双曲线函数变化，如图 3.61(b)所示。

② 双曲线顶点为$\pm\omega_0$。

③ 光能主要分布在双锥体内，共焦参数 $f=\frac{L}{2}=\frac{\pi\omega_0^2}{\lambda}$。

④ 等相位面：$z=0$(束腰处)，$R(z)\rightarrow\infty$，说明束腰处等相面为平面；

- 当 $z=\pm\frac{\pi\omega_0^2}{\lambda}$时，$|R(z)|=2\frac{\pi\omega_0^2}{\lambda}$为极小值；
- 当$|z|\leqslant\frac{\pi\omega_0^2}{\lambda}$时，$|R(z)|$逐渐减小，曲率中心为$\left(-\infty,-\frac{\pi\omega_0^2}{\lambda}\right]\cup\left[\frac{\pi\omega_0^2}{\lambda},+\infty\right)$；
- 当$|z|>\frac{\pi\omega_0^2}{\lambda}$时，$|R(z)|$逐渐增加，曲率中心为$\left(-\frac{\pi\omega_0^2}{\lambda},\frac{\pi\omega_0^2}{\lambda}\right)$；
- 当 $z=\pm\infty$时，$|R(z)|\approx|z|\rightarrow\infty$，即无限远处等相面为平面。

⑤ 远场发散角：

$$\theta_0=\lim\frac{2\omega(z)}{z}=2\frac{\lambda}{\pi\omega_0}=0.6367\frac{\lambda}{\omega_0}=2\sqrt{\frac{\lambda}{\pi f}}=1.128\sqrt{\frac{\lambda}{f}} \tag{3.112}$$

与衍射不同，这是由于多次衍射所致，能量分布与单次衍射略有区别。

⑥ 瑞利长度。如图 3.62 所示，瑞利长度定义为从束腰起，$z=z_R$ 处光斑面积为束腰处最小光斑面积的 2 倍，长度 z_R 称为瑞利长度。其意义在于，$[-z_R,z_R]$内 z_R 称为准直距离，准直距离内高斯光束近似平行。腰斑半径变化越小，准直距离越长，准直性越好，其强度变化如图 3.63 所示。

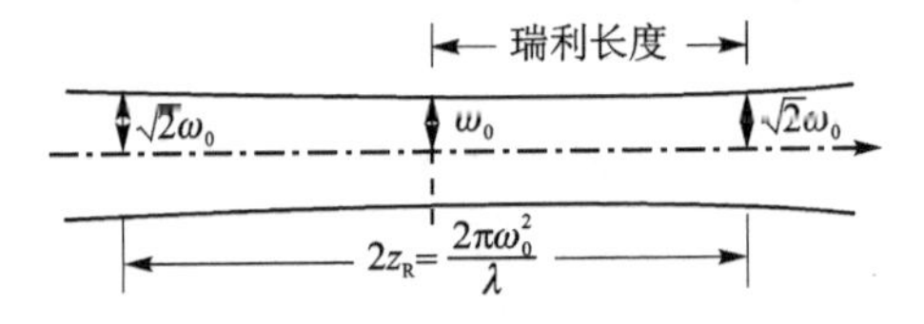

图 3.62 激光束的瑞利长度

3. 高斯光束的特征参数

高斯光束的特征参数主要包括 3 种共 4 个参数：束腰 ω_0、$\omega(z)$、$R(z)$和共焦参量 F。可以看出，已知束腰半径 ω_0(或者共焦参量 F)以及腰所在位置 z，可以推导出 $\omega(z)$、$\omega(z)$和远场发散角 θ_0。任意坐标 z 处的光斑半径 $\omega(z)$以及等相位面曲率半径 $R(z)$，则可以确定 ω_0(或者共焦参量 F)以及光斑所在的位置 z。

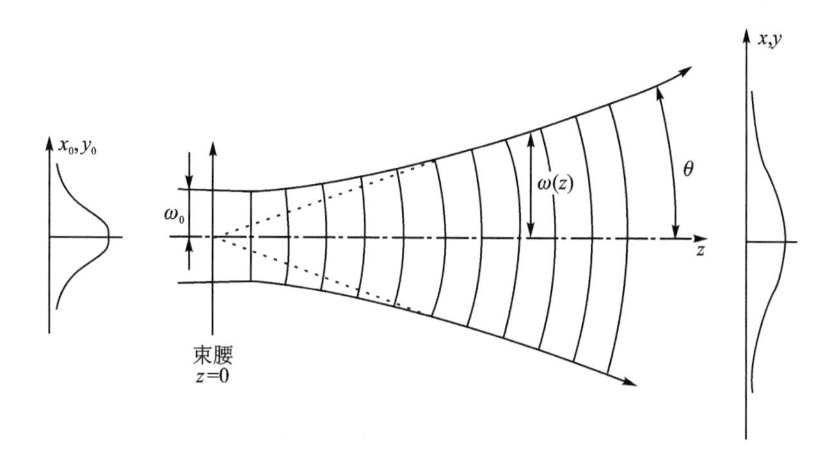

图 3.63　高斯光束振幅变化的关系

定义高斯光束的复曲率半径为 $q(z)$，亦称为 q 参数，满足

$$\frac{1}{q(z)}=\frac{1}{R(z)}-\mathrm{i}\frac{\lambda}{\pi\omega^2(z)} \tag{3.113}$$

则高斯光束的传输与变换满足如下关系：

① 自由空间传输：

$$q(z)=q_0+z \tag{3.114}$$

② 通过薄透镜变换：

$$\frac{1}{q_2}=\frac{1}{q_1}-\frac{1}{F} \tag{3.115}$$

如图 3.64 所示，高斯光束通过薄透镜的参数满足式(3.115)的关系。

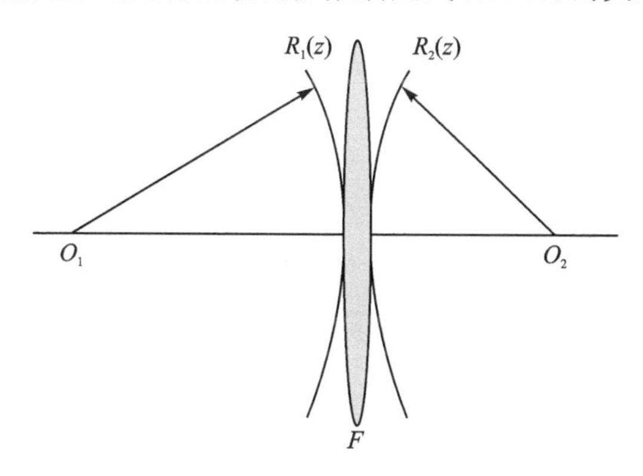

图 3.64　高斯光束通过薄透镜的光学系统参数示意图

③ q 参数变换规律：

$$\frac{1}{q_2}=\frac{Aq_1+B}{Cq_1+D} \tag{3.116}$$

高斯光束经任何光学系统时，由光学系统近轴光线的变换矩阵 $ABCD$ 决定。为了便于理解，在此将整个过程进行推导分析，如图 3.65 所示，已知 ω_0、l、F 几个参数，求 C 处的 ω_C 和 R_C。

将整个过程分为几个部分：从束腰 ω_0 位置到透镜前表面 A，再到后表面 B，从后表面 B

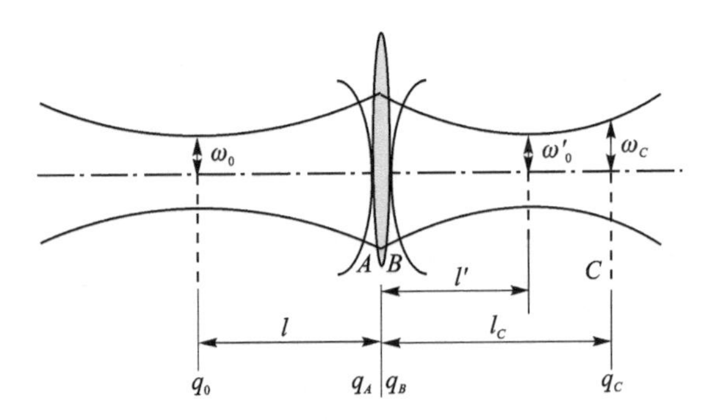

图 3.65 高斯光束经过薄透镜变换的分析

再到C,即经历高斯光束自由空间传输、薄透镜变换、自由空间传输三个阶段。

方法一:

$z=0$ 处,$q_0=\mathrm{i}\pi\omega_0^2/\lambda$;

z 位于A 处,$q_A=q_0+l$;

z 位于B 处,$1/q_B=1/q_A-1/F$;

z 位于C 处,$q_B=q_A+l_C$。

由此可以推导出:

$$\begin{cases}\dfrac{1}{R_C}=R_{\mathrm{e}}\left\{\dfrac{1}{q_C}\right\}\\[2ex]\dfrac{1}{\omega_C^2}=-\dfrac{\pi}{\lambda}I_{\mathrm{m}}\left\{\dfrac{1}{q_C}\right\}\end{cases}\tag{3.117}$$

方法二:利用矩阵光学的知识进行推导。整个过程的系统矩阵 $\boldsymbol{M}$ 可以根据光路表示为

$$\boldsymbol{M}=\begin{pmatrix}1 & l_C\\0 & 1\end{pmatrix}\begin{pmatrix}1 & 0\\-\dfrac{1}{F} & 1\end{pmatrix}\begin{pmatrix}1 & l\\0 & 1\end{pmatrix}=\begin{pmatrix}1-\dfrac{l_C}{F} & l+l_C-\dfrac{ll_C}{F}\\-\dfrac{1}{F} & 1-\dfrac{l}{F}\end{pmatrix}\tag{3.118}$$

根据公式(3.116),推出

$$\frac{1}{q_2}=\frac{C+\dfrac{D}{q_1}}{A+\dfrac{B}{q_1}}=\frac{\left(C+\dfrac{D}{R_1}\right)-\dfrac{\mathrm{i}\lambda D}{\pi\omega_1^2}}{\left(A+\dfrac{B}{R_1}\right)-\dfrac{\mathrm{i}\lambda B}{\pi\omega_1^2}}\tag{3.119}$$

由$\dfrac{1}{q_2}=\dfrac{1}{R_2}-\dfrac{\mathrm{i}\lambda}{\pi\omega_2^2}$推导出

$$\frac{\pi\omega_2^2}{\lambda}=\frac{\left(A+\dfrac{B}{R_1}\right)^2\left(\dfrac{\pi\omega_1^2}{\lambda}\right)^2+B^2}{\dfrac{\pi\omega_1^2}{\lambda}}\tag{3.120}$$

$$R_2=\frac{\left(A+\dfrac{B}{R_1}\right)^2\left(\dfrac{\pi\omega_1^2}{\lambda}\right)^2+B^2}{\left(A+\dfrac{B}{R_1}\right)\left(C+\dfrac{D}{R_1}\right)\left(\dfrac{\pi\omega_1^2}{\lambda}\right)^2+BD}\tag{3.121}$$

入射光束的束腰处 $R_1=\infty$，则有

$$\begin{cases}\dfrac{\pi\omega_C^2}{\lambda}=\dfrac{A^2\left(\dfrac{\pi\omega_0^2}{\lambda}\right)^2+B^2}{\dfrac{\pi\omega_0^2}{\lambda}}=\dfrac{\left(1-\dfrac{l_C}{F}\right)^2\left(\dfrac{\pi\omega_0^2}{\lambda}\right)^2+\left(l+l_C-\dfrac{ll_C}{F}\right)^2}{\left(\dfrac{\pi\omega_0^2}{\lambda}\right)^2}\\ R_C=\dfrac{A^2q_0^2+B^2}{ACq_0^2+BD}=\dfrac{\left(1-\dfrac{l_C}{F}\right)^2\left(\dfrac{\pi\omega_0^2}{\lambda}\right)^2+\left(l+l_C-\dfrac{ll_C}{F}\right)^2}{-\dfrac{1}{F}\left(1-\dfrac{l_C}{F}\right)^2\left(\dfrac{\pi\omega_0^2}{\lambda}\right)^2+\left(l+l_C-\dfrac{ll_C}{F}\right)^2\left(1-\dfrac{l}{F}\right)}\end{cases}\tag{3.122}$$

此外，求解变换后的焦斑大小和焦斑到透镜的距离也是常用的内容。在这种情况下，$R_1=R_2=\infty$。变换前后的束腰大小存在如下关系：

$$\omega_0'^2=\frac{\omega_0^2}{D^2+C^2f_0^2}=\frac{F^2\omega_0^2}{(F-l)^2+\left(\dfrac{\pi\omega_0^2}{\lambda}\right)^2}\tag{3.123}$$

变换前后的束腰位置关系如下：

$$F-l'=\frac{F^2(F-l)}{(F-l)^2+\left(\dfrac{\pi\omega_0^2}{\lambda}\right)^2}\tag{3.124}$$

考虑透镜变换的牛顿公式，有

$$\begin{cases}\dfrac{F-l'}{F-l}=\dfrac{\omega_0'^2}{\omega_0^2}=\dfrac{f'}{f}\\ (F-l)(F-l')=F^2-f'f\end{cases}\tag{3.125}$$

式中，$f=\dfrac{\pi\omega_0^2}{\lambda}$，$f'=\dfrac{\pi\omega_0'^2}{\lambda}$。

经过比较，认为几何光线的透镜变换是高斯光束在 $\omega_0\to 0$ 的情况。若入射光束的束腰位于物方焦平面处，即 $l=F$，则有 $l'=F$，$\omega_0'=\dfrac{\lambda}{\pi\omega_0}F$。这与几何光线不同，此时像点不在无穷远处。

4. 激光束的聚焦

在激光应用中，激光束应用前大多需要进行聚焦或者准直，以便将光束与后续光路进行匹配，例如在光盘上读写、激光打孔、特殊工艺的激光焊接、激光引发热核反应等。在激光雷达等的应用中也有在远距离实现聚焦成几毫米的需求。高斯光束聚焦光斑的大小依赖于高斯光束的腰斑半径、光学系统的焦距及腰斑的位置。

如图 3.66 所示，讨论聚焦后腰斑半径与位置变换前后的关系。

假定 $F>f$，此时有

$$\begin{cases}F-l'=\dfrac{F^2(F-l)}{(F-l)^2+f^2}\\ \omega_0'^2=\dfrac{F^2\omega_0^2}{(F-l)^2+f^2}\end{cases}\tag{3.126}$$

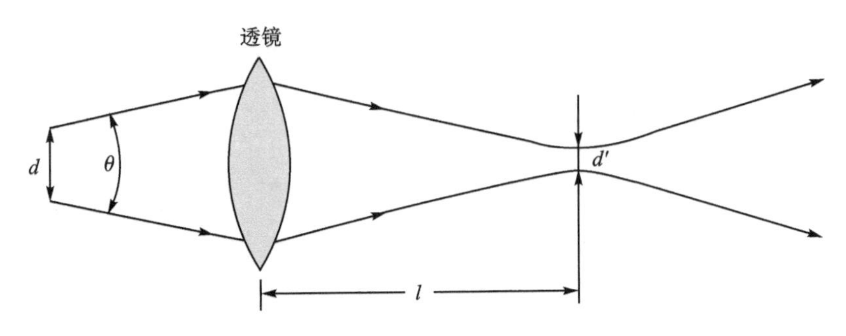

图 3.66 高斯光束聚焦

由上式可以推导出

$$l' = F + \frac{F^2(l-F)}{(F-l)^2+f^2} \tag{3.127}$$

① 当 F 一定时，ω'_0、l'随 l 变化的曲线如图 3.67 所示。

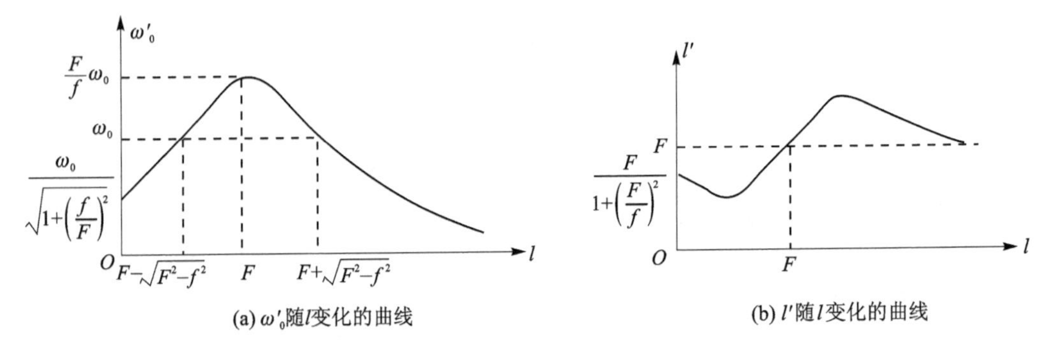

图 3.67 当 F 一定时，ω'_0、l'随 l 的变化关系

从上面的分析中可以看出，l 与 F 的关系极其重要。

② 当 l 一定时，ω'_0、l'随 F 变化的曲线。如图 3.68 所示。当 l 一定时，有

$$l' = F + \frac{F^2(l-F)}{(F-l)^2+f^2} \tag{3.128}$$

$$\omega'^2_0 = \frac{F^2\omega_0^2}{(F-l)^2+f^2} \tag{3.129}$$

此时 $R(l)=l\left[1+\left(\frac{f}{l}\right)^2\right]$。通过分析 F 与 $R(l)$的关系可以明确光束是否聚焦。

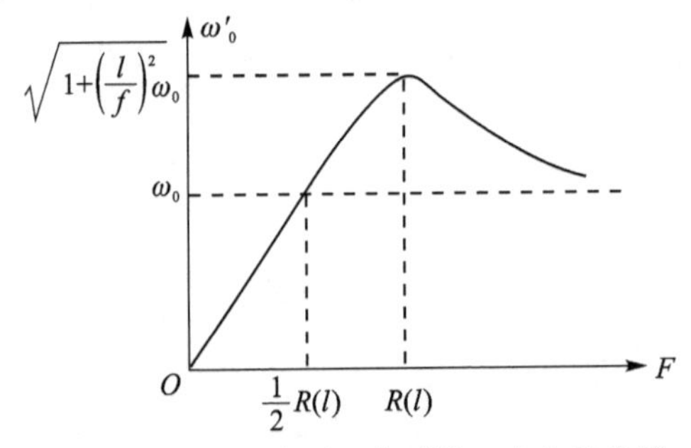

图 3.68 当 l 一定时，ω'_0、l'随 F 变化的曲线

欲获得小值 ω'_0 以便得得较好的聚焦效果,可采用以下方法:短焦距透镜会聚,减小 F;$l=0$,即把入射高斯光束腰斑放在透镜表面,并增大入射光束腰,使 $f\gg F$;增大束腰至透镜前焦点距离。

5. 高斯光束的准直

这也是在实际应用过程中常遇到的问题,其目的就是使激光束的能量相对集中。同一光束,若腰斑小,光束发散角大,则发散得快;若腰斑大,光束发散角小,则发散得慢,如图 3.69 所示。

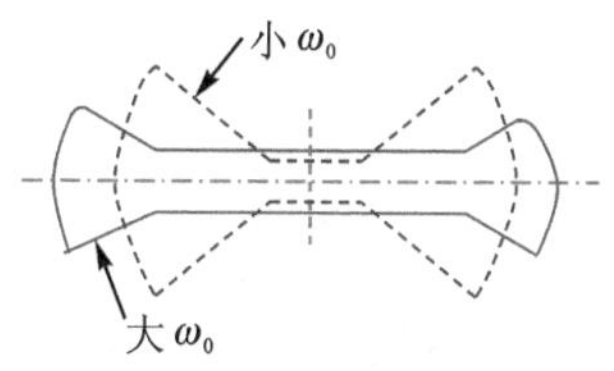

图 3.69　大小束腰的光束对比

原则上不可能仅仅采用单透镜就能将高斯光束转换成平面波。单透镜准直后,光束的束腰半径和远场发散角分别为

$$\omega'_0=\frac{\omega_0 F}{\sqrt{(l-F)^2+f^2}} \tag{3.130}$$

$$\theta'_0=\frac{2\lambda}{\pi\omega'_0}=\frac{2\lambda}{\pi}\sqrt{\frac{1}{\omega_0^2}\left(1-\frac{l}{F}\right)^2+\frac{1}{F^2}\left(\frac{\pi\omega_0}{\lambda}\right)^2} \tag{3.131}$$

当 $l=F$ 时,ω'_0 达到极大值,θ'_0 达到极小值。此时即有

$$\omega'_{0\max}=\frac{\lambda}{\pi\omega_0}F \tag{3.132}$$

$$\theta'_{0\min}=\frac{2\lambda}{\pi\omega'_0}=\frac{2\omega_0}{F} \tag{3.133}$$

可以得到

$$\frac{\theta'_0}{\theta_0}=\frac{\pi\omega_0^2}{F\lambda}=\frac{f}{F} \tag{3.134}$$

当 $\frac{f}{F}\ll 1$ 时,有较好的准直效果。当透镜的焦距 F 一定时,若入射高斯光束的束腰处在透镜的前焦面上,则光束发散角达到极小。

望远镜准直

对于工作距离较远的情况,经常使用望远镜进行光路准直,如图 3.70 所示。首先用一个短焦距透镜(目镜)将高斯光束聚焦,以获得极小腰斑;然后再用一个长焦距透镜(物镜)改善其方向性。

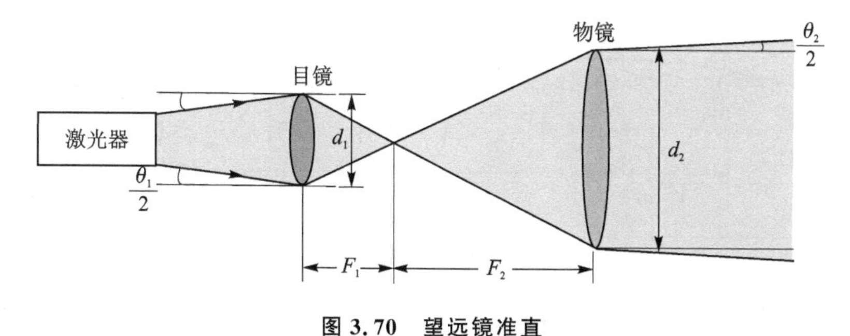

图 3.70　望远镜准直

当 $l\gg F$ 时,将高斯光束聚焦于 L1 透镜后焦面上得到一极小光斑,此时 $\omega'_0=\frac{\lambda F_1}{\pi\omega(l)}$。这

时准直后的光束参数有

$$\begin{cases}\theta_0''=\dfrac{\lambda}{\pi\omega_0''}, \quad \theta_0'=\dfrac{\lambda}{\pi\omega_0'}, \quad \theta_0=\dfrac{\lambda}{\pi\omega_0} \\ \omega_0''=\dfrac{F_2\lambda}{\pi\omega_0'}, \quad \omega_0'=\dfrac{F_1\lambda}{\pi\omega(l)}\end{cases} \tag{3.135}$$

根据望远镜的参数定义，准直倍率为

$$M'=\frac{\theta_0}{\theta_0''}=\frac{\theta_0}{\theta_0'}\cdot\frac{\theta_0'}{\theta_0''}=\frac{F_2}{F_1}\cdot\frac{\omega(l)}{\omega_0}=M\frac{\omega(l)}{\omega_0}=M\sqrt{1+\left(\frac{\lambda l}{\pi\omega_0}\right)^2} \tag{3.136}$$

式中，M 为望远镜的放大率，与望远镜的结构参数和高斯参数均有关。

习　题

3.1 证明：如图 3.71 所示的球面折射的传播矩阵为 $\begin{bmatrix}1 & 0\\ \dfrac{\eta_2-\eta_1}{\eta_2 R} & \dfrac{\eta_1}{\eta_2}\end{bmatrix}$，折射率分别为 η_1、η_2 的两介质分界球面半径为 R。

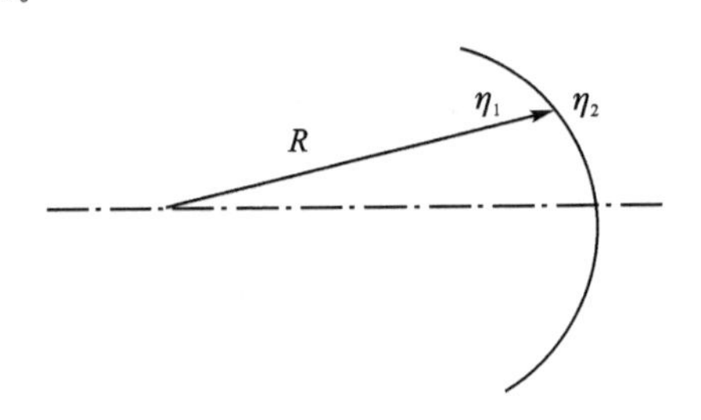

图 3.71　题 3.1 图

3.2 两支氦氖激光器都采用平凹腔，尺寸如图 3.72 所示，试问：在何处插入透镜可以实现二者的模式匹配，焦距为多少？

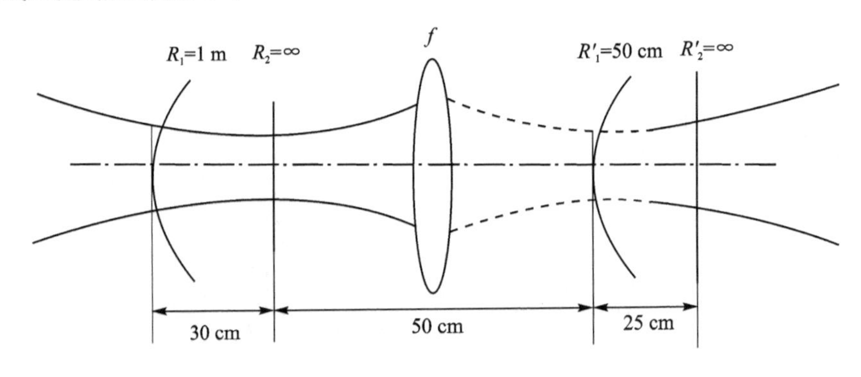

图 3.72　题 3.2 图

3.3 CO_2 激光器输出的高斯光束的腰斑 $\omega_0=1.2$ mm，今用 $F=2$ cm 的锗透镜对光束聚焦。当束腰与透镜的距离分别为 0.2 cm、10 cm 和 1 m 时，计算腰斑的大小和位置。

3.4 证明：用薄透镜对高斯光束进行聚焦时，若透镜焦距 $F\ll f$（f 为高斯光束的共焦参量)，则无论入射高斯光束的束腰在何处，出射光束的束腰都在透镜的焦面上。

3.5 已知高斯光束的束腰半径为 ω_0，试求：

(1) 距束腰 z 处的光斑半径 $\omega(z)$；

(2) 该点光强下降到最大值$\frac{1}{2}$处的光斑半径为 ω_p 时 ω_p 和 $\omega(z)$的关系。

3.6 光学谐振腔的稳定条件是什么，是否有例外？在谐振腔稳定条件的推导过程中，只要求光线相对于光轴的偏折角小于 90°，因此，是否可以认为谐振腔的稳定条件只是一个要求较低的条件，为什么？

3.7 在腔内有其他元件的两镜腔中，除两腔镜外的其余部分所对应传输矩阵元为 $ABCD$，腔镜曲率半径为 R_1、R_2。证明：稳定性条件为 $0<g_1g_2<1$，其中 $g_1=D-B/R_1$，$g_2=A-B/R_2$。

3.8 稳定谐振腔有哪些可能的形式？与非稳定谐振腔相比，它有哪些缺点？

3.9 有两个反射镜，镜面曲率半径分别为：$R_1=-50$ cm，$R_2=100$ cm，试问：

(1) 构成稳定腔的两镜间距有多大？

(2) 构成稳定腔的两镜间距在什么范围？

(3) 构成非稳定腔的两镜间距在什么范围？

参考文献

[1] 周炳琨，高以智，陈倜嵘，等. 激光原理[M]. 北京：清华大学出版社，2014.

第4章　激光放大技术

在电子学的发展过程中，利用荷电粒子的运动实现了电磁波的放大，当设置适当的反馈机构后，获得了单色的相干电磁辐射。在近一个世纪里，人们利用这种相干电磁波发展了电子工业，在工业经济与科技现代化过程中发挥了巨大的作用。激光的问世及其发展将现代社会从电子时代推向了光子时代，而产生激光的先导和基础是相干光的放大。当1954年第一台NH_3分子微波量子放大器研制成功时，人们发现可以通过原子或者分子中的受激放大来获得单色的相干电磁波，称为Maser。1958年Schawlow和Townes将Maser原理推广到光频，1960年Mamain利用红宝石介质的受激放大原理研制出第一台红宝石激光器，称为Laser或称激光。不管是Maser还是Laser，其产生相干电磁波辐射的机理都是基于电磁波的受激放大。自1960年以来激光器已得到了飞跃式的发展和广泛的应用，然而作为激光器先导的光放大器的发展却比较缓慢，直到20世纪80年代，在光纤通信发展的推动下，才开始引起足够的重视。进入90年代后光纤放大器的问世已引起了光纤通信技术的重大变革。

4.1　光放大器的类型与发展

4.1.1　光放大器概述

一般光放大器都由增益介质、能源、输入输出耦合结构组成。根据增益介质的不同，目前主要有两类光放大器：一类采用活性介质，如半导体材料和掺稀土元素Er^{3+}的光纤，利用受激辐射机制实现光的直接放大，如半导体激光放大器和掺杂光放大器；另一类基于光纤的非线性效应等，利用受激散射机制实现光的直接放大，如光纤喇曼放大器和光纤布里渊放大器。

图4.1所示为典型光放大器分类，表4.1所列为近红外的常用光纤放大器。

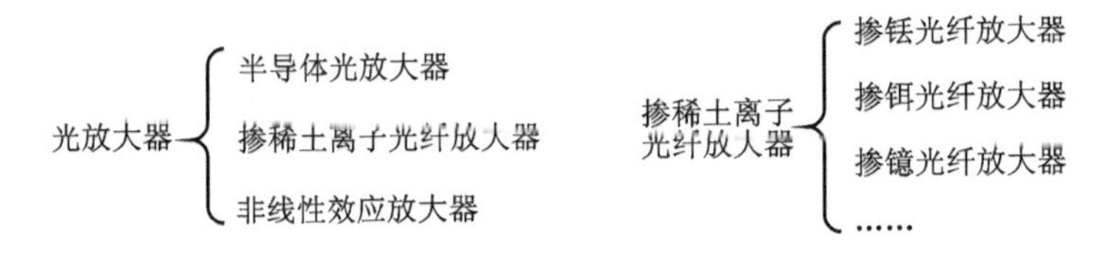

图4.1　典型光放大器分类

光放大是指在泵浦能量(电或光)的作用下，实现粒子数反转(非线性光放大器除外)，然后透过受激辐射形成对入射光的放大。光放大器直接放大光信号而不需要先将其转换成电信号的装置。

面对众多诸如激光核聚变、观察非线性等实际应用需求，它与激光器不同之处是其优势格外显著：光放大器没有谐波回馈的机制。光放大器还可以看作是一种没有光腔的激光器，或者是一种抑制光腔反馈的激光器。光放大器在光通信和激光物理中占有重要地位。

表 4.1　近红外的常用光纤放大器工作波长和掺杂离子

工作波长/nm	掺杂离子	工作波长/nm	掺杂离子
880～886	Pr^{3+}	1 320～1 400	Nd^{3+}
902～916	Pr^{3+}	1 460～1 510	Tm^{3+}
900～950	Nd^{3+}	1 500～1 600	Er^{3+}
970～1 200	Yb^{3+}	1 700～2 015	Tm^{3+}
1 000～1 150	Nd^{3+}	2 040～2 080	Ho^{3+}
1 260～1 350	Pr^{3+}		

一般的激光振荡器存在如下缺陷：

① 激光大能量大功率的获得要求工作物质的口径和长度较大，或要求强的泵浦激励，易与相干性好、发散角小等其他指标的高要求相矛盾。

② 能量和功率过高的激光在腔内来回往返传输时，工作物质易遭到破坏。而放大器中激光在系统中运行时，不易造成系统内部元器件的损伤，可靠性明显增强。因此普遍认为实现高功率高能量的首选方法就是利用激光放大器。

激光放大器的典型特点主要包括：① 多数不需要谐振腔镜，可以是行波放大；② 不易破坏工作物质；③ 振荡级和放大级有机结合，可使高的光束质量和高的能量功率兼得。

对于半导体放大器，需要振荡级和放大级的匹配，需要时间延迟电路。激光放大器与激光基于同一物理过程——光的受激辐射放大，其主要区别是激光放大器没有谐振腔。工作物质在光泵浦作用下，处于粒子数反转状态，当从激光器产生的光脉冲信号通过它时，由于入射光频率与放大介质的增益谱线相重合，所以激发态上的粒子在外来光信号的作用下产生强烈的受激辐射。这种辐射叠加到外来光信号上得到放大，故放大器能输出一束比原来激光亮度高得多的出射光束。放大器的设计要求有两点：一是有足够的反转粒子数；二是要求放大介质与输入信号有相匹配的能级结构。

在光纤放大器发展的历程中主要面临的问题包括：放大器带宽内增益谱不平坦影响多信道放大性能；光放大器级联应用时，ASE 噪声、光纤色散及非线性效应的影响会累积。为此，研究人员提出增加纤芯直径 D 并且降低其数值孔径 N_A 来解决这些问题。当纤芯尺寸与数值孔径的乘积小于某个极限时，光纤就可以实现单模运转，否则就会使输出光束的质量下降。此外，为了得到好的光束质量，解决的方法是缠绕光纤，引入弯曲损耗；另外，还可以增加光纤的掺杂浓度，减小光纤的长度。

研究人员普遍认为，掺杂光纤放大器的发展方向包括：特殊波段的光纤放大器、寻找性能更好的芯层材料、光子晶体光纤放大器、功率光纤放大器、全光纤的光纤放大系统和宽带光纤放大器等。图 4.2 所示为商用掺铒光纤放大器。

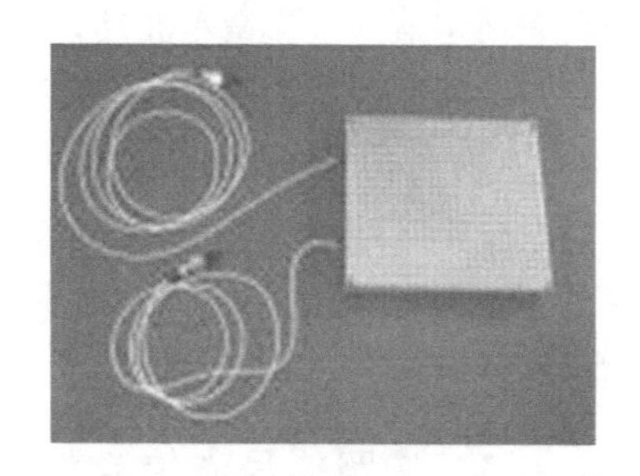

图 4.2　掺铒光纤放大器图片

4.1.2 按照时间特性分类的光放大器

下面按照时间特性以及被放大信号脉宽 t_0 与工作物质弛豫时间 T 的相对大小关系进行划分。

1. 连续激光放大器:稳态过程

一般激光器是连续的或脉冲的运转状态。一般脉宽满足 $t_0>T_1$,其中 T_1 是激发态的粒子由于辐射跃迁的纵向弛豫时间,上能级的粒子数消耗掉以后由泵浦过程得以补充。这时腔内的光子数密度和工作物质的反转粒子数可以认为不随时间变化——稳态过程。

弛豫时间:某种状态的建立或消亡过程,激发态的粒子所在的能级有一定的寿命,因此产生辐射跃迁有一定的滞后时间。纵向弛豫时间 T_1 是指反转粒子数的增长与衰减所需时间,这是因为粒子在非基态能级上有有限寿命,一般固体介质为 $10^{-3}\sim10^{-4}$ s 量级,气体介质为 $10^{-6}\sim10^{-9}$ s 量级,半导体材料约为 10^{-9} s 量级。

横向弛豫时间 T_2 是基于宏观感应电极化的产生和消亡而非瞬时的这一现象,极化强度 $P(z,t)$ 较 $E(z,t)$ 落后的时间 T_2 即是横向弛豫时间。产生横向弛豫的原因一方面是在电磁场作用下,工作物质原子产生的感应电矩和电磁场同相;另一方面是由于碰撞以及晶格振动会使感应电矩的相位无规变化,导致宏观感应电极化消失,即相消过程。T_2 一般对于固体介质,为 $10^{-11}\sim10^{-13}$ s,气体介质为 $10^{-8}\sim10^{-9}$ s,半导体材料为 10^{-13} s。

由于光信号与工作物质作用时间足够长,因受激辐射而消耗的反转粒子数可以由泵浦抽运所补充,故反转粒子数及腔内光子数密度均可到达稳态,可用稳态法处理。这时腔内的光子数密度和工作物质的反转粒子数可以认为不随时间变化,即稳态过程。

2. 脉冲激光放大器:非稳态过程

如果由于脉宽较小,在脉冲信号放大期间,因受激辐射而消耗的反转粒子数来不及由泵浦源泵浦所补充,故反转粒子数及腔内光子数密度达不到稳态。工作物质的反转粒子数和光子密度是随时间变化的,需用非稳态法处理,即非稳态过程。

连续激光放大器与脉冲激光放大器的共同点是 $T_2\ll t_0$,可以不计粒子和光子相互作用的弛豫过程,即无滞后效应,可忽略粒子和光场相互作用的相位关系。

若输入光信号为高重复率脉冲序列,且脉冲周期 $T\ll T_1$,则光放大器工作物质的反转粒子数只在稳定值附近作微小波动,可近似采用稳态速率方程处理。

对于脉冲放大器,一般振荡级为调 Q 激光器,经历 10^{-8} s 的非稳态过程,脉宽 $T_2<t_0<T_1$,因此在脉冲信号放大期间,工作物质的反转粒子数和光子密度是随时间变化的。

对于超短脉冲放大器,其输出的脉冲时间宽度为 $10^{-11}\sim10^{-15}$ s。光信号和放大介质的相干作用是一种相干的放大作用,需要考虑光场相位的影响,速率方程均不可用,一般采用半经典理论进行讨论。

4.1.3 按照信号光传输路程分类的光放大器

按照放大级的工作方式,可以划分为行波放大器、多程放大器和再生式放大器。

1. 行波放大器

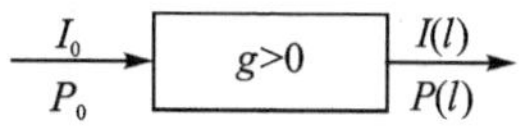

如图 4.3 所示,光信号只经过工作物质一次,此时工作物质两端面无反射。要求:入射光在增益介质谱线范围内。

图 4.3　行波放大器示意图

增益为

$$G=\frac{I(l)}{I_0}=\frac{P(l)}{P_0} \tag{4.1}$$

行波放大器的优势很多,主要体现在三个方面:一是由于激光束一次通过放大介质,因此介质能够承受的损坏阈值大幅度提高,即在相同的输出功率密度下,放大器的工作介质不易被破坏;二是当需要的激光能量更高时,可以根据需要采取多级行波放大,这样有利于防止超辐射和自聚焦造成的破坏;三是振荡器决定其脉冲宽度、谱线宽度和发散角等,放大级的作用是使从振荡级输出的光信号的能量(或功率)得到放大,决定其脉冲的能量和功率,二者相结合,既可以得到好的激光特性,又能大幅度提高输出激光的亮度。

2. 多程放大器

光信号在工作物质中多次往返通过,如图 4.4 所示。许多多程放大器是基于一个激光晶体,可以是端泵浦或侧泵浦,并包含许多激光反射镜,可采用折叠结构优化信号光束路径,使其多次通过晶体。由于不同通道对应的光束需要保持良好的距离,因此它们通常有略微不同的角方向,原则上它们也可以是平行的。

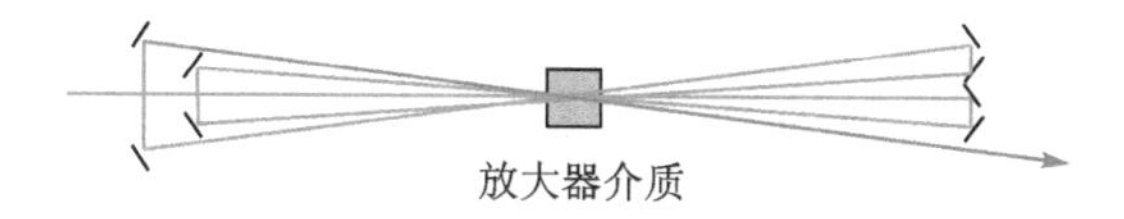

图 4.4　多程放大器示意图

3. 再生式放大器

将光束质量好的微弱信号注入系统中,作为一个“种子”控制激光振荡产生,得到放大,是一种通常放大皮秒(ps)或飞秒(fs)等超短脉冲信号的光放大器。

对于再生式放大器的增益:G_s 为工作物质单程传输的增益,ν 为入射光频率,ν_c 为二反射面组成的谐振腔的谐振频率。以如图 4.5 所示的再生式放大器为例对再生放大的运转过程进行说明。第一个阶段是增益介质泵浦一段时间,以便积累一些能量;用电光开关(有时是声光开关)将初始脉冲通过一个短时间(比往返时间短)打开的端口注入到谐振器中的方法实现。第二阶段中脉冲可以在谐振腔中往返多次(可能是数百次),放大到一个高能级。第三个阶段脉冲从谐振器释放,这可以通过第二个电光开关或用于耦合的同一个电光开关来实现。整个运转过程中要求入射光频率与谐振腔本征频率匹配。

如图 4.6 所示,根据再生放大器的原理示意图进行系统分析,这种放大器的增益可以用多光束干涉处理,定义如下:

$$G_S=\frac{I_2^+}{I_1^+}=\frac{I_1^-}{I_2^-} \tag{4.2}$$

则

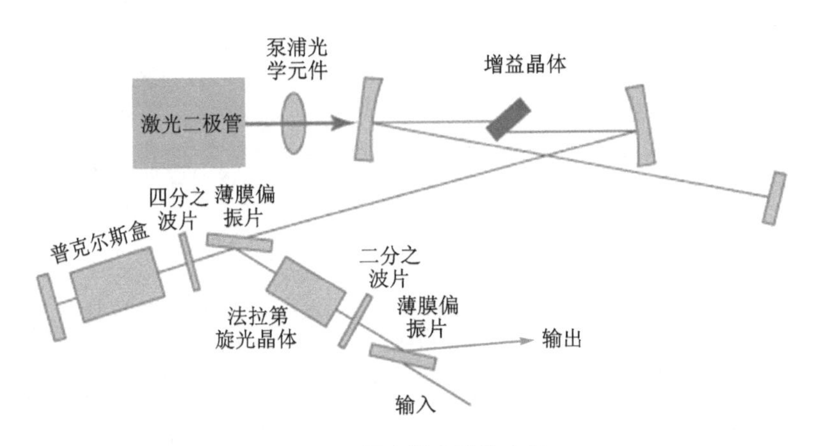

图 4.5　再生放大器的实例

$$G=\frac{(1-r_1)(1-r_2)G_S}{(1-\sqrt{r_1r_2}G_S)^2+4\sqrt{r_1r_2}G_S\sin^2\left[\frac{2\pi l}{\nu}(\nu-\nu_c)\right]}\tag{4.3}$$

由式(4.3)可以看出，当且仅当入射光频率在谐振腔本征频率附近时，才能得到有效放大。单倍光程、G_S、反射率越大，得到有效放大所允许的频率范围越窄。当 $r_1=r_2=0$ 时，再生放大器即为行波放大器，并且系统的增益与单程增益相同，$G=G_S$。

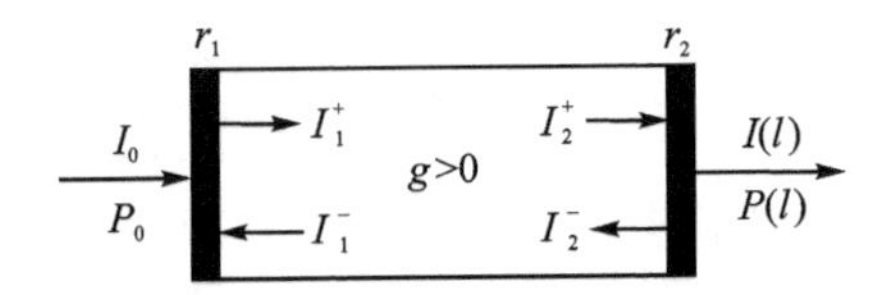

图 4.6　再生放大器原理的示意图

4.1.4　按照系统位置分类的光放大器

按照在系统中的位置划分，是光通信系统中最常用到的一种划分方式，如图 4.7 所示，这对于放大器输出信号的要求不同。

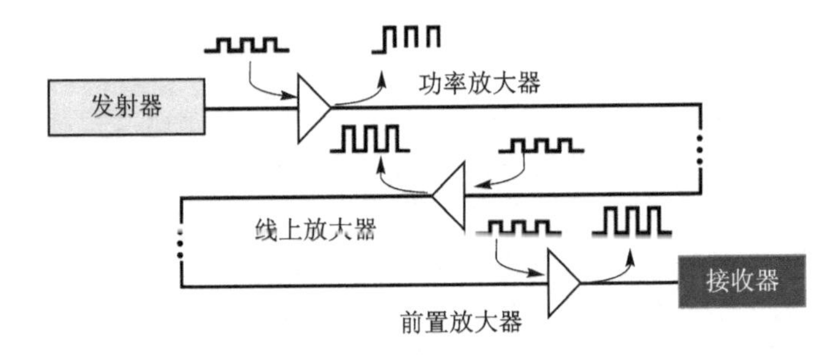

图 4.7　按照位置分类的放大器说明

1. 功率放大器

在发射器或者发射机中，它的主要功能是补偿分频损失，提供足够高的输出光功率。一般，放大发射器的光信号功率的英文是 Power Booster 或者 Power Amplifier。

2. 在线放大器

在线放大器用于补偿光纤传输过程中造成的衰减，提供足够高的光学增益，其英文是

In-Line Amplifier。

3. 前置放大器

除了有高的光增益外，前置放大器最重要的条件是噪声要低，一般置于接收器前。

此处，需要注意光通信窗口大致范围：S波段(1 480～1 530 nm)、C波段(1 525～1 565 nm)、L波段(1 570～1 610 nm)、S+C+L波段(1 480～1 610 nm)，这是报道最多的情况。

4.1.5 其他光放大器的发展

20世纪60年代初，在半导体光放大现象研究的同时，也对掺稀土元素的光纤的光谱特性进行了研究，Koesker发现了掺钕(Nd^{3+})光纤的激光辐射现象，Snitzer发现了掺铒(Er^{3+})光纤在1.5 μm处的激光辐射特性，当时这些研究都是期望研制稀土光纤激光光源而不是光纤放大器，由于稀土光纤的热淬灭效应难以解决，而半导体激光器发展迅速并日趋成熟，因此稀土光纤放大器的研究处于停滞不前状态。直至80年代初，在光纤中发现了受激喇曼散射效应，人们又开始恢复了对光纤放大器研究的兴趣，并期望能用于光纤通信系统中。但这种放大方案效率低，需要高功率的泵浦光源，无法在通信系统中应用。当时光纤通信的研究重点集中在高性能再生中继器和高灵敏度相干检测技术。但是在1985—1986年间，英国南安普顿大学的Payne等人有效地解决了掺铒光纤的热淬灭问题，首次用MCVD方法研制成纤芯掺杂的铒光纤，并实现了1.55 μm低损耗窗口的激光辐射。1987年他们采用650 nm染料激光器作为泵浦光源，获得了28 dB小信号增益；同年，AT&TBell实验室的Desurvire等人采用514 nm氩离子激光器作为泵浦光源也获得了22.4 dB的小信号增益。接着在1989年，利用1.49 μm半导体激光器作为泵浦源获得了37 dB小信号增益，Laming等利用980 nm、11 mW泵浦功率也得到24 dB小信号增益；同年日本NTT实验室首次利用1.48 μm半导体激光泵浦的掺铒光纤放大器作为全光中继器放大5 Gb/s孤子脉冲，实现了100 km的无误码传输。

980 nm和1 480 nm半导体激光泵浦的掺铒光纤放大器具有增益高、频带宽、噪声低、效率高、连接损耗低、偏振不灵敏等特点，在90年代初得到了飞速发展，成为当时光放大器研究发展的主要方向，极大地推动了光纤通信技术的发展。自此以后，掺铒光纤放大器的研究在多方面开展，建立了多种理论分析模型，提出了增益均衡和扩大增益带宽的方案和方法，进行了多种系统应用研究，同时进行了氟化玻璃铒光纤放大器、分布式光纤放大器和双向放大器的研究，使掺铒光纤放大器及其应用得到了飞速发展。此外还开展了掺镨(Pr^{3+})、掺镱(Yb^{3+})、掺钬(Ho^{3+})、掺铥(Tm^{3+})等光纤放大器的研究，使光纤放大器的研究全面发展。

此外，在20世纪60年代初，随着激光技术开始发展，以高强度单色光照射光学介质进行研究，开辟了非线性光学的研究领域，揭示了受激喇曼散射、受激布里渊散射、四波混频和参量过程的物理机制及影响。1972年Stolen等首先在光纤喇曼激光器的实验中发现了喇曼增益，初期的研究主要侧重于制成光纤喇曼激光器，直到80年代才在光纤通信应用的推动下开始研究光纤喇曼放大器。1981年Tkeda采用1.017 μm的泵浦光放大1.064 μm的光信号，经1.3 km单模光纤放大获得30 dB小信号增益。1983年Desurvire等用2.4 km单模光纤放大1.24 μm的光信号，获得45 dB的小信号增益。1986年Olsson用光纤喇曼放大器作为光纤通信系统接收机的前置放大器。1987年Edagawa研究了光纤喇曼放大器的宽带多信道放大特性。1989年Mollenauer采用41.7 km的光纤环和1.46 μm的色心激光器泵浦源，利用喇曼增益放大脉宽 55 ps、波长 1.56 μm 的孤子脉冲稳定传输 6 000 km。

受激布里渊增益特性的研究始于 1979 年，其增益带宽一般小于 100 MHz，1986 年 Olsson 和 Atkons 等研究低泵浦功率的光纤布里渊放大器，采用几毫瓦的泵浦功率达到小信号增益 20～40 dB 的窄带光放大，可作为选频光放大器用于频分复用光信道的解复用。

利用光纤喇曼增益和布里渊增益可做成相干光放大器，这是这两类非弹性受激散射的有益应用。在光纤通信系统中，这两种效应常引起光纤通信系统性能的退化，如引起非线性串音、非线性损耗、限制通信距离和速率等，近年来许多研究工作都是围绕消除这些限制因素而开展的。但是，1997 年 Masuda 等研制成铒光纤放大与喇曼放大混合结构的宽带放大器，3 dB 带宽达 67 nm；1996 年 Stentz 等研制成 1.3 μm 光纤喇曼放大器；1995 年 Grubb 等实现了 4×10 Gb/sWDM 多信道放大，表明光纤喇曼放大在 WDM 光纤通信系统中对于信号的长距离传输亦将有重要应用。

4.2 半导体放大器

半导体光放大器(Semiconductor Optical Amplifier，SOA)利用半导体材料固有的受激辐射放大机制，实现相干光放大，其原理和结构与半导体激光器相似，也是利用能阶间跃迁的受激现象进行光放大。为了提高增益，去掉了构成激光振荡的共振腔，由电流直接泵浦，可获得 30 dB 以上的光增益。

当偏置电流低于振荡阈值时，激光二极管对输入的相干光具有线性放大作用。当偏置电流高于振荡阈值时，通过注入锁定，激光二极管可以作为非线性放大器。线性放大器可分为两类(如图 4.8 所示)：法布里-珀罗(F－P)半导体光放大器和行波(TW)半导体光放大器。两者的区别在于两个端面的反射率不同，F－P 半导体光放大器端面反射率高，光在两端面间来回反射，产生放大。

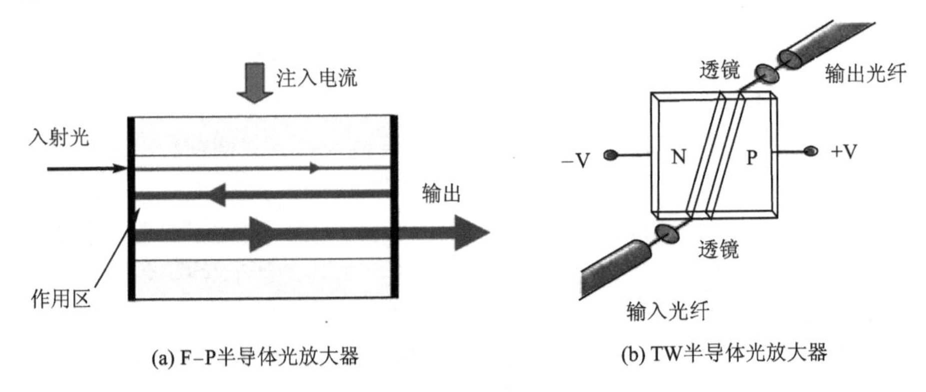

图 4.8 典型的半导体光放大器

TW 光放大器端面反射率较低，光在沿介质行进过程中被放大，然后由输出端面输出，而不经历反射。在 20 世纪 60 年代半导体激光二极管尚未成熟，但已在 77 K 下首先进行了 GaAs 同质结行波半导体放大器的研究，开创了半导体光放大器研究的先河，确立了半导体光放大器的基本理论。

至 1970 年，双异质结结构(DH)TW 半导体光放大器的室温连续工作。在 1973—1975 年间，从光纤通信应用要求出发，开始研究双异质结结构 TW 和 F－P 光放大器的特性，并取得了重要进展。80 年代初，采用消除反射光的光隔离器和精确的光频率调谐技术，深入研究了 AlGaAs 材料 F－P 光放大器的增益、带宽、饱和增益与噪声特性及其对光纤通信系统性能的影响，同时开始研究半导体放大器的注入锁定现象、机理和放大特性。随着光纤通信技术的发展，80 年代中期开始研究适用于 1.3 μm 和 1.5 μm 波长的 InGaAsP 半导体光放大器。

半导体光放大器具有不同的封装以满足不同的商业需求。半导体光放大器的基本工作原理与基于受激发射的半导体光学激光器相同，不同之处是它没有任何反射可以形成谐振。这也是光学放大器与激光振荡器的本质区别所在，即有无谐振。传输介质首先通过外部电流进行激励，这样电子就跃迁到更高的一个能级。之后，特定频率的入射光子与激发态的电子相互作用，迫使其返回到其自然的较低能级。在此过程中损失的能量产生了一个新光子，具有与入射光子方向相同的相位、频率和极化。

一般使用恒流驱动电流来激发半导体光放大器有源区域中的电子。当光信号通过有源区域时，会使这些电子以光子的形式失去能量并返回到基态。受激光子具有与光信号相同的状态，从而放大光信号。用于表征半导体光放大器的关键参数是增益、增益带宽、饱和输出功率和噪声。增益是输入信号放大的因数，是输出功率与输入功率的比值（单位为 dB），光学增益由半导体光放大器电流控制。较高的增益导致更高的输出光信号。增益带宽定义放大功能带宽的范围。需要宽的增益带宽来放大宽范围的波长信号。

饱和输出功率是放大后可达到的最大输出功率。重要的是，半导体光放大器具有高功率饱和电平，可以使放大器保持在线性工作区域中并具有较高的动态范围。噪声定义为信号带宽内的不需要的信号，它是由放大器中进行物理过程产生的，被称为噪声系数的参数用于衡量噪声的影响，通常为 5 dB 左右。

4.3　掺铒光纤放大器

掺铒光纤放大器（Erbium Doped Fiber Amplifier）的主要特点包括：第一，工作波长与光纤最小损耗窗口一致，这个窗口同时与大气第三通信窗口一致，因此损耗小；第二，增益高且稳定、噪声低，输出功率大；第三，能放大数字、模拟信号，可以放大不同速率及调制方式的数字信号；第四，光纤耦合效率高，与光纤易连接，连接损耗小，可实现透明传输。需要指出的是，掺铒光纤放大器一般工作在 1.5 μm 波段，这个波段人眼不敏感，因此掺铒光纤放大器也被称为人眼安全的放大器。

掺铒光纤放大器的放大作用是透过 1 550 nm 波段的信号光在掺铒光纤中传输与 Er^{3+} 离子相互作用产生的。图 4.9 所示为 Er^{3+} 的能级放大时的工作过程。

4.3.1　掺铒光纤放大器的结构组成

掺铒光纤（Erbium Doped Fiber，EDF）、泵浦激光器（Laser Diode，LD）、波长选择耦合器（Wavelength Selective Coupler，WSC）或波分复用器（Wavelength Division Multiplexing，WDM）、光带通滤波器（Optical Bandpass Filter，OBF）和光隔离器（Isolator，ISO）是掺铒光纤放大器的基本组成部分，如图 4.10 所示。

下面对图 4.10 掺铒光纤放大器关键元器件的技术需求进行说明：掺铒光纤和高功率泵浦

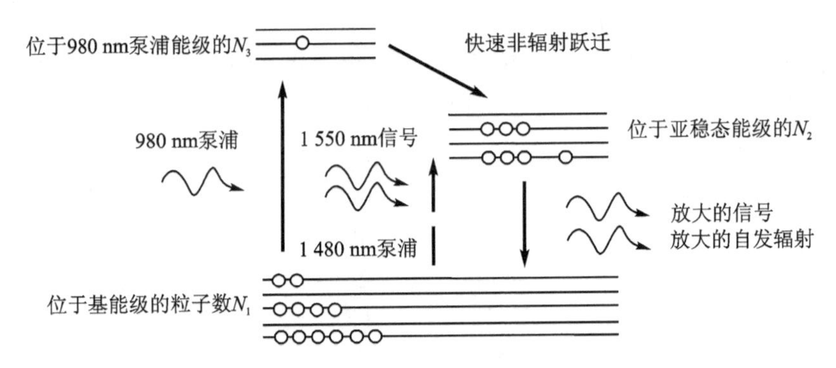

图 4.9 掺铒光纤放大器 Er^{3+} 能级的放大工作过程

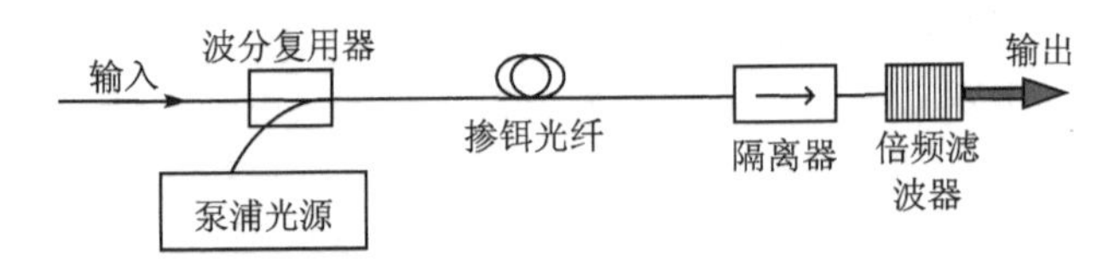

图 4.10 掺铒光纤放大器的基本结构

光源是关键器件,把泵浦光与信号光耦合在一起的波分复用器和置于两端防止光反射的光隔离器也是不可缺少的。

设计高增益掺铒光纤是实现光纤放大器的技术关键,该光纤波导参数的设计应主要考虑数值孔径、纤芯半径、截止波长、掺铒半径、剖面分布等因素,具体的参数设计是基于对掺铒光纤放大器特性的不同要求而提出的。掺铒光纤的增益取决于 Er^{3+} 的浓度、光纤长度和直径以及泵浦光功率等多种因素,通常由实验获得最佳增益。掺铒光纤的参数主要包括:掺杂浓度为 $(0.2\sim1)\times10^{-6}$,模场半径小于 4 μm 或直径小于 8 μm,光纤长度为 5~20 m。

掺铒光纤放大器放大输入的光信号时,存在一最佳长度,超过此长度,增益将降低。最佳长度与输入泵浦光功率、输入信号光功率、放大的自发辐射(Amplified Spontaneous Emission,ASE)功率、Er^{3+} 浓度、光场与 Er^{3+} 浓度分布的重叠积分程度等因素有关。

确定掺铒光纤长度:一种方法是通过速率方程求得最佳长度的理论值,在此基础上,通过光时域反馈等方法逐步逼近实际的最佳值;另一种方法则是通过计算给出增益与光纤长度的关系,再利用微分求导,则得到增益最大的光纤长度。

泵浦光源是掺铒光纤放大器的重要组成部分,对泵浦光源的基本可靠性要求是大功率和长寿命。在设计时掺铒光纤放大器对泵浦光源有两个基本要求:首先,泵浦源的发射波长应对应于掺铒光纤的峰值吸收带;其次,要有较大的输出功率,还需要从小信号增益、输出功率、噪声系数等方面考虑。

泵浦激光器有 980 nm LD、1 480 nm LD、800 nm LD 几种选择,一般均选用带有单模尾纤的 LD。波长为 1 480 nm 的 InGaAsP 多量子阱(Mutiple Quantum Well,MQW)激光器,输出光功率高达 100 mW,泵浦光转换为信号光效率在 6 dB/mW 以上。波长为 980 nm 的泵浦光转换效率更高,而且噪声较低,是主要应用的泵浦源。

为了能在整段掺铒光纤上实现粒子数反转,则在掺铒光纤某一长度处的输出泵浦光功率应大于或等于局部粒子数反转的阈值泵浦功率。在增益一定的情况下,泵浦光功率在很大程度上决定了需要掺铒光纤的长度。

波长选择耦合器或波分复用器是将泵浦光与信号光复合后一起通过掺铒光纤时实现光放大或将放大后的信号光与泵浦光分离的元件。其中包括分立型器件，如光反射镜、光滤波器、微透镜，一般损耗大于 0.5 dB；光纤型器件，其中熔融拉锥形光纤波分复用耦合器，其损耗小于 0.1 dB，成本低，偏振依赖性仅约 0.5 dB；干涉滤波型 WDM，其损耗小于 0.4 dB，偏振依赖性和温度不敏感，但是制作成本高。对波分复用器的基本要求是插入损耗小，熔拉双锥光纤耦合器型和干涉滤波型波分复用器最适用。

光隔离器和光滤波器。掺铒光纤放大器中，有很大一部分光能量转换成 ASE。而 ASE 功率过高会导致增益饱和、噪声系数增大。掺铒光纤放大器的光纤端面、熔接点以及其他光器件形成的内部不连续点将会引起光反射。如果反射系数过大，将导致 ASE 光的自激振荡，引起增益饱和，噪声子数增大，掺铒光纤放大器不能正常工作。

ISO 的作用是遏制掺铒光纤放大器输入端的反向 ASE 光，保证掺铒光纤放大器正常工作，使插入损耗小于 1 dB，隔离度大于 40 dB。也就是说，光隔离器的作用是防止光反射，保证系统稳定工作和减小噪声，对光隔离器的的基本要求与其他光纤元器件一样的是插入损耗小，不同的地方在于反射损耗大。

当掺铒光纤放大器作为系统的前置方大器时，为降低 ASE 光对光检测过程的影响，提高信噪比，在掺铒光纤放大器后常需用光滤波器，以减小 ASE 功率。当掺铒光纤放大器作为级联中继放大器时，为减少系统中 ASE 在链路中的积累和防止前级掺铒光纤放大器输出的 ASE 光功率，使后级掺铒光纤放大器增益饱和，故在掺铒光纤放大器输出端使用光滤波器。

1997 年 Paul F. Wysocki 等人利用长周期级联光栅使其在 1 532 nm 处的吸收峰几乎接近放大器 1 532 nm 处的增益峰，使掺铒光纤放大器输出功率接近 15 dBm，在 40 nm 带宽内，增益变化小于 1 dB。此后，光纤光栅成为部分尾纤输出放大器、激光器的标准配置。利用 Bragg 光纤光栅可把光纤芯中传播的 1 532 nm 部分能量耦合到后向传播的包层模或辐射逸出光纤。

需要注意的是，光中继器既有放大作用又有再生作用，既能补偿光纤衰减又能消除光纤色散引起的光脉冲波形的畸变对系统性能的影响。掺铒光纤放大器只有光放大作用，不能消除色散对系统性能的影响。因此，在高速率光纤传输系统中，掺铒光纤放大器不能完全替代光中继器。

掺铒光纤放大器广泛应用于单波长信号放大和密集波分复用（Densed Wavelength Devision Mutiplexing，DWDM）两种情况。通过优化掺铒光纤放大器中的各种参数，可以将它设计成满足不同需要的放大器。其主要用途包括：

① 接收机前置放大时，种子信号一般为 −40～−25 dBm 的小信号，用于接收机之前，其主要目的是提高接收机的灵敏度。对放大器的要求是噪声低、增益大。商用该类掺铒光纤放大器噪声指数低于 4.5 dB，增益大于 25 dB。

② 中继（线路）放大时，种子信号一般为 −28～−5 dBm 的信号，用于补偿光纤通信线路损耗，延长两个再生中继站之间的距离，商用的这种放大器的增益 $G>20$ dB，噪声系数 NF＜5 dB。掺铒光纤放大器代替传统的电放大，减少光—电—光转换的能量损失。

③ 功率放大时，输入种子信号一般为 −10～3 dBm，典型值为 0 dBm。一般用于光发射机后的功率提升，增大光发送机的发送功率，延长无中继传输距离。商用输出光增益大于 13 dBm，噪声系数约 5 dB。

④ CATV 网应用中，输入种子信号一般为 0～10 dBm，典型值为 3 dBm，为单信号功率放大，商用输出光功率大于 13 dBm，噪声系数约 5 dB。

⑤ 应用于光孤子通信时可实现能量补偿。

4.3.2 掺铒光纤放大器的三种基本泵浦结构

掺铒光纤放大器通常工作在 1 525～1 565 nm 波段，这是光纤损耗最低的窗口；增益高，很容易实现 20 dB 以上的增益；并且噪声系数低，接近量子极限，各个信道间的串扰极小，可级联多个放大器；还能够在较宽的波段内提供平坦的增益，可同时放大多路波长信号，是光通信系统较为理想的放大器。此外，放大特性与系统比特率和数据格式无关；对偏振不敏感；结构简单，与传输光纤易耦合，等等。

1. 单级掺铒光纤放大器的常用泵浦结构

掺铒光纤放大器的结构根据信号光与泵浦源输入光的相互位置关系，可以分为前向泵浦、后向泵浦以及双向泵浦三种基本情况，如图 4.11 所示。

泵浦结构是针对泵浦源与信号光的传输方向和位置而言的，与是否线型结构或者环型结构无关，主要包括：

① 同向泵浦，亦称前向泵浦，是指泵浦光与信号光在掺铒光纤中传送方向相同。噪声性能较好，输出功率较小。

② 反向泵浦，亦称后向泵浦或者背向泵浦，是指泵浦光与信号光在 EDF 中的传送方向相反，噪声较大，输出功率较大。

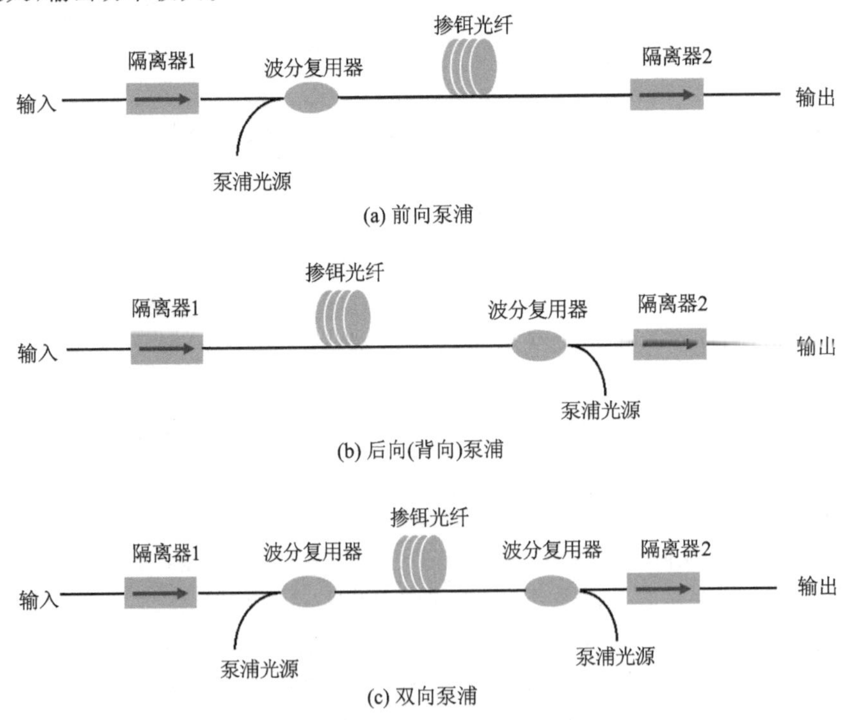

图 4.11 三种泵浦方式示意图

③ 双向泵浦，是使用两个泵浦光源，从 EDF 两端同时注入泵浦光的方式，其输入光功率大，噪声较小。即采用同一根掺铒光纤同时提供正反向增益，该结构便于泵浦光功率的调整和正反向增益谱的均衡，具有优良的正反向增益关系，但两个方向的放大特性难以分别控制，另外，如何降低噪声系数也是该结构要考虑的关键问题。双向泵浦在通过有线电视进行的电视点播、可视电话、电视购物、电视会议、电视会诊以及因特网的延伸等领域应用。

2. 双段或者多级结构

多级结构是实现高增益常用的技术手段。由于中间隔离器或滤波器的使用，可以抑制正反向 ASE 的放大，放大器的总噪声系数主要由前级放大的噪声指数所决定，这就使得设计同时具有高增益和低噪声特性的掺铒光纤放大器成为可能。对于实际的激光系统而言，放大级的级次一般不超过四级。图 4.12 所示为双级结构图。

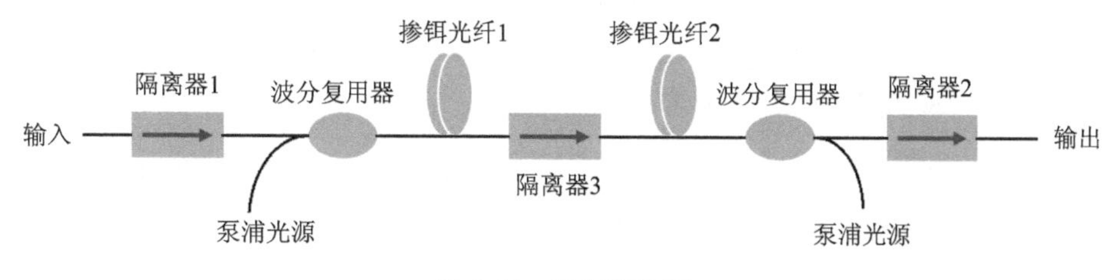

图 4.12　双级结构图

3. 环形腔式掺铒光纤放大器

环形腔结构可以使信号光在腔内循环多次放大，可以利用小的泵浦功率得到高增益，从而具有更高的功率转化效率。但由于它只能工作在激光阈值以下，所以泵浦功率必须根据腔的结构进行设置，不能随意提高，从而很难实现高增益、高输出功率的放大器。图 4.13、图 4.14 分别为单向和双向泵浦掺铒光纤环形放大器的典型结构。

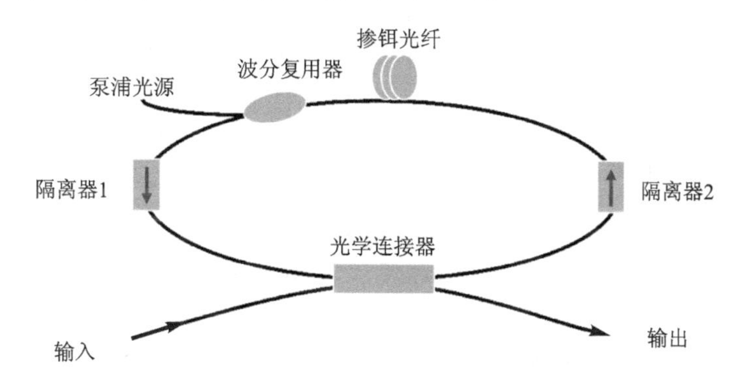

图 4.13　单向泵浦掺铒光纤环形放大器

利用两根掺铒光纤分别为正反向信号光提供增益，有利于消除正向、反向信号光在放大过程中的交调，但结构复杂，成本较高。

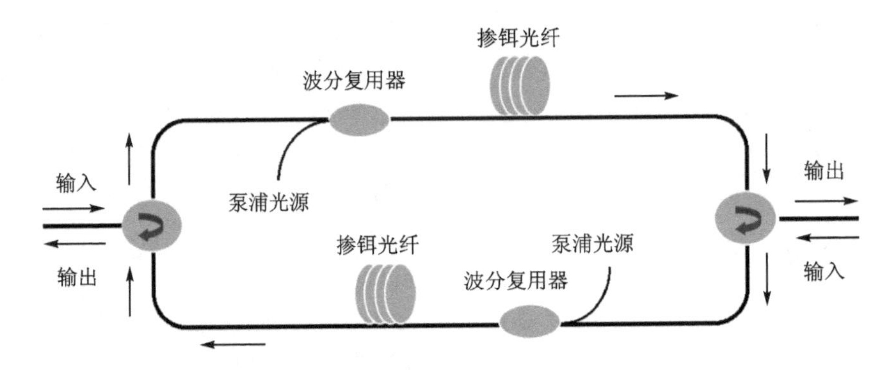

图 4.14 双向泵浦掺铒光纤环形放大器

4.3.3 掺铒光纤放大器的理论基础

1. 掺铒光纤放大器的速率方程

图 4.15 中，下角标 1 为基态，2 为亚稳态；符号 R、W、A、S 分别表示泵浦跃迁概率、受激跃迁概率、自发辐射跃迁概率和自发无辐射跃迁概率。这是基础的速率方程示意图。图 4.16 为另一种表达方式的示意图。能级 1 和能级 3 之间的跃迁速率正比于各能级的粒子数以及泵浦光通量 ϕ_p 与泵浦吸收界面 σ_p 的乘积。能级 1 和能级 2 之间的跃迁速率正比于各能级的粒子数以及信号光通量 ϕ_s 与信号辐射截面 σ_s 的乘积。离子的自发跃迁概率(包括辐射和无辐射)由 Γ_{32} 和 Γ_{21} 给出。

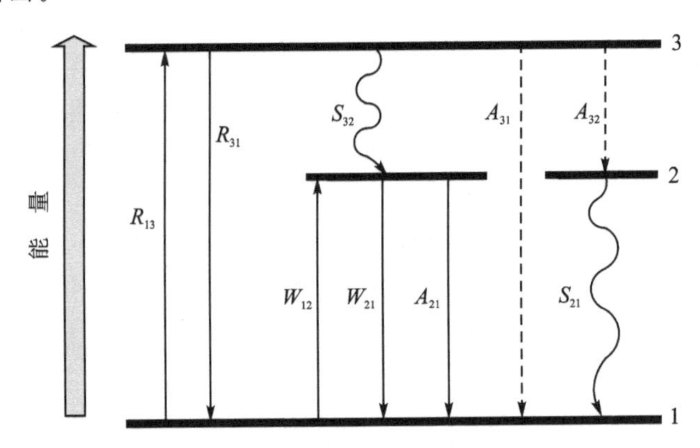

图 4.15 掺铒光纤三能级示意图

2. 本地速率方程及其稳态解

能级 1、能级 3 之间跃迁速率处的入射光通量用 ϕ_p 表示，与泵浦光相关；能级 1、能级 2 之间跃迁速率处的入射光通量用 ϕ_s 表示，与信号场对应。

$$\frac{dN_3}{dt}=-\Gamma_{32}N_3+(N_1-N_3)\phi_p\sigma_p \tag{4.4}$$

$$\frac{dN_2}{dt}=-\Gamma_{21}N_2+\Gamma_{32}N_3-(N_2-N_1)\phi_s\sigma_s \tag{4.5}$$

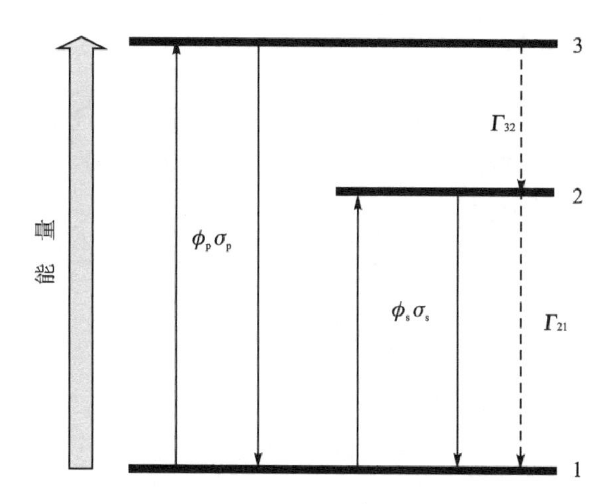

图 4.16　用于放大器的 Er^{3+} 能级简化示意图

$$\frac{dN_1}{dt}=\Gamma_{21}N_2+(N_2-N_1)\phi_s\sigma_s-(N_1-N_3)\phi_p\sigma_p \tag{4.6}$$

在稳态时，各个能级粒子数随时间的微分为 0，即

$$\frac{dN_1}{dt}=\frac{dN_2}{dt}=\frac{dN_3}{dt}=0 \tag{4.7}$$

总粒子数 N 为

$$N_1+N_2+N_3=N \tag{4.8}$$

利用式(4.4)，我们可以得到

$$N_3=\frac{1}{1+\Gamma_{32}/\phi_p\sigma_p}N_1 \tag{4.9}$$

相比于能级 3 的有效泵浦速率，当 Γ_{32}(从能级 3 到能级 2 的快速衰减)大时，$\varphi_p\sigma_p$ 和 N_3 接近于 0，因此粒子大都集中于能级 1 和能级 2。

利用式(4.9)，将 N_3 代入式(4.5)，可以得到

$$N_2=\frac{(\phi_p\sigma_p-\Gamma_{32})+\phi_s\sigma_s}{\Gamma_{21}+\phi_s\sigma_s}N_1 \tag{4.10}$$

然后利用式(4.8)可以推导出 N_1 和 N_2 以及反转粒子数 N_2-N_1，即

$$N_2-N_1=\frac{\phi_p\sigma_p-\Gamma_{21}}{\Gamma_{21}+2\phi_s\sigma_s+\phi_p\sigma_p}N \tag{4.11}$$

粒子数反转并假定没有背景损耗的由能级 2 向能级 1 跃迁的条件是：$N_2\geqslant N_1$。对应 $N_2=N_1$ 的阈值条件，可以得到泵浦光通量要求：

$$\phi_{th}=\frac{\Gamma_{21}}{\sigma_p}=\frac{1}{\tau_2\sigma_p} \tag{4.12}$$

当信号光强非常小时，与泵浦场引入的跃迁速率 $\phi_p\sigma_p$ 相比衰减速率 Γ_{32} 较大，因此反转粒子数可以写为

$$\frac{N_2-N_1}{N}=\frac{\phi'_p-1}{\phi'_p+1} \tag{4.13}$$

其中

$$\phi'_{\mathrm{p}}=\frac{\phi_{\mathrm{p}}}{\phi_{\mathrm{th}}} \tag{4.14}$$

如图 4.17 所示，在泵浦阈值功率以下反转粒子数是负的，以上是正的。当反转粒子数为负时，在信号波长处吸收跃迁较发射跃迁多，信号处于负增益，例如衰减；当反转粒子数为正时，信号横向穿过激发态介质时会产生正增益。

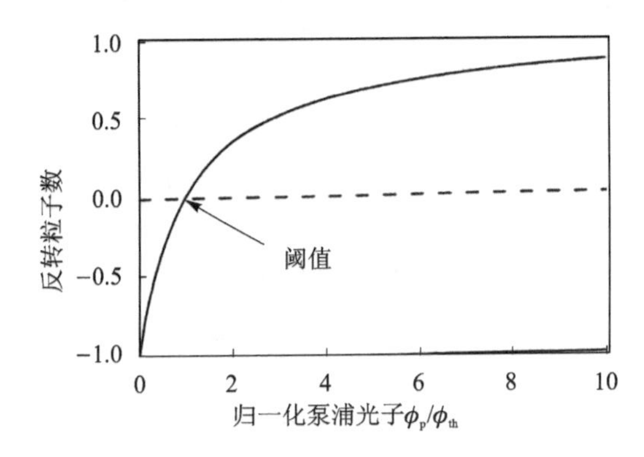

图 4.17 三能级系统部分反转粒子数示意图

单位面积、单位时间的泵浦光强度表示为：$I_{\mathrm{p}}=h\nu_{\mathrm{p}}\phi_{\mathrm{p}}$。泵浦光强度阈值就可以简写为

$$I_{\mathrm{th}}=\frac{h\nu_{\mathrm{p}}\Gamma_{21}}{\sigma_{\mathrm{p}}}=\frac{h\nu_{\mathrm{p}}}{\sigma_{\mathrm{p}}\tau_2} \tag{4.15}$$

式中，$\sigma_{\mathrm{p}}=2\times10^{-21}\ \mathrm{cm}^2$，$\tau_2\approx10\ \mathrm{ms}$，$I_{\mathrm{th}}\approx10\ \mathrm{kW/cm}^2$，$A_{\mathrm{eff}}=5\ \mu\mathrm{m}^2$，$P_{\mathrm{th}}=0.5\ \mathrm{mW}$。

对于典型的 Er^{3+} 参数，我们可以估计相应的 I_{th} 值，进而根据 $P_{\mathrm{th}}=I_{\mathrm{th}}A_{\mathrm{eff}}$ 可以求出对应的泵浦功率阈值。

3. 小信号增益

假定 N_1、N_2 和 N_3 是粒子数反转时的各能级粒子数密度，即单位体积粒子数目。信号场光强度 I_{s} 和泵浦场光强度 I_{p} 通过介质与粒子发生相互作用。对应的光通量写成：

$$\phi_{\mathrm{s}}=\frac{I_{\mathrm{s}}}{h\nu_{\mathrm{s}}} \tag{4.16}$$

$$\phi_{\mathrm{s}}-\frac{I_{\mathrm{p}}}{h\nu_{\mathrm{p}}} \tag{4.17}$$

假定光传输沿着单一 z（光纤的光轴）方向传输，因此可以将掺铒光纤中 Er^{3+} 在纤芯中的分布以及光场的模式等三维的问题简化为一个方向的问题来考察。

在一维条件下，光场的强度可以利用光场功率推导出来：

$$I(z)=\frac{P(z)\Gamma}{A_{\mathrm{eff}}} \tag{4.18}$$

式中，Γ 表示重叠因子，即 Er^{3+} 分布与光模场间的重叠；A_{eff} 是有效纤芯横截面积。

在经过一个极小的长度 dz 后，这两个光场会被衰减（基态 N_1 粒子吸收）或者放大（激发态粒子 N_2 和 N_3 的受激辐射）。

$$\frac{\mathrm{d}\phi_{\mathrm{s}}}{\mathrm{d}z}=(N_2-N_1)\sigma_{\mathrm{s}}\phi_{\mathrm{s}} \tag{4.19}$$

$$\frac{\mathrm{d}\phi_p}{\mathrm{d}z}=(N_3-N_1)\sigma_p\phi_p \tag{4.20}$$

在经过计算后,可以得到

$$\frac{\mathrm{d}I_s}{\mathrm{d}z}=\frac{\dfrac{\sigma_p I_p}{h\nu_p}-\Gamma_{21}}{\Gamma_{21}+2\dfrac{\sigma_s I_s}{h\nu_s}+\dfrac{\sigma_p I_p}{h\nu_p}}\sigma_s I_s N \tag{4.21}$$

泵浦光强度的变化可以写为

$$\frac{\mathrm{d}I_p}{\mathrm{d}z}=-\frac{\Gamma_{21}+\dfrac{\sigma_s I_s}{h\nu_s}}{\Gamma_{21}+2\dfrac{\sigma_s I_s}{h\nu_s}+\dfrac{\sigma_p I_p}{h\nu_p}}\sigma_p I_p N \tag{4.22}$$

再根据式(4.15)得到信号场获得增益的条件:

$$I_p\geqslant I_{th}=\frac{h\nu_p}{\sigma_p\tau_2} \tag{4.23}$$

式中,$\Gamma_{21}=1/\tau_2$,I_{th} 表示由信号波长得到增益的泵浦阈值强度。这与利用反转粒子数推导的结果是一致的,因此可以利用归一化强度表示。首先定义:

$$I'_p=\frac{I_p}{I_{th}} \tag{4.24}$$

$$I'_s=\frac{I_s}{I_{th}} \tag{4.25}$$

定义效率 η 为

$$\eta=\frac{h\nu_p}{h\nu_s}\frac{\sigma_s}{\sigma_p} \tag{4.26}$$

则饱和强度 $I_{sat}(z)$ 为

$$I_{sat}(z)=\frac{1+I'_p(z)}{2\eta} \tag{4.27}$$

这样可以得到归一化强度的传输方程:

$$\frac{\mathrm{d}I'_s(z)}{\mathrm{d}z}=\frac{1}{1+I'_s(z)/I_{sat}(z)}\left(\frac{I'_p(z)-1}{I'_p(z)+1}\right)\sigma_s I'_s(z)N \tag{4.28}$$

$$\frac{\mathrm{d}I'_p(z)}{\mathrm{d}z}=\frac{1+\eta I'_s(z)}{1+2\eta I'_s(z)+I'_p(z)}\sigma_p I'_p(z)N \tag{4.29}$$

只有当 $I_p\geqslant I_{th}$ 时信号的传输方程才能得到净增益,这也是我们期望得到的放大器的阈值条件。当 $I_p<I_{th}$ 时,信号光是衰减的;当泵浦光强度变大时,信号光才得到放大。

在小信号的情况下,$I'_s\ll I_{sat}$(对应于信号光弱、泵浦光强的情况),并假定泵浦光是沿光轴 z 均匀分布,为一个常数。这样积分后就得到一个沿光轴 z 的信号光强度函数:

$$I'_s(z)=I'_s(0)\exp(\alpha_p z) \tag{4.30}$$

其中增益系数 α_p 定义为

$$\alpha_p=\frac{I'_p-1}{I'_p+1}\sigma_s N \tag{4.31}$$

信号呈指数增长,与反转粒子数的反转程度以及信号受激辐射截面成比例。反转粒子数的程度由泵浦光强度与阈值的关系决定。当泵浦光强度是阈值的 3～4 倍时，近乎全部的 Er^{3+} 反转，增益系数可以近似写为

$$\alpha_p = \alpha_s N \tag{4.32}$$

综上所述，强泵浦条件下光纤单位长度的小信号增益简单地由 Er^{3+} 的浓度以及信号的发射截面决定。这就意味着，在 Al－Ge 为基质的掺铒光纤中 1 535 nm 附近的吸收截面等于辐射截面，因此在强泵浦条件下 1 535 nm 处的增益等于衰减。

4. 饱和区域

当信号光增大到一定程度时式(4.31)就失去了有效性，并进入了饱和区，此时 I'_s 与 I_{sat} 值相近。信号的增长由饱和因子 $1/(1+I'_s/I_{sat})$ 决定。实际上，当 I'_s 变得非常大时，I'_s/I_{sat} 值也变得很大，信号增长近似由下式决定：

$$\frac{dI'_s}{dz} = I_{sat}\left(\frac{I'_p - 1}{I'_p + 1}\right)\sigma_s N \tag{4.33}$$

可以看出信号增长是线性变化的。经过 L 长的光纤后信号增益 G 定义为

$$G = 10\log\frac{I_s(z=L)}{I_s(z=0)} \tag{4.34}$$

需要指出的是，饱和功率 I_{sat} 不是一个常数，而是随泵浦功率线性增大的，这是三能级系统期望发生的，如图 4.18 所示。饱和功率 I_{sat} 产生的过程是，在一个三能级系统中由于泵浦光场强使得能级 2 上的离子向下发生受激跃迁(对应信号光放大)并能够立即返回激发态能级。在高信号场的条件下维持一个高的反转粒子数必然需要产生一个信号光的高饱和强度值。图 4.19～图 4.28 所示为掺铒光纤放大器的仿真结果。

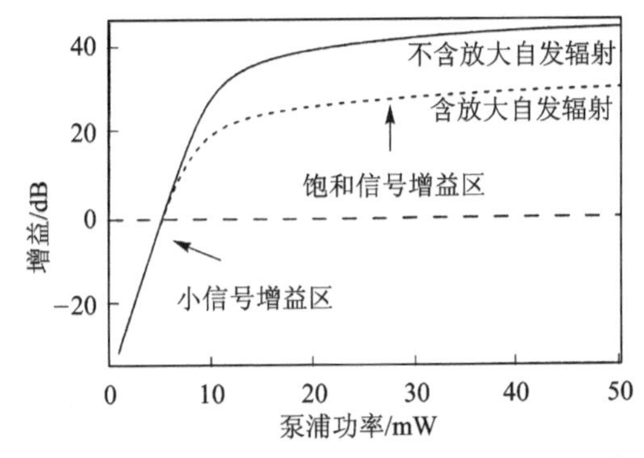

图 4.18 在 1 550 nm 信号增益作为 980 nm 泵浦功率的函数

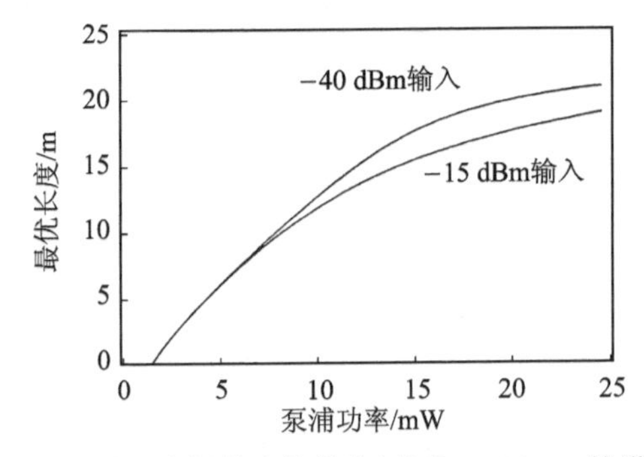

图 4.19 关于光纤长度的优化(考虑 1 530 nm 的增益)

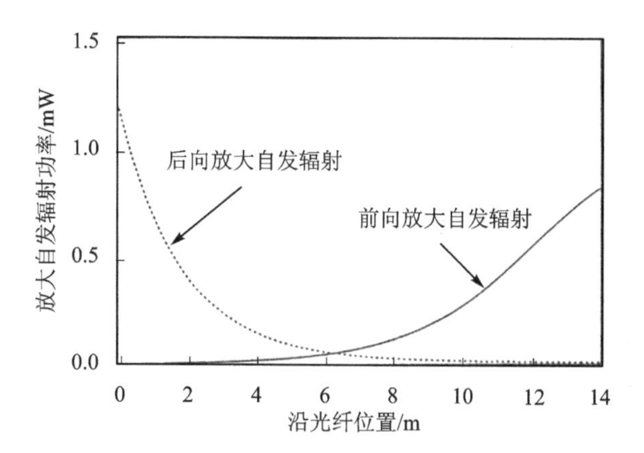

图 4.20　20 mW 980 nm 激光泵浦时前向和后向的 ASE 沿光纤长度的分布

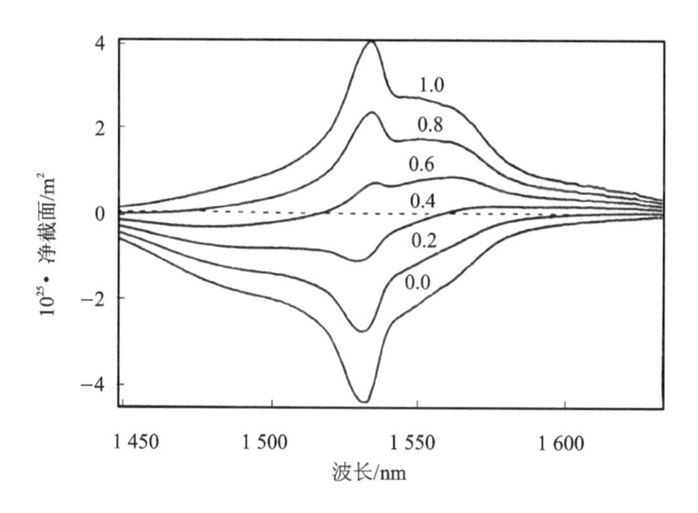

图 4.21　1.5 μm 附近的净截面(考虑不同上能级粒子数占总粒子数的比例)

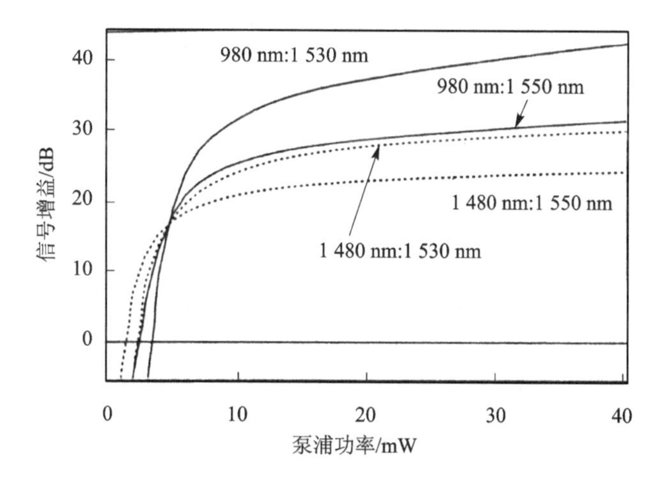

图 4.22　14 m 掺铒光纤不同泵浦波长信号的增益

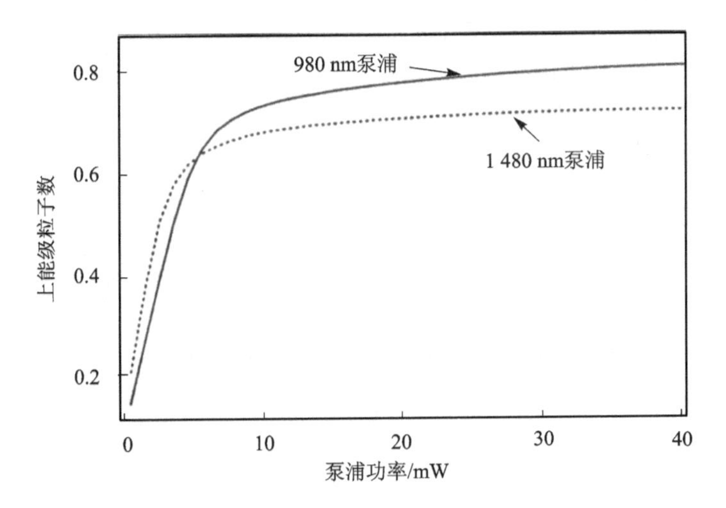

图 4.23 14 m 掺铒光纤上能级离子数与泵浦功率的关系

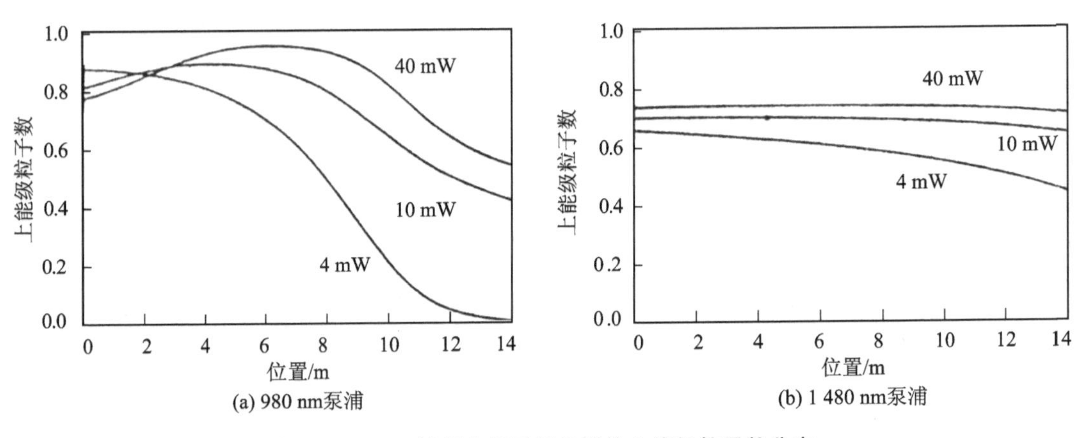

图 4.24 14 m 掺铒光纤不同位置的上能级粒子数分布

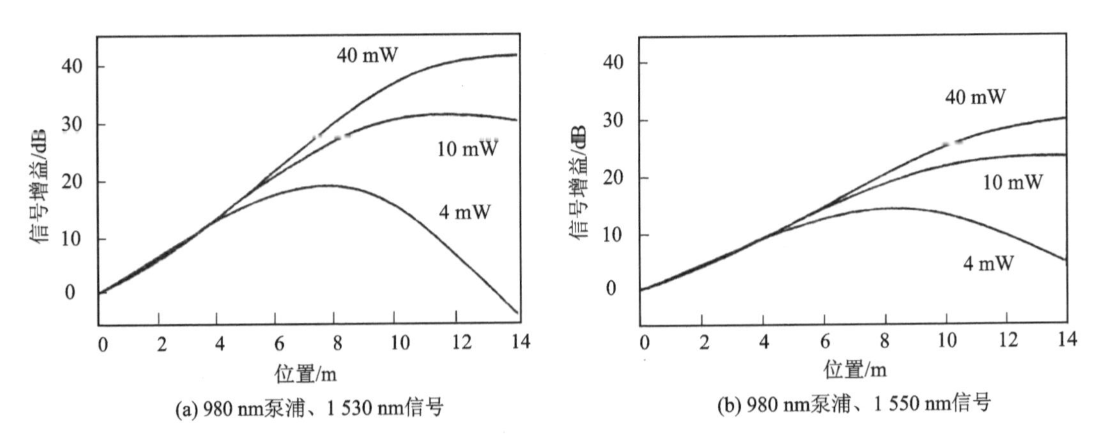

图 4.25 14 m 掺铒光纤不同位置的信号增益

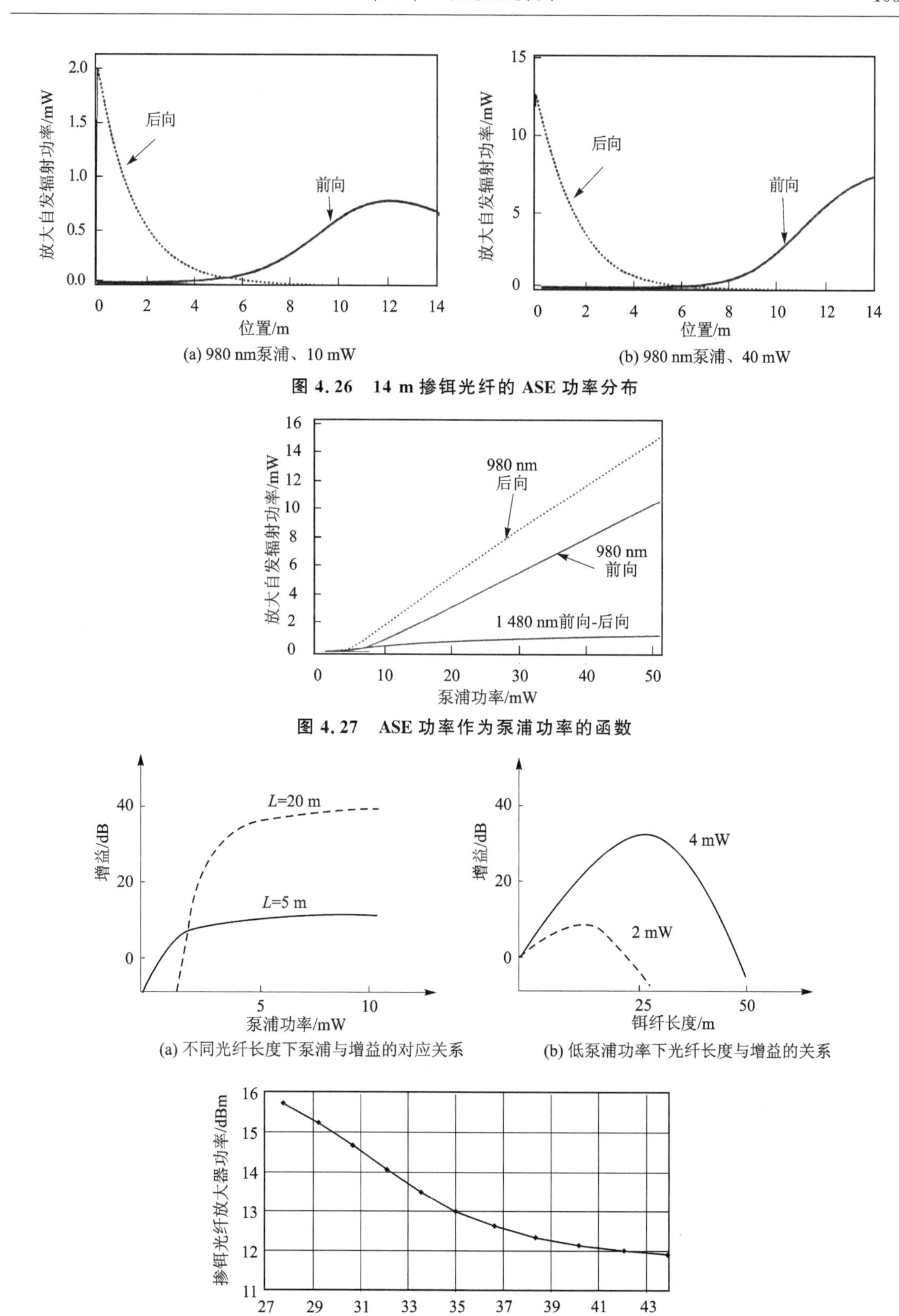

(a) 980 nm泵浦、10 mW

(b) 980 nm泵浦、40 mW

图 4.26 14 m 掺铒光纤的 ASE 功率分布

图 4.27 ASE 功率作为泵浦功率的函数

(a) 不同光纤长度下泵浦与增益的对应关系

(b) 低泵浦功率下光纤长度与增益的关系

(c) 增益与输出功率的对应关系

图 4.28 掺铒光纤放大器输出增益的相关仿真

噪声系数与泵浦功率的关系如图 4.29 所示。不难发现,对于一定长度的光纤,存在某一泵浦功率使噪声系数最小。

$$NF(dB)=10\lg\left(\frac{P_{ASE}}{h\nu GB_0}+\frac{1}{G}\right) \tag{4.35}$$

式中,h 为普朗克常数;ν 为信号光频率;G 为信号增益;B_0 为带宽;P_{ASE} 为带宽内 ASE 光功率。

对于多级级联的掺铒光纤放大器,其噪声表达式为

$$NF=NF_1+\frac{NF_2-1}{G_1}+\frac{NF_3-1}{G_1G_2}+\cdots+\frac{NF_n-1}{G_1G_2\cdots G_{n-1}} \tag{4.36}$$

两段掺铒光纤放大器每一级独立存在时噪声系数可以统一表示为

$$NF_{1st/2nd\ stage}=P_{in}-SNR_0\,[dB]-10\lg(hc^2\Delta\lambda/\lambda^3) \tag{4.37}$$

对于两段掺铒光纤放大器,其噪声系数有

$$NF=NF_1+\frac{NF_2-1}{G_1} \tag{4.38}$$

由此可见,对于两段级联掺铒光纤放大器,只要第一段的增益足够大,则其总噪声系数主要由第一级的噪声系数决定。

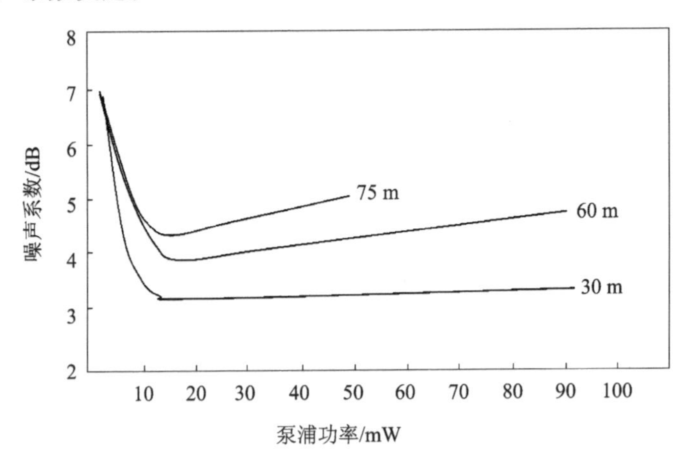

图 4.29 噪声系数与泵浦功率的关系

4.3.4 掺铒光纤放大器的噪声

在实际通信系统中,噪声对系统的影响至关重要。掺铒光纤放大器的噪声主要有:信号光的散粒噪声、ASE 光谱与信号光之间的差拍噪声、被放大的 ASE 谱的散弹噪声以及 ASE 光之间的差拍噪声。放大器的噪声系数随信号波长变化。

1. 噪声系数

噪声系数(Noise Figure,NF)单位为 dB,是输入信噪比与输出信噪比的比值,表达式为

$$NF(dB)=10\lg\left[\frac{(SNR)_{in}}{(SNR)_{out}}\right] \tag{4.39}$$

2. 掺铒光纤放大器在实际应用中面临的问题及结局方案

掺铒光纤放大器在实际应用中面临五个方面问题，其中第(4)和第(5)为工程中涉及的仪器或者设备的安全性问题，在此不做赘述。

(1) 增益不平坦

可以从以下三个方面进行优化：

① 选用掺铒光纤放大器增益平坦区。

② 选用带宽掺铒光纤放大器：

- 改变光纤的掺杂成分平抑增益波动；
- 在掺铒光纤放大器输出端加隔离器可以吸收最大增益点的功率，抑制增益波动。

③ 增益均衡技术。

- 工作原理：利用光均衡器的损耗波长特性和掺铒光纤放大器的增益波长特性相反，实现增益平坦。
- 常用的光增益均衡器：标准光滤波器、介质多层薄膜滤波器、光纤光栅滤波器等。

(2) 增益竞争

关于增益竞争，首先需要明确什么是增益竞争。波分复用系统中可同时放大多个波长，若其中某些波长(信道)输出光功率突然中断，泵浦能量会在剩余的信道重新分配，使剩余信道的增益增大。

增益竞争现象严重时(极限状态为只剩一个信道有输入光功率，该信道输出功率最大)使剩余信道的增益即输出光功率大大提高，会使这些信道接收光功率过载引起误码。

应对增益竞争的措施主要是采用增益锁定技术，有控制泵浦光源法和饱和波长法两种方法。控制泵浦光源法：监测掺铒光纤放大器的输入/输出光功率，当某些信道输入光中断时，输出和输入光功率比增大，这时可通过反馈电路控制掺铒光纤放大器泵浦功率，保持各通道输出功率稳定。饱和波长法：除工作波长外，系统发送另一波长称为饱和波长，正常时饱和波长输出功率小，当信道中断输入时，饱和波长功率自动增大，使各信道输出功率稳定。

(3) 色散影响

这是在光通信系统中尽管采用掺铒光纤放大器，色散仍然成为限制中继距离的主要因素。可采取的措施包括增加光中继器、采用色散补偿技术。

(4) 掺铒光纤放大器的安全性措施

自动功率切断(APSD)和重新启动功能，即当监测到信号丢失时，能自动关闭发送光功率和相应的线路放大器，而正常时又能自动恢复光发送和线路放大器的工作。

(5) 级联掺铒光纤放大器的噪声积累

系统设计时应校核接收端的光信噪比。这也是其他光放大器级联时必须解决的问题。

3. 掺铒光纤放大器增益钳制技术

在实际应用中，除了通过优化光纤长度和泵浦功率大小来改善增益系数以外，我们还需要进行增益钳制，也就是我们通常说的自动增益控制。

掺铒光纤放大器对信道的插入、分出或信道无光故障等因素引起的输入光功率的变化(较低速变化)能产生响应，即瞬态特性。瞬态特性使得剩余信道获得过大的增益，并输出过大的功率，而产生非线性，最终导致其传输性能的恶化，需进行自动增益控制。对于级联掺铒光纤放大器系统，瞬态响应时间可短至几十μs，要求增益控制系统的响应时间相应为几～几十μs。

电控法:如图 4.30 所示,监测掺铒光纤放大器的输入光功率,根据其大小调整泵浦功率,从而实现增益钳制,是目前最为成熟的方法。也可以在系统中附加一波长信道,如图 4.31 所示,根据其他信道的功率,改变附加波长信道的功率,从而实现增益钳制。

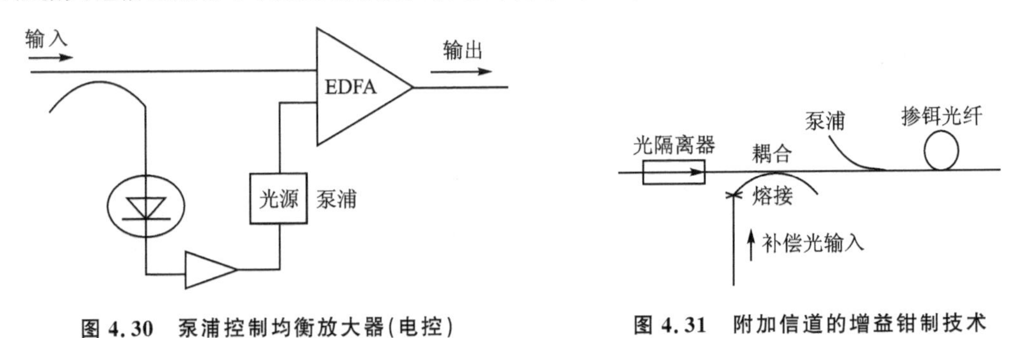

图 4.30 泵浦控制均衡放大器(电控)

图 4.31 附加信道的增益钳制技术

4.4 主振荡功率放大 MOPA 技术

4.4.1 概 述

高功率光纤激光器以其稳定性高、光束质量好、使用简单以及免维护功能等显著特点,成为全面提高当前传统激光器性能的先锋,成为激光产业技术改造的领航者,光纤激光器也被称为 21 世纪初最伟大的发明之一。在高功率光纤激光器的研究方面,1999 年突破了百瓦大关,在 2004 年已经实现了单纤输出功率达到千瓦以上,特别是 IPG 公司采用包层、多模、并行泵浦技术制成的掺镱光纤激光器,其最大输出功率已达到万瓦量级。

高功率光纤激光器大多选用掺镱双包层光纤作为增益介质。掺镱双包层光纤与普通非掺杂光纤相似,由于纤芯尺寸非常小,一般为几微米至几十微米量级,因此容易在光纤内部产生各种效应。在高功率光纤激光器谐振腔中,由于激光的高强度和相干性,使入射光在光纤中各类自发随机涨落的散射能够与后续入射光发生干涉,最终形成光强与入射光相当的散射光,即产生受激散射效应,如受激布里渊散射、受激喇曼散射等。饱和吸收效应一旦产生,会产生能量很高的脉冲。这些效应作用的结果是会产生高强度的信号,成为高功率光纤激光器的主要噪声来源,影响激光器输出稳定性,甚至损坏光纤。国内的研究已经发现光纤在大功率条件下损坏的问题较为突出,严重影响了大功率光纤激光器的实用化。

高功率激光在激光雷达、激光武器等领域有着非常广泛的应用。但要获得高功率的激光,仅靠激光(振荡)器来获取是很困难的,因为提高激光器的输出功率和其他指标(如光束发散角、单色性、调制性能等)要求是相矛盾的。故要保持激光束的优良特性,其工作物质的口径和长度都不宜太大。再者激光器内的激光束要多次往返通过工作物质,因此当输出功率很高时,工作物质就有被破坏的可能。目前获得高功率激光的途径还可以采用光纤放大器。

大功率窄线宽光纤激光系统作为光纤激光器的一个重要分支在相干合束、重力波传感器、自由空间光通信、激光雷达、非线性频率转换、光谱学、精密测量等领域有非常广泛的应用。目前单频光纤激光器已经实现了千瓦量级的大功率激光输出,且具有衍射受限的光束质量,然而这种大功率光纤激光器的频谱线宽在纳米量级,对于上述应用需要的窄线宽激光光源而言,显得太宽了。而单独采用光纤激光器虽然目前已经实现了线宽在 2 kHz 以内的单频激光输出,但其功率却在百毫瓦量级,远不能满足目前对大功率窄线宽激光的应用需求。

由于受各种条件因素制约，要想单纯依靠激光器本身实现窄线宽大功率输出难度极大，这是由于提高激光器功率会造成其他性能指标（如单色性、脉宽、调制性能、光束发散角等）的降低。因此，采用主振荡功率放大（Master Oscillator Power Amplifier，MOPA）技术进一步提高光纤激光系统输出特性成为大功率窄线宽光纤激光系统的主要实现方法。

主振荡功率放大技术是采用性能优良的小功率激光器作为种子源，种子激光注入由包层或特种掺稀土光纤构成的单级或多级光纤放大器系统，最终实现大功率激光输出。它的优势在于种子源与光纤放大器之间加入隔离器，从而避免了反馈，提高了各种非线性效应的阈值，整个系统输出激光的光谱、频率和脉冲波形等特性由种子源激光器决定，而输出功率和能量大小则依赖于放大器增益特性。因此，采用主振荡功率放大技术较易获得满足需求的大功率窄线宽激光。

4.4.2 基于 MOPA 技术的大功率窄线宽光纤激光系统

近年来，随着光纤制作工艺的不断完善，高功率光纤激光器/放大器的研究取得了长足的进步。

1. 国外发展状况

国外在大功率窄线宽连续激光放大方面的研究开展较早，成绩显著。1999 年，汉诺威激光中心（Laser Zentrum Hannover）Zawischa 和 Plamann 等人采用非平面环形腔激光器（NPRO）作为种子源（输出功率 750 mW，线宽位 kHz 量级），用掺钕光纤放大器，如图 4.32 所示；选用长约 30 m 的双包层光纤（芯径 11 μm、数值孔径（NA）0.11，内包层直径 400 μm、NA 0.38），缠绕在直径 22 cm 的圆盘上抑制高阶模，实现了单模输出。最终输出 1 064 nm 单模激光，功率达到 5.5 W，光—光转换效率达到 35%。从此开启了 MOPA 放大的研究热潮。

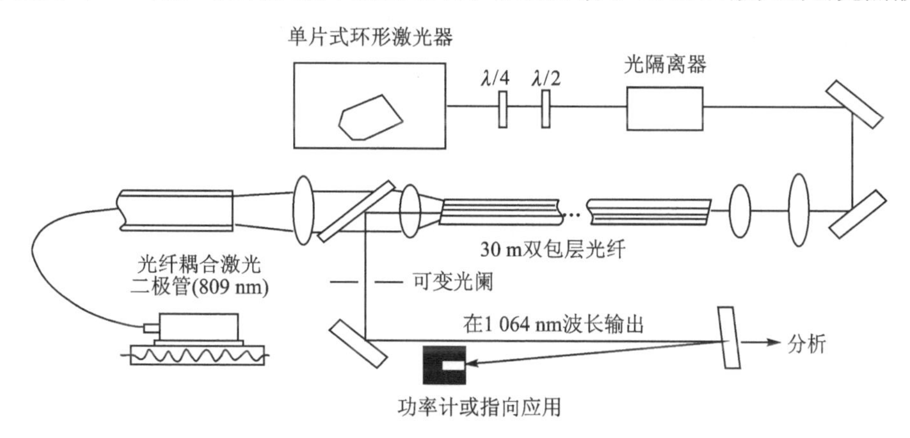

图 4.32 单频放大实验装置图

此后，随着掺杂光纤特性的提升，MOPA 光纤激光器的输出功率记录不断刷新，其中以 IPG、德国 Jena 大学高等技术物理研究所和 FSU 的应用物理所（Institute of Applied Physics at Friedrich - Schiller - University in Jena）以及英国的 SPI 和英国 Southampton 大学光电研究中心在该领域的研究最为突出。

2003 年，Jena 大学 Liem 等人采用大模场（LMA）双包层掺镱光纤放大器（芯径 30 μm、NA 0.06，D 型内包层直径 400 μm、NA 0.38，光纤长度 9.4 m）构建主放大器，获得了 1 064 nm 连续激光输出，$M^2=1.1$，功率达到 100 W，种子源同样选用 NPRO。该研究团队一直热衷于采用大模面积光纤作为增益介质的研究工作，从 2004 年开始逐渐转向光子晶体光纤放大器的研究，并取得了较大进展。2008 年，他们报道了用于光束合成的 1 kW 窄线宽大功率 MOPA 光纤激光系统，系统由三级放大器组成。第一级采用 0.6 m 长、20 μm/125 μm 的大模面积保偏光纤，第二级采用 1.2 m 长、30 μm/200 μm 的光子晶体光纤，主放大级则采用了 12 m 长、30 μm 芯径的光子晶体光纤进行放大，获得了约为 1 kW 的连续激光输出（$\Delta\lambda = 0.2$ nm），斜率效率为 77%，如图 4.33 所示。实验中，没有发现受激布里渊散射（Stimulated Brillouin Scattering，SBS）和受激拉曼散射（Stimulated Raman Scattering，SRS）等非线性效应。2009 年，他们采用四路放大器系统（每路输出 500 W）进行光谱合成，得到了功率 1.98 kW、光束质量 $M^2 < 2.0$ 的激光输出。

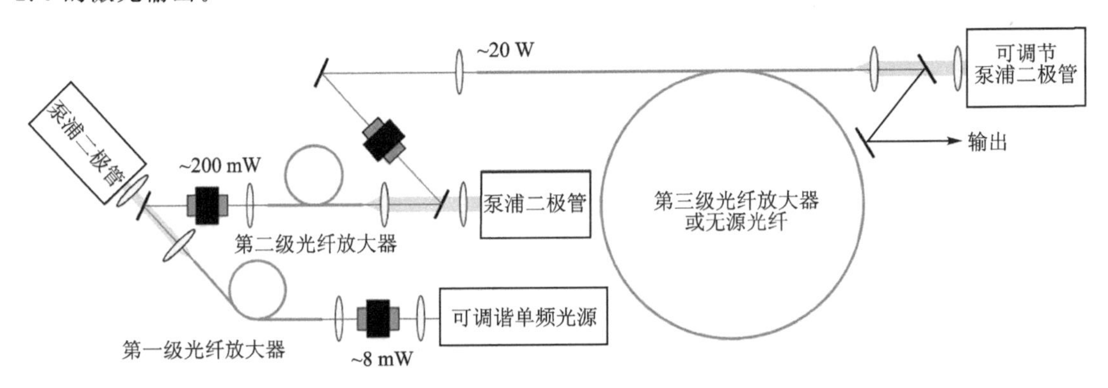

图 4.33　1 kW 窄线宽大功率 MOPA 光纤激光系统

Southampton 大学 D. N. Payne 和 J. Nilsson 等人于 2005 年报道了输出单频连续输出达到 264 W 的 MOPA 光纤激光器系统。他们选用 DFB 光纤激光器作为种子源，提供单频单偏振种子光；种子光在进入主放大级之前先后经过了四级掺镱光纤放大器，先后被放大到 250 mW、2 W 和 7 W，主放大器是由大芯径的双包层掺镱光纤组成，最终获得 264 W 单频单偏振激光输出，如图 4.34 所示。2007 年，该团队将输出功率进一步提高，采用的保偏双包层光纤长 6.5 m 的保偏双包层光纤（芯径25 μm、NA 0.06，D 型外包层直径 380 μm、NA 0.48）构建主放大器实现了 402 W 线偏振输出，采用长 9 m 的非保偏大芯径双包层光纤（芯径 43 μm、NA 0.09，D 型内包层直径 650 μm、NA 0.48）获得了 511 W 输出，最终受限于 SBS 不能获得更大功率。

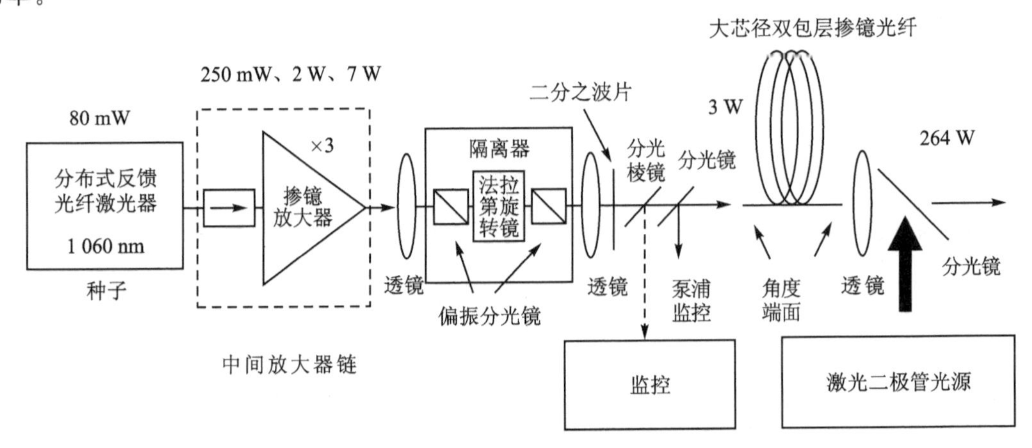

图 4.34　Southampton 大学 MOPA 光纤激光系统

此外，Hanover 大学、美国 Michigan 大学、Nufern 等科研团队也加入该领域研究，2008 年，Nufern 推出了输出 1 kW 的光纤放大器模块。目前，大功率 MOPA 光纤连续激光系统已经基本达到 kW 级，但是单频、窄线宽放大器中抑制 SBS 仍然是其突破 kW 的难点。同时，由于掺铥光纤制作工艺的提高，2009 年美国 Northrop Grumman 公司报道了 600 W 单频单模 2 040 nm 激光输出，如图 4.35 所示，主放大级光纤长 3.1 m，纤芯 25 μm、NA 0.08，内包层直径为 400 μm，弯曲缠绕后嵌入热沉，获得输出光束质量因子 $M^2=1.05$，线宽小于5 MHz。这是目前已知的最高功率单频掺铥光纤激光器。

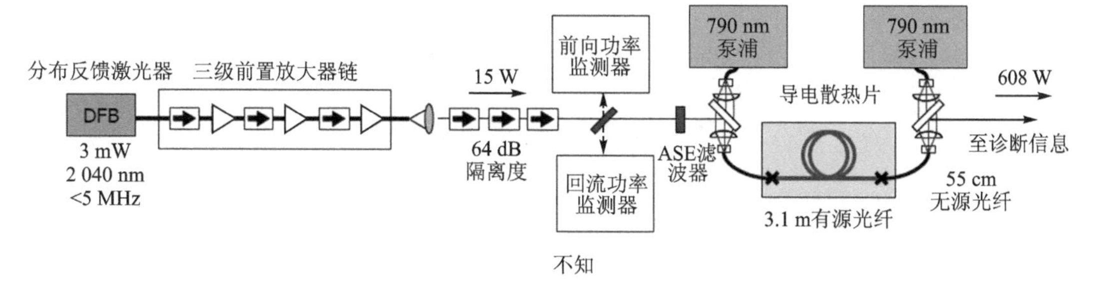

图 4.35　600 W 掺铥多级 MOPA 光纤激光系统

2. 国内发展状况

经过国内同行数年的努力，已经基本攻克了大功率光纤激光领域的关键技术，如包层泵浦技术、双包层光纤的设计和制备、激光耦合等。尤其是线形腔双包层激光器基本上已经接近世界先进水平。2000 年左右国内就已经对双包层光纤放大器进行了理论分析和数值模拟工作，中科院上海光机所、清华大学、南开大学和电子部 46 所等科研机构开始关注大功率光纤激光放大技术。2004 年开始，随着大功率光纤激光器关键技术的突破，大功率 MOPA 光纤激光技术的实验研究随即展开。2006 年，北京理工大学采用 1 064 nm 波长的 NPRO 作为种子源，长 4.4 m 的掺镱双包层光纤作为增益介质，获得了 6.65 W 单频连续激光的放大输出。一年后，又将输出功率提高到 16.1 W，用的是长为 10 m 双包层光纤(芯径 30 μm、NA 0.06，D 型内包层直径 400×320 μm)，输出光纤端面进行了斜 8°的研抛处理。

2007 年，南开大学郭占城等人用全国产器件构建了单频连续激光放大系统，采用电子部 46 所研制的双包层光纤(纤芯 30 μm、NA 0.07，D 型内包层 400×350 μm、NA 0.48)对 1 060 nm 单频激光进行放大，输出功率为 1.12 W。2007 年，中科院上海光机所张芳沛等人报道了单频 MOPA 光纤激光系统实验，采用长 5.3 m D 型大模面积双包层光纤(典型截面如图 4.36 所示)构成后向泵浦光纤放大器(见图 4.37)，对 200 mW 的 1 064 nm 单频激光进行放大，获得 7.3 W 输出，斜率效率为 39%。

近两年，随着研究的深入，连续激光 MOPA 系统输出功率不断被刷新。上光所和清华大学发展势头最为迅猛，逐渐接近国际先进水平。2007 年，清华大学报道了全光纤 MOPA 系统，实现了 175 W 的连续激光输出。2008 年，他们又报道了全光纤 MOPA 激光系统实验。该系统由激光振荡器和两级放大器组成(如图 4.38 所示)，采用 ITF 生产的 7×1 和(6+1)×1 端面泵浦合束器(end-pumped combiner)实现包层泵浦，各级放大器之间通过 Vytran FFS2000 熔接机熔接；振荡器中掺镱双包层光纤(芯径 20 μm、NA 0.06，八边形内包层直径

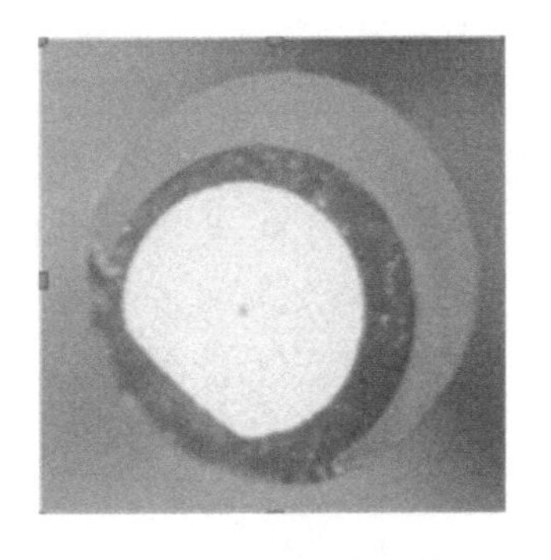

(a) 从光纤另一端照射光纤后的双包层光纤

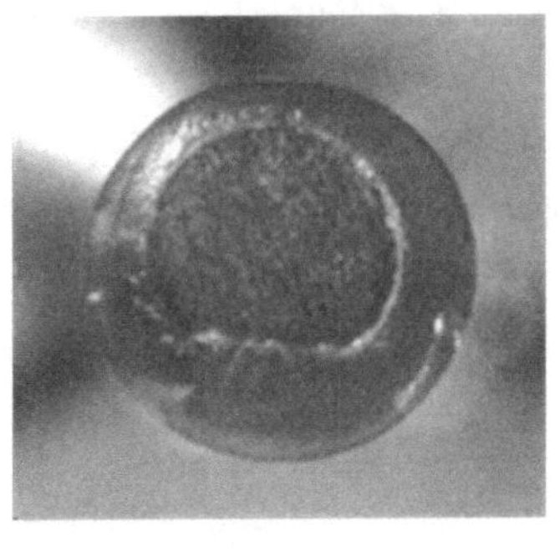

(b) 端面未处理的双包层光纤

(c) 端面切割后的双包层光纤

图 4.36 各种情况下的双包层光纤端面

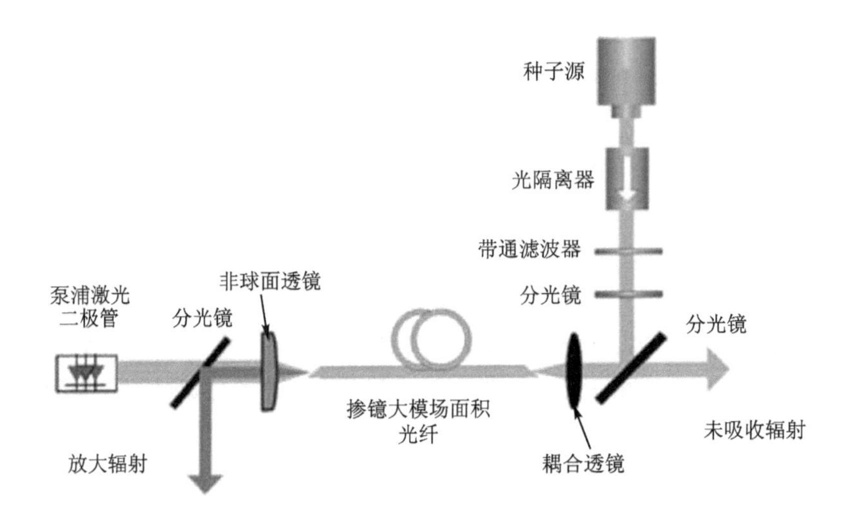

图 4.37 2007 年中科院上海光机所报道单频光纤放大器

400 μm、NA 0.36)为 Nufern 生产，长约 10 m，两端刻蚀了一对光纤光栅实现振荡反馈和选模；两级放大器中光纤与振荡器中光纤一致，分别为 13 m 和 14.5 m；通过若干光纤耦合 LD 实现泵浦，获得了 300.7 W 连续激光输出(波长 1 085 nm，$\Delta\lambda=0.15$ nm)，光束质量因子 $M^2<2$。光—光转换效率达到 65%。

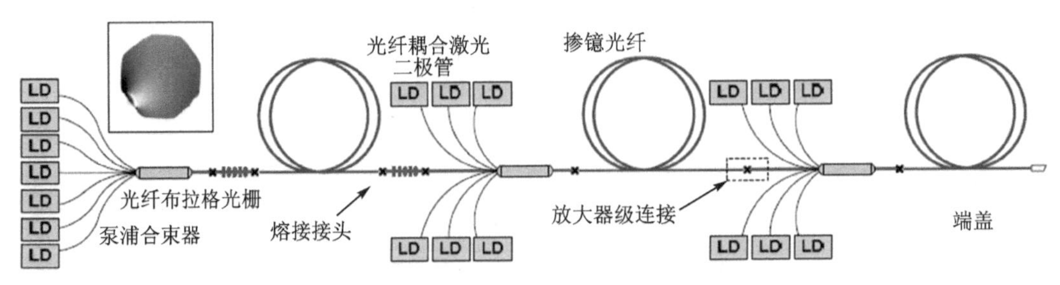

图 4.38 清华大学级联连续光 MOPA 系统

3. 发展趋势分析

在许多应用场合，采用 MOPA 技术构建的光纤激光系统成为理想的光源。当前，围绕着相干合成、医疗、工业制造、激光雷达、激光遥感以及军事等领域的应用需求，大功率 MOPA 光纤激光技术进展迅速，是激光领域的研究热点。

窄线宽、单模和单偏振激光的大功率放大是光纤激光相干合成的关键环节，要实现 100 kW 相干合成光纤激光器的研究目标，至少需要每路放大器输出激光达到 kW 量级。窄线宽激光放大时，非线性效应（主要是 SBS）的阈值较低，成为放大器系统达到 kW 级的最大障碍。如何在实现 MOPA 系统大功率运转的同时提高输出光束质量是当前和未来具有挑战性的课题。模式控制研究和大模场面积光纤结构设计将是提高光纤激光系统输出特性的关键技术。

当前，在公开报道的一些 kW 级 MOPA 系统中，主放大级中都是采用透镜直接耦合端面泵浦的方式。端面泵浦技术相对简单、易于实现，但是光纤端面需要同时承受泵浦光和激光两方面的压力，功率过于集中，很容易造成损伤和各种热效应。相比之下，侧面泵浦技术则是光纤激光系统进一步扩展功率的关键。在我国近年来侧面泵浦技术已经实现工程化。总的说来，大功率窄线宽 MOPA 光纤激光系统优势明显、应用广泛，当前关键技术逐渐得到突破。

4.4.3　面临的问题以及技术重点和难点分析

1. 面临的问题

MOPA 激光放大器要求工作物质具有足够的反转粒子数，以保证光信号通过它时得到的增益大于介质内部各种损耗；另外，为了得到共振放大，要求放大介质有与输入信号相匹配的能级结构；因此多采用掺镱光纤作为放大介质。激光放大器与激光器基于同一物理过程，工作物质在光泵浦的作用下，处于粒子数反转状态，当从激光器产生的光信号通过它时，由于入射光频率与放大介质的增益谱线相重合，故激发态上的粒子在外来光信号的作用下产生强烈的受激辐射。这种辐射叠加到外来光信号上而得到放大，才能输出较原来激光亮度高得多的出射光束。因此，需要对单级和多级行波掺镱光纤放大器进行理论和试验研究，探讨信号在大功率放大的过程中的各种理论和实际问题。如何实现更高功率水平的稳定激光输出，减小掺镱光纤放大器的体积，探讨在掺镱光纤放大器模块化的过程中出现的耦合、扩束等各种问题以及寻求解决办法，成为当务之急。

放大器级联是大功率条件下的常用方法，尽管非线性效应的阈值在单个模块中能够实现稳定输出，但是级联后如何抑制各种非线性效应仍然成为研究的核心。

2. 技术重点和难点分析

技术重点和难点主要体现在以下几个方面：

(1) 小功率信号放大的功率水平控制

由于采用掺镱光纤作为增益介质，具有宽带吸收和宽带发射的特点，加上大功率放大，如果输入的信号功率小，很容易湮没在泵浦源的噪声信号中，因此如何保障小功率信号能够有效地实现大功率放大成为研究的技术重点和难点之一。

(2) 大功率掺镱光纤放大器模块化级联

集中进行减小模块体积、光束质量控制以及能量在模块间传输以避免非线性效应的有效方法,获得实用化模块是该项目的技术重点与难点之一。一般地,总体方案设计分为单个模块和多个模块级联两个部分。如图 4.39 所示,单个模块主要完成功率水平的放大,如果单个使用还需要输出控制部分,该部分主要解决输出光束质量的问题。

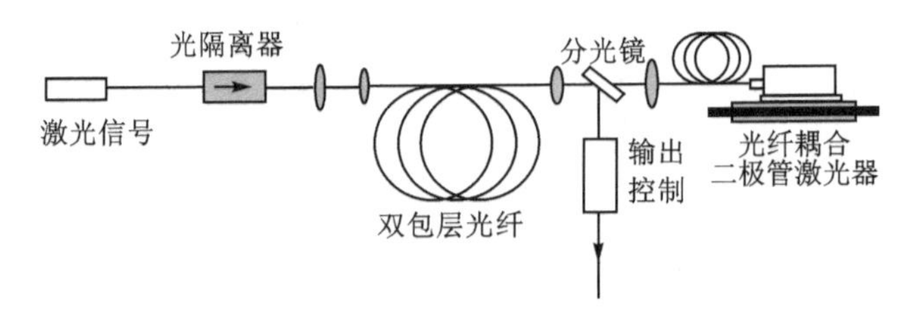

图 4.39 大功率掺镱行波放大器原理图

多个模块的级联需要处理的问题较多,最主要的是如何避免非线性效应和光纤端面的处理以及耦合问题。图 4.40 所示为大功率级联光纤放大器示意图。首先需要在单个模块中将各个模块扩束、耦合,然后再解决非线性效应的影响问题。

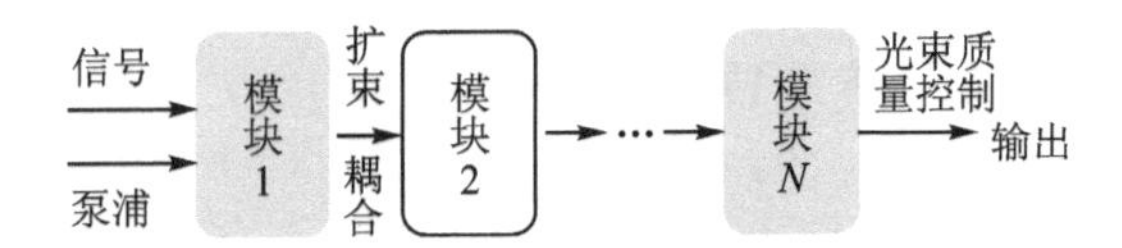

图 4.40 大功率级联光纤放大器示意图

习 题

4.1 掺铒光纤放大器的关键技术指标有哪些?

4.2 放大器经常采用级联的方法,一般不超过多少级,为什么?

4.3 什么时候使用小信号增益系数,什么时候使用大信号增益系数?如何获得大信号增益系数?

4.4 放大器的种类有哪些?放大器速率方程和激光器速率方程的区别是什么?

4.5 光纤放大器作为中继器时的特点是什么?如何改善?

4.6 双向泵浦方式是否适合掺镱光纤放大器?

参考文献

[1] 申人升,张玉书,杜国同. 光纤激光器研究进展[J]. 半导体光电,2009,30(1):1-5.

[2] Liem A, Limpert J, Zellmer H, et al. 100-W single frequency master-oscillator fiber power amplifier [J]. Opt. Lett , 2003, 28(17):1537-1539.

[3] Zawischa I, Plamann K, Fallnich C, et al. All-solid-state neodymium-based single frequency master-oscillator fiber power-amplifier system emitting 5. 5-W of radiation at 1064nm [J]. Opt. Lett, 1999, 24(7):469-471.

[4] Wirth Chr, Schmidt O, Tsybin I, et al. 1-kW narrow-linewidth fiber amplifier for spectral beam combining [J]. DH/LACSEA,2008:WA6.

[5] Wirthl Chr, Schmidt O, Tsybin I, et al. 2-kW incoherent beam combining of four narrow-linewidth photonic crystal fiber amplifiers [J]. Optics Express, 2009, 17(3):1178-1183.

[6] Jeong Y, Nilsson J, Sahu J K et al. Single-frequency, single-mode, plane-polarized ytterbium-doped fiber master oscillator power amplifier source with 264 W of output power [J]. Opt. Lett, 2005, 30(5): 459-461.

[7] Jeong Y, Nilsson J, et al. Power scaling of single-frequency ytterbium-doped fiber master-oscillator power-amplifier sources up to 500 W[J]. IEEE Journal of Selected Topics in Quantum Electronics, 2007, 13(3):546-551.

[8] Goodno G D, Book L D, Rothenberg J E. 600-W, Single-Mode, Single-Frequency Thulium Fiber Laser Amplifier[J]. SPIE,2009,7195.

[9] 孙文峰,赵长明,杨苏辉,等. 6.65 W 输出二极管抽运双包层光纤单频放大器[J]. 北京理工大学学报,2006,26(1):60-62.

[10] 孙鑫鹏,赵长明,杨苏辉,等. 16.1 W 输出 1 064 nm 连续单频光纤放大器的实验研究[J]. 北京理工大学学报,2007,27(6):532-535.

[11] 郭占城,贾秀杰,付圣贵,等. 基于全国产器件的大模场面积掺镱双包层光纤放大器的实验研究[J]. 南开大学学报(自然科学版),2007,40(4):66-69.

[12] Zhang F P, Lou Q L, Zhou J. 7.3-W single-frequency master-oscillator fiber power amplifier with China-made double-clad fiber [J]. Chinese Optics Letters, 2007, 5(6):322-324.

[13] Yan P, Yin S P, et al. 175-W continuous-wave master oscillator power amplifier structure ytterbium-doped all-fiber laser [J]. Chinese Optics Letters, 2008, 6(8):580-582.

[14] Yin S, Yan P, Gong M. End-pumped 300 W continuous-wave ytterbium doped all-fiber laser with master oscillator multistage power amplifiers configuration [J]. Optics Express, 2008, 16(22): 17864. 17869.

[15] Kong L, Lou Q, Zhou J, et al. 133-W pulsed fiber amplifier with large mode area fiber [J]. Opt. Eng. Lett. , 2006, 45(1):010502.

[16] Cheng M Y, Chang Y C, Galvanauskas A, et al. High-energy and high-peak-power nanosecond pulse generation with beam quality control in 200-μm core highly multimode Yb-doped fiber amplifier [J]. Opt. Lett. , 2005, 30(4):358-360.

[17] 韦文楼,欧攀,闫平,等. 双包层光纤的侧面抽运耦合技术[J]. 激光技术,2004,28(2):116-120.

[18] Fidrie B G, Dominic V G, Sanders S. Optical couplers for multimode fibers:6434302 [P]. 2002-08-13.

[19] Koplow J P. Method for coupling light into cladding-pumped fiber sources using an embedded mirror:6704479[P]. 2004-03-09.

[20] Hakimi F, Hakimi H. Side pumped optical amplifier and lasers:6370297[P]. 2002-04-09.

[21] Amos A H, Oron R. Signal amplification in strongly pumped fiber amplifiers [J].

IEEE J. Quantum Electron, 1997, 33(3):307-313.

[22] Kelson I, Amos A H. Strongly pumped fiber lasers [J]. IEEE J. Quant. Eletron, 1998, 34(9):1570-1577.

[23] Kelson I, Amos A H. Optimization of strongly pumped fiber lasers [J]. IEEE J. Quant. Eletron, 1999,17(5):891-897.

[24] Agrawal G P. Nonlinear Fiber Optics [M]. 3rd ed. Beijing: Publishing House of Electronics Industry, 2002.

第5章　光纤激光器及其相关技术

5.1　概　述

进入21世纪以来，光纤激光器经历长足的发展，从光纤器件到光纤放大器、光纤激光器等在当今社会已经商用化，应用领域日益广泛和精细化，其基本结构如图5.1所示，主要由三部分组成：产生光子的增益介质光纤、使光子得到反馈并在增益介质中进行谐振放大的光学谐振腔和使激光介质处于受激状态的泵浦源装置。

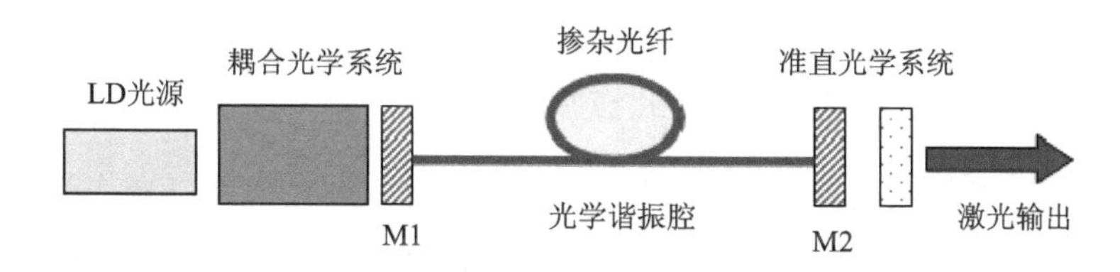

图5.1　光纤激光器的基本结构

光纤激光器的研究始于20世纪60年代。激光器问世不久，美国光学公司的E. Snitzer等就在光纤激光器领域进行了开创性的工作，先后在1963年和1964年就已经发表了多组分玻璃光纤中的光放大结果，并提出了光纤激光器和光纤放大器的构思。1966年，高锟和Hockham首先讨论了利用光纤作为通信介质的可能性，提出了光纤通信的新观点。1970年，美国康宁公司研制成功了第一根低损耗光纤。而80年代英国Southampton大学的S. B. Poole等用MCVD法制成了低损耗的掺铒光纤，使光纤激光器进入了实用化阶段，并显示出十分诱人的应用前景。到目前为止，单模光纤激光器的输出功率已经从原来的毫瓦量级提高到千瓦量级。

光纤激光器是半导体激光器的有力竞争者，光纤激光器的优势可以概括为以下几点：

① 光纤作为导波介质，纤芯直径小，纤内易形成高功率密度，可方便地与目前的光纤通信系统高效连接；光纤的激光器具有高转换效率、低阈值、高增益、输出光束质量好和线宽窄等特点。

② 由于光纤具有极好的柔绕性，激光器可设计得相当小巧灵活、结构紧凑、体积小、易于系统集成、性能价格比高。

③ 由于光纤具有很高的表面积/体积比，散热效果非常好，所以光纤激光器可以工作在−20～70 ℃的环境温度内，不需要庞大的水冷系统，只需简单的风冷即可，且可在恶劣的环境下工作，如在高冲击、高震动、高温度、有灰尘的条件下正常运转。

④ 具有相当好的可调谐参数和选择性，能获得宽调谐范围（380～3 900 nm）和相当好的单色性和高稳定性，使用寿命长，平均无故障工作时间在10 kh甚至100 kh以上。

⑤ 采用特殊的器件结构可获得高功率输出或超短脉冲输出。

随着光纤制作工艺的不断进步以及半导体材料的研究进展，光纤激光器的各方面性能都有了很大进展。目前研究主要集中在双包层光纤激光器、锁模光纤激光器、光子晶体光纤激光器、超短脉冲光纤激光器、窄线宽光纤激光器以及多波长光纤激光器等几个方面。尤其是包层泵浦技术的出现,使得光纤激光器突破了弱光子源的限制,向着更高、更精、更加可靠以及商业化的方向快速发展。本章以大功率光纤激光器为例,从源头对光纤激光器进行详细的说明和具体的分析。大功率光纤激光器结构简单、对元器件的要求高,在激光器设计方面高功率情况下容易出现这样或者那样的问题,需要考虑的因素多,因此对科研人员有重要的实践指导价值。

5.2 大功率光纤激光器

作为第三代激光技术的代表,光纤激光器被称为21世纪初最伟大的发明之一。特别是高功率光纤激光器以其高稳定性、好的光束质量、简便的使用方法以及真正的免维护功能等显著特点,成为全面提升当前传统激光性能以及激光产业技术改造的先锋和领航者。

5.2.1 大功率光纤激光器的研究进展

目前稀土类掺杂光纤激光器已经进入实用化阶段,成为固体激光器和半导体激光器的有力竞争者,特别是稀土掺杂光纤激光器的工作波长可以与光纤通信的几个重要窗口相匹配,并且因其损耗低、增益偏振无关、易于耦合、信号串扰小等特点在光纤通信领域得到了迅速发展。近年来光纤技术包括单模低损耗光纤,稀土元素掺杂光纤技术和光纤耦合技术等大功率半导体激光技术的突破性进展,使得光纤激光器打破了原来人们一直认为的小功率器件的观念,在大功率光纤激光器的研究领域取得了惊人的成绩。

大功率光纤激光器具有光束质量好、寿命长、转换效率高的优点,其主要性能已明显优于半导体激光泵浦固体激光器和CO_2激光器。从发展态势看,光纤激光器不仅在光纤通信领域有重要的应用,而且迅速地向其他更为广阔的激光应用领域扩展。

1. 单根光纤输出功率向千瓦级发展

随着包层泵浦技术和双包层光纤制作工艺的发展,光纤激光器输出功率已提升到了千瓦级水平。进一步提升单根光纤激光的输出功率,是高功率光纤激光的一个主要发展方向。2002年德国Jena光纤研究所J. Limpert报道了采用双波长(808 nm、975 nm)LD泵浦45 m Nd^{3+}/Yb^{3+}共掺双包层光纤可以获得150 W的激光输出。2003年2月SPI宣布Yb^{3+}光纤和Er^{3+}光纤分别实现了270 W(1 080 nm)和100 W(1 565 nm)单模激光输出;7月SPI宣布实现了600 W光纤激光($M^2=2.7$)输出。2004年,英国Southampton University和SPI报告了采用D形双包层光纤,纤芯直径约43 μm,单根光纤可获得千瓦级激光功率输出($M^2=3.4$)。图5.2所示为1 kW光纤激光器示意图。目前千瓦级光纤激光器已经商用,每年的需求量较大。

2. 连续光纤激光向高功率脉冲光纤激光发展

连续光纤激光器一般采用法珀腔结构,可获得高功率激光输出,但其功率密度较低,脉冲光纤激光即成为新的研究热点。脉冲输出双包层光纤激光器一般有三种实现方式:

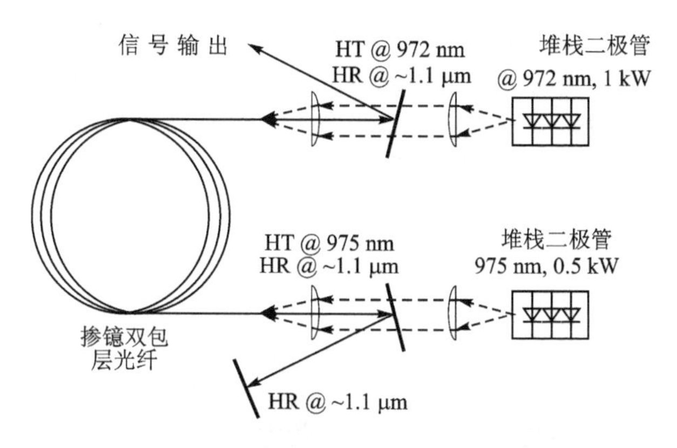

图 5.2　1 kW 光纤激光器实验示意图

① 调 Q 光纤激光器，一般通过在腔内放置声光调 Q 元件或熔接一段常规光纤，借助普通光纤中的受激布里渊散射(SBS)来实现脉冲激光输出，与连续光纤激光器相比，峰值功率可提高 1 个数量级，脉冲能量可从 μJ 提高到 mJ 量级；但相对于连续光纤激光来说，其光学调整要求较高，难以获得高脉冲能量和高平均功率的激光输出。目前报道的调 Q 光纤激光器平均功率在瓦级。

② 利用光纤中非线性偏振旋转，采用环形腔结构实现脉冲锁模光纤激光输出，但环形系统较为复杂，且难以获得高功率输出，主要用于某些特殊场合。

③ 基于种子放大(MOPA)的脉冲光纤激光器，采用高光束质量、小功率固体激光作为种子光源，双包层光纤作为放大器，可以直接利用连续产生光纤激光的泵浦方法，获得高峰值能量的脉冲激光输出。根据所用种子光源的不同，可实现对窄线宽、ps 和 fs 级脉冲激光的高功率放大。因而 MOPA 方式是实现高功率脉冲光纤激光的理想方式。

3. 光纤激光组束合成向相干合成发展

由于非线性效应和热效应等因素的限制，单根光纤输出功率有限，将多个高功率光纤激光器的输出合成，可获得更高功率激光输出。合成可分为组束合成和相干合成两种。光纤激光组束合成是将各个光纤激光的输出通过光学元件组合为一束，各个光纤激光之间没有相位关系，是非相干的，这种方法可使激光总功率提高，但光束质量相对于单根光纤激光变差许多，如图 5.3 所示。

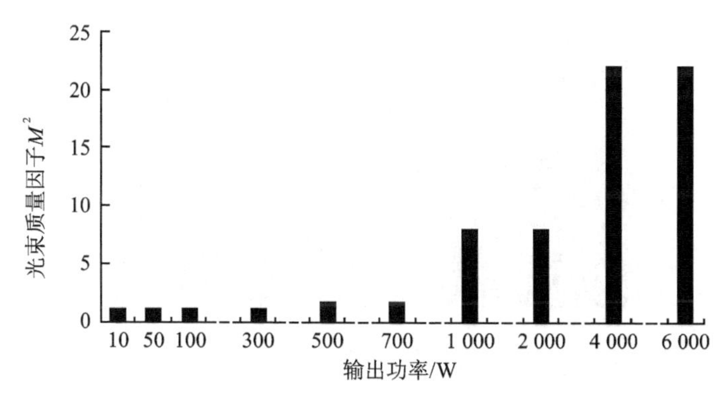

图 5.3　组束合成光束质量随输出功率提高而下降

为了在提高输出功率的同时,保证光纤激光的输出光束质量,研究人员提出了高功率光纤激光相干合成技术。光纤激光相干合成技术可分为两种:一种是振荡合成,将多个掺杂光纤输出按一定方式排列,通过共用一个谐振腔,借助于各个光纤激光的反射衍射效应,获得相干高功率激光输出;另一种是 MOPA 合成,多个双包层高功率光纤放大器共用一个种子光源,采用精密调相技术实现多个放大激光的相干耦合输出,其原理如图 5.4 所示。Northrop Grumman 航空技术研究所建立了 7 个光纤激光相干合成技术实验装置,并实现了在小功率下 4 个光纤激光的精确调相和相干耦合输出。

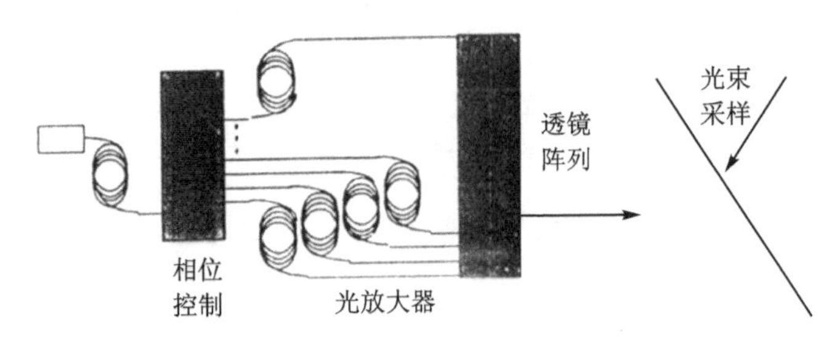

图 5.4 MOPA 光纤激光相干合成原理

此外,利用衍射光栅实现不同波长光纤激光相干合成,目前已经有两个百瓦级光纤激光器通过体全息 Bragg 光栅合成的报道。随着光纤制备工艺的发展,采用多芯双包层光纤实现高功率相干激光输出,也将是一个非常有前景的发展方向。

特别需要指出的是,IPG Photonics 公司异军突起,不仅展示了 S、C、L 波段的各种光纤放大器,高功率的 EDFA,Raman 光纤激光器和双波长 Raman 光纤激光器,更引起国际关注的是该公司已推出各种商用掺镱高功率光纤激光器,最大功率达 10 kW;单模输出功率高达 1 kW,光束质量非常好,其 $M^2<1.1$。这也是目前世界上的最高水平。如图 5.5 所示,通过将多台百瓦级光纤激光组合,IPG 公司已经得到 2 kW、4 kW、6 kW 甚至 10 kW 的光纤激光输出,对于 1 kW 的光纤激光器,光束质量因子 $M^2\approx10$。国内武汉锐科光纤激光技术股份有限公司异军突起,公司主要产品包括 10~2 000 W 的脉冲光纤激光器;10~30 000 W 连续光纤激光器;75~450 W 准连续光纤激光器;80~8 000 W 直接半导体激光器等,将商用光纤激光器产品的技术指标推向新高度。图 5.6 所示为武汉锐科光纤激光技术股份有限公司的激光器。

图 5.5 IPG 公司光纤激光器

图5.6 武汉锐科光纤激光技术股份有限公司的激光器

4. 国内研究进展

进入21世纪以来，国内有众多的高校和研究所拉开了双包层掺镱光纤激光器的研究工作的大幕。2004年，中科院上海光机所得到440 W的激光输出功率，光—光转换效率接近70%，在该项目的研究中，已经申请了十几项专利技术。南开大学在研制出短脉冲光纤激光器的同时，大胆创新，率先研制出了双包层光纤光栅，为双包层光纤激光器的全光纤化研究迈出了重要一步。武汉烽火通信成功推出了完全达到商用水平的双包层掺镱光纤产品。据悉，通过上海光机所试用，其斜率效率达到66%以上。

进入21世纪，光纤激光技术发展迅速，下面以《光明日报》2016年7月10日1版上的报道进行说明。该篇报道的题目是《闫大鹏改变激光产业全球格局：追梦，追光，国家利益至上》。

1996年，2006年，2016年，看似简单的间隔10年的数字与时间更迭。1996年光纤激光器在美国悄然兴起，而在中国却鲜为人知。这种激光器由头发丝细的光纤来释放激光能量，可广泛应用于通信、医疗、化工和国防军工等领域。其能量转换效率比传统激光器提高20%，且耗电低，体积小，无噪声、无污染。

“国家利益高于一切”“创造中国人的光纤激光器产业链”。2006年，闫大鹏随海外高端人才代表团到武汉参加“华创会”，当时，国内激光龙头企业华工科技也正在寻求一名领军人物。双方一拍即合，很快创办了国内第一家光纤激光器生产企业——锐科公司。从此，闫大鹏开启了改变激光产业的全球格局之旅。

国产光纤激光器要站稳脚跟，融入世界竞争大潮，一定要创造一条“中国人自己的光纤激光器产业链”。此举打破了国外企业在光纤激光器领域的垄断，也直接拉低了进口产品的价格，降幅达60%甚至更多。以往，用于打标的20 W脉冲激光器美国售价15万元，现在锐科公司生产的售价1.2万元，并且性能完全可与国外产品分庭抗礼。2013年，中国首台大功率光纤激光器在锐科公司问世，这一技术是中国工业发展的重要里程碑，标志着中国光纤激光器自主研发能力已达到世界一流水平。

5.2.2 大功率光纤激光器的应用展望

激光是近代物理学量子理论和近代光学的伟大成果。激光技术作为一门应用和工具性很强的学科，处于当代科学技术的前沿。激光的出现开拓了一个崭新的科技发展天地，衍生了量子光学、全息光学、非线性光学、激光光谱学、集成光学等基础和应用技术科学以及光通信、光存储、光学信息处理、精密测量、光纤传感、激光引发惯性约束核聚变、材料加工和激光医学等广阔的技术应用领域。

1. 激光器的应用方向以及总的发展趋势

激光出现以后，首先被应用于军事目的。激光在军事领域的应用包括：激光测距、激光寻的、激光制导、激光通信、光电对抗、激光雷达、战术和战略激光武器、激光探测潜艇等。

激光在工业上的应用包括激光加工、激光测量、激光准直等方面。激光加工是激光在工业应用中最主要的方向，特别是针对微电子加工业。

总的来说，激光技术的发展趋势为：小型化、集成化、全固化、实用化；不断开拓新的工作波段，尤其向紫外、红外区扩展；拓宽可调谐范围；提高输出功率和能量；压缩脉冲宽度和线宽；改善光束质量；探索新的工作机制和增益介质等。

2. 大功率光纤激光器的应用前景

激光在军事领域的应用包括：激光测距、激光寻的、激光制导、激光通信、光电对抗、激光雷达、战术和战略激光武器、激光探测潜艇等。激光在工业上的应用包括激光加工、激光测量、激光准直等方面。在工业应用中激光加工是激光应用的最主要方向，特别是针对微电子加工业。不同应用方向对大功率激光器都有不同的需求。

(1) 民　用

民用方面，图 5.7 给出了大功率光纤激光器应用范围与激光功率、光束参数的关系。图 5.8～图 5.12 所示为不同材料加工所需光纤激光器功率以及大功率光纤激光器应用的实例。

- 金属切割：0.5～2 kW；
- 金属焊接和硬焊：0.5～20 kW；
- 金属淬火和涂敷：2～20 kW；
- 玻璃和硅切割：0.5～2 kW；

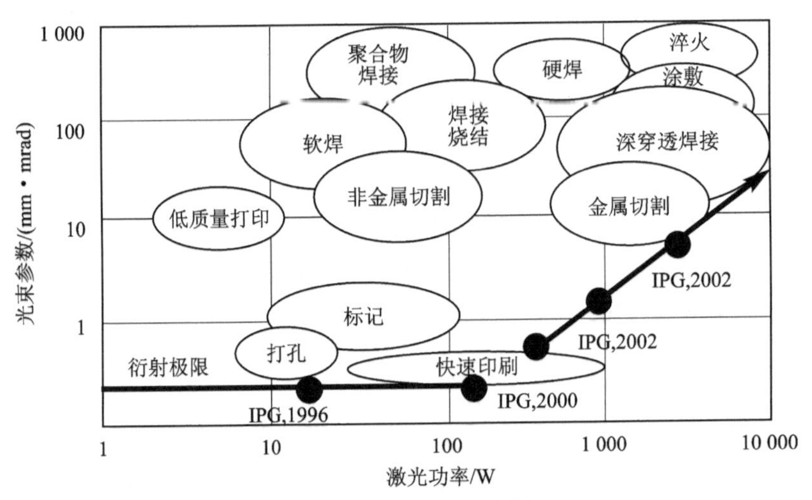

图 5.7　激光器应用实例

图 5.8　便携式光纤激光器打标系统的应用

图 5.9　集成脉冲光纤激光器的刻标系统

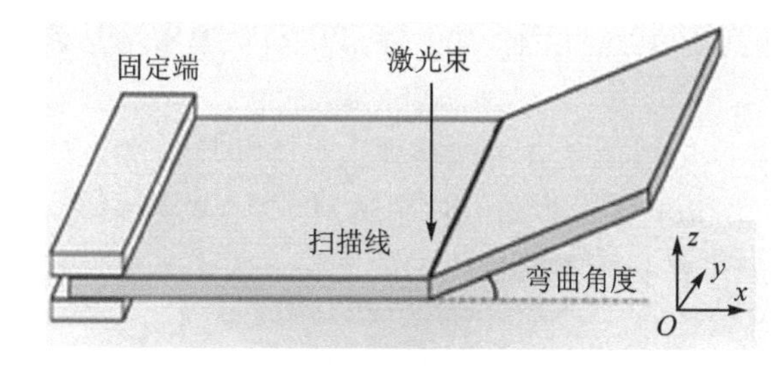

图 5.10　连续光纤激光器弯曲不锈钢，陶瓷或半导体在 ms 级内产生 mrad 弯曲精度

图 5.11　激光切割不锈钢动脉支架使用前后实物图

- 聚合物和复合材料切割：0.2～1 kW；
- 快速印刷和打印：20 W～1 kW；
- 软焊和烧结：50～500 W；
- 消除放射性沾染：0.3～1 kW。

(2) 军　用

军用方面，激光武器的发展不容忽视。激光武器利用定向发射的激光束直接毁伤目标或者使之失效，已经逐渐趋向成熟。根据激光功率的大小和用途的不同，激光武器可以分为激光干扰与致盲武器、战术激光武器、战区激光武器和战略激光武器等。激光干扰与致盲属于光电对抗装备，是低能激光武器，后三者均为高能激光武器。

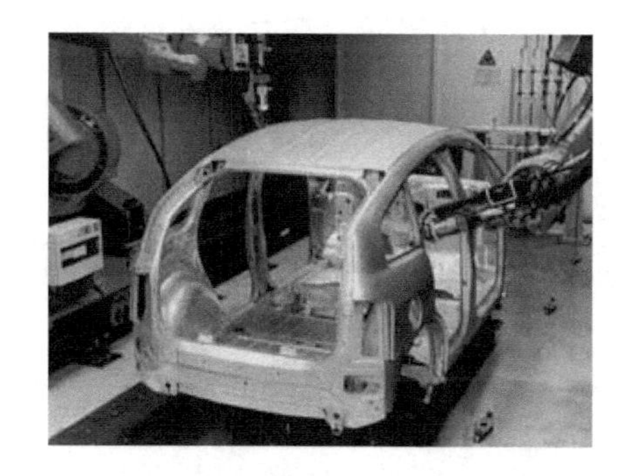

图 5.12　光纤激光器在汽车制造业中的应用

激光武器的特点主要表现为反应迅速、可在电子战环境中工作、转移火力快、作战效费比高等。

激光武器对激光器的总体功用的需求，下面按照激光武器的分类进行说明：

① 光电对抗装备对目标的毁伤或者影响可分为迷惑、致眩、致盲、毁伤等，这种设备现在已经装备部队。这种装备采用中、小功率器件，平均功率在 10^4 W 级以下，主要要求脉冲的峰值功率达到 10^6 W 数量级。

② 战术防空激光武器主要用于攻击战术目标，可通过毁伤壳体、制导系统、燃料箱等方式拦截精确制导武器以及非制导武器。主要的发展趋势是车载激光器。要求激光器的功率需达到 10^6 W 数量级以上，射程在 10 km 左右。

③ 战区防御激光器主要用于从远距离对战区导弹实施助推段拦截。发展的趋势是小型无人驾驶固体激光器。要求有效射程达到 100 km 以上，500 km 以下，功率密度达到1 000～3 000 J/cm^2。

④ 战略反导和反卫星激光武器主要用于摧毁敌方的战略弹道导弹和攻击敌方的卫星，争夺制空权和制信息权。要求射程达到几百 km 至几千 km，功率达到 110 kW 左右。

通过上面的论述，我们了解了军事上需要利用不同输出的激光器。无论采用何种激光器，其必需的条件是满足军事应用的要求。

目前大功率光纤激光器已经进入商品化时代，输出千瓦功率的激光器，其光束质量小于 1.1。因此我们可以这样认为，大功率光纤激光器代替固体激光器是必然的。这是由光纤激光器本身的优势特点所决定的。同其他高功率激光系统相比，光纤激光器无论在效率、体积、冷却和光束质量等方面，均有明显优势，在国防军事领域也有广阔的应用前景，其主要应用包括：

① 军用多功能光纤激光器，在激光测距、激光目标指示器、激光制导、光电对抗、激光有源干扰、激光雷达等方面都有重要应用。20 世纪 90 年代中期，美国、日本和德国即开展了军用多功能光纤激光器的研制工作，目前已有多种产品投入装备使用。

② 高能光纤激光系统应用于空军机载激光武器。美国鼓励支持开展光纤激光的相干合成研究，以实现高能光纤激光系统，可望取代空军机载现役化学激光器，或作为地基防空武器，消灭地平线以上范围空中一切目标，如拦截飞机，击落短程火箭、弹道导弹、巡航导弹及打击天基武器。

③ 海军装备中，光纤激光器应用在对潜通信、探测/探雷、测深、水下传感装置、海基光控武器系统中真正可控制的武器，使反舰导弹作用无效。其在海上使用性能可靠，用于替代化学激光器，不必在舰船上存放高危化学物品。

大功率光纤激光器应用的前景广泛，尽管目前已有商用产品，但是仍然需要我们进行更深入的研究，主要需要在以下几个方面：加速具有自主知识产权的大功率光纤激光器的工程化、商品化；拓展大功率光纤激光器的输出波长范围；改善大功率光纤激光器的制冷系统，进一步降低大功率光纤激光器的体积，从而突显光纤激光器自身体积小、重量轻的优势；进一步提高大功率光纤激光器的光束质量，这将使大功率光纤激光器应用到更为广阔的空间。

5.2.3 1.55 μm 波段单频光纤激光器的应用

1.55 μm 波段单频光纤激光器具有便于与光纤传感器连接、连接损耗低、可作为传感器的优质光源，且自身也可作为传感器的优势，在传感中有着广阔的应用。下面以此为代表说明光纤激光器的具体应用前景。

绝大多数分布式传感器都是基于光时域反射(OTDR)。系统的基本原理就是探测、分析反射回来的短脉冲光,但通常都无法解决动态距离和空间精度之间的矛盾。实际应用证明,一种最可行代替 OTDR 的分布式传感技术是雷达应用中的相干调频连续波技术(FMCW)。其基本原理即激光器围绕激光的中心频率不断调制,通过耦合一部分光进入一个参考臂起本机振动器的作用,另一根长距离光纤起着传感单元的作用。从传感部位反射回来的光信号与来自本机振动器上的光一起干涉产生一个拍频,通过在光谱分析仪上测量光电流的拍频可以解读来自远处的传感信息。这种相干探测能够容易取得−100 dB 的敏感度。同时,光电流的拍频信号与返回来的激光功率和本振光束的平方根成正比,本振光还有利于放大探测信号。该技术可以为核电站、石油/天然气管道、军事基地以及国防边界提供低成本的、全分布式的传感安全保护。

图 5.13 是一个单频激光器在光纤水听器声呐阵列中的应用实例,激光器功率为 150 mW,相对噪声强度可低至−110 dB/Hz。为解决石化、冶金、纺织、水电等行业多次位移测量的实际困难,可以在液位测量技术中应用高精度光纤传感,如图 5.14、图 5.15 所示。

图 5.13　单频激光器在光纤水听器声呐阵列中的应用

图 5.14　压力罐光纤液位计

频率调制连续波(FMCW)传感技术可以实现目前其他任何光纤传感技术所不能达到的超远距离的动态测量。干扰传感光纤的外部因素,比如压力、温度、声音和振动都会直接影响反射回来的激光,从而实现对这些外部环境的探测。对于任何一套相干 FMCW 技术系统而言,最关键的部分是要一台相干长度很长的光源来实现很高的空间精度和大的测量范围。

图 5.15　船闸光纤开度仪

光纤激光器应用于传感,能够体现光纤激光器和光纤传感器的共同优势,使得传感器的性能提高,应用更广泛。在发展光纤激光器在传感中的应用时,不仅要不断地改进和提高光纤激光器的结构和性能,而且还要不断提高光纤传感器本身的质量,不断研究两者的结合技术,同时还要深入研究光纤材料和新型的器件结构,以满足应用提出的新要求。光纤激光器的研究、开发、生产及其在传感方面的应用,已经形成一个新型的产业,市场非常广阔。

5.3 光纤激光器的激光三要素

激光器的构成三要素是泵浦源、激光介质以及谐振腔。对于光纤激光器而言，激光三要素存在着一些形式上的变化，其最主要的变化体现在激光介质以及谐振腔的构成要素方面。例如光纤激光器的腔镜可以是分立反馈的光纤光栅，可以是分布反馈特性的相移光栅，也可以是光纤端面的反馈，等等。根据光纤元器件的特点，尽管光纤激光器的激光器三要素依然没有变化，但也使得很多科技工作者明确了激光器的核心是相长干涉。但是对于近年报道的新型激光器，放大的方式在系统中起着主要作用，这与“激光”一词的直译是一致的。对于光纤激光器而言，光纤的纤芯尺寸小，因此泵浦耦合成为光纤激光器的关键。

纵观光纤激光器的发展史，可以明显看出光纤激光器最核心的范畴是激光介质采用光纤波导，包括掺杂稀土离子以及其他类型两大类，即光纤激光器的主要特色就是激光介质的形态是光纤，因此光纤激光器的命名一般也是来源于这个观点。

20 世纪 90 年代，光纤激光通过包层泵浦技术改变了弱光子源的状态，这种技术对于提高泵浦效率有着极其重要的作用。同时，光纤参数决定了激光输出的特性。因此有必要从光纤的构造进行说明。

5.4 掺杂光纤

5.4.1 光纤概述

光纤是基于全内反射传输的光导纤维的缩写，基质可由玻璃或塑料制成，当光线以合适的角度射入玻璃纤维时，由于全内反射，光就沿着弯弯曲曲的玻璃纤维前进，因此其可作为光传导工具。

光纤的基本结构如图 5.16 所示。一般来讲，纤芯和包层的折射率分布包括阶跃式折射率分布和渐变折射率分布两种，如图 5.17、图 5.18 所示。从图中可以看出，光纤一般分为三层：中心高折射率纤芯(纤芯模场分为单模或多模两类)，中间为包层(通信光纤为低折射率，也可以有多个包层)，最外面涂敷层用的是树脂材料。光线在纤芯传送，当光线射到纤芯和外层界面的角度大于产生全反射的临界角时，光线透不过界面会全部反射回来，继续在纤芯内向前传送，而包层主要起到保护的作用。需要注意的是，包层泵浦技术主要是利用内包层提高光纤的泵浦耦合效率。

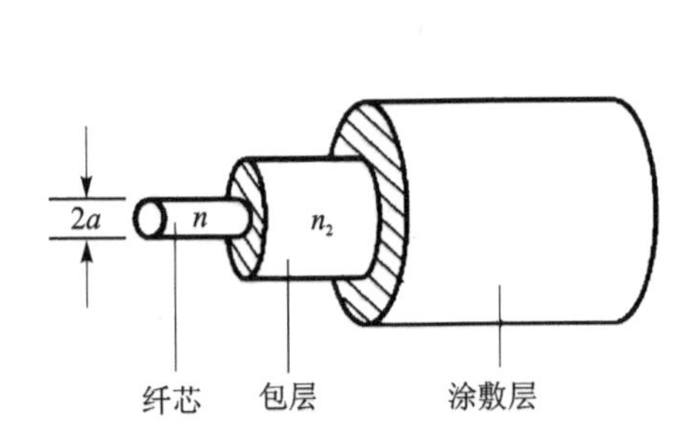

图 5.16 光纤基本结构图

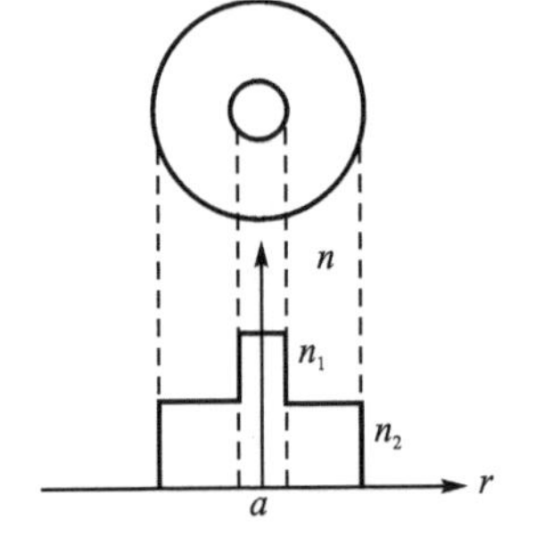

图 5.17 阶跃折射率分布

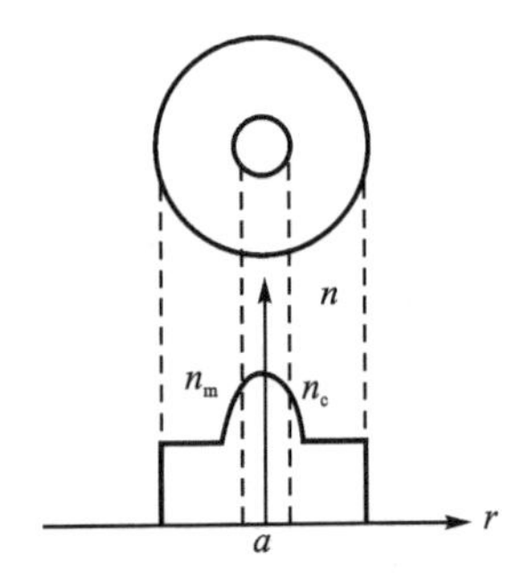

图 5.18 渐变折射率分布

5.4.2 光纤的参数及性能指标

1. 几何特征参数

光纤的几何特征参数包括包层直径、包层不圆度、纤芯直径、纤芯不圆度和纤芯/包层同心度误差,其中单模光纤多用模场直径代替几何的纤芯直径。

(1) 模场直径

以单模光纤为例进行说明。单模光纤只传输基模,其中该模式光场强度随空间的分布称为模场。单模光纤的基模不仅分布于纤芯中,而且有相当部分的能量在包层中传输。由于光的衍射效应,所以很难测出纤芯直径的准确值,用模场直径来描述光纤中能量空间的分布,即模场直径是表示基模场强空间场强分布集中程度的度量。

模场直径越小,不仅可以减小波长的宏弯损耗和微弯损耗,也会导致光纤连接损耗增加。同时,随着纤芯直径变小,纤芯中的光功率密度越来越大,发生非线性效应的可能性及影响程度也随着增大。因此,对于大功率光纤激光器,一般选用的均为大模场面积的光纤,以减弱非线性效应造成的能量分布、时域、频域等的影响,对模场直径规范要综合考虑。

(2) 芯/包层同心度误差

芯/包层同心度误差指光纤芯层中心和包层中心之间的距离。由于光通信行业的普及,通信工程施工中为了减小单模光纤的连接损耗,需对光纤的模场直径的容差和芯/包层同心度误差大小进行严格控制。最新的标准中要求,模场直径的容差应控制在±0.7 μm内,芯/包层同芯度误差不大于0.8 μm。这个参数对光纤连接有很大的影响,如接头损耗等。一般地,光纤连接损耗与模场同心度误差的平方近似成正比。

尽管ITU-T建议G.652光纤在1 310 nm处的模场同心度误差不得大于0.8 μm,但目前实际商用光纤这个指标小于0.5 μm。这个参数在光纤激光器中由于使用的光纤长度短,一般不考虑这个指标。

2. 弯曲损耗

光纤在使用过程中,弯曲是不可避免的,一种情况是光纤弯曲半径比光纤直径大得多(宏弯),另一种情况是光纤成缆时其轴线产生随机性微弯。弯曲到一定曲率半径时,必然会产生辐射损耗。就宏弯损耗而言,规定在1 550 nm窗口或C、L波段,100圈直径为75 mm的光纤所增加的损耗不得大于0.5 dB。在光纤激光器中可以通过调整弯曲半径即弯曲损耗的大小以获得需要的激光模式输出。图5.19所示为正常光纤传输、宏弯损耗与微弯损耗对比图。

3. 衰 减

长度为L的光纤在波长λ处的衰减$A(\lambda)$(单位dB)定义:

$$A(\lambda)=10\lg[P_1(\lambda)/P_2(\lambda)]$$

式中,$P_1(\lambda)$和$P_2(\lambda)$为光纤入端口和出端口的光功率。对于均匀的光纤,单位长度的衰减即衰减系数$\alpha(\lambda)$(单位为dB/km)与长度无关,可以表示为

$$\alpha(\lambda)=A(\lambda)/L$$

一般标准单模光纤的衰减分别大约为0.3 dB/km@1 310 nm和0.2 dB/km@1 550 nm(特殊

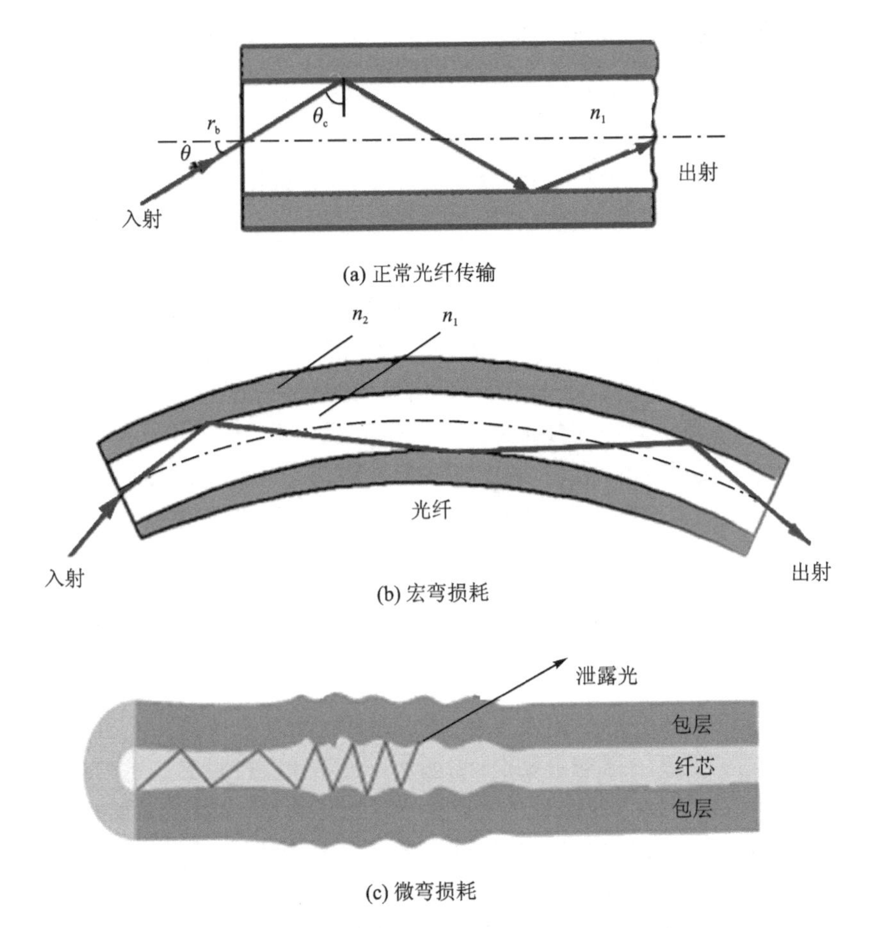

图 5.19 正常光纤传输、宏弯损耗与微弯损耗对比图

要求的单模光纤的衰减系数会有变化)。在光纤激光器和放大器中泵浦波长处的衰减实际对应的是掺杂离子的浓度。需要注意的是,由于激光器本身的振荡特性,大功率光纤激光器选用的衰减系数一般适中,以保障长时间运转的需求,以防止光纤损坏。

固体激光材料一般由两部分组成:基质材料和激活离子,光纤也不例外,基质中掺杂不同的元素,也会导致激光辐射谱变化。基质材料大致可以分为硅酸盐玻璃、磷酸盐以及透光聚合物三类,最重要的激活离子有过渡金属离子、稀土离子和锕族离子。衡量激活离子掺杂在基质中的多少的量称为掺杂浓度,这是描述激光介质的一个重要参数。经常在文献中看到的掺杂浓度的单位是原子百分数(a_t)或质量百分数(w_t)。

4. 色 散

色散是指由于光源具有一定的带宽,光信号中不同的频谱成分传播速度不同,会产生由于光信号不同频率(或者波长)的光波在光纤中传输时的群延时差所引起的光脉冲展宽现象,这也是导致光信号在光纤中传输的过程中引起附加损耗的重要因素之一。

光纤的色散主要涉及模内色散、模间色散、偏振模色散等,其中模间色散为多模光纤特有,模内色散包括材料色散、波导色散。材料色散和波导色散在实际情况下很难截然分开,所以在许多情况下将这两种色散统称为模内色散。

(1) 模内色散

1) 材料色散

光纤材料色散指光纤材料的折射率因不同频率(或者波长)成分,造成不同频率(或者波长)光信号的群速度不同。具体来讲就是,光的波长不同,折射率 n 就不同,光传输的速度也就不同。因此,当把具有一定光谱宽度的光源发出的光脉冲射入光纤内传输时,光的传输速度将随光波长的不同而改变,到达终端时将产生时延差,从而引起脉冲波形展宽。由于材料折射率 n 是波长 λ(或频率 ω)的非线性函数,$\mathrm{d}^2n/\mathrm{d}\lambda^2 \neq 0$,所以不同频率的光波传输的群速度不同,所导致的色散称为材料色散。

2) 波导色散

由于光纤的纤芯与包层的折射率差很小,因此在交界面产生全反射时就可能有一部分光进入包层之内。这部分光在包层内传输一定距离后,还有可能继续回到纤芯中传输。进入包层内的这部分光强的大小与光波长有关,相当于光传输路径长度随光波长的不同而异。由于不同波长的光传输路径不完全相同,所以到达终点的时间也不相同,从而出现脉冲展宽。具体来说,入射光的波长越长,进入包层中的光强比例就越大,这部分光走过的相对距离就越长。这种色散是由光纤中的光波导结构引起的,由此产生的脉冲展宽现象叫作波导色散。

对于单模光纤,一般模式的 80%的能量在纤芯,20%的能量在包层。光信号处于纤芯和包层的部分具有不同的传播速度。某个模式本身,由于传输的是有一定宽度的频带,不同频率下传输常数的切线分量不同、群速度不同引起了色散。

由于导引模的传播常数 β 是波长 λ(或频率 ω)的非线性函数,使得该导引模的群速度随着光波长的变化而变化,所产生的色散称为波导色散(或结构色散)。

3) 相速度色散、群速度色散以及群延迟色散

相速度色散(Phase Velocity Dispersion):不同频率的电磁波在色散介质中的折射率不同,因此在介质中的传播速度也不同,这种现象称为相速度色散。

群速度色散(Group Velocity Dispersion):不同频率的电磁波在色散介质中的传播速度不同(相速度色散),导致波包的形状发生改变,这种现象称为群速度色散,它是频率或者波长的函数。

群延迟色散(Group Delay Dispersion):群延迟相对频率的变化特性,即对于不同的中心频率的脉冲通过介质后产生的群延迟不同。

(2) 模间色散

多模传输时,光纤中各模式在同一波长下,因传输常数的切线分量不同、群速不同所引起的色散。多模光纤中,以不同角度射入光纤的射线在光纤中形成不同的模式。光纤基本结构中有三条不同角度的子午射线。其中沿轴心传输的射线为最低次模,其切线方向的传输速度(即群速)最快,最先到达终端。沿刚好产生全反射角度传输的射线为最高次模,其切线方向的传输速度最慢,最晚到达终端。它们到达终端的时间就有差异,模式间的这种时间差或时延差就称为模间色散。

多模光纤的色散用光纤带宽(单位为 MHz · km)表示,带宽是从频域特性上表示光纤色散大小的。非单一模式的光信号会引起模间色散。多模光纤中,模间色散在三种色散中是主要的。

不同导引模的群速度不同引起的色散称为模间色散，模间色散只存在于多模光纤中。单模光纤只传输一个模式，无模间色散，其色散主要由材料色散、波导色散和模式色散组成。

色散限制了光纤的带宽-距离乘积值。色散越大，光纤中的带宽-距离乘积越小，在传输距离一定（距离由光纤衰减确定）时，带宽就越小；带宽的大小决定了传输信息容量的大小。

(3) 偏振模色散

单模光纤中的偏振模色散 PMD(Polarization Mode Dispersion)，包括两个相互垂直的偏振态的基模在光纤中传输，且沿光纤传播过程中，由于光纤难免受到外部的作用，如温度和压力等因素变化或扰动，使得两偏振模态容易发生耦合，再加上二者的传播速度不相同，导致光脉冲展宽，引起信号失真。

光纤中偏振模色散的成因包括光纤的内在原因和外在原因，通常，表现出来的只是内在原因和外在原因的综合结果。在理想情况下，光纤是圆对称的，不存在偏振态的偏振取向问题，两个相互垂直的本征偏振态沿光纤以相同的速度传输，同时到达接收器。但是，由于在制造光纤的过程中光纤芯不可避免地产生一定的椭圆度，并且在拉制光纤时光纤中会残存内部应力，因此实际的光纤总是表现出双折射特性。这些不对称性使光纤的折射率分布与方向有关，同时，基模的两个相互垂直本征偏振态不再简并，它们沿光纤以不相同的速度传输引起脉冲展宽。

光纤纤芯的椭圆度可以简单地解释两个相互垂直的偏振态有不同的群速度。由于在水平方向有效群指数较大，故水平方向偏振态的模传输较慢，而垂直方向的有效群指数较小，因此在垂直方向偏振的模传输较快。在传输一段距离后，两个偏振态之间产生时延差。不管怎样降低这些内在原因，并不可能完全消除偏振模现象。

在精密激光器的设计与研制过程中都要考虑偏振模色散的影响。例如在应用高质量的 DFB 激光器或色散补偿技术时，需要考虑偏振模色散的影响。由于偏振模色散的统计特性，迄今没有任何方法可以完全补偿它。如果激光器的线宽不是很窄，色散的影响将较大，偏振模色散的影响可以忽略不计。如果降低激光器的线宽，则偏振模色散的影响就增大了。

色散相关参数如下：

① 色散系数 $\beta(\lambda)$。色散系数指单位光源谱宽和单位长度光纤的色度色散，单位为 ps/(nm・km)。在超短脉冲产生的技术手段中，色散是极其关键的参数，与光通信系统一样需要进行色散控制管理。

② 零色散波长 λ_0。当波导色散和材料色散在某个波长处相互抵消，使总的色散为零时，该波长即为零色散波长。

③ 零色散斜率 S_0。在零色散波长处，色散系数随波长变化的斜率即为零色散斜率，单位为 ps/(nm^2・km)。在面对需要进行色散管理的情况时需要考虑。

经过长时间的探索和研究，人们找到了用补偿的办法去平衡色散的损耗。在多种补偿方法中，色散补偿光纤技术是一种认可度比较高的色散补偿方法。

正常色散的特点：折射率随波长的减少而增加；增加率随波长的减小而加大；对某一给定波长，物质的折射率越大的色散曲线越陡。例如：石英棱镜在 180～360 nm 范围内的色散率大于 400～600 nm 的色散率，均属于正常色散。普通单模光纤中，工作波长 1 550 nm 的光纤具有较高的正色散。

按照补偿的思路，需要在这些光纤中增加负色散进行色散补偿，保证整条光纤线路的总色散近似为零。而色散补偿光纤(DCF)是一种主要针对 1 550 nm 波长而设计的新型单模光纤，在 1 550 nm 处具有较高的负色散(负色散与正色散的特质相反)，可以用于在普通的单模光纤系统中进行色散补偿，如图 5.20 所示，在 1 550 nm 处经过补偿的正负色散之和趋近于零。

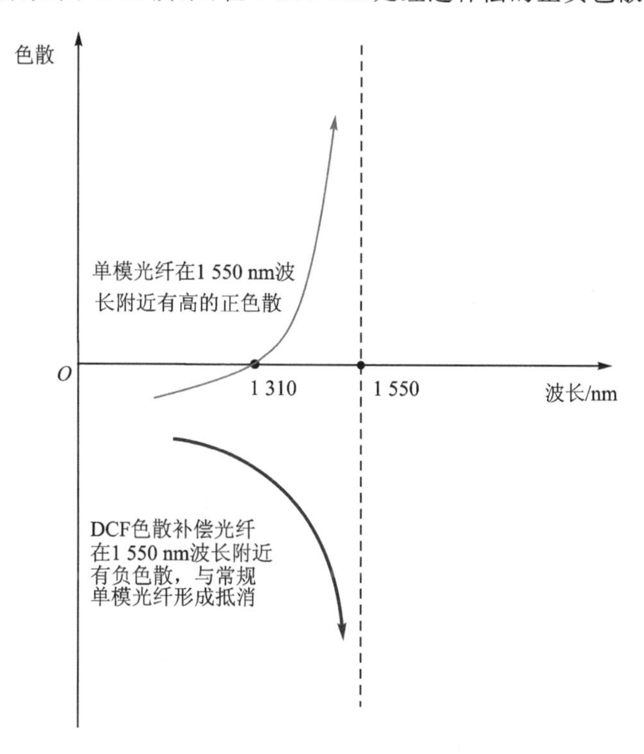

图 5.20　G652 光纤及色散补偿光纤的色散系数

色散补偿光纤应用在单模光纤上的公式如下：

$$D(\lambda_s)L + D_c(\lambda_s)L_c = 0 \tag{5.1}$$

式中，$D(\lambda_s)$为单模光纤在工作波长 λ_s 的色散系数；$D_c(\lambda_s)$为 DCF 在工作波长 λ_s 的色散系数；L 和 L_c 分别为常规单模光纤和 DCF 的长度。

在实际超短脉冲的应用中，一般采用色散补偿光纤和单模光纤串联的方式，补偿单模光纤在 1 550 nm 光波长的正色散，实现超短脉冲的展宽与压缩，最终实现飞秒(fs)光纤激光脉冲输出。

5.5　大功率光纤激光器的理论模型

掺镱双包层光纤激光器是国际上发展的一种新型高功率激光器件，由于其具有光束质量好、效率高、易于散热和实现高功率等特点，近年来发展迅速，已成为高精度激光加工、激光雷达系统、光通信及目标指示等领域中相干光源的重要选择。本节针对大功率掺镱双包层光纤激光器关键技术——激光二极管泵浦源、二极管激光器泵浦技术以及双包层光纤结构的泵浦吸收特性等，进行了细致的调研和研究。

5.5.1　双包层泵浦光纤激光器的研究

作为光纤激光器关键部件的增益介质——双包层掺杂光纤，不仅提供了一种波导结构，而且能够通过光纤中掺杂离子提供高增益，特别是以掺 Yb^{3+} 的石英光纤实现的大功率光纤激光器，其具有增益带宽宽、量子效率高、无激发态吸收以及无浓度淬灭等优势。

本小节首先针对大功率线型腔掺镱双包层光纤激光器进行详尽的理论研究，主要包含两个方面：① 对强泵浦条件下线型腔掺镱双包层光纤激光器进行了理论和数值模拟。通过数值模拟，分析了泵浦光以及激光在光纤中的分布、输出功率与泵浦功率的关系、光纤长度和腔镜反射率对激光输出功率的影响。② 介绍了光纤激光器中放大的自发辐射的模型，给出了双包层光纤中光功率的传输方程。利用给出的光功率传输方程，并结合给定的掺镱双包层光纤有关参数，从理论上对掺镱双包层 ASE 的有关特性进行了模拟，为大功率光纤激光器的工程化研究提供了重要的理论依据。

5.5.2　双包层光纤激光器的几个参量

我们选用的双包层增益光纤，掺杂纤芯与内包层的数值孔径一般为 0.17，相应的折射率差为 0.33%，内包层与外包层的数值孔径一般为 0.46(最高可以达到 0.6)，相应的折射率差为 11.5%。该光纤采用硅基材料，典型的硅基材料的热特性以及机械特性见表 5.1。

表 5.1　典型的硅基材料的热特性以及机械特性

特　性	量符号及单位	具体数值
导热率(@300 K)	$\kappa/[W\cdot(m\cdot K)^{-1}]$	1.38
线性热扩张系数	$\beta/(K^{-1})$	6×10^{8}
折射率温度系数	$n(T)/(K^{-1})$	2.5×10^{-6}
密度	$d/(g\cdot cm^{-3})$	2.2
杨氏模量	$E/(N\cdot m^{-2})$	7.4×10^{19}
泊松比(横向形变系数)	υ	0.17
张力强度	$\gamma/(N\cdot m^{-2})$	5×10^{7}
折射率	n	1.46

1. 离子掺杂浓度

对于掺杂一定浓度离子的双包层光纤，如 Yb^{3+} 离子的浓度为 ρ(一般情况下多为质量百分比)，则相应的离子浓度 N 满足：$N=2N_A d\rho/M$，其中纤芯离子掺杂离子质量百分比浓度；M 为稀土元素离子氧化物的相对分子质量，对于 Yb^{3+} 离子，其氧化物 Yb_2O_3 的相对分子质量为 164；N_A 是阿伏加德罗常数，$N_A=6.023\times10^{23}\,mol^{-1}$。比如当 $\rho=0.5\%$时，相应的离子浓度为$N=8.1\times10^{19}$ 个/cm^3。

对于掺杂一定浓度离子的双包层光纤，如 Yb^{3+} 离子的摩尔浓度为 ρ(表示掺杂了 ρ 的 Yb_2O_3)，则相应的离子浓度满足：$N=2N_A d\rho/M_h$，M_h 为基质的摩尔质量。

2. 泵浦饱和功率和激光饱和功率

光纤激光器输入泵浦饱和功率 P_p^{sat} 满足关系：

$$P_p^{sat}=h\nu_p A/(A_p\sigma_p\tau),\quad \sigma_p N A_p L_a=1$$

光纤激光器激光饱和功率为

$$P_s^{sat}=h\nu_s A/(A_s\sigma_s\tau)$$

式中，$\sigma_s=\sigma_{es}+\sigma_{as}$，$\sigma_p=\sigma_{ep}+\sigma_{ap}$；$P_p^{sat}$ 和 P_s^{sat} 分别为激光和泵浦光的饱和功率，σ_{es} 和 σ_{as} 分别为激光发射的发射截面和吸收截面；σ_{ep} 和 σ_{ap} 分别为泵浦光的发射截面和吸收截面；A_s 和 A_p 分别为激光光场和泵浦光光场的重叠积分，若假定 S_d 和 S_k 分别为双包层增益光纤纤芯和内包层的截面积，则 $A_p=S_d/S_{ic}$；τ 为上能级粒子的寿命，与掺杂浓度有关；ν_s 和 ν_p 分别为激光和泵浦光的频率；h 为普朗克常数；A 为纤芯有效面积；L_a 为吸收长度。

3. 饱和增益系数

归一化饱和增益系数 $\gamma(z)$ 表示为

$$\gamma(z)/\gamma_0(z)=\{1+[P^+(z)+P^-(z)]/P_s^{sat}\}^{-1}\tag{5.2}$$

式中，$P^{\pm}(z)$ 表示激光器内沿 z 轴正反方向的激光功率分布；$\gamma_0(z)$ 为小信号增益系数，$\gamma_0(z)=(\phi P_{in}/P_s^{sat})\alpha_p\exp(-\alpha_p z)$，其中 $\alpha_p=\alpha_a+\alpha_l$ 为双包层光纤中泵浦功率的吸收系数，包括光纤纤芯的吸收系数 α_a 以及其他原因引起的损耗 α_l 两部分，ϕ 为量子效率。

在整个光纤长度上对增益系数积分，即 $g(L)=\int_0^L \gamma(z)\mathrm{d}z$，得到饱和增益系数表达式：

$$g(L)=g_0(L)-\phi[P_{out}^+(L)+P_{out}^-(0)]/P_s^{sat}\tag{5.3}$$

式中，

$$P_{out}^+(L)=(1-R_L)P^+(L),\quad P_{out}^-(0)=(1-R_0)P^-(0)$$
$$g_0(L)=(\phi P_{in}/P_s^{sat})\cdot[1-\exp(-\alpha_p L)]$$

5.5.3 大功率掺镱双包层光纤激光器的理论模型

1. 建立基于四能级结构的理论模型

首先需要建立基于四能级结构的理论模型，如图 5.21 所示。图 5.22 所示为掺镱光纤对应的四能级系统，其中定义：R_{14} 和 R_{41} 为对应的泵浦光跃迁的受激吸收和发射速率，W_{23} 和 W_{32} 对应信号光跃迁的受激吸收和发射速率，A_{32}、S_{32}、S_{43} 和 S_{21} 分别表示辐射和非辐射自发发射速率。

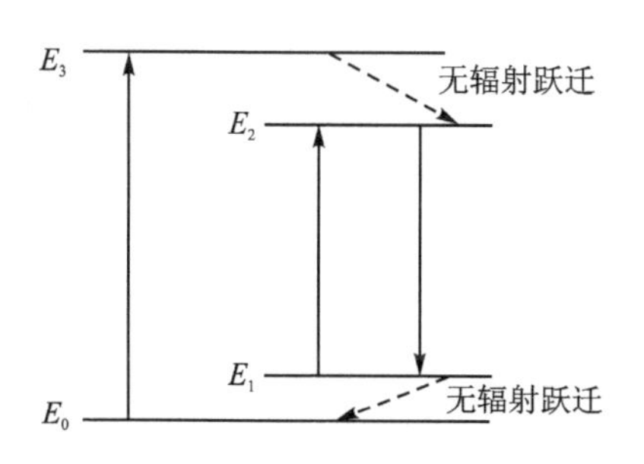

图 5.21　四能级系统能级跃迁示意图

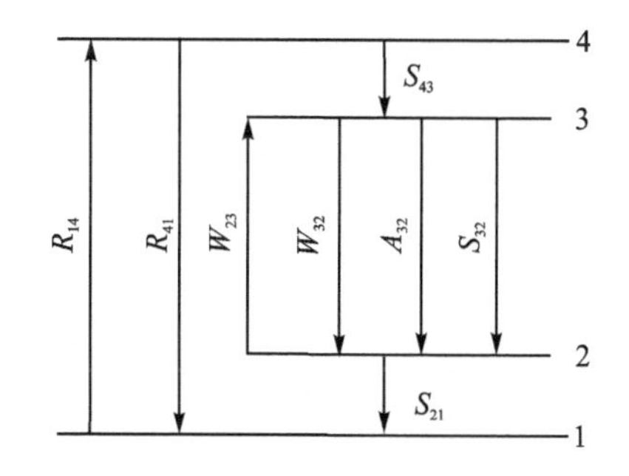

图 5.22　四能级系统参量示意图

受激吸收、发射速率与光子数密度的关系如下：

$$R_{14}=\eta_{\mathrm{p}}\frac{c}{n}\sigma_{\mathrm{p}}=\frac{I_{\mathrm{p}}}{h\nu_{\mathrm{p}}}\sigma_{\mathrm{p}} \tag{5.4}$$

$$W_{32}=\eta_{\mathrm{s}}\frac{c}{n}\sigma_{\mathrm{s}}=\frac{I_{\mathrm{s}}}{h\nu_{\mathrm{s}}}\sigma_{\mathrm{s}} \tag{5.5}$$

式中，η_{s} 和 η_{p} 分别表示信号光和泵浦光波长的光子密度；c 为真空中的光速；n 为基质折射率；σ_{s} 和 σ_{p} 分别表示信号光和泵浦光的跃迁截面。

自发发射速率 A_{32} 与上能级激光跃迁寿命 τ_{32} 有关，$A_{32}=1/\tau_{32}$。四个能级上的粒子数分别为 N_1、N_2、N_3 和 N_4，利用上面的定义得到以下速率方程：

$$\begin{cases}\dfrac{\mathrm{d}N_1}{\mathrm{d}t}=R_{41}N_4+S_{21}N_2-R_{14}N_1\\[2mm]\dfrac{\mathrm{d}N_2}{\mathrm{d}t}=W_{32}N_3+A_{32}N_3+S_{32}N_3-W_{23}N_2-S_{21}N_2\\[2mm]\dfrac{\mathrm{d}N_3}{\mathrm{d}t}=W_{23}N_2-A_{32}N_3-S_{32}N_3-W_{32}N_3+S_{43}N_4\\[2mm]\dfrac{\mathrm{d}N_4}{\mathrm{d}t}=R_{14}N_1-S_{43}N_4-R_{41}N_4\end{cases} \tag{5.6}$$

由激光器的跃迁特性可知，从能级 4 到能级 3 和从能级 2 到能级 1 的跃迁以非辐射跃迁为主，这些能级之间的辐射跃迁可以忽略，即 $R_{41}N_4=0$，$W_{23}N_2=0$。同时假定能级 3 到能级 2 之间只存在辐射跃迁，因此这两个能级之间的非辐射跃迁可以忽略，τ_{32} 可以用 τ_{f} 代替，τ_{f} 为跃迁的荧光寿命。根据激光跃迁原理，从能级 4 到能级 3 和从能级 2 到能级 1 的跃迁速率远快于其他能级之间的跃迁，故粒子浓度 N_4 和 N_2 与 N_3 和 N_1 相比，可以忽略。因此总的粒子数可以表示为 $N=N_1+N_3$，N 为总掺杂粒子浓度。

通过对上面的方程求解，最终可以得到稳态时的粒子浓度 N_3 和 N_1，公式如下：

$$N_3=N\frac{R_{14}\tau_{\mathrm{f}}}{1+\tau_{\mathrm{f}}(R_{14}+W_{32})} \tag{5.7}$$

$$N_1=N\frac{1+W_{32}\tau_{\mathrm{f}}}{1+\tau_{\mathrm{f}}(R_{14}+W_{32})} \tag{5.8}$$

局部的吸收、发射和泵浦速率通常与信号光和泵浦光的局部强度 $I_{\mathrm{s}}(z)$、$I_{\mathrm{p}}(z)$ 有关。在增益介质的一小段长度单元 $\mathrm{d}z$ 上的微分强度改变量可以利用信号光波长的发射截面 σ_{s} 和泵浦光波长的 σ_{p} 表示，有

$$\frac{\mathrm{d}I_{\mathrm{s}}}{\mathrm{d}z}=\sigma_{\mathrm{s}}N_3(z)I_{\mathrm{s}}(z),\quad \frac{\mathrm{d}I_{\mathrm{p}}}{\mathrm{d}z}=-\sigma_{\mathrm{p}}N_1(z)I_{\mathrm{p}}(z)$$

利用激光信号饱和功率与 W_{32} 的关系，将粒子数浓度 N_3 写成与信号光强有关的形式：

$$N_3=\frac{N_0}{1+\tau_{\mathrm{sat}}\sigma_{\mathrm{s}}\dfrac{I_{\mathrm{s}}}{h\nu_{\mathrm{s}}}}$$

式中，$N_0=N\dfrac{\tau_{\mathrm{f}}R_{14}}{1+\tau_{\mathrm{f}}R_{14}}$ 为稳态情况下的粒子数；$\tau_{\mathrm{sat}}=\dfrac{\tau_{\mathrm{f}}}{1+\tau_{\mathrm{f}}R_{14}}$，称为饱和时间常数。

(2) 大功率光纤激光器的理论模型

图 5.23 是典型的大功率光纤激光器的结构示意图，激光器由泵浦源、激光增益介质（掺镱

双包层光纤)和谐振腔三部分组成。泵浦源目前较多采用大功率的多模激光二极管(LD),也有一小部分的实验是采用激光二极管阵列。双包层光纤的长度为 L,激光谐振腔两个腔镜的反射系数分别为 R_1 和 R_2,这两个腔镜通常可以选用反射镜、光纤光栅、光纤环形镜和光纤环形器等器件。我们的实验中,输入端是一个二相色镜,它对泵浦光高透,对激光高反($R\approx 1$);输出端一般采用具有较大输出耦合比的输出镜。当泵浦光 $P_p(0)$通过二相色镜进入双包层光纤时,由于泵浦光能量的激励,增益光纤中的 Yb^{3+} 跃迁到高能级,形成粒子数反转,再跃迁至激光下能级产生光子,光子在谐振腔中振荡放大后形成激光,并经由输出镜耦合输出。如果在谐振腔内插入波长调谐器件,或调节腔镜(如光纤光栅)的反射波长,就可以实现相应波长的激光输出。图 5.23 中 $P_s^+(z)$和 $P_s^-(z)$分别为沿正、反两个方向传输的激光功率,$P_p(0)$和 $P_p(L)$分别为泵浦光和出射泵浦光的功率。

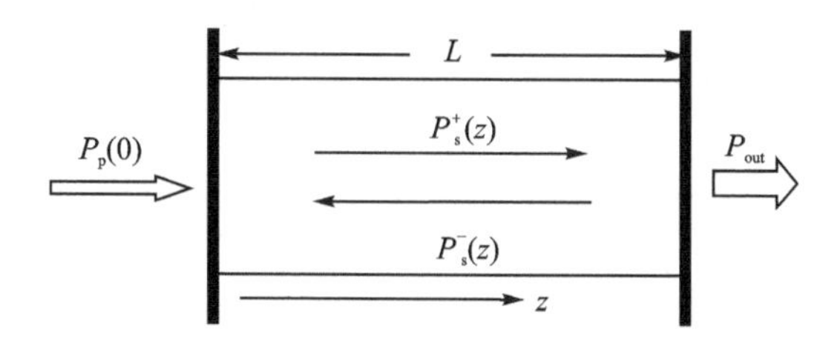

图 5.23　线型腔包层泵浦光纤激光器的结构示意图

由于选用 975 nm 的泵浦源,在波长 975 nm 泵浦条件下,掺镱光纤激光器可以用准四能级系统描述。为了简化描述此准四能级系统的速率方程,我们假设:

① 在波长为 975 nm 的泵浦条件下,不存在激发态吸收(ESA)。

② 掺镱光纤激光器为准四能级系统,其基态与激光下能级是由同一能级 $^2F_{7/2}$ 的 Stark 分裂产生的,高能级与激光上能级是由能级 $^2F_{5/2}$ 的 Stark 分裂产生的,使得无辐射弛豫时间(约 10 ns)远小于激光上能级的荧光寿命(800 μs 左右)。因此,可以将此准四能级简化为二能级系统处理。

③ 忽略由于掺杂不同造成的吸收截面以及辐射截面对波长的依赖关系。

在稳态条件下双包层光纤激光器的速率方程可以表示为

$$\frac{dP_p(z)}{dz}=A_p\rho(\sigma_{ep}n_2-\sigma_{ap}n_1)P_p(z) \tag{5.9}$$

$$\frac{dP_s^+(z)}{dz}=A_s\rho(\sigma_{es}n_2-\sigma_{as}n_1)P_s^+(z) \tag{5.10}$$

$$\frac{dP_s^-(z)}{dz}=-A_s\rho(\sigma_{es}n_2-\sigma_{as}n_1)P_s^-(z) \tag{5.11}$$

式中,σ_{es} 和 σ_{as} 分别为激光发射的辐射截面和吸收截面;σ_{ep} 和 σ_{ap} 分别为泵浦光的辐射截面和吸收截面;ρ 为纤芯中掺杂 Yb^{3+} 离子的浓度;A_s 和 A_p 分别为激光光场和泵浦光光场的重叠积分,并假定 S_d 和 S_i 分别是双包层增益光纤纤芯和内包层的截面积,则 $A_p=S_d/S_i$;n_2 和 n_1 分别为上、下能级的归一化粒子数密度,并由下式表示:

$$n_2=\frac{\sigma_{ap}\sigma_s P_s^{sat}P_p+\sigma_{as}\sigma_p P_p^{sat}(P_s^-+P_s^+)}{\sigma_p\sigma_s P_p P_s^{sat}+\sigma_{as}\sigma_p P_p^{sat}(P_s^-+P_s^+)+\sigma_p\sigma_s P_p^{sat}P_s^{sat}} \tag{5.12}$$

$$n_1=1-n_2 \tag{5.13}$$

式中，$\sigma_s=\sigma_{es}+\sigma_{as}$，$\sigma_p=\sigma_{ep}+\sigma_{ap}$；$P_p^{sat}$ 和 P_s^{sat} 分别为激光和泵浦光的饱和功率；P_s^- 和 P_s^+ 分别为反向和正向传输信号的功率。双包层增益光纤的增益可以表示为

$$G=A_s\rho\int_0^L(\sigma_{es}n_2-\sigma_{as}n_1)\mathrm{d}z \tag{5.14}$$

由式(5.9)、式(5.12)、式(5.13)和式(5.14)可以得到

$$G=A_s\rho\left[\frac{\sigma_s}{A_p\sigma_p\rho}\ln\frac{P_p(L)}{P_p(0)}+\frac{\sigma_{es}\sigma_{ap}-\sigma_{ep}\sigma_{as}}{\sigma_p}L\right] \tag{5.15}$$

当激光器实现稳态运转时，应满足以下条件：

$$R_1R_2^{2G}=1 \tag{5.16}$$

将式(5.15)代入式(5.16)，并令 $G_p=\ln[P_p(L)/P_p(0)]$，则有

$$G_p=\frac{A_p\sigma_p\rho}{\sigma_s}\cdot\left[\frac{1}{2A_s\rho}\ln\left(\frac{1}{R_1R_2}\right)-\frac{\sigma_{es}\sigma_{ap}-\sigma_{ep}\sigma_{as}}{\sigma_p}L\right] \tag{5.17}$$

又由式(5.9)～式(5.13)可得

$$\frac{1}{A_p\rho\sigma_pP_p^{sat}}\cdot\frac{\mathrm{d}P_p(z)}{\mathrm{d}z}+\frac{\dfrac{\mathrm{d}P_s^+(z)}{\mathrm{d}z}+\dfrac{\mathrm{d}P_s^-(z)}{\mathrm{d}z}}{A_sA_p\rho^2\sigma_s\sigma_pP_s^{sat}P_p}\cdot\frac{\mathrm{d}P_p(z)}{\mathrm{d}z}+\frac{\sigma_{ap}}{\sigma_p}=0 \tag{5.18}$$

由式(5.9)和式(5.10)可知：

$$P_s^+(z)P_s^-(z)=C \tag{5.19}$$

又由方程(5.9)和方程(5.10)满足以下边界条件：

$$P_s^+(0)=R_1P_s^-(0),\quad P_s^-(L)=R_2P_s^+(L) \tag{5.20}$$

利用式(5.19)和式(5.20)，对式(5.18)积分可以得到

$$\frac{1}{P_p^{sat}}[P_p(L)-P_p(0)]+\frac{\lambda_s}{\lambda_p}\cdot\frac{1}{P_p^{sat}}\left(1-\sqrt{R_2/R_1}-R_2+\sqrt{R_1R_2}\right)P_s^+(L)+\ln\left[\frac{P_p(L)}{P_p(0)}\right]+\frac{\sigma_{ap}}{\sigma_p}L=0 \tag{5.21}$$

则激光器的输出功率可以表示为

$$P_{out}=(1-R_2)P_s^+(L) \tag{5.22}$$

即

$$P_{out}=\frac{\lambda_p}{\lambda_s}\cdot\frac{(1-R_2)P_p^{sat}}{1-R_2-\sqrt{R_2R_1}+\sqrt{R_2/R_1}}\cdot\left\{\frac{P_p(0)}{P_p^{sat}}[1-e^{G_p}]+G_p+A_p\rho\sigma_{ap}L\right\} \tag{5.23}$$

当 $P_{out}=0$ 时，可以得到泵浦光功率的阈值为

$$P_{th}=P_p^{sat}\cdot\frac{G_p+A_p\rho\sigma_{ap}L}{1-e^{G_p}} \tag{5.24}$$

因此由式(5.21)可以求出激光器的斜率效率为

$$\eta=\frac{\mathrm{d}P_{out}}{\mathrm{d}P_p(0)}=\frac{\lambda_p}{\lambda_s}\cdot\frac{1-R_2}{1-R_2-\sqrt{R_1R_2}+\sqrt{R_2/R_1}}\cdot[1-e^{G_p}] \tag{5.25}$$

由式(5.25)可知，线型腔包层泵浦掺镱光纤激光器的斜率效率由三部分组成。第一部分，λ_p/λ_s 为掺镱双包层光纤的量子转换效率，它决定了光纤激光器斜率效率的上限。因此，泵浦光波长越接近激射光的波长，光纤激光器的斜率效率就越高。第二部分与激光腔的损耗(与

R_1、R_2 有关)有关,损耗越大,斜率效率就越低。第三部分与掺镱双包层光纤本身的特性有关。

从式(5.25)可以推出,当掺镱双包层光纤长度足够长时,$e^{G_p} \to 0$,因此可以得到

$$\eta = \frac{\lambda_p}{\lambda_s} \cdot \frac{1-R_2}{1-R_2-\sqrt{R_1 R_2}+\sqrt{R_2/R_1}} \tag{5.26}$$

从这个式子中,我们可以看出当光纤足够长时,激光器的斜率效率仅仅与激光器的量子转换效率以及腔的损耗有关。

令斜率效率 $\eta=0$,就可以得到激光器受激发射所需掺镱双包层光纤的最短长度为

$$L_{\min} = \frac{\sigma_p}{\sigma_{es}\sigma_{ap}+\sigma_{ep}\sigma_{as}} \cdot \frac{\ln(1/R_1 R_2)}{2A_s\rho} \tag{5.27}$$

从式(5.27)中可以看出,激光谐振腔的损耗越大,所需的光纤长度越长。但是这个式子的物理意义十分明显,即在给定掺镱双包层光纤的长度以后,如果光纤长度小于式(5.27)给出的最短长度,即使泵浦功率非常高,增益光纤能够提供的增益仍然无法克服激光谐振腔的损耗,因而不能实现受激发射。

5.6　大功率双包层掺镱激光器

5.6.1　掺镱双包层光纤中放大自发辐射

在许多光纤传感器和光纤探测器系统中,一般都需要时间相干性低的宽带光源。目前商用的宽带光源大多为超辐射发光二极管(SLD),但其寿命较短、波长稳定性差、输出功率低,并且由于空间相干性差,与单模光纤的耦合也受到限制。随着掺稀土元素光纤技术的日趋成熟,以及泵浦方法的快速发展,出现了一种方便可靠的宽带光纤光源。与 SLD 相比,掺稀土元素光纤中放大的自发辐射(ASE)具有温度稳定性强、谱线宽、输出功率高,使用寿命长等优点。在光纤传感系统(如光纤陀螺仪)和某些信号处理、光学层析、医用光学和波分复用(WDM)传输系统等领域有广泛应用,称为超荧光光纤光源(SFS)。而通过在光纤中掺杂不同的稀土元素,如 Nd^{3+}、Yb^{3+}、Pr^{3+}、Tm^{3+} 等,可以很方便地获得众多波段的超荧光输出,以满足各种不同应用的需要。本小节着重掺镱双包层光纤中 ASE 的详细理论研究。

1. 放大的自发辐射的基本原理

掺杂光纤中放大的自发辐射过程,即当对掺杂光纤进行泵浦时,光纤中的工作粒子由基态跃迁到激发态,由激发态弛豫到亚稳态,并在亚稳态积累产生粒子数反转分布。同时在此过程中,亚稳态的粒子要产生自发辐射,如果某个粒子自发辐射产生的光子,其辐射方向在光纤接收角内,那么这个光子就有可能在光纤纤芯中传输,从而诱发更多亚稳态的粒子产生受激辐射跃迁,产生与其完全相同的光子并得到放大。如果光纤中反转粒子数密度达到足够大,即光纤具有足够的增益(但不超过阈值),那么这种光放大的过程就会得到迅猛的增长,这个过程产生的辐射即为"放大的自发辐射"。由于受激放大,使得自发辐射也具有了相当程度的空间相干性。在光纤激光器产生激光输出后,输出光中仍然包括 ASE。

2. 掺镱双包层光纤放大自发辐射的理论研究

(1) 双包层光纤中的功率传输方程

端面泵浦的双包层光纤 ASE 的计算模型如图 5.24 所示。端面泵浦的双包层光纤放大的自发辐射有以下几个固有特点：粒子数反转的非均匀分布；增益长度与辐射截面之间的比值很大，单程增益非常高，这对于放大的自发辐射的产生非常有利；增益介质(掺杂光纤)较长，信号光的分布损耗非常明显。因此，对双包层光纤 ASE 输出特性的分析，无论是解析求解还是数值求解，基本上只考虑沿光纤的非均匀泵浦和信号光的分布损耗。

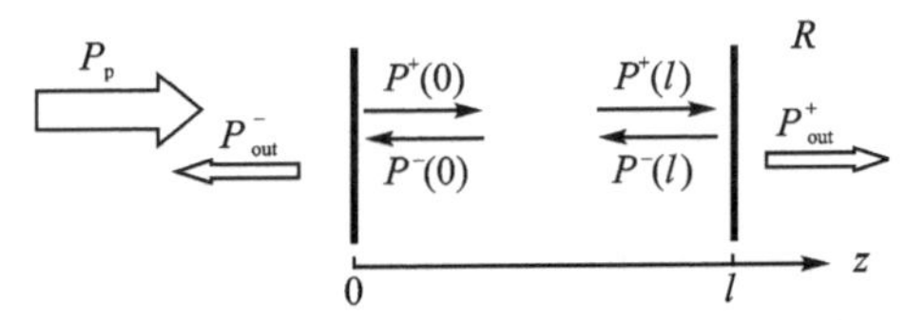

图 5.24 端面泵浦的放大的自发辐射计算模型

考虑一段长度为 l 的阶跃型折射率分布的光纤，其纤芯半径为 a，折射率为 n_1，包层折射率为 n_2。考虑弱导近似条件下，光纤中的传导模可由线性偏振模来表示。在柱坐标系(r,φ,z)中，LP_{m1} 模的空间强度分布用 $S_{m1}(r,\varphi)$表示。器件从端面泵浦，耦合处的坐标 $z=0$。

设 $n_i^+(\nu,z)$和 $n_i^-(\nu,z)$代表在频率间隔 $\nu\sim\nu+\mathrm{d}\nu$ 和位置间隔在 $z\sim z+\mathrm{d}z$ 内第 i 个模的光子数，正号和负号分别代表正向(即激光输出方向)和反向传输的光子，它们满足以下演化方程：

$$\frac{\mathrm{d}n_i^+(\nu,z)}{\mathrm{d}z}=G_i(\nu,z)[n_i^+(\nu,z)+l]-\alpha_i n_i^+(\nu,z) \tag{5.28a}$$

$$\frac{\mathrm{d}n_i^-(\nu,z)}{\mathrm{d}z}=-G_i(\nu,z)[n_i^-(\nu,z)+l]+\alpha_i n_i^-(\nu,z) \tag{5.28b}$$

式中，$G_i(\nu,z)$是在位置 z 处，对于频率 ν 的光学增益因子；α_i 为第 i 个模的损耗因子；l 和 n_i 项分别考虑了自发辐射和受激辐射。由激光器的速率方程可知，增益因子 G_i 可以表示成信号模 $S_i(r,\varphi)$和归一化泵浦强度分布 $G_p(r,\varphi)$之间空间重叠积分的函数：

$$G_i(\nu,z)=\frac{\sigma(\nu)\tau_f}{h\nu_p}\alpha_a P_p \mathrm{e}^{-(\alpha_a+\alpha_p)z}\cdot\int\frac{G_p(r,\varphi)S_i(r,\varphi)r\mathrm{d}r\mathrm{d}\varphi}{1+\tau_f\sum_{j=1}^{N}S_j(r,\varphi)\int_0^{\infty}\sigma(\nu)[n_j^+(\nu,z)+n_j^-(\nu,z)]\mathrm{d}\nu} \tag{5.29}$$

式中，P_p 是泵浦光功率；$\sigma(\nu)$和 τ_f 分别为工作物质的受激发射截面和荧光寿命，$h\nu_p$ 为泵浦光子的能量；α_a 是 λ_p 处介质的吸收系数；α_p 是泵浦频率处的损耗系数，考虑了除谐振吸收 α_a 以外的所有损耗机制；$\alpha_a P_p \mathrm{e}^{-(\alpha_a+\alpha_p)z}$ 表示在 $z\sim z+\mathrm{d}z$ 间所吸收的输入泵浦功率；分母表示在均匀展宽介质中的饱和效应，它包括了光纤中的 N 个传导模和所有频率。

令 $g(\nu)$为归一化洛伦兹线型函数，其中心频率为 ν_s，线宽 $\Delta\nu_s$，受激辐射截面为

$$\sigma(\nu)=\frac{\lambda_s^2}{8\pi n_i^2\tau_f}g(\nu) \tag{5.30}$$

其表明给定模式的两个偏振态将得到相同的增益，与泵浦光偏振态无关。

在高泵浦水平，饱和在沿光纤的某些位置变得十分重要。在这些位置上，$n_i^{\pm}(\nu,z)$的频率分量可假定比未饱和跃迁线宽 $\Delta\nu_s$ 窄得多，这是频率选择受激辐射过程的结果。因此，在饱和项中，$\sigma(\nu)$可以用其线宽中心的值 $\sigma_s=\sigma(\nu_s)$代替。这个近似也可用于未饱和区域。在这种情

况下，饱和项中的误差不会带来影响。因为这个近似引起的积分误差与在分子中的近似引起的误差在超 ASE 状态下将抵消，这使得计算精度大大改善。

光纤中，信号光出射的方向为正向，即前向。因此定义前向、后向传输功率为

$$P_i^{\pm}(z)=h\nu_i\int_{-\infty}^{+\infty}n_i^{\pm}(\nu,z)\mathrm{d}\nu \tag{5.31}$$

利用上述近似，合并式(5.28)和式(5.29)，并对整个频率范围进行积分，得到前向、后向传输的 ASE 功率所遵循的方程：

$$\frac{\mathrm{d}P_i^{\pm}(z)}{\mathrm{d}z}=\pm\frac{\sigma_s\tau_f}{h\nu_p}\alpha_a P_p \mathrm{e}^{-(\alpha_a+\alpha_p)z}\left[P_0+P_i^{\pm}(z)\right]\cdot \int_0^{2\pi}\int_0^{a}\frac{G_p(r,\varphi)S_i(r,\varphi)r\,\mathrm{d}r\,\mathrm{d}\varphi}{1+\sum_{j=0}^{N}S_j(r,\varphi)\dfrac{P_j^+(z)+P_j^-(z)}{I_{\mathrm{sat}}}}\mp\alpha_i P_i^{\pm}(z) \tag{5.32}$$

式中，$h\nu_s$ 为 ASE 光子的平均能量；$I_{\mathrm{sat}}=h\nu_s/\sigma_s\tau_f$，是线宽中心处的饱和强度；$P_0$ 是增益带宽中与单个光子有关的功率，且

$$P_0=h\nu_s\frac{\pi\Delta\nu_s}{2} \tag{5.33}$$

假设仅考虑泵浦基模激发的情况，此时，前向、后向传输的放大的自发辐射功率可由式(5.32)给出：

$$\frac{\mathrm{d}P^{\pm}(z)}{\mathrm{d}z}=\pm\frac{\sigma_s\tau_f}{h\nu_p}\alpha_a P_p \mathrm{e}^{-(\alpha_a+\alpha_p)z}\left[P_0+P_i^{\pm}(z)\right]\cdot \int_0^{a}\frac{2\pi G_p(r)S(r)r\,\mathrm{d}r}{1+\dfrac{2S(r)}{I_{\mathrm{sat}}}\left[P^+(z)+P^-(z)\right]}\mp\alpha P^{\pm}(z) \tag{5.34}$$

式中，$i=1$，$N=2$(两个正交偏振的基模)。而模强度分布 $G_p(r)$ 与方位角 φ 无关。在泵浦模和信号模之间的空间重叠积分可以记为纤芯面积 $A_f=\pi a^2$ 的函数，写成无量纲系数 F_p：

$$\frac{F_p}{A_f}=\int_0^{a}2\pi G_p(r)S(r)r\,\mathrm{d}r \tag{5.35}$$

如果考虑均匀泵浦情况，式(5.34)积分号内饱和项中的信号模 $S(r)$ 可近似为 $1/A_f$，故积分号内饱和项也可由饱和输出功率 P_s 表示：

$$P_s=\frac{1}{N}I_{\mathrm{sat}}A_f \tag{5.36}$$

它反映了增益饱和效应，A_fF_p 也可视为有效泵浦面积。

当只考虑 $N=1$ 时，式(5.34)可写为

$$\frac{\mathrm{d}P^{\pm}(z)}{\mathrm{d}z}=\pm\frac{\sigma_s\tau_f}{h\nu_p}\alpha_a P_p \mathrm{e}^{-(\alpha_a+\alpha_p)z}\cdot\frac{F_p}{A_f}\cdot\frac{P_0+P^{\pm}(z)}{1+\left[P^+(z)+P^-(z)\right]/P_s}\mp\alpha P^{\pm}(z) \tag{5.37}$$

而增益因子 $G(z)$ 可由式(5.29)给出：

$$G(z)=\frac{\sigma_s\tau_f}{h\nu_p}\alpha_a P_p \mathrm{e}^{-(\alpha_a+\alpha_p)z}\frac{F_p}{A_f}\cdot\frac{1}{1+\left[P^+(z)+P^-(z)\right]/P_s} \tag{5.38}$$

双包层光纤中 ASE 功率传输方程也可写成：

$$\frac{\mathrm{d}P^{\pm}(z)}{\mathrm{d}z}=\pm G(z)[P_0+P^{\pm}(z)]\mp\alpha P^{\pm}(z) \tag{5.39}$$

(2) 掺镱双包层光纤放大自发辐射的数值模拟

选用内包层横截面为 125 μm×125 μm 正方形的掺镱双包层光纤进行数值模拟，相关参数如下：$L=10$ m；$\alpha_a=0.406$ m^{-1}；$P_p(0)=400$ mW；$\alpha_p=0.003$ m^{-1}；$R_1=1$，$R_2=0.04$；$\alpha=0.003$ m^{-1}；$A_f=3.2\times10^{-11}$ m^2；$\tau_f=800$ μs；$F_p=1$；$\sigma_s=0.77\times10^{-24}$ m^2；$P_0=3.36\times10^{-6}$ W；$P_s=3.32\times10^8 A_f$；$\nu_p=3.074\times10^{14}$ Hz(波长 976 nm)。

1) 光纤内增益和传输功率分布

利用式(5.37)和式(5.38)，假设泵浦功率分别为 10 mW、100 mW、1 W 时模拟光纤内增益因子和传输功率沿光纤长度方向的变化，如图 5.25～图 5.27 所示。

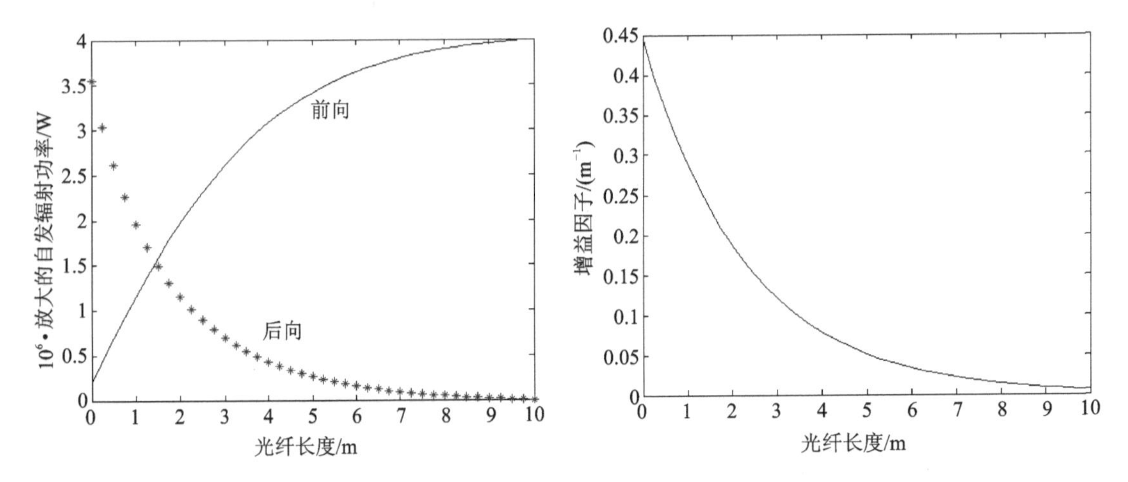

图 5.25　$P_p=10$ mW 时输出功率及增益随光纤长度的变化

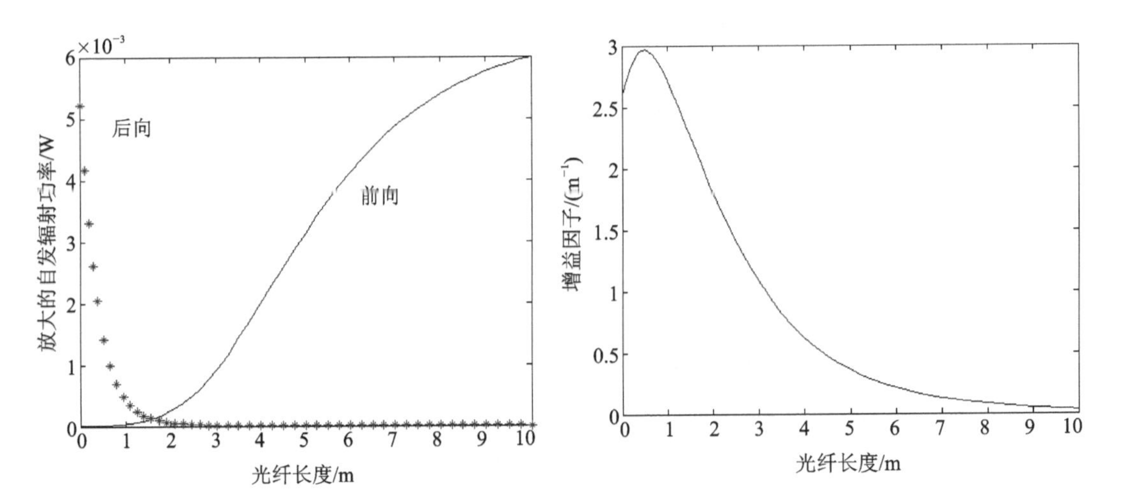

图 5.26　$P_p=100$ mW 时输出功率及增益随光纤长度的变化

由图 5.25 可知，在很低的泵浦功率水平，以自发辐射为主，前向和后向传输的光波线性变化；增益因子未饱和并从左向右呈指数衰减。

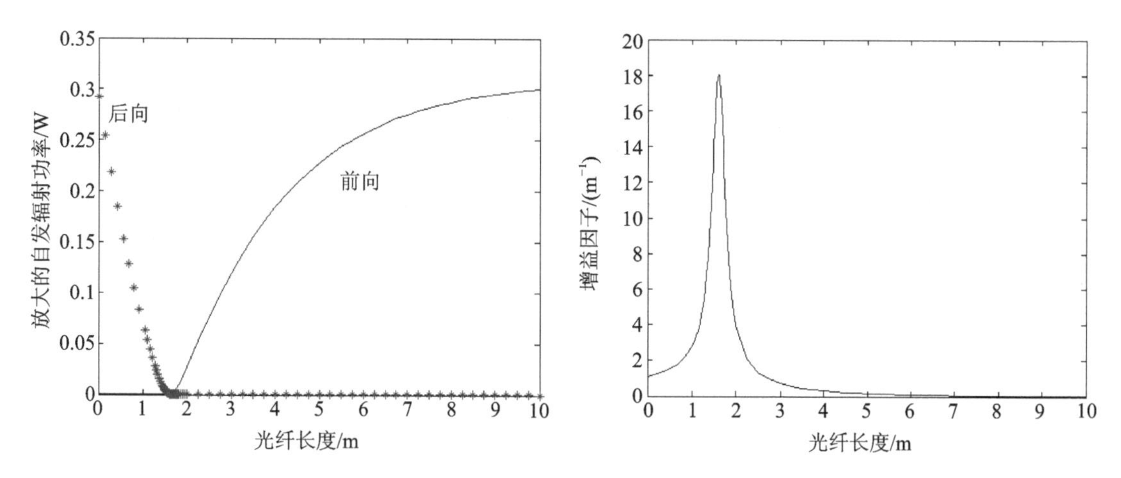

图 5.27 P_p=1 W 时输出功率及增益随光纤长度的变化

由图 5.26 可知,在较高的泵浦功率下,以受激辐射为主,荧光功率呈指数增加;在光纤始端增益因子有所上升,然后增益因子再衰减。

由图 5.27 可知,在足够高的泵浦功率下,在靠近光纤输入和输出端荧光增加到很高的水平,因为在这两端增益因子由于粒子数反转数耗尽而明显减小。增益因子在靠近光纤前半段的中部时显示出一个最大值,但在这个区域 ASE 光功率$[P^+ + P^-]$为最小。

2) 放大的自发辐射线宽随输出功率的变化

因为靠近增益曲线中心的频率分量比远离频率中心的分量受到更大的增益,所以 ASE 谱随泵浦功率的增加而变窄。对一个可能饱和的器件,一般情况下 ASE 谱在 z 方向的分布可以用函数 $f(\nu,z)$来描述。这个函数定义为在频率 ν 处的光子数与谱线中心 ν_s 处的光子数的比值,即

$$f(\nu,z)=\frac{n_i^+(\nu,z)}{n_i^+(\nu_s,z)}=\frac{e^{g_i(\nu,z)}-1}{e^{g_i(\nu_s,z)}-1} \tag{5.40}$$

式中,n_i^+ 是增益 $g_i(\nu,z)$的函数,是考虑无损耗情况下通过对式(3.20a)直接积分获得的;$g_i(\nu,z)$是在增益曲线中心 ν 处的增益,表示为

$$g_i(\nu,z)=\int_0^z G_i(\nu,z')\mathrm{d}z' \tag{5.41}$$

定义放大自发辐射的线宽 $\Delta\nu(z)$为两个频率之间的间隔,在这个频率处的 ASE 光子数为谱线中心的一半,即 $f(\nu,z)=0.5$。对于洛伦兹线型(均匀展宽情况),很容易得到输出端 l 处的线宽为

$$\Delta\nu_i=\Delta\nu_s\left[\frac{g_i(\nu_s,l)}{\lg\left(\frac{1+e^{g_i(\nu_s,l)}}{2}\right)}-1\right]^{\frac{1}{2}} \tag{5.42}$$

若在上式中消去 $g_i(\nu_s,l)$,则输出端 ASE 谱的线宽可以表示成输出功率的函数:

$$\frac{\Delta\nu}{\Delta\nu_s}=\frac{\lg(1+x)}{\lg\left(1+\frac{x}{2}\right)}-1 \tag{5.43}$$

式中，$x=P^{+}(l)/NP_0=P_i^{+}(l)/P_0$，$N$ 表示光纤内传输模式的个数。

图 5.28 给出了输出端放大的自发辐射宽随输出功率的变化关系。结果显示，当输出功率较低时，$x\ll l$，$\Delta\nu=\Delta\nu_s$；当输出功率较高时，$x\gg l$，$\Delta\nu$ 将随输出功率的增加而缓慢变化；在泵浦阈值以上时，$\Delta\nu$ 迅速变窄并趋于准渐近值。这也表明，由于增益竞争的结果，将导致放大的自发辐射谱线的频率选择随输出功率的增加而趋于稳定，即放大的自发辐射谱线的中心波长随着输出功率（泵浦功率）的增加而趋于稳定。

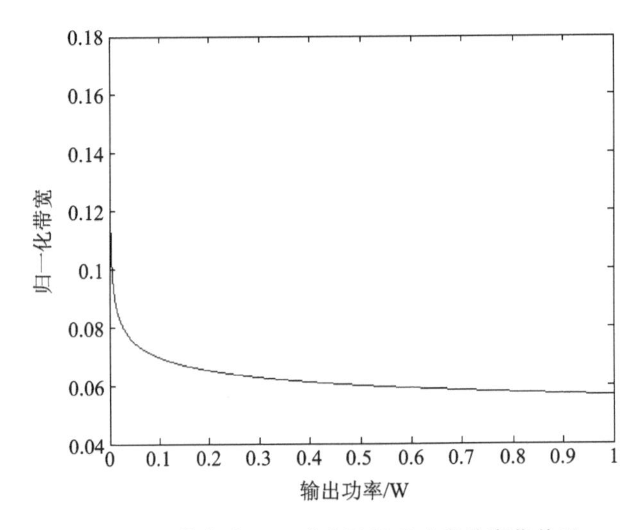

图 5.28 输出端 ASE 谱宽随输出功率的变化关系

3. 小 结

本小节简单介绍放大的自发辐射模型之后，给出了双包层光纤中光功率的传输方程。利用给出的光功率的传输方程，并结合给定的掺镱双包层光纤有关参数，从理论上对掺镱双包层 ASE 的有关特性进行了模拟，结果显示：

① 掺镱双包层光纤中的前向和后向的传输功率以及增益因子随泵浦功率的不同有较大的变化。泵浦功率很低时，以自发发射为主，前向和后向传输的光功率线性变化，增益因子不会饱和并沿光纤指数衰减；在较高的泵浦功率下，增益足够大，以致受激辐射占据主导地位，ASE 功率呈指数增加，增益因子在光纤始端有所上升，然后增益因了再衰减；在足够高的泵浦功率下，增益非常大，由于受激辐射将导致增益饱和效应的出现，在靠近光纤输入和输出端 ASE 功率增加到很高的水平。

② ASE 输出光谱的线宽随着输出功率（泵浦功率）的增加而变窄。当输出功率较低时，$x\ll l$，$\Delta\nu=\Delta\nu_s$；当输出功率较高时，$x\gg l$，$\Delta\nu$ 将随输出功率的增加而缓慢变化；在泵浦阈值以上时，线宽 $\Delta\nu$ 迅速变窄并趋于准渐近值。这也表明，由于增益竞争的结果，将导致 ASE 谱的频率选择随输出功率的增加而趋于稳定。

5.6.2 包层泵浦高功率掺镱光纤激光器的数值模拟

对包层泵浦掺镱双包层光纤激光器的输出特性进行了理论分析，给出了稳态条件下激光器泵浦阈值功率、输出激光功率和激光器斜率效率的解析表达式。本小节将通过数值模拟，分析激光谐振腔中腔镜反射率、光纤长度和泵浦功率等对激光输出功率的影响，给出激光功率和激光增益系数沿光纤的分布。

计算中，主要针对光纤激光器的三个参量：泵浦光功率、光纤长度和输出端腔镜反射率进行了数值计算。模拟时所用参数如下：双包层光纤的纤芯 $r_0=10.6\ \mu m$，$\lambda_p=975$ nm，$\lambda_s=1\ 100$ nm，$\tau=800\ \mu s$，$\sigma_{as}=3.5\times10^{-27}\ m^2$，$\sigma_{es}=1.5\times10^{-25}\ m^2$，$\sigma_{ap}=2.5\times10^{-24}\ m^2$，$\sigma_{ep}=2.5\times10^{-24}\ m^2$，$A_s=0.8$；$R_1=99.5\%$；对于 1 100 nm 的激光，损耗系数 $\alpha_s=0.002\ 3\ m^{-1}$；对于 975 nm 的泵浦光，光纤的吸收系数为 $\alpha_a=0.299\ m^{-1}$，损耗系数 $\alpha_p=0.004\ m^{-1}$。

1. 光纤长度对泵浦阈值功率的影响

从图 5.29 中可以看出，对于不同的 R_2 值都存在一个最佳长度使光纤激光器的泵浦阈值最低；在光纤长度小于 5 m 时，随着 R_2 的增大，泵浦阈值降低。但是当光纤长度大于 5 m 时，激光器的泵浦阈值随光纤长度的增加而线性增加。

2. 光纤长度对激光输出功率和激光器斜率效率的影响

图 5.30 所示为光纤长度对激光输出光功率的影响。当不考虑光纤损耗，增益光纤长度较小时，输出功率随光纤长度的变化非常明显；而当光纤达到某一长度时，输出功率趋于饱和。考虑光纤传输损耗，则经过一定光纤长度后，随着光纤长度的增加输出功率反而减小，即存在最佳值。同无传输损耗时的输出功率一样，光纤激光器的斜率效率随光纤长度的关系曲线也呈现出饱和特性，如图 5.31 所示。

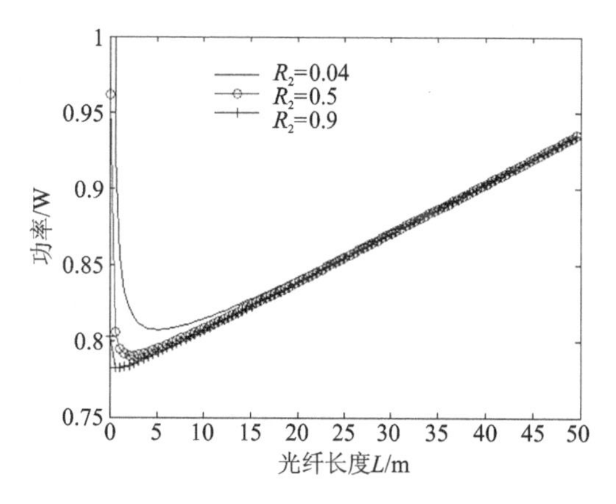

图 5.29　光纤长度对于泵浦阈值功率的影响

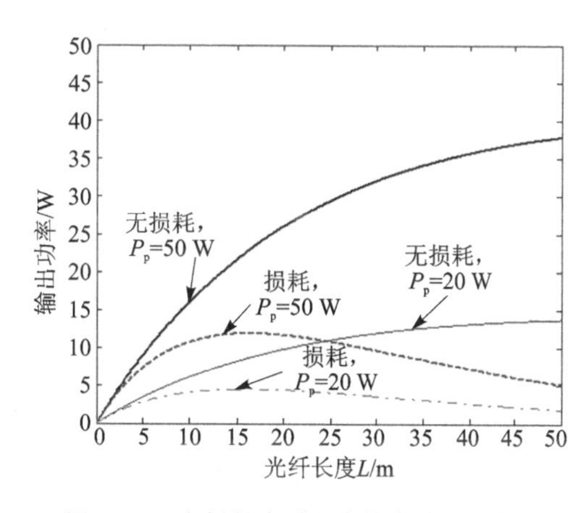

图 5.30　光纤长度对激光输出功率的影响

3. 输出镜反射率对激光输出特性的影响

图 5.32 所示为输出功率随输出镜反射率 R_2 变化的数值模拟结果，R_2 从 4%～90%变化。从图中可以看出，输出功率随 R_2 的增加而减小。当 R_2 大于 90%时，输出功率随 R_2 的增加急剧降低。这是由于反射率的增加使激光信号在光纤中的传输往返次数增加，即传输的长度增加，结果导致损耗的增加。由此我们可以得到结论：高功率包层泵浦光纤激光器的最佳输出耦合应该采用很低的反射率（R_2 很小）。实际上，可以利用双包层光纤端面接近 4%的菲涅耳反射提供腔反馈，实现高功率的激光输出。

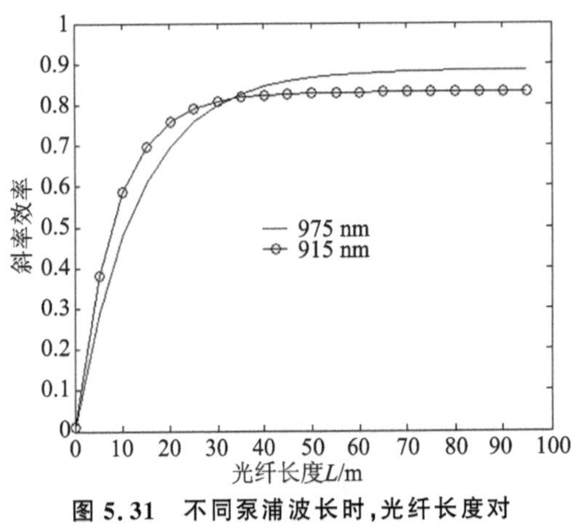

图 5.31 不同泵浦波长时，光纤长度对激光器斜率效率的影响

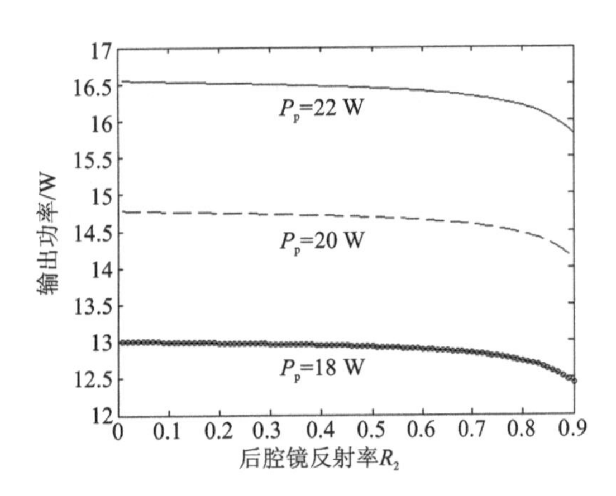

图 5.32 激光输出功率与 R_2 的关系

图 5.33 所示为激光器的阈值功率与后腔镜反射率的关系。可以看出，随着激光器后腔镜反射率的增加，激光器阈值功率逐渐降低，因为高的后腔镜反射率使激光器内部功率密度增大，降低了激光器的阈值功率。

可以从图 5.34 中看出激光器斜率效率随 R_2 的变化情况，并且在 R_2 达到 90%以上，包层泵浦光纤激光器的斜率效率随 R_2 的变化非常显著；而 R_2<90%时，斜率效率随 R_2 的变化较小。

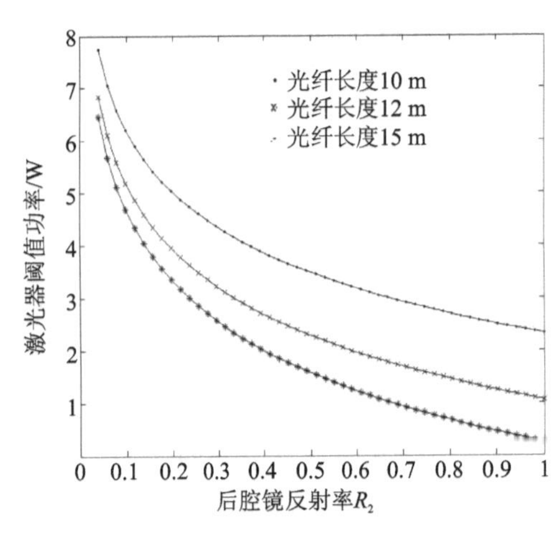

图 5.33 激光器阈值功率和 R_2 的关系

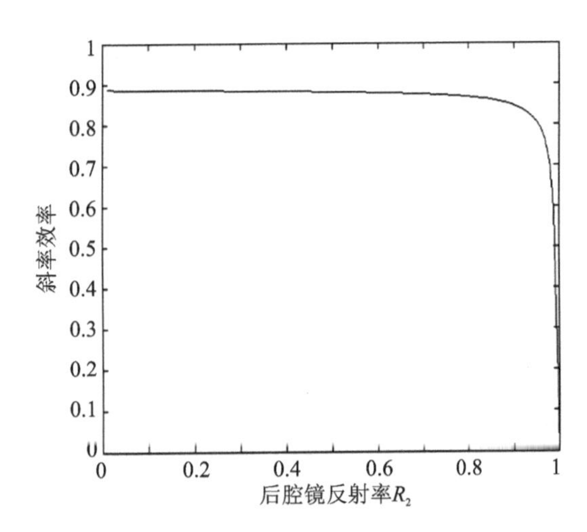

图 5.34 斜率效率与 R_2 的关系

本小节我们从速率方程出发，推导了线型腔掺镱双包层高功率光纤激光器的泵浦阈值功率、输出光功率和斜率效率的表达式，分析了光纤长度、腔镜反射率、泵浦波长、内包层大小等对激光器阈值功率、输出光功率和斜率效率的影响，通过分析可以得到以下几点结论：

掺镱双包层高功率光纤激光器的泵浦阈值的大小与增益光纤的长度有关，存在最佳长度使得激光器的泵浦阈值最小。当增益光纤长度较短时，输出激光功率随光纤长度的增长变化很明显，而当光纤长度达到一定长度时，输出功率趋于饱和，就是说存在一定的最佳长度。不同的内包层尺寸，对输出功率的影响也不同。内包层面积越小，最佳长度越短；内包层面积越大，则在很大的光纤长度范围内输出功率与光纤长度呈线性关系。因此，在设计双包层光纤激光器时必须综合考虑，以确定适合的光纤长度。

5.6.3　大功率光纤激光器的实验研究

经过深入的文献调研，为了得到 400 W 乃至 1 kW 的大功率激光输出，系统的设计采用双端泵浦方式。当输出功率为几百瓦时，可以采用波长耦合的双端泵浦方式，也可以采用偏振耦合的方式。为了得到 400 W 的输出功率，我们采用波长耦合的方式；为了得到更高功率的激光输出，计划采用偏振耦合的方式。具体光路设计如图 5.35 所示。

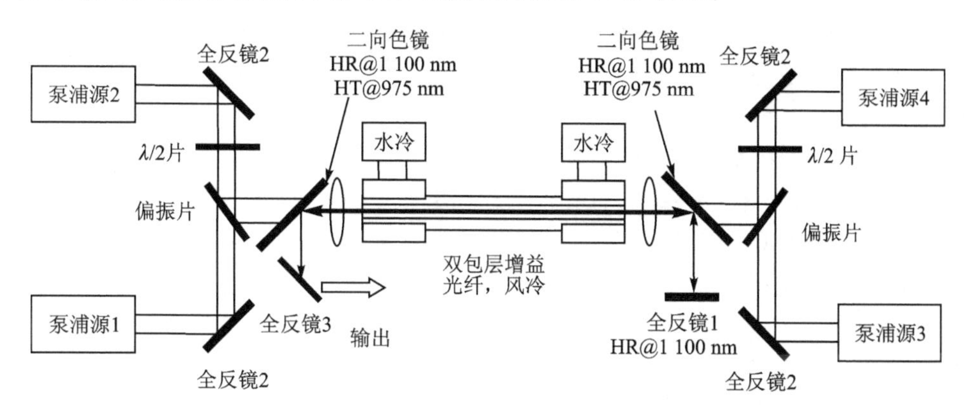

图 5.35　大功率光纤激光器的系统示意图

1. 泵浦源

采用四个 976 nm 的 LD 作为泵浦源，泵浦源的主要参数如下：输出功率为 550 W，中心波长为 975.4 nm，输出光斑($1/e^2$ 处的全宽度)为 51 mm，发散角为4 mrad，为线偏振激光输出。

采用这样的泵浦源，配合耦合效率高于 80%的耦合系统，我们可以计算进入光纤的功率至少为 550 W×4×80%=1 760 W；若掺镱增益光纤产生激光的斜率效率以 60%进行计算，则可以产生的激光功率为 1 760 W×60%=1 056 W，刚好满足我们的设计要求。因此我们认为采用耦合效率达到 80%以上的耦合系统，同时采用 4 个 550 W 的 LD 作为泵浦源，能够满足我们功率上的需求。

2. 二向色镜的设计

由于采用双端泵浦，谐振腔的两端均为对泵浦光高透、对激光信号高反的二向色镜，因此激光的输出不能简单地利用掺杂光纤端面 3.5%的菲涅尔反馈作为输出镜，而是利用在腔内的一端与光轴成一定角度的二向色镜(对泵浦光高透；对激光信号高反，反射率为 96%)作为激光器的腔镜。我们选用的二向色镜的参数为 HT@975 nm，$T=93\%$，HR@1 080 nm，$R=98\%$，45°放置。选用输出镜的透过率为 95%@1 080 nm。

3. 双包层光纤的优化选取

首先根据光纤的损坏阈值确定光纤的纤芯尺寸。主要从两个方面考虑：

① 对于包层直径为 600 μm 的光纤，1 000 W 泵浦光功率在端面上的功率密度为

0.354 MW/cm^2，如采用 400 μm 的光纤，则功率密度为 0.796 MW/cm^2。由于输出激光功率高达 1 000 W，对于纤芯直径为 20 μm 以下的光纤，纤芯处的功率密度已经接近或超过光纤的损伤阈值。根据计算，纤芯直径应该大于 23 μm。

② 纯石英材料的激光损伤阈值非常高，能够承受的脉冲激光的峰值功率密度约为 100 W/μm^2。由此计算，典型的单模纤芯可以实现千瓦量级的激光功率输出。实际上对连续输出石英基质的掺杂光纤来说，由于掺杂引起的纯度和均匀性的变差，降低了光纤端面的损伤阈值。目前高功率光纤激光器中光纤端面所承受的最高功率密度一般为 2.5 W/μm^2 左右，因此对于输出功率达到千瓦量级的光纤激光器来说，要求选用的光纤半径大于 25 μm。

但是实际使用双包层光纤的过程中，泵浦功率远大于 1 000 W，因此要求产生的光纤功率很高，故需考虑光纤激光器的长期使用的功率稳定性。从上述两个方面考虑，光纤纤芯直径应该大于 30 μm。

其次，根据光纤的掺杂浓度从泵浦功率吸收方面确定选用光纤长度。为了确保泵浦源的泵浦光能够被双包层光纤充分吸收，首先根据双包层光纤的参数决定双包层光纤的长度。

若纤芯中 Yb^{3+} 的吸收截面 σ_a 已知，则可以根据 $\alpha_c = N_{Yb}\sigma_a$ 计算出纤芯中泵浦光的吸收系数 α_c，即可求出双包层光纤对泵浦光的总吸收系数为

$$\alpha_a = \Gamma_p \alpha_c = \Gamma_p N_{Yb} \sigma_a$$

式中，Γ_p 为泵浦光的填充因子。

若 P_0 是入纤泵浦功率，则传输功率为

$$P_T = P_0 \exp(-\alpha L)$$

式中，α 为衰减系数，L 是光纤长度

$$L = -\frac{1}{\alpha}\ln\left(\frac{P_T}{P_0}\right) = -\frac{1}{\Gamma_p N_{Yb}\sigma_a}\ln\left(\frac{P_T}{P_0}\right) \tag{5.44}$$

对于 975 nm 的泵浦光，Yb^{3+} 的吸收截面为：$\sigma_a = 2.6\times10^{-24}$ m^2，当 99% 泵浦光被吸收时，不同包层直径、不同掺杂条件下所需的光纤长度不同。将已有报道进行了掺杂光纤参数汇总，见表 5.2。这里须明确：掺杂浓度和吸收系数是经销商提供的，并且按照给定的掺杂浓度计算出吸收系数的数值，与给定吸收系数的值不同，这里以吸收系数为准进行计算。

表 5.2 掺杂光纤参数汇总

纤芯参数			内包层		光纤长度/m	泵浦功率/W @波长/nm	输出特性		
直径/μm	N_A	掺杂离子及浓度	尺寸/μm^2	N_A			最大功率/W	斜率效率/%	M^2
9	0.12	—	170×330	0.46	50	180@915	110	58.3	1.1～1.7
9	—	Yb^{3+} 3×10^{-3} mol/L	—	—	60	295	135	51	1.05
14.8	0.18	Nd^{3+} 1.3×10^{-3} mol/L Yb^{3+} 3.4×10^{-3} mol/L	350/400(D形)	0.38	45	152@940 113@808	150	50	—
30	0.07	Yb^{3+} 4.5×10^{-3} mol/kg	330/375(D形)	0.48	4.7	340@975	272	83	3.2

续表 5.2

纤芯参数			内包层		光纤长度/m	泵浦功率/W@波长/nm	输出特性		
直径/μm	N_A	掺杂离子及浓度	尺寸/μm^2	N_A			最大功率/W	斜率效率/%	M^2
24.5	0.086	Nd^{3+} 0.6×10^{-3} mol/L Yb^{3+} 1.3×10^{-3}mol/L	350/400(D形)	0.38	35	350@976 175@940 175@808	485	72	—
43	0.09	Yb^{3+} 4.5×10^{-3}mol/L	600/650(D形)	0.48	9	1 000@972	610	82	2.7
43	0.09	Yb^{3+} 4.5×10^{-3}mol/L	600/650(D形)	0.48	8	1 000@972 500@975	1 010	85	3.4

4. 实验结果

利用两只输出功率为 550 W 的 LD，采用双端泵浦的方法进行了大功率光纤激光器的实验。采用的光纤参数为：内包层为 400 μm，数值孔径为 0.46，纤芯直径为 30 μm，数值孔径为 0.05，长度为 10 m。为避免损坏光纤端面，在距离两个光纤端面大约 1 cm 处进行水冷，成功获得了 400 W 以上的输出。

5.6.4　大功率双包层光纤激光器热效应

大功率双包层光纤激光器是一种具有很好发展前景的新型激光器，单根掺镱双包层光纤已经达到 1 kW 的输出功率。虽然泵浦半导体激光器光谱特性与掺杂光纤中激光工作物质的吸收光谱可以实现匹配，掺杂光纤表面积/体积比大，散热性能好，但由于一些其他原因激光器仍存在热效应问题，如① 泵浦光与激光上能级之间光子能量差以热的形式散入基质晶格，造成量子亏损发热；② 激光下能级与基态之间的能量差转化为热能；③ 激光跃迁荧光过程除产生激光以外，其余能量由于激光淬灭而转化成热。对于几十瓦甚至上百瓦的光纤激光器，自然散热可以满足要求，但是当泵浦光足够强、单根光纤激光输出功率达到几百瓦甚至上千瓦时，光纤激光器的热效应问题表现得十分明显，会导致因基质材料热扩散而产生应力和折射率变化。由于热量积累，掺杂纤芯中温度升高，会降低量子效率，也会引起输出波长变化，甚至将基质熔化。因此高效散热和抑制光纤内温度差造成热效应的影响是大功率光纤激光器研究中要注意的一个重要问题。

本小节对大功率光纤激光器热效应问题进行了理论研究，在分析热效应产生原因的基础上，建立了一套双包层光纤激光器稳态温度分布模型，数值模拟了光纤轴向和径向的温度分布，得出了不同的光纤长度、截面半径和制冷条件下光纤端面中心温度随激光输出功率的变化关系。结果表明，单根光纤在输出千瓦级激光情况下对光纤端面附近区域沿轴向制冷将显著降低热效应的影响，为同类激光器的研制提供了参考依据。

1. 建立大功率双包层光纤激光器热效应理论模型

对于大功率双包层光纤激光器，由于增益光纤长度远大于光纤横截面，轴向温度的端面效应和温度变化不能忽略，所以沿轴向光纤内部发热不均匀。由于光纤发热主要来源于纤芯，纤芯横截面积远小于内包层横截面积，为方便起见，将各种形状的内包层等效成圆形内包层，如图 5.36 所示。纤芯、等效内包层和外包层半径分别为 r_1、r_2 和 r_3。双包层光纤温度梯度分布限于沿光纤长度方向的轴向和与光纤长度方向垂直的径向。

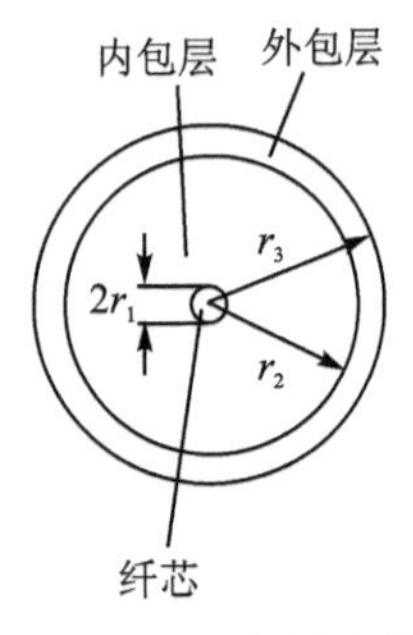

图 5.36 双包层光纤横截面几何模型

当激光器达到稳定输出后，对应的温度分布满足方程：

$$\frac{1}{r}\frac{\partial}{\partial r}\left(r\frac{\partial T(r)}{\partial r}\right)=-\frac{q}{\kappa} \tag{5.45}$$

式中，r 为光纤半径，$T(r)$为温度分布，q 为单位体积热密度，κ 为导热系数。

将式(5.45)积分可得

$$T(r)=-\frac{1}{4}\frac{qr^2}{\kappa}+a\ln r+b \tag{5.46}$$

式中，a、b 为积分常数，该式表示了温度沿光纤截面半径方向的分布。由式(5.46)得到光纤截面各区域的温度分布：

$$\begin{cases}T_1(r)=-\frac{1}{4}\frac{q_1r^2}{\kappa_1}+a_1\ln r+b_1, & 0\leqslant r\leqslant r_1\\ T_2(r)=-\frac{1}{4}\frac{q_2r^2}{\kappa_2}+a_2\ln r+b_2, & r_1\leqslant r\leqslant r_2\\ T_3(r)=-\frac{1}{4}\frac{q_3r^2}{\kappa_3}+a_3\ln r+b_3, & r_2\leqslant r\leqslant r_3\end{cases} \tag{5.47}$$

式中，q_1、q_2 和 q_3 分别为纤芯、等效内包层和外包层任意一点处的热密度；κ_1、κ_2 和 κ_3 为各区域对应的导热系数，只考虑纤芯吸收泵浦光时有 $q_1=\frac{P_{T_1}}{\pi r_1^2L}$，$q_2=q_3=0$，其中 P_{T_1} 为纤芯吸收功率分布函数，L 为光纤总长度，α 为泵浦光吸收系数。

根据实际情况，纤芯中心 $r=0$ 处的温度为有限值 T_0，且温度梯度$\frac{\partial T(0)}{\partial r}=0$，在纤芯与等效内包层的边界以及等效内包层与外包层的边界，温度和温度梯度均连续，则边界条件写为

$$\begin{cases}\frac{\partial T_1(r_1)}{\partial r}=\frac{\partial T_2(r_1)}{\partial r}\\ T_1(r_1)=T_2(r_1)\end{cases} \tag{5.48}$$

$$\begin{cases}\frac{\partial T_2(r_2)}{\partial r}=\frac{\partial T_3(r_2)}{\partial r}\\ T_2(r_2)=T_3(r_2)\end{cases} \tag{5.49}$$

$$\begin{cases}\frac{\partial T(0)}{\partial r}=0\\ T(0)=T_0\end{cases} \tag{5.50}$$

结合式(5.47)～式(5.50)解得

$$\begin{cases} T_1(r) = -\dfrac{1}{4}\dfrac{q_1 r^2}{\kappa_1} + T_0 \\ T_2(r) = \dfrac{1}{4}\dfrac{q_2}{\kappa_2}(r_1^2 - r^2) + \dfrac{r_1^2}{2}\left(\dfrac{q_2}{\kappa_2} - \dfrac{q_1}{\kappa_1}\right)\ln\dfrac{r}{r_1} - \dfrac{1}{4}\dfrac{r_1^2 q_1}{\kappa_1} + T_0 \\ T_3(r) = -\dfrac{1}{4}\dfrac{q_3 r^2}{\kappa_3} + \left[\dfrac{r_2^2}{2}\left(\dfrac{q_3}{\kappa_3} - \dfrac{q_2}{\kappa_2}\right) + \dfrac{r_2^2}{2}\left(\dfrac{q_2}{\kappa_2} - \dfrac{q_1}{\kappa_1}\right)\right]\ln r + \\ \qquad \dfrac{r_1^2}{4}\left(\dfrac{q_2}{\kappa_2} - \dfrac{q_1}{\kappa_1}\right)(1 - 2\ln r_1) + \dfrac{r_2^2}{4}\left(\dfrac{q_3}{\kappa_3} - \dfrac{q_2}{\kappa_2}\right)(1 - 2\ln r_2) + T_0 \end{cases} \tag{5.51}$$

外包层表面与外界环境或制冷设备相连，根据牛顿冷却定律：

$$\frac{\partial T_3(r_3)}{\partial r} = \frac{h}{\kappa_3}[T_E - T_3(r_3)] \tag{5.52}$$

式中，h 为传热系数；T_E 为环境温度或制冷温度。

将 $T_3(r)$ 代入式(5.50)可得到纤芯中心温度：

$$T_0 = T_E - \frac{r_1^2}{4}\left(\frac{q_2}{\kappa_2} - \frac{q_1}{\kappa_1}\right)\left(\frac{2\kappa_2}{r_3 h} + 2\ln\frac{r_2}{r_1} + 1\right) - \frac{r_2^2}{4}\left(\frac{q_3}{\kappa_3} - \frac{q_2}{\kappa_2}\right)\left(\frac{2\kappa_3}{r_3 h} + 2\ln\frac{r_3}{r_2} + 1\right) + \frac{1}{4}q_3 r_3\left(\frac{2}{h} + \frac{r_3}{\kappa_3}\right) \tag{5.53}$$

联立式(5.49)和式(5.51)得到双包层光纤激光器横截面径向温度分布，改变光纤总长度 L 即可得到光纤中心温度与长度的关系。

2. 数值模拟与分析

实验采用双包层光纤芯径 $r_1=15.25\ \mu\text{m}$，D型内包层等效圆形内包层半径 $r_2=200\ \mu\text{m}$，涂敷层厚度为 150 μm，故外包层半径 $r_3=150\ \mu\text{m}+200\ \mu\text{m}=350\ \mu\text{m}$；该光纤在 976nm 处的吸收系数 $\alpha=5$ dB/m，长度 $L=10$ m，可认为 976 nm 泵浦光全部被吸收；采用双端泵浦方式，总光纤功率为 1.5 kW，激光输出功率为 1 kW，中心波长为 1 100 nm；由于光纤很细，可设双包层光纤的纤芯、内包层和外包层导热系数相等，即 $\kappa_1=\kappa_2=\kappa_3=1.4$ W/(m·K)；环境温度 $T_E=$ 293 K。

(1) 沿光纤长度方向的轴向温度分布

假定剩余泵浦功率无损耗，全部转化成热的条件下，并且仅依靠光纤外包层表面与空气进行热交换散热(传热系数为 0.1×10^{-2} W/(cm^2·K))，对应不同光纤长度光纤中心温度沿轴向分布如图 5.37 所示。可见光纤端面处温度很高，且轴向变化很快，而中间部分的温度相对较低，与环境温度接近；光纤越长，光纤散热面积越大(表面积/体积比增大)，越有利于散热和保持激光转换效率，掺杂纤芯温度越低。可见高功率光纤激光器的热效应主要集中在光纤端头附近区域内，对这一部分光纤横截面温度分布进行分析有助于克服热效应对激光输出的影响。

(2) 与光纤长度方向垂直的径向温度分布

对于光纤长度为 10 m、输出功率为 1 kW 的双包层光纤激光器，光纤端面径向温度分布如图 5.38 所示，纤芯温度高达 1 433 K，外包层温度也高达 1 422 K。由于掺杂纤芯温度很高，导致激光下能级粒子数增加，使增益变小，光纤激光器转换效率将显著下降；在直径 700 μm

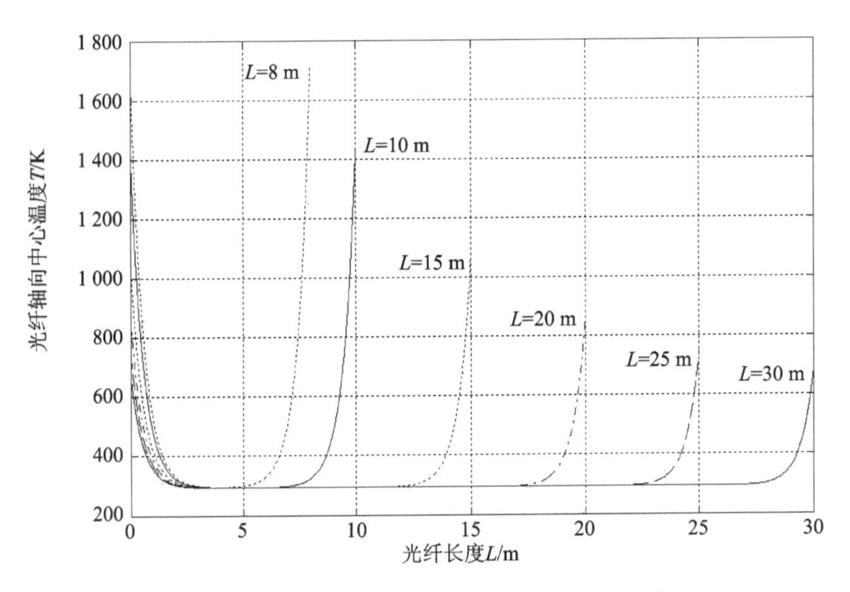

图 5.37 不同光纤长度时光纤轴向中心温度分布

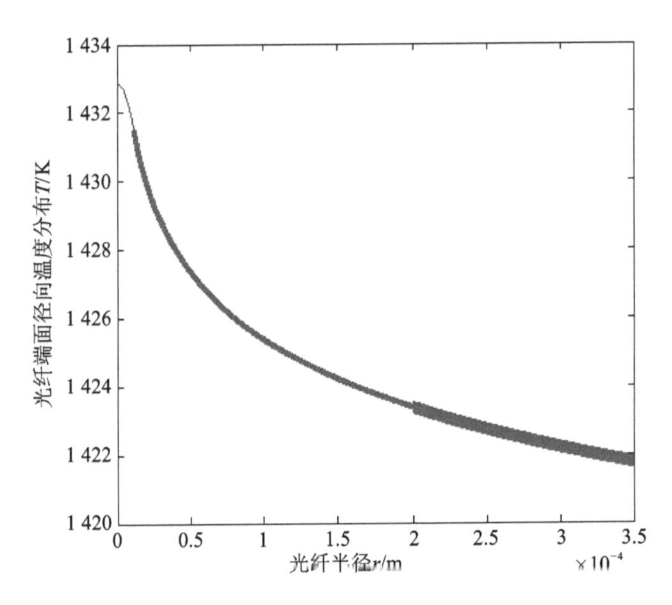

图 5.38 剩余泵浦功率全部被纤芯吸收时转化成热时光纤端面径向温度分布

的光纤截面上，纤芯中心与边缘的温度梯度为 10 ℃左右，由热应力引起的折射率变化和热致双折射变化，虽不明显但纤芯也不会熔化（SiO_2 材料熔点为 1 982 K）。由于外包层多由聚合物材料构成，在端面泵浦耦合的情况下，端面和外包层不能承受如此高的泵浦功率，此时光纤端面已经被泵浦光和激光损坏，外包层已经被高温熔化，光纤激光器无法正常工作。因此，对于输出千瓦级的光纤激光器，在端头处需要将外包层去除干净，并保证光纤端面的平整，尽量避免端面缺陷导致激光损伤阈值下降、泵浦光对端面的损伤和激光振荡阈值提高，以减小热效应的影响；同时需要对光纤沿轴向冷却，即增大传热系数 h。

(3) 光纤端面的散热与制冷

上述千瓦级光纤激光器在光纤表面自然散热情况下，光纤端面中心温度升到 1 000 K 以上。增大纤芯直径，可增大总散热面积，会使光纤中心温度有所降低，但考虑到纤芯与内包层面积比对吸收效率的影响，以及纤芯直径对激光输出模式的影响，纤芯直径不宜过大。

根据轴向温度分布可知，由于光纤端面处所承受的泵浦功率最高，相应的温度也最高，光纤端面极容易损坏，自然散热时从 10 m 长光纤端面到 1 m 处，中心温度由 1 433 K 急剧下降到 396 K(123 ℃)，轴向温度的端面效应和温度变化非常显著；因为一般大功率固体激光器增益介质的正常工作温度均在 100 ℃以上，因此只需要对端面附近很短一段光纤沿轴向制冷。

如图 5.39 所示，对端面附近光纤采取不同程度的制冷措施(水冷或风冷)，即增大传热系数，即使 500 W 激光功率全部被纤芯吸收转换为热，光纤温度也会明显降低。温度分布随 h 的变化非常明显，通过改善高功率光纤激光器的冷却条件，光纤整体温度降低的同时，径向温差很小，不超过 10 ℃，可以忽略径向热应力引起的折射率变化和热致双折射变化。典型风冷和水冷措施传热系数可以取 0.02～3 W/(cm^2·K)，可见只要采取少量的制冷就可以使光纤端面温度降低到接近环境温度。

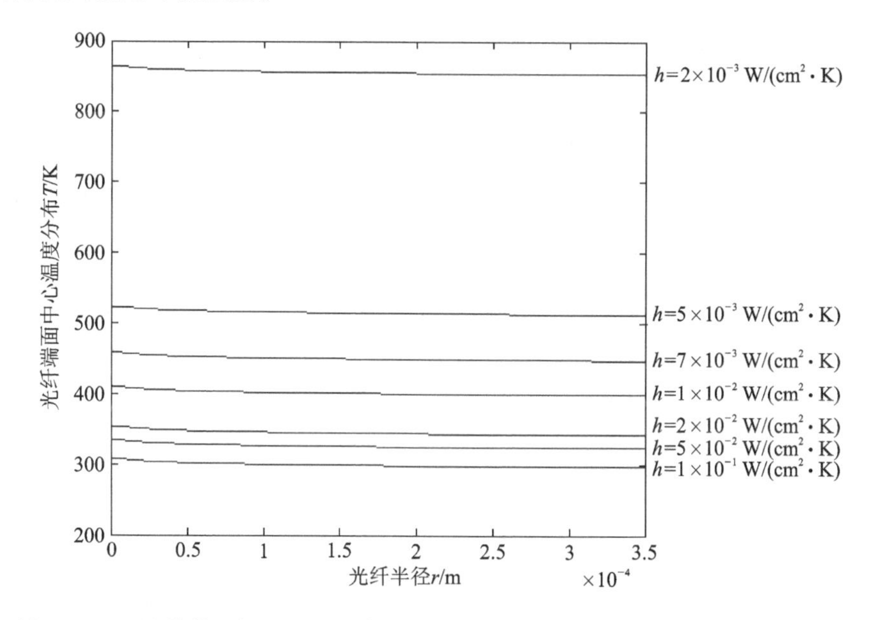

图 5.39　不同传热系数下 500 W 全部被纤芯吸收转换为热时光纤端面径向温度分布

上述分析可知，随着光纤长度增加，光纤端面中心温度明显降低，对散热和制冷的要求越低。但光纤越长，光纤激光器非线性效应越显著；由于 Yb^{3+} 离子吸收谱线很宽，过长的光纤还会对激光产生二次吸收，限制激光功率的提高。因此，要从对泵浦光的吸收、减小非线性效应和有效散热等方面综合考虑，确定高功率光纤激光器最佳光纤长度。

如图 5.40 所示，自然散热条件下单根 10 m 长光纤输出 100 W 和 200 W 时端面中心温度分别为 407 K 和 521 K，此时由于温度升高而引起的热效应可以忽略不计，对制冷的要求很低。故可以采用相干合成或波长耦合等方法，将多路百瓦级(100 W 或 200 W)光纤激光合成为千瓦级激光输出。

如图 5.41 所示，通过对双包层光纤端头散热或制冷(增大传热系数 h)，在单根光纤输出

1 kW 激光功率情况下，对应纤芯中心温度显著降低，有效克服了热效应问题。可以看出，当传热系数大于 5×10^{-2} W/(cm^2 · K)时，光纤中心温度已基本接近环境温度，即对光纤端头采用风冷或少量水冷就可以消除热效应的影响。由此可见，光纤散热主要是沿轴向，对高功率光纤激光器光纤端面附近采取整体制冷的方式具有重要意义。

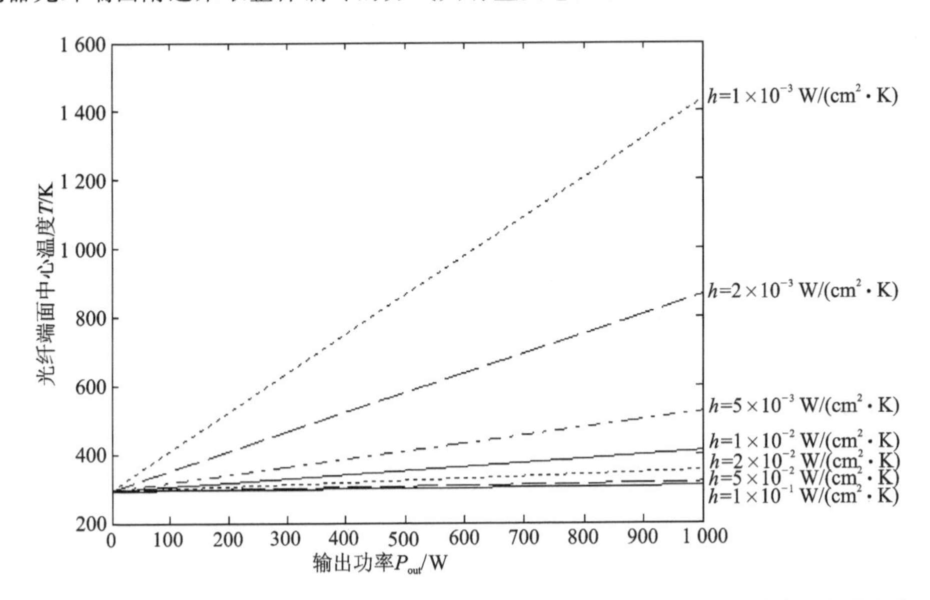

图 5.40 h=1×10⁻³ W/(cm² · K)不同光纤长度时端面中心温度随激光输出功率的变化

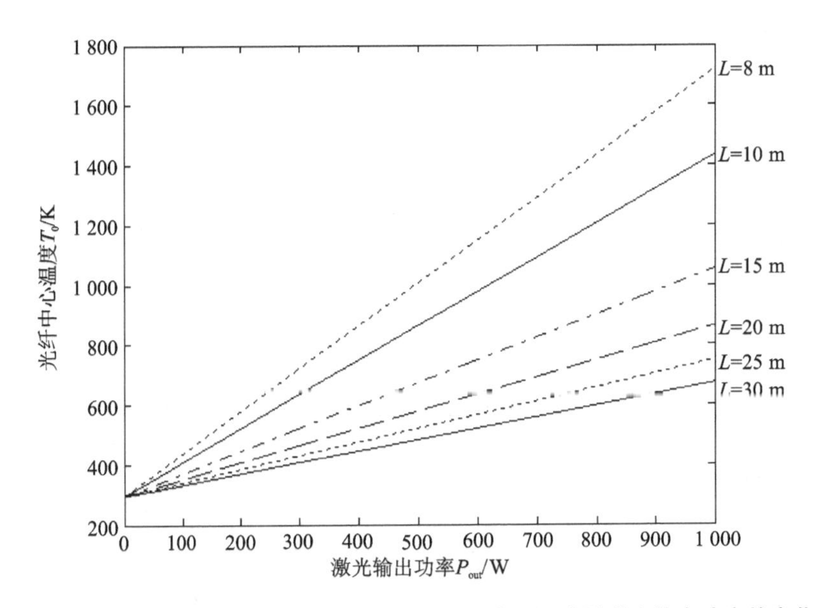

图 5.41 L=10 m 不同制冷条件下光纤端面处中心温度随激光输出功率的变化

本节建立了一套双包层光纤激光器稳态温度分布的模型，结合 1 kW 双包层光纤激光器的具体参数，数值模拟了光纤轴向与截面径向温度分布。结果表明，光纤中心温度随制冷量的不同(传热系数 h)变化明显。

在设定条件下，研究了不同光纤长度和不同冷却条件下纤芯中心温度随激光输出功率的变化关系。结果表明，在自然散热条件下可采用多束光纤相干合成的方法实现千瓦级光纤激光输出；对于单根光纤输出能量为千瓦量级的光纤激光器来说，应沿轴向对光纤端面附近区域散热，保护光纤端面免受泵浦光与激光能量的损伤，抑制轴向温度的端面效应和温度变化，保持激光器的转换效率和输出功率不受影响；径向热应力引起的折射率变化和热致双折射变化对激光输出的影响随光纤中心温度的升高而愈加显著，在采取制冷措施的情况下，可以将其忽略。这一结果为同类高功率双包层光纤激光器的研制理论提供了重要的参考依据。

习　　题

5.1 请举例说明光纤激光器的三要素。

5.2 光纤激光器的激活介质是光纤波导的，其在设计时遇到的主要问题是什么？请举例说明。

5.3 请列出掺铒光纤激光器的速率方程。

5.4 请用吸收、辐射截面或对应的系数写出掺镱光纤激光器的速率方程。

5.5 试推导掺杂浓度和吸收系数之间的关系。

5.6 光纤隔离器与光纤环形器的功能有相似之处吗？为什么？

5.7 请明确光纤光栅作为谐振腔镜的形式及其实现的效果。

5.8 光纤激光器中的损耗有哪些种类？

参考文献

[1] E Snitzer. Neodymium glass laser [J]. Paris: Proceedings of the Third International Conference on Solid State Lasers, 1963: 1016-1019.

[2] Pools S B, Payne D N, Fermann M E. Fabrication of low-loss optical fibers containing rare- earth ions [J]. Electronics Letters, 1985, 21(17): 737-738.

[3] 郭玉彬，霍佳雨. 光纤激光器及其应用[M]. 北京：科学出版社，2008：1-15，313-325.

[4] 刘宏海. 大功率窄线宽光纤激光系统的理论与实验研究[D]. 北京：北京航空航天大学，2011.

[5] Liem A, Limpert J, Zellmer H, et al. 100-W single frequency master-oscillator fiber power amplifier [J]. Optics Letters, 2003, 28(17): 1537-1539.

[6] Snitzer E. Proposed fiber cavities for optical laser [J]. Journal of Appied Physics, 1961, 32: 36-39.

[7] Koester C J, Snitzer E. Amplification in a fiber laser [J]. Applied Optics, 1964, 3: 1182-1186.

[8] Kringlebotn J T, Morkel P R, Reekie L, et al. Efficient diode-pumped single-frequency Erbium: Ytterblum fiber laser [J]. IEEE Photonics Technology Letters, 1993, 5(10): 1162-1164.

[9] Ball G A, Glenn W H, Morey W W, et al. Modeling of short, single-frequency, fiber lasers in high-gain fiber [J]. IEEE Photonics Technology Letters, 1993, 5(6): 649-651.

[10] Horowitz M, Daisy R, Fischer B, et al. Narrow-line width, single-mode erbium-doped fibre laser with intracavity wave mixing in saturable absorber[J]. Electronics Letters,

1994, 30: 648-649.

[11] Sejka M, Varming P, Hubner J, et al. Distributed feedback Er^{3+}-doped fibre laser[J]. Electronics Letters, 1995, 31(17):1445-1446.

[12] Loh W H, Laming R I. 1.55 μm phase-shifted distributed feedback fiber laser[J]. Electronics Letters, 1995, 31(17):1440-1442.

[13] Chang D I, Guy M J, Chernikov S V, et al. Single-frequency erbium fiber laser using the twisted-mode technque [J]. Electronics Letters, 1996, 32(19):1786-1787.

[14] Kurkov A S, Bernage P, Niay P, et al. 1.55 μm single-frequency long-cavity fibre laser with $\pi/2$ phase shifted DFB mode selection [J]. IEEE Colloguium on Optical Fiber Gratings, 1997, 12/1-12/4.

[15] Loh W H, Samson B N, Dong L, et al. High performance single frequency fiber Grating-based Erbium: Ytterbium-codoped fiber lasers[J]. Journal of Lightwave Technology, 1998, 16(1):114-118.

[16] Kishi N, Yazaki T. Frequency control of a single-frequency fiber laser by cooperatively induced spatial-hole burning [J]. IEEE Photonics Technology Letters, 1999, 11(2): 182-184.

[17] 俞本立，钱景仁，罗家童，等. 线宽小于 0.5 kHz 稳态的窄线宽光纤环形腔激光器[J]. 量子电子学报，2001, 18(4):345-347.

[18] Alam S U, Wixey R, Hickey L, et al. High power, single-mode, single-frequency DFB fibre laser at 1550 nm in MOPA configuration[C]. Lasers and Electro-Optics. 2004. (CLEO).

[19] Spiegelberg Ch, Geng J, Hu Y, et al. Compact 100 mW fiber laser with 2 kHz line width[J]. OFC,2003,3,PD45:1-3.

[20] Kaneda Yushi, Spiegelberg Christine, Geng Jihong, et al. 200-mW, narrow line-width 1064.2-nm Yb-doped fiber laser[C]. CLEO,2004, 2, Cth03: 1-2.

[21] Alegria C, Jeong Y, Codemard C, et al. 83-W single-frequency arrow-line width MOPA using Large-Core Erbium-Ytterbium Co-doped Fiber[J], IEEE Photonics Technology Letters, 2004,16(8): 1825-1827.

[22] Jeong Y, Nilsson J, Sahu J K, et al. Single-frequency, single-mode, plane-polarized ytterbium-doped fiber master oscillator power amplifier source with 264 W of output power [J]. Optics Letters, 2005, 30(5): 459-461.

[23] Zhou Meng, George Stewart, Gillian Whitenett. Stable single-mode operation of a narrow- linewidth, linearly polarized, Erbium-fiber ring laser using a saturable absorber [J]. Journal of Lightwave Technology, 2006,24(5):2179-2183.

[24] Jeong Y, Nilsson J, et al. Power scaling of single-frequency Ytterbium-doped fiber master-oscillator power-amplifier sources up to 500 W[J]. IEEE Journal of Selected Topics in Quantum Electronics, 2007, 13(3):546-551.

[25] Chr Wirthl, Schmidt O, Tsybin I, et al. 2 kW incoherent beam combining of four narrow-line width photonic crystal fiber amplifiers [J]. Optics Express, 2009, 17(3): 1178-1183.

第6章　激光稳频技术

6.1　激光稳频技术概述

激光具有良好的单色性和高能量密度，在精密干涉测量、光频标、激光通信、激光陀螺、激光雷达等领域中得到了广泛的应用。比如精密干涉测量是以激光波长为“尺子”，利用光的干涉原理测定长度、位移、速度等物理量，因此激光频率的准确度会直接影响测量精度。在激光通信领域，为提高灵敏度，一般采用相干外差的接收方法，其激光频率的稳定将直接影响接收信号的质量。随着激光技术及其应用的日益普遍，对激光器输出频率高稳定性的需求日益增加，如新一代光频标和原子精密光谱研究中的一项非常关键的技术就是窄线宽高稳定的激光器。

激光输出谱线的频带宽度及其稳定度的高低直接决定了原子精密谱的分辨率以及光频标精确度和稳定度，激光稳频技术已成为光频标研制过程中的瓶颈技术。普通激光器运转时易受工作环境条件等影响，激光输出频率往往不稳定，是一个随时间无规律起伏的变化量。在众多应用领域中，激光频率稳定度及激光线宽是激光器一个非常重要的指标。理想激光器的输出频率是单一的，但由于量子抖动、腔长变化、温度变化及波动等及其他噪声的存在，导致激光具有一定的谱线宽度。在环境变化的情况下，激光器在工作中发射光信号的中心频率会发生漂移，激光频率的漂移过大，会直接影响整个探测系统的测量精度。为了更好地将激光器应用于上述诸领域，稳频技术成了现代精密测量技术中不可缺少的一种手段。

本章以单频激光器为研究对象，探讨实现单频激光器输出频率稳定的控制原理方法与技术。

研究激光频率跳动和线宽的变化关系，初步构建单频激光器 PDH 稳频系统的理论模型，进行 PDH 稳频系统的光路搭建与实验研究，实现利用 PDH 技术得到单频激光器频率误差信号。

6.2　激光稳频技术国内外发展动态

6.2.1　激光器稳频技术分类

频率稳定性是描述谐振腔振荡频率的稳定性，影响因素分为外部影响因素和内部影响因素两类。外部影响因素主要包括温度、机械振动、大气变化和电磁场影响；内部因素主要包括放电气压变化、放电电流变化以及自发辐射造成的无规噪声。稳频技术的实质是保持谐振腔光程长度的稳定性。

根据是否采用激光器外部频率标准，将稳频技术分为被动稳频和主动稳频，具体分类如图 6.1 所示。

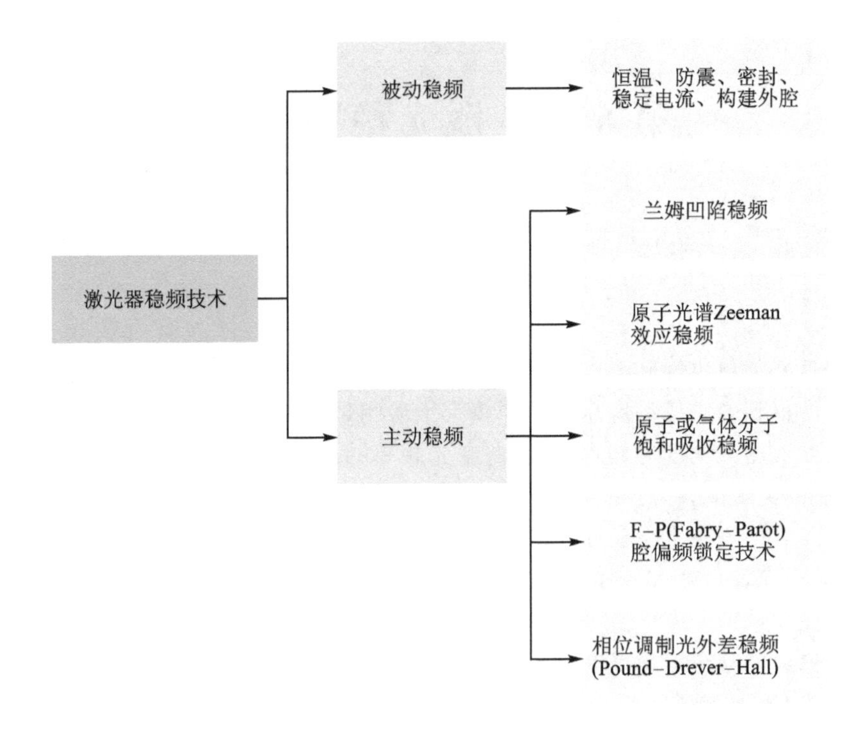

图 6.1 稳频技术分类

所谓被动稳频技术就是在尽量不增加激光器附加元件的情况下，采用一定的措施，减小或者消除环境温度的变化、机械振动等外界干扰对激光频率稳定性的影响，实现激光频率的稳定。被动稳频主要采取恒温、防震、密封隔声、稳定电源、构建外腔等方法进行。

主动稳频技术主要是通过选取一个频率参考标准，将激光信号频率与频率参考标准进行比较，得到激光信号频率与频率参考标准偏离的误差信号，再通过伺服控制系统和执行机构来调整激光器某一结构的参数，最终目标是使激光信号的频率锁定在频率参考标准上，获得频率稳定的激光。

6.2.2 被动稳频技术

环境温度的变化、机械振动等外界干扰对激光频率稳定性影响很大，因而最直接的方法就是隔离环境变化造成的影响，例如采用恒温、防震、密封隔声、稳定电源措施等。据相关文献记载，CO_2 激光器的频率长期稳定性采用恒温、防震装置之后，可达 10^{-7} 量级。半导体激光器的频率稳定度最佳只能达到 10^{-7}，经计算得出其绝对频差接近 10 MHz 左右。

光栅是被动稳频常用的手段之一，可同时实现线宽压窄和频率稳定。对于光纤激光器来讲，常采用窄线宽光纤光栅构成复合腔来构建超窄线宽激光器。在高功率条件下，研究人员更多地采用体光栅，构建外腔进行选频。应用体光栅外腔的结构有 Littrow 结构、Littman 结构、双光栅 Littman 结构以及电调谐傅里叶变换外腔结构，其中线宽最窄的是双光栅结构，但是其能量损失也最大。Littrow 结构与 Littman 结构光栅得到的线宽几乎没有差别，二者的区别在于 Littrow 结构输出光束的方向随着光栅的微调而发生改变，而采用 Littman 结构其输出方向是固定不变的。

需要明确的是，光栅本身是色散元件，作为外腔选频元件，利用反馈实现选频特性，因此外腔激光器比未加外腔前激光器的线宽有明显改善。从这个方面来看，也是对激光器频率的一种稳定。虽然外腔反馈光纤激光器的激光光谱较窄，但这种稳频方法依然存在缺点，即对于机械变化和温度波动比较敏感，稳频精度较差。

1991 年，Ball 等人首次用写入布拉格光栅的方法实现了单频输出，输出波长 1 548 nm，线宽为 47 kHz。

1994 年，以色列的 Horowitz 等人在线型腔光纤激光器腔内加入一段掺铒光纤饱和吸收体来抑制跳模，获得了 1 532 nm 波长、5 kHz 窄线宽激光，激光频谱稳定时间仅为数分钟。

1995 年，英国南安普敦大学的 Y. Cheng 等人报道了环形腔掺铒光纤饱和吸收体窄线宽光纤激光器，获得了输出功率 6.2 mW、线宽 0.95 kHz、波长 1 535 nm 的窄线宽激光输出，激光频率漂移为 170 MHz/h。

1999 年，日本东京电子通信大学的 NaotoKishi 等人报道了采用外部光源注入的环形腔掺铒光纤饱和吸收体压窄线宽的光纤激光器，输出波长为 1 559 nm，功率为 1.4 mW，激光线宽为 7.5 kHz，激光频率漂移为 15 MHz/min。

2001 年，安徽大学的俞本立等人报道了使用掺铒光纤环形腔激光器获得了波长1 539 nm、功率 1 dBm、线宽小于 0.5 kHz 的窄线宽激光输出，这是我国开展较早的相关技术研究。

2006 年，英国格拉斯哥大学的 ZhouMeng 等人报道了使用掺铒光纤饱和吸收体的光纤环形腔激光器获得了波长 1 535 nm、功率 4.7 mW、线宽小于 1.5 kHz 的线偏振激光输出，频率漂移为 250 MHz/h。

2007 年，美国的 Andreas Jechow、Volker Raab 以及 Ralf Menzel 等人利用 littrow 结构外腔的 V 形激光二极管进行频率稳定实验，在衍射极限输出功率为 1 W 情况下，得到输出激光线宽为 1.7 MHz。

2007 年，B. V. Zhdanov、T. Ehrenreich 以及 R. J. Knize 等人利用 littrow 结构对激光二极管阵列进行稳频，得到输出波长为 832 nm，功率为 10 W，线宽为 11 GHz。

被动稳频很难保证频率的长期稳定性和复现性，并且采用外腔稳频只能在一定程度上压窄线宽。随着稳频技术的发展，主动稳频技术也逐渐被广泛应用起来。

6.2.3　主动稳频技术

主动稳频技术根据选用频率标准的不同，主要包括兰姆凹陷稳频、原子/分子光谱塞曼效应稳频、分子饱和吸收稳频、法珀腔偏频锁定稳频以及相位调制光外差稳频等技术。前面的兰姆凹陷稳频、原子/分子光谱塞曼效应稳频、分子饱和吸收稳频三种为利用原子或者分子本身的属性作为频率标准，后面法珀腔偏频锁定稳频以及相位调制光外差稳频都是利用法珀标准具作为频率标准，由于法珀标准具的自由光谱范围大，因此这两种稳频方式主要适用于较大频率范围的需求，功率也相较于前面三种方法要高一些。

1. 兰姆凹陷稳频

兰姆凹陷是指非均匀加宽线型增益曲线的烧孔效应，随着振荡频率向增益曲线中心频率靠近，“原孔”和“像孔”合二为一，曲线在中心处出现一凹陷的现象。兰姆凹陷稳频法是以增益曲线中心频率作为参考频率标准，当激光振荡频率偏离中心频率时，输出误差信号，通过电子伺服系统驱动压电陶瓷环来控制激光器腔长，使频率稳定于中心频率处，达到激光频率稳定的目的。

如图 6.2 所示是兰姆凹陷稳频原理图。激光输出功率在原子谱线中心频率 ν_0 处有极小值，选择它作为频率稳定点。稳频工作过程如下：激光谐振腔腔镜一端固定着压电陶瓷(PZT)，压电陶瓷上加有两种电压成分：一个是直流电压，用来控制激光工作频率 ν；另一个是频率为 f 的调制电压，用来对腔长 L 即激光振荡频率 ν 进行调制，从而使激光功率 P 也受到相应的调制。如果激光振荡频率刚好与谱线的中心频率重合($\nu=\nu_0$)，则调制电压使激光振荡频率在 ν_0 附近以频率 f 变化(图 6.2 中的 C 点处)，因而输出激光功率将以 $2f_C$ 的频率周期性变化。通过后面的选频放大，只选取频率为 f 的信号。如果激光器受到外界的扰动，使激光器振荡频率偏离 ν_0，例如当 $\nu>\nu_0$ 时(图 6.2 中 D 点处)，激光功率以频率 f_D 变化，其变化幅度即为鉴频器的误差信号。经过相敏检波器后得到的直流电压，其与误差信号成正比，并经过伺服反馈作用于激光器谐振腔。相反，如果激光频率 $\nu<\nu_0$(图 6.2 中的 B 点处)，则输出功率虽然按照频率 f_B 变化，但相位与调制信号相反，经过伺服系统，使腔长缩短，激光振荡频率又自动回到 ν_0 处。

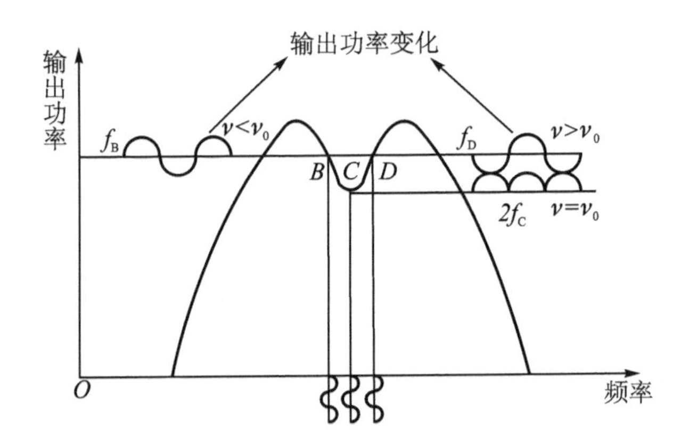

图 6.2　兰姆凹陷稳频原理

兰姆凹陷是以原子跃迁谱线中心频率 ν_0 作为频率参考标准的，这个中心频率的漂移会直接影响频率稳定系统的稳定性和复现性。如封闭型激光管内部气压的稳定性会影响中心频率 ν_0 的漂移，不同放电条件也会引起中心频率 ν_0 的位移。例如，632 nm 的 He－Ne 激光器，必须将内部气压变化控制在 0.13 Pa 以下，频率稳定度才能达到 10^{-10} 量级的精度。

2. 原子/分子光谱塞曼效应稳频

塞曼效应实质上就是发光原子系统的原子谱线在磁场作用下会发生分裂的现象，如图 6.3 所示。其中，一条是左旋圆偏振光，频率高于未加磁场时的谱线，为 $\nu_0+\Delta\nu$；另一条为右旋圆偏振光，频率低于未加磁场时的谱线，为 $\nu_0-\Delta\nu$，分裂的两条谱线的中心正是原谱线的中心频率。当激光振荡频率处于中心频率时，左旋圆偏光和右旋圆偏光的光强相等，若激光振荡频率偏离(如在 ν 处)，则右旋光的光强($I_{右}$)大于左旋光的光强($I_{左}$)；反之 $I_{右}<I_{左}$，则根据激光器输出的圆偏振光强度的差别，就可鉴别激光振荡频率偏离中心频率的方向和大小，形成控制信号进而调节激光器谐振腔腔长，使激光振荡频率稳定在谱线中心处。

1966 年，美国 J. Kannelaud、D. G. Peterson 等人利用氙原子谱线的塞曼效应对输出波长 2.65 μm 氙激光器稳频，最终得到的频率稳定度为 10^{-10}。

2005 年，美国的 J. A. Kerckhoff、D. Bruzewicz 等人利用 Ta 原子谱线的纵向塞曼效应对输出波长为 1 283 nm 的 littrow 结构的激光二极管进行稳频实验，得出在 10 ms～1 h 积分时间内的频率抖动为 1 MHz 左右。

2005 年，陕西大学的严淑彬、杜致敬等人利用 Ce 原子谱线塞曼效应对光栅外腔激光二极管稳频，实验结果为 50 s 采样时间内的频率跳动为 ±240 kHz。

2006 年，清华大学林德娇、戴高亮等人利用横向塞曼效应对 He－Ne 激光器进行频率稳定实验，并利用微处理器 80C196，采用 MPC 算法对伺服结构进行反馈控制，得出采样时间 0.1 s，光源输出激光频率稳定度达 5.5×10^{-11}。

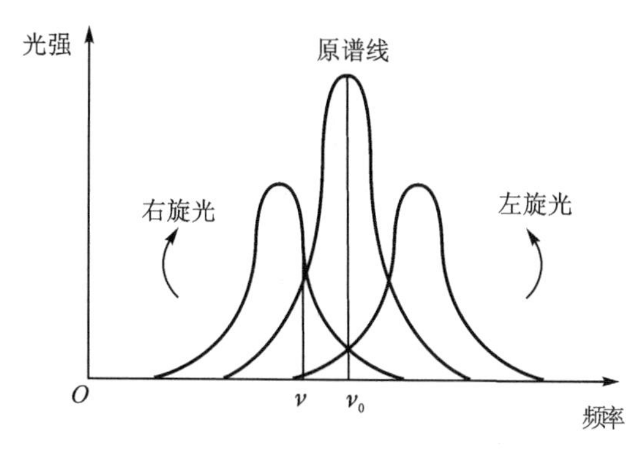

图 6.3　塞曼效应

3. 分子饱和吸收稳频

在谐振腔中还可以放入一个充有低气压气体原子（或分子）的吸收管，当它有与激光振荡频率配合很好的吸收谱线时，在吸收线的中心处形成一个位置稳定且宽度很窄的凹陷，可以以此作为饱和吸收稳频系统的频率参考点。饱和吸收稳频激光器的频率稳定性最终取决于吸收谱线的频率稳定性，也与谱线的宽度和信噪比有关。因此吸收介质至关重要，其不仅与稳频激光器的输出波长有关，还决定着稳频特性。由于饱和吸收稳频的结果与兰姆凹陷正好相反，出现尖峰，因此也有人称之为反兰姆凹陷稳频。

如图 6.4 所示，从激光器的输出中分出一部分光作为饱和吸收，采集饱和吸收信号作为探测信号。先让激光器进行扫描，通过调节温度和电流使其找到需要的谱线，然后对输出信号进行分析处理，将反馈信号同时加载到激光电流和反馈光栅的压电陶瓷上，负反馈回路就会在压电陶瓷上加反向的偏置，将频率纠正到设定值。

激光束通过分光镜分成参考光束 1、较强的泵浦光束和较弱的探测光束 2。泵浦光束和探测光束通过反射镜反向并交叉入射于充有气体的吸收室。为了将激光器的频率锁定在原子的饱和吸收线上，需要在激光频率上加一个 ν_f 频率调制。调谐激光调制频率 ν_f，当 $\nu_f\neq\nu_0$（原子吸收中心频率）时，两个光束分别被运动速度方向相反的两群原子所吸收。当 $\nu_f=\nu_0$ 时，两个光束同时和速度方向为零（相对激光束方向）的一群原子相互作用，原子被强泵浦光束激励达到饱和状态，即吸收原子几乎全部被泵浦光束激励到高能态，探测光束几乎没有被原子吸收就通过了气体吸收室，因此在探测光强度 I_2 和频率 ν_f 的关系曲线上，会在 ν_0 处出现尖峰效应，尖峰的宽度由低于吸收介质的均匀宽度决定，消除了多普勒加宽的影响，使尖峰的宽度变得十

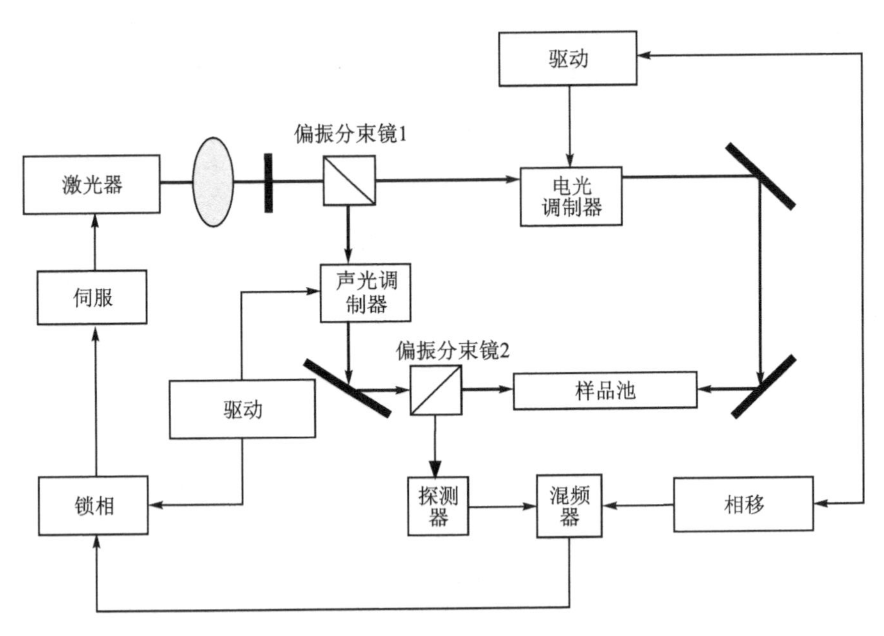

图 6.4 饱和吸收稳频系统原理图

分狭窄，从而大大提高了激光的频率稳定度。

1991 年，日本的 Y. Sakai、I. Yokohama、T. Kominato 以及 S. Sudo 等人利用乙炔气体分子吸收线对输出波长 1.5 μm 的分布反馈激光二极管进行稳频，得到分布反馈激光二极管的中心频率漂移在 10 MHz 以内。

1995 年，韩国标准与科学研究院的 Ho Seong Lee 和 Sung Hoon Yang，利用 Ce 原子吸收谱线对激光管进行稳频，在长达一周的工作时间内，在保证光源输出功率波动仅为 0.03% 的前提下，光源的频率漂移维持在 ±0.5 MHz 以内。

2000 年，中科院武汉物理与数学研究所和安徽光学精密机械研究所的王瑾、柳晓军等人用饱和吸收光谱法对激光二极管进行稳频，使得激光器的等效线宽小于 1 MHz，成功实现了 Rb 原子激光冷却与囚禁。

2004 年，山西大学物理电子工程学院的赵建明、尹王保等人直接对半导体激光器的注入电流进行高速调制，将一路射频(RF)信号直接加在半导体激光器调制端口，一部分经过相移器后，与雪崩光电探测器(APD)所探测的饱和吸收光谱信号进行混频，经低通滤波器后产生了类色散曲线，将半导体激光器的输出频率稳定在铯原子 D_2 线的 $^6S_{1/2}(F=4) \rightarrow ^6P_{3/2}(F'=5)$ 的超精细跃迁线上，实验所测的 10 s 积分时间内的频率跳动小于 1 MHz。

2005 年，天津大学的李建功、金杰等人以乙炔气体饱和吸收谱线作为频率标准，并借助嵌入式系统处理误差信号反馈作用于 1.5 μm 的 FBG 外腔式激光二极管，使激光光源频率波动抑制在 2 MHz 以内。

2008 年，燕山大学的李志全、苏凤燕等人设计了用乙炔吸收方法稳频 1 530 nm 光纤光栅外腔式半导体激光器的系统结构，采用三次谐波锁定技术，消除了背景功率的影响。利用锁定放大器闭环控制布拉格波长，将激光器的输出波长锁定在乙炔气体 1 530.37 nm 的吸收峰上，24 h 内频率稳定度达 10^{-8}，频率波动约为 2 MHz。

2008 年，日本的 K. Nakano、S. Maehara 和 M. Yanagisawa 等人设计出双光路反馈系统对

用于板级干涉仪半导体激光器进行 Rb 饱和吸收谱线稳频，得出在平均时间 $0.01\ \mathrm{s} \leqslant \tau \leqslant 23\ \mathrm{s}$ 内的频率稳定度为 $9.07\times10^{-13} \leqslant \sigma(2,\tau) \leqslant 7.54\times10^{-10}$。

2008 年，美国科罗拉多大学的 John A. Smith 等人以 Na 和 K 原子气体为吸收介质，利用饱和吸收技术对谐振荧光多普勒雷达激光光源进行稳频，测试得出 1 h 内频率漂移在 ±1 MHz 以内。

4. 法珀腔偏频锁定

如图 6.5 所示为法珀腔偏频锁定实验原理框图。在激光偏频锁定技术中，鉴频信号的产生是利用其透过曲线的最大斜率点作为参考频率，选用透射光强最大值的一半所对应的信号频率作为频率标准，利用另一光束构成系统消除激光器的功率起伏带来的影响。激光频率的变化会引起透射光强的变化，通过测量能量变化，反馈到激光器来保持透射光强为定值，维持频率稳定。这种方法长期稳定度可达 10^{-8}，缺点是系统抗干扰能力差，激光频率的大幅跳变会导致失锁。

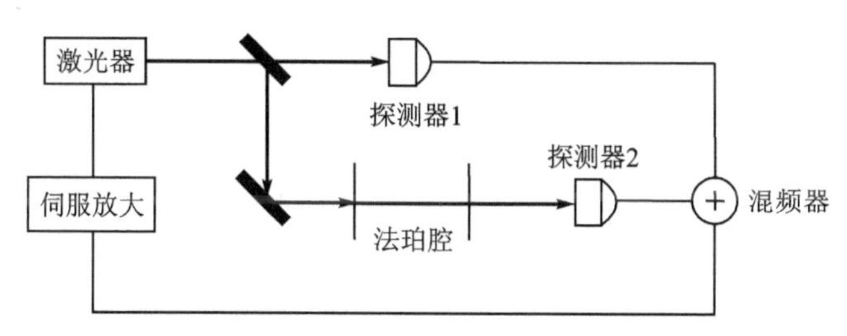

图 6.5　法珀腔偏频锁定实验框图

偏频锁定方法的实验过程大致如下：首先取透射光强峰值的一半所对应的频率为中心频率，值得指出的是该点不是实际上透射曲线上斜率最大的点，但是易于标定。当激光频率为中心频率时，两个串联的光电探测器（见图 6.6）的输出电流相互抵消。当频率偏离中心频率时，两探测器输出不等，电流差通过伺服环路反馈到激光器，将频率锁定到中心频率上。

选择一个自由光谱范围为 375 MHz 的法珀腔，当法珀腔精细度为 400 时，获得的偏频锁定系统的鉴频曲线，如图 6.7 所示。控制范围为法珀腔透射曲线的半值宽度，此条件下频率控制范围为 0.938 MHz。

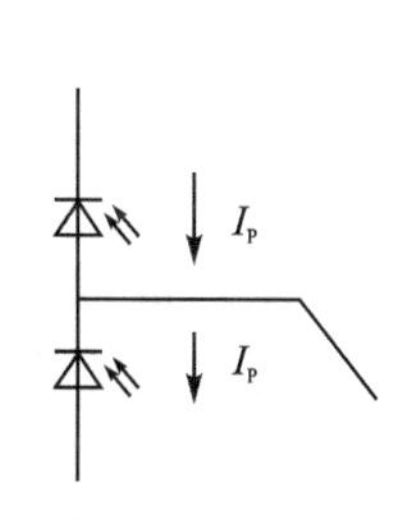

图 6.6　两个串联的光电探测器

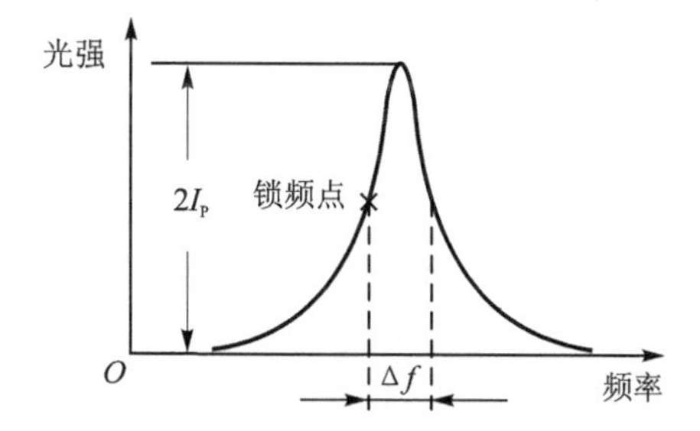

图 6.7　法珀腔偏频锁定原理

5. 相位调制光外差稳频

相位调制光外差稳频技术原理如图 6.8 所示，该图中实线为光路，虚线为电路。激光经过电光相位调制器进行相位调制,利用法珀腔的共振特性和光外差光谱检测技术,得到具有较好鉴频特性的色散谱,可通过鉴频得到激光的频率与法珀腔共振频率的误差信号,再通过反馈系统控制激光的腔长,进而调节激光的频率,将激光频率锁定在光学谐振腔的共振频率上。

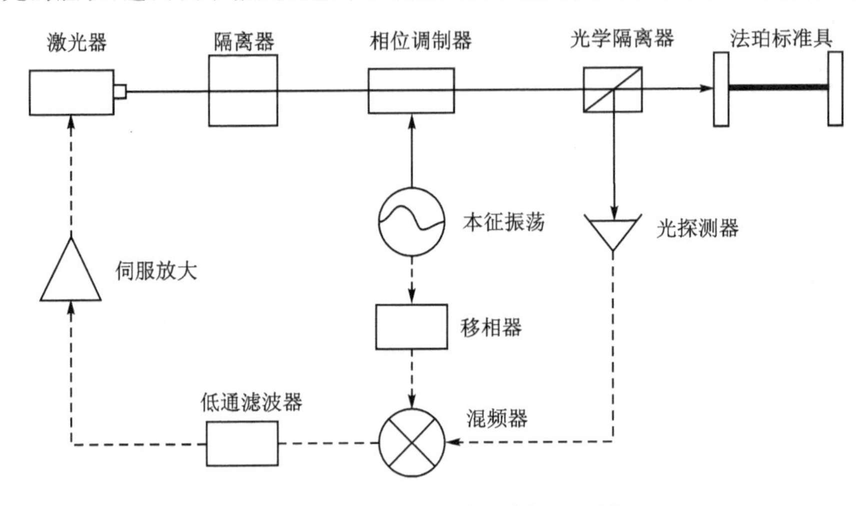

图 6.8 相位调制光外差稳频原理图

相位调制光外差稳频技术的优点包括:① 由于法珀腔可以具有极高的 Q 值,故能满足窄线宽激光稳频的要求;② 法珀腔几乎能适合各种波长的激光系统,而不仅仅局限在某一特定波长上;③ 由于参考频率标准是法珀腔的共振频率,腔体的材料特性和环境变化对腔体稳定性影响很大,故通常采用低膨胀系数的材料作为腔体,控制环境温度变化,隔离外界震动,以减小法珀腔共振频率漂移;④ 由于对激光进行射频调制,所以它可以避开激光幅度噪声的影响,可以达到散粒噪声的极限。

1964 年,法国的 Russell. Targ、L. M. Osterink 和 J. M. French 等人利用 KDP 晶体材料的相位调制器对输出功率为 50 mW 的 He-Ne 调频激光器进行频率稳定,最终得到的频率稳定度为 10^{-8}。

20 世纪 80 年代初,R. W. P. Drever 和 J. L . hall 等人成功地将激光频率锁定在光学参考腔的共振频率上,取得了线宽小于 100 Hz 的稳频激光,以后人们一般把这种稳频方法称为 Pound-Drever-Hall 稳频法。随后,J. Hough 和 D. Hils 等人通过把法珀腔放置在悬挂托架上,从而显著降低外界环境振动对腔体的影响,并成功地把一台染料激光器锁定在此法珀腔上,通过对两套相同激光系统的输出光进行拍频,测得的激光频率稳定度达到 2.2×10^{-13},(15 s 积分时间),线宽小于 750 Hz。

2003 年,Davi. R. Ortega、Wictor. C. Magno 和 Flávio. Caldas. da. Cruz 等人对外腔式激光二极管注入电流进行高速调制,采用具有超高精细常数的法珀标准具作为频率标准元件,利用相位调制光外差稳频技术,将探测得到的误差信号经放大作用于压电陶瓷,用来调节谐振腔长度,最终将激光频率锁定在法珀标准具谐振频率范围内,最终得到输出激光线宽低于 2 MHz,相对频率稳定度为 120 kHz。

2008 年,上海光学与精密机械研究所的孙旭涛、陈卫标等人通过对测风雷达系统的光源——1 064 nm、200 mW 激光二极管泵浦主振 Nd:YAG 激光器,采用线宽 1.7 MHz 的法珀标准具进行稳频实验,将误差信号反馈到激光二极管电流输入端口,实现输出激光频率稳定。

实验得出结果为在1 s时间内频率跳动为±25 kHz，在1 h内频率跳动为±55 kHz。最后经计算，得到稳频系统绝对频率漂移小于1 MHz，满足测风雷达精度和稳定度的要求。

综上所述，稳频技术应用在早期主要采用被动稳频技术，对激光器所处环境的温度变化、机械振动、大气变化和电磁场采取减小或者消除的措施，实现对激光器进行稳频。到了20世纪60年代中期，主动稳频技术发展起来，人们利用兰姆凹陷稳频方法以及利用发光原子在磁场的塞曼效应进行稳频。人们逐渐发现兰姆凹陷稳频和双频塞曼效应稳频由于原子跃迁的中心频率易受放电条件等因素影响而发生变化，因此其稳定性和复现性就受到局限，所以利用外界参考频率进行稳频，饱和吸收稳频方法逐渐被采用。80年代初，R. W. P. Drever和J. L. Hall等人发明相位调制光外差稳频法，并取得线宽小于100 Hz的稳频激光。

总之，相位调制光外差稳频技术与饱和吸收稳频技术相比，法珀腔具有很高的稳定性和超窄共振谱线宽度，同时还能满足几乎所有波段的稳频系统，因此采用相位调制光外差稳频技术将激光锁定在光学谐振腔上具有其他技术无法相比的优势，这项技术也逐渐成为主动稳频技术中的前沿技术。

6.3　相位调制光外差稳频系统

本节首先介绍了相位调制光外差稳频技术原理，提出了基于光纤激光器的PDH系统的稳频方案，分析了方案中的重要光学元件——法珀腔。对于电光相位调制器的参数，基于系统理论模型，仿真得出稳频系统鉴频曲线，讨论了调制参数对鉴频曲线的影响程度以及稳频系统的噪声模型，最后进行了稳频系统光路的分析与搭建。

6.3.1　相位调制光外差稳频原理

相位调制光外差稳频结构原理如图6.9所示。从单频光纤激光器输出的信号光经过准直器输出后，经过空间电光调制器(EOM)入射到法珀腔中。一般情况下，调制光谱的一对边带与载波外差产生的拍频电流等值反相完全抵消，输出为零。但是当该调制光束射入法珀腔时，这种平衡对称性将被破坏，拍频电流不再为零，于是可以得到频率为ν的信号。法珀腔的反射

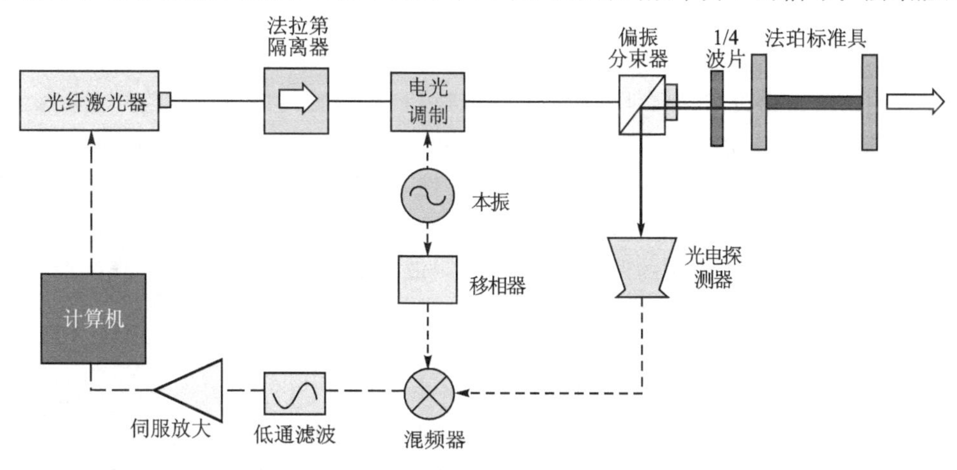

图6.9　相位调制光外差系统示意图

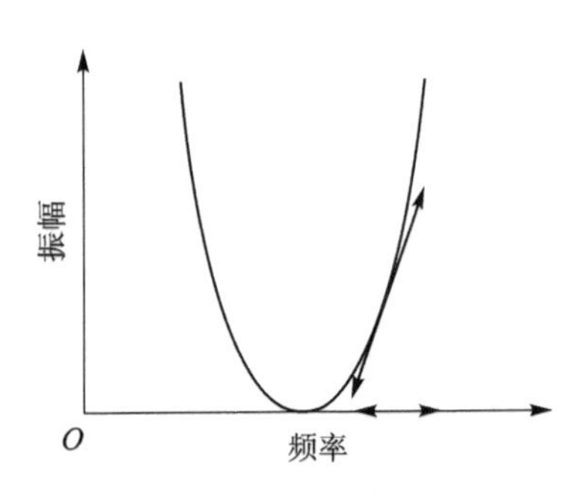

图 6.10 相位调制光外差原理图

光信号经光电转换通过一个混频器来检测调节。对位相延迟的适当调节使得中央出现一级尖峰,以此作为鉴频信号,如图 6.10 所示。因此法珀腔的光外差色散谱线中心对称,中心(谐振点)为零,故具有很好的鉴频特性,可以用作理想的反馈控制信号来调节激光器参数,进行激光稳频。鉴频曲线斜率很大,偏离谐振频率时,输出信号骤增,故控制灵敏度极高,具有很高的信噪比。这对提高稳频程度、压缩线宽极为有利。

当反射光到达探测器上时,调制光谱边带与载波进行拍频。若激光频率等于参考谐振频率,调制边带仍然平衡对称,则拍频输出为零。反之,若激光频率偏离参考频率,并且频率失谐量仍在参考腔的线宽内,边带的平衡对称性被破坏,则有拍频电流输出,将此误差信号适当放大后与射频参考信号一起输入平衡混频器,取适当的相移,使拍频信号与射频参考信号相位差为 90°。混频解调后,得到色散型鉴频信号,它通过伺服系统,使激光频率的偏移量重新回到零复位,从而将激光频率始终锁定在参考腔谐振频率上。

6.3.2 相位调制光外差稳频系统方案

以单频光纤激光器为稳频对象,利用相位调制光外差技术获得激光器激光的频率波动信号,该信号经过伺服反馈系统直接作用于光源调谐接口,以实现单频激光器的频率稳定。

光纤激光器相位调制光外差稳频系统主要包括三个部分:第一部分为单频激光器相位调制光外差稳频系统光路部分;第二部分为探测接收解调电路部分;第三部分为单频激光相位调制光外差系统的频率误差检测,为激光器相位调制光外差稳频电子伺服控制部分提供控制信号。从光路部分得到的光外差信号经探测器和接收电路得到精确的误差信号,并作用于反馈控制的输入端,反馈调谐量通过控制部分输出端直接作用于光源。

1. 相位调制光外差稳频系统设计的基本考虑

(1) 调 制

在稳频系统中,需要对激光进行调制,实现激光调制的方法很多,可以分为内调制和外调制两种。内调制是指加载调制信号是在激光振荡过程中进行的,并以调制信号去改变激光器的振荡参数,从而改变激光输出特性以实现调制;外调制是指激光形成之后,在激光器外的光路上放置调制器,用调制信号改变调制器的物理特性,当激光通过调制器时,就会使光波的参量受到调制。外调制光路调整方便,而且对激光器没有影响。另外,外调制方式不受半导体器件工作速率的限制,它比内调制的调制速率高,调制带宽要宽得多。因此将外调制技术应用于稳频系统,不仅可以实现较大调制带宽,同时能够避免直接调制带来的幅度噪声。

(2) 频率标准的考量

参考腔的共振频率为激光频率锁定提供了一个频率标准,为了获得理想的稳频效果,不仅要求频率参考标准稳频受外界影响小,而且希望得到具有理想鉴频特性的光学谐振腔光外差光谱。因此参考腔的设计除稳定性要求外,还要求参考腔的低阶横模和纵模间隔尽可能大,以获得激光与参考腔之间的良好模式匹配。共焦法珀腔能满足匹配要求。

(3) 单频激光相位调制光外差信号检测系统结构

根据以上分析,单频激光相位调制光外差信号检测系统结构如图 6.11 所示。光纤激光器尾纤与耦合器输入端熔接,其输出中的一路作为光输出,另一路作为系统的探测光,经过电光相位调制器作用以及法珀谐振腔反射,在偏振分束器的作用下,反射光进入探测器,调制边带拍频抵消失衡产生的光外差信号,经过解调电路实现对高灵敏度幅度改变的检测,最后选择光源温度调谐,采用电路接口伺服控制,实现频率稳定。

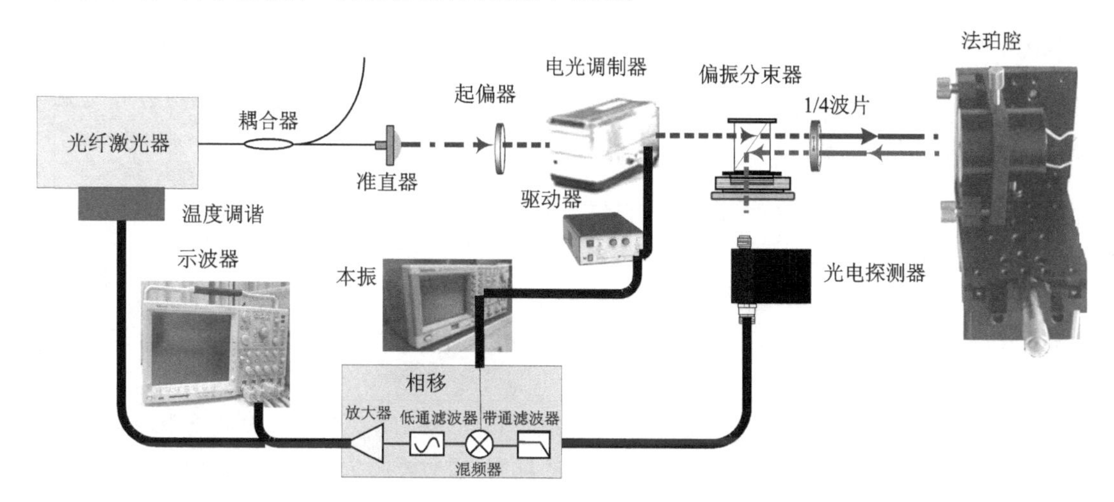

图 6.11　单频激光相位调制光外差信号检测系统结构图

2. 法珀光学谐振腔的参数分析

(1) 法珀腔原理

法珀腔是利用多光束干涉原理制成的一种光学器件。法珀腔以波长或频率高分辨的特点经常用于高灵敏精密光谱检测、激光模式及线宽等的测量,以及在激光技术中用于对激光线宽的压缩。

腔内光波的干涉为多光束干涉,原理如图 6.12 所示。一束振幅为 A_0 的入射光入射到法珀腔上,则透射光的振幅分别为 A_0T,A_0TR,A_0TR^2,…,其中 R 为反射镜的反射系数,T 为透射系数。假定反射镜对光没有吸收,反射系数 R 和透射系数 T 相加等于 1,即 $R+T=1$,则可导出下列多光束干涉的光强分布公式。

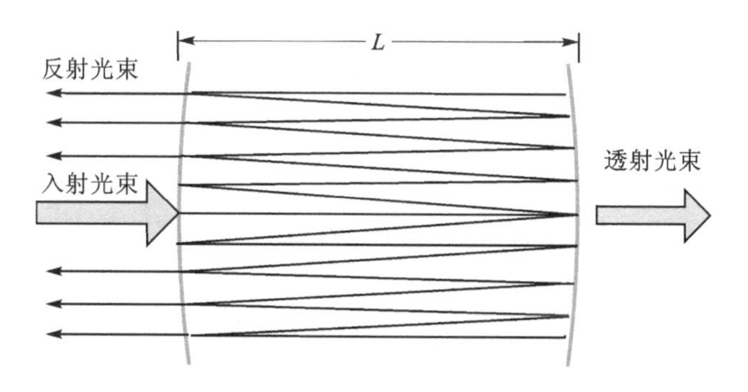

图 6.12　法珀腔多光束干涉原理图

以 $A_0\mathrm{e}^{\mathrm{i}\omega t}$ 代表入射光的振动，则透射光束的合成振动可以写为

$$\begin{aligned}&A_0T\left[\mathrm{e}^{\mathrm{i}\omega t}+R\mathrm{e}^{\mathrm{i}(\omega t-\delta)}+R^2\mathrm{e}^{\mathrm{i}(\omega t-2\delta)}+\cdots\right]\\&=A_0T\mathrm{e}^{\mathrm{i}\omega t}(1+R\mathrm{e}^{-\mathrm{i}\delta}+R^2\mathrm{e}^{-\mathrm{i}2\delta}+\cdots)\\&=A_0T\mathrm{e}^{\mathrm{i}\omega t}/(1-R\mathrm{e}^{\mathrm{i}\delta})\\&=A\mathrm{e}^{\mathrm{i}\omega t}\end{aligned}\tag{6.1}$$

式中，$A=A_0T/(1-R\mathrm{e}^{\mathrm{i}\delta})$，$A$ 为复振幅；$\delta=\frac{2\pi}{\lambda}\cdot 2nL\cdot\cos\theta$，$\delta$ 为相位差，n 是折射率，L 是腔的长度，θ 是入射角。由于激光是垂直入射到法珀腔，所以可以认为 θ 为 0°，则透射光束与入射光束的比值为

$$\frac{I_\mathrm{t}}{I_0}=\frac{AA^*}{A_0^2}=\frac{(1-R)^2}{1-2R\cos\delta+R^2}=\frac{1}{1+\frac{4R}{(1-R)^2}\sin^2\frac{\delta}{2}}\tag{6.2}$$

当相位差满足 $\delta=2k\pi(k=0,\pm1,\pm2,\cdots)$ 时，透射光的光强为极大值，$I_{\max}=I_0$；当 $\delta=(2k+1)\pi$ 时，透射光强为极小值，$I_{\min}=I_0(1-R)^2/(1+R)^2$。由此可见，干涉极大光强与反射系数 R 无关，而极小的光强却随着 R 的变大而减小。

以归一化光强 I_t/I_0 为纵坐标，位相差 δ 为横轴，可给出不同反射系数 R 的光强和相位差 δ 的函数关系图，如图 6.13 所示。可见，反射系数 R 越大，透射峰越尖锐，条纹越清晰，锐度越大。

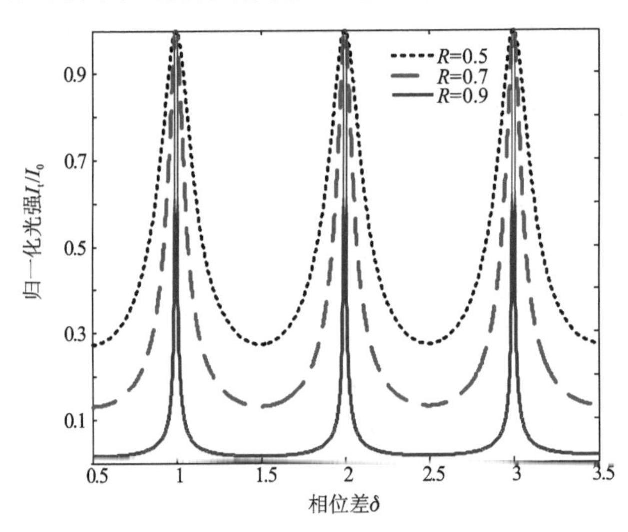

图 6.13　不同反射系数 R 的光强和相位差关系

(2) 光学谐振腔的技术参数

1) 自由光谱区 FSR

自由光谱区 FSR 表示相邻纵模的频率间隔，其值由法珀腔的腔长 L、两镜间的折射率 n 决定，即

$$\nu_{\mathrm{fsr}}=\frac{c}{2nL}\tag{6.3}$$

2) 线宽 $\Delta\nu$

腔的线宽 $\Delta\nu$ 定义为在透射峰半高度处的全宽度(FWHM)，即

$$\Delta\nu = \frac{c(1-R)}{2nL\pi\sqrt{R}} \tag{6.4}$$

3）精细度

精细度(Finesse)是用以度量光学谐振腔的损耗大小的量，用符号 F 表示，其定义为 ν_{fsr} 与 $\Delta\nu$ 的比值，即

$$F = \frac{\nu_{fsr}}{\Delta\nu} = \frac{\pi\sqrt{R}}{1-R} \tag{6.5}$$

由式(6.5)可看出，谐振腔的腔镜反射率越高，谐振腔的精细度越高，其分辨率也越高。

4）Q 值

谐振腔振荡频率和线宽的比值，谐振腔的损耗越低，品质因数就越高，即

$$Q = \frac{\nu}{\Delta\nu} \tag{6.6}$$

自由光谱区 FSR、Q 值是描述法珀腔特性的重要参数。在法珀腔的各项参数中，Q 值的大小很关键，因为 Q 值越高，法珀腔的损耗就越小，线宽就越窄，能提供的参考频率标准就越相对可靠。

(3) 法珀腔的光外差吸收和色散曲线

法珀谐振腔的反射传递函数为

$$f_r = \sqrt{R}\,\frac{\left(1-e^{i2\frac{\omega}{c}L}\right)}{1-Re^{i2\frac{\omega}{c}L}} \tag{6.7}$$

式中，R 为镜面反射率；L 为腔长。上式也可写成复数形式，即

$$f_r = Ae^{i\phi} \tag{6.8}$$

式中，$A=|f_r|$，ϕ 满足

$$\phi = \arctan\frac{\text{Im}(f_r)}{\text{Re}(f_r)} \tag{6.9}$$

图 6.14 为法珀腔反射函数强度和相位曲线，相位调制光外差利用经过边带调制后的激光，经过法珀腔反射，调制边带强度上的差异，就是激光频率波动误差信号。

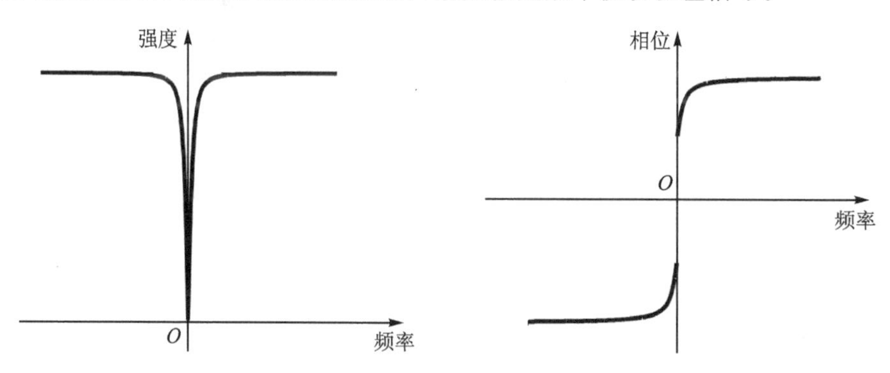

图 6.14　法珀腔反射函数强度和相位曲线

调制光经法珀腔的反射光场为

$$E = E_0\left[A_0J_0(\beta)e^{i(\omega t-\phi_0)} + J_1(\beta)\left(A_1e^{i(\omega+\Omega)t-i\phi_1} - A_{-1}e^{i(\omega-\Omega)t-i\phi_{-1}}\right)\right] \tag{6.10}$$

当对激光频率扫描时，调制光的载波和边带相对腔的谐振曲线的位置不同，从而引起激光幅度和相位的相应变化。探测器接收到该反射信号，边带与载波的光外差拍频产生频率为调制频率的光电流信号。根据式(6.10)，可知光电流为

$$
\begin{aligned}
i &\propto |E|^2 \\
&= E_0^2 J_0(\beta) J_1(\beta) A_0 \{ [A_1\cos(\phi_0-\phi_1) - A_{-1}\cos(\phi_{-1}-\phi_0)]\cos\Omega t - \\
&\quad [[A_1\sin(\phi_0-\phi_1) - A_{-1}\sin(\phi_{-1}-\phi_0)]\sin\Omega t] \}
\end{aligned} \tag{6.11}
$$

当改变相位调制频率 Ω，也就是改变相敏解调参考信号相位时，可分别探测到式(6.11)中第一项、第二项。对上式的数值计算模拟结果如图 6.15 和图 6.16 所示。图 6.15 中的谱线具有吸收型特征，图 6.16 中的谱线具有色散型特征。

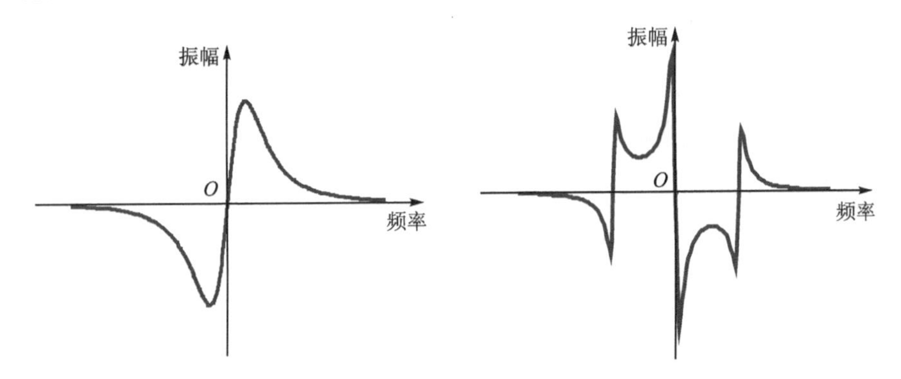

图 6.15 光外差解调吸收曲线　　图 6.16 光外差解调色散曲线

从图 6.16 中，我们可以看出该光谱线型具有良好的鉴频特性，以 O 点为中心呈现中心对称，左右频率范围内对称且反相，可以用来将激光频率锁定在色散谱线中心过零点的小范围内。探测透射光时，由于腔的线宽较窄，当激光偏离谐振频率中心时边带只有很小一部分能通过。而当探测反射光时，即使激光频率不在谐振频率中心附近，仍会有足够的反射光强，因而拍频信号较强，所以一般探测的是反射信号。

综上所述，为了将窄的谐振腔共振谱线用于稳定性好的激光系统，需要使用窄线宽、精细度高的法珀腔作为参考频率标准，使获得的光学谐振腔光外差光谱的中心斜率很大，提高鉴频的灵敏度。参考腔的共振频率由腔长决定，而腔长又易受外界的影响，并且腔镜材料的长度随着温度的伸缩，也会导致共振频率的变化。

3. 电光相位调制

电光调制器的调制度与调制频率的选取对法珀腔的光外差光谱线型有十分重要的影响。调制度及调制频率范围选取得大小不仅影响产生边带与载波的幅度关系，而且也关系到光谱信号（作为鉴频曲线）的幅度、中心斜率以及稳频系统的动态范围。

(1) 相位调制

如图 6.17 所示为电光相位调制的原理图，由起偏器和电光晶体组成。起偏器的偏振轴平行于晶体的感应主轴 x'(或 y')，电场沿 Z 轴方向加到晶体上，此时入射晶体的线偏振光不能再分解成沿 x'、y'两个分量，而是沿着 x'(或 y')轴一个方向偏振，故外电场不改变出射光的偏振状态，仅改变其相位。相位的变化为

$$\Delta\delta_{\mu_{x'}}=-\frac{2\pi}{\lambda}\Delta\mu_{x'}L \tag{6.12}$$

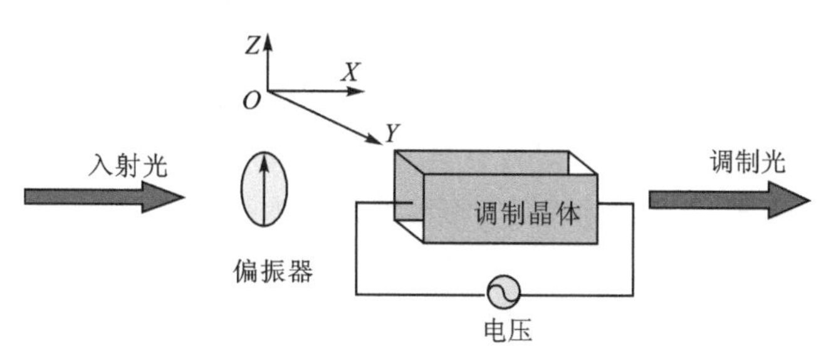

图 6.17　电光相位调制原理图

因为光波只沿 x'方向偏振，相应的折射率为

$$\mu_{x'}=\mu_0-\frac{1}{2}\mu_0^3\gamma_{63}E_z \tag{6.13}$$

对于常用的磷酸二氢钾 KDP 晶体而言，晶体上所加的是正弦调制电场 $E_z=E_m\sin\omega_m t$，光在晶体的输入面（$z=0$）处的场矢量大小是 $U=\cos\omega_m t$，则在晶体输出面（$z=1$）处的场矢量大小可写为

$$U_0=A\cos\left[\omega t-\frac{2\pi}{\lambda}\left(\mu_0-\frac{1}{2}\mu_0^3\gamma_{63}E_m\sin\omega_m t\right)L\right] \tag{6.14}$$

略去式中相角的常数项，则式(6.14)可写为

$$U_0=A\cos(\omega t+\beta\sin\omega_m t) \tag{6.15}$$

式中，$\beta=\frac{\pi\mu_0^3}{\lambda}\gamma_{63}E_m L$ 为调制深度。

光束经电光晶体相位调制后的激光的光场为

$$E=E_0 e^{i(\omega t+\beta\sin\Omega t)} \tag{6.16}$$

按贝塞尔公式在频域展开，则式(6.21)可以写为

$$E=E_0\left[\sum_{n=0}^{\infty}J_n(\beta)e^{i(\omega+n\Omega)t}+\sum_{n=0}^{\infty}(-1)^n J_n(\beta)e^{i(\omega-n\Omega)t}\right] \tag{6.17}$$

式中，$J_n(\beta)$是第 n 阶贝塞尔函数；ω 为入射光光波的角频率；Ω 为电光相位调制器的调制频率；β 为调制度。从式(6.17)可以看出，调制光谱在载波两侧呈现距离为 Ω 的边带分布，如图 6.18 所示。奇数阶边带以载波频率为中心，振幅相同，相位相反；偶数阶边带则以载波为轴，呈现轴对称。

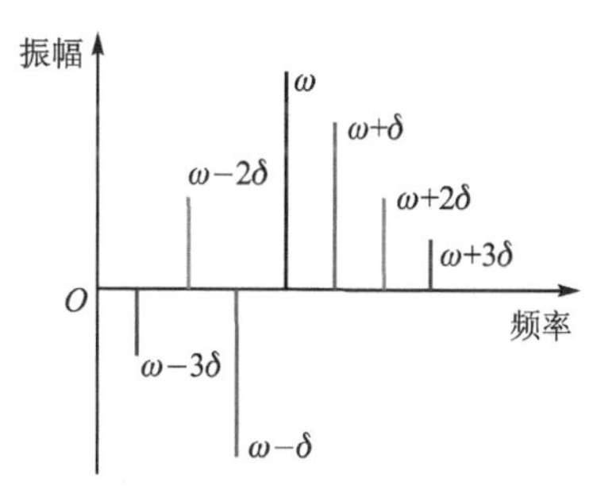

图 6.18　调制信号光谱示意图

另外由贝塞尔函数频域分布特性可知，当调制深度小于 1 时，可以略去大于 1 的高阶项，即近似地将贝塞尔函数在频域上展开可得

$$E\approx E_0\left[J_0(\beta)e^{i\omega t}+J_1(\beta)e^{i(\omega+\Omega)t}+J_{-1}(\beta)e^{i(\omega-\Omega)t}\right] \tag{6.18}$$

(2) 调制频率对色散谱线的影响

调制频率的选取需要考虑以下因素的影响：激光的幅度噪声、频率的捕捉范围等。激光光

源的幅度噪声的存在会影响光谱信号的信噪比，导致激光频率锁定精度降低。激光幅度的噪声主要分布在低频部分。可以利用射频信号对激光进行频率移动，使探测信号的频率移到射频区域，这样就可以避开幅度噪声很大的低频区域。

图 6.19 和图 6.20 分别为频率调制光外差吸收曲线和色散曲线图。通过观察仿真图可知，色散曲线比吸收曲线在中心频率 ω 处斜率大。为得到最高频率响应灵敏度，选用色散曲线作为稳频系统鉴频曲线，并且鉴频控制频率范围为调制频率的 2 倍。图 6.19 中曲线自左向右分别对应的调制频率 Ω 为 100 MHz、80 MHz、70 MHz。可以看出，调制频率越高，对应吸收曲线在中心频率斜率越小，色散曲线控制范围越大，故调制频率 Ω 选取 100 MHz。

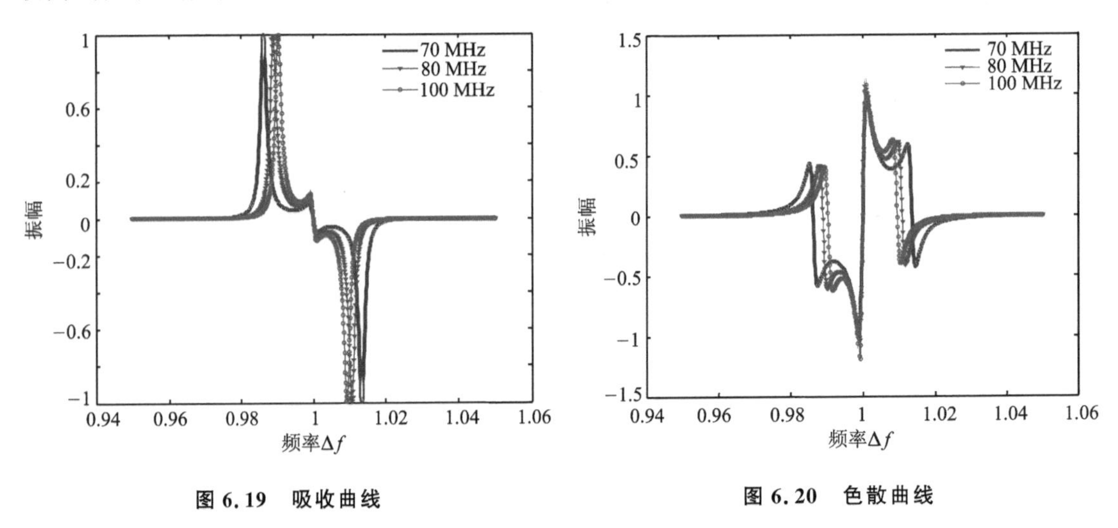

图 6.19 吸收曲线 **图 6.20 色散曲线**

综上所述，以鉴频曲线频率灵敏度高为原则，结合控制系统的误差信号动态响应范围等因素，选定 100 MHz 的调制频率，就可以在较大失谐范围内锁定激光频率。

(3) 调制深度对色散谱线的影响

当调制度改变时，也将影响到鉴频曲线的中心斜率。可以选择 $J_0(\beta)J_1(\beta)$ 最大值，使鉴频曲线斜率 D 达到最大，从而获得最大反应灵敏度。根据图 6.21，β 取 1.08 时，$J_0(\beta)J_1(\beta)$ 达最大，为 0.339 0。

当仅考虑一阶边带与载波相作用时，对应不同的调制深度将引起色散谱线线型幅度的变化。为此专门进行理论模拟对应于不同调制深度的色散谱线型。图 6.22 横坐标表示激光频率与法珀腔共振频率的失谐量，纵坐标表示探测器上所产生的光电流大小。谐振腔长设为 20.412 mm，调制频率为 100 MHz，自上而下的线条依次分别代表调制深度 β 为 1.08、1.75、0.25、0.08 的情况。当调制度逐渐增大时，其拍频光电流也随之变大，鉴频曲线的幅度变大，这有助于提高光外差信号的信噪比。

当调制度小于 1 时，二阶以上的边带很小，且高阶边带对光谱信号线型的影响可忽略，结合实验条件，实验中取调制度 β 为 1.08。综上所述，外调制技术不仅可以实现较大调制带宽，还能够避免直接调制带来的幅度噪声。

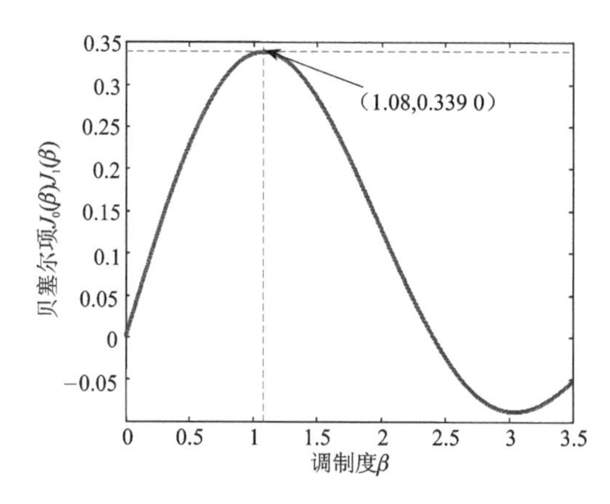

图 6.21　调制度 β 与贝塞尔项 $J_0(\beta)J_1(\beta)$ 的关系图

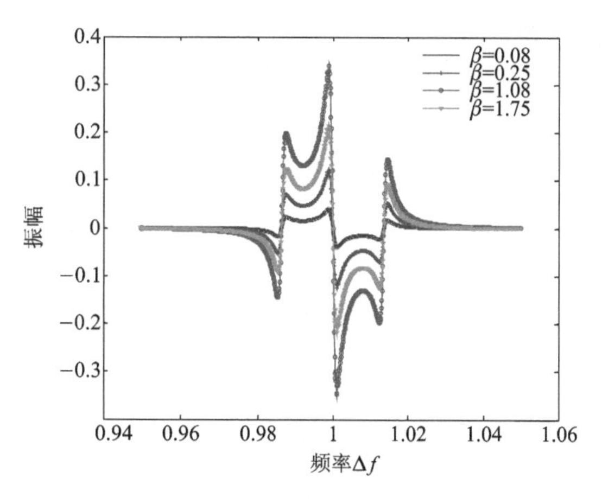

图 6.22　调制度 β 与光外差光谱信号的关系图

4. 相位调制光外差稳频系统噪声模型

如图 6.23 所示为激光稳频系统控制框图，其中光纤激光器输出中心频率为 ω，噪声为 S_{laser}，激光的频率由法珀标准具和光电探测器组成的鉴频器来监控。法珀标准具的中心频率为 ω_0，系统的外界干扰(机械振动、温度变化等)噪声记为 S_{rec}。鉴频器将频率噪声转化为电压的波动，其增益系数为 K_{D}(V/Hz)，由此产生鉴频信号；鉴频信号经过射频调制放大，驱动伺服控制元件，产生反馈信号 S_{back}，锁定激光的频率噪声为 S_{out}，伺服放大增益为 K_{S}(V/Hz)，S_{disc} 和 S_{sery} 分别为鉴频部分和伺服部分的电压噪声。在此说明，以下章节中的噪声均由频率功率谱密度来表示。

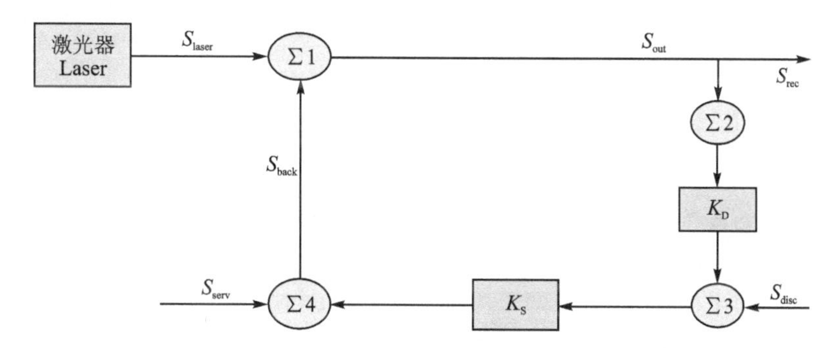

图 6.23　PDH 稳频系统误差信号控制框图

S_{laser}、S_{rec}、S_{back} 的单位均为 $\text{Hz/Hz}^{1/2}$，表示 1 Hz 带宽内的平均频率波动；S_{disc} 和 S_{sery} 的单位为 $\text{V/Hz}^{1/2}$，表示 1 Hz 带宽内的平均电压波动，根据图 6.23 得到系统闭环噪声信号输出为

$$S_{\text{out}}=\frac{\sqrt{S_{\text{laser}}^2+(K_{\text{D}}K_{\text{S}}K_{\text{rec}})^2+(K_{\text{S}}S_{\text{disc}})^2+S_{\text{serv}}^2}}{K_{\text{D}}K_{\text{S}}+1} \tag{6.19}$$

通常为增强稳频信号，放大增益 K_{S} 非常大，则式(6.24)近似为

$$S_{\text{out}}\approx\frac{S_{\text{disc}}}{K_{\text{D}}}+S_{\text{res}} \tag{6.20}$$

由此可以看出，激光器稳频极限取决于鉴频系统噪声 S_{disc} 和鉴频系数 $K_D(\text{V/Hz})$，S_{disc} 表现为调制频率为 Ω 的一阶边带光波光强波动，鉴频系统由混频器和光电探测器构成，噪声包括混频器电学噪声和光电探测器的量子噪声，整个鉴频部分的噪声主要取决于光电探测器的量子噪声。根据式(6.11)得到鉴频曲线斜率为

$$D=-\frac{8\sqrt{P_C P_S}}{\delta\nu} \tag{6.21}$$

$K_D(\text{V/Hz})$则由鉴频曲线的斜率决定，也可以由实验测得。

$$K_D=-\frac{8\sqrt{P_C P_S}}{\delta\nu}\times\frac{e\eta}{h\nu}=\frac{-8J_0 J_1 P_0}{\delta\nu}\times\frac{e\eta}{h\nu} \tag{6.22}$$

当激光频率与法珀标准具的共振频率相等时，探测器上接收到的是两个边带信号，强度为 P_S，根据式 $P_S=J_1^2(\beta)P_0$，光电探测器的量子噪声谱密度为

$$S_{\text{disc}}=\sqrt{2}\sqrt{2eI}=\sqrt{2}\sqrt{2e(2J_1^2 P_0)\frac{e\eta}{h\nu}} \tag{6.23}$$

噪声转换为激光器线宽为

$$\Delta\nu=\pi S_{\text{out}}^2 \tag{6.24}$$

不考虑法珀标准具噪声 S_{res}，由式(6.24)得到经 PDH 稳频得出的激光器输出激光噪声线宽为

$$\Delta\nu=\frac{h\nu\delta\nu^2}{8J_0^2\eta P_0} \tag{6.25}$$

式(6.25)为相位调制光外差稳频系统所能达到的极限线宽。由于以上计算忽略了法珀腔的噪声以及稳频系统中控制电路的电学噪声，所以理论计算结果比实际结果小很多。

6.3.3 单频激光相位调制光外差稳频系统光路

1. 单频激光相位调制光外差稳频系统光路的偏振态演化

(1) 波片的作用

光波具有不同的偏振态，因此需要经常改变光波的偏振态，或者检查光波的偏振态。光波的偏振态由其两正交振动的振幅比与相位差所决定，改变两参量，就可以改变光波的偏振态。确定波片所允许的两个振动方向(即两个主轴方向)及其相应波速的快慢，通常在制造波片时都已经把它标在波片边缘的框架上，波速快的主轴方向称为快轴，与之垂直的方向称为慢轴。任何波片都是对特定波长而言的，例如对波长为 500 nm 的半波片，波长 633 nm 就不是半波片；对波长为 1.06 μm 的 1/4 波片，0.53 μm 则恰好是半波片。如需使用半波片将线偏光的光振动方向转动 90°，只需使入射的线偏光振动方向与半波片的主轴(快轴或慢轴)方向成 45°。利用 1/4 波片将一线偏光变成以右旋圆偏振光，只要 1/4 波片的快轴方向为主导方向，并使线偏光的振动方向与波片主轴成 45°角即可。圆偏光通过 1/4 波片后变成线偏光，用偏振器可观察到消光位置。而自然光通过 1/4 波片后还是无规则偏振光，由此可把圆偏光和自然光区别开。无规则偏振光通过 1/4 波片后变成线偏光，但是透过光强会产生起伏变化。

(2) 相位调制光外差稳频系统光路偏振态分析

在整个相位调制光外差稳频系统中，光路的偏振态至关重要。为使电光调制器达到最大

调制效率，要求线性偏振输入。根据以上使用规则，选用调制器要求垂直于水平面方向偏振光为有效偏振光，因此在调制器前放置一个1/4波片，一个1/2波片，两波片作为起偏器，信号光经过两波片以后得到具有消光较高的垂直于水平面方向的线偏振光。另外，利用波片以及偏振分束棱镜，改变光路的偏振态还能起到光隔离作用，避免法珀腔的反射光束会对激光光源造成损害；此外，通过偏振器件能较容易测得实验所需要的反射光束。

如图6.24所示，信号光通过起偏镜组后，得到具有消光较高的垂直于水平面方向的偏振光。经调制器调制，垂直线偏光经过1/2波片，通过旋转波片改变主轴方向角度，得到适合于通过偏振分束棱镜输出的水平方向线偏光，透过光束分束器，经过1/4波片，线偏光变为右旋圆偏振光射入法珀腔，其反射光束为左旋偏振光，经过1/4波片，并相对入射偏振方向旋转向90°，偏振态变为水平线偏光，经偏振分束棱镜(PBS)后入射到探测器中，达到检测法珀腔反射光束的目的。1/2波片、1/4波片与PBS组合使用既实现了提取出法珀腔的反射信号，又在光路中起到光隔离器的作用。

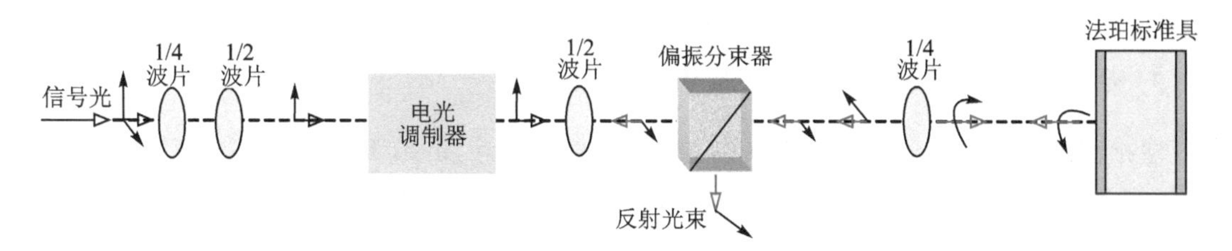

图6.24 相位调制光外差稳频系统光路偏振态演化示意图

基于以上偏振态分析，电光相位调制器要求入射光偏振方向为垂直于水平面方向，所以需要在圆偏振光输出光源的输出端口光轴上加入偏振元件，在输出端口处加入1/4、1/2波片，得到垂直于水平面方向的线偏光。偏振分束棱镜一般情况下是对水平方向线偏光产生投射作用，垂直方向产生反射，因此在调制器输出端口光轴上加入1/2波片，以满足调制光通过偏振分束棱镜，如上所述，偏振棱镜后方的光轴加上1/4波片实现了光隔离，以及探测法珀反射光的目的。

2. 单频激光电光相位调制谱检测

图6.25所示为稳频系统光路原理图，根据原理图搭建稳频系统光路，搭建完光路后，在测试激光频率误差信号实验之前，还需要对电光相位调制器的调制深度以及射频驱动电压对应关系进行测量。

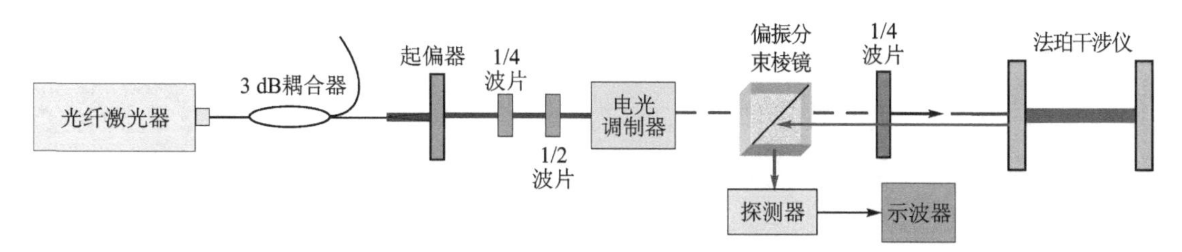

图6.25 稳频系统光路原理图

采用扫描干涉的方法测量激光纵模以及调制深度。法珀干涉仪在锯齿波的扫描电压的驱动下，可以连续改变法珀腔的腔长，腔长的调谐量远小于腔的长度。利用光电探测器探测透射光强在扫描过程中的变化，就可以测量谱线的间隔。图 6.26 所示为扫描干涉激光纵模监测原理框图。光源是中心波长为 1 064 nm 的分立反馈单频光纤激光器，经准直器输出，入射到法珀干涉仪，将光电探测器放置在法珀干涉仪透射端，在锯齿波调谐法珀干涉仪腔长，检测法珀干涉仪透射光束光功率变化。

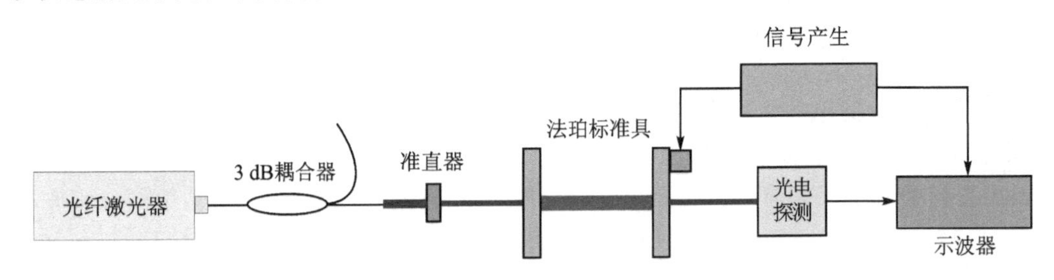

图 6.26 扫描干涉仪纵模检测原理框图

3. 法珀谐振腔中心频率与激光中心波长匹配

法珀谐振腔的参数虽按照光源中心波长条件参数设计，但加工精度的偏差和制作工艺的不同，法珀谐振腔的实际参数与理论设计指标是有差距的，其中法珀谐振腔的中心频率作为稳频系统中的关键参数，与镀膜工艺有关的波长反射率精度以及法珀谐振腔周围环境（温度变化、机械振动）都会引起法珀谐振腔腔长的变化，从而使法珀谐振腔的中心频率与光源的中心波长不匹配，因此在法珀谐振腔或者法珀干涉仪的设计制作过程中就需要将其频率稳定的问题考虑在内，否则不能作为相位调制光外差稳频系统的标准。

利用扫描干涉仪方法检测激光单纵模运行状态，同时记下谐振峰值处加在法珀谐振腔的腔长调谐接口上的电压值 U。当在法珀谐振腔的腔长调谐接口上加入该偏压值时，法珀谐振腔的谐振峰与光源的中心频率就形成了匹配。

6.4 光外差信号解调模块设计

拍频信号由调制边带与载波经过外差产生，频率调制光谱的零幅值拍频信号可看作两边带与载波的拍频信号相加而抵消。对边带拍频抵消失衡的检测可以实现高灵敏度的相位或者幅度改变的检测。调制光经带有色散特性的共焦法珀谐振腔反射，反射光经过探测器拍频，拍频信号含有激光频率波动信息，输出信号经过一系列电学处理，例如滤波、放大、解调等，最终得到激光频率波动信号。

6.4.1 解调模块电路设计

1. 调制解调电路原理

解调模块系统框图如图 6.27 所示。例如探测器输出电信号通过中心频率为 100 MHz 的带通滤波器，滤除直流成分、高频成分等干扰，并经放大后，在混频器内与驱动电光调制器的本征振荡混频，并经过相移补偿的射频信号进行混频而得到解调，最后经低通滤波器得到解调信号输出，该信号则为光源频率波动信号。

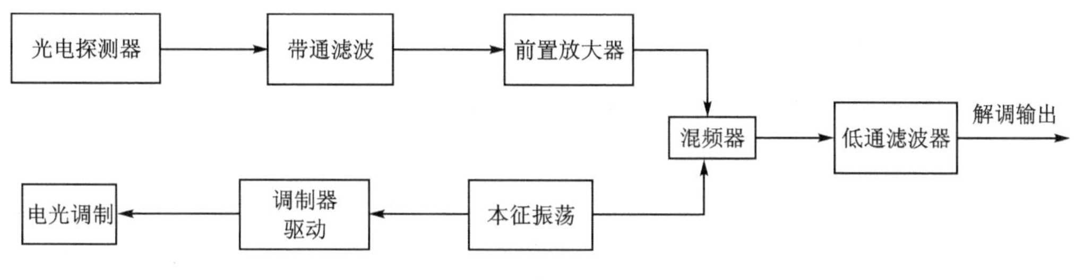

图 6.27 调制解调电路原理图

2. 探测器反射光转换电信号的估计

图 6.28 所示为探测光路示意图。首先起偏器对入射激光进行偏振滤波产生垂直方向线偏振光，经过电光相位调制器调制后，通过光学隔离镜组到达法珀谐振腔入射端面，法珀腔的反射光则再次经过光学隔离镜组进入探测器。以光源的光功率 10 mW 为例进行光路估算：根据选购光学元器件的参数，起偏镜组损耗约为 50%，电光调制器的插入损耗为 10%，光学隔离镜组的透过率约为 73.8%，到达探测器感应面的反射光功率成分、转换电流成分、转换电功率成分如表 6.1 所列。

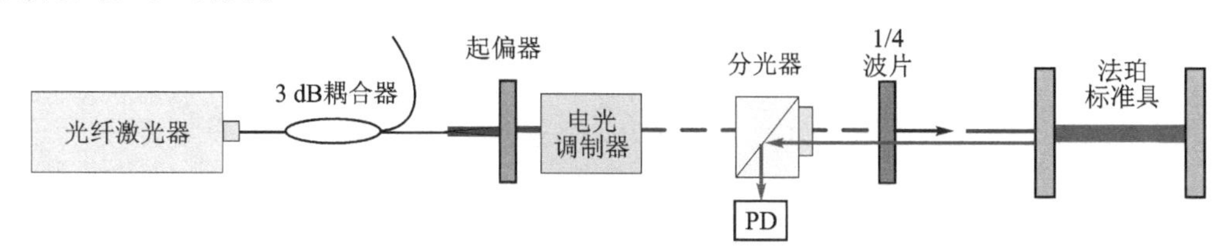

图 6.28 探测光路图

表 6.1 光电探测器反射光功率、转换电信号估算

载波反射光	边带反射	频率波动项	二阶项(第四项)
0 谐振状态	1.292 4 mW	1.047 9 mW@100 kHz	<1.047 9 mW@100 kHz
0	0.476 895 6 mA	0.038 669 mA@100 kHz	<0.038 669 mA@100 kHz
0	−19.4 dBm	−41.26 dBm	<−41.26 dBm

首先电路需要对直流和高频成分进行滤波得到所需要的经过调制 100 MHz 的频率误差项。根据噪声成分，选用中心频率为 100 MHz 的带通滤波器，滤除直流和高频成分等干扰。

解调电路中选用无源混频器。无源混频器与有源混频器相比，无源混频器具有互调失真性好，动态范围广等优点。在混频器的前端加入放大电路对射频信号进行放大，既可以较好地利用混频器动态范围，还可以通过放大抑制噪声的干扰。在放大器前端加入带通滤波器，滤除直流成分和高频成分等干扰。需要对探测信号进行选频放大，达到充分利用混频器动态范围的目的。

同时，为抑制前端放大器和信号混频时所产生的干扰和杂波以及提取出混频后的上变频信号，在混频器后一级使用低通滤波器。解调模块系统框图 6.27 中使用信号发生器作为本征振荡，产生 100 MHz 射频信号源，一路经过放大作为电光调制器射频输入，另一路作为探测器接收信号的本振解调信号。

6.4.2 解调模块信号延迟测量

光外差产生的拍频信号可以看作探测器产生的经过调制的频率误差信号，经混频器解调和滤波环节后，得到激光频率波动信号，即式(6.11)中的正弦项。混频器有以下简化计算方法，即

$$\sin(\Omega t)\sin(\Omega' t)=\frac{1}{2}\{\cos[(\Omega-\Omega')t]-\cos[(\Omega+\Omega')t]\} \tag{6.26}$$

低通滤波器滤除和频成分，得到下变频信号，即解调输出信号。

混频器属于三端口网络器件，本振端口、射频信号端口为输入端口，中频端口为输出端口。正弦信号 $A\sin(\Omega t)$ 作为混频器的本振端口输入，信号 $A_1\sin(\Omega' t+\varphi)$ 作为混频器射频端口输入，既然解调方式为本振解调，则射频信号频率 Ω' 等于 Ω，φ 为本振信号端与射频端之间的相位延迟，根据式(6.26)经混频后有

$$\begin{aligned}
&A\sin(\Omega t)A_1\sin(\Omega' t+\varphi)\\
&=\frac{1}{2}AA_1\cos\varphi\{\cos[(\Omega-\Omega')t]-\cos[(\Omega+\Omega')t]\}+\\
&\quad\frac{1}{2}AA_1\sin\varphi\{\sin[(\Omega-\Omega')t]+\sin[(\Omega+\Omega')t]\}\\
&=\frac{1}{2}AA_1\cos\varphi(1-\cos 2\Omega t)+\frac{1}{2}AA_1\sin\varphi\sin 2\Omega t\\
&=\frac{1}{2}AA_1\cos\varphi-\frac{1}{2}AA_1\cos(2\Omega t+\varphi)
\end{aligned} \tag{6.27}$$

上式中的和频项通过低通滤波可以被消除，但是直流项(差频项)中包含本振信号端与射频端之间的相位延迟 φ，相位差 φ 的存在关系到鉴频曲线的斜率的正负；另外，由于探测器探测到的光信号较弱，相位差值还会关系到电路信号的信噪比。

测得混频前端电路对应相位延迟 φ，最后可通过加在混频器前端的放大器和一定长度的同轴线补偿相位延迟，延迟量测量包括两个部分：电光相位调制器放大延迟量测量；混频前端选频放大延迟量的测量。

6.4.3 解调电路噪声分析

图 6.29 所示为作者进行的实验结果——在 5.1 V 直流电压解调模块电路工作情况下，输入射频信号与中频输出信号功率特性曲线图。在输入信号达到 -15 dBm 以后，曲线斜率开始降低，逐渐开始饱和。此时混频器 SBL-1 输入端达到了 1 dB 压缩点，增大了混频器变频损耗。

电子系统或者电子电路中都会存在噪声，噪声的存在都将削弱系统的最小信号检测性能。表征这种特性的重要参数是噪声系数。噪声系数是定量描述一个元件或系统所产生噪声程度的指数，系统的噪声系数受许多因素影响，如电路损耗、偏压、放大倍数等。噪声系数 NF 的定义是一个放大器即使在没有输入信号的情况下也能检测到微小的输出信号。任何器件的噪声系数(Noise Figure，NF)可定义如下：

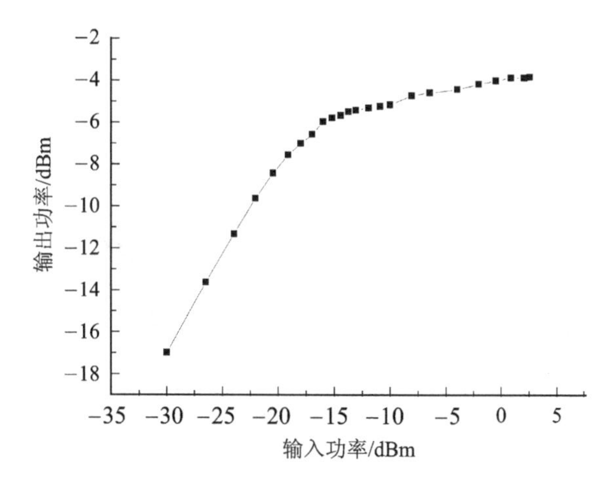

图 6.29　解调电路输入/输出功率特性曲线

$$\mathrm{NF}=\frac{S_{\mathrm{in}}/N_{\mathrm{in}}}{S_{\mathrm{out}}/N_{\mathrm{out}}} \tag{6.28}$$

式中,S_{in}、N_{in} 分别为低噪声放大器输入端的信号功率和噪声功率;S_{out}、N_{out} 分别为低噪声放大器输出端的信号功率和噪声功率。噪声系数的物理含义是:信号通过放大器之后,由于放大器产生噪声,使信噪比变坏,信噪比下降的倍数就是噪声系数。

在室温条件下,有耗网络的噪声系数为

$$\mathrm{NF}=L \tag{6.29}$$

式中,L 是有耗网络的损耗因子或衰减因子。式(6.29)表明,有耗网络的噪声系数等于衰减因子 L。

混频器的噪声系数主要由变频损耗产生,同时根据式(6.29)混频器的噪声系数在常温工作状态下等于其噪声系数,因此在级联网络中,总的噪声系数表达式为

$$\mathrm{NF}_n=\mathrm{NF}_1+\frac{\mathrm{NF}_2-1}{G_1}+\frac{\mathrm{NF}_3-1}{G_1G_2}+\frac{NF_4-1}{G_1G_2G_3}+\cdots \tag{6.30}$$

式中,$\mathrm{NF}_n(n=1,2,3,4,\cdots)$分别为第 1,2,3,4,…级的噪声系数;$G_i(i=1,2,3,\cdots)$分别为第 1,2,3,…级的功率增益。

6.5　单频激光频率误差信号检测实验

单频激光频率误差信号实验研究主要包括两个部分:PDH 系统的鉴频曲线检测、光频率误差信号采集。最后分析计算系统在未加入伺服反馈时,光纤激光器输出激光相对法珀谐振腔中心频率的频率方差值。

6.5.1　鉴频曲线检测

图 6.30 所示为系统鉴频曲线检测系统图,光纤激光器经过耦合器一路作为输出,另一路作为系统的探测光,经过电光相位调制器作用以及法珀谐振腔反射,在偏振分束器的作用下,法珀谐振腔的反射光进入探测器,鉴频曲线的测量通过锯齿波扫描法珀谐振腔的腔长,反射光经拍频和解调,在输出端得到稳频系统鉴频曲线。

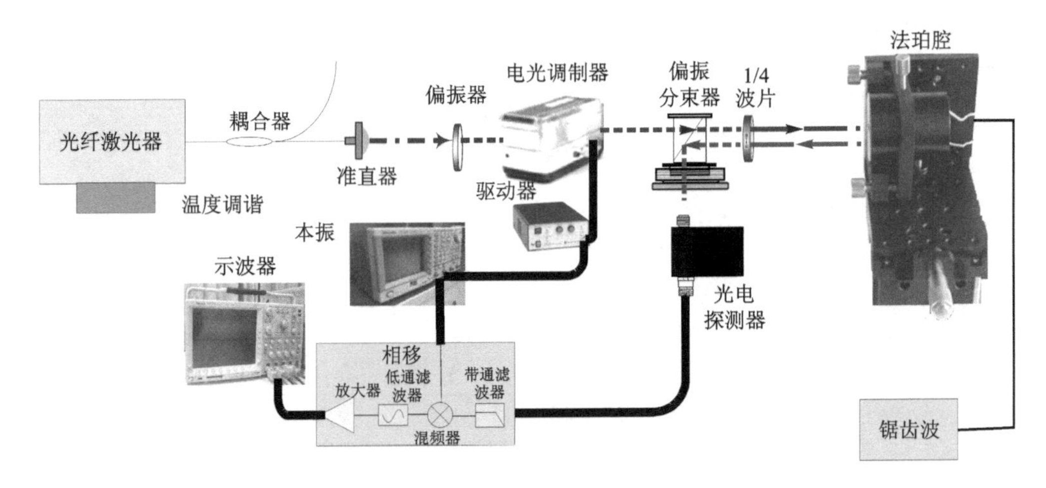

图 6.30 系统鉴频曲线检测系统图

$$D=-\frac{8AJ_0(\beta)J_1(\beta)P_0}{\Delta\nu} \tag{6.31}$$

式中,P_0 为调制器入射光功率;$\Delta\nu$ 为谐振腔线宽;A 为探测器 1 064 nm 波长响应度;$J_0(\beta)$、$J_1(\beta)$为贝塞尔函数,β 为调制深度。

鉴频曲线检测主要关系到两个参数的检测:调制深度 β、鉴频曲线电压峰峰值 U。根据调制谱电压比 U_s/U_c 计算出调制深度 β,关系如下:

$$U_s/U_c=P_s/P_c=J_1^2(\beta)/J_0^2(\beta) \tag{6.32}$$

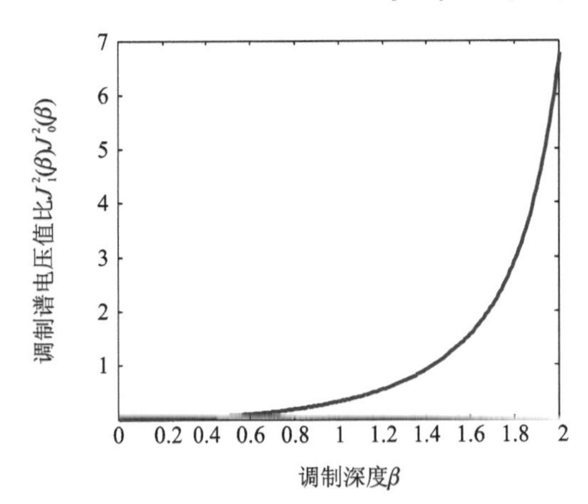

图 6.31 调制谱电压值比与调制深度的关系

根据图 6.31 调制电压比与调制深度关系曲线读出 U_s/U_c 的值,计算得到对应的调制深度 β。

鉴频曲线峰峰值电压 U 与谐振腔线宽 $\Delta\nu$ 的比值,为鉴频曲线斜率。峰峰值电压正负依据加在法珀腔的锯齿波电压变化情况来判断。锯齿波上升沿,法珀干涉仪的腔长减小,谐振频率逐渐增大,对应鉴频曲线在电压值由小到大变化,则峰峰值电压 U 应取正,反之取负。

$$D=\frac{U}{\Delta\nu} \tag{6.33}$$

测试条件:光源温控电压为 1.30 V,驱动电压为 5.0 V,光源输出功率为 100 mW,信号发生器输出为 99.672 MHz,输出峰峰值为 2.0 V,其输出经过三通,一路作为电光调制驱动输入,一路作为本振信号。图 6.32~图 6.34 分别为调制度为 0.91、1.01、1.39 时,测量得到的激光相位调制色散曲线以及吸收曲线。

根据式(6.32)调制谱电压比分别在 0.2、0.33、0.89 时,调制深度 β 分别为 0.91、1.01、1.39。根据式(6.31)鉴频斜率 D 分别为 −31.03 mV/MHz、−43.96 mV/MHz、−26.89 mV/MHz。实验结果表明在调制深度 β 为 1.01 时,鉴频曲线斜率最大,与理论仿真结果一致。将吸收曲线和色

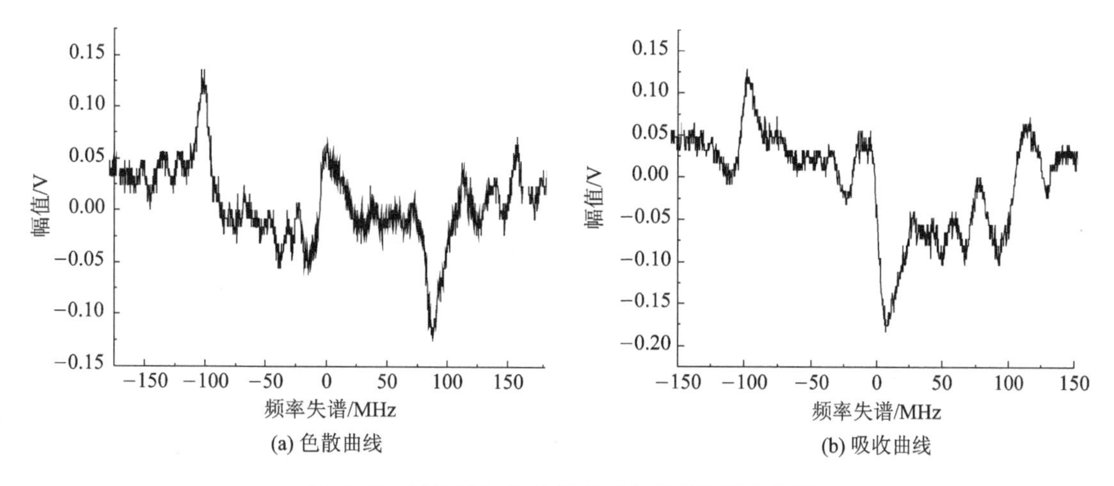

(a) 色散曲线　(b) 吸收曲线

图 6.32　调制度为 0.91 时的色散曲线和吸收曲线

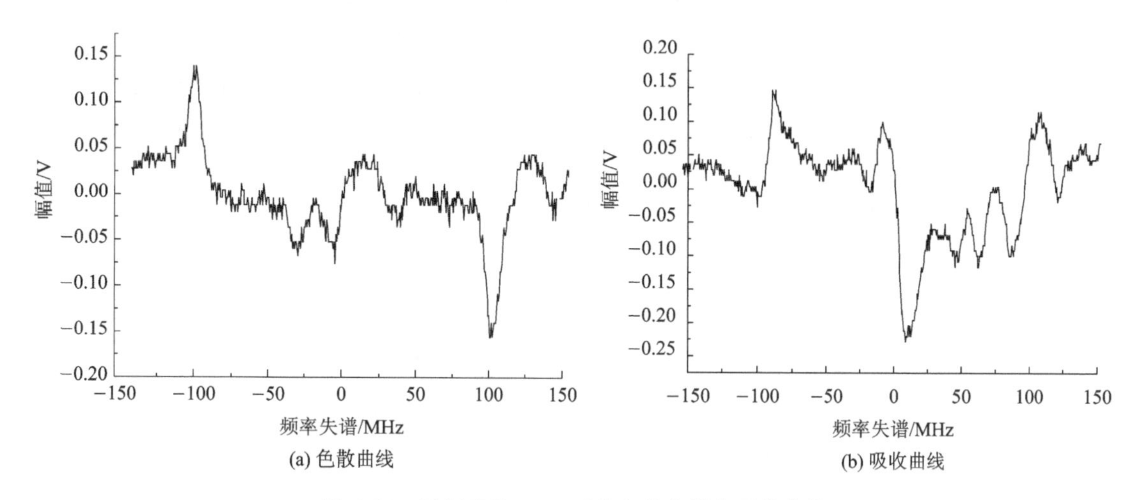

(a) 色散曲线　(b) 吸收曲线

图 6.33　调制度为 1.01 时的色散曲线和吸收曲线

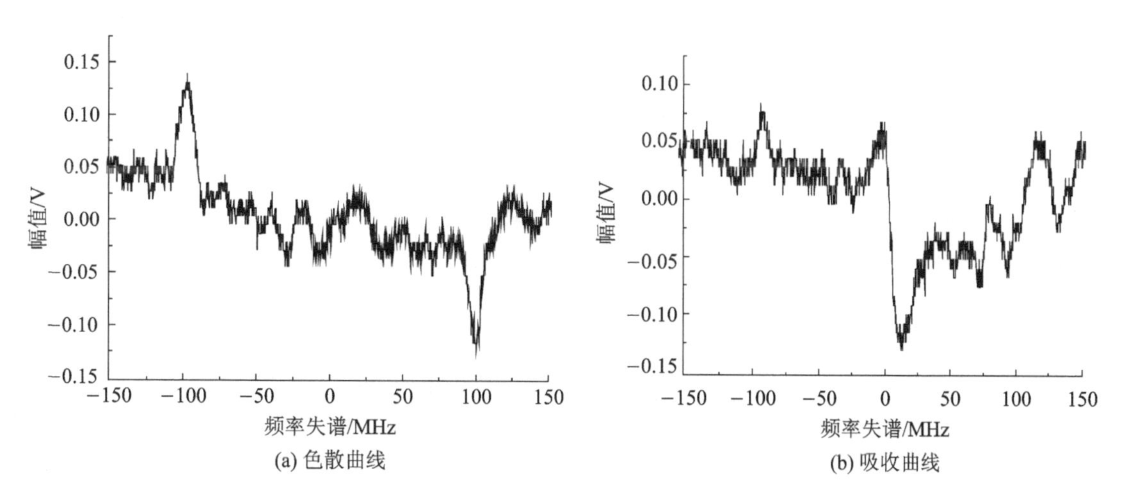

(a) 色散曲线　(b) 吸收曲线

图 6.34　调制度为 1.39 时的色散曲线和吸收曲线

散曲线进行对比，得到在中心频率附近色散曲线变化较快，而且表现出线性变换关系，色散曲线作为系统鉴频曲线。

6.5.2 光源频率误差信号检测

1. 光源频率误差信号检测实验

频率误差信号检测系统仅需改锯齿波为直流偏压，偏压值为在法珀腔调谐接口加上之前测得的定标电压U，利用示波器记录此时的解调输出。利用6.5.1小节的实验方法测得鉴频曲线斜率，斜率与之前测得的解调输出数据相乘，得到激光相对法珀腔的频率波动信号。图6.35所示为频率误差信号检测系统图。

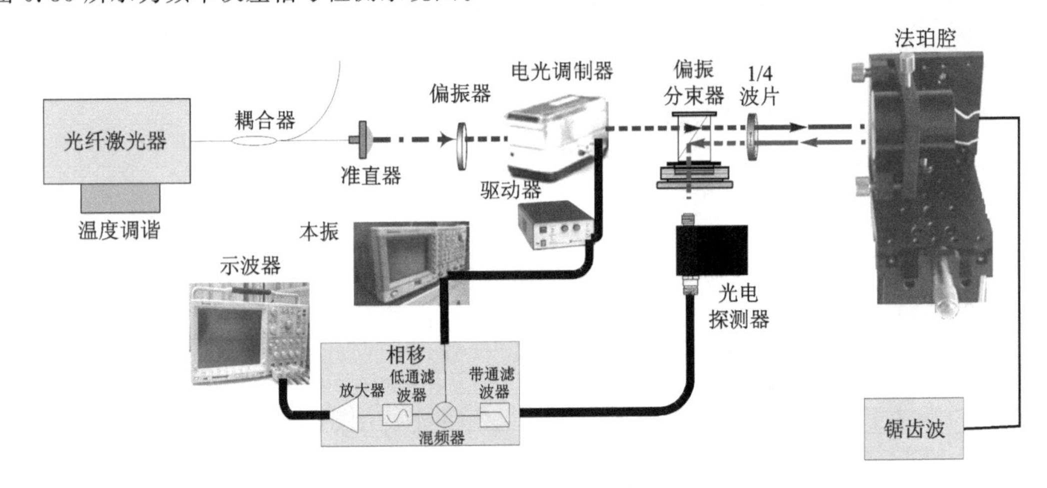

图6.35 系统频率误差信号检测系统图

光纤激光器光源频率误差信号检测条件：光源输出功率为100 mW，信号发生器输出约为100 MHz，电光调制器调制深度选在1.08 rad附近的情况下得到的鉴频曲线斜率值K_D，然后再进行法珀腔的匹配偏压值的测定，最后法珀工作在特定电压值下，光源频率误差信号通过示波器采集得到。在测得鉴频斜率K_D后，以法珀腔为频率标准测得的电压波动信号可以根据鉴频斜率K_D计算得到，然后依据艾伦方差(偏离载波的相对频率起伏方差的几何平均值)公式得到光源频率相对于法珀腔的频率方差值。

2. 激光频率漂移的方差值计算

将采集得到的数据，以及由以上测试得到的鉴频斜率K_D计算得到光频率波动，并利用艾伦方差公式计算得到频率漂移的方差值，公式如下：

$$\delta_y^2=\frac{1}{2(m-1)f_0^2}\sum_{i=1}^{m-1}(\overline{f_{i+1}}-\overline{f_i})^2=\frac{1}{2(m-1)f_0^2}\sum_{i=1}^{m-1}(\overline{\Delta f_{i+1}}-\overline{\Delta f_i})^2 \tag{6.34}$$

式中，m为采样样本数；f_0为光纤激光器输出光波频率；$\overline{\Delta f_i}$为采样得到光频率波动。单频光纤激光器稳频的误差信号如图6.36所示。

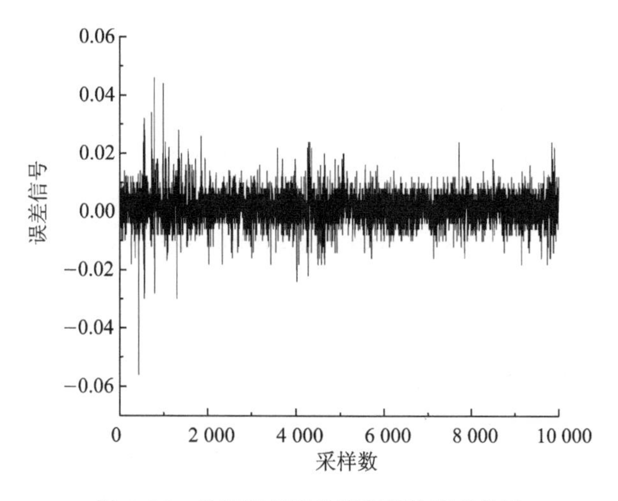

图 6.36　单频光纤激光器稳频的误差信号

6.6 小　结

本章针对现有的几种主要稳频技术进行了对比，重点对相位调制光外差稳频技术进行了具体的分析，从构建相位调制光外差稳频技术的噪声模型开始，推导了系统所能达到的极限线宽计算公式。在完成光路搭建之后，进行了电光相位调制谱的检测，相位调制深度 β 满足系统要求；解释了法珀谐振腔中心频率与激光中心频率匹配的必要性，为激光频率误差检测实验提供了基础。完成单频激光稳频系统鉴频曲线以及光纤激光器相对于法珀谐振腔中心频率的频率漂移误差信号的检测。结果表明，在鉴频曲线斜率达到最大且光源温控适合时，检测得到的激光频率相对于法珀腔中心频率的频率方差值可以达到 10^{-12} 量级。

习　题

6.1 常用的被动稳频技术有哪些？

6.2 主动稳频的主要技术特点是什么。

6.3 相位调制光外差稳频的基础是法珀标准具。请详细阐述法珀干涉仪的特点。

6.4 相位调制和强度或者幅度调制的区别是什么？

6.5 请设计一个频率稳定系统，要求说明应用背景、技术指标和相关计算。

参考文献

[1] Oates C W，Curtis E A，Hollberg L. Improved short-term stability of optical frequency standards：Approaching 1 Hz in 1s with the Ca standard at 657nm[J]. Opt Lett，2000，25(21)：1603-1605.

[2] Fox R W，Oates C W，Leo W. Stabilizing diode lasers to high-finesse cavities[M]. New York：Elsevier Science，2002：1-46.

[3] Ball G A, Morey W W, Glenn W H. Standing-wavemonomodeerbiumfiberIaser[J]. IEEE Photonics. Technology. Lett. 1991, 3(7):613-615.

[4] Kringlebotn J T, Morkel P R, Reekie L, et al. Effieient diode-pumped single-freque-ncy Erbium:Yterblum fiberlaser[J]. IEEE Photonics Technology Letters, 1993, 5(10):1162.

[5] Horowitz M, Daisy R, Fiseher B, et al. Narrow-linewidth single- mode erbium-doped fibre laser with intra cavity wave mixing in saturable absorber[J]. Electron. Lett,1994, 30(8):648-649.

[6] Cheng Y, Kringlebotn J T, Loh W H. Stable single-frequeney traveling-wave fiber loop laser with integral saturable-absorber- based tracking narrow-bandfilter[J]. Opt. Lett, 1995, 20(8):875-877.

[7] Loh W H, Samson B N, Dong L. High Performance single frequency fiber Grating-based Ethium: Ytterbium codoped fiber lasers[J]. Journal of Lightwave Technology, 1998, 16(1):114-118.

[8] Kishi N, Yazaki T. Frequeney control of a single-frequeney fiber laser by corperatively induced spatial-hole burning[J]. IEEE Photonies Technology Letters, 1999, 11(2): 182-184.

[9] 俞本立,钱景仁,罗家童,等.线宽小于 0.5 kHz 稳态的单频光纤环形腔激光器[J].量子电子学报,2001,18:345.

[10] SPiegelberg C, Geng J, Hu Y, et al. Compact 100 mw fiber laser with 2 kHz linewi-dth[A]. Optical Fiber Communications Conference[C]. Tuscon , AZ, USA, 2003: 31-33.

[11] Andreas Jechow, et al. 1 W tunable near diffraction limited light from a broad area laser diode in an external cavity with a line width of 1. 7MHz[J]. OPTICS COMUNICATIONS,2007, 277(1):161-165.

[12] Zhdanov B V, et al. Narrowband external cavity laser diode laser[J]. ELECTRO-NICS LETTERS. 2007, 43(4): 221-222.

[13] Kannelaud J, Peterson D G, Culshaw W. Frequency stabilization of the Zee-man laser [J]. Applied Physics Lettes, 1966, 10(3): 94-96.

[14] Kerckhoff J A, Bruzewicz C D, Uhl R, et al. A frequency stabilization method for diode lasers utilizing low-field Faraday polarimetry[J]. Rev. Sci. Instrum, 2005, 76(9), 0931081-0931086.

[15] Yan Shubin, Du Zhijing, Yang Haijing, et al. Two Schemes of Modulation-Free Frequency Stabilization of Grating-External-Cavity Diode Laser via Cesium SubDo-ppler Spectra[A]. Lasers and Laser Technologies, 2005: 6028237-6028244.

[16] Lin Dejiao, Dai Gaoliang, Yin Chunyong, et al. Frequency stabilization of transverse Zeeman He - Ne laser by means of model predictive control[J]. Rev. Sci. Instrum. 2006, 77(12):1233011-1233015.

[17] Sakai Y, Yokohama I, Kominato T, et al. Frequency Stabilization of Laser Diode Using a Frequency-Locked Ring Resonator to Acetylene Gas Absorption Lines[J]. IEEE Photonics Technology Letters,1991,3(10):868-870.

[18] Yang H S L A S H. Long-term stabilization of the frequency and power of a laser diode [J]. Rev. Sci. Instrum, 1995, 67 (8):2671-2674.

[19] Li Jiangong, Jin Jie, Ma Xiang, et al. Frequency stabilization of an extended-cavity semiconductor laser by molecule saturation absorption frequency stabilization and self-adapted control[A]. Semiconductor Lasers and Applications II[C]. Beijing, China, 2005:5628-306～5628-310.

[20] Ohta Y, Maehara S, Hasebe K, et al. Frequency stabilization of a semiconductor laser using the Rb saturated absorption spectroscopy[A]. Proc. of SPIE, 2006: 6115.

[21] 陈翼翔.饱和吸收法和 Zeeman 效应在激光器稳频中的应用[J].科技资讯,2007,20: 10-11.

[22] RUSSELL TARG, OSTERINK L M, et al. Frequency Stabilization of the FM Laser [A]. Proceedings of the IEEE, 1967, 55(7):868-870.

[23] Drever R W P, Hall J L, et al. Laser Phase and Frequency Stabilization using a resonator[J]. Appl. Phys. B, 1983,31(2): 97-105.

[24] J. Hough, D. Hils, M. D. Raylllan, et al. Dye-laser frequency stabilization using optical resonators[J] Appl. Phys. B, 1984,33(3):179-185.

[25] Ho Seong Lee, Cha Hwan Oh, Sung Hoon Yang, et al. Frequncy stabili-zation of a directly modulated semiconductor laser[J]. Rev. Sci. Instrum, 1990, 61(9):2478-2480.

[26] Shintaro Hisatake, Takahiro Kawamoto, Yoshihiro Kurokawa, et al. A Compact Frequency Stabilization System for a Master Laser Diode in Optical Phase Locked Loop Usinga Single Reference Cavity for Simultaneous Application of Optical Feedback alongw ith Pound-Drever-Hall Method[A]. Applications of Photonic Technology 5, Quebec City, Canada,2002: 4833825-4833832.

[27] Davi R Ortega, Wictor C Magnoand, Flávio Caldas da Cruz. Diode Laser Stabili-zation Using Pound-Drever-Hall Technique[J]. Annals of Optics, 2003, 5.

[28] 孙旭涛,刘继桥,周军,等. Frequency stabilization of a single frequency all state laser for Doppler wind[J]. Chinese Optic Letters, 2008, 6(9): 679-680.

[29] Martin Ostermeyer A S. Pound-Drever-Hall frequency stabilization of Q-switched solid state laser oscillators in the Sub-MHz range[A]. Conference on lasers and Electro-optics,San Jose, California, 2008.

第7章 脉冲激光技术

脉冲激光大家并不陌生，进入21世纪以来不少青年人都或多或少对飞秒（10^{-15} s）、阿秒（10^{-18} s）激光技术有所了解。其实脉冲激光技术除了前面说的飞秒和阿秒激光涉及的技术之外，还包括调Q技术，其中Q就是前面章节专门定义过的谐振腔的质量因子。

调Q技术是激光发展史上的一个重要突破，是将激光能量压缩到宽度极窄的脉冲中发射，从而使光源的峰值功率提高几个数量级的一种技术。调Q技术自1962年出现以来，发展极为迅速。现在要获得峰值功率在MW以上、脉冲宽度为ns量级的激光脉冲已经很常见。这种强的相干辐射光与物质相互作用，会产生一系列具有重大意义的现象和技术，如非线性光学的出现和发展，同时也推动了诸如激光测距、激光雷达、高速全息照相等激光应用技术的发展。

7.1 调Q技术

7.1.1 固体激光器的弛豫振荡

首先回顾一下Q值。一般地用W表示腔内存储的能量，γ表示光在腔内传播单次能量的损耗，则光在腔内一个单程的能量损耗为γW。谐振腔长为L，η为介质折射率，c为光速，则光在腔内一个单程需要的时间为$\eta L/c$。因此光在腔内每秒钟损耗的能量是$\gamma W/(\eta L/c)$。所以Q值可以表示为

$$Q=2\pi\nu_0\left[\frac{W}{\gamma W/(\eta L/c)}\right]=2\pi\nu_0\frac{\eta L}{c\gamma} \tag{7.1}$$

从上式中可以看到，当波长和谐振腔长一定时，Q值与谐振腔的损耗成反比，即当损耗γ大时，Q值就低，激光器阈值就高，不容易形成激光振荡；当损耗γ小时，Q值就高，激光器阈值低，谐振腔内容易形成激光振荡。激光器输出与损耗、增益的关系如图7.1所示。

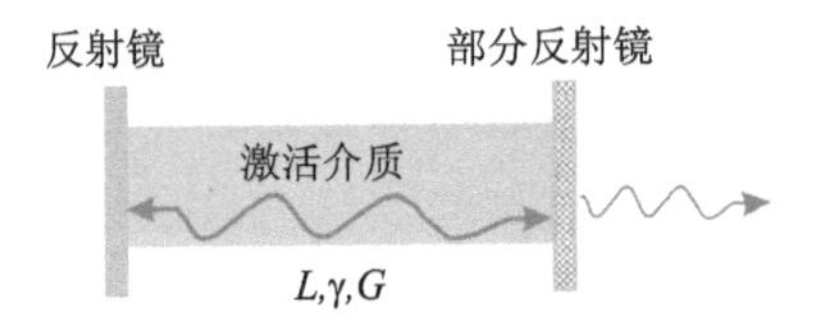

图7.1 激光器输出与损耗、增益的关系

考虑谐振腔的条件，则有

$$Q=\frac{2\pi\eta L}{\gamma\lambda_0} \tag{7.2}$$

Q值公式(7.1)和(7.2)提示改变激光的阈值可以通过改变谐振腔的损耗实现，也就是说激光器的阈值不是一成不变的，而是与谐振腔的损耗或者Q值密切相关的。图7.2是激光器

时域输出特性的结果图,从中发现激光器产生了弛豫振荡。这里需要注意的是弛豫振荡是固体激光器的固有属性。

激光器产生弛豫振荡的主要原因是:当激光器的工作物质在泵浦条件下,上能级的粒子反转数超过阈值条件时,就产生激光振荡,使腔内光子数密度增加,发射激光。随着激光的发射,上能级粒子数大量消耗,导致反转粒子数降低,当低于阈值时,激光振荡就停止。此时,由于光持续的泵浦,上能级粒子数反转重新积累,当超过阈值时,产生第二个脉冲,如此不断重复上述过程,直到泵浦停止时才结束。可见,每个尖锋脉冲都是在阈值附近产生的,因此脉冲的峰值功率水平较低。同时从这个作用过程可以看出,增大泵浦能量无助于峰值功率的提高,只会使小尖峰的个数增加。Δn_{th} 和 ϕ 随时间的变化过程如表 7.1 所列。

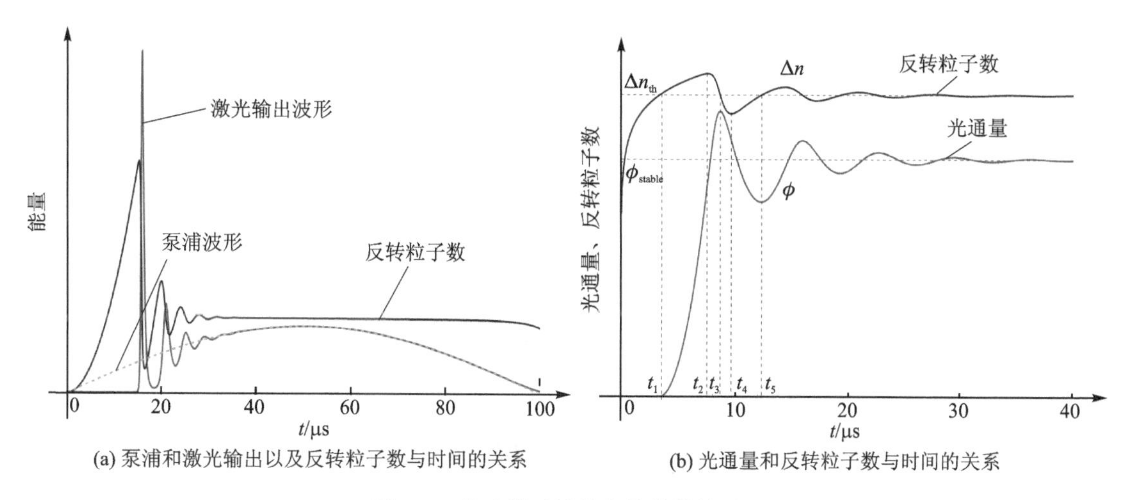

(a) 泵浦和激光输出以及反转粒子数与时间的关系　(b) 光通量和反转粒子数与时间的关系

图 7.2　激光器时域输出特性的结果图

表 7.1　Δn_{th} 和 ϕ 随时间的变化过程

时间段	特　点
$0\to t_1$	$\Delta n<\Delta n_{th}\to\phi=0$ 泵浦→$\Delta n\uparrow$
$t_1\to t_2$	$\Delta n>\Delta n_{th}\to\phi\uparrow$→受激辐射↑ 泵浦>受激辐射→$\Delta n\uparrow$
$t_2\to t_3$	泵浦<受激辐射→$\Delta n\downarrow$ $\Delta n>\Delta n_{th}\to\phi\uparrow$ 当 $\Delta n=\Delta n_{th}$ 时 $\phi=\phi_{max}$
$t_3\to t_4$	$\Delta n<\Delta n_{th}\to\phi\downarrow$→受激辐射↓ 泵浦=受激辐射→$\Delta n=\Delta n_{min}$
$t_4\to t_5$	泵浦>受激辐射→$\Delta n\uparrow$ $\Delta n<\Delta n_{th}\to\phi\downarrow$ 当 $\Delta n=\Delta n_{th}$ 时 $\phi=\phi_{min}$,开始新的循环

7.1.2 调 Q 脉冲产生

这说明了两个问题：一是激光上能级最大反转粒子数受到激光阈值的限制；二是如果要提高峰值功率，必须增加上能级反转粒子数。因此研究人员提出设法通过改变激光器的阈值实现这一目的。具体来说，就是激光器开始泵浦的初期，设法将激光器的振荡阈值调高，抑制激光振荡的产生，这样激光上能级的反转粒子数便可积累得很多。当反转粒子数积累到最大时，再突然把阈值调到很低，此时上能级积累的大量粒子雪崩式地跃迁到低能级，于是在极短的时间内将能量释放出来，就获得了峰值功率极高的巨脉冲，如图 7.3 所示。

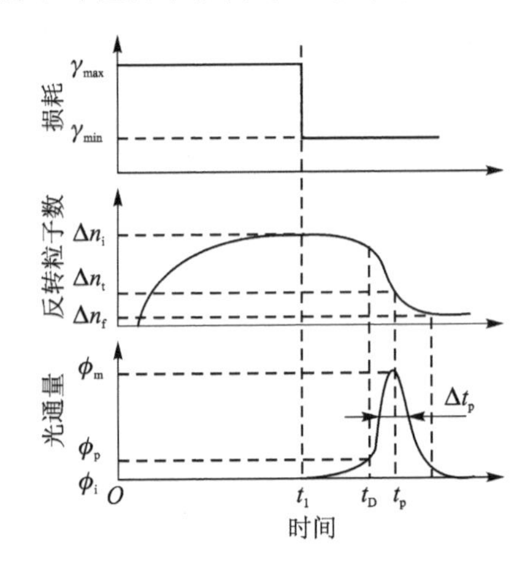

图 7.3 调 Q 脉冲的产生

调 Q 就是通过调节谐振腔的损耗 γ 使谐振腔在泵浦过程开始时具有较高的损耗，即 Q 值很低。激光器由于阈值高而不能产生激光振荡，使上能级的反转粒子数积累到较高的水平；然后突然降低腔的损耗，提高 Q 值，此时反转粒子数大大超过阈值，受激辐射极为迅速地增强。于是在极短的时间内反转粒子数被大量消耗，转变为腔内光能量，而通过耦合镜输出一个极强的激光巨脉冲。前面讲过 Q 值的定义，因此我们认为用不同的方法控制不同类型的损耗变化，就可以形成不同的调 Q 技术。

由于调 Q 激光器输出的脉冲宽度较窄，一般情况下还被称为调 Q 巨脉冲，实践过程中要实现调 Q 激光输出还需要满足一定的基本要求，主要包括 3 个方面的内容：一是对工作物质的要求，包括两个方面：抗损伤阈值高以及要求工作物质有较长的寿命；二是光泵浦的速度必须小于激光上能级寿命，否则不能实现足够多的粒子数反转；三是谐振腔 Q 值的变化要快，一般与谐振腔建立激光振荡的时间相比，如果 Q 开关时间太慢，会使脉冲变宽，甚至产生多脉冲现象。

7.1.3 基本理论

为图 7.4 所示的调 Q 激光器建立理论模型。在这个过程中进行如下假设：

① Q 开关的开关过程非常快，在脉冲发生的时间内可以忽略泵浦及自发辐射过程对反转粒子数的影响；

② 忽略激发态吸收的影响；

③ 开关的上升和下降时间比光子在腔内的往返时间要快得多；

④ 假定所用 Q 开关在腔内所占空间很小，可以认为增益介质的长度就是激光器谐振腔的长度；

⑤ 忽略波长对有效发射截面的影响。

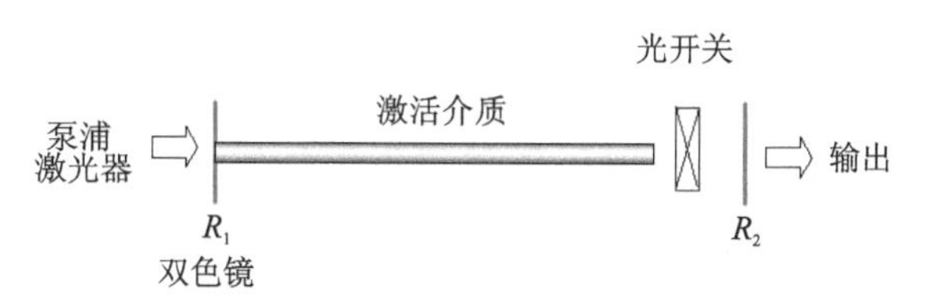

图 7.4　调 Q 激光器模型

Q 开关打开后腔内光子数的变化依赖于腔的损耗 γ 和增益 g，经一次往返光子数 S 的变化为

$$S \rightarrow [R_1 R_2 e^{2L(g-\gamma)}] \cdot S \tag{7.3}$$

式中，L 为谐振腔的长度；γ 为腔内的平均损耗系数。光子数随时间的变化可由光子在腔内经一次往返后光子数的变化量与所用时间的比值给出，即

$$\frac{dS(t)}{dt} = \frac{[R_1 R_2 e^{2L(g-\gamma)} - 1] \cdot S(t)}{2\eta L/c} \tag{7.4}$$

式中，c 为真空中的光速；η 是增益介质的折射率。

当腔的增益等于损耗时，激光器达到阈值。此时的增益系数 g 可由 $dS/dt=0$ 得到，即

$$e^{-2Lg_{th}} = R_1 R_2 e^{-2L\gamma} \tag{7.5}$$

代入式(7.4)得到

$$\frac{dS(t)}{dt} = \frac{[e^{2L(g-g_{th})} - 1] \cdot S(t)}{2\eta L/c} \tag{7.6}$$

当 $\gamma = g_{th}$ 时，代入式(7.6)，并利用 $\frac{g}{g_{th}} = \frac{\Delta N}{\Delta N_{th}}$ 和 Taylor 级数展开，有

$$\frac{dS(t)}{dt} = \left[\frac{\Delta N(t)}{\Delta N_{th}} - 1\right] \cdot \frac{S(t)}{\tau_c} \tag{7.7}$$

ΔN 为腔内反转粒子数，ΔN_{th} 为阈值反转粒子数，l 为激光工作介质的长度，且满足：

$$\Delta N_{th} = \frac{\gamma}{\sigma_{21} l} \tag{7.8}$$

1. 调 Q 激光器的速率方程

为便于理解，采用如图 7.5 所示的二能级系统进行说明，此时调 Q 速率方程有两能级为

$$\begin{cases} \dfrac{d\Delta N}{dt} = 2N_1 W_P - 2\Delta N \sigma_{21} c\phi - 2N_2 A_s \\ \dfrac{d\phi}{dt} = \Delta N \sigma_{21} c\phi - \gamma_c \phi + N_2 A'_s \end{cases} \tag{7.9}$$

假设在 Q 突变过程中，激光器参数剧烈变化，可以忽略泵浦过程和自发辐射过程。同时令激光器在 Q 值突变之前处于低 Q 值状态，反转粒子数不断积累，假设 Q 值是阶跃式变化，

则在 Q 值突变时刻定为零时刻，可以给出下面的方程：

$$\begin{cases}\dfrac{\mathrm{d}\Delta N}{\mathrm{d}t}=-2\dfrac{\Delta N}{\Delta N_{\mathrm{th}}}\gamma_{\mathrm{c}}\phi \\ \dfrac{\mathrm{d}\phi}{\mathrm{d}t}=\left(\dfrac{\Delta N}{\Delta N_{\mathrm{th}}}-1\right)\gamma_{\mathrm{c}}\phi \\ \Delta N(0)=\Delta N_i>\Delta N_{\mathrm{th}} \\ \phi(0)=N_2A'_{\mathrm{s}}\text{（很小的值）}\end{cases} \tag{7.10}$$

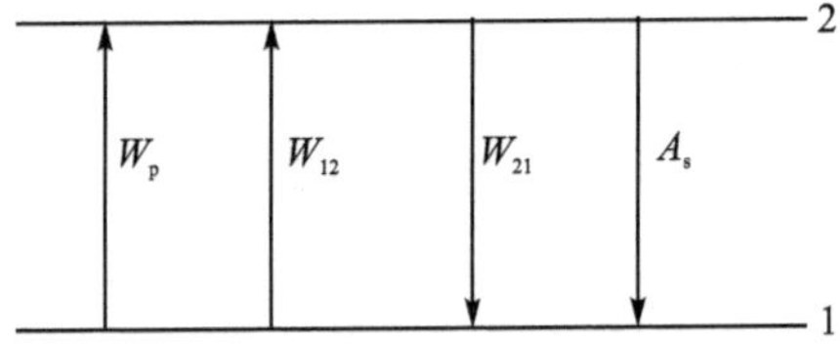

图 7.5　二能级调 Q 系统模型

2. 激光脉冲形成与输出

调 Q 激光器输出特性是一个瞬态的过程，即受激辐射发生迅速，持续时间短，因此可以忽略此时间内的泵浦和自发辐射，则 Q 开关方程改写为

$$\begin{cases}\dfrac{\mathrm{d}\Delta N}{\mathrm{d}t}=-2\Delta N\sigma_{21}\nu\phi \\ \dfrac{\mathrm{d}\phi}{\mathrm{d}t}=(\Delta N\sigma_{21}\nu-\gamma)\phi\end{cases} \tag{7.11}$$

此阶段主要是产生光子，要使光子增长得快，需 $\dfrac{\mathrm{d}\phi}{\mathrm{d}t}>0$，而且 $\dfrac{\mathrm{d}\phi}{\mathrm{d}t}>0$ 越大越好。从光子的速率方程(7.11)可以看出，在激光形成阶段，光子的损耗下降得快慢对激光形成是有影响的，损耗 γ 下降得快，有利于激光的形成。这也就是说 Q 开关的速度要快。

3. 阶跃式 Q 突变的近似解

阶跃式 Q 突变，是调 Q 过程中 Q 值变化的理想状态，即 Q 值从第一阶段的最小值突然变到第二阶段的最大值不需要时间，或者说需要的时间很短，可以忽略。

(1) 激光脉冲的峰值功率和脉冲能量

要找到脉冲的峰值功率，只要知道输出的最大光子数即可，利用速率方程组可得到

$$P=\frac{1}{2}h\nu\phi_{\max}V\gamma_0 \tag{7.12}$$

式中，V 为工作物质的体积；γ_0 单位时间光子的透过率。

$$E=\frac{1}{2}(\Delta N_0-\Delta N_{\mathrm{th}})h\nu V \tag{7.13}$$

$$\phi_{\max}=\frac{1}{2}\Delta N_{\mathrm{th}}\left[\frac{\Delta N_0}{\Delta N_{\mathrm{th}}}-\left(\frac{\Delta N_0}{\Delta N_{\mathrm{th}}}-1\right)+\frac{1}{2}\left(\frac{\Delta N_0}{\Delta N_{\mathrm{th}}}-1\right)^2-1\right]=\frac{1}{4}\Delta N_{\mathrm{th}}\left(\frac{\Delta N_0}{\Delta N_{\mathrm{th}}}-1\right)^2 \tag{7.14}$$

(2) 时间特性

调 Q 激光器输出的脉冲从时间上分为三阶段：脉冲建立时间、脉冲前沿时间和脉冲后沿时间，这是研究人员非常关注的。脉冲宽度可表示为

$$\tau=-\int_{\Delta N_r}^{\Delta N_c}\frac{\mathrm{d}\Delta N'}{\Delta N'\gamma\left(\frac{\Delta N_0}{\Delta N_{th}}-\frac{\Delta N'}{\Delta N_{th}}+\ln\frac{\Delta N'}{\Delta N_0}\right)} \tag{7.15}$$

将式(7.15)进行积分，由于含有对数项，不易直接求得解析解，因此只能用数值积分法求得的数值解。通过式(7.15)可以发现，参量$\frac{\Delta N_0}{\Delta N_{th}}$的影响极大，当$\frac{\Delta N_0}{\Delta N_{th}}$越大时，峰值功率、输出的能量越大，脉冲宽度越窄，说明调 Q 的效果越好；反之，当$\frac{\Delta N_0}{\Delta N_{th}}$越小时，峰值功率、输出的能量越小，脉冲宽度越宽，说明调 Q 的效果越差。

4. 调 Q 激光器的特点

概括地说，调 Q 激光器是通过改变 Q 值(即改变阈值)来控制激光产生的时间。其主要包括两个阶段：储能阶段(延迟时间 t_d)，反转粒子数达最大值 Δn_0；激光脉冲产生输出阶段，需要忽略泵浦和自发辐射的影响。

从 Q 值最小变到最大，即损耗从最大变到最小需要的时间叫开关时间。开关时间对激光脉冲的影响很大，按开关时间的大小分为快、慢两种类型。开关时间 t_s 是由高损耗变到低损耗实际需要的开关时间，当 $t_s<t_d$ 时，称为快开关；此时调 Q 输出脉冲的参数与理想阶跃开关相类似，只不过脉冲建立时间存在 t_s 延迟。当 $t_s>t_d$ 时，称为慢开关，此时调 Q 输出脉冲参数变差。

5. Q 调制的基本方法

(1) 电光调 Q

1) 电光调 Q 机理

在激光谐振腔内，利用电光调制器作为 Q 开关，开关时间 t_s 在 ns 量级，调 Q 时间可以精确控制。

当晶体在 Z 轴方向施加电压后，由于感应双折射，沿 x 方向振动的偏振光进入晶体后将分解为沿 x'方向和沿 y'方向振动的二线偏振光。适当调整电压的大小，可以使通过晶体后两者位相差为 $\pi/2$，相应的电压大小被称为半波电压，因而它们可合成为圆偏振光。再经反射镜反射，让该圆偏振光再次通过晶体，则位相差再次增加 $\pi/2$，此时，出射光又成为一线偏振光，不过它的振动方向为 y 方向，恰与原入射偏振光的振动方向(x 方向)垂直。也就是说当晶体上加半波电压后，往返通过晶体的线偏振光，振动方向相对改变 90°。对于未加电压的晶体来说，往返通过晶体的线偏振光振动方向不变。利用上述特点即可制成电光 Q 开关。

如图 7.6 所示由于 YAG 激光器发出的激光无偏振特性，因此通过偏振片后成为沿 x 方向振动的线偏振光。当令其往返通过加有半波电压的 KDP 晶体时，返回的沿 y 方向振动的偏振光被偏振片吸收。此时，腔的 Q 值很低，由于外界激励能源的作用，可使介质上能级的粒子数迅速增加。当上能级的粒子数积累到足够数量(远超过下能级的粒子数)的某个时刻时，

突然除去 KDP 晶体上所加的电压，则由 YAG 输出的激光经偏振片后能自由地往返于谐振腔之间，不改变偏振光振动方向，损耗小，因此腔的 Q 值很高，从而输出一个激光巨脉冲。

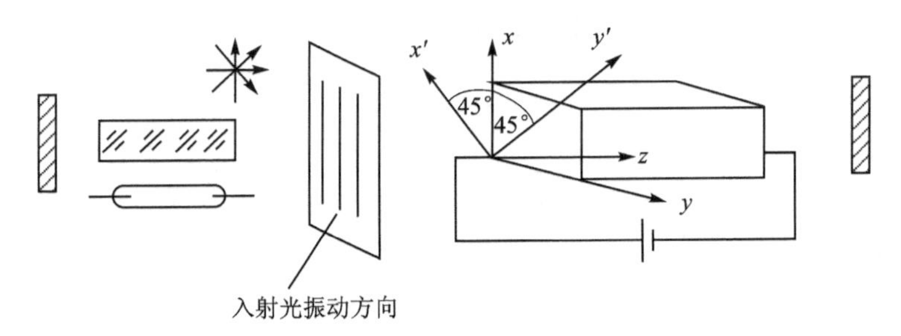

图 7.6 电光 Q 开关

现在常用的调 Q 晶体是 KDP，它对 1.06 μm 的红外光(钕激光波长)的半波电压约 4 kV，而另一种晶体 KDP 则约为 10 kV，所以 KDP 晶体不常使用。铌酸锂晶体又是一种常用的晶体，它的优点是半波电压低，约 2～3 kV，不潮解，但在可见光波段内承受激光损伤的功率阈值较低。为降低 KDP 晶体的半波电压，常用几块 KDP 晶体在光路上串联、电路上并联使用、使半波电压降为原来的 1/2。

实际工作的电光调 Q 装置是五花八门的。尽管设计目的不同，但最终目标无非是设法减少元件的数目和改善工作的条件。

2) 饱和吸收体采用二能级模型

当两能级的简并度 $f_1=f_2$ 时，工作物质的吸收系数表示为

$$\alpha=h\nu(B_{12}n_1-B_{21}n_2)/c \tag{7.16}$$

定义饱和共振吸收截面为

$$\sigma=\alpha/n=\frac{h\nu}{c}(B_{12}n_1-B_{21}n_2)/n \tag{7.17}$$

设腔内光能量密度初始为 u_0，此时 $u_0\simeq 0$，$\alpha=\alpha_0$，在泵浦光的作用下反转粒子数不断增加；当自发辐射能量密度 u 不断增加时，Q 开关吸收能量，其上能级粒子数增加；当 $n_2=n_1=n/2$ 时，饱和体漂白，不再吸收能量，变得"透明"，$\alpha=0$。此时若发生在共振吸收区范围内，当受激吸收与受激辐射粒子数 $n_1=n_2=n/2$ 时，处于动态平衡，如图 7.7 所示。此时饱和吸收体的速率方程为非齐次常微分方程，如下：

$$\begin{cases}\dfrac{\mathrm{d}n_2}{\mathrm{d}t}=B_{12}un_1-B_{21}un_2-A_{21}n_2, \quad n=n_1+n_2\\ \lim\limits_{u\to\infty}n_2=n/2=n_1\Leftrightarrow\lim\limits_{u\to\infty}\sigma(\nu)=0\to\alpha=0\\ B_{12}=B_{21}\\ uB_{12}=uB_{12}=W_{12}=W_{21}\end{cases} \tag{7.18}$$

(2) 声光调 Q

在激光谐振腔内放置声光偏转器，当光通过介质中的超声场时，由于衍射造成光的偏折，就会增加损耗而改变腔的 Q 值。这种方法具有重复频率高和输出稳定等优点，目前，多用于获得中等功率的高重复频率的脉冲激光器中。

如图 7.8 所示，腔内插入的声光调 Q 器件由声光互作用介质(如熔融石英)和键合于其上

的换能器所构成。换能器用一个高频振荡电源来驱动产生相应的机械振动，从而产生超声波耦合到声光介质中。声光器件在腔内按布拉格条件放置。当加上超声波时，光束按布拉格条件决定的方向偏折，从而偏离了谐振腔的轴向。此时腔的损耗严重，Q 值很低，不能形成激光振荡。在这一阶段，增益介质在光泵激励下，亚稳态上的粒子数大量积累。一定时间后，撤去超声场，光束顺利地通过均匀的声光介质，不发生偏折，使得腔的 Q 值升高，从而得到一个强的激光脉冲输出。自光泵启动，到 Q 值发生突变的这段延迟时间可以利用电路特性来实现。另外，如声光介质中以重复频率 f 产生超声场，则可获得重复频率为 f 的调 Q 激光脉冲序列。声光开关与电光开关相比，后者电压较高(1～10 kV)，前者电压较低(0.1 kV)。

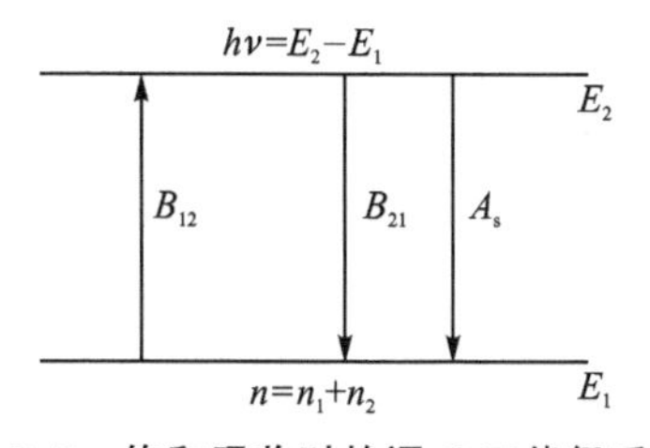

图 7.7　饱和吸收时的调 Q 二能级系统

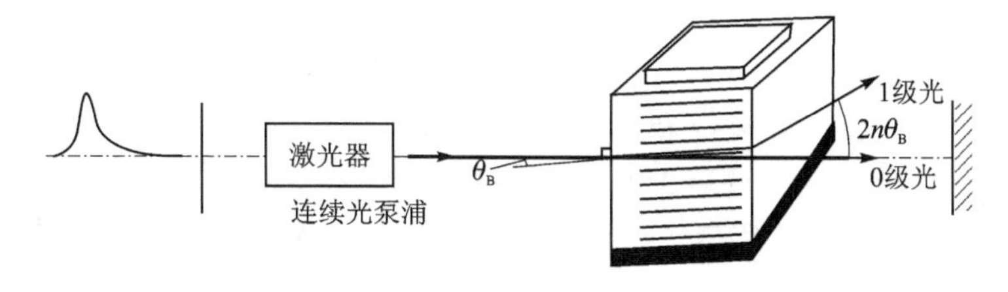

图 7.8　声光调 Q

被动调 Q 的机理，主要是利用非线性可饱和吸收体，其特性如同"变色眼镜"一样。当考虑线性吸收时，吸收系数与强度无关，此时有

$$\frac{\mathrm{d}I(z)}{\mathrm{d}z}=-\alpha I(\alpha)\Rightarrow I(z)=I_0\mathrm{e}^{-\alpha z} \tag{7.19}$$

$$I(z)=I_{\mathrm{in}}\mathrm{e}^{-\alpha l}\Rightarrow T=\frac{I_{\mathrm{out}}}{I_{\mathrm{in}}}=\mathrm{e}^{-\alpha l} \tag{7.20}$$

当考虑非线性吸收时，此时变色眼镜的变化规律发生变化，光强增加，透过率下降，吸收增加，此时吸收系数与光强正相关。同时也存在"反变色眼镜"现象，即光强增加，透过率上升，吸收下降，此时吸收系数与光强负相关。此外还有一种可饱和吸收体，其存在饱和光强，吸收系数为光强的函数，如：

$$\alpha=\frac{\alpha_0}{1+\dfrac{I}{I_s}} \tag{7.21}$$

在被动调 Q 过程中当腔内光强很弱时，调 Q 的 α 大，T 小，Q 值小，$\gamma_c=\dfrac{\alpha l}{nL/c}=\dfrac{\gamma_L}{nL/c}=\dfrac{1}{\tau_c}$ 大，反转粒子数增加。泵浦强度增加，腔内光强在自发辐射作用下逐渐增长，n_2 不断增长，当 $I\rightarrow I_s$ 时，吸收下降，损耗变低，Q 值变大。在正反馈作用下，光子数量增加，吸收减弱，直到吸收几乎不存在，激光振荡形成；Q 脉冲输出后，光子数下降，吸收加强，如此开始新循环。被动调 Q 过程自动完成，非人为控制的情况属于被动式。其运转特性体现在：T_0 的选取对应染料浓度，与泵浦强度有关；激光输出镜透过率的选取；脉冲被动调 Q 激光器会出现多脉冲现象；连续泵浦的被动调 Q 激光器输出脉冲重复率取决于泵浦强度，不能人为控制；输出脉冲峰

值功率取决于 T_0 和输出镜透过率。可饱和吸收材料包括染料如 BDN,色心晶体如 Cr:YAG 等,一般地还需要满足饱和吸收波长与激光波长一致,饱和吸收体的光化学性能稳定等条件。

7.2 用于光纤激光器的调 Q 技术

调 Q 技术首次被引入到光纤激光器中是在 1986 年。调 Q 光纤激光器和普通的调 Q 激光器一样,都是在激光谐振腔内插入调 Q 器件,通过周期性改变腔损耗,实现调 Q 激光脉冲输出。Q 开关是被广泛采用的产生短脉冲的激光技术。选用 Q 开关时,有几个因素必须考虑:首先,对于开关在高损耗状态和低损耗状态的消光比,为防止在高损耗状态下激光器产生连续辐射,消光比必须足够高;其次,为使调 Q 激光器有效运转,开关时间(开关从高损耗到低损耗或从低损耗到高损耗的时间)应尽可能短;最后,为获得高峰值功率输出,Q 开关的插入损耗要尽量小。

用于光纤激光器的调 Q 技术可分为光纤型调 Q 和非光纤型调 Q。非光纤型调 Q 装置有声光调 Q、电光调 Q、机械转镜调 Q 和可饱和吸收体调 Q 等。前三种为主动调 Q,可饱和吸收体调 Q 为被动调 Q。由于将这些装置插入光纤激光器谐振腔中,增加了插入损耗,同时这些装置与光纤之间的光耦合效率很低,使激光器的阈值泵浦功率大大增加,导致泵浦效率大大降低。解决这一问题最好的方法是利用全光纤型 Q 开关,如光纤马赫-曾特尔干涉仪、迈克尔逊干涉仪,通过调整光纤偏振控制器平面的角度调 Q 或者利用光纤中的受激布里渊散射(Stimulated Brillouin Scattering,SBS)实现 ns 量级的自调 Q 运转。下面对各种调 Q 光纤激光器的工作原理及特点分别进行介绍。

在此根据器件是否有尾纤分为非光纤型调 Q 装置和光纤型调 Q 装置两类,首先来看非光纤型调 Q 装置。

7.2.1 声光调 Q

如图 7.9 所示为典型的声光调 Q 光纤激光器结构。声光 Q 开关置于激光器谐振腔中,当声波在介质中传播时,该介质会产生与声波信号相应的、随时间和空间周期变化的弹性形变,从而导致介质折射率周期性变化,形成“相位光栅”,激光在超声场作用下发生衍射,由于一级衍射光偏离谐振腔而导致损耗增加,从而使激光振荡难以形成,激光高能级大量积累粒子。若这时突然撤除超声场,则衍射效应即可消失,谐振腔损耗突然下降,激光巨脉冲遂即形成。

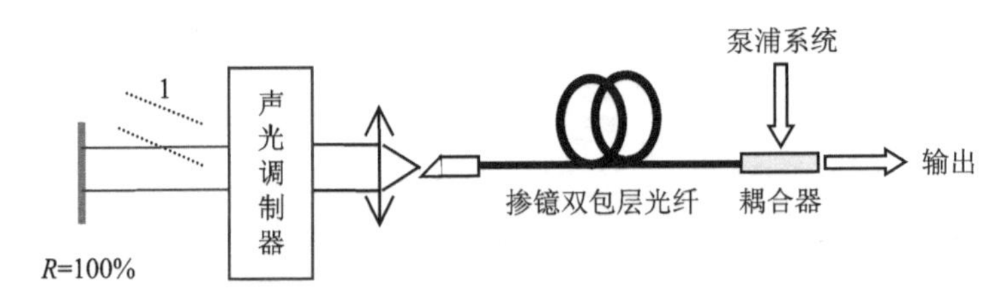

图 7.9 典型的声光调 Q 光纤激光器结构图

声光 Q 开关由一块对激光波长透明的声光介质及换能器组成。常用的声光介质有熔融石英、钼酸铅及重火石玻璃等。声光介质表面粘接有由铌酸锂、石英等压电材料薄片制成的换能器,换能器的作用是将高频电信号转换为超声波。

声光 Q 开关的开关时间(10～100 ns)一般小于光脉冲建立时间,属于快开关类型。由于开关的调制电压只需 100 多伏,所以可用于低增益的连续激光器。但是声光 Q 开关在 1 550 nm 波段衍射效率较低,为 60%～80%,从而在 1 550 nm 光纤激光器中使用时具有消光比较低或插入损耗大的缺点。但是,对于 1.06 μm 包层泵浦掺镱光纤激光器,声光 Q 开关除了插入损耗较大以外,仍是常用的优质调 Q 器件。

7.2.2　电光调 Q

电光调 Q 光纤激光器的基本结构如图 7.10 所示。电光晶体在外加电场作用下,其折射率发生变化,使通过晶体不同偏振方向的光之间产生相位差,从而使光的偏振状态发生变化,这种现象称为电光效应。其中折射率的变化和电场成正比的电光效应称为普克尔效应,折射率的变化和电场强度平方成正比的电光效应称为克尔效应。电光 Q 开关就是利用晶体的普克尔效应来实现激光器 Q 值突变的。现以最常用的电光晶体之一的磷酸二氘钾(KDP)晶体为例说明 Q 开关的工作原理。

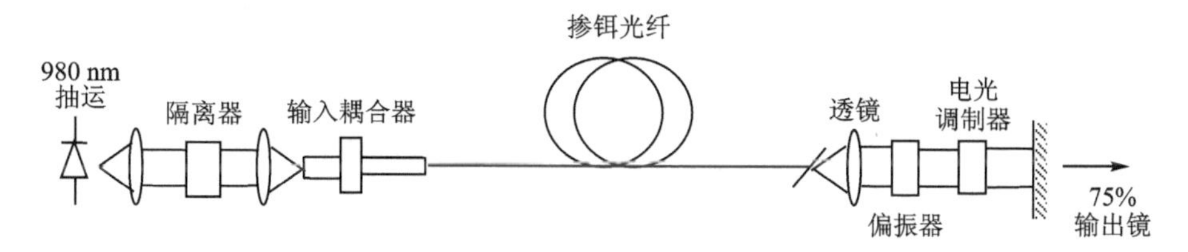

图 7.10　电光调 Q 激光器基本结构图

在电光晶体上施以电压时,从偏振器出射的线偏振光经电光晶体后,沿 2 个垂直方向的偏振分量产生了 $\pi/2$ 位相延迟,经全反镜反射后再次通过电光晶体后又将产生 $\pi/2$ 延迟,合成后虽仍是线偏振光,但偏振方向垂直于偏振器的透光方向,因此不能通过偏振器。这种情况下谐振腔的损耗很大,处于低 Q 值状态,激光器不能振荡,激光上能级不断积累粒子。如果在某一时刻,突然撤去电光晶体两端的电压,则谐振腔突变至低损耗、高 Q 值状态,于是激光器形成巨脉冲激光输出。

电光 Q 开关是目前短脉冲固体激光器中使用最广泛的 Q 开关之一,其主要特点是开关时间短(约 10^{-9} s),属快开关型,而且其消光比高(>95%)。电光调 Q 激光器可以获得脉宽窄、峰值功率高的巨脉冲,如 Nd:YAG 电光调 Q 激光器的输出光脉冲宽度为 10～20 ns,峰值功率可达数十 MW。在短脉冲光纤激光器中用电光调 Q,可得到 ns 量级的脉冲。但是在短脉冲光纤激光器中,电光调 Q 需要几 kV 的高电压,将对附近的设备产生严重的电磁干扰。

7.2.3　可饱和吸收体调 Q

图 7.11 所示为可饱和吸收体调 Q 光纤激光器结构示意图,图中所用为带有反射镜的半导体可饱和吸收体(Semiconductor Saturable Absorbed Mirror,SESAM)。饱和吸收体的吸收系数随光强的增加而减小,当达到饱和光强时,吸收系数为 0,入射光几乎全部透过。把可饱和吸收体置于激光谐振腔中,泵浦初期,工作物质发出较弱的荧光,可饱和吸收体吸收很强,谐振腔处于低 Q 状态,腔内不能形成振荡。随着泵浦增强,腔内工作物质荧光变强,可饱和吸收体的透过率增大。当可饱和吸收体吸收达到饱和值时,吸收系数为 0,入射光几乎全部透

过。这时腔内 Q 值猛增，产生极强的振荡，形成激光巨脉冲输出。

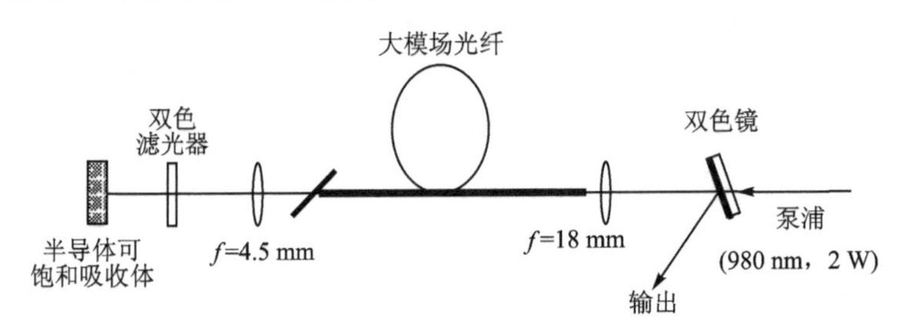

图 7.11 可饱和吸收体调 Q 激光器结构图

可饱和吸收体的选择应注意如下几点：首先，可饱和吸收体吸收峰中心波长应与激光的波长基本一致，这是最重要的。目前与激光器工作波长相一致的材料很有限，因此限制了可饱和吸收体调 Q 的应用。其次，要选择合适的饱和光强值。当饱和光强太小时，光强很弱就能将吸收体变得透明，不利于反转粒子数的积累；当饱和光强太大时，吸收体不易达到饱和状态，开关速度太慢。使用被动调 Q 激光器可实现峰值功率千兆瓦、脉宽几十 ns 的激光巨脉冲。

7.2.4 光纤迈克尔逊干涉仪调 Q

近年来，随着光纤激光器的发展，在调 Q 光纤激光器中出现了全光纤型 Q 开关。基于光纤型迈克尔逊干涉仪调 Q 光纤激光器的基本结构如图 7.12 所示。两个光纤光栅相当于普通迈克尔逊干涉仪中的反射镜，其基本原理是双光束干涉。此干涉仪是在一个 3 dB 耦合器的两臂上分别接入两个完全相同的光纤光栅。一臂作为参考臂，另一臂上加正弦电压，在电压信号的驱动下，两个干涉臂的光程差发生周期性变化，从而引起腔内损耗的周期性变化。因此光纤光栅迈克尔逊干涉仪不仅起到了激光波长选择的作用，而且起到了对反射率进行调制实现 Q 开关的作用。

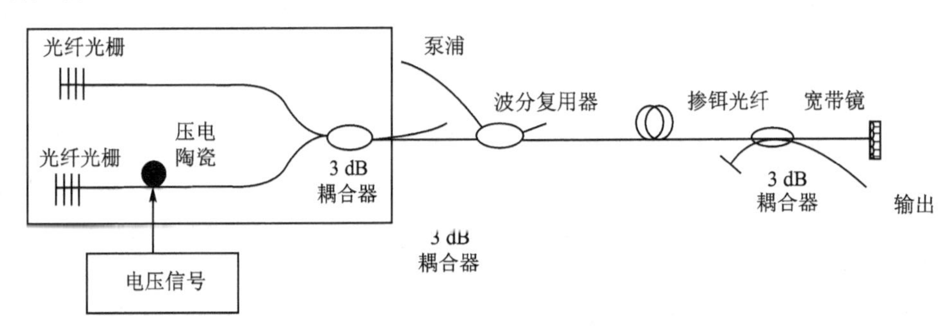

图 7.12 光纤迈克尔逊干涉仪调 Q 光纤激光器结构图

7.2.5 光纤马赫-曾特尔干涉仪调 Q

光纤马赫-曾特尔干涉仪调 Q 光纤激光器典型结构如图 7.13 所示。由马赫-曾特尔干涉仪作为腔的调 Q 装置，掺稀土离子光纤作为增益介质，激光二极管泵浦激光功率通过波分复用器(WDM)馈入增益光纤，光纤光栅作为腔镜，用 3 dB 耦合器耦合输出。马赫-曾特尔干涉仪由两个 3 dB 耦合器和两段通信光纤(干涉仪的双臂)构成，这两段通信光纤的长度基本相等，入射光由 3 dB 耦合器一端输入，经第一个 3 dB 耦合器分成两部分，进入干涉仪的两臂，在第二个 3 dB 耦合器处相遇并形成干涉。调 Q 光纤激光器用的马赫-曾特尔干涉仪，一臂作为参考臂，另一臂粘在压电陶瓷上，用锯齿电压信号驱动压电陶瓷，使两个干涉臂的光程差发生周期性变化，从而引起腔内损耗周期性变化，使腔的 Q 只周期性地变化，从而实现 Q 开关的作用。

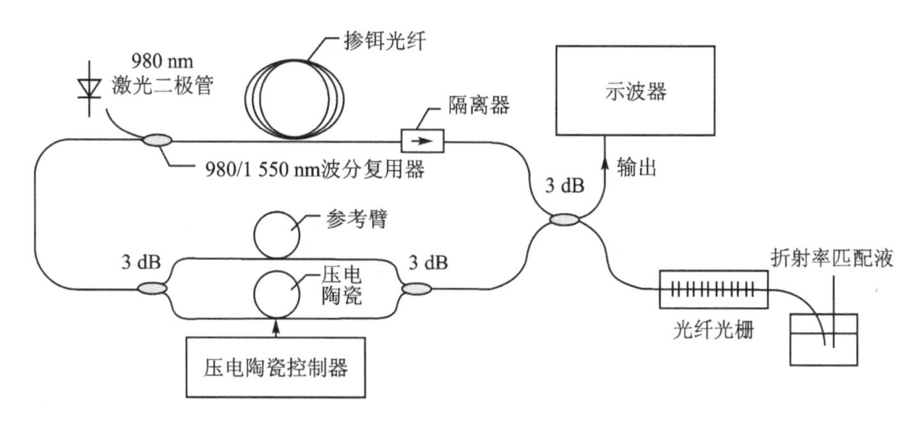

图 7.13　马赫-曾特尔干涉仪 Q 光纤激光器结构图

光纤马赫-曾特干涉仪主动调 Q 激光器实现了全光纤化，插入损耗小。但是由于参考臂和测量臂等长的调解十分困难，因而消光比很难做得很高。由于光纤的折射率受温度等环境的影响很大，器件的稳定性也难尽人意。

7.2.6　光纤中受激布里渊散射调 Q

基于光纤中 SBS 效应的 Q 开关是光纤型 Q 开关的一种特例。它产生光脉冲的机理是利用光纤中的背向 SBS 效应。当激光功率达到 SBS 阈值后，光纤中就会产生背向 SBS，它以极短(ns 量级)的布里渊弛豫振荡脉冲的形式给激光谐振腔提供一个强反馈，这相当于激光腔的 Q 值在极短时间增长了几个数量级，从而起到周期性改变腔 Q 值的目的。SBS 后向放大输出激光的光束质量远远优于普通的饱和吸收体调 Q 激光光源，这种被动式 Q 开关与可饱和吸收体相比具有一些独特优点：首先，SBS 自调 Q 开关可用于任何波长，不受激光波长限制，这是因为光纤中 SBS 效应的增益系数几乎与泵浦波长无关；其次，所需要的泵浦阈值较低(相对于其他非线性现象，光纤中 SBS 效应的阈值功率极低，一般比受激拉曼散射(SRS)阈值小三个数量级，有时可达到 0 dBm)，容易实现；最后，用光纤中的 SBS 现象调制光纤激光器的 Q 值，结构简单，插入损耗小，调制效率高。

SBS 调 Q 激光器的基本结构如图 7.14 所示，图中的单模光纤作为 SBS 增益介质。由于 SBS 是非线性散射，具有一定的随机性，故在图 7.14(a)中所产生的脉冲不稳定。在图 7.14(b)中，通过光纤干涉环稳定了光脉冲。在图 7.14(a)所示的装置中，用连续的 980 nm 半导体激光泵浦，将 Yb^{3+} 离子的基态粒子抽运到激光上能级上，产生粒子数反转分布，由光纤与光纤焊点间的反射构成谐振腔，使 SBS 阈值大大降低。一旦 1 550 nm 的光波强度超过 SBS 的阈值，就会产生背向 SBS 过程。由于入射光子与声子的相互作用，入射光子湮灭，产生布拉格衍射的背向散射光波。这种衍射光栅是由入射光波电矢量建立起来的。当入射光波把绝大部分能量转换成衍射光波时，衍射光栅将消失，所以会在腔内产生布里渊散射光的弛豫振荡脉冲，脉冲半宽约为 1 ns。当腔参数合适时，会产生稳定的自调 Q 光脉冲输出。

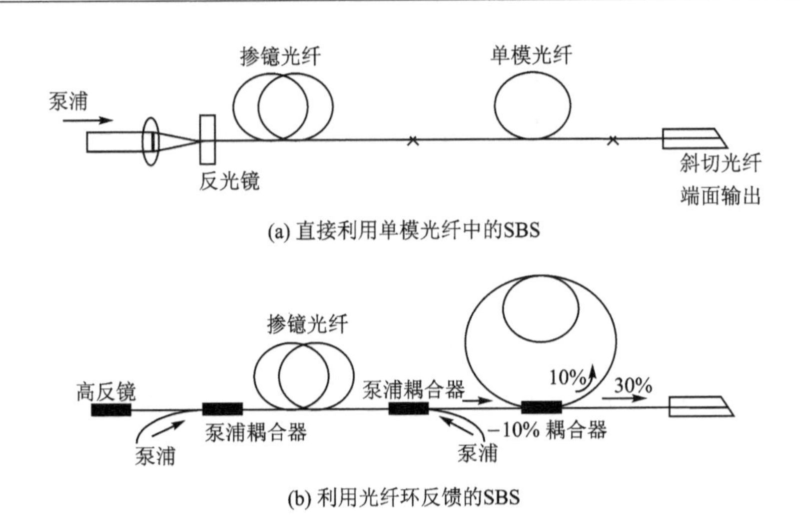

图 7.14 SBS 调 Q 光纤激光器的基本结构图

7.2.7 主被动混合调 Q

图 7.15 所示为声光调制与光纤中 SBS 混合调 Q 的结构示意图。利用单模光纤中 SBS 效应产生 ns 量级的激光巨脉冲，同时利用 AOM 的主动调制特性使其具有稳定的周期。这样可以得到重复频率稳定的 SBS 巨脉冲序列。

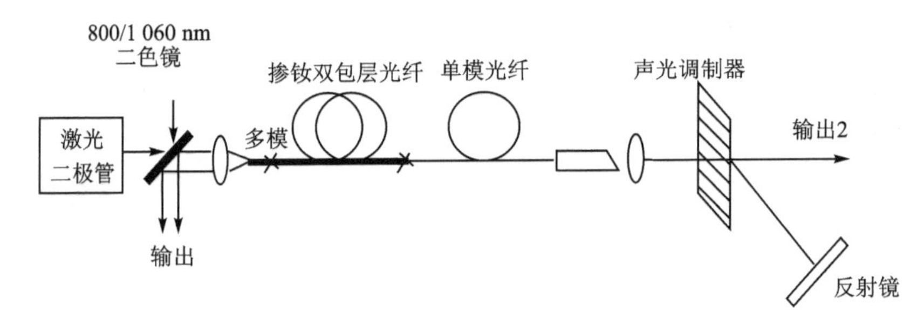

图 7.15 混合调 Q 的结构示意图

7.2.8 包层泵浦调 Q

包层泵浦调 Q 光纤激光器与纤芯泵浦的光纤调 Q 光纤激光器相比，可以将峰值功率提高一个数量级，脉冲能量从 μJ 提高到 mJ。其原因可以归结为两个方面：一方面，人们使用了性能更加优良的 Q 开关，特别是全光纤型 Q 开关大大降低了插入损耗；另一方面，掺稀土离子增益光纤的研制有了新的发展，如出现了大模面积光纤、双包层光纤等。1993 年，南安普敦大学的 Mydlinki 等人利用声光调制器得到了峰值功率 290 W、脉宽 20 ns、重复频率 500 Hz 的调 Q 激光脉冲。1996 年，南安普敦大学的 G. P. Lee 等人利用电光调制器在掺铒光纤中实现了脉宽 4 ns、重复频率 200 Hz、峰值功率 540 W 的调 Q 激光脉冲。1998 年，南安普敦大学的 Z. J. Chen 等人利用光纤中的 SBS 以及声光调制混合调 Q，在双包层掺钕光纤激光器中得到了峰值功率 3.7 kW、脉宽 2 ns 的脉冲激光输出。1999 年，南安普敦大学的 H. L. Offerhaus 等人利用声光主动调 Q，在 500 Hz 重复频率下，获得了单脉冲能量 2.3 mJ、平均功率 5 W、

$M^2=3$、脉宽几百 ns 的激光脉冲输出。

进入 21 世纪以来，光纤激光器的发展迅速，特别是大功率光纤激光器、高功率脉冲光纤激光器的进展更加突出。2001 年，南安普敦大学的 C. C. Renaud 等人报道了包层泵浦的大芯掺镱光纤激光器，该激光器利用声光调制器调 Q，得到了脉冲宽度 250 ns、峰值功率高达 30 kW 的激光脉冲；当重复频率为 500 Hz 时，单脉冲激光能量达到了 7.7 mJ。2002 年，南开大学报道在掺镱双包层光纤激光器中得到了脉宽 4.8 ns 的自调 Q 脉冲输出；在混合调 Q 双包层光纤激光器中得到了峰值功率大于 8 kW、脉宽小于 2 ns 的脉冲输出。2003 年，南开大学报道了利用脉冲泵浦获得峰值功率超过 100 kW 的调 Q 脉冲，以及 60 nm 可调谐的调 Q 脉冲。2003 年，南安普敦大学的 Y. Jeong 等人利用声光主动调 Q，在重复频率为 0.5 kHz 的情况下，得到了单脉冲能量为 8.4 mJ 的激光脉冲；在重复频率为 200 kHz 情况下，得到了平均功率 120 W、脉宽 460 ns、单脉冲能量 0.6 mJ 的激光脉冲输出。南开大学在 2004 年又报道了连续泵浦 206 kW 峰值功率的调 Q 脉冲。2005 年，中科院上海光机所报道了基于 MOPA 结构的脉冲光纤激光器，当重复频率为 100 kHz 时，最高平均功率为 133.8 W；重复频率在 20～100 kHz 之间可调，当重复频率为 60 kHz 时，典型的脉冲宽度为 30 ns。2005 年 2 月法国研究的调 Q 掺镱光子晶体光纤激光器产生了脉宽 7 nm、脉冲能量 0.5mJ、平均功率30 W、重复频率在 10～100 kHz 范围单横模的激光。在产品技术方面，IPG 公司处于领先地位，IPG 公司生产的脉冲光纤激光器，基于 MOPA 方式已实现 200 W 的平均功率输出，单脉冲能量也达到 2 mJ。

IPG 公司生产的 YPL - PS 系列光纤激光器，其性能达到了峰值功率 50 kW，脉冲时间小于 5 ps，平均功率为 10 W，光束质量 $M^2<1.05$。IPG 公司的 YLP - PS 系列光纤激光器如图 7.16 所示。

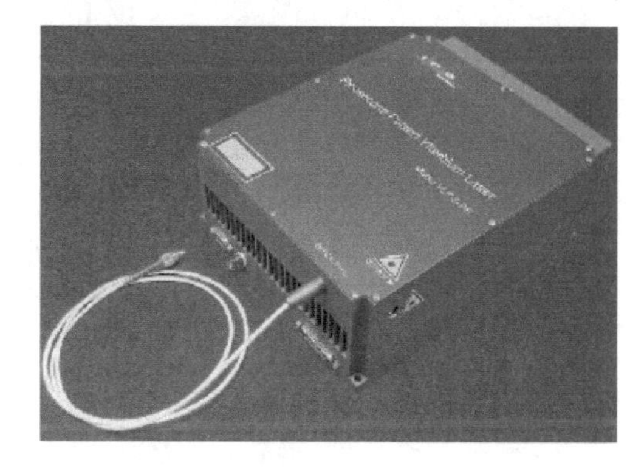

图 7.16　IPG 公司的 YLP - PS 系列光纤激光器

7.3　超快激光技术

7.3.1　超快激光的概念

“超快激光”作为技术专用术语，在字面上也易于导致一些误解，即使人误以为它是某种很快的光，而其实并非如此。超快激光的一大特点是其脉冲宽度非常短，是无比短暂的闪光。在激光科技领域，一般把时间宽度在百皮秒即 10^{-10} s(1 ps=10^{-12} s)至几飞秒(1 fs=10^{-15} s)之间的脉冲激光称为超短脉冲激光，简称 USP(Ultra Short Pulse)激光。

实际应用中，激光脉冲的长、短或“超短”是相对的，并非严格界定。通常可以认为，脉冲宽度小于 1 ns(10^{-9} s)的脉冲即为“超短”脉冲，在 ns 与 μs 之间的脉冲为“短”脉冲，而 ms 及以上的脉冲为“长”脉冲。几个飞秒乃至亚飞秒或阿秒(10^{-18}s)脉冲可称为“极短”脉冲。而超短脉冲激光器则是通常所说的皮秒激光器和飞秒激光器的统称。由于超快激光被广泛用于探测科学与工程技术领域中的超快动态过程，比如原子中电子态激发、分子振转动弛豫时间、材料与电子器件(乃至高速电子检测仪器)的动态响应,以及各种爆炸冲击波的瞬态记录等,因此超短脉冲激光也常称作超快激光。

以脉宽 15 fs、中心波长 800 nm、脉冲形状为高斯型的超短脉冲激光的归一化电场和瞬态光强为例(见图 7-17),瞬态光强分布曲线的半高全宽(即 FWHM)被定义为脉冲宽度。这个结果显示,当脉冲宽度很短时,在脉冲宽度内所包含的光振荡周期数就会相应减少。举例说明,对于中心波长 800 nm 的光,其光频振荡周期约为 2.67 fs,如果脉冲宽度为 5.5 fs,则脉宽内仅含两个光周期。这样的超短脉冲有时也被称为少数周期脉冲,可谓是超短脉冲中的短脉冲,如双周期脉冲或者单周期脉冲。以脉冲周期数来描述脉冲的宽度还给我们带来了一个重要的启示,即在脉宽内脉冲周期数给定的前提下,光周期越短(等同于光频越高或光波长越短),脉冲宽度就越短。如在上文中给出的双周期脉冲的例子中,若中心波长不是 800 nm 而是 8 nm,则光频周期将变为 0.027 fs,脉宽将会是 0.05 fs(50 as)。

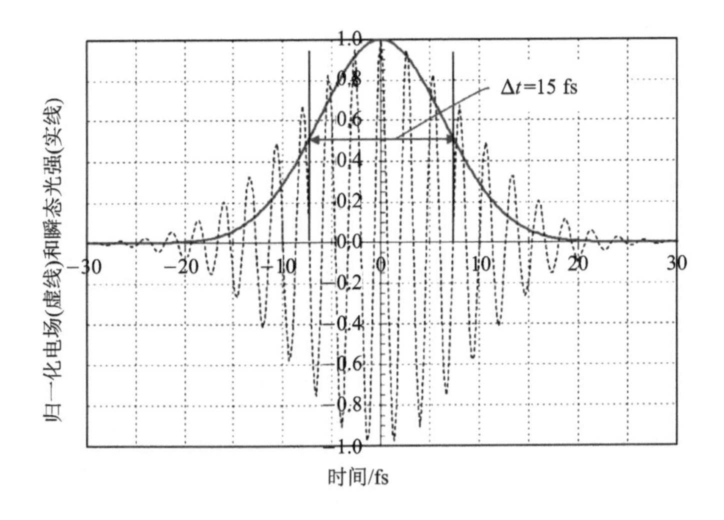

图 7.17 脉宽 15 fs、中心波长 800 nm、无啁啾高斯型超短脉冲激光的归一化电场(虚线)和瞬态光强(实线)

7.3.2 超快激光技术的发展现状

由于激光调 Q 技术、锁模技术、啁啾脉冲放大技术(Chirped Pulse Amplification, CPA)等一系列革命性技术的诞生与发展,激光脉冲宽度的极限不断被突破,激光脉冲的峰值功率不断被提高,超快光学乃至超强激光技术已经成为光学与激光乃至物理学和信息科学领域最活跃的研究前沿之一,特别是最近十余年来的发展十分迅猛,目前正处于取得重大技术突破和开拓重大应用的前夕。

飞秒激光在光子晶体光纤中有一定应用,利用光子晶体光纤(Photonics Crystal Fiber, PCF)的优异非线性,开展飞秒激光频率变换研究,实现了宽带、可调谐、高效率输出,为飞秒激光的频率变换开拓出一条新的技术途径。在特殊设计的 PCF 中通过频率变换实现高质量的中空模式,这在光镊和原子操纵方面有潜在应用前景。

超精细加工、微电子学和微光学领域中的微纳结构目前主要采用掩模方法制备,该方法需采用化学、光学、印刷、半导体等多种技术实现,流程复杂、成本昂贵。采用激光直接模转移的方法可以使掩模制备技术简单化、便捷化。模转移进程中的动力学过程难以控制,致使模转移精度受到限制，采用飞秒激光进行金属纳米膜转移的系统研究，成功地实现了多种金属膜的精密模转移。

太赫兹(THz)波是频率在0.1～10 THz的电磁波。飞秒激光技术的出现为THz波的产生提供了很好的激发源。超THz辐射是飞秒激光技术向毫米、亚毫米波段的延伸。利用超快THz波，结合其独到的探测方法，产生THz波时域光谱技术，使人们更加充分地认识THz辐射的优势。THz波可以作为“探针”获得各种物质的“指纹”谱，研究物质的结构特性。

飞秒激光在生物医学中也有很大作用，除常用飞秒激光进行视力矫正之外，由于飞秒激光具有极高的时间和空间分辨率，极小的热效应和机械应力，因此非常适用于生物医学领域对活体细胞的操纵与加工。利用飞秒激光细胞显微操作系统，人们成功捕获了各类活体生物细胞，如人类血红细胞、白细胞、藻类细胞等，并在单细胞水平上研究了癌细胞的双光子光动力学效应。另外，还可以用飞秒激光诱导酵母细胞进行融合。

超快光学与超强激光技术研究以超快激光技术和超高强度超短脉冲(简称“超强超短”)激光技术为主要研究内容。超强超短激光技术的研究以PW级(10^{15} W)激光技术为前沿热点。这种激光光源被认为是人类已知的最亮光源，经过近十多年的快速发展，超强超短激光技术目前正处于取得重大突破的前夜。未来，激光脉冲的峰值功率可望突破10 PW乃至EW(10^{18} W)量级，聚焦强度可能超过10^{23} W/cm^2，甚至可达到10^{26} W/cm^{2}以上的超高量级，在这样的激光条件下激光与物质的相互作用首次进入到一个前所未有的强相对论性与高度非线性的范畴，能在实验室内创造出前所未有的超高能量密度、超强电磁场和超快时间尺度综合性极端物理条件，在激光加速、激光聚变、等离子体物理、核物理、天体物理、高能物理、材料科学、核医学等领域具有重大应用价值。例如，超强超短激光驱动的小型高能电子加速器、高亮度γ射线源及高能质子加速器，有望为基于加速器的新光源、核材料探测与处理、核医学等重大应用带来变革性推动。目前实验室内台式激光系统已经可产生高重复频率的超高峰值功率(0.1～1.0 PW量级)的飞秒激光脉冲输出。超强超短激光经聚焦后其最高光强已达到了10^{22} W/cm^{2}量级。

7.3.3　锁模的基本原理

在绝大多数超短脉冲激光器稳定运行过程中，激光腔内仅存在一个光脉冲。每当该脉冲传输到激光谐振腔的输出端时，其中一部分透过输出镜，形成输出光脉冲；而剩余部分在激光腔内往返一次，并经过腔内光增益介质的放大后，再次回到输出镜时，又产生一次输出。如此周而复始，即产生了周期性的激光超短脉冲序列。相邻脉冲间的时间间隔(即脉冲周期)等于光脉冲在激光腔内往返一次的时间。后者简称腔周期。锁模激光器的基本构成如图7.18所示。

超短激光脉冲序列的频谱是由一系列非常接近单色波的谱线构成的。每条谱线对应激光器的纵模，所有纵模的整体频宽受限于激光增益介质的有效增益线宽。在特定条件下，这些频率不同的简谐波相干叠加便形成了超短脉冲。这个特定条件被称为“锁模”(Mode Locking)，即相邻纵模间的频率间隔和相位差严格相等。所以在一般情况下，超短脉冲激光器也常被称为“锁模激光器”。

按照激射波长主要可分为1 060 nm波段和1 550 nm波段两种。按照增益光纤掺杂介质的不同，经常用到的掺杂光纤主要有掺Er^{3+}、Yb^{3+}、Nd^{3+}、Er^{3+}/Yb^{3+}等。按照锁模机制的不

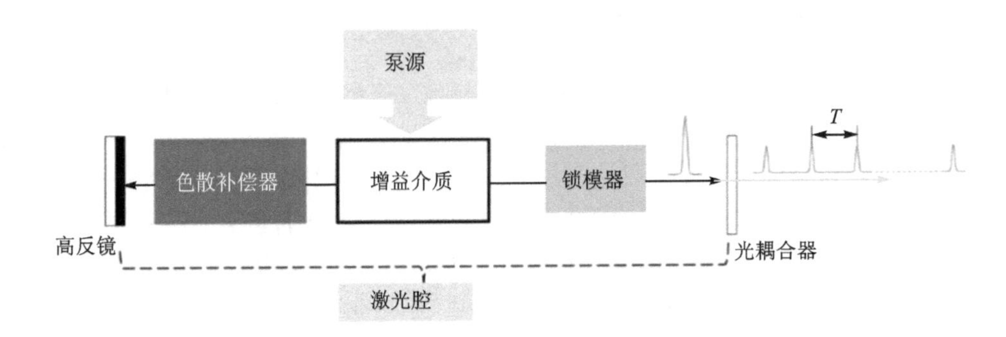

图 7.18 锁模激光器的基本构成

同，主要可归纳为三类：主动锁模光纤激光器、被动锁模光纤激光器以及主被动混合锁模光纤激光器。

1. 锁模的机理

一般非均匀展宽的激光器，如果不采用特殊选模措施，总是得到多纵模输出，并且由于空间烧孔效应均匀展宽激光器的输出也往往具有多个纵模。所谓锁模就是对激光诸多纵模间的相位锁定，它是对激光束进行的一种特殊的调制，最终结果是使激光的不同振荡纵模间建立起确定的相位关系，从而使各个模式相干叠加，在时域形成一种激光超短脉冲。

当 $t\neq0$ 时，忽略色散引起的频率牵引，则每个纵模的角频率为 $\omega_q=2\pi\upsilon_q=\pi cq/L$（$q$ 为整数），其中υ_q 为第 q 个模的频率，L 为腔长。相邻两纵模之间的角频率间隔为 $\Omega=\omega_q-\omega_{q-1}=\pi c/L$。激光器工作在锁模状态下，相邻两纵模的初始位相差为一固定值，即 $\theta_0=\varphi_i-\varphi_{i-1}$。设激光增益带宽内有 $2m+1$ 个纵模，其振幅均为 E_0，中心频率 ω_0 处纵模的初始相位为 φ_0，则在锁模状态下会有

$$\varphi_i=\varphi_0+i\theta_0$$

$$E_i(t)=E_0\cos(\omega_0 t+i\Omega t+\varphi_0+i\theta_0),\quad i=0,\pm1,\pm2,\cdots,\pm m \tag{7.22}$$

激光的电场 $E(t)$为各纵模电场之和，即

$$E(t)=\sum_{q=q_0-m}^{q_0+m}E_q\cos(\omega_q t+\phi_q)=\sum_{i=-m}^{m}E_i\cos(\omega_0 t+i\Omega t+\phi_0+i\theta_0) \tag{7.23}$$

利用三角函数关系，我们可求得此时激光的电场为

$$E(t)=E_0\frac{\sin\left[\frac{2m+1}{2}(\Omega t+\theta_0)\right]}{\sin\left[\frac{1}{2}(\Omega t+\theta_0)\right]}\cos(\omega_0 t+\varphi_0) \tag{7.24}$$

由式(7.24)可知，此时激光电场 $E(t)$随时间的变化不再是随机起伏的，而是相当于一个振荡频率为 ω_0 的单色波受到因子 $E_0\sin\left[\frac{2m+1}{2}(\Omega t+\theta_0)\right]\Big/\sin\left[\frac{1}{2}(\Omega t+\theta_0)\right]$ 的调制。此时激光的光强为

$$I_e(t)\propto\frac{\sin^2\left[\frac{2m+1}{2}(\Omega t+\theta_0)\right]}{\sin^2\left[\frac{1}{2}(\Omega t+\theta_0)\right]}E_0^2 \tag{7.25}$$

可见锁模是因多个纵模相干叠加，使其能量聚集在一个峰值较高的波包中，形成锁模脉冲，脉冲峰值功率比未锁模时提高了 $2m+1$ 倍。锁模脉冲具有这些一些性质：

① 当 $\Omega t+\theta_0=2m\pi(m=0,1,2,\cdots)$ 时，光强最大，最大光强（脉冲峰值光强）为 $I_m=(2m+1)^2E_0^2$，它是激光未经锁模时输出平均光强 $(2m+1)E_0^2$ 的 $2m+1$ 倍，由此可知，同时被锁住的纵模数越多，脉冲峰值光强 I_m 值越大。

② 相邻脉冲峰值间的时间间隔 T 满足 $\Omega(t+T)+\theta_0-(\Omega t+\theta_0)=2\pi$，即 $T=2L/c$，可见脉冲的周期等于光波在腔内往返一周的时间。

③ 对于锁模脉冲宽度 τ_0，我们可以近似地认为是脉冲峰值与第一个光强为零的谷值间的时间间隔，所以可得到

$$\tau_0\approx\frac{\pi}{\frac{2m+1}{2}\Omega}=\frac{2\pi}{(2m+1)\Omega}=\frac{1}{\Delta\nu}\tag{7.26}$$

即锁模脉冲宽度与激光的带宽 $\Delta\nu$ 成反比，激光的带宽 $\Delta\nu$ 越宽，所获得的脉冲宽度越窄。

7.3.4 主动锁模及其建立过程

所谓的主动锁模光纤激光器主要是指在激光腔内插入主动的调制器件（如 $LiNbO_3$ 调制器、声光调制器等）或外界有相关脉冲注入，利用这些主动因素对激光腔内光波进行调制来实现锁模，即应用前向非线性过程，也就是利用外加的光学调制脉冲串儿引入光纤激光器中的非线性相位微扰作为产生锁模脉冲的机制。主动锁模又可以分为两类：振幅损耗或相位调制。同步锁模的方法，即利用与腔基频相等的重复频率周期性调制激光增益。主动锁模光纤激光器是通信系统产生高重复频率脉冲的首选技术之一。主动锁模光纤激光器的研究主要集中在：倍重复频率谐波锁模技术；波长可调谐锁模光纤激光器和多波长锁模光纤激光器；锁模光纤激光器的稳定技术；输出脉冲调窄；超连续谱光纤激光器。

在一个主动锁模光纤激光器中，产生的脉冲与外界条件决定的射频调制信号同步，这也分布于比特形式的振荡器，使加密同步信息与脉冲串儿同步。典型的主动锁模光纤激光器的结构如图 7.19 所示。为避免偏振态变化，环形腔可以采用偏振保持光纤。隔离器可以避免反向传输的波以及不同偏振态之间的模式竞争。使用这种形式的结构和一个快速电光调制器，就可以得到重复频率在 30 GHz 以上的稳定的脉冲串儿。

在激光谐振腔内插入一个主动调制器件，对光波进行振幅或相位调制，使多个纵模的相位被锁定在一起，即实现主动锁模。下面以幅度调制的主动锁模为例，介绍锁模的建立过程。

首先，从时域上了解锁模脉冲的形成过程，如图 7.19 所示。在激光器腔内接入主动幅度调制器，腔损耗被以频率 ω_m 调制。由于激光器在损耗最低时发射较强的光，激光在腔内往复传播，这个细微的强度差别不断增强，产生脉冲序列。不过，要想得到稳定的锁模脉冲，只有当调制频率 ω_m 等于相邻两纵模之间的角频率间隔 Ω 或者是它的整数倍时，才能得到稳定的锁模脉冲输出。

在激光器腔内接入主动振幅调制器，对腔内光场进行调制，则优势模 ω_0 的电场强度可表示为

$$\begin{aligned}E_0(t)&=E_0[1+M\cos(\omega_m t)]\cos(\omega_0 t+\varphi_0)\\&=E_0\cos(\omega_0 t+\varphi_0)+\frac{M}{2}E_0\cos[(\omega_0+\omega_m)t+\varphi_0]+\\&\quad\frac{M}{2}E_0\cos[(\omega_0-\omega_m)t+\varphi_0]\end{aligned}\tag{7.27}$$

式中,M 为调制系数,ω_m 为调制频率。

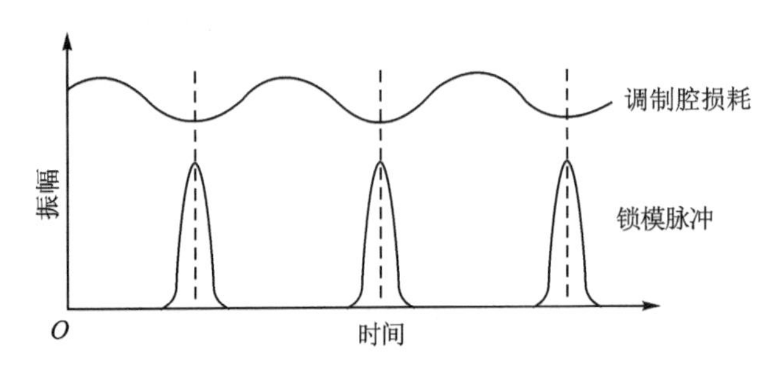

图 7.19 通过调制腔损耗而进行的主动锁模示意图

式(7.27)表明角频率为 ω_0 的模经过损耗调制后,除了原有的频率为 ω_0 的振动外,还在附近激发了两个边频振动,其频率分别为 $\omega_0+\omega_m$ 和 $\omega_0-\omega_m$,它们与频率为 ω_0 的模有相同的初始相位。如果使调制频率 ω_m 等于纵模间隔,则两个边频正好对应 ω_0 邻近的两个纵模。同样这两个边频经过调制器后又会进一步产生以它们为中心的另外两对边频,如此继续下去,就可以将增益带宽之内的所有纵模都耦合激发起来。因此,均匀加宽激光器的锁模过程就是由模式竞争中获胜的优势模通过调制器的作用,将其能量耦合到其他纵模上去,因所有纵模都是由优势模激发的,所以它们彼此间都保持着相位的同步,并经相干叠加,形成锁模脉冲。调制器的作用非常重要,它所提供的周期性的损耗把增益带宽内的各个纵模都关联起来,强迫腔内各振荡模的相位同步。相位被锁定的纵模在调制器的作用下通过彼此的功率耦合作用,在腔内形成稳定的振荡脉冲序列,从而产生脉宽窄、峰值功率高的锁模脉冲。

主动锁模光纤激光器可以通过精确的均匀宽带增益介质锁模理论描述。一般来说,无论是对于振幅调制(AM)还是对于频率调制(FM)都适用。典型的调制器进行的随时间变化的振幅调制一定可以采用下面的形式:

$$M(t)=\exp[-(\delta_a-\delta_p)\omega_m^2 t^2/2] \tag{7.28}$$

式中,$\omega_m=2\pi f_m$,f_m 为光调制频率;δ_a、δ_p 分别是振幅与位相调制的系数。δ_p 等于简单的光纤插入峰值相位延迟。对于纯粹的 FM 锁模,可以得到高斯型啁啾脉冲,其脉宽(FWHM)为

$$\Delta\tau=0.45\left(\frac{2g}{\delta_p}\right)^{\frac{1}{4}}\left(\frac{1}{f_m\Delta f_a}\right)^{\frac{1}{2}} \tag{7.29}$$

式中,Δf_a 是增益介质的带宽;g 为腔的饱和强度的增益。在这种情况下产生的时间带宽满足 $\Delta\tau\Delta f=0.63$。而对于带宽极限的高斯脉冲则有 $\Delta\tau\Delta f=0.44$,因此 FM 调制可以得到更强的啁啾脉冲。为了描述纯粹的 AM 锁模,式(7.29)中用 δ_p 代替 δ_a。这样得到的脉冲是高斯型的,并且满足带宽极限的条件。注意式(7.29)对于腔内多于一个脉冲振荡时的基波和高次谐波的锁模都成立。

由于单模光纤内信号光与增益介质的作用距离很长,故由自相位调制而发生歧变长为 l 的光纤中脉冲作用到自身的相位调制可以写成

$$\Phi(t)=\gamma PlS(t) \tag{7.30}$$

式中,P 为峰值功率;$S(t)$为关于时间的脉冲功率的归一化函数;$\gamma=2\pi n_2/A\lambda_s$ 是光纤在信号光波长 λ_s 处的非线性参数,n_2 为非线性折射率,其中对于纯硅光纤一般 $n_2=3.2\times10^{-20}\,\mathrm{m^2/W}$,$A$ 是信号光在光纤中辐射强度分布半径的 1/e。典型的光纤参数 A 近似等于纤芯的面积。假

设脉冲是双曲正割平方形,可以写出 $S(t)=\mathrm{sech}^2(t/\tau)$,其中 $\tau=\Delta\tau/1.763$,$\Delta\tau$ 是脉冲的半极大全宽度(FWHM)。

由于自相位调制引起的相位调制系数在脉冲中心波长附近伴随着二次函数,可以根据式(7.28)定义自引入的复合调制系数,可通过下式计算:

$$\delta_{\mathrm{sm}}=\frac{2\Phi_{\mathrm{nl}}}{\omega_{\mathrm{m}}^2\tau^2} \tag{7.31}$$

式中,$\Phi_{\mathrm{nl}}=\gamma PL$ 是光纤长度 L 往返一次的峰值非线性相位延迟。假定非线性相位延迟 $\Phi_{\mathrm{nl}}=\pi/30$,调制频率 300 MHz 且脉冲半宽度 15 ps,可得到 δ_{sm} 约等于 600。这样即使是非常小的自相位调制引入的相位延迟,产生的调制系数可能都要比声光调制大 10 倍以上。因此,人们希望能够得到比主动锁模理论更短的脉冲。

但是,由于啁啾引入的自相位调制是高度不稳定的,腔内大量非线性将导致脉冲分裂以及时间上的不稳定。Haus 和 Siberberg 发现,谐振腔在正色散的条件下自相位调制引入的脉冲变窄因子不会超过 2。他们早期的预言与后来的实验很好地吻合。

在负色散条件下,关于脉冲窄化可能的理论估算仍然没有被很好地定义。但是假设在 δ_{sm} 远大于 δ_{a} 和 δ_{p} 的极限条件下,稳定脉冲方案在腔内负色散恰好补偿自相位调制,特别是激光器在孤子振荡时。与色散相关的脉冲展宽与色散长度的关系为 $z_{\mathrm{d}}=\tau^2/|\beta_2|$,自相位调制与非线性长度 $z_{\mathrm{nl}}=1/\gamma P$,$\beta_2$ 为光纤的群速色散。基模孤子脉冲振荡需要满足 $z_{\mathrm{d}}=z_{\mathrm{nl}}$,得到双曲正割平房脉冲相应的脉冲半宽度为

$$\Delta\tau=\frac{3.53|\beta_2|}{\gamma E} \tag{7.32}$$

式中,E 为脉冲能量。由于光纤色散以及腔内脉冲强度的大幅度变化,z_{d} 和 z_{nl} 也可能变化非常大。Smith 等人进行了稳定脉冲形成的实验研究,并且 Kelly 等人进行了理论研究,可以确定当这些变化的幅值比孤子周期小很多时,比如 $L\ll z_{\mathrm{s}}$ 时,孤子周期可写成 $z_{\mathrm{s}}=(\pi/2)z_{\mathrm{d}}$。基模孤子功率和孤子周期在对色散和脉冲功率进行假设以后仍然可以用它来定义。

典型的主动锁模光纤激光器的结构如图 7.20 所示。特别是在使用低色散光纤,比如中心波长在 1.55 μm 的 Er 光纤,可以利用环形腔产生超短脉冲。一般光纤长度不超过 10 m,处理起来都比较方便。为避免偏振态变化,环形腔可以采用偏振保持光纤。隔离器可以避免反向传输的波以及不同偏振态之间的模式竞争。图 7.20 中掺铒光纤提供腔内的增益。腔内主动的锁模器件是一个高速 $\mathrm{LiNbO_3}$ 调制器,它对光波的调制方式有两种:一种是振幅调制(损耗调制);另一种是相位调制。在一个主动锁模光纤激光器中,产生的脉冲与外界条件决定的射频调制信号同步。调制器在正弦电压信号驱动下产生周期性的损耗或是周期性的相位变化,这

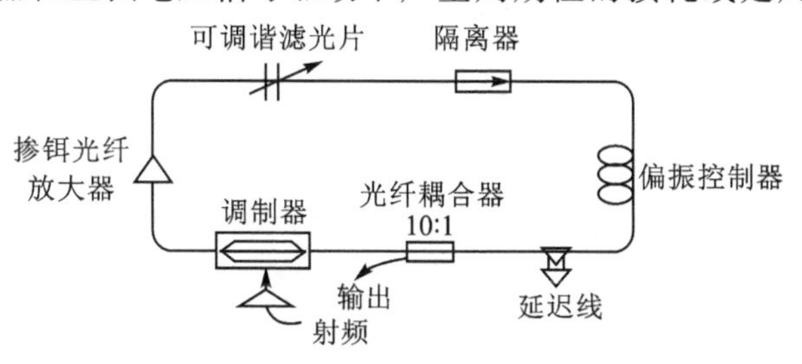

图 7.20　典型主动锁模光纤激光器

种周期性的变化与腔内循环的脉冲相互作用导致了锁模脉冲序列的产生。由于 $LiNbO_3$ 调制器是偏振敏感元件,所以常在调制器前利用一个偏振控制器来调节入射到调制器的光场偏振态。光隔离器用于确保主动锁模掺铒光纤环形腔激光器处于单向运转,也可消除某些光学元件上产生的反射波带给调制器的不利影响。为了避免超模噪声,可在腔内插入延迟线。延迟线可精确调节腔长使其与调制频率相匹配。脉冲经光纤耦合器输出。

主动锁模光纤激光器的研究进展如表 7.2 所列。

表 7.2 主动锁模光纤激光器的研究进展

年　份	研究人员	锁模方式特点	重复频率	脉　宽	备　注
1989	J. D. Kafka	主动锁模	100 MHz	4 ps	
1990	M. E. Fermann	主动锁模 Nd 光纤激光器利用孤子整形		亚 ps	
1992	Harvey	Er 光纤,主动锁模	1 GHz	10 ps	
1995	NTT	全保偏环形腔主动锁模光纤激光器	6.3 GHz		
1996	E. Yoshida	有理数谐波主动锁模	80～200 GHz		
1999	T. Yamamoto	色散渐减掺铒光纤,绝热孤子压缩		<200 fs	
1999	K. T. Chan	半导体调制,有理数谐波锁模技术	20 GHz		
2000	K. T. Chan	半导体调制,有理数谐波锁模技术	10 GHz		非常稳定

主动锁模光纤激光器要想走向实用化,稳定性是必须要解决的问题。目前看来,主动锁模光纤激光器的不稳定因素主要来源于以下三个方面:外界环境扰动引起的腔长变化;激光在谐振腔内偏振态的起伏;与谐波锁模技术相伴的超模噪声的影响。最常用的控制腔长变化的方法是采取再生锁模技术,接着人们又在此基础上发展出了利用压电陶瓷(PTZ)来改变光纤腔长的相锁环(PLL)技术。利用这一技术,可以使激光器输出光脉冲的重复频率始终保持不变。

消除偏振态起伏最有效的方法是采用全保偏的光纤谐振腔,即使用保偏掺铒光纤、保偏单模光纤、偏振有关光隔离器、保偏耦合器、偏振控制器,这些器件的使用可以有效地提高输出锁模脉冲的稳定性。

7.3.5 被动锁模

被动锁模光纤激光器是利用光纤的非线性效应作为锁模的机制,产生光学脉冲的宽度较其他锁模方法产生的脉宽更短,激光腔内无需任何的主动器件。它结构简单,是真正的全光器件,可以充分利用掺杂光纤的增益带宽,理论上讲可直接产生飞秒光脉冲。其不足之处是输出脉冲重复频率的稳定度差,不能外界调控。

1. 被动锁模分类

被动锁模光纤激光器分类如图 7.21 所示。其中由于具有光纤激光器的带宽优势,利用非线性偏振旋转以及利用非线性光纤环形镜(这类锁模又称为克尔类型锁模)是目前产生超短脉冲的有效方法。

2. 被动锁模的基本原理及实现

被动锁模是产生飞秒脉冲的一种非常行之有效的方法,由于它具有光纤激光器的完全带

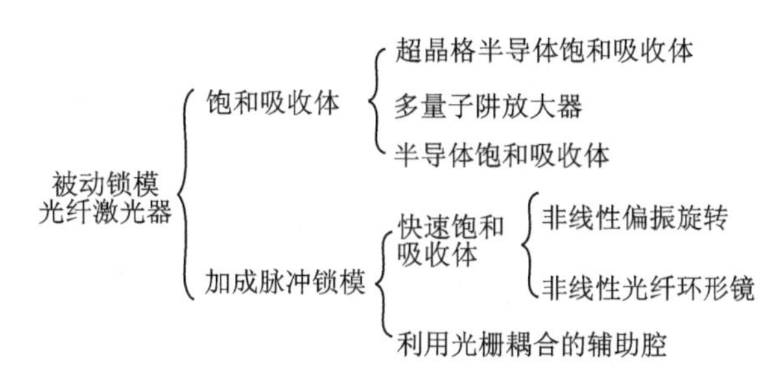

图 7.21 被动锁模光纤激光器的分类

宽优势，因此能在激光腔内不使用调制器之类的任何有源器件的情况下实现超短脉冲输出。其原理是利用非线性器件对输入脉冲的强度依赖性窄化脉冲，得到比输入脉冲更窄的脉冲。被动锁模激光器一般应用饱和吸收体，饱和吸收体分为慢速饱和吸收体和快速饱和吸收体两种，二者之间的区别如图 7.22 所示。

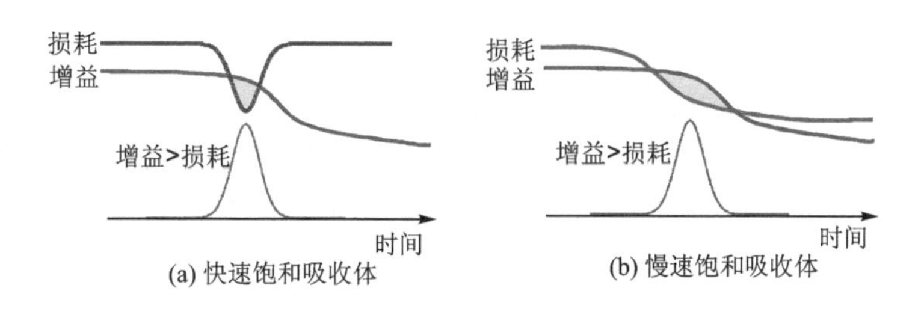

图 7.22 快速饱和吸收体与慢速饱和吸收体的示意图

应用光纤中的非线性效应实现被动锁模的光纤激光器属于快速饱和吸收体。与主动锁模光纤激光器相比，被动锁模光纤激光器可以产生更短的脉冲，这是因为随着脉冲的窄化，峰值强度和可饱和吸收体的作用也进一步加强。相反，在主动锁模机制中，由外界的驱动调制器产生脉冲整形。调制器的响应速度受驱动电源的限制而与脉冲宽度无关。被动锁模光纤激光器输出的稳定的超短脉冲不但可以应用于激光测距、激光遥感等领域，对于如光孤子传输、超快光电信号处理、超快光电取样测量等需要飞秒量级脉宽、小型高效脉冲光源的场合也很有价值。另外，这种短脉冲重复频率比较低，易于调脉展宽放大后再压缩，得到高峰值功率的巨脉冲，这在军事领域的应用中非常重要。

在大多数的被动锁模光纤系统中，自相位调制对脉冲的形成起着决定性作用。但是与主动锁模相比，幅度调制机制在时间的范畴内与振荡脉冲同时存在，并确保在高度非线性腔内脉冲的稳定性。自相位调制(SPM)是光克尔效应在时间上的表现。超短脉冲的强度随时间变化，使脉冲的不同部分产生不等的非线性折射率，引起脉冲的相位变化：

$$\Delta\phi(t)=\frac{2\pi n_2 I(t)L}{\lambda} \tag{7.33}$$

式中，L 是光纤长度；λ 是光波波长。由于频率是相位的导数，相位的变化导致一个频率啁啾：

$$\Delta\omega=-\frac{\mathrm{d}(\Delta\phi)}{\mathrm{d}t}=-\frac{2\pi}{\lambda}n_2 L\ \frac{\mathrm{d}I(t)}{\mathrm{d}t} \tag{7.34}$$

因此，脉冲强度包络的变化造成一个依赖于时间的相位变化，进而引起瞬时频率随时间的变化，即频率啁啾，使脉冲前沿发生红移，后沿发生蓝移，这个过程就是自相位调制。频率移动引入新的光谱分量，使脉冲的光谱增宽。图 7.23 是 SPM 引起光谱增宽的示意图。

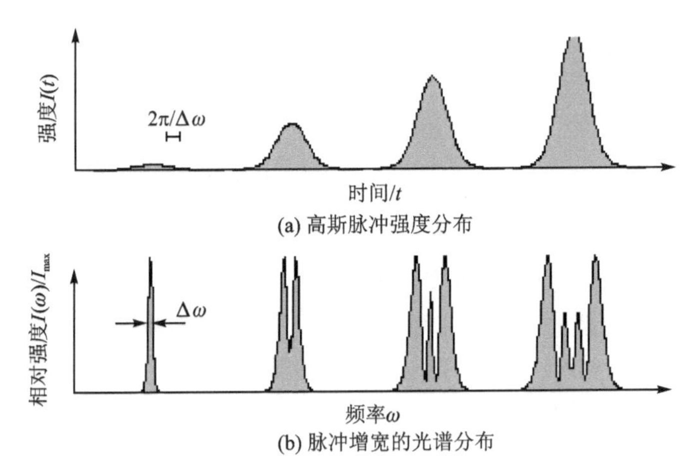

图 7.23 SPM 引起光谱增宽

虽然自相位调制本身并不影响脉冲的包络形状，但是附加的带宽可产生更短的脉冲。自相位调制引起的频率啁啾相当于脉冲在正色散介质中传输时产生的啁啾，因此，可以在腔内加入负色散元件来进行色散补偿，使脉冲的后沿“赶上”脉冲前沿，脉冲在时域内缩短。

3. 色散补偿

前面已经说明宽带脉冲在各种介质中传输时，不同的频率分量以不同的速度传输，形成了脉冲的色散，最终造成了不同光谱分量之间的相移，它可以表示成中心频率 ω_0 的泰勒展开式。对于长度为 L 的光学元件，色散效应表现为脉冲在期间的传输时间是频率依赖的，即有

$$T_g(\omega)=\frac{\partial\phi(\omega)}{\partial\omega}=\frac{L}{c}\frac{\partial}{\partial\omega}(\omega n)=\sum_{i=0}^{\infty}\frac{1}{i!}\left.\frac{\partial^i T_g}{\partial\omega^i}\right|_{\omega_0}(\omega-\omega_0)^i \tag{7.35}$$

式中，c 是真空中的光速。其中第一项（$i=1$）就是群延迟色散 GVD。对于超短脉冲的产生来说，要保证脉冲在腔内的往返时间与频率无关，即

$$T_g(\omega)=T_0=\text{const} \tag{7.36}$$

色散补偿的目的就是尽量满足上式，使宽带脉冲的时间宽度达到有效压缩，这种压缩使色散引起的频率依赖和非线性折射率引起的时间依赖刚好平衡，即群速度色散（GVD）和自相位调制（SPM）的平衡。在系统中，可以使用色散补偿光纤和长周期啁啾光纤光栅进行色散补偿。

色散补偿的另一个主要方法是利用双光栅，实现对激光腔内材料色散和自相位调制的补偿。图 7.24 是典型的双光栅对色散的补偿结构。这对儿平面光栅相向放置，其刻线平行，光栅常数为 d，γ 是光束入射角，θ 是入射光线与衍射光线之间的锐角。根据光栅方程，对一级衍射光，这些角之间的关系为

$$\sin(\gamma-\theta)=\frac{\lambda}{\mathrm{d}}-\sin\gamma \tag{7.37}$$

设光栅之间的距离为 G，$b=G\sec(\gamma-\theta)$，则单色平面光波在光栅对儿中的方程为

$$P=b(1+\cos\theta)=cT$$

式中，T 为群速度延迟，所以其相位函数 $\phi(\omega)=\dfrac{\omega P}{c}$。实际上，$P/c$ 也是波长和频率的函数，求出$\partial(P/c)/\partial\lambda$、$\partial(P/c)/\partial\omega$，就可以计算出群速延迟和频率的关系，有

$$T=T_0-\frac{\omega-\omega_0}{\mu}+O(\omega-\omega_0)^2 \tag{7.38a}$$

$$\phi=\phi_0+T_0(\omega-\omega_0)-\left(\frac{\omega-\omega_0}{2\mu}\right)^2 \tag{7.38b}$$

式中，$T_0=bc^{-1}(1+\cos\theta)$；$\mu=\dfrac{\omega^3d^2\left[1-\left(\dfrac{2\pi c}{\omega d}-\sin\gamma\right)^2\right]}{4\pi^2cb}$。改变光栅对儿之间的距离，可以改变延迟量。

典型的被动锁模光纤激光器结构如图 7.25 所示。利用光纤的非线性偏振旋转起到饱和吸收体的作用，可以用 SPM 和交叉相位调制(Cross Phase Modulation，XPM)效应解释。当两束或更多束光波同时在光纤中传输时，它们将通过光纤中的非线性效应发生相互作用。SPM 效应的产生是因为光波的有效折射率与光波的强度有关，XPM 是因为光波的有效折射率与同时传播的两列光波的强度有关。

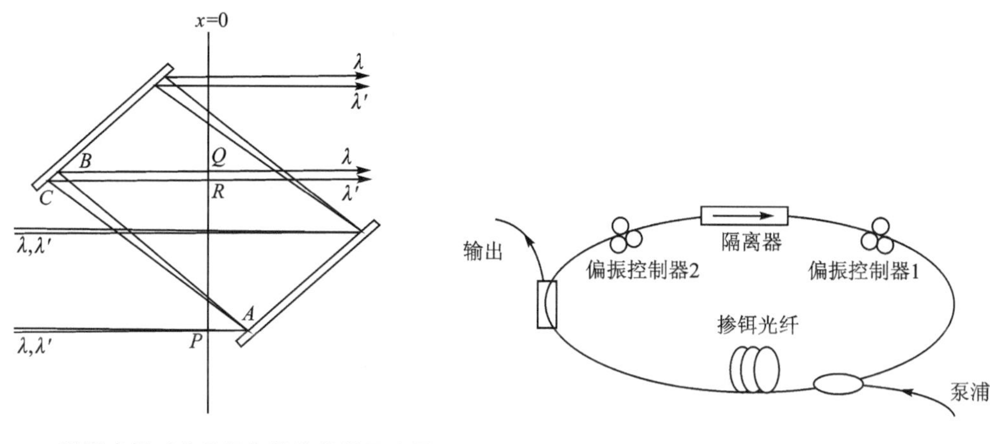

图 7.24　利用光栅对儿进行色散补偿的示意图　　**图 7.25　环形锁模光纤激光器**

图 7.25 中，由隔离器出来的光被偏振控制器 1 变为椭圆偏振光，它在 x 方向和 y 方向有不同的光强，这束椭圆偏振光经过光纤，由于光纤的 SPM 和 XPM 效应，沿 x 方向的偏振分量和沿 y 方向的偏振分量经过相同长度的光纤产生的相移却不同，这就使椭圆偏振光的偏振态发生旋转。另外，光纤本身的双折射也使在光纤中传播的光的偏振态发生旋转。适当选择偏振控制器 2 的位置，使某个偏振态的光的损耗最小，能再次通过隔离器，继续振荡，这样就可以利用偏振控制来实现被动锁模。

与主动锁模光纤激光器相比，被动锁模光纤激光器无需调制器件，成本相对较低，但同样存在不稳定因素，如温度以及压力的变化等环境因素以及较长的光纤长度引起的非线性效应的影响等。为解决这个问题可将光纤的长度缩短至 10 m 以下，并选用高双折射光纤。也有采用法珀腔，利用法拉第旋转镜实现稳定工作的。

7.3.6 主被动混合锁模光纤激光器

由于主动锁模光纤激光器的弛豫振荡和超模噪声劣化了输出脉冲的质量,特别是当采取有理数谐波锁模技术时,在阶数大于2的情况下,输出锁模脉冲将出现较大的幅度波动,这种幅度噪声是光纤通信系统所不允许的。为了改善主动锁模光纤激光器的输出脉冲质量,人们多采用主被动联合锁模的方法,其中“8”字形腔激光器就是一种典型的主被动联合锁模激光器结构。

如图7.26所示,在主动锁模掺铒光纤环形腔激光器加上一个由非线性光学环形镜(NOLM)构成的附腔,NOLM中的XPM效应使其具有饱和吸收体的性质,所以可以作为被动锁模器件。通常,在环中加入一段色散位移光纤(DSF),增大光纤的非线性效应。从主动锁模环中输出的脉冲注入到NOLM附腔,利用NOLM的非线性效应来消除弛豫振荡、超模噪声和幅度波动造成的不利影响,从而获得高质量的锁模脉冲。如表7.3所列为被动锁模光纤激光器的研究发展情况。

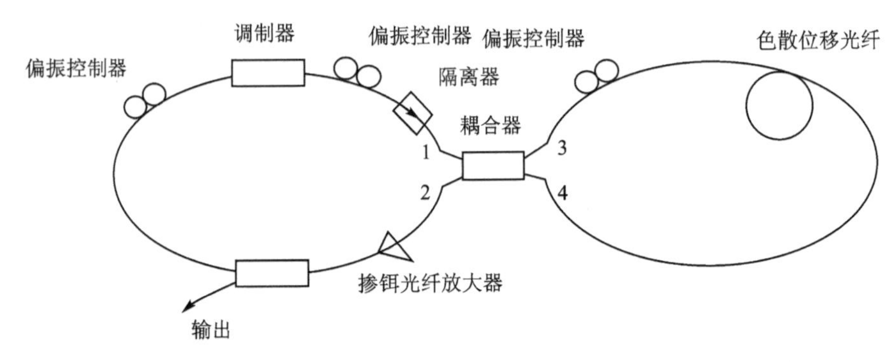

图7.26 主被动混合锁模激光器

表7.3 被动锁模光纤激光器的研究发展

年份	类别	研究人员	锁模方式特点	脉宽	重复频率、能量
1970	饱和吸收体		开始应用饱和吸收体进行被动锁模		
1991		M. Zirngibl	晶体作为饱和吸收体	ps量级	
1993		Ahranhan	多量子阱放大器		
1993		De Souza	半导体饱和吸收体、Er^{3+}保偏光纤	320 fs 171 fs	71 MHz
1988	非线性光纤环形镜(放大镜)加成锁模	Doran Wood	孤子开关		
1990		M. E. Fermann	非线性放大环形镜		
1991		Duling 和 Richardson	非线性放大环形镜 200 mW、980 nm 泵浦	314 fs	50 MHz
1994		C. J. Chen	8字形非线性放大环形镜	98 fs	210 MHz
1996		Wang - Yuhl Oh	非线性光纤环形镜的双包层掺Nd^{3+}	100 ps	

续表 7.3

年　份	类　别	研究人员	锁模方式特点	脉　宽	重复频率、能量
1992	非线性偏振旋转加成锁模	M. Hofer	腔内插入棱镜对	38 fs	
1993		Richardson	法珀腔、自启动		
1994		Tamura	环形腔孤子激光器	100 fs	
1995		E. P. Ippen	腔内对脉冲交替展宽与压缩	90 fs	40 MHz 90 mV 2.25 nJ
1995		M. E. Fermann	插入啁啾光纤光栅	4 ps	170 mW 10 nJ
1996	其他形式加成锁模	P. K. Cheo	光纤光栅耦合的全光纤激光器	60 ps	213 MHz
1999		Ding-wei Huang	自匹配加成被动锁模	930 fs	
2000		Dug Y. Kim	分立的色散元件	327 fs	1.4 MHz 7.4 mW
2002		N. H. Seong	分立色散元件、色散不平衡	几 ps	1.37 MHz

7.4　频率啁啾放大器

7.4.1　啁啾放大的起源

2018 年诺贝尔奖揭晓，3 位科学家因在光学技术领域做出的开创性发明而获得物理学奖。其中 Arthur Ashkin 教授因为发明光镊技术（Optical Tweezer）分享了一半的奖金；Gérard Mourou 教授和 Donna Strickland 副教授因共同发明啁啾脉冲放大技术（Chirped Pulse Amplification，CPA）分享了另一半奖金。作为突破高强度激光发展瓶颈的重大技术创新，CPA 技术自发明以来一直是激光物理研究、特别是超快激光研究的核心技术。

随着激光峰值功率的提高，人们面临的一个重要问题——激光在达到放大饱和前，由于强度依赖的克尔效应导致的自聚焦及元件损伤。正是由于该原因，激光强度的进一步发展遭遇巨大瓶颈。1985 年，当时在美国罗切斯特大学工作的 Gérard Mourou 教授和他的博士生 Donna Strickland 巧妙地提出了啁啾脉冲放大的概念，从而有效解决了这一矛盾，引发了激光峰值功率的飞跃。CPA 基本结构由展宽器（Stretcher）、放大器（Amplifier）及压缩器（Compressor）组成，其基本原理如图 7.27 所示。

G. Mourou 及 D. Strickland 借鉴雷达中的微波放大技术，首次实验演示了激光啁啾脉冲的放大与压缩，揭开了超快激光向超强激光飞跃的序幕。图 7.28 所示为他们当时的实验光路，对比 CPA 结构示意图，其具体的工作原理是：首先由商用的连续波锁模 Nd：YAG 激光器产生 150 ps 的种子脉冲，利用长度为 1.4 km 的单模非保偏光纤作为展宽器。由于单模光纤引入的正色散及自相位调制，种子脉冲经展宽器后展宽为 300 ps 的啁啾脉冲，从而峰值功率被大大降低，这样进一步注入到硅酸盐钕玻璃激光再生放大器（Regenerative Amplifier）后，激

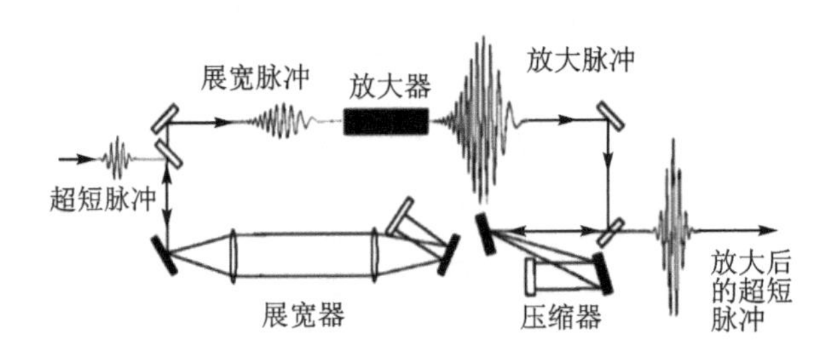

图 7.27 CPA 结构示意图

光脉冲能够安全地多次往返放大到饱和能量，避免了自聚焦效应并进而打坏元件的问题。最后将从再生放大腔倒空输出的能量饱和放大了的啁啾脉冲入射到一组平行光栅对儿组成的压缩器后，通过光栅对儿的负色散补偿抵消展宽器附加的正色散，得到单脉冲能量 1 mJ、脉宽 2 ps、中心波长 1.062 μm 的激光脉冲。

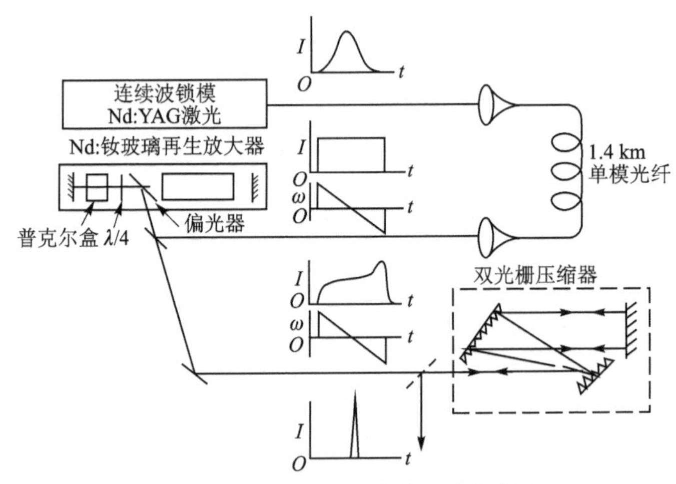

图 7.28 首次 CPA 技术的实验光路图

上述实验中一个关键的技术是“啁啾”脉冲。由于种子激光脉冲的频谱包含有不同的频率分量，因此在单模光纤这种具有正色散的介质中，频率低的部分比频率高的部分传播快，这样光脉冲在时间上被逐渐拉宽，如同被扫频了一样，形成脉冲前沿频率低、后沿频率高的现象，宛如鸟儿发出的不同声音，这样的脉冲我们称为正啁啾脉冲。相反，前沿频率高、后沿频率低的脉冲，称为负啁啾脉冲。CPA 技术的核心其实就是先将无啁啾的种子脉冲转换为脉宽展宽了的啁啾脉冲，从而能够实现超快激光的安全放大。而展宽是通过色散来实现的。

7.4.2 啁啾的概念

光脉冲瞬时频率随时间的变化而变化即为啁啾。一个光脉冲的啁啾即为其瞬时频率随时间的变化而变化的特性。具体来说，如图 7.29 所示，如果一个光脉冲的瞬时频率在时域上升高(或降低)，即称该脉冲具有上啁啾(或下啁啾)，脉冲在透明介质中传播后，由于色散和非线性效应(如由克尔效应引起的自相位调制)的影响，会具有啁啾。在半导体激光器和放大器中，由于载流子浓度变化导致的折射率变化也会导致脉冲具有啁啾。一个脉冲的啁啾可以将脉冲通过一些具有适当色散的元件后而被消除或者反转。

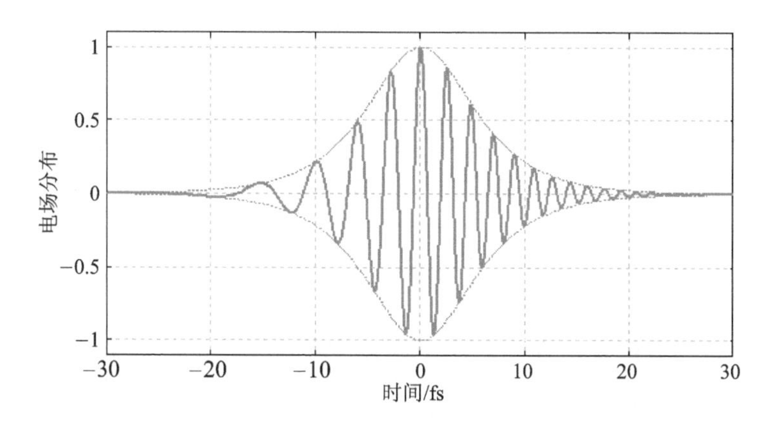

图 7.29　一个具有强上啁啾的脉冲，其瞬时频率随时间的推移而上升

对于给定的光谱，当脉冲没有啁啾（无啁啾脉冲）时，其具有最小的脉冲脉宽。这种情况相当于脉冲具有一个不变的瞬时频率，且相当于具有一个恒定的谱相位。

有多种不同的方法可以用来量化脉冲的啁啾：啁啾的大小可以用瞬时频率随时间变化的大小来表征，其单位为 THz/s。当啁啾为非线性啁啾时，该数值是随时间变化的，即对于一个脉冲而言，其不一定是一个常数。另外，也可以利用群延迟色散（以 s^2 为单位）来衡量啁啾的大小，即需要补偿多少二阶色散才能使脉冲具有最小的脉宽和最大的峰值功率。

需要注意的是，以上的两种定义之间的关系有时并不是简单的直接对应关系。例如：向一个无啁啾脉冲增加一个正常色散会使脉冲具有啁啾，如果这个正常色散从 0 开始不断变大，那么第二种定义中需要用来补偿的色散也就会变大；但是第一种定义中瞬时频率的变化量则会先变大然后变小，这种变小是因为同样的瞬时频率变化会发生在一个更长的时间内，因为脉冲的时域宽度也变大了。

7.4.3　啁啾脉冲放大

啁啾脉冲放大（Chirped-Pulse Amplification），简称为 CPA，是一种可以避免额外非线性畸变和光损伤，可以实现很好光强的将脉冲啁啾调制后再放大的技术。在超短脉冲的放大器中，光的峰值强度会变得非常高，因此可能会产生脉冲的非线性脉冲畸变，甚至会对增益介质和其他元件造成损伤。在这种情况下可以利用啁啾脉冲放大（CPA，见图 7.30）来避免以上问题。这一技术最初是在雷达中发明的，后来被引用到光放大器中。

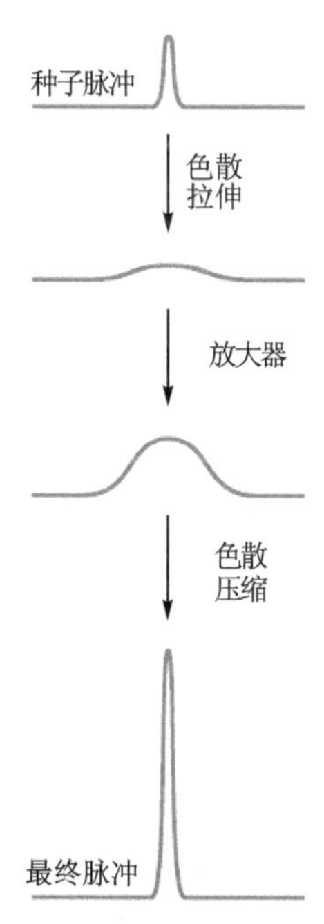

图 7.30　啁啾脉冲放大器中的脉冲时域形状的演变

在通过放大器介质之前，利用强色散元件（展宽器 stretcher，如光栅、长光纤）将脉冲啁啾，从而其在时间上被拉伸至更长的脉宽，这也就降低了脉冲的峰值功率，因此上述的问题也就得以避免。在放大之后，利用一个压缩器来补偿色散并对脉冲脉宽进行压缩，该压缩器具有与之前的展宽器相反的色散。由于在压缩器上的峰值功率很高，因此也需要增大在压缩器上的光

束直径。对于峰值功率极大的设备,通常需要 1 m 以上的光束直径。

啁啾脉冲放大的方法使台式放大器可以产生 mJ 能量的飞秒脉冲,相应的峰值功率也达到了数 TW(1 TW=10^{12} W,相当于 1 000 个核电站的输出)。而如果要产生更高功率的超短脉冲,其放大器系统则通常包括几个再生放大器和多次通过的放大器,这些放大器大多是基于钛蓝宝石晶体的。这样的放大器可用于产生高次谐波,它们的峰值功率甚至高达 PW(1 PW=1 000 TW=10^{15} W)的峰值功率。

7.4.4 色散脉冲展宽和啁啾

色散对脉冲的传输有很重要的影响,因为脉冲具有有限的谱宽(带宽),因此会使频率组分以不同的速度传输。例如,在正常色散情况下,高频部分的群速度更小,因此产生正啁啾,而反常色散则产生负啁啾。群速度随频率变化也会对脉冲长度产生影响。如果初始脉冲是无啁啾的高斯脉冲,脉冲长度为 τ_0,那么脉冲长度增大到

$$\tau=\tau_0\sqrt{1+\left(4\ln 2\,\frac{\beta_2}{\tau_0^2}\right)^2}\approx 4\ln 2\,\frac{\beta_2}{\tau_0} \tag{7.39}$$

这时考虑了二阶群延迟色散 β_2。以上近似在强展宽情况下也适用,也就是当 $\beta_2 \gg \tau_0^2$ 时。较短的输入脉冲可以得到变长的输出脉冲。这就是增大脉冲带宽的效应。例如,初始无啁啾的 800 nm 波长,长度为 30 fs 的脉冲在二氧化硅(SiO_2)中传输 10 mm 后展宽为 45 fs。而传输 10 cm 后,脉冲长度变为 334 fs。具有相反的色散则可以用来压缩脉冲(色散脉冲压缩)。这在啁啾脉冲放大时非常有用。根据色散的符号和大小以及光峰值功率等因子,脉冲压缩可以使用不同的装置,例如,棱镜对、衍射光栅对、啁啾镜、啁啾布拉格光栅和色散光纤。

7.4.5 光孤子

仅色散效应会引起脉冲展宽,而当色散效应与克尔非线性效应结合起来时会形成孤子,这样可以用于孤子锁模激光器中产生超短脉冲。光孤子是非线性效应和色散效应处于某种特定的平衡的脉冲。通常情况下,当脉冲在透明介质中传播时,由于克尔效应和色散作用会导致脉冲的时域和频域形状的变化。但是在某种特定的情况下,除了随传播距离变化而产生的相位延迟外,克尔非线性效应和色散效应对于脉冲的作用会相互抵消,因此脉冲的时域和频域形状在很长的传播距离内都不会发生变化。这个现象是在水波中首先被发现的,但是后来在光纤中也发现了该现象。

脉冲可以孤子的形式(即时域和频域形状保持不变)传输。其在一定的传输距离下只会经历一个大小固定的相移,该相移的大小为脉冲峰值所经历的由非线性效应导致的相位延迟的一半(见图 7.31)。孤子的相移在时域和频域上都是恒定的,因此其不会导致啁啾或者频域展宽。

其实孤子最为显著的特征并不是上面所说的色散和非线性之间的平衡,而是作为非线性波动方程的孤子解都非常稳定:即使初始脉冲距离精确的孤子解具有一定的偏差,脉冲也会自动地“找到”正确的孤子形状,将一部分能量剥离出变为所谓的色散波。色散波为一种很弱的背景,几乎不会造成什么非线性效应,并且由于色散的影响会在时域上分散开来。即便有一定的介质性质的变化,孤子也很稳定,条件是这些变化在传播距离与所谓的孤子周期(定义为恒定相位延迟为 $\pi/4$ 的传播距离)相比更长的情况下发生。这意味着,孤子可以绝热地调整其形

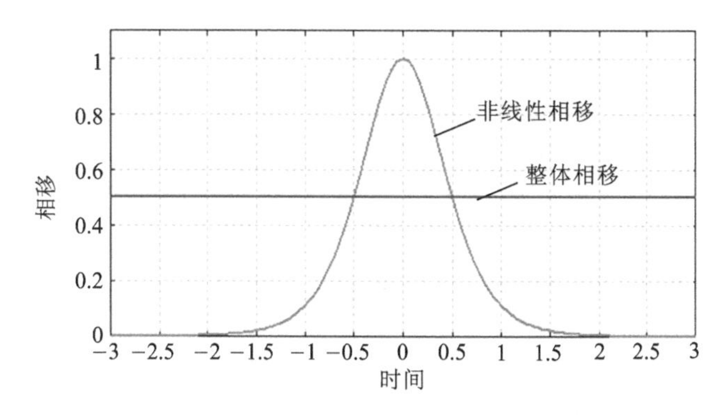

注：时域上的非线性相移（无色散作用），其正比于光强；脉冲经历的由非线性作用和色散作用导致的整体相移，这样一个不随时间变化的相移不会导致脉冲的时域或者频域的形状变化。

图 7.31　光孤子的相移与非孤子行为比较

状以适应缓慢变化的介质参数。另外，孤子可以冗余一定的较高阶色散，自动调整为给定色散条件下的满足上述平衡的特殊形状。

若脉冲不与光纤进行能量交换，则这些孤子被称为保守孤子（conservative solitons）。但是更常见的情况下耗散效应会起作用。例如，即便光纤具有正常色散和正的非线性折射率系数，也可能出现所谓的耗散孤子。这种情况下有额外的光谱带通滤波效应和光学增益（放大）以补偿在滤波器中的能量损耗。另一种可能的耗散作用是饱和吸收。虽然很难想象有这样一个光纤使以上的所有这些效应都存在，从而形成一个耗散孤子，但是人们可以通过包含有光纤、滤波器和可饱和吸收体的锁模激光器的谐振腔来实现以上过程。如果以上每个效应在谐振腔的一个循环中都足够弱，那么这与将这些效应平均分布在光纤中所得到的动力学过程是十分接近的。在这种情况下，在这些锁模光纤激光器中运转的脉冲就被称为耗散孤子。需要注意的是，严格来说在锁模激光器，我们永远不可能得到所谓的保守孤子，因为锁模激光器中总是有一些饱和吸收体和增益存在。这会导致脉冲能量和脉冲持续时间会处于一个稳定态：在这种状态下，光纤中孤子的能量和脉宽会在一个大的范围内变化，但是其乘积是固定的。这些固定的参数其实就是色散孤子的特征。

7.4.6　频率啁啾放大的基本器件

1. 种子脉冲光源——锁模激光振荡器

优良的种子脉冲是获得高质量放大的关键。1990 年以前，CPA 的种子激光多是主动锁模 Nd：YAG 激光或同步泵浦锁模染料激光，然而这两类激光对环境扰动极其敏感，因此稳定性差。此外 Nd：YAG 激光的典型脉宽在 10～100 ps 量级，如 G. Mourou 等人在 CPA 的首次实验中，所用的正是脉宽长达 150 ps 的这类锁模激光器。这样长的脉宽不仅不能有效体现 CPA 的意义，而且也限制着放大后所能得到的压缩脉宽及峰值功率。随着克尔透镜锁模钛宝石激光的发现，其优良的稳定性和极短的脉宽等特性使其成为 CPA 技术的理想种子光源。目前，有多个课题组通过对该激光色散精确补偿的研究，能够直接产生亚 10 fs 乃至 5 fs 的脉冲，用其作为种子脉冲，更是 CPA 技术的高端选项。

2. 展宽器

频率啁啾放大的关键技术即是对于色散的管理，早期展宽器主要采用单模光纤展宽种子脉冲，但这种展宽技术不仅需要长度达 km 量级的光纤，而且损耗大、展宽量低、色散不能调节。首次 CPA 技术的实验使用 1.4 km 长的光纤，脉宽也仅被展宽了 2 倍，因此提高强度的效果并不显著。

1987 年在美国访问研究的阿根廷学者 E. Martinez 提出了采用透镜成像光栅对儿的结构，不仅极大地提高了脉冲的展宽比，而且色散可调。图 7.32 所示为 Martinez 展宽器的典型结构，其由一对儿共焦的透镜 L1、L2 及反平行放置在距透镜焦点 Δx 处的全息光栅 G1、G2 组成。G1 通过透镜组成像后，等价于与 G2 成平行放置的光栅压缩器，但色散相反，因此能够完好地补偿放大脉冲的啁啾。为了能够消除该结构中透镜带来的材料色散，后来人们又进一步发展了望远镜结构的光栅展宽器，从而使压缩后的放大脉冲突破到了短于 50 fs 的压缩能力。

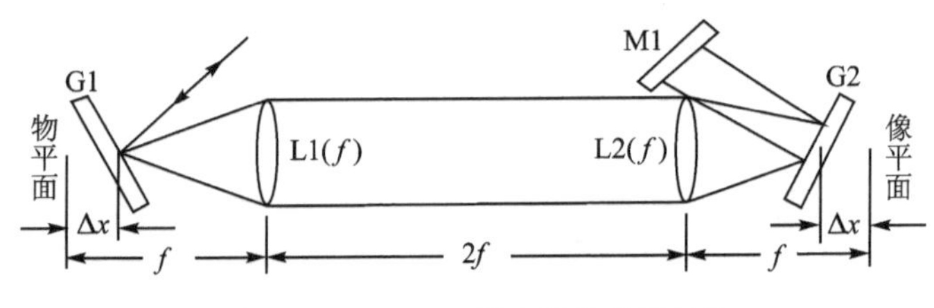

图 7.32 Martinez 展宽器的典型结构

3. 放大器

放大器是实现能量放大、获得超强激光的核心单元。同样在钛宝石、Cr:LiSAF 等具有宽带高饱和通量的固体增益介质之前，放大介质基本是染料、钕玻璃、Nd:YAG 等低通量或窄带宽的介质。目前，啁啾脉冲放大使用的增益介质主要集中在钛宝石及钕玻璃两种材料上，主要技术有再生放大及多通放大两种方案。图 7.33(a)所示的再生放大为典型的再生放大结构，具有调节方便、增益高、光束质量好的特点。但缺点是对比度低、材料色散大、增益窄化效应严重。而多通放大正好相反，图 7.33(b)所示的多通放大为典型的多通放大结构，通过两组共焦的凹面反射镜，每程放大中光束都聚焦重合在放大介质中，经 8～10 程的放大，可得到大于 10^6 的增益。实际中不论是再生放大还是多通放大，放大后的能量通常都在 mJ 量级，该放大也叫“增益放大”。为了进一步提高啁啾脉冲激光的能量，还需要再进行二级或三级甚至多级放大，与增益放大不同，后级的放大只能用多通放大，通常也叫“能量放大”。

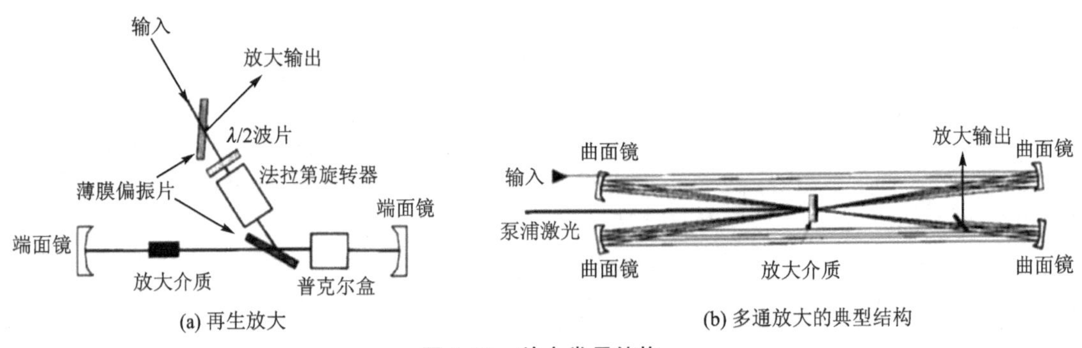

图 7.33 放大常用结构

习　　题

7.1 脉冲激光产生的机理有几种？有什么区别？

7.2 主动调 Q 和被动调 Q 在设计时需要考虑的因素有哪些？

7.3 包层泵浦技术对于脉冲技术有好处吗？为什么？

7.4 啁啾脉冲放大技术的基本工作原理是什么？其中的核心内容是什么？

7.5 设计一款飞秒激光器，要求脉冲宽度小于 100 fs，请详细说明整个设计过程。

参考文献

[1] 周炳琨，高以智，陈倜嵘，等. 激光原理[M]. 北京:清华大学出版社，2014.
[2] 兰信矩. 激光技术[M]. 北京:科学出版社，2015.
[3] 胡姝玲. 包层泵浦短脉冲光纤激光器[D]. 天津:南开大学，2004.

第 8 章 现代激光的典型应用

8.1 激光在军事上的应用概述

由于激光具有定向性、能量密度大、单色性等特点，因此就决定了它在军事上会有巨大且广泛的用途。在人们将激光应用于军事通信、武器、导航等方面时，发现其有超于传统技术的优点，比如它的准确性高、能量大、威力大等。

激光是一种自然界中不存在，因受激发而产生的具有方向性好、亮度高、单色性好和相干性好的光。激光是当代最亮的光源，只有氢弹爆炸瞬间所发出的闪光才能与它相比，适用于激光打孔、切割、焊接、激光外科手术，以及精密仪器的测量，并为激励某些化学反应等科学实验提供了极为有利的手段。激光在军事上的应用主要涉及激光雷达(包括测速、测距等)、导航、激光武器、光电对抗中的应用等。

8.1.1 激光测距

激光测距一般采用两种方式(脉冲法和相位法)来测量。脉冲法测距的过程是测距仪发射出的激光经被测量物体的反射后又被测距仪接收，测距仪同时记录激光往返的时间。光速和往返时间的乘积的一半，就是测距仪和被测量物体之间的距离。脉冲法测量距离的精度是一般是在 0.1 m 左右。相位激光测距仪精度可达到 1 mm 误差，适合各种高精度测量用途。

在航空航天领域中的应用包括空间碎片探索、空间交会对接、对地探测及深空探测、卫星星座与编队飞行等。国外的主要生产公司包括美国图雅得 Trueyard、德国奥尔法 ORPHA、美国博士能 BUSHNELL、加拿大纽康 NEWCON、日本尼康 NIKON、德国奥卡 OPTI－LOGIC、英国真尚有 LDM30X 等。

8.1.2 激光雷达

激光雷达是一种新兴技术，在地球科学领域及行星科学领域有着广泛应用。按不同载体可分为星载、车载及固定式激光雷达系统。星载及机载激光雷达系统结合卫星定位、惯性导航、摄影及遥感技术可进行大范围数字地表模型数据的获取。激光雷达技术的出现为空间信息的获取提供了全新的技术手段，使空间信息获取的自动化程度更高，效率更明显。

激光雷达系统是一种集激光雷达扫描探测、卫星定位和惯性导航系统于一身的多功能三维影像获取系统。其通常由三部分组成，分别为定位定向系统、传感器系统以及存储与控制系统。其中，定位定向系统由卫星定位系统和惯性导航系统组成，卫星定位系统通过差分实时测定传感器的空间位置，惯性导航系统精确记录传感器的空间姿态，存储与控制系统将传感器测算的空间信息存储起来，通过后处理软件计算出准确的空间点云数据，并生成各种数字产品等。

激光雷达传感器发射的激光脉冲能部分穿透树林遮挡，直接获取真实地面的高精度三维地形信息；并且激光雷达测量不受日照和天气条件的限制，能全天候地对地观测，这些特点使它在灾害监测、环境监测、资源勘查、森林调查、地形测绘等方面的应用更具优势。地面激光雷达能够对地面建筑物进行多角度激光扫描，可以快速获取城市中各类建筑物的三维点云数据。激光雷达技术能够在一定程度上解决城市建设、规划、环保、虚拟显示、军事国防、电子娱乐、灾害预防与控制等方面的数据需求。

目前，激光制导技术的制导体制仍以半主动寻的制导和波束制导为主；发展高性能目标捕获跟踪和激光指示系统，提高武器系统的抗干扰能力和生存能力；开发小型化激光雷达导引头，以实现“打了不管”能力的激光自主制导；发展双式多模制导系统等仍是激光制导技术的发展研究方向。

8.1.3　激光制导

1. 概　述

激光制导是利用激光获得制导信息或传输制导指令使导弹按一定导引规律飞向目标的制导方法。所谓激光制导技术，就是利用激光跟踪、测量和传输的手段控制和导引导弹飞向目标的技术。激光器发出照射目标的激光波束，激光接收装置接收目标反射的光波，经光电转换和信息处理，得出目标的位置参数信号，再经信号变换形成控制信号用以跟踪目标并经自动驾驶仪操纵舵面偏转，将导弹导向目标。有的激光制导系统还用激光传输控制导弹的指令。下面是几种常见激光制导武器的制导方式：激光主动成像制导、激光驾束制导以及激光半主动制导。如图 8.1 所示，激光主动成像制导是将激光直接照射到目标，接收系统接收目标回波的图像光场信息，并将图像处理后的误差信号送至控制系统去控制激光发射器的输出，如此往复，呈现动态闭环控制的特点。

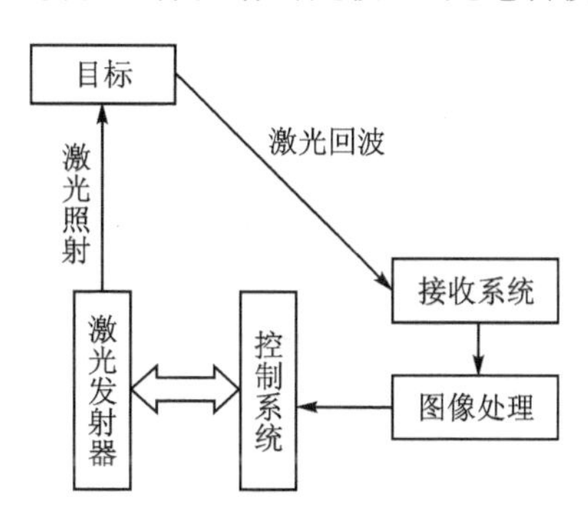

图 8.1　激光主动成像制导原理示意图

(1) 激光驾束制导

如图 8.2 所示，激光接收器置于导弹上，导弹发射时激光器对着目标照射，发射后的导弹在激光波束内飞行。当导弹偏离激光波束轴线时，接收器敏感偏离的大小和方位并形成误差信号，按导引规律形成控制指令来修正导弹的飞行。

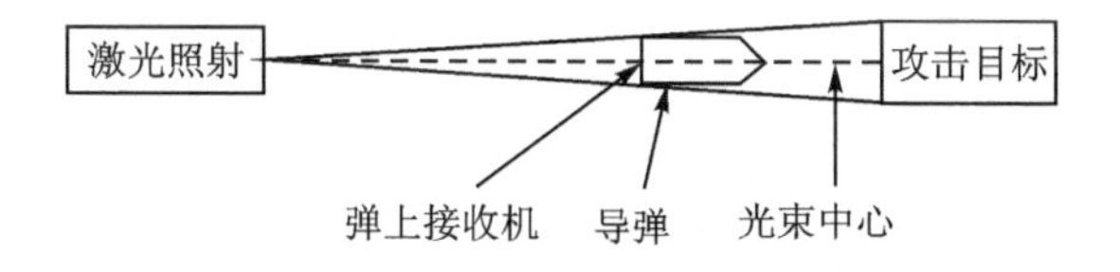

图 8.2　激光驾束制导原理示意图

激光制导的防空导弹大多采用驾束制导方式。例如，瑞典的 RBS－70 防空导弹，为第一种采用激光驾束制导并开始批量生产的导弹，射程 5 km，射高 3 km，采用 0.9 μm 半导体激光器，主要用于攻击低空飞机与直升机目标。后来瑞典又成功研制了 RBS－90 低空防空导弹系统，具有抗电子干扰能力强、能在夜间或恶劣气候条件下作战、隐蔽性好、精度高等优势。美国、瑞士联合研制的ADATS防空/反坦克多用途导弹在其弹道被动段采用激光驾束制导，射程8 km，采用10.6 μm CO_2 气体激光器，主要用于攻击低空飞行的武装直升机和固定翼飞机，也可攻击坦克等地面目标。

此外，由地面发射的激光制导反坦克导弹基本采用激光驾束制导方式。如英、法、德等国联合研制的第三代中程反坦克导弹“催格特”，射程2 km，采用10.6 μm CO_2 气体激光器，具有强大的大气和战场烟雾穿透能力，作战距离较远。南非的“猎豹”(INGWE)，是一种激光驾束制导重型反坦克导弹，可以装备步兵兵种、装甲车辆或武装直升机等多种平台，用以对抗现代装甲目标的威胁，并可完成多种打击任务。其他采用激光驾束制导的反坦克导弹还有以色列的“玛帕斯”、俄罗斯的ATX-14、意大利的“麦夫”、法国的“阿克拉”以及英国的“吹管导弹”等。

(2) 激光半主动制导

如图8.3所示，使用位于载机或地面上的激光器照射目标，导弹上的激光导引头接收从目标反射的激光从而跟踪目标并把导弹导向目标。

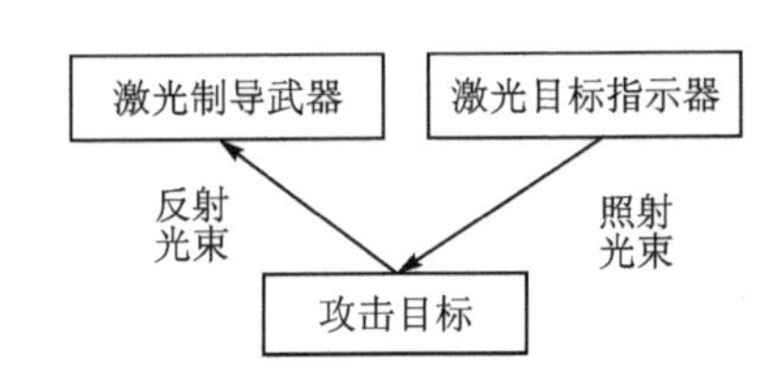

图8.3 激光半主动制导原理示意图

(3) 激光主动制导

激光主动制导将激光照射器装在导引头上，这种激光制导的自动化程度高，但实际上还没有应用到反坦克导弹上。

(4) 激光传输指令制导

激光传输指令制导用激光脉冲代替红外半自动指令制导中用来传输控制指令的导线。弹上接收机用激光接收器。激光脉冲经编码后发射出去，如采用哈明码(一种能自动纠错的码)对激光脉冲进行编码。目前，已出现激光半主动制导和激光驾束制导的空对地、地对空导弹以及激光制导航空炸弹。激光驾束和激光半主动制导已应用于反坦克导弹技术中。激光传输指令制导如图8.4所示。

图8.4 激光传输指令制导

2. 激光制导炸弹(LGB)

激光制导炸弹可谓威力非凡。美国空军的“宝石路”炸弹(见图 8.5,Paveway)是最早的激光制导炸弹,其在越南战场取得了惊人战绩。战争之初,美军为炸毁河内附近的一座大桥进行了 64 次轰炸,出动了 600 多架飞机,投下 2 000 多吨弹药,结果大桥安然无恙,而美军飞机却被打下 20 架。1968 年初,美军使用了“宝石路”激光制导实验炸弹,只出动了 12 架飞机空投了 10 余枚激光制导炸弹就彻底摧毁了那座大桥,而美方却没有一架飞机损失。在海湾战争期间,以美国为首的多国部队共投掷了 6 520 t 激光制导炸弹,有 90%击中了目标,同期投下的 8 万余吨非制导炸弹的命中率却只有 25%。

此后在海湾战争、“沙漠之狐”之战和科索沃战争中,西方国家均大量使用了激光制导炸弹,取得了极好的作战效果。据美国空军统计,在 2003 年的伊拉克战争中,美空军投放的弹药中 68%为制导弹药,其中激光制导炸弹占 29.51%,是使用最多、最有效的武器。目前,较典型的激光制导炸弹还有法国的“马特拉”系列以及俄罗斯空军的 KAB-1500L-F 等。

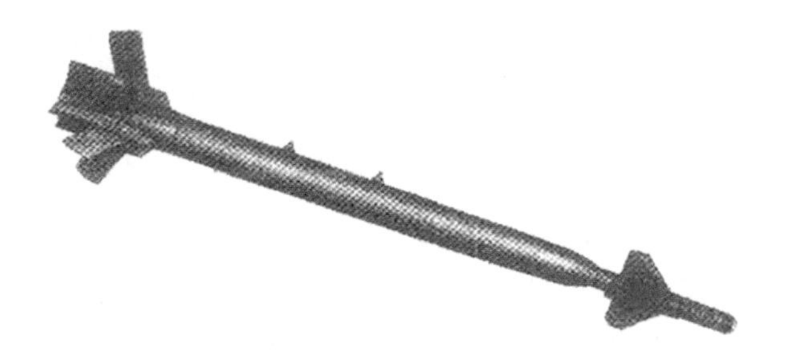

图 8.5　“宝石路”Ⅲ GBU-28 炸弹

3. 激光制导导弹(LGM)

激光制导的空地导弹主要采用半主动寻的制导,命中精度非常高。美国陆军的“海尔法”(见图 8.6)空地反坦克导弹(AGM-114)在海湾战争中展现了强大的作战能力,共击毁 500 辆坦克、120 辆装甲人员输送车、120 门火炮、30 个放空炮兵阵地和 20 架飞机。法国空军的 AS,30L 也是一种激光制导型空地导弹,可以从 10 km 以外直接摧毁陆上和海上严密设防的目标。法国空军用其炸毁了伊拉克境内 1/3 的桥梁。美国空军的“小牛”激光制导空地导弹(AGM-65E)也取得了很好的对地攻击效果。其他采用激光半主动寻的制导的导弹还有俄罗斯的 X-25ML、X-29L 以及以色列的直升机载“猎人”等。

图 8.6　“海尔法”空地反坦克导弹

4. 激光制导炮弹(LGP)

美国研制的“铜斑蛇”激光制导炮弹(见图 8.7)配备了激光追踪器、陀螺仪、自动驾驶仪、控制系统、主翼和控制尾翼。它由制式 155 mm 榴弹炮发射,射程4~20 km,命中精度 0.4~0.9 m,命中率达 80%以上。在海湾战争中,尽管其制导系统的激光目标指示器性能受到沙漠环境的影响,但美军只用了 90 发“铜斑蛇”炮弹就摧毁了伊拉克阵地上的坦克装甲目标、观察所及雷达站。

俄罗斯研制的“红土地”激光制导炮弹在性能上较“铜斑蛇”更胜一筹。该炮弹由152 mm火炮发射，采用火箭增程，射程超过22 km，命中概率高达90%。在此前的发射试验中，仅用20发炮弹就击毁了19辆T-72坦克。此外，以色列也正在研制“火球”120 mm激光制导迫击炮弹。

图8.7 “铜斑蛇”激光制导炮弹

5. 激光制导的发展方向

目前，激光制导武器的现状主要是制导的距离和精度都不够完善，设备不能达到小型化，武器在途中容易被干扰，所以激光制导武器的发展方向如下：

① 发展激光主动寻的制导技术：未来需要的是更精准、更远距离、更加智能的打击，目前的技术仍不成熟。

② 激光波长向中、长波段发展：由于战场的环境复杂，短波激光可能不再能够精确制导，会被烟雾或者其他大气环境所影响。

③ 发展多模复合制导：多模复合制导技术是指在制导武器飞行过程中采用多种传感器同时工作或按一定程序交替工作，以充分发挥各传感器的优势，共同完成制导任务的一项先进技术。

④ 发展多变的攻击模式：多变的攻击模式可以不给敌人反应的时间，让其无法做出正确的干扰措施，进而做到出其不意取得胜利。

⑤ 向系列化、通用化、组合化及多功能化发展：同一照射器可供不同的制导炸弹使用以及导引头可与不同的弹体组合使用，从而实现对不同型号的导弹、炸弹或炮弹的匹配并且便于使用、维修。

⑥ 减小制导系统的体积和重量：由于制导系统是弹头的一部分，减小这一部分的体积和重量具有重要意义，它有利于提高制导武器的机动能力和作用距离，增大弹头的有效载荷，增强武器的杀伤力。

8.1.4 激光陀螺

激光陀螺以萨格奈克效应为工作原理，其结构是一个三镜环形He-Ne激光器，两个阳极使环形腔内实际存在两个相反方向传输的激光束。这两个光束在输出镜处会产生干涉。如果环形腔不动，则干涉条纹也不动；如果环形腔绕垂直腔面的轴旋转（相当于出现航向偏转），则两束光出现相对论误差，干涉条纹就会发生相应的移动，移动的方向由腔面转动方向确定，移动的快慢和大小由转动角速度决定。将3个这样的环形腔结构相互垂直结合，就成为能检测三维旋转的激光陀螺，如图8.8所示。

1982年，美国霍尼威尔公司首创的激光陀螺惯性基准系统进入航线使用，标志着激光陀螺技术的成熟。目前,波音 757、波音 767、波音 737 等新型客机都已采用了激光陀螺系统,并在有关军用航空器上也得到应用。

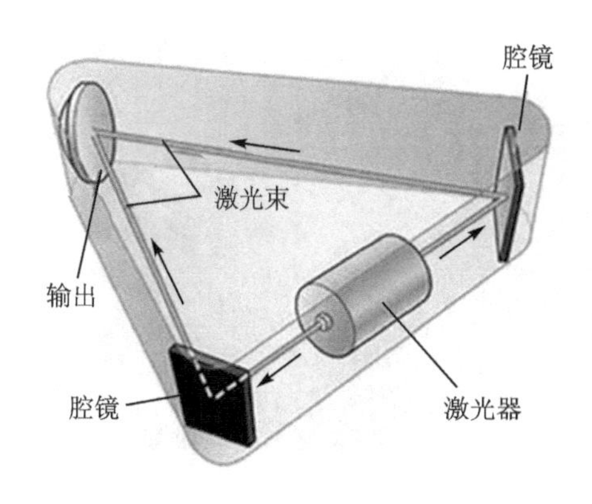

图 8.8　激光陀螺仪工作原理及实物照片

8.1.5　激光武器与反激光武器

1. 激光武器

当下,新概念武器层出不穷,而激光武器也是其中的一种。激光武器是用高能的激光对远距离的目标进行精确射击或用于防御导弹等的武器,具有快速、灵活、精确和抗电磁干扰等优异性能,在光电对抗、防空和战略防御中可发挥独特的作用。

鉴于激光武器的重要作用和地位,美、俄、以色列和其他一些发达国家都投入了巨额资金,制订了宏大计划,组织了庞大的科技队伍,以开发激光武器。特别是大功率光纤激光器(见图 8.9 和图 8.10),作为新概念激光武器,在各国均取得了长足的发展。

图 8.9　舰载光纤激光武器

天基激光武器实际上是以激光武器为有效载荷的“杀手”卫星,可称为激光作战卫星,也称天基激光平台。它具有快速、灵活、精确和抗电磁干扰等优异性能,在天天作战、天地作战、空

图 8.10 机载光纤激光武器

天作战中可发挥独特作用。以攻击地球目标为例，天基激光武器具有覆盖地面范围广的优点。如同其他卫星一样，激光作战卫星轨道越高，覆盖面就越广。

激光击毁目标有两个方面：一是穿孔，二是层裂。所谓穿孔，就是高功率密度的激光束使靶材表面急剧熔化，进而汽化蒸发，汽化物质向外喷射，反冲力形成冲击波，在靶材上穿一个孔。所谓层裂，就是靶材表面吸收激光能量后，原子被电离，形成等离体“云”。“云”向外膨胀喷射形成应力波向深处传播。应力波的反射造成靶材被拉断，形成“层裂”破坏。除此以外，等离子体“云”还能辐射紫外线或X光，破坏目标结构和电子元件。

激光武器装在人造卫星上，可以攻击刚起飞尚在推进阶段的洲际导弹(在起飞后8分钟内)，或攻击轨道上敌方的人造卫星。装在地面则可以击落飞机或从上空飞过的卫星，装在船上则可打击来袭的导弹，装在飞机上亦可打击敌机或导弹。

激光最吸引人的军事应用当属于激光武器。由于强激光束具有很强的烧蚀作用，因而可以破坏制导系统，引爆弹头和毁坏壳体，拦击制导炸弹、炮弹、导弹、卫星、飞机、巡航导弹，以及破坏雷达、通信系统等。激光摧毁卫星可在地面、空中和空间进行。激光武器的威力强大，命中率极高，是真正意义上的“杀手锏”。科幻电影中的激光武器反映了激光武器的远大前程。目前美国已研制出机载和车载激光武器。

当激光能量不高时，主要使敌方人员致盲和使某些光电测量仪器的光敏元件受到破坏甚至失效，或可用来在城市、森林大面积点火。在著名的英-阿马岛战争中，英国就曾经使用了激光武器对付阿方飞机，导致飞行员失明而机毁人亡。在反坦克、反潜艇中，激光致盲武器也有很大发展潜力，对准潜望镜入口发射激光，就会把在用潜望镜观看外部情况的指挥员、驾驶员的眼睛弄伤，这样坦克和潜艇也就失去了作战能力。侦察卫星靠装在其中的各种光电传感器侦察地面目标，如果用激光束照射其中的光电传感器，那么会使侦察卫星变为“瞎子”。

激光侦察在军事上占有十分重要的地位。利用激光技术进行多光谱摄影(全息摄影)，可以识别伪装目标。由于各种物体对各种光的吸收和反射能力不同，可以在底片上引起不同感光反应而实现对目标的侦察。在海湾战争中，美国利用这一技术，发现了伊拉克严密伪装在树林里的坦克和导弹发射架。

激光对抗可对激光测距进行欺骗，使其无法测定真实距离或使导弹改变弹道。激光对抗还可对激光进行干扰。

1975 年 10 月 18 日，美国北美防空司令部控制中心报道，在印度洋上空的 647 预警卫星的红外探测器，受到来自苏联西部的强红外闪光的干扰，不能正常工作。

1975 年 11 月 17 日、18 日两天，美国空军的两颗数据中继卫星，由于受来自苏联的红外干扰，又停止了工作。据检查，是红外姿态控制仪失灵。

2009 年，美国军方在新墨西哥州的白沙导弹试验场测试了一种新型“百夫长”激光炮，该炮的海军型号可能就是这次曝光的舰载激光炮。该武器系统由美国雷神公司制造，这种新式的激光武器系统综合了成熟雷达技术和探测技术。参与试验的官员称，作为区域防空激光武器项目的组成部分，此次试验将验证新式激光武器的作战性能和效果。

2010 年 5 月 31 日美国海军宣布，当天美国海军用激光炮在加州海上靶场成功跟踪并摧毁一架无人机。此前担心海上颠簸的平台、潮湿且高盐分的气候环境都可能对激光武器带来不利影响，而美国海军也希望考验激光武器在这种环境中的可靠性。

2012 年 8 月美国研发的“阿利-伯克”级导弹驱逐舰 DDG－106“斯托克戴尔”号舰尾直升机平台上安装有一个激光炮发射装置和辅助设备，这是美国首次上舰试验防空型激光炮，美国海军已经测试了诺格集团研制的 MLD 轻型舰载激光炮，并成功击毁一艘小艇。

美国国防高级研究计划局(DARPA)和美国空军研究实验室正在开发“航空自适应光波束”控制炮塔，该炮塔可以确保军用飞机使用高能激光发射器(见图 8.11)。

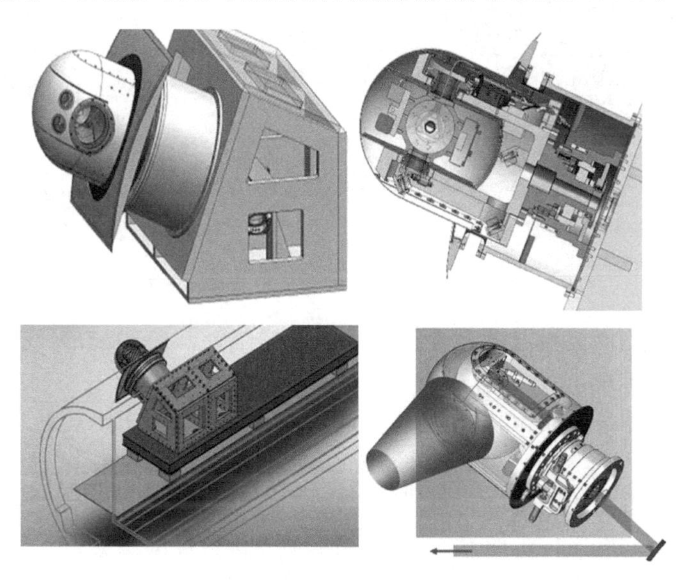

图 8.11　高能激光发射器的介绍图

2. 反激光武器

激光武器的迅速发展刺激了反激光武器和防护对抗措施的加速研究和发展。如同为对付雷达，许多国家和军队装备了反辐射导弹一样，不久用于对付激光武器、激光测距仪、激光指示器和其他激光装置的反激光导弹也将问世。

反激光武器的方法和装备有许多。当目标被敌激光束击中时，可以用后向反射法将激光束反射回发射处，或目标本身能旋转运动使激光光束能量不能聚焦损毁目标。采用适当类型的烟雾保护目标也能有效衰减激光束能量。例如，可在飞机、装甲车上装备小型、高效激光告警系统，精确探测和确定入射激光束方向，识别敌激光器，然后迅速自动发射烟幕弹（当然，发射烟幕弹也可对付来袭导弹、巡航导弹、飞机等的进攻）。在保护战斗人员方面，可以在人眼前佩戴能衰减激光能、阻挡激光束的滤光片、黑色挡眼片等。

8.1.6 激光在军事上应用的发展趋势

激光测距与普通测距相比，具有远、准、快、抗干扰、无盲区等优点。激光雷达在高精度和成像方面的分辨率可达厘米甚至毫米级，军用激光雷达最成功的应用是辅助导航，特别是速度计。激光速度计可给机载导航计算机提供超精度测量，其测速误差可达 0.5 mm/s。激光雷达最适于远距离高分辨率成像。如图 8.12 所示，为我国中国海洋大学研制成功的第一台车载激光雷达。

图 8.12 国内第一台可移动式多普勒激光雷达

进入 21 世纪以来，激光制导武器在原理和制导体制上，没有大的突破性进展，但在以下 3 个方面表现得较为突出：

采用光纤图像制导的导弹，在技术上已经成熟，如以色列的 SPIKE 系列，已研制成功并装备部队。

采用激光雷达导引头的主动激光寻的制导，成为各国研究的热门。如美国陆军正在研制的“网火”武器系统中的巡飞攻击导弹，装有能够自动确认目标的主动激光雷达导引头，能连续扫描直径 500～600 m 的范围，分辨率达 150 mm，并采用先进自动目标识别算法，使其在飞行高度 230 m、飞行速度达到 400 km/h 时还能自动辨认目标。

基于传统的制导体制，采用低成本策略开发的一些新概念激光制导武器，表现出很大的发展空间。如美国陆军正在研制的采用大视场捷联导引头的基于激光半主动制导的低成本简易制导 70 mm 航空火箭弹（APKWS）和低成本末制导炮弹（XM395）等。

8.2 激光在航空航天的前沿应用

航空航天中的激光应用非常多，从结构件的加工到焊接，再到关键元器件的加工和布件，都离不开激光。在 Space X 系列中电磁发射的系统中也隐藏着激光的身影。在此仅以导航领域中的部分应用来说明。

8.2.1　概　述

加速度计能根据当前运载体运动的线加速度对其整个运动信息进行推算，广泛应用于各种交通工具的惯性导航系统、汽车自动驾驶系统、微重力精密测量系统、娱乐等领域。不同应用场景对加速度计的参数指标要求不同，但在尺寸上均存在小型化的需求。2005 年 Kelleher 明确提出光力加速度计的概念，它是一种以牛顿第二定律为基础的力平衡式闭环传感器，其加速度可通过观测微球位移并计算而获得。与机电式加速度计相比，光力加速度计无需耐磨表面和弯曲支撑结构，因而可以被设计成线性形状；在实际操作过程中还可根据实时数据对其系统参数进行校准；系统结构上，光力加速度计由于采用集成光学和光纤组件，因而可使仪器的空间尺寸最小化。此外，光力加速度计的微球与外界环境高度隔离，且位移探测采用高精度光学手段，因而它在超灵敏加速度探测领域拥有极大的潜力。

超精密微重力探测是空间探测计划中的重要环节之一，常使用加速度计的噪声功率谱密度来代表其探测的最小加速度，通常称其为该加速度计的灵敏度或分辨率。除文献外，国外研制光力加速度计系统的机构主要有麻省理工学院、斯坦福大学与耶鲁大学。2006—2008 年，麻省理工学院在恒定 $1g$ 重力加速度环境中，分别使用垂直单光束与水平双光束，利用直径为 10 μm 的微球获得优于 100 $\mu g \cdot \mathrm{Hz}^{-1/2}$ 的加速度灵敏度。2018 年，斯坦福大学采用外差探测法，用垂直单光束与直径为 4.8 μm 的微球得到优于 10 $\mu g \cdot \mathrm{Hz}^{-1/2}$ 的加速度灵敏度。2017—2020 年，耶鲁大学使用垂直单光束与直径为 23 μm 的微球，并添加照明光辅助探测与“环外“反馈，将加速度灵敏度提升至$(95\pm41)\mathrm{n}g \cdot \mathrm{Hz}^{-1/2}$。

国内光力加速度计的研制起步稍晚，目前从事光力加速度计研究的单位有浙江大学、国防科技大学等，他们在液态光阱芯片相关研究中取得了一定进展。其中，浙江大学胡慧珠等设计了液浮式片上光阱传感单元，并对多种微球装载方法进行仿真模拟；国防科技大学罗辉等系统分析了液态环境中微球在水平双光束光阱作用下的动态特性和位移探测。中国科学技术大学的研究人员主要开展对真空中微球的参量反馈调节机制的研究。近年来，浙江大学和国防科技大学也在原有液态光阱芯片的研究基础上开展了对真空光力加速度计的研究。

本节将从光力加速度计的基本原理出发，分析光力加速计中激光导引的具体形式，对加速度测量的方法进行阐述，并对光力加速计的 4 个系统模块即装载模块、光阱捕获模块、位移探测模块、冷却反馈模块，从实践的角度分别进行综述。

8.2.2　基本原理

1. 理论模型

光力加速度计可看作是一个光弹簧，如图 8.13 所示，当微球在轴向移动的位移为 z 时，微球受到的力 $F=-kz$，其中 k 定义为光阱刚度，保持这一参数稳定是获取高精度加速度信息的关键。所谓的光阱指对称的梯度光场与微球相互作用时，形成一种能束缚微球的势阱。根据牛顿第二定律 $\boldsymbol{F}=m\boldsymbol{a}$，其中 m 为测试质量，则微球的轴向瞬时加速度 $\boldsymbol{a}=-kz/m$。光力加速度计中测试质量通常为 pg～ng 级，在整个系统的测试过程中通常认为微球质量 m 是固定不变的，但在实际测试中微球会由于光吸收使质量发生变化，因而微球质量的不确定性是光力加速度计系统误差的主要来源。

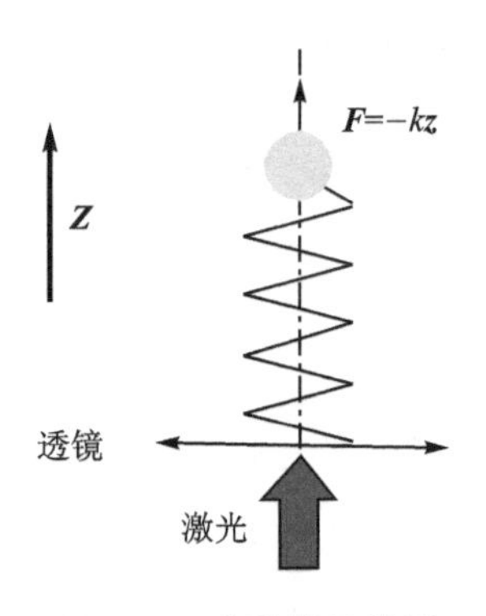

图 8.13　光弹簧示意图

2. 激光导引

激光导引通过激光束将微球控制在光阱中。根据微球半径 r 与激光工作波长 λ 的比值划分为瑞利模型($r \ll \lambda$)、米氏模型($r \sim \lambda$)和几何模型($r \gg \lambda$)。这三种模型均较为成熟，可直接利用现有的编程软件进行处理。考虑构建光阱一般使用 1 064 nm 的激光，根据动量守恒定律，当激光照射在微球表面上时，光子的动量传递至微球，几何模型下微球受到的激光导引为

$$\boldsymbol{F} = Q\,\frac{np}{c} \tag{8.1}$$

式中，Q 代表捕获效率；p 代表激光功率；n 代表介质折射率；c 为光速。一般的激光导引 $\boldsymbol{F}$ 可以看成轴向散射力(F_{scat})和径向梯度力(F_{grad})的合力。图 8.14 所示为由高斯光束构成的光阱中的微球的受力情况(未标明重力)。考虑尺寸因素，微球大多偏离光束中心，此时微球除受重力外，还受到光线 a 的激光导引和光线 b 的激光导引。由于高斯光束光强分布不均匀，此时偏离激光束中心的微球会受到指向中心的径向梯度力，始终使微球向高斯光束中心移动，从而实现微球的三维俘获。

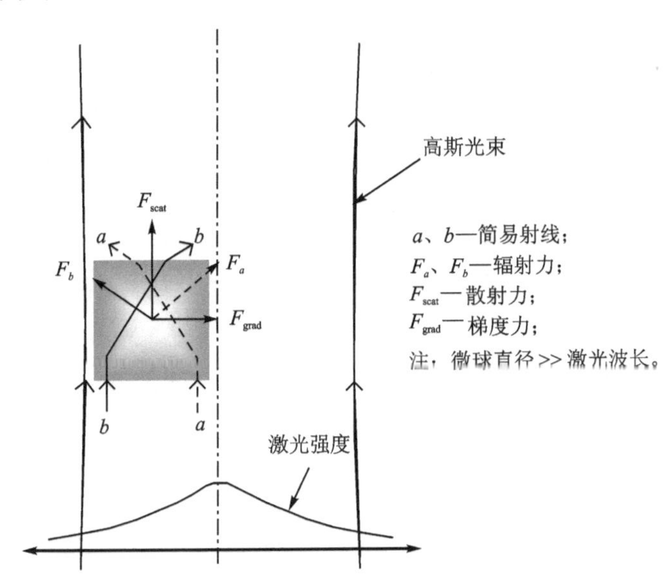

图 8.14　离轴的高折射率微球在弱聚焦高斯光束近场中受到的散射力和梯度力示意图

3. 加速度

根据谐振子运动模型，参考图 8.14 中微球与激光导引分布的关系，可得任一自由度方向上微球加速度的功率谱密度(Power Spectral Density，PSD)公式为

$$\langle S(\omega)\rangle=\frac{4k_{B}\Gamma T}{m}\left[\frac{\omega^{2}}{(\omega_{0}^{2}-\omega^{2})^{2}+\Gamma^{2}\omega^{2}}\right] \tag{8.2}$$

式中，$k_B\sqrt{2}$ 为玻耳兹曼常数；T 为微球的质心温度；ω_0 为激光导引下微球的谐振角频率；Γ 代表系统阻尼系数。阻尼系数 Γ 和激光导引下微球的谐振角频率 ω_0 可以通过微球位移测量实验数据拟合直接获得。因此将位移和谐振频率关联起来的光阱刚度 k 成为整个系统理论分析和获取加速度信息的关键。

光阱刚度可以将测量的位移变化量转换为微球的加速度数据，且仅当谐振子处于欠阻尼状态时，通过数据拟合获得谐振角频率 ω_0 和阻尼系数 Γ。当谐振子处于欠阻尼状态时，谐振角频率 ω_0 和阻尼系数 Γ 的关系需要满足 $\Gamma<2\omega_0$。由图 8.15 可以看出欠阻尼状态可以通过提高真空度来获得。

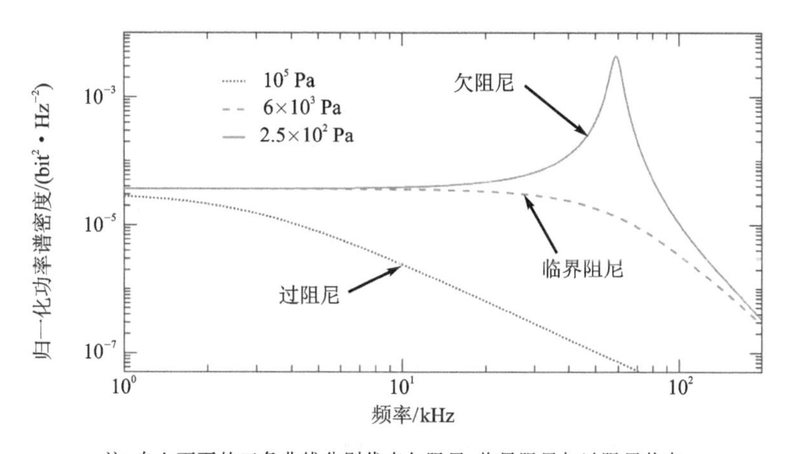

注：自上而下的三条曲线分别代表欠阻尼、临界阻尼与过阻尼状态。

图 8.15　不同压强下微球沿捕获光束传播方向运动的归一化 PSD

8.2.3　光力加速度计

图 8.16 所示为各模块之间的联系与技术路线。围绕基本原理构建光力加速度计的实践，经过调研可以看出光力加速度计可包含 4 个模块：装载模块、光阱捕获模块、位移探测模块、冷却反馈模块。装载模块是将干燥的微球装载至光阱捕获范围内；光阱捕获则是在真空环境下，将微球稳定俘获在激光导引范围内；位移探测可以快速精准地获取激光导引下微球的三维位置信息；冷却反馈模块扩大光力加速度计的量程，同时降低系统噪声。

1. 装载模块

微球装载成功与否直接决定光力加速度计系统能否正常启动与持续工作，该模块设计有间接装载和直接装载两种方式。微球装载锁定技术为间接装载，直接装载的方法则包括压电换能器振动和光子晶体光纤输运。在整个模块中需要注意避免污染造成真空度降低，破坏欠阻尼状态，即高真空的环境条件。

(1) 微球装载锁定技术

微球装载锁定技术是预先使用装载腔室锁定微球，而后在运载装置作用下将微球推至实验腔室。图 8.17 所示为西班牙光电科学实验室的研究人员设计的微球装载锁定装置，图中单

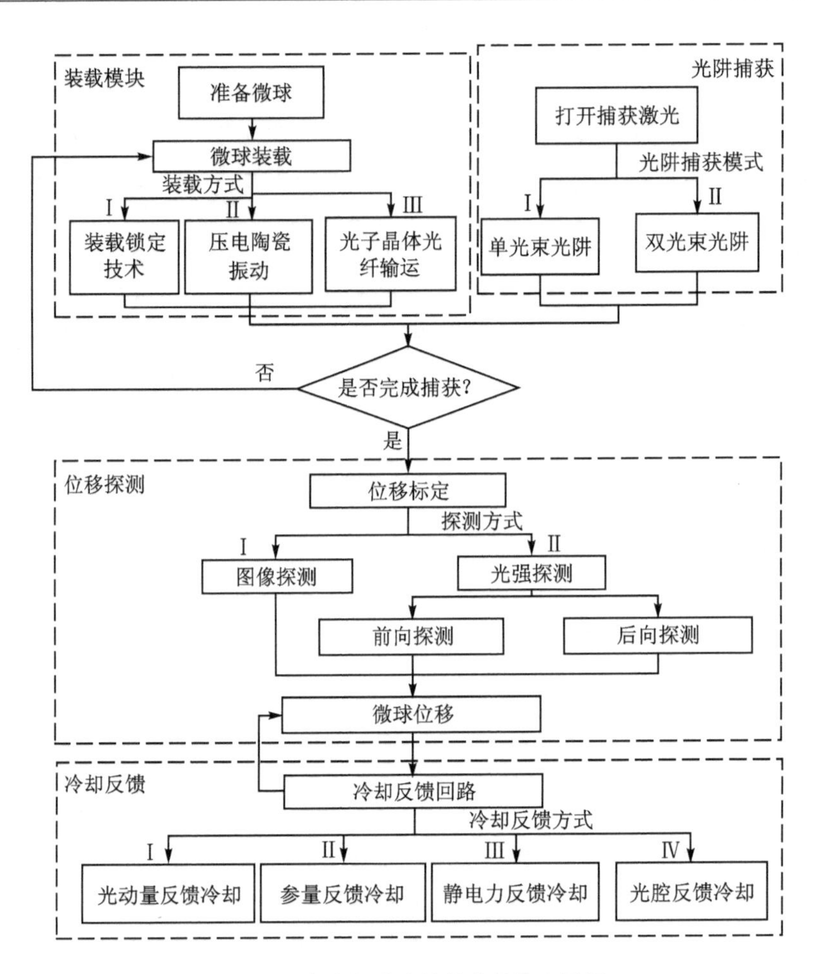

图 8.16 光力加速度计技术总体布局图

模光纤 1 安装在三维各方向可移动的机械馈通上，机械馈通包括光纤、准直器和透镜组，可以将输入激光会聚到锁定区域 2 处。在常压下使用喷雾装置将微球送入装载腔室 A 的锁定区域 2 处，然后将装载腔室 A 的压力降至高真空度范围，再打开腔室 B 与装载腔室 A 之间的阀门，三维调节机械馈通将处于装载腔室 A 中的微球推至腔室 B 中，此过程可以通过雪崩二极管(APD)探测微球的散射场 3 或电荷耦合器件(Charge - Coupled Device，CCD)相机在各视口记录的图像来观测。需要注意腔室 B 保持高真空，高精细常数的光学腔室 4 放置在腔室 B 的内部。

(2) 压电陶瓷振动

与间接装载相比，直接加载的方法对应的结构相对简单，实施起来也更容易。压电换能器振动的方法主要利用压电陶瓷的振动特性，在图 8.18 中，压电换能器在高功率脉冲发射器作用下沿厚度方向周期性振动，这为附着在发射基板表面的干燥微球提供初始加速度，在该加速度加持下微球克服与发射基板之间的粘着力进入捕获区域。

(3) 光子晶体光纤输运

从图 8.18 中可以看出微球发射的过程是随机和不受控制的，因而有研究人员添加空心光子晶体光纤(HC - PCF)以增加对微球发射过程的调控。如图 8.19 所示，使用压电换能器振动或喷雾器等方法将微球送入 HC - PCF 一端的纤芯中，向 HC - PCF 中注入激光，激光导引

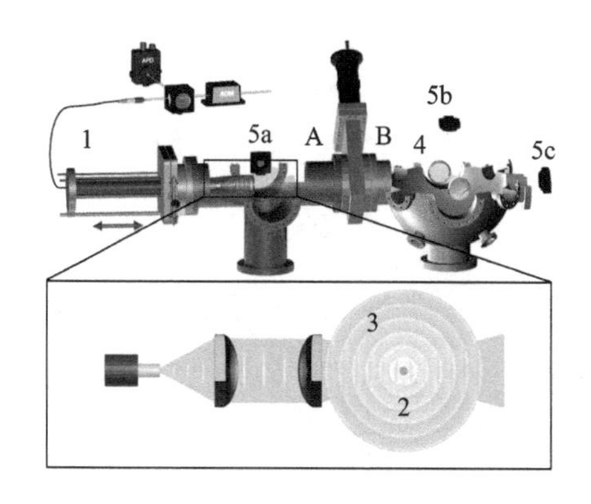

图 8.17　负载锁定技术示意图

下的微球在散射力 F_{scat} 的推动下移动到 HC - PCF 另一端的捕获范围内。

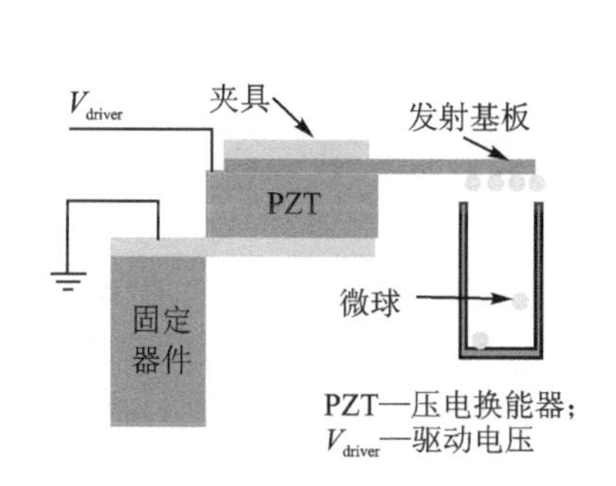

图 8.18　压电换能器振动示意图

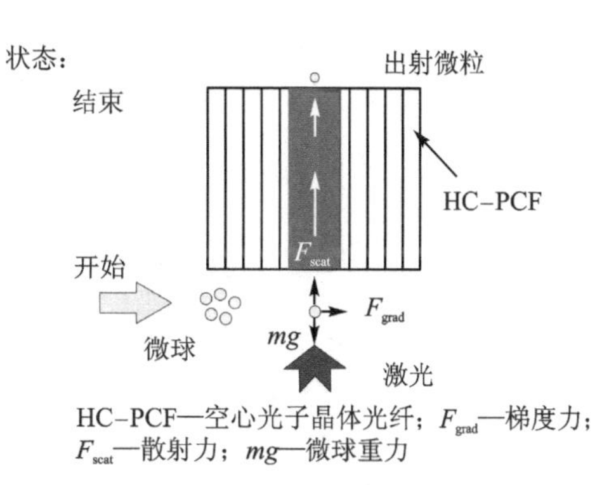

图 8.19　空心光子晶体光纤输运示意图

装载锁定技术可以实现高真空度(10^{-4} Pa)下的微球装载，但预先装载腔室和机械馈通的添加造成设备复杂且体积庞大，不便于设计紧凑的光力加速度计；光子晶体光纤输运可实现低真空度(10^{-1} Pa)下的微球输运，但不易使用成像器件监测输运过程；压电换能器振动装置简单，且能使用成像器件直接检测微球状态，但装载的微球数量和运动方向不易控制。这三种装载方法各有优势，在相关报道中由于成本低且微球检测便利，使用压电换能器振动的方法居多。此外，激光诱导声波解吸法可以实现微球的高真空度装载，但该方法仅在磁阱中得到应用。

2. 光阱捕获

最常见的光阱捕获技术手段多在光镊中，严格地讲是一种特殊的“光镊”应用，因而许多常规真空光镊的技术可以直接移植到光力加速度计的设计中。

光力加速度计中光阱与常规光镊的区别在于：① 应用对象不同，常规光镊所夹持的对象大多为细菌、病毒等生物对象，而光力加速度计中主要的测试对象为透明、低吸收率的光学介质；② 环境要求不同，光力加速度计要求真空装载以及高真空度，因此在装载中应避免引入污染源，故不宜直接使用常规光镊中使用的液化装置进行微球装填。

图 8.20 所示的实验装置为装载和光阱捕获一体化模块，在封闭环境中的微球在环形压电

陶瓷 PC 振动下克服与玻璃基板 P 之间的粘着力，捕获光束 1 捕获微球，捕获后的微球在平衡位置 E 处往复振动，可通过观察窗 M2 明确微球的捕获情况。

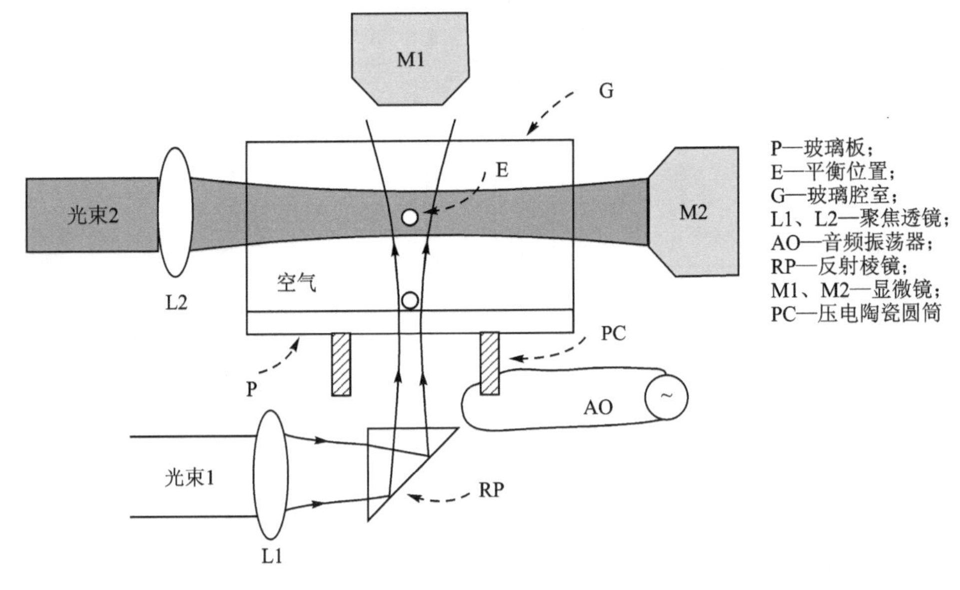

图 8.20 微球光阱捕获实验装置图

光阱捕获模块主要有两种形式，如图 8.21 所示，分为单光束光阱与双光束光阱。捕获光束要拥有大的束腰范围和瑞利长度，即扩大捕获光阱的深度和宽度，在光阱刚度不变的情况下，这将使光力加速度计拥有更大的探测量程，同时也可防止微球逃逸，提高系统的可靠性。

垂直向上的单光束光阱可以使用低数值孔径(Numerical Aperture，NA)的聚焦透镜，因此单光束光阱可提供更大的瑞利长度，适合较大直径微球的捕获。由图 8.21(a)中受力分析可以得出，微球的重力 mg 被散射力 F_{scat} 抵消，但单光束光阱中的微球在外界压强变化时容易丢失，需要相应反馈调节模块将微球维持在平衡位置。

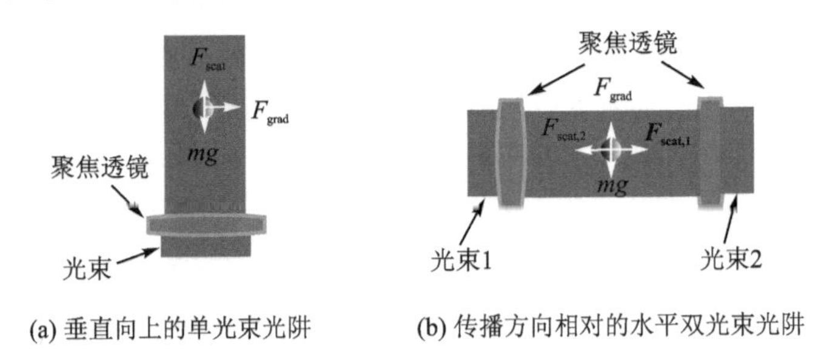

图 8.21 典型光阱示意图

传播方向相对的水平双光束光阱常使用高 NA 的聚焦透镜，当两束传播方向相反的诱导激光的输出功率相同时，根据图 8.21(b)的受力分析可得，轴向上散射力 $F_{scat,1}=F_{scat,2}$，微球此时仅受梯度力 F_{grad} 调控，这有利于微球的运动及受力分析，且通过调节双光束的功率大小可以在轴向调节微球运动。当两诱导激光功率不等时，轴向上微球会靠近输出功率小的一侧，但双光束光阱的稳定性需要保证两光束严格对准，需要专用的对准装置保证两束激光的光路重合。目前单光束光阱的最佳实验结果为$(95\pm41)\mathrm{ng}\cdot\mathrm{Hz}^{-1/2}$，双光束光阱暂无明确实验报道。如表 8.1 所列为单光束与双光束的实验主要参数和研究单位。

表 8.1　捕获光阱模块类型对比

光阱捕获	单光束光阱	双光束光阱
微球直径	50 nm～25 μm	500 nm～10 μm
优势	瑞利长度较大、结构紧凑灵活	只有梯度力、结构稳定
不足	压力变化时微球容易丢失； 微球受力分析复杂	两束光须严格对齐； 高精度电路控制
主要研究机构	普渡大学； 南安普敦大学； 西班牙光子科学研究所； 耶鲁大学； 斯坦福大学； 中国科学技术大学	苏黎世联邦理工学院； 得克萨斯大学； 内华达大学； 浙江大学； 国防科技大学

3. 位移探测

位移探测模块的功能是快速精准地获取激光导引下微球的位移信息，光力加速度计中尤其强调该模块的位移探测精度与实时处理性能。根据探测器种类，可将位移探测分为光强式与图像式。光强式探测是利用位置敏感探测器(Position Sensitive Detector，PSD)、四象限探测器(Quadrant Photodiode，QPD)或平衡探测器(Balanced Photodiode，BPD)直接对微球散射光场的光强进行探测；图像式探测则是使用 CCD 传感器或互补金属氧化物半导体(Complementary Metal Oxide Semiconductor，CMOS)传感器直接获取微球在光场中的具体图像。

(1) 位移探测的主要方式

1) 光强探测

微球被光辐照后产生散射光，散射光的变化反映了微球的动态位置信息。光强式探测多数情况下是利用位置敏感探测器、四象限探测器或平衡探测器检测散射光的变化。光强式探测具有 MHz 的高采样率，适用于真空环境中高速随机运动的微球探测。

根据信号光传播方向与探测器的相对位置关系，光强探测可分为前向探测和后向探测，如图 8.22 所示。图 8.23 所示为斯坦福大学 Rider 团队的探测模块示意图，该团队利用 QPD 对微球径向位移(X,Y 方向)进行前向探测，而采用后向探测获取微球的轴向位移(Z 方向)。

为快速准确获取微球的位置信息，微球三个自由度方向的中心位置需要预先确定。中国科学技术大学郑瑜等人利用道威棱镜(Dove Prism)辅助微球位置测量，实现微球位置探测过程中 X、Y 方向的自由切换。

2) 图像探测

图像探测是使用 CCD 或 CMOS 相机记录被捕获微球的动态图像过程，在设计时需要注意相机的响应波长、曝光时间、空间分辨率以及帧率。光力加速度计中微球常被放置于带光窗的真空腔中，为提高获取图像的清晰度常使用可见光对微球进行照明操作，若采用近红外光对微球进行照明则需要使用响应近红外的特定相机。得到微球的动态图像后，需要选择图像处理技术提取微球位移数据，常用的图像处理法有：质心算法、高斯匹配法算法、相关算法、绝对

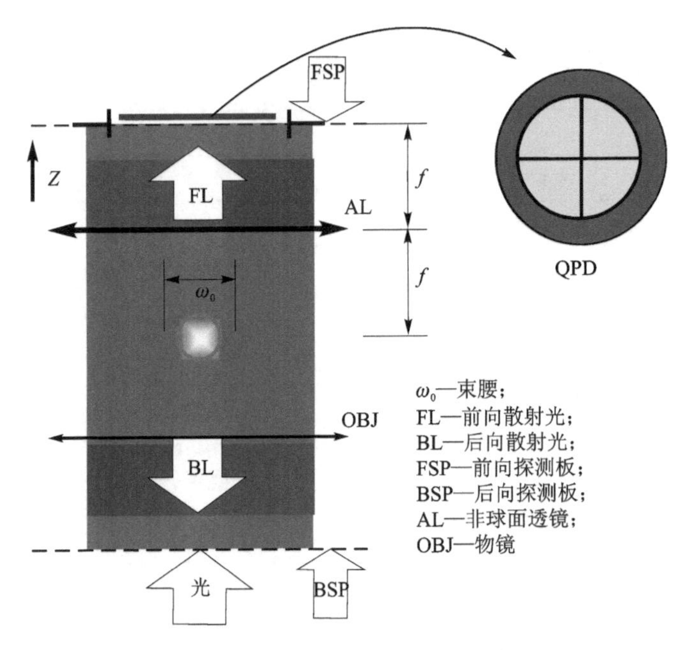

图 8.22 前向探测与后向探测示意图

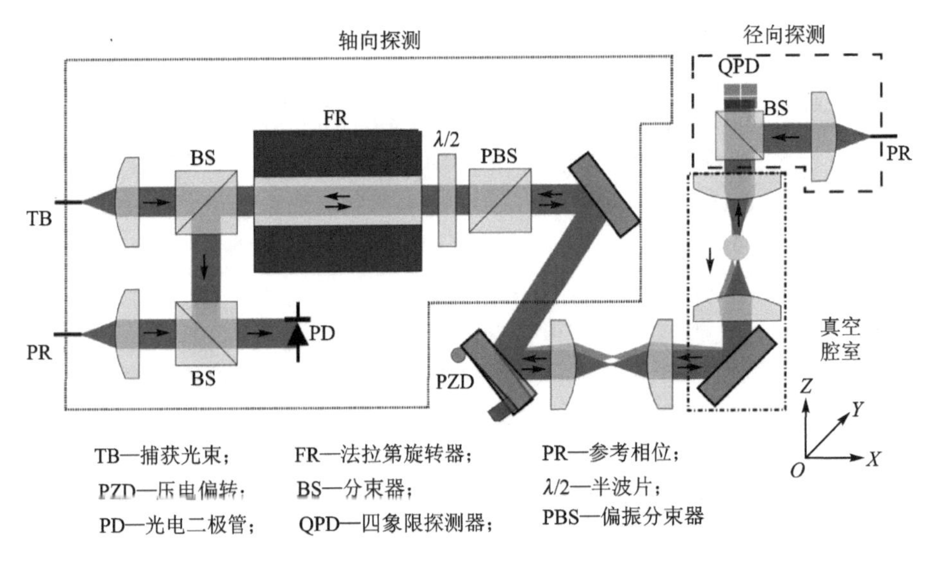

图 8.23 Rider 团队微球探测模块示意图

差算法。

大多数高速相机的帧数在几十至百之间，在采集过程中容易丢失 kHz 以上的信号，不能满足高速运动的探测。但在使用 CMOS 相机进行探测时，通过选取探测感兴趣的区域，降低空间分辨率，可以得到 kHz 以上的高速采集频率，也可采用超高速分辨结构光照明显微技术提高位移探测精度与成像速度。

为获得更高的图像清晰度与探测精度，耶鲁大学 Moore 团队选用了 532 nm 的绿光进行照明，如图 8.24 所示。两束照明光中一束沿捕获光束的传播路径提供微球 X、Y 方向的位移信息；另一束则从与真空腔侧面垂直的方向入射，提供微球 Z 方向的位移信息。该模块中同时使用相机和平衡探测器，相机直观地展示微球的运动状况可以弥补平衡探测器单一数据的不足，此为光强式和图像式的混合探测方式。

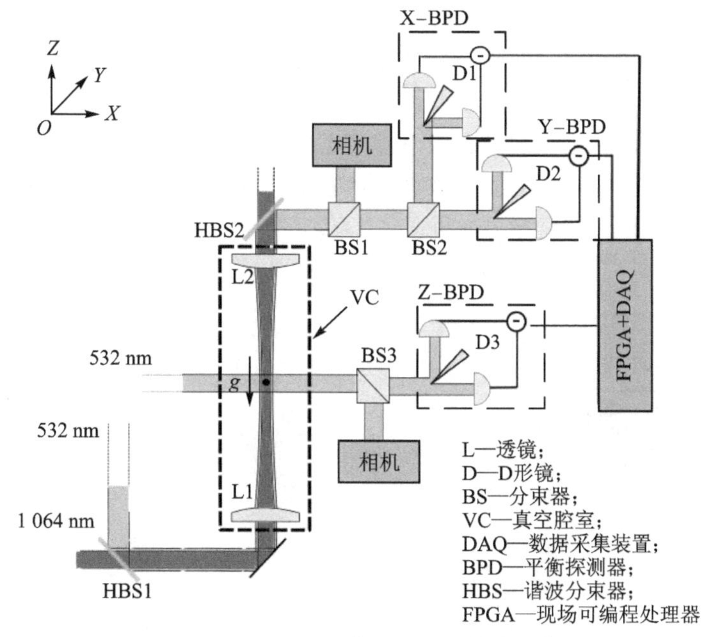

图 8.24　Moore 团队的位置探测模块示意图

（2）位移标定

为获取微球的实际位移，需要对探测器输出进行标定。位移标定可分为直接标定与间接标定。直接标定是利用已知位移量进行标定，常用的直接标定方法有：使用压电平台提供已知振幅驱动样品室内微球往复运动的标定方法；使用分辨率测试卡校准获取的图像像素的标定方法；在静电场中使用已知电场驱动带电微球运动的标定方法。表 8.2 列出了三种直接标定方法所适用的探测方式。间接标定主要利用微球的热运动特性，当微球处于热平衡状态时，此时的光阱为简谐势阱，通过分析测量获得电压信号的功率谱密度并利用均分定理对探测器进行标定。考虑光力加速度计要实现高精度测量，而间接标定误差较大不适于精密测量，因此应进行直接标定，已知实验中使用静电场标定方法可得到优于 2%的标定精度。

表 8.2　直接标定方法及对应探测方式

标定方法	探测方式
压电平台驱动微球往复运动	图像探测； 光强探测
标准测试卡校准图像像素	图像探测
电场驱动带电微球的运动	图像探测； 光强探测

4. 冷却反馈

众多研究人员尝试在基础物理的量子研究中使用冷却反馈来实现量子基态，但在光力加速度计中冷却反馈模块设计的作用，一方面是设计闭环位移控制系统，扩大光力加速度计的量程；另一方面是抑制系统中的噪声。冷却反馈模块的主要方案有：光动量反馈冷却、参量反馈冷却、静电力反馈冷却、光腔反馈冷却等。

图 8.25 分别列出 4 种冷却反馈方案的原理示意图。使用三对互相垂直的冷却激光抑制微球运动可实现光动量反馈冷却（见图 8.25(a)）；额外添设静电场且精准控制微球的带电量可进行静电力反馈冷却（见图 8.25(c)）；利用高精细度的光腔实现光腔反馈冷却（见图 8.25(d)）。与上述三种方案相比，参量反馈冷却（见图 8.25(b)）拥有独特的优势而被广泛应用，也有使用振动偏转镜对捕获光束的空间位置进行调节的报道。

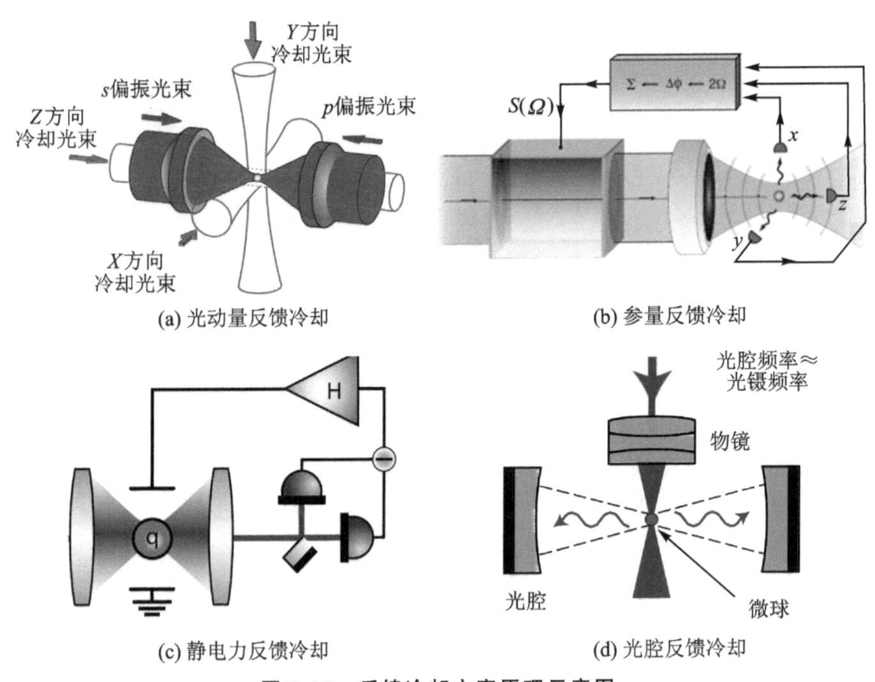

图 8.25 反馈冷却方案原理示意图

8.2.4 结　论

封闭于真空腔室内的光力加速度计，具有优良的抗外界干扰能力，再搭配一些高精度的光学设备，在微重力探测中具有明显的优势。近年来，光力加速度计的探测精度由约 100 $\mu g \cdot Hz^{-1/2}$ 提升至约 100 $ng \cdot Hz^{-1/2}$，实现了大约 3 个数量级的提升，可望应用于对加速度灵敏度需求高的飞行器和舰船等惯性导航系统中。但是现阶段真空光力加速度计系统仍处于实验阶段，存在测试质量变化引起系统误差增大、腔内压强减小时微球易逃逸、高精度微球位移探测困难等问题。

为解决上述问题，可改进微球材质或制造工艺减小微球在系统运行过程中质量的变化，保证光阱刚度不变，降低光力加速度计的系统误差；使用大数值孔径的光子晶体光纤构建大的高质量对称梯度光场，增加捕获微球的个数及运动范围，避免微球逃逸造成系统的停止运行；添加高速超分辨结构光照明技术，提高微球位移探测精度，这些技术手段的应用有望进一步提升系统在外界微弱扰动下加速度探测灵敏度。

未来光力加速度计将减少透镜、反射镜、棱镜等光学元件的使用，增加光纤及光纤相关产品的使用，从而降低光路对准、系统搭建的难度，提高系统的操作灵活性；同时根据微球运动特性，改进探测器的有效面积与数据采集电路相关参数，减小光阱捕获模块与位移探测模块所占用的空间体积，实现模块的简约化与紧凑化；不断提高光力加速度计的探测精度与可靠性，从而加快光力加速度计从实验室到工程化的步伐。

习　题

8.1 请举例说明你身边的激光应用，并明确应用的激光器的类型和参数，以及基本的激光技术。

8.2 请举例说明激光系统的应用设计，要求包括具体的技术指标，激光器、激光技术选择和设计过程。

参考文献

[1] Butts D L. Development of a light force accelerometer[D]. Cambridge: Massachusetts Institute of Technology, 2008: 19-28.

[2] Kelleher W P, Smith S P, Stoner R E. Optically rebalanced accelerometer: US6867411 [P]. 2005-03-15.

[3] Rider A D, Blakemore C P, Gratta G, et al. Single-beam dielectric-microsphere trapping with optical heterodyne detection[J]. Physical Review A, 2018, 97: 013842.

[4] Monteiro F, Li W Q, Afek G, et al. Force and acceleration sensing with optically levitated nanogram masses at microkelvin temperatures[J]. Physical Review A, 2020, 101 (5): 053835.

[5] Xiong W, Xiao G Z, Han X, et al. Back-focal-plane displacement detection using side-scattered light in dual-beam fiber-optic traps[J]. Optics Express, 2017, 25(8): 9449-9457.

[6] Zhu X M, Li N, Yang J Y, et al. Revolution of a trapped particle in counter-propagating dual-beam optical tweezers under low pressure[J]. Optics Express, 2021, 29(7): 11169-11180.

[7] Ricci F, Rica R A, Spasenović M, et al. Optically levitated nanoparticle as a model system for stochastic bistable dynamics[J]. Nature Communications, 2017, 8: 15141.

[8] Li T C, Kheifets S, Raizen M G. Millikelvin cooling of an optically trapped microsphere in vacuum[J]. Nature Physics, 2011, 7(7): 527-530.

[9] Ashkin A, Dziedzic J M. Optical levitation by radiation pressure[J]. Applied Physics Letters, 1971, 19(8): 283-285.

[10] Callegari A, Mijalkov M, Gököz A B, et al. Computational toolbox for optical tweezers in geometrical optics[J]. Journal of the Optical Society of America B, 2015, 32(5): B6-B19.

[11] Millen J, Monteiro T S, Pettit R, et al. Optomechanics with levitated particles[J]. Re-

ports on Progress in Physics, 2020, 83(2): 026401.

[12] Bykov D S, Mestres P, Dania L, et al. Direct loading of nanoparticles under high vacuum into a Paul trap for levitodynamical experiments[J]. Applied Physics Letters, 2019, 115(3): 034101.

[13] Podschus J, Koeppel M, Schmauss B, et al. Position measurement of multiple microparticles in hollow- core photonic crystal fiber by coherent optical frequency domain reflectometry[EB/OL]. (2021-03-23)[2021-04-05]. https://arxiv.org/abs/2103.12818.

[14] Gieseler J, Millen J. Levitated nanoparticles for microscopic thermodynamics-a review [J]. Entropy, 2018, 20(5): 326.

[15] Rashid M, Tufarelli T, Bateman J, et al. Experimental realization of a thermal squeezed state of levitated optomechanics[J]. Physical Review Letters, 2016, 117(27): 273601.

[16] Frimmer M, Luszcz K, Ferreiro S, et al. Controlling the net charge on a nanoparticle optically levitated in vacuum[J]. Physical Review A, 2017, 95(6): 061801.

[17] Zheng Y, Guo G C, Sun F W. Cooling of a levitated nanoparticle with digital parametric feedback[J]. Applied Physics Letters, 2019, 115(10): 101105.

[18] van derLaan F, Reimann R, Militaru A, et al. Optically levitated rotor at its thermal limit of frequency stability[J]. Physical Review A, 2020, 102: 013505.

[19] Tebbenjohanns F, Frimmer M, Novotny L. Optimal position detection of a dipolar scatterer in a focused field[J]. Physical Review A, 2019, 100(4): 043821.

[20] Lewandowski C W, Knowles T D, Etienne Z B, et al. High-sensitivity accelerometry with a feedback-cooled magnetically levitated microsphere[J]. Physical Review Applied, 2021, 15: 014050.

[21] 李银妹，姚焜. 光镊技术[M]. 北京：科学出版社，2015.

[22] Huisstede J, van der Werf K, Bennink M, et al. Force detection in optical tweezers using backscattered light[J]. Optics Express, 2005, 13(4): 1113-1123.

[23] Rohrbach A,Stelzer E H K. Three-dimensional position detection of optically trapped dielectric particles[J]. Journal of Applied Physics, 2002, 91(8): 5474-5488.

[24] Otto O,Gutsche C, Kremer F, et al. Optical tweezers with 2.5 kHz bandwidth video detection for single-colloid electrophoresis[J]. Review of Scientific Instruments, 2008, 79(2): 023710.

[25] Chang-Ling L. Optical trapping of micron-sized objects to search for new physics beyond the Standard Model[D]. New Haven: Yale University, 2019.

[26] Park H, LeBrun T W. Parametric force analysis for measurement of arbitrary optical forces on particles trapped in air or vacuum[J]. ACS Photonics, 2015, 2(10): 1451-1459.

[27] Hebestreit E, Frimmer M, Reimann R, et al. Calibration and energy measurement of optically levitated nanoparticle sensors[J]. Review of Scientific Instruments, 2018, 89(3): 033111.

[28] Hosseini M, Duan Y H, Beck K M, et al. Cavity cooling of many atoms[J]. Physical Review Letters, 2017, 118(18): 183601.

第 9 章　引力波探测中的激光技术及其分析

9.1　引力波发展的机遇与矛盾

北京时间 2015 年 9 月 14 日 17 点 50 分 45 秒，在美国，相隔 3 000 km 的两个激光干涉引力波天文台(Laser Interferometer Gravitational - wave Observatory，LIGO)，先后成功探测到了引力波，时间相差 7 ms，这是人类第一次直接探测到了引力波。2016 年 6 月 15 日，激光干涉仪引力波天文台，科学合作组织与 Virgo 科学合作组织在圣地亚哥举行的美国天文学会第 228 次会议上正式宣布，在高新 LIGO 探测器的数据中确认了又一起引力波事件 GW151226：世界协调时间 2015 年 12 月 26 日凌晨 3 点 38 分 53 秒，科学家们第二次观测到引力波。2017 年 6 月 1 日，美国 LIGO 宣布第 3 次探测到引力波信号，并借此对黑洞的形成有了新的认识。诞生于双星系统中两颗自转与旋转方向一致的黑洞合并想象图如图 9.1 所示。

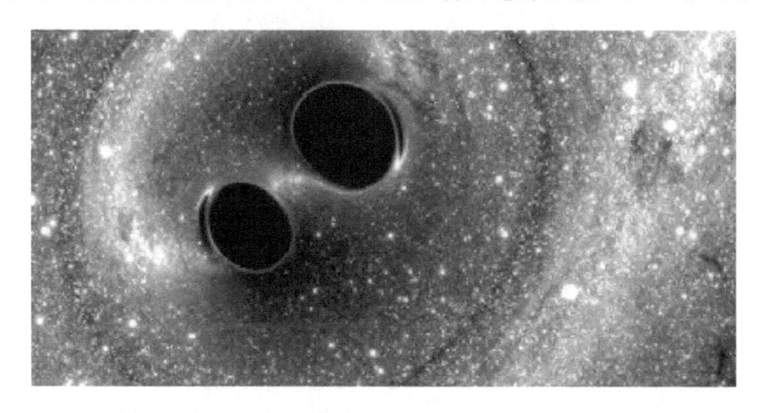

图 9.1　诞生于双星系统中两颗自转与旋转方向一致的黑洞合并想象图

引力波是爱因斯坦在广义相对论中的重要预言，引力波探测是当代物理最重要的前沿领域之一。以引力波探测为基础的引力波天文学是一门新兴的交叉科学，是对传统电磁辐射天文学的巨大拓展与补充。引力波的发现是一项划时代的科学成就，它标志着困扰科学家几百年的物理学难题得以破解，完成了从寻找引力波到研究天文学的历史性转折。

LIGO，是借助激光干涉仪来聆听来自宇宙深处引力波的大型研究仪器。既然 LIGO 能够探测到遥远宇宙的引力波，这就意味着我们能够用这种特殊的望远镜来了解我们的宇宙。LIGO 的特点极为突出：

① 不需要对准天空中的某个位置，只要它能够探测到的信号经过它，它就能探测到；

② 不能独立使用探测引力波信号，且为了定位以及避免一些错误，它必须多台引力波望远镜同时运行。

9.1.1 引力波简介

1915年爱因斯坦在广义相对论中提出：引力是时空的弯曲；1916年他预言了引力波的存在，认为引力波是时空的“涟漪”，是一种四极辐射的结果。只要质量在空间内做不对称圆周运动，就会产生引力波。这引发了研究人员持之以恒的努力。

非常不幸的是引力波的作用十分微弱，以至于人们不能像从前赫兹探测到电磁波信号那样，人为设计一个普通的实验去证实引力波的存在。应力波的强弱用无量纲量 h $\left(\text{长度的相对变化量，定义为 } h=\dfrac{\Delta L}{L}\right)$ 来表述，就算再极其剧烈的天文事件（如黑洞合并、中子星合并等），其值也在 10^{-21} 量级，如图9.2所示，大致与氢原子半径与地日距离之比的量级相当。

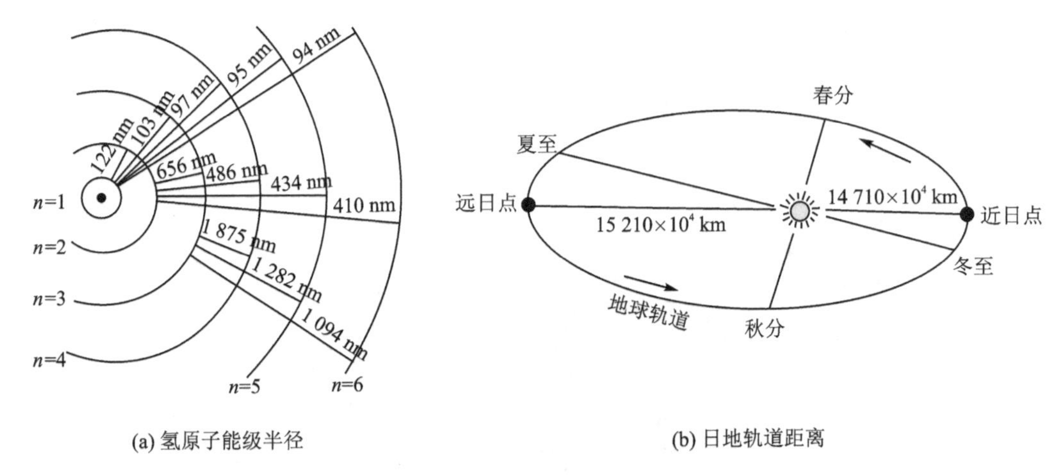

(a) 氢原子能级半径　　(b) 日地轨道距离

图9.2 氢原子半径与日地距离对比

9.1.2 引力波的发展历史

世界上第一个引力波探测器——共振棒，由于其探测频率窄，灵敏度不够高而没有取得突破；发展到21世纪激光干涉引力波探测器，其探测灵敏度高，探测频带宽，升级潜力大，给引力波的探测带来了希望，并直接导致引力波的发现。

1960年，Gertsenshtein 研究了引力波与光波的共振特性，并提出了原型干涉仪探测的想法。1967年，麻省理工学院的 Weiss 利用军方物质资助建造了一台初始光学干涉仪，并尝试建造了用悬挂镜的激光迈克尔逊干涉仪。在美国国家科学基金会(National Science Foundation，NSF)的撮合下，Drever 和 Witcomb 团队组建了大型激光干涉仪引力波观测工程项目，先后在华盛顿的 Hanford 和路易斯安那的 Livingston 建造臂长4 km的激光干涉仪引力波观测站。

21世纪初，几台大型干涉仪陆续建成并投入运转，它们分别是：美国的 LIGO，臂长4 km；法国与意大利合建的 VIRGO，臂长3 km；英国与德国合建的 GEO600，臂长600 m；日本的 TAMA300，臂长300 m。这几台干涉仪的灵敏度达到 10^{-22}，完全符合设计指标，它们被称作第一代激光干涉引力波探测器。随后 LIGO 和 VIRGO 做了有限的改进，进行了“初步”升级，变成了 eLIGO 和 VIRGO+，灵敏度又有明显的提升。

美国集中人力物力研发第二代激光干涉仪引力波探测器高级 LIGO，其在试运行阶段就发现了引力波，取得了划时代的科研成就。除了美国的 LIGO 和高级 LIGO 之外，还有英国与德国合建的 GEOHF，法国、意大利、波兰、匈牙利合作的高级 VIRGO，日本的 KAGRA（臂长 3 km）以及印度的 INDIGO（臂长 4 km），灵敏度为 10^{-23}。随着第二代激光干涉仪引力波探测器的全部建成并投入运转，一个由第二代干涉仪组成的国际引力波探测网也将建成，使引力波天文学研究进入快速发展的新阶段。在引力波发现的巨大鼓舞下，以爱因斯坦望远镜 ET 为代表的第三代激光干涉仪引力波探测器正在加紧研发中，灵敏度又提高了一个数量级，直指 10^{-24} 数量级。

9.1.3 “天琴”和“太极”华山论剑

我国激光干涉引力波探测研究始于 1984 年。由周培源倡导、秦荣先领导，在中国科学院高能物理研究所引力室，由李永贵负责开始对激光迈克尔逊干涉仪引力波探测的研究。1987 年，Zhu 等人完成了桌上型非悬挂镜迈克尔逊干涉仪（臂长 12 cm）的建造，曾达到 $10^{-13}\ \mathrm{cm}/\sqrt{\mathrm{Hz}}$ 可探测灵敏度。1991—1993 年，李永贵曾进行了引力波干涉仪中功率重循环和激光频率稳定实验。1994 年，他又与赵春农在中国科学院高能研究所自由电子激光室建立了具有悬挂镜的桌上型激光迈克尔逊干涉仪，完成了确定“反射镜指向”的局部控制和部分“干涉仪臂长”的长度控制工作。

2016 年 2 月，美国 LIGO 宣布在 2015 年 9 月 14 日人类首直接探测到了引力波，这是 21 世纪物理学最重大的发现。引力波在宇宙中几乎自由传播，是探究包括引力本质在内的新物理及宇宙奥秘的窗口。引力波探测的国际竞争目前已经到了白热化程度。为了参与这一国际最前沿、最基本的科学研究，中国科学家提出了“天琴”与“太极”两个空间引力波探测计划。

“天琴”计划是中国科学院院士罗俊于 2014 年 3 月在华中科技大学的一次国际会议上提出，2015 年 7 月在中山大学发起，以中国为主导的国际空间引力波探测计划。其目标是在 2035 年前后，在约 10×10^{4} km 高的地球轨道上，部署 3 颗全同卫星。3 颗卫星将构成边长约为 17×10^{4} km 的等边三角形编队，建成空间引力波天文台“天琴”，开展引力波的空间探测，进行天体物理、宇宙学及基础物理前沿研究。

2016 年，中国科学院提出了我国空间引力波探测“太极”计划。类似欧美的 LISA 计划，“太极”计划的 3 星编队轨道是以太阳为中心，设计干涉臂臂长即卫星间距 300×10^{4} km。“太极”计划对卫星的稳定性提出了更高要求，3 颗卫星必须构成超稳却静平台。2019 年 8 月 31 日，我国首颗空间引力波探测技术实验卫星“太极一号”成功发射，标志着“太极”计划第一步任务目标已成功实现。

我国科学家龚云贵教授长期从事引力理论、引力波物理及宇宙学方面的研究，在国际上最先开展中国“天琴”和“太极”联合观测方面的研究，发现“天琴”和“太极”联合观测，可以把对于引力波源的空间定位能力提高至少两个数量级，这为将引力波作为标准去研究哈勃常数危机及宇宙演化提供了理论基础。

单个引力波探测器对于不同空间方位的敏感度不同，龚云贵教授团队发现 LISA、“天琴”和“太极”联合起来，不仅可以覆盖更宽广的空间，而且可以更加精确地确定引力波源的物理参数，从而更好地理解种子黑洞的起源及演化、宇宙的起源、演化及引力的本质特性等。

2019 年的 12 月 20 日，长征四号火箭已经携带“天琴一号”卫星上天，这个“天琴一号”是引力波探测仪中的一个，总共需要 3 个类似的探测器(SC1、SC2、SC3)。3 颗卫星通过惯性传感器、激光干涉测距等系列核心技术，以激光精确测量由引力波造成地月距离变化。与美国的激光引力波干涉仪天文台相比，“天琴”计划引力波探测会有光学辅助手段，此外，与激光干涉引力波天文台探测到的短时间地爆发型引力波不同，“天琴”计划围绕低频段地连续型引力波探测，可以持续验证引力波的情况。

9.1.4 美国 LIGO 实验室的建设引发的争论

2016 年，美国 LIGO 实验室宣布人类首次探测到了引力波。2017 年，凭借该发现，LIGO 实验室的韦斯(R. Weiss)、索恩(K. S. Thorne)和巴里什(B. Barish)三位科学家被授予诺贝尔物理学奖。然而，当我们在为这场科学盛宴欢呼的同时，也应当注意该实验结果遭到了包括中国、英国、德国、丹麦、巴西等国科学家的质疑。如我国物理学家梅晓春强调“作者仔细阅读了 LIGO 发表在美国《物理评论快报》上的论文，没有找到一个字说他们实际观察到双黑洞并合的天文现象。”巴西科学家乌里扬诺夫(Policarpo Ulianov)认为 LIGO 实验用迈克逊干涉仪测量引力波是不可能成功的，因为它与一百多年前迈克逊测量地球绝对运动的实验结果相悖。我国物理学家黄志洵说：“我们强调指出，认为‘引力传播速度和引力波速度都是光速’的观点是完全错误的，不仅不符合事实，而且把引力相互作用和电磁相互作用混为一谈。‘引力速度’与‘引力波速度’是不同的概念。”此后，尽管激光干涉引力波天文台不断声称探测到了更多引力波信号，但针对激光干涉引力波天文台实验的质疑从未停止。

1. 激光干涉引力波天文台的由来

谈到探测引力波实验，美国马里兰州立大学的物理学家韦伯(Joseph Weber)是这个领域的先驱。1959 年，在巴黎附近的罗亚蒙特(Royaumont)会议上，韦伯的论文《引力波》(*Gravitational Waves*)获得了由引力研究基金(Gravity Research Foundation)设立的论文奖。文中，韦伯提出可以通过探测引力波实验来验证爱因斯坦的广义相对论。1960 年，韦伯提出了他的实验设计构想。8 年后，韦伯终于建造出了他的引力波探测器——韦伯棒，其实验原理是通过测量当有引力辐射通过时棒的振动来测量引力波。

除了共振技术外，在探测引力波领域还存在着激光干涉技术。它最早是由美国麻省理工学院的韦斯设计的。韦斯的设计灵感来源于他在 1968—1969 年在麻省理工学院的课堂上给学生们讲解爱因斯坦的“时空弯曲”理论。1974 年，韦斯继续向美国国家科学基金会提交了一份建造一台臂长 9 m 的激光干涉引力波探测器的申请，申请金额为 53 000 美元，直到 1975 年 5 月才获批准，并且项目进行得非常不顺利。韦斯在 1976 年写给 NSF 引力物理学项目负责人艾萨克森(Richard Isaacson)的一封要求延长拨款期限的信中提到了他所遇到的困难。韦斯遇到的困难并不是来自外界的，而主要是来自麻省理工学院内部的阻力。1981 年，韦斯以麻省理工学院的名义向 NSF 提交了一份申请报告，计划用 3 年时间建造出一台臂长 10 km 的探测器。但是，NSF 却希望麻省理工学院和加州理工学院能够进行合作，并要求两方面提出合作计划。因此，1983 年 10 月由韦斯执笔，以麻省理工学院和加州理工学院联合的名义，再次向美国国家科学基金会提交了一份建造大规模激光干涉仪的报告，申请金额是 7 000 万美元。其中，3 位课题组成员有两位来自麻省理工学院——韦斯和索尔森(Peter Saulson)，一位是加州理工学院的惠特科姆(Stan Whitcomb)。这份报告后来被称为“蓝皮书”,因为它的封面是蓝色的。之后,该项目被正式命名为“激光干涉引力波天文台”。关于这个名字的由来,最初索恩想把它命名为“束流检测仪”,但是韦斯认为这个名字的科幻色彩太浓了,后来,他用“激光干涉引力波天文台”的英文首字母来命名这个项目——LIGO由此诞生。

2. 韦伯与激光干涉引力波天文台之间的争论

韦伯与激光干涉引力波天文台之间的争论可以从两方面来看:一方面,初期在激光干涉引力波天文台与韦伯之间是没有直接冲突的,并且在最初的阶段上韦斯和索恩从来没有和韦伯发生过冲突。甚至在1982年,索恩在与韦伯在他的办公室里交谈时还对韦伯说过:“我无比尊重你做出的贡献,你开创了一个新领域,你找到了一个新的研究方向,至今人们还在朝着这个方向努力,你的这些贡献本身就能说明问题。”而后来当激光干涉引力波天文台的资金来源得到保障后,索恩对韦伯的攻击开始变得直接起来,原因在于索恩认为是韦伯率先发起了攻击。

另一方面,对于韦伯而言,在激光干涉引力波天文台建设的早期,他与激光干涉引力波天文台之间并不存在不可弥合的分歧。那时,韦伯对LIGO的态度是“乐见其成”。韦伯始终相信自己的探测器的灵敏度要远远领先于激光干涉引力波天文台。但共同体中的其他科学家都不相信韦伯的实验结果,这就给他的资金支持造成了很大困扰,大大压缩了韦伯实验的生存空间。在资金链即将断裂的情况下,韦伯开始了“反击”。建造的“高通量”(High Visibility Gravitational Radiation,High VGR)探测器的精确度要高于引力波值,能测到那些在天体物理学和宇宙学中所提到的小通量(Smallfluxes)。这一新理论开启了对固体材料中原子与引力波相互作用的量子级分析。

韦伯对激光干涉引力波天文台的攻击主要体现在资金的争夺上,在一定程度上的确给激光干涉引力波天文台的建设造成了威胁,之后有很多国会议员认为资助激光干涉引力波天文台这个项目就是徒劳的烧钱行为,导致美国国家科学基金会对激光干涉引力波天文台的2亿美元资助直接叫停。后来,是在索恩和时任激光干涉引力波天文台项目负责人沃格特(Rouchus Vogt)的不断斡旋下,美国国家科学基金会才恢复了对激光干涉引力波天文台的资助。

3. 低温棒实验组与激光干涉引力波天文台与之间的争论

低温棒技术最初是由美国物理学家费尔班克(Bill Fairbank)发明的,其实验装置基本与韦伯相同,但不同之处在于实验中需将振动棒迅速冷却——金属棒在冷却后会进入一种超导状态,可达到降低噪声的目的,并以此提高仪器的灵敏度。低温棒实验组与激光干涉引力波天文台的争论和分歧则要温和得多。

首先,当时处于发展“较为”成熟的低温棒实验组并不认为激光干涉引力波天文台是个威胁,他们认为激光干涉引力波天文台的发展能够加深外行特别是科学管理层对这个领域的了解,增加资金的支持力度。

其次,在两种技术的并行发展中,低温棒共同体逐渐感受到了激光干涉引力波天文台的威胁。一方面,在技术层面上,低温棒实验组意识到从长远的发展趋势来看,激光干涉探测仪的灵敏度将会更高。虽然低温棒的造价更低,成本仅是激光干涉引力波天文台的十分之一,但成本的优势其实并不能被看作是真正的优势。另一方面,低温棒实验是由单个实验室分别进行实验的,整个低温棒实验共同体的组织结构是比较松散的,由3个实验室组成:意大利的

“EXPLORER”棒、美国路易斯安那的“ALLEGRO”棒和澳大利亚的“NOIBE”棒。3个实验室的研究是相互独立的，彼此之间很少交换数据或做技术沟通；他们的基本认识立场是有差异的，且对待证据的态度完全不同。正是这样的实验组织结构，导致科学决策层认为低温棒团队不够专业：“委员会认为干涉仪在这方面比棒的优势更明显。……因为他们之间的团队成员是不同。有人告诉我，这些低温棒实验室是由小团队以不太专业的方式组成的；而干涉仪项目是由大型的、专业的、高能物理学团队组成的。”

总之，整个探测引力波的共振棒共同体和激光干涉引力波天文台之间的关系是很复杂的：韦伯试图与激光干涉引力波天文台对抗，但失败了；低温棒实验组虽然接受了激光干涉引力波天文台，并希望与之开展合作，但又嫉妒它的成就。

4. 激光干涉引力波天文台的“三驾马车”之间的冲突

激光干涉引力波天文台领导权之争——这也被外界称为是由韦斯、索恩和德雷弗组成的激光干涉引力波天文台的“三驾马车”之间的争论。

在20世纪80年代末至90年代初，激光干涉引力波天文台的研究仍然属于一种“小科学”的研究范式——由在美国加州理工学院的德雷弗和在麻省理工学院的韦斯分别独立进行实验。两台原型机的设计思路大不相同、技术构造也不同，两个实验室表面上看起来是合作关系，但其实是一种竞争关系。

在管理上激光干涉引力波天文台的“三驾马车”采取的是一种协商一致的管理模式。工作伊始阶段，索恩主要是负责激光干涉引力波天文台项目的公关工作，因此，冲突主要集中在了韦斯与德雷弗之间。至于技术实施层面的工作，则主要由德雷弗和韦斯负责，韦斯擅长数据分析，而德雷弗的动手能力更强。二者在技术上最直接的冲突体现在对反射光源的处理上——德雷弗主张用法布里-珀罗腔(Fabry - Perot Cavity)、韦斯坚持用“延迟线”(Delay Line)的方法；二者对于激光干涉引力波天文台的科学属性的理解是根本不同的：韦斯主张建造一个巨型探测器，而德雷弗希望建造一个中型探测器，之后再对机器逐渐升级。

到了1986年，在向美国国家科学基金会的报告会上，索恩也不得不承认激光干涉引力波天文台面临的最大问题不是技术问题而是管理问题。但是，激光干涉引力波天文台的“三驾马车”之间的合作依然不顺利。到了1987年，美国国家科学基金会正式聘用加州理工学院的沃格特以职业经理人的身份担任激光干涉引力波天文台项目的负责人。此后，“三驾马车”的组织形式彻底解体。1992年，德雷弗被激光干涉引力波天文台解雇，而韦斯和索恩则一直在留在激光干涉引力波天文台实验室里主导该实验，直到2016年激光干涉引力波天文台首次探测到引力波。

争论存在于不同的科学共同体间——不同的科学共同体拥有不同的范式，这是导致科学争论产生的主要根源。回溯激光干涉引力波天文台实验室的建设，真正走进这场论战中才发现：科学争论无处不在，它不仅存在于库恩所谓的科学共同体间(韦伯与激光干涉引力波天文台、低温棒实验小组与激光干涉引力波天文台)，甚至存在于科学共同体内部的核心层(core - set)(激光干涉引力波天文台)以及核心层的核心小组(core - group)(激光干涉引力波天文台的“三驾马车”)中，即科学争论从科学实验的源头开始贯穿整个实验过程。

进一步追究科学争论产生的根源，从传统的“科学革命”的观点来看，不同的科学实验小组所采用的范式不同。就探测引力波实验而言，这种差异直接体现在不同实验室所采用的技术上：韦伯采用的是共振棒技术、低温实验小组采用的是低温共振棒技术、LIGO 采用的是激光干涉技术。在探测引力波实验中，不同的实验室之间的组织结构是有很大差异的。韦伯实验室只有韦伯一位科学家；虽然低温实验小组是由 3 个位于不同国家，由不同科学家领导的实验室组成的，但 3 个实验室是独立进行实验的，彼此缺少合作；而 LIGO 早期的“三驾马车”间的协商制也基本形同虚设。在科学实验中，缺少合作的直接后果就引发了关于资金和领导权的争夺，这使围绕探测引力波实验的争论范围逐步扩大。可见，如果如库恩所言科学的发展是由科学争论推动的，那么在科学争论中，科学与社会的互动关系并不仅体现在科学争论后期的解决上，而是贯穿在科学争论的整个过程中。在探测引力波 LIGO 实验室的建设中，社会组织形式的差异为科学争论的发生提供了土壤。

9.2　LIGO——广义的迈克尔逊干涉仪

9.2.1　LIGO 简介

探测引力波的三大方法：通过宇宙微波背景测量，利用脉冲星测时阵测量，依靠空间和地面激光干涉仪测量等。全世界探测引力波的设备也有很多种，激光干涉引力波天文台作为其中之一脱颖而出。激光干涉引力波天文台是一种探测引力波的光学仪器。整个激光干涉引力波天文台系统有 4 大组成部分，即光学系统、真空系统、隔离系统、计算系统。如图 9.3 所示，激光干涉引力波天文台探测臂长达 4 000 m，由 2 个干涉仪组成，每一个都带有 2 个 4 km 长的臂并组成 L 形，它们分别位于相距 3 000 km 的美国南海岸和美国西北海岸。每个臂由直径为 1.2 m 的真空钢管组成。

图 9.3　激光干涉引力波天文台

9.2.2　引力波探测器的基本原理

用干涉仪进行科学探测的基本原理是比较光在其相互垂直的两臂中度越时所用的时间。当引力波在垂直于干涉仪所在的平面入射时，由于特殊的偏振特性，它会以四极矩的形式使空间畸变，也就是说会以引力波的频率，在一个方向上把空间拉伸，同时在与之垂直的方向上把空间压缩。反之亦然。比较光在相互垂直的两臂中度越时所用时间的变化，就能探测引力波的产生。

若单从系统主体结构上来看，激光干涉引力波天文台系统与迈克尔逊干涉仪并无太大的区别，都是由光源、分束镜、反射镜、探测器等部件构成。在光学元器件类别上，二者也无太大的区别，故称激光干涉引力波天文台系统为广义的迈克尔逊干涉仪。从激光器发出的一束单色的、频率稳定的激光，在分光镜上被分为强度相等的两束，一束经分光镜反射进入干涉仪的一臂(称为Y臂)，另一束透过分光镜进入与其垂直的另一臂(称为X臂)，在经历了几乎相同的度越时间之后，两束光返回，在分光镜上重新相遇，发生干涉。通过调节干涉仪的两臂长使光束完全相干相减，激光干涉仪引力波探测器的输出信号为零。这是探测器的初始工作状态。当引力波到来时，由于它独特的偏振性质，干涉仪两个臂的长度做相反的变化，即一臂伸长时另一臂相应的缩短，从而使两束相干光有了新的光程差，破坏了相干减弱的初始条件，有一定数量的光纤进入光探测器(PD)，使它有信号输出，该信号的大小正比于引力波的无量纲振幅，探测到这个信号表面已探测到引力波。图9.4中功率循环镜和信号循环镜的作用都是为了保证尽量减少激光能量和信号能量的损失，进一步提高激光干涉引力波天文台的干涉灵敏度。

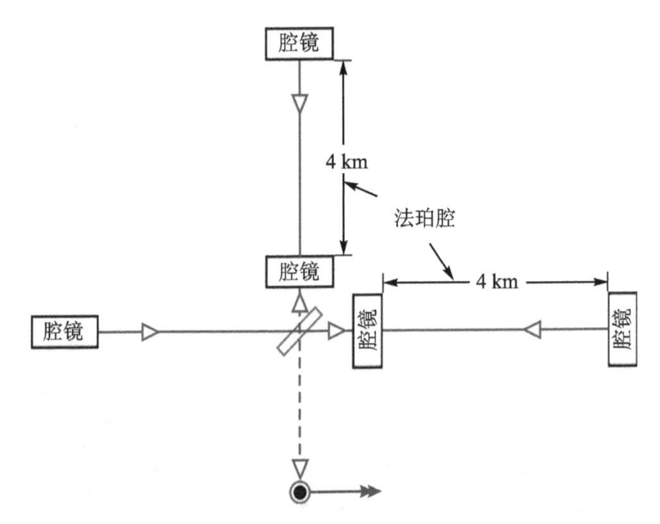

图9.4　激光干涉引力波天文台的整体结构

下面讨论引力波引起的相移。为简单起见，设到来的引力波是正弦波，角频率为 ω_0，振幅为 h_0，$h(t)=h_0\cos(\omega_0 t)$。由于引力波的作用，光在一次往返后引起的相位变化为

$$\phi(t)=\omega_0 t_r=\frac{2\omega_0 L}{c}\pm\frac{\omega_0}{2}\int_{t-2L/c}^{t}h(t)\mathrm{d}t \tag{9.1}$$

不同相位时刻干涉仪臂长变化如图9.5所示。通常引力波可认为是很多傅里叶分量组成的混合物，每个傅里叶分量都具有上述效应，除非是非线性部分所占比重很大。由于引力波强度很弱，非线性部分可以忽略，以上的近似分析是合理的。法珀腔的作用类似于将非常多的 L 折叠起来，增加 $\mathrm{d}\phi$ 值，提高探测灵敏度。循环镜的作用是让离开干涉仪的光重返干涉仪，循环利用以降低散粒噪声。

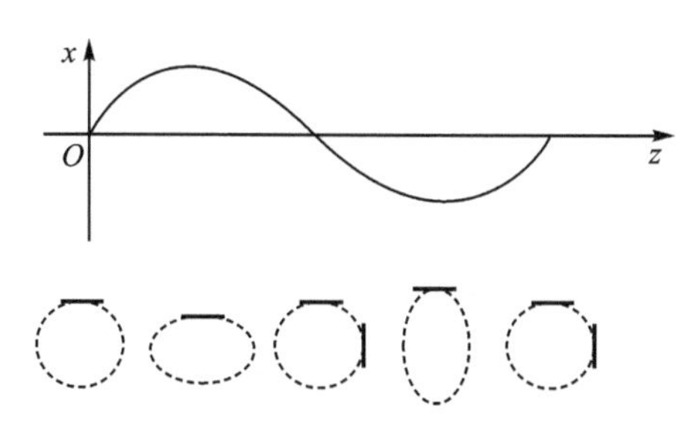

图 9.5　引力波不同位相时刻引起的干涉仪臂长相对变化示意图

9.2.3　法布里-珀罗谐振腔

如上文所述，天文级别的事件造成的引力波效应无量纲振幅 h 在 10^{-21} 量级，也就是说，造成的长度相对改变量仅为 10^{-21}。对于迈克尔逊干涉仪而言，最佳的观测效应为臂长改变在 0.25 个波长的时候。根据计算，100 Hz 的引力波要达到最佳的观测效应，干涉仪臂长应该达到 750 km。

在地球上直接建造这么大尺寸的干涉仪是不可能的。能否把迈克尔逊干涉仪的臂折叠起来，而折叠后的长度又适中，使我们有可能在地球上建造它、维修它，而且又有非常好的探测效果呢？

法布里-珀罗谐振腔有折叠光路的作用，通过光在腔内的来回反射，能够以较小的长度实现极大的等效光程。而且，在法布里-珀罗谐振腔共振点附近，反射光的相位对腔长 L，频率 f 的变化非常敏感。由于迈克尔逊干涉仪的输出对两臂的相位差敏感，因此用共振状态的法布里-珀罗谐振腔作为迈克尔逊干涉仪的臂能极大地提高激光干涉引力波天文台系统的可探测灵敏度。

对于法布里-珀罗谐振腔而言，在激光器设计中常选用如图 9.6 所示的结构，其作用结果如图 9.7 所示。它有如下几个参数：自由光谱范围、频带宽、锐度。法布里-珀罗谐振腔的频带宽度是谐振峰值的半高度处的全宽度，即向低频和高频分别移动输入光的频率，当腔内光功率达到最大腔内功率一半时，对应光谱线上两个频率之差。表示法布里-珀罗谐振腔损耗大小的量叫做腔的锐度，其物理意义为：当腔内谐振功率达到最大时突然切断输入光源，原来积累在腔内的光会慢慢透射出来。锐度(在光谱分析中又可以表示为法布里-珀罗干涉仪亮纹相对宽度的倒数)表征这过程的耗时长短。腔的锐度越高，所需要的时间越长，即腔内能积累的功率越高。

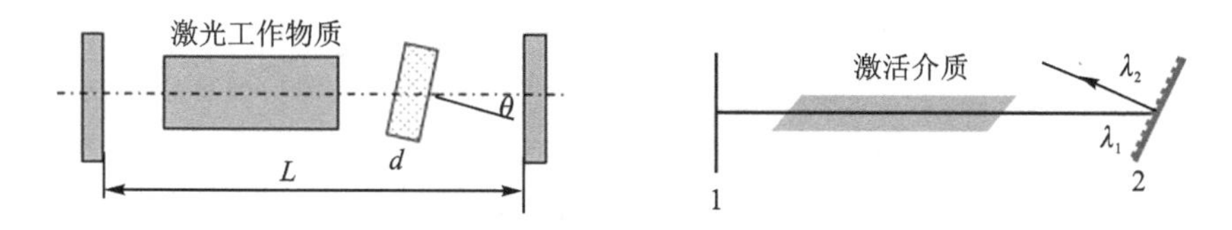

图 9.6　在激光谐振腔中引入法布里-珀罗谐振腔

由于自由光谱范围的存在，腔内能振的纵模频率是 $c/2L$ 的整数倍，对入射的宽带光起着挑选波长的效果。同时，线宽满足 $\Delta v=\dfrac{1}{2\pi\tau_R}=\dfrac{\delta_c}{2\pi L'}$，精心调节好的法布里-珀罗谐振腔对输入的非单色光有着压窄线宽的作用。

在激光引力波干涉仪天文台(见图 9.8)中,每一个臂都是一个法布里-珀罗谐振腔;并且每臂实际长 4 km,反射次数达到 300 次左右,等效臂长为 1 200 km,接近引力波波长的 1/4,若引力波到来,则有好的观测结果。输入镜曲率半径 1 934 m,透过率 1.4%;输出端镜曲率半径 2 245 m,反射率高达 99.999 5%,具有极高的锐度,故拥有着非常好的挑选波长、压缩线宽的性能。利用法布里-珀罗谐振腔选择特定的激光波长,进一步加强激光的单色性,就可以形成可信度极高的干涉效应。

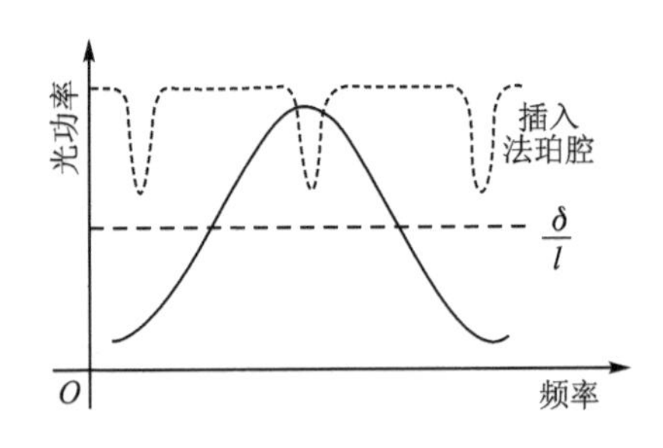

图 9.7 法布里-珀罗谐振腔——窄带滤波器

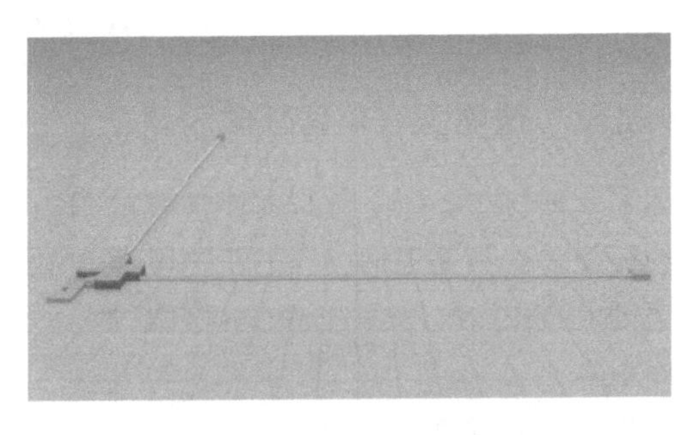

图 9.8 激光在两臂中传输

正是由于在 LIGO 中大量使用法布里-珀罗腔,使得大功率(200 W)的探测激光线宽极窄(40 kHz),在长距离(1 200 km)上仍能保持非常好的相干性,为成功探测引力波打下了很好的基础。

9.2.4 功率循环镜

在对基本型迈克尔逊干涉仪的分析中,反对称口输出暗条纹是干涉仪的正常工作状态,此时对称口输出亮条纹。从能量守恒角度讲,意味着光功率绝大部分又返回激光器。它不仅浪费掉,而且会干扰激光器的正常工作。为此,激光器和分束镜之间又放了一个反射镜,称功率重循环镜(Power Recycling Mirror,PRM),它将干涉仪对称口输出的激光功率重新返回到迈克尔逊干涉仪。如图 9.9 所示,为了提高功率,分光镜前面有个半透的功率循环镜子,与分束器构成功率循环腔。经过干涉仪两臂的激光回到半透镜,如果在光探测器的一边发生相消干

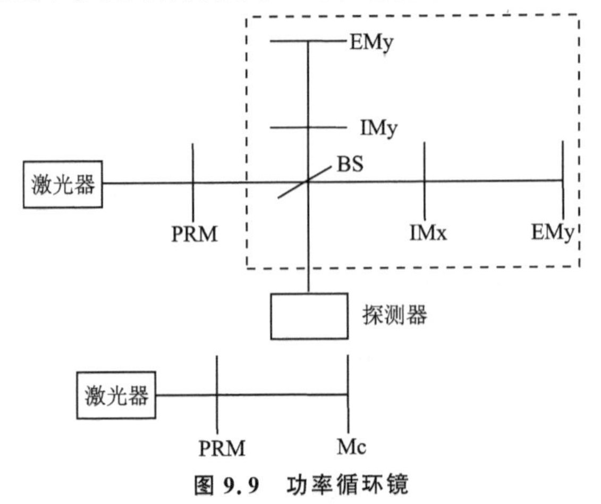

图 9.9 功率循环镜

涉，那么在入射光的一边发生相长干涉。这些光被功率循环镜反射，循环使用。因此通过功率循环腔，当激光功率提高到 700 W 时，功率循环镜把漏出的光与从激光器来的“新鲜”光混合，调整功率循环腔的位置，使光在腔内共振加强，干涉仪内的有效功率将大大增加。

9.2.5　信号循环镜

信号循环腔（见图 9.10）对提高引力波信号的探测灵敏度并没有贡献，但能改善干涉仪的工作状态和性能，表现在两方面：一是动态调谐能力，二是模式改善能力。

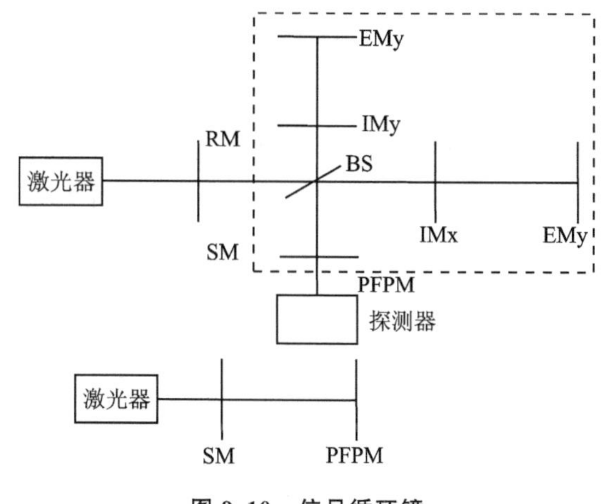

图 9.10　信号循环镜

法珀干涉仪的损耗决定了它的谱响应带宽。信号循环镜反射率的取值，或者反射镜位置对共振点的偏离（失谐），能改变共振峰的宽度（带宽），也就是说改变信号光在腔内的存储时间，从而改善整个干涉仪对引力波信号的接收带宽，这对具有一定带宽的脉冲信号探测是必须的。另一方面，信号循环镜位置的微小变化（波长的几十分之一）能改变循环腔共振频率的大小，或者在窄带运行条件下能让频带移动，这使对于宇宙不同窄带引力波源的探测，可以在很短的时间内精准频率调谐。

从自动控制原理的传递函数角度来理解信号循环镜，可以认为它构成了系统传递函数中的一个环节。其每一个位置对应着一个系统的传递函数，且这个传递函数存在着谐振频率（100 Hz 上下）。当引力波到来时，会检测当前的引力波频率，并微调信号循环镜的位置，改变相应环节，进而改变系统的传递函数，使系统的谐振频率接近当前引力波的频率，实现最佳的观测效果。

信号循环腔的另一个作用是可以改善反对称口接收到光束的光学模式。没有信号循环镜时，由于迈克尔逊干涉仪两臂光束在反对称口汇合，光斑大小和波前曲率不可能完全相同，与空间不十分匹配，这些多余的不匹配的部分会形成相消干涉，不但对引力信号的接收没有贡献，并且会产生额外的散粒噪声。增加信号重循环腔后，循环腔可将这种额外的噪声频率区设置为反共振状态，仅让信号光通过，而阻碍该噪声到达光电探测器上。当光信号很强时，基模的功率可以转移至高模，反之高模功率也可以转移到基模上。经过恰当的设计和调试，信号循环腔具有优化模式的作用。

9.3 LIGO 中的激光及激光技术

对于一个利用激光相干测量相应物理量的装置而言，对于其中的激光源有着较为严格的要求：高输出功率和功率稳定性、单一频率和极好频率稳定性，输出光束为最纯净的 TEM_{00} 模式、单一线性偏振、内在噪声低，M^2 因子无限趋于 1。激光干涉仪引力波探测器所用的主振荡器是一个稳定的低噪声大功率稳频激光器，从属激光器采用注入、锁定一体化的激光器。

为何不允许有其他的光束模式输出？这是因为高阶模式将会与干涉仪的不对称性相耦合，会使输出信号的对比度变差；并且高阶模式会使法布里-珀罗腔镜表面光强分布发生改变，产生附加的热噪声；同时高阶模式的振幅是不稳定的，它会使镜子不同部位受到的辐射压力发生变化，产生附加的辐射压力噪声，严重时会使镜子抖动引起干涉仪锁定状态的不稳定。要求单一线性偏振态也是出于类似的考虑。激光干涉引力波天文台中的激光及激光技术装置如图 9.11 所示。对于激光器的选用可以从以下五个方面考虑：

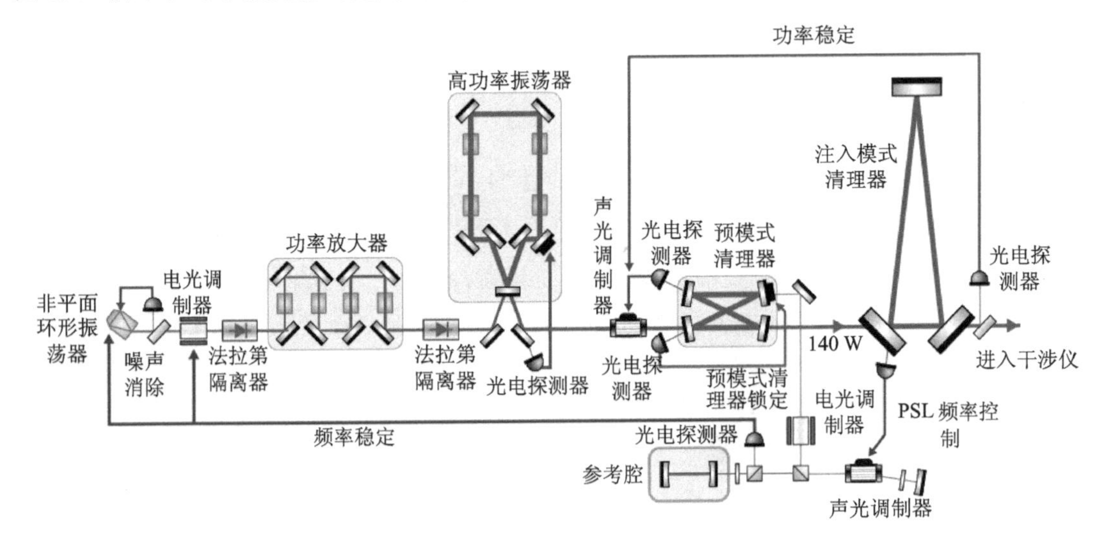

图 9.11 激光干涉引力波天文台中的激光及技术装置

(1) 高输出功率和好的功率稳定性

激光干涉引力波天文台的灵敏度与激光功率成正比，一般要求输出功率从为几十瓦到几百瓦。因为输出光束强度的涨落会影响暗纹工作点锁定位置的剩余涨落，从而影响干涉仪的灵敏度，一般输出功率的稳定性要达到 $10^{-8} \sim 10^{-9}$ 数量级。

(2) 单一频率的高频率稳定性

为了使探测器能够稳定地锁定在需要的工作点上，要求激光器输出的光束具有单一频率。激光频率涨落引起的噪声是影响干涉仪灵敏度最严重的噪声之一，必须降低。对于激光干涉仪引力波探测器来说，频率稳定性也要达到 $10^{-8} \sim 10^{-9}$ 数量级。

(3) 输出光束光斑的横截面是纯净的 TEM_{00} 模式

激光束中常见的高阶模式是由偏离光轴的光波形成的，对干涉仪的稳定性和灵敏度都有很大的影响，必须予以清除，使输出光束光斑的横截面是纯净的 TEM_{00} 模式，即厄米-高斯模式。

(4) 线性偏振

一束偏振光的电场分量始终在一个平面内振动，其电矢量的投影是一条直线，因此平面偏振光又称线偏振光，也称这种光的偏振态为线性偏振。为满足干涉仪系统稳定运行的需要，保证干涉仪有较高的灵敏度，要求激光器输出的光束是线性偏振的。

(5) 内在噪声低

激光干涉引力波天文台的灵敏度主要是由其噪声水平决定的。激光源作为干涉仪的前端部件，本身的内在噪声水平必须远远小于干涉仪的总体噪声水平，以确保干涉仪能够达到期望的探测灵敏度。

整套装置中，由镓铝砷半导体激光器(808 nm)产生功率约为 4 W 的近红外激光，将激光泵浦入非线性环形振荡器，经晶体降频，产生波长为 1 064 nm、功率为 2 W 的激光，通过光放大设备使激光功率提升到 35 W，激光经高能振荡器放大并整形，最后输出波长为 1 064 nm，功率为 200 W 的激光。激光引力波探测天文台是有史以来该波段功率最大的激光器应用系统。

9.3.1 LIGO 中的激光源(1 064 nm)

常规的 Nd:YAG 激光器结构示意图如图 9.12 所示。

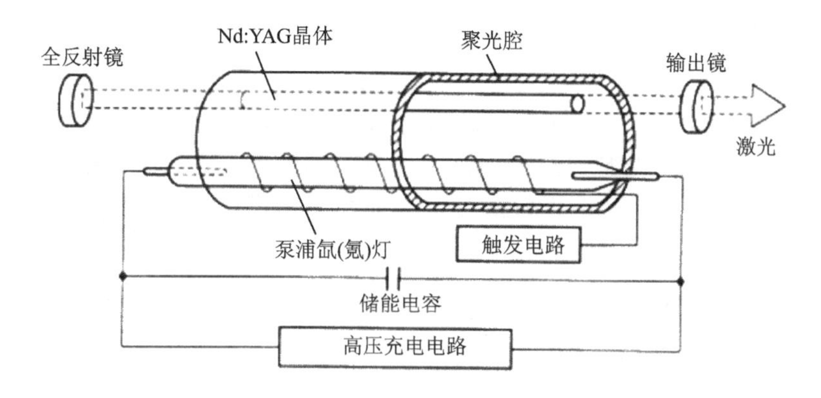

图 9.12　常规的 Nd:YAG 激光器

工作物质：圆柱形 Nd:YAG 晶体；

泵浦源：氪灯(连续激光器)/氙灯(脉冲激光器)；

谐振腔：常用法布里-珀罗腔；

聚光腔：椭圆腔、双椭圆腔等。

这里，需要重点提一下以前不怎么强调的聚光腔。聚光腔的作用是将泵浦光更均匀有效地汇聚到工作物质上，以获得更高的工作效率。聚光腔一般由金属铜或者铝制成，表面镀金或者镀银，根据泵浦灯的数量制成单椭圆腔、双椭圆腔或多椭圆腔。椭圆形聚光腔经常用于晶体尺寸较长的激光器，为降低加工成本和结构紧凑，也有做成圆形腔和紧裹形腔的。近年来还出现了陶瓷、聚四氟乙烯等材料制成的漫反射腔，其特点是抗划伤和效率高。

激光引力波探测天文台中使用的 Nd:YAG 激光器参数如下：

工作物质：非线性环形 Nd:YAG 晶体；

泵浦源：镓铝砷半导体激光器(809 nm)；

谐振腔：非线性环形 Nd:YAG 晶体。

Nd:YAG 晶体被制成非线性环形腔，如图 9.13 和图 9.14 所示，其由一整块激光晶体构成，具有如下的优点：激光线宽窄(据报道小于 40 kHz)、偏振度好、光光转换效率高(在 50%上下)、输出功率高、输出频率可微调等。

图 9.13 非线性环形 Nd:YAG 晶体

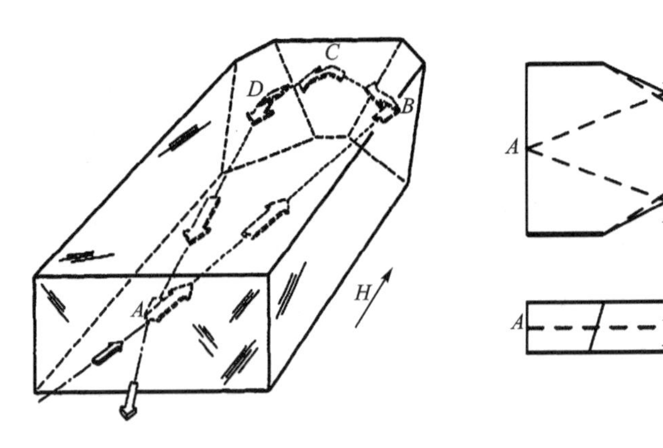

图 9.14 非线性环形晶体结构

非线性环形腔采用一块晶体因此也称为单块晶体，它不仅作为激光增益介质，同时也作为谐振腔；由于晶体的磁致旋光性，也兼作为法拉第隔离器；3 个全反射面既是谐振腔的反射镜，同时也是相位延迟波片；前表面既为输入/输出耦合面，同时兼做检偏振器；共同在谐振腔内形成特别稳定的激光单向运行环境，使输出线偏振激光。同时由于这种激光器的腔体全部是由增益介质构成的，振荡光在腔内的增益空间大，因此能够形成高功率的单纵模激光输出。此外，对频率的调谐可以通过调节温度、改变腔长来实现，能够精细地改变激光的频率。

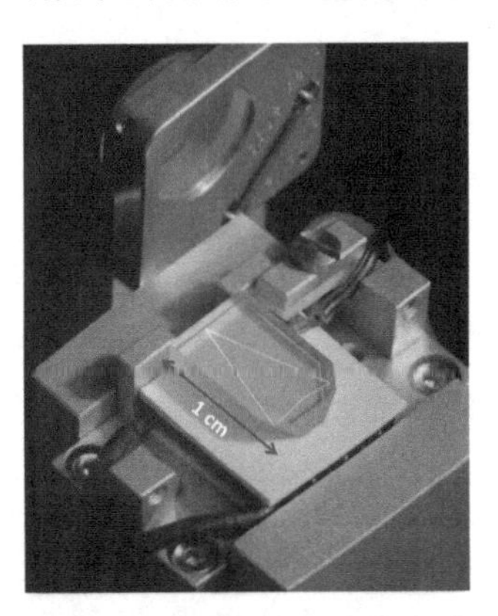

图 9.15 激光导入人造石榴石晶体

激光放大技术：首先通过激光二极管产生一束功率 4 W、波长为 808 nm 的近红外激光光束。首先让该光束先被耦合到指甲盖大小的人造石榴石晶体中，如图 9.15 所示。并在其中循环并刺激发射波长为 1 064 nm 的 2 W 光束，将其产生的 2 W 光束称为“种子”光束。

这种“种子”光束远远不能满足激光引力波干涉仪天文台系统的要求，不能直接使用，必须想办法把它放大。功率放大成为该天文台系统的又一大关键技术。将“种子”光束首先通过一个称为主振荡器(MOPA)的功率放大器进行一级放大，然后再通过一个被称为高功率振荡器(HPO)的设备进行二级放大，最后就能得到一束符合要求的高功率光束如图 9.16 和图 9.17 所示。

如图 9.16 所示，主振荡器——功率放大器(MOPA)包含 4 个激光放大器棒(见图 9.18)，它由钕、钇、锂和氟化物制成的玻璃状材料组成。这些棒大约是铅笔内部的笔芯石墨尺寸：直径仅 3 mm，长 5 cm。

为了放大种子束，首先通过将单独的 808 nm 激光照射到每个棒中来激励每个棒中的分

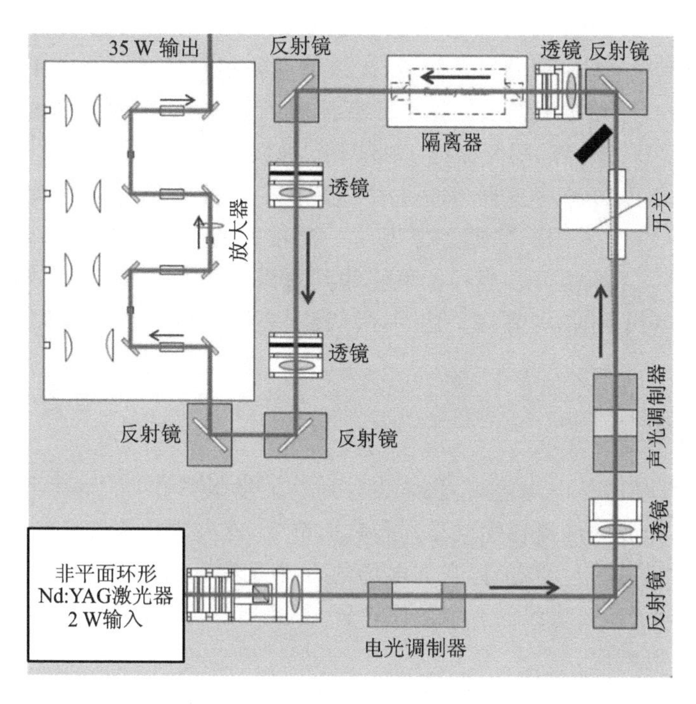

图 9.16 主振荡器——MOPA 放大结构

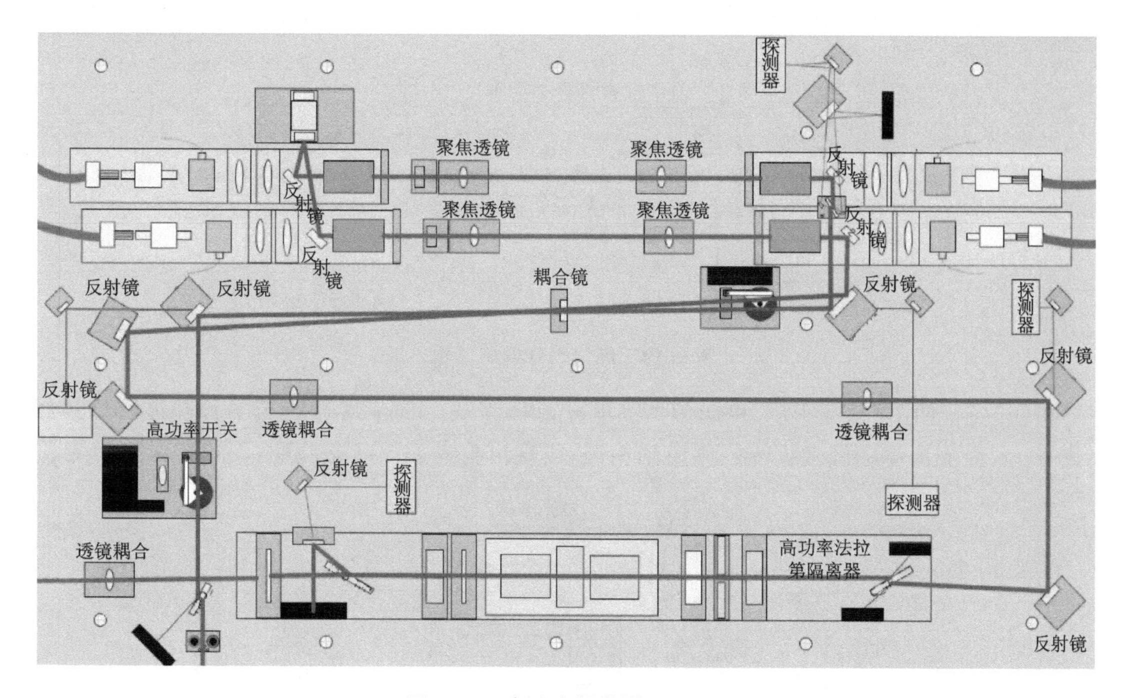

图 9.17 高功率振荡器——HPO

子。当种子光束通过第一根棒时，棒分子通过发射 1 064 nm 光子进行响应，响应的光子也具有与入射种子束相同的特性，如相位、波长等。这些新的 1 064 nm 光子与种子光束在同一方向上传播，实现种子光的一级放大。这个更强大的光束传播到第二根棒，在那里再次发生放大

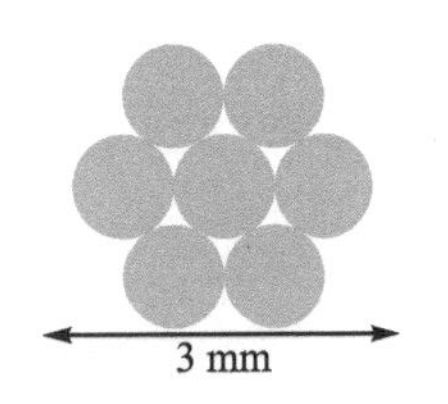

图 9.18 激光放大器棒

过程，然后再次在第三根棒中、第四根棒中……以此类推，在这个放大过程的每个阶段，越来越多的相同波长的光子汇入种子波束，逐渐增加其功率，当种子束通过所有 4 个棒时，其功率从 2 W 增加到 35 W，同时保持 1 064 nm 的波长不变。功率放大的最后阶段是在高功率振荡器(HPO)中实现的。当光束通过这些棒时，就像在 MOPA 中一样，它通过像束花一样排列的光纤光缆直接合束获得额外的功率提升。当种子束传输到每根光纤棒中后，使其辐射出越来越多的激光，当光束自 HPO 出射时，即它终于达到了激光引力波探测天文台系统所需的 200 W 激光输出功率。

9.3.2 电光调制

电光调制的物理基础是电光效应，晶体在收到外加电场的作用下，其折射率将发生变化。当光波通过此介质，光波的传播特性就受到影响而改变，这种现象称为电光效应。利用此效应可实现强度调制和相位调制。在晶体上加电场的方向通常有两种：一种是电场方向沿晶体光轴，电场与光束方向平行，产生纵向光电效应；另一种是电场方向沿任意主轴，光束方向垂直电场方向，产生横向光电效应。

以纵向调制为例进行说明(见图 9.19)：起偏器 P_1 的偏振方向平行于电光晶体 x 轴，起偏器 P_2 偏振方向平行于 y，P_2 前插入 1/4 波片。z 轴加电场，x，y 变化成感应主轴 $x'y'$。光经过设定的电光晶体被分解成两个分量，在经过波片、检偏器出射，实现光强调制。

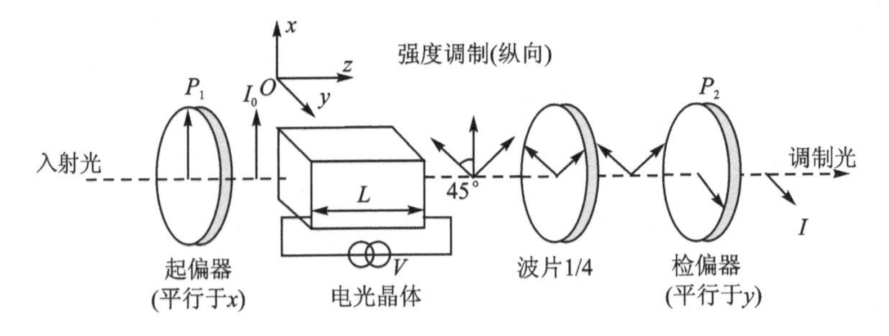

图 9.19 纵向强度调制示例

相位调制：如图 9.20 所示，由起偏器和电光晶体组成。起偏器方向与平行晶体感应主轴 x'或 y'，入射到晶体的线偏振光沿感应轴偏振，实现出射光偏振状态改变，而相位保持不变。

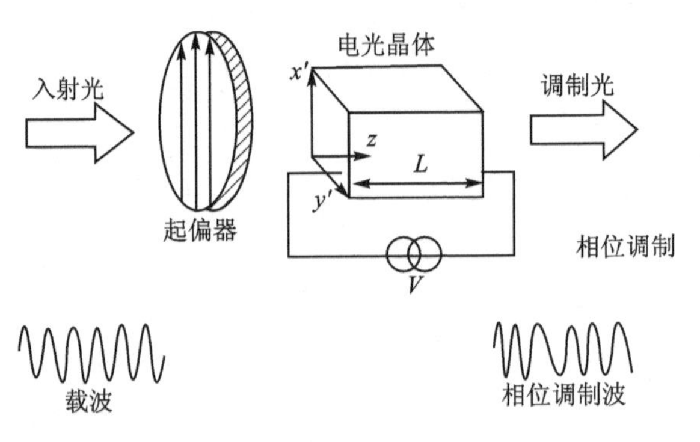

图 9.20 相位调制示例

电光调制在激光引力波探测天文台系统中的作用主要是接收种子激光器的光束，调节偏振态，使出射光为精准的线偏振光。

9.3.3　声光调制器

声光调制器由声光介质、电声换能器、吸声装置、驱动电源组成。声光介质：利用衍射光电强度随声波强度变化而变化的性质。电声换能器（即超声发生器）：将调制电功率转换成声功率。吸声装置：置于超声源对面用于吸收铁通过介质的声波，避免返回介质产生干扰。

声光调制：利用声光效应将信息加载于光频载波上的一种物理过程。调制信号以电信号调幅形式作用于电-声换能器，如图9.21所示，通过电-声转换器再将其转换为以电信号形式变化的超声场，当光波通过声光介质时，由于声光作用，使光载波受到调制而成为携带信息的强度调制波。

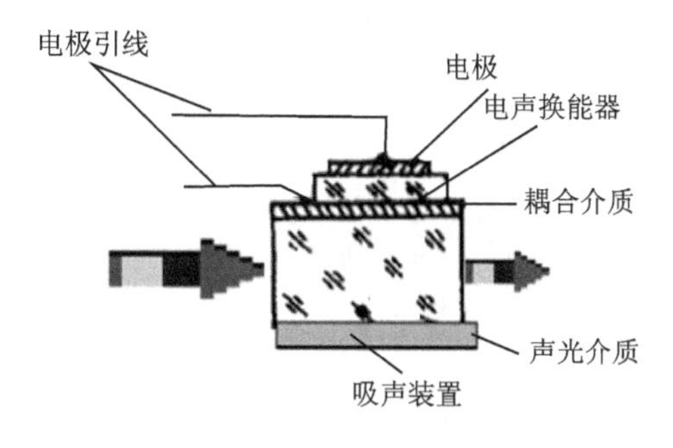

图9.21　声光调制器

声光调制器在使用的时候，通过改变加于压电换能器上的电压，可以使衍射光束的振幅从零变到最大，可用于幅度调制。并且由于多普勒效应，衍射光束频率随声波的频率变化，可用于频率调制。

9.3.4　法拉第隔离器

法拉第效应是一种磁光效应(Magneto - Optic Effect)，是一种在介质内光波与磁场的相互作用。如图9.22所示，用公式可以描述为$\beta=VBd$，V为费尔德常数；d是通过光学材料的光程；B是磁场强度；β为法拉第旋转因子，代表了偏振面旋转了多少角度。法拉第效应会造成偏振平面的旋转，旋转程度与磁场朝着光波传播方向的分量成线性正比关系。大部分物质的法拉第效应很弱，掺稀土离子玻璃的费尔德常数稍大。近年来作为研究热点的YIG等晶体的费尔德常数较大，从而大大提高了实用价值，可以利用法拉第效应做成法拉第隔离器。

激光系统中存在的反射经常导致系统的不稳定性（从控制系统来看这是一个正反馈），这将会带来很多问题。如模式跳跃、振幅调制、频率漂移等都是不稳定性可能带来的副作用。更严重的是，考虑法珀腔结构，若形成驻波，则在波腹的位置存在能量集中的情况，而透镜等光学元件所能耐受的功率是有限的，由背向反射所导致的功率峰值可能会永久性地损伤激光和光学元件等设备。采用法拉第隔离器，可以很好地解决这些问题，其工作原理如图9.23所示。

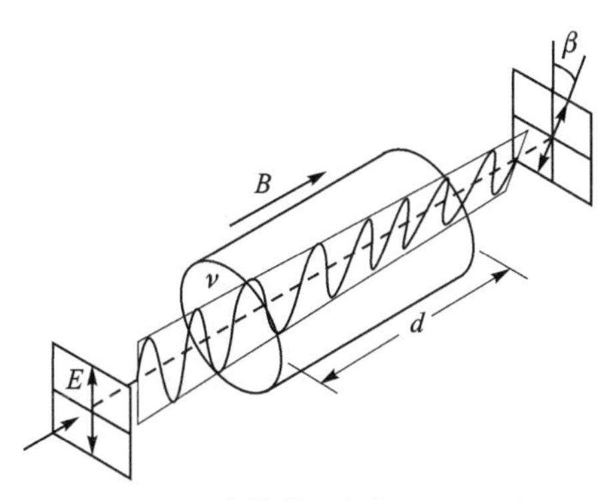

图9.22　法拉第(磁致旋光)效应

假定入射偏振片轴向是垂直的，无论是偏振光还是非偏振光在经过入射偏振片后都变成垂直偏振光。法拉第旋转器使偏振面(POP)以正向旋转45°。最后，光通过轴向为45°的输出偏振片。因此，光通过隔离器时的偏振面为45°。

反向通过隔离器的光首先进入通过输出偏振

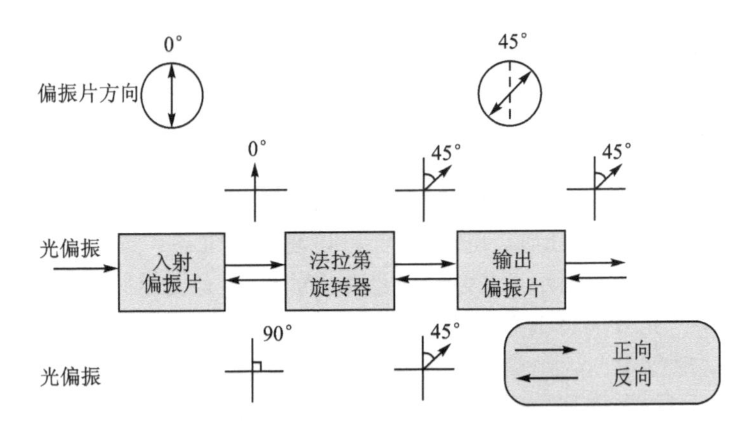

图 9.23 法拉第隔离器原理示意图

片，使光的偏振方向相对入射偏振片为 45°。然后进入法拉第旋转器，偏振面继续以正向旋转 45°。此时相对入射偏振片旋转了 90°，偏振面与入射偏振片的传播轴垂直。所以，光将被反射或者吸收。

对于光隔离器而言，其需要满足高反向隔离、低插入损耗、高稳定性，以 200 W 的空间光隔离器为例进行说明(见图 9.24)，其参数如图 9.25 所示。注意观察吸收与传递的能量，正向入射的光只有 92%能够通过；反向的光衰减率为33 dB，即依然有 2.3%的光能通过隔离器。

图 9.24 200 W 功率的隔离器

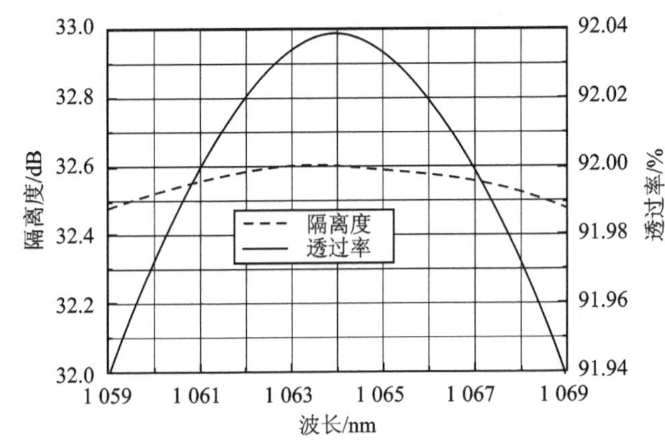

图 9.25 中心波长附近隔离度和透过率曲线

此外，法拉第旋转因子 β 与波长相关，这表示对于与设计波长不同的光波而言，在满足带宽要求的范围内其偏振方向将不会严格地旋转 45°。例如，如果 1 064 nm 的光经过隔离器后，旋转因子的偏振方向旋转了 45°(1 064 nm 为设计波长)，那么 1 074 nm 光波的偏振方向就有可能旋转 45.7°。如果入射 1 074 nm 的光波再次后向传播通过一个设计波长为 1 064 nm 的隔离器，其偏振方向将会相对于输入偏振器的光轴改变 45°+45.7°=90.7°。入射光与输入偏振器光轴平行的偏振分量将会透射，这样一来，隔离器的隔离效果将会极大地减小。

由于总偏振旋转因子为 90°才能获得最高隔离效果，因此输出偏振器应做略微旋转来补偿由法拉第旋转镜引起的额外偏振旋转。新的偏振器角度应为 90°−45.7°=44.3°。该调节可以将隔离效果重新提高到与设计波长相同的数值水平上。

9.3.5　清模器

激光干涉仪引力波探测器要求激光束的横向剖面具有纯净的 TEM_{00} 模式，即应该是厄米-高斯基模。因为高阶模式与干涉仪的不对称性相耦合，会使输出信号的对比度变差。

在实际应用中，激光束的横向剖面是 TEM_{00} 模式与高阶模式的混合物。由于高阶模式会使干涉仪输出信号的对比度变差、法珀腔镜子表面的光强分布改变，产生附加的热噪声，甚至会引起干涉仪状态的不稳定。因此，激光束中残余的高阶模式需要通过清模器予以清除。从光源来的激光束必须通过清模器来清除高阶横向模式。

清模器的主体部分是一个具有较高透射率的行波谐振腔，常采用由三面光学镜子组成的锐三角形结构，合理设计三面镜子的反射和透射系数并适当调节锐角上的镜子，使载波激光和两个旁频都能共振通过而且使 TEM_{00} 模式在腔内共振加强，高阶模式不能共振从而被清除。

清模器的主体部分是一个具有高透射率的法布里-珀罗腔，多数为环形腔。环形腔清模器具有如下优点：① 清模效果好；② 光束功率抖动噪声小；③ 能选择偏振形式；④ 具有高的频率稳定性。

1. 清模器的结构

清模器是由 2 个平面镜和 1 个凹面镜组成的一个锐角三角形，所有的镜子都通过隔震系统与地表噪声高度隔离。从干涉仪和校直控制系统而来的误差信号通过控制线路反馈到清模器，对其工作状况进行调整。对腔体长度和各个镜子方向的控制是通过磁铁-线圈驱动器实现的。磁铁-线圈驱动器线圈中的控制电流与固定于镜子上的永磁铁相互作用，使镜子移动或转动；每个镜子上安有 4 块永磁铁。此外，清模器所有的部件都放在真空室中，为减小真空室中剩余气体引起的噪声及隔离外部声响的干扰，真空度需要优于 10^{-5} Pa。

2. 透射率与清模效果

设入射到清模器环形法布里-珀罗腔中的光束剖面具有厄米-高斯模式，法布里-珀罗腔的透射率（见图 9.26）由下式给出：

$$T_{\text{cav}}(\phi)=\frac{(t_1 t_0)^2}{(1-\tau_I r_O r_E)^2}\cdot\frac{1}{1+F\sin^2(\phi/2)} \tag{9.2}$$

式中，r 和 t 分别表示光的电场分量的反射率和透射率；下标 I、O 和 E 分别表示输入镜、输出镜和端镜；F 定义为

$$F=\frac{4r_I r_O r_E}{(1-\tau_I r_O r_E)^2} \tag{9.3}$$

ϕ 是光在法布里-珀罗腔中走一圈产生的相位，$\phi=-2kl+2(m+n+1)\eta$；k 是光的波数，l 是法布里-珀罗腔的长度，η 是 Gouy 相位，m 和 n 是整数，表示横向模式的级数。

法布里-珀罗腔的反射系数取决于 TEM_{mn} 模式（即厄米-高斯光束的本征模式）。当光在腔内共振时，光往返一周产生的相位是

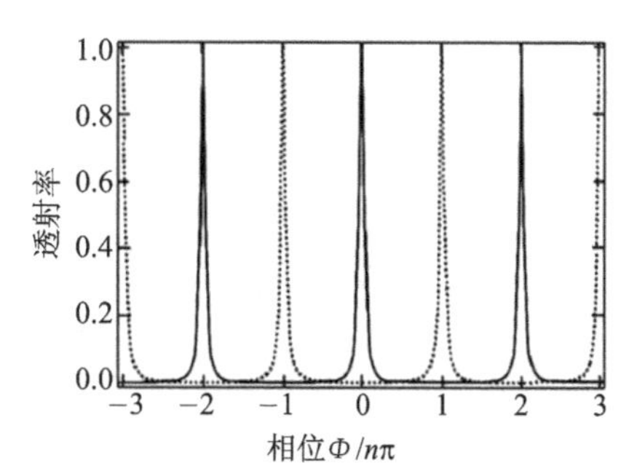

图 9.26　清模器法布里-珀罗腔的透射特性

$\phi=2n\pi$(n 是任何整数)。在清模器的法布里-珀罗腔中,当 $r_1=r_0$ 时,腔具有最佳透射率。图 9.26 给出了清模器法布里-珀罗腔的透射特性,虚线代表 S 偏振光,实线代表 P 偏振光($r_1=r_0=0.9$,$r_E=0.9999$)。

当基模 TEM_{00} 在腔内共振时,法布里-珀罗腔的行为好像一个窄频带通道过滤器,它是相位 ϕ 的函数。当基模共振时,高阶模式从腔的输入端反射出去,通过清模器的光束中就不含高阶模式,这是清模器的主要功能。

光束横向模式的质量常用一个参数 M_2 的值来表示。M_2 值可以利用光束分析器测量光束传播时取得。

我们可以把含有高阶模式的普通光束看成一个厄米-高斯光束,它的光半径是高斯基模 TEM_{00} 束的光腰半径的 M 倍。

若 $M=1$,则该光束的横向剖面只有 TEM_{00} 模式。光束剖面的几何形状是高阶厄米-高斯模式与厄米-高斯基模的混合。

混合模式中,高阶模式与厄米-高斯基模的相对振幅是随时间变化的,这导致光束光场能量分布几何形状的涨落。由于清模器清除了高阶模式,因此这种几何涨落也减小了。

3. 偏振选择

利用清模器,可以对入射光的偏振进行选择。根据矢量合成与分解法则,可以把入射光的偏振方向分解为 S 偏振分量和 P 偏振分量,S 分量与光的面垂直,而 P 分量与光的入射面平行。

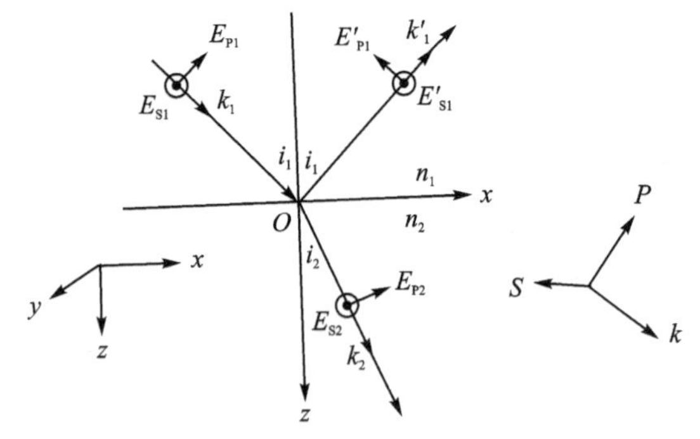

图 9.27 光在介质表面的反射折射示意

设图 9.27 中入射光从折射率为 n_1 的介质射向折射率为 n_2 的介质。光的入射角为 i_1,折射角为 i_2。反射光和折射光的电矢量和波矢分别记为 E_1, K_1, E_2, K_2。光的振电矢量分解成 S 和 P 分量后,和波矢 k 组成右手坐标系,规定 S 分量沿 $+y$ 方向为正。根据菲涅尔公式,可以得到 S 分量和 P 分量反射率与透射率的复振幅。反射率为

$$\tilde{r}_S=\frac{E'_{S1}}{E_{S1}}=\frac{n_1\cos i_1-n_2\cos i_2}{n_1\cos i_1+n_2\cos i_2}=\frac{\sin(i_1-i_2)}{\sin(i_1+i_2)}$$

$$\tilde{r}_P=\frac{E'_{P1}}{E_{P1}}=\frac{n_2\cos i_1-n_1\cos i_2}{n_2\cos i_1+n_1\cos i_2}=\frac{\tan(i_1-i_2)}{\tan(i_1+i_2)}$$

透射率为

$$\tilde{t}_S=\frac{E_{S2}}{E_{S1}}=\frac{2n_1\cos i_1}{n_1\cos i_1+n_2\cos i_2}=\frac{2\sin i_2\cos i_1}{\sin(i_1+i_2)}$$

$$\tilde{t}_P=\frac{E_{P2}}{E_{P1}}=\frac{2n_1\cos i_1}{n_2\cos i_1+n_1\cos i_2}=\frac{2\sin i_2\cos i_1}{\sin(i_1+i_2)\cos(i_1-i_2)}$$

光强度的反射率为 $R_S=|r_S|^2$ 和 $R_P=|r_P|^2$;光强度的透射率 $T_S=|t_S|^2\ \dfrac{n_2}{n_1}$ 和 $T_P=$

$|t_{\mathrm{P}}|^2\dfrac{n_2}{n_1}$。清模器环形法布里-珀罗腔的偏振选择效应来自 S 偏振分量与 P 偏振分量之间的相位差，它刚好为 π。当 S 偏振分量在腔内共振时，P 偏振分量恰好处于反共振状态。这时清模器环形法布里-珀罗腔的透射系数为

$$T_{\mathrm{cav}}(\phi)=\frac{(t_1t_0)^2}{(1-\tau_1r_{\mathrm{O}}r_{\mathrm{E}})^2}\cdot\frac{1}{1+F'\sin^2(\phi/2)}$$

其中，

$$F'=\frac{4r_1r_{\mathrm{O}}r_{\mathrm{E}}}{(1-\tau_{\mathrm{I}}r_{\mathrm{O}}r_{\mathrm{E}})^2}$$

当 S 偏振分量在腔内共振时，腔对它的透射率达最大值，而对 P 偏振分量的透射率很低，反之亦然。使用环形法布里-珀罗腔做清模器还有另一个优点：它不必在腔的输入镜前面放法拉第隔离器，因为输入镜是沿对角线方位放置的，从这个镜子向外反射的光自动地与从激光器而来的入射光分开了。如果不用法拉第隔离器，直线形法布里-珀罗腔就做不到这一点。

9.3.6　相位调制光外差稳频和干涉仪的锁定

相位调制光外差稳频技术选择光学谐振腔的共振频率 ω_0 作为参考频率标准，对激光频率进行射频电光调制器，产生分布在激光频率两侧，幅度相等且相位相反的两个边带。高速光电探测器于谐振腔反射端探测此双边带与载波的拍频信号为

$$P=2\sqrt{p_{\mathrm{c}}p_{\mathrm{s}}}\,\mathrm{Im}[F(\omega)F^*(\omega+\delta)-F(\omega)F^*(\omega-\delta)]\sin\delta t$$

式中，p_{c} 为载波光功率；p_{s} 为每个边带光功率；δ 为激光相位调制频率，$F(\omega)$ 及 $F(\omega\pm\delta)$ 分别为载波及双边带在谐振腔端面的反射系数。当激光频率 ω 对准参考腔谐振频率 ω_0 时，上下边带与载波拍频电流大小相等且相位相反，探测器输出 P 为零；反之，两侧边带经过参考腔反射后其反对称性被破坏，上下边带与载波拍频电流不再抵消，此时探测器输出包含有激光频率与参考腔谐振频率偏差信息的差拍信号。伺服控制系统根据此差拍信息反馈控制激光器腔长，实现激光频率的稳定。实验测得的鉴频曲线如图 9.28 所示，是稳频技术的控制基础。

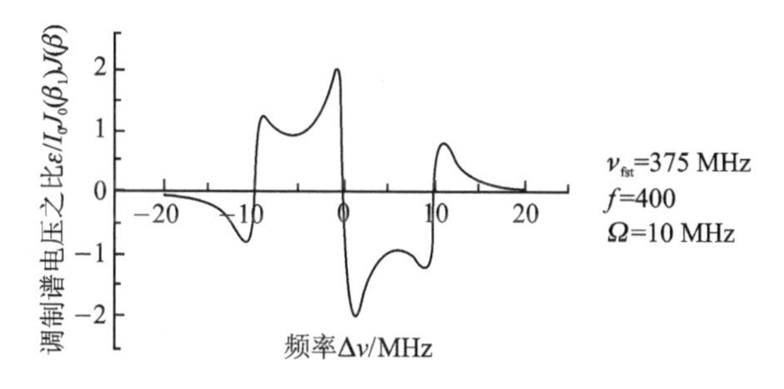

图 9.28　相位调制光外差稳频技术鉴频曲线

研制的相位调制外差激光稳频系统如图 9.29 所示，激光依次经过法拉第隔离器和起偏器后进入由反馈控制系统驱动的电光调制器进行相位调制。透镜用于调节激光的模式与法珀干涉仪的模式匹配，$\lambda/2$ 波片将相位调制后的激光偏振态旋转 90°后经偏振分束棱镜(PBS)和 $\lambda/4$ 波片产生圆偏振光垂直入射至法珀干涉仪中。光电探测器 PD1 探测由法珀干涉仪反射后再次经过 $\lambda/4$ 波片和 PBS 的线偏振光，用作鉴频信号。

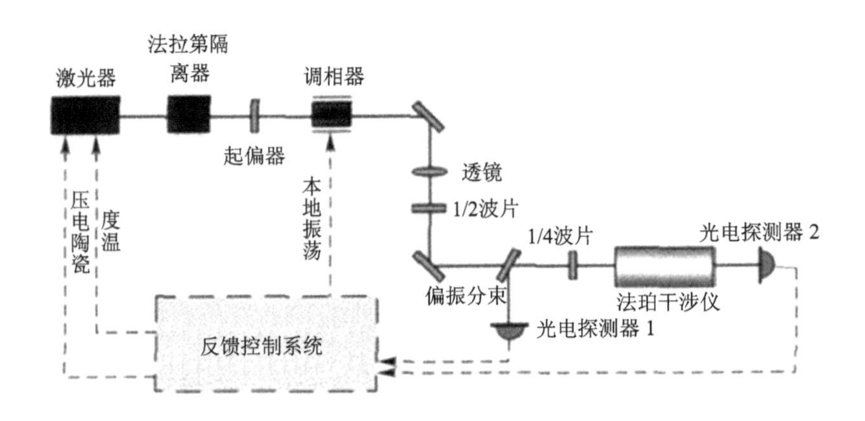

图 9.29 研制的相位调制光外差激光稳频系统

反馈控制系统根据此鉴频信号反馈调节激光器的温度和压电陶瓷(PZT),将激光频率锁定在法珀干涉仪谐振峰处。光电探测器 PD2 将法珀干涉仪的透射光经光电转换后送至电子控制系统,用于稳频监控。

所谓干涉仪的锁定是指让每个分干涉仪包括两个臂法珀腔、功率循环腔、迈克尔逊干涉仪都处在给定的共振状态,迈克尔逊干涉仪在保证 Schnupp 不对称的前提下,反对称口输出暗条纹。第一代激光干涉仪引力波探测器的灵敏度逐步提高,最终达到设计指标 10^{-22}。

9.3.7 高级 LIGO 及激光技术

世界各大实验室采用新材料和新技术,对激光引力波探测天文台进行升级和改进,以便降低噪声,提高灵敏度,扩展探测频带的宽度,这就是目前正在运转的第二代激光干涉仪引力波探测器,高级激光引力波探测天文台。相对第一代的"初级(Initial)探测器"它们又被称为"高级(Advanced)探测器",即高级激光引力波干涉仪天文台。

1. 高级激光引力波干涉仪天文台系统结构

与初期激光引力波探测天文台相比,高级激光引力波干涉仪天文台的性能主要有以下几个方面的改进:① 测试质量进一步提高;② 进一步增加了输出激光光功率;③ 输出激光频率稳定;④ 主动加热反射镜技术;⑤ 增加了信号循环系统。

高级激光引力波干涉仪天文台的结构原理图如图 9.30 所示,干涉臂上有两个测试质量,用于感受引力波造成的空间形变;能量循环镜的透射率为 0.6,可以将没有用到的功率进行"循环",增加干涉功率;信号循环镜的透射率为 0.5,可以将没有用到的信号功率进行"循环",增加信号功率,提高设备灵敏度;激光相位调制器用于控制激光输出频率的稳定和相位的稳定,提升激光的干涉性能。正是有了这些改变才使得高级激光引力波干涉仪天文台能够探测到量级的微小振幅改变。

2. 信号循环系统

在干涉仪的"反对称"信号输出口放置一面镜子,称为信号循环镜。它将从暗口输出的信号反射回干涉仪,此时作为反射镜的干涉仪将此信号再向输出方向反射回去,使信号循环起

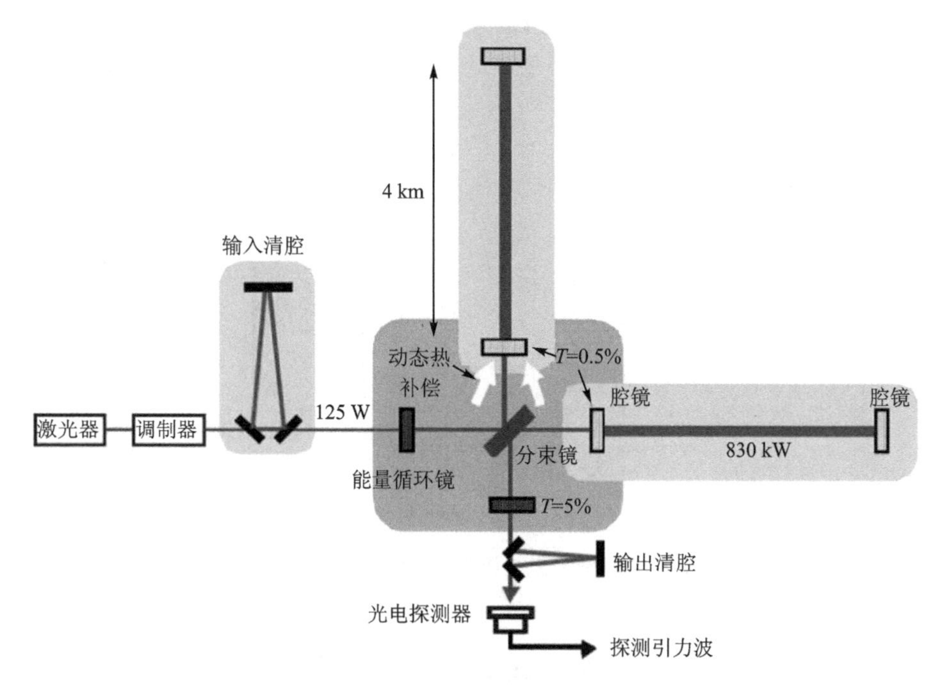

图 9.30　高级激光引力波干涉仪天文台引力波探测器的基本结构原理图

来，信号循环镜和干涉仪等效成的镜子之间形成的共振腔，称为信号共振腔。由于法珀臂腔对载波共振，对边带不共振，信号循环腔实际上可看做由信号循环镜、分光镜和两个法珀臂腔的输入镜组成。但由于关联性，信号循环腔的分析是在法珀臂腔共振，功率循环腔对载波和边带同时共振的条件下进行的。信号循环腔对载波和边带也是共振的。数学分析表明，信号循环腔对提高引力波信号的探测灵敏度并没有贡献，但是能够改善干涉仪的工作状态和性能，其表现在两方面：一是动态调谐能力，二是模式改善能力。

有了信号循环系统，干涉仪的频率可以根据天体源的特性进行调整。反射镜位置对共振点的偏离，能改变共振峰的宽度，也就是改变信号光的接收带宽。探测器一般工作在宽频带模式，把它调成一个"窄频带"探测器，使它在较窄的特殊频带内具有较高的灵敏度，这使对于宇宙不同窄带引力波源的探测，能在很短的时间内精准频率调谐。引入信号循环镜可以通过信号循环，增加光在干涉仪臂上法珀腔中停留的时间，使信号得到共振增强。由于光斑大小与波前曲率的不完全匹配而形成的相消干涉，产生了额外的散粒噪声。信号循环装置会将这些噪声设置为反共振状态，仅让信号光通过，而阻碍该噪声到达光电探测器上。

3. 大功率激光器

为了降低散粒噪声，改善量子噪声对灵敏度的影响，激光器的功率从初级 LIGO 的 10 W 增大到 200 W，与初级激光引力波干涉仪天文台类似，高级激光引力波干涉仪天文台也利用环形腔清模器和反射模式匹配望远镜对激光器进行调整。

4. 高级激光引力波干涉仪天文台灵敏度

高级激光引力波干涉仪天文台的灵敏度为 10^{-23}，比第一代干涉仪的灵敏度提高了一个数量级。在激光引力波干涉仪天文台的试运行阶段就发现了引力波时间 GW150914 和 GW151226,实现了全世界科学家几十年的梦想。高级激光引力波干涉仪天文台的灵敏度曲线如图 9.31 所示。

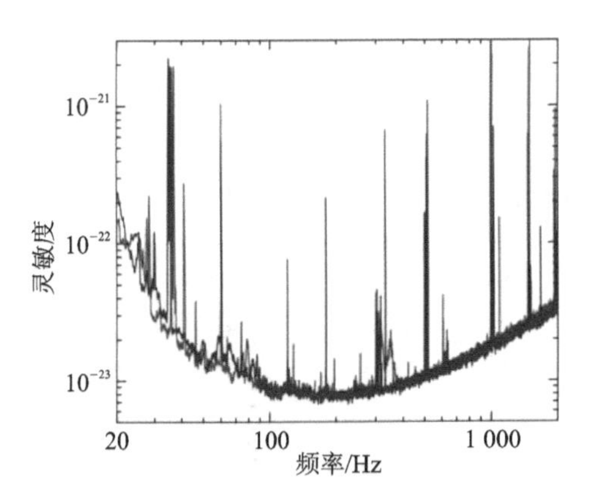

图 9.31 高级激光引力波干涉仪天文台的灵敏度曲线

9.4 LIGO 中的力学

9.4.1 地表震动噪声衰减系统

如图 9.32 所示,一个实用的地表震动衰减系统至少包括 3 个基本部分:顶台、倒摆和镜子悬挂系统。在 LIGO 中的地表震动衰减系统如图 9.33 所示。

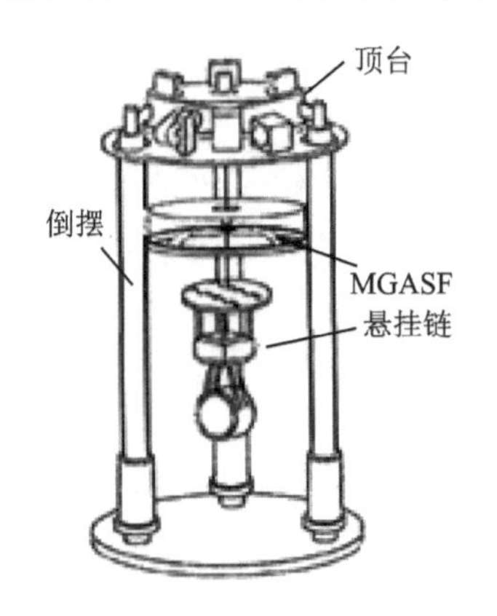

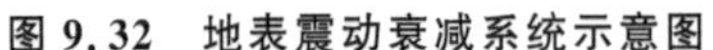

图 9.32 地表震动衰减系统示意图

图 9.33 LIGO 中的地表震动衰减系统

在地表震动衰减系统中,除平台外倒摆系统由 3 条腿组成。其顶部支撑一个圆形桌面(称为顶台)。顶台上有加速度计、传感器、步进马达驱动器、线圈-磁铁驱器等部件,用于倒摆初始位置的调整和状态控制。

倒摆:由质量很轻,强度很大的材料制成,具有非常低的共振频率。其作用如下:

① 在地表震动峰值幅度为微米的频带内(100～300 mHz),对 x、y、z 和 θ 方向的运动提供足够大的衰减系数。

② 倒摆运动的恢复力非常小用倒摆可以搭建一个平台以置放整个地表震动衰减系统的其他部件和镜体悬链，并且可以使用“轻柔”的磁铁-线圈驱动器在很宽的频率范围内（DC≈100 mHz）来控制悬挂点和镜子的位置，功率损耗很小。

③ 可以提供一个“准惯性”平台，在这个平台上可以有效地阻尼悬链的运动，探测运动引起的反冲。

镜子悬挂系统：位于机械过滤器链的最下端，直接与测试质量相连。镜体悬挂链中通常含有被动阻尼器，反冲质量及镜子本身。其作用如下：

① 在一个准惯性框架内使镜子保持静止。

② 为控制测试质量位置的器件提供空间。为使干涉仪正常运转，必须使用驱动器控制测试质量的位置和方向。镜体悬挂系统为这些器件提供了空间。

③ 提供额外的地表震动衰减功能镜体悬挂子系统本身就是隔震链的最后一个环节，特别是用轻丝来悬挂测试质量，可以获得较高的衰减性能。镜体悬挂的子系统也能衰减隔震链产生的内部噪声。

④ 为减慢镜子的低频剩余运动，镜体悬挂子系统必须提供足够大的阻尼，压低测试质量的摆动漂移的幅度和速度，使干涉仪容易锁定在工作点上。

9.4.2　悬镜中的光动力学

腔光力学（Cavity Opto Mechanics）研究的是腔模光场与机械振子的相互作用。光与机械运动物体的相互作用来源于光的力学效应。辐射压力（又称散射力）和光梯度力（又称偶极力）是两种典型的光力。辐射压力起源于光的动量，动量从光传递给物体使物体受到力的作用。这种效应早在17世纪就由开普勒发现，他注意到彗星的尾巴是朝着背离太阳的方向，一部分原因就是太阳光对彗星有辐射压力的作用。1975年，Hänsch和Schawlow，Wineland和Dehmelt提出用激光的辐射压力冷却原子的可能性。这个想法随后在实验上得到证实，目前已经成为操控原子的重要技术。

光梯度力来源于电磁场梯度。非均匀场分布使机械物体偏振产生的正电荷部分和负电荷部分受到的力不同，两者不能抵消，从而使物体受到净的力作用。Ashkin最早证实了聚焦激光束可以囚禁微纳尺度的粒子，随后光镊技术得到发展，被广泛应用于操控活细胞、DNA和细菌。其他类型的光力包括来源于热弹效应（Thermal Elastic Effect）的光热力（Photo Thermal Force）效应。

作用在宏观或介观机械物体上的光力通常非常弱。为了克服这个问题，可以利用光学微腔增强腔内光场从而使光力得到增强。例如，图9.34画出了腔光力学系统的基本模型，在由一面固定反射镜和一面连接到弹簧上的可动反射镜构成的法布里-珀罗谐振腔中，光在两面镜子之间发生多次反射，使腔场得到增强，从而大大增强作用在可动反射镜子上的光力。

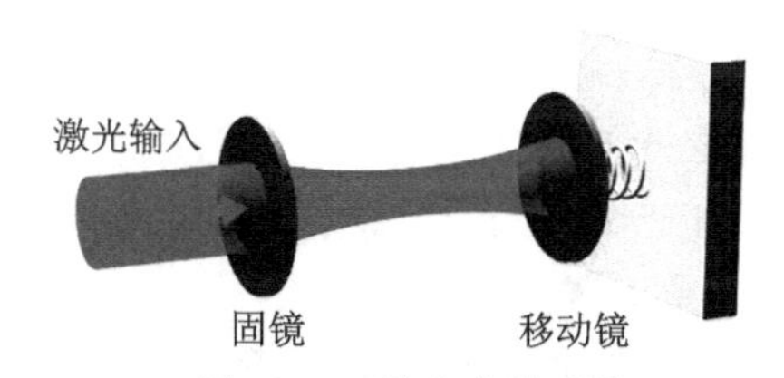

图9.34　腔光力学系统
（以法布里-珀罗谐振腔为例）

腔光力学系统以法布里-珀罗腔为例，左边镜子固定，右边镜子连接到弹簧上，输入激光通过左边镜子入射进腔内。激光入射时腔与光力相互作用可能会发生失谐如图9.35所示。相应的波长转换实验如图 9.36 所示。

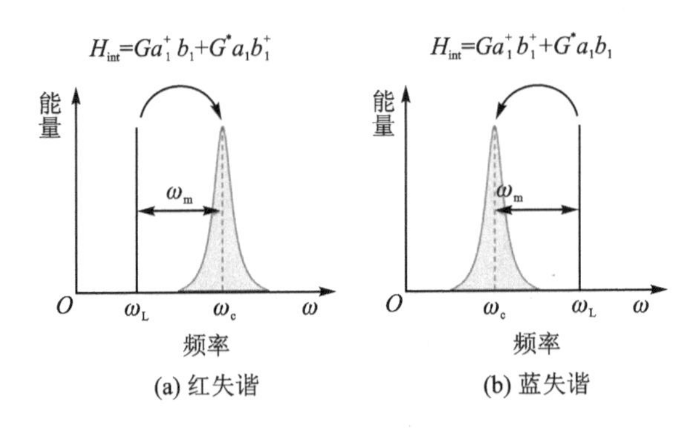

(a) 红失谐 (b) 蓝失谐

图 9.35 红失谐和蓝失谐激光入射时腔光力相互作用示意图

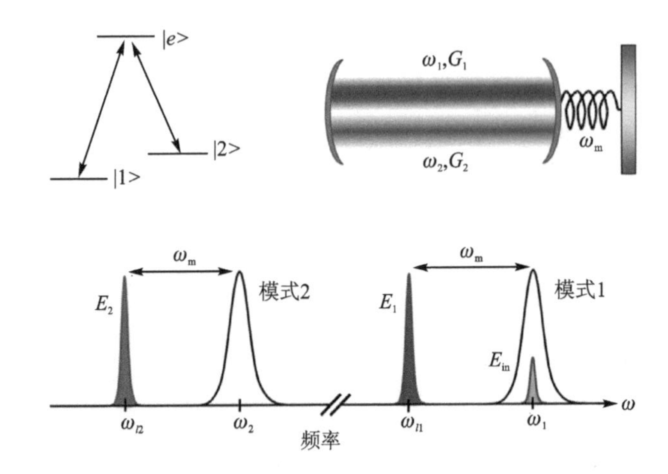

图 9.36 波长转换典型实验示意图

利用腔光力系统制备非经典态的一个典型例子是制备光场压缩态，这是激光干涉引力波探测器进一步提高测量精度的关键技术。1994 年，Fabre 等人和 Mancini 等人从理论上研究了用腔光力系统抑制量子噪声的可能性。2013 年，Brooks 等人在冷原子腔光力系统中实现了比散粒噪声极限低 0.8%的压缩光；Safavi - Naeini 等人在光子晶体腔光力系统中实现了 4.5%的压缩；Purdy 等人在薄膜振子与法布里-珀罗腔耦合的系统中进一步将压缩度提高到了 32%(1.7 dB)。

法布里-珀罗腔光力系统，如图 9.37(a)所示，从左到右依次为探测引力波所用的镜子，悬挂的宏观镜子，布拉格镜，悬挂微镜。

回音壁微腔光力系统，如图 9.37(b)所示，从左到右依次为双盘腔，微芯圆环腔，变形微球腔，微球布里渊光力系统。

光子晶体腔光力系统，如图 9.37(c)所示，从左到右依次为一维光子晶体纳米梁，二维光子晶体缺陷腔，光子晶体空气槽腔，光子晶体双悬梁缺陷腔。

分离机械振子腔光力系统，如图 9.37(d)所示，从左到右依次为悬挂薄膜，薄膜与原子复合系统，纳米弦与腔耦合系统，纳米棒与腔耦合系统。

超导线路和冷原子腔光力系统，如图 9.37(e)所示，从左到右依次为纳米梁与超导微波线路耦合系统，薄膜与超导微波线路耦合系统，冷原子与腔耦合系统，薄膜与原子复合系统。

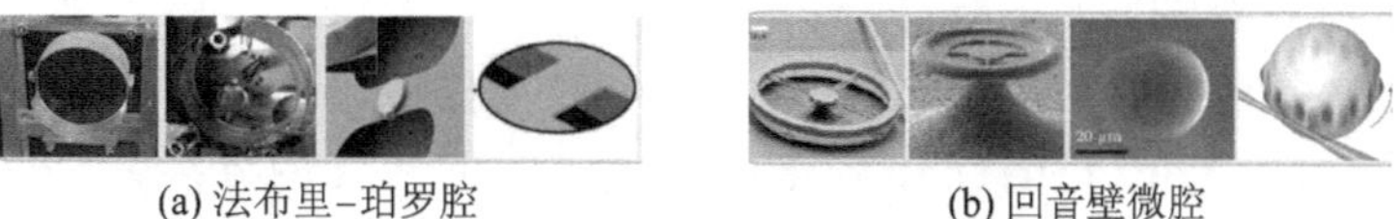

(a) 法布里-珀罗腔　　(b) 回音壁微腔

(c) 光子晶体腔

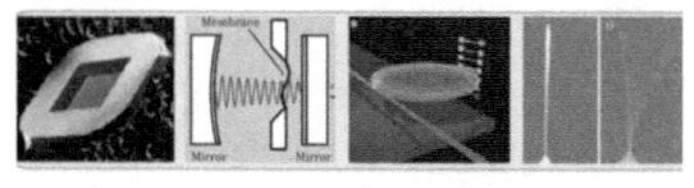
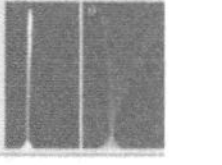

(d) 分离机械振子腔

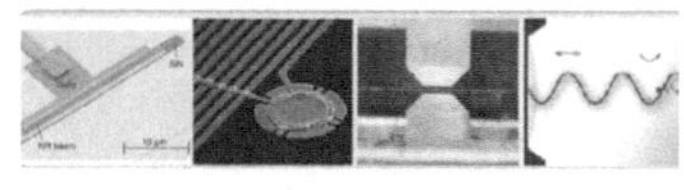

(e) 超导线路和冷原子腔

图 9.37　各种腔光力学实验系统图

9.5　激光干涉仪引力波探测器的发展前景

作为引力波探测的主流设备，激光干涉仪具有广阔的发展前景。在对现有的装置进行升级改进的同时，一些新思维新设计也大张旗鼓地开展起来。世界各国及联合体的研究如图 9.38 所示。

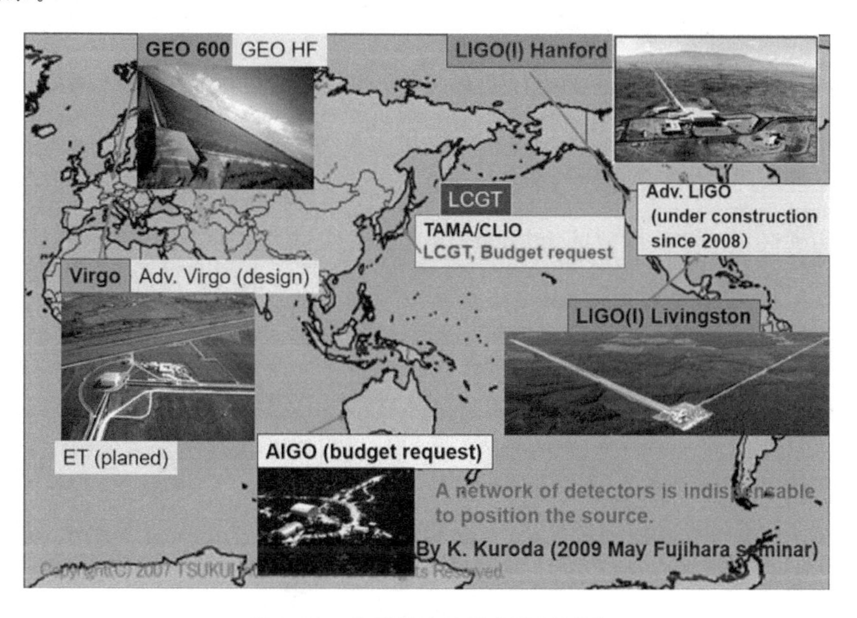

图 9.38　全球各地的引力波探测器

9.5.1　激光干涉仪引力波探测器的升级

采用新材料、新技术和新工艺对正在运行的干涉仪进行升级改造，以便降低噪声、提高灵敏度，这是世界各大引力波探测实验室都在加紧进行的工作。其中包括 100 W 以上大功率高稳定性激光器、大直径大质量晶体材料、新的抛光和镀膜技术、高强度硅纤维悬挂丝、信号循环技术和输出清模技术等。通过升级，可望把探测灵敏度提高 1 个数量级左右。特别地，最近 LIGO 科学合作组织在 GEO600 探测器中首次成功实现了利用压缩态激光以降低量子散粒噪声的目标，为进一步提高引力波探测器的灵敏度奠定了坚实的基础。图 9.39 显示了地基激光干涉仪引力波探测器的设计灵敏度曲线，其中有第一代的地面探测器如 LIGO；第二代的（即升级后的，也是所谓高级的）探测器，如高级 LIGO（高级激光引力波干涉仪天文台），高级 Virgo（aVirgo）和正在筹建的日本的 KAGRA（原名为 LCGT）；第三代的目前仍处于设计阶段的爱因斯坦望远镜（Einstein Telescope，简称 ET，包括两种可能的方案 ET－B 和 ET－D，整体工作布局如图 9.40 所示）。

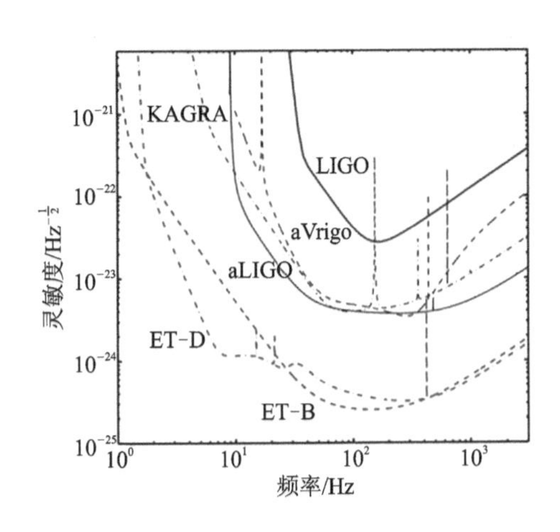

图 9.39　几种引力波探测器方案低频段灵敏度曲线

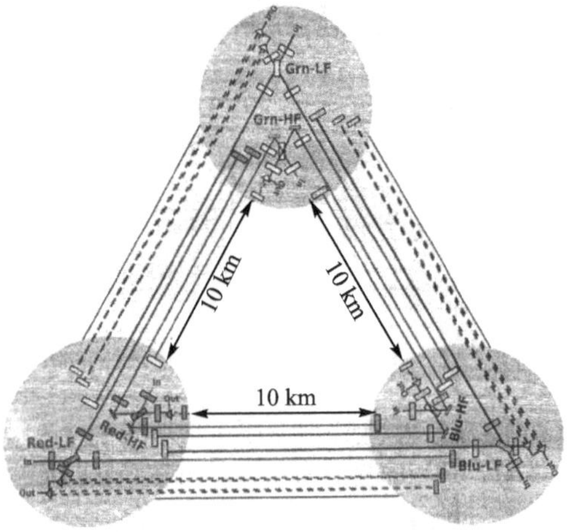

图 9.40　ET 的总体布局图

9.5.2　空间引力波激光干涉仪

空间引力波激光干涉仪以地球为基地的激光干涉仪引力波探测器，由于臂长的限制和地表噪声的影响，探测频率一般都在 1 Hz 以上。许多天体物理的引力波源所辐射的引力波主要都集中在 1 Hz 以下（如银河系内的双白矮星、宇宙中的大质量双黑洞等），在太空建立大臂长的激光干涉仪是探测这种低频引力波的理想选择。因为太空基本上处于真空状态，温度接近绝对零度，又无地球上存在的震动噪声，实验条件非常好。20 世纪 80 年代就有人提出过这种设想，20 世纪 90 年代开始可行性研究，其中一个引人注目的工程就 LISA（Laser Interferometer Space Antenna）。

设计中的 LISA 含有 3 艘宇宙飞船，彼此相距 5×10^6 km，呈正三角形排列，处于绕太阳运行的轨道上。在绕太阳公转的同时，3 艘宇宙飞船也围绕它们的质心旋转。每艘飞船上都装有一对带有镜面的测试质量（每个 1 kg）和 2 台独立的激光器。当引力波通过时，3 艘宇宙飞船中每 2 艘之间的距离都会发生变化。安装在飞船内的激光器发出的光在测试质量的镜面间来回穿行，产生干涉，用光电转换器件可以探测干涉引起的光强度变化。空间引力波激光干涉仪 LISA 的探测频率范围为 0.1 mHz～1.0 Hz。起初，LISA 是一个由欧空局（ESA）和美国宇航局（NASA）合作的项目，并且计划于 2013 年发射仅含一艘宇宙飞船的 LISA 探路者号。2011 年，由于经费等问题 NASA 终止了这一合作。目前，这一项目为 ESA 主导，并已更名为 eLISA/NGO（分别代表 evolved LISA 和 New Gravitational－wave Observatory），计划于 2022 年发射。

9.5.3 地下引力波激光干涉仪

为了减小地球表面震动及引力梯度的干扰，提高激光干涉仪引力波探测器的灵敏度(特别是在低频部分的灵敏度)，把干涉仪建在地下是一个很好的选择。中国科学家汤克云、朱宗宏、王运永、钱进等人提出的CEGO(China Einstein Gravitational - wave Observatory)就是这样一种方案。该地下探测站的主要特点是探测频带位于地面探测站和空间探测站之间，具有独特的研究区域，而且地表震动噪声低，低频部分(低于几十赫兹)的灵敏度高。该方案设想在约500 m的地下，建造一个臂长4～5 km的激光干涉仪，探测频率为1～2 000 Hz。此外，KAGRA(Kamiooka Gravitational Wave Detector)和设计中的爱因斯坦望远镜也计划建于地下。

引力波探测是当代物理学最重要的前沿领域之一。激光干涉仪引力波探测器的出现给引力波探测带来了突破性进展。作为引力波探测的主流设备，它在世界各地迅速兴建，掀起了引力波探测的新高潮，并于近几年达到了前所未有的灵敏度。人类有望在第二代地基激光干涉仪引力波探测器投入科学运行之后的几年内，不仅可以直接探测到引力波，更将打开一扇观测宇宙的新窗口，进入引力波天文学的时代。

9.5.4 爱因斯坦望远镜(ET)与大功率激光器

爱因斯坦引力波望远镜是欧盟的一个研究计划，目标是建造一台大型激光干涉仪引力波探测器，设计灵敏度比第二代干涉仪又提高一个数量级，达到10^{-24}，低端频率从第二代干涉仪的10 Hz降低到1 Hz，也就是说，它将以极高的灵敏度探测频带从1 Hz到10 kHz内所有天体源辐射的引力波，是一台典型的第三代激光干涉仪引力波探测器。其具有非常先进的技术指标和结构特点，主要表现在以下几个方面：① 灵敏度10^{-24}；② 频带1 Hz～10 kHz；③ 臂长10 km；④ 激光功率500 W；⑤ 地下干涉仪；⑥ 低温干涉仪；⑦ 复式干涉仪；⑧ 压缩光场；⑨ 三角形结构。

为了降低散粒噪声，第三代激光干涉仪引力波探测器要采用500 W的强功率光器，这比第二代激光干涉仪引力波探测器所用的200 W激光器要高得多。研制这样的高精度大功率激光器是一项困难而艰巨的任务。

1. LISA与激光干涉测量

激光干涉仪空间天线(LISA)探测器(见图9.41)主要探测低频引力波，频率范围为0.000 1～1 Hz。与LIGO和类似的设计试图探测突发事件中的高频引力波不同，LISA则会用来探测持续数月或数年的低频引力波。LISA的激光干涉测量和多普勒测距技术原理相同，只是该技术用激光红外代替无线电波。从一个卫星发出的激光到达另一个卫星时，不是直接反射回来，这是因为经过如此长距离，激光的衍射损耗是非常巨大的。测量入射激光的相位，并将其用于反射激光的相位，激光的强度也相同，此过程称

图9.41 LISA探测系统中的3个空间激光干涉仪

为转发。LISA 预计于 2034 年升空，将在地球身后 5 000×10^4 km 的地方沿轨道环绕太阳飞行。在未来的 LISA 天文台上，激光将被用于测量 3 个航天器中检验质块之间的距离，3 个航天器将以三角形编队飞行。检验质块之间距离上的细微变化，将表明是否有引力波从此经过。

2. 量子噪声压低技术

利用信号循环技术和光压缩技术，可以在一定的频率范围内以适当的尺度突破标准量子极限。

信号循环镜把从暗口出来的光信号反馈回干涉仪内，这时干涉仪臂上法布里-珀罗腔内的光学场也含有经反馈而来的引力波信号 h 及与其相关的噪声特别是散粒噪声，从而使光的散粒噪声和辐射压力噪声发生动态关联。当输入激光功率很大时，它具有破坏光在自由质量上施加标准量子极限的能力。改变干涉仪噪声曲线的形状，在一定频率范围内可以突破标准量子极限。

如果想在低频部分改善引力波探测器的灵敏度，就需要注入振幅压缩光，利用变频压缩技术改变注入光的压缩态，就可以在整个感兴趣的探测频带内突破标准量子极限，减小光量子噪声，提高灵敏度。光的压缩态可以用非线性光学效应产生，在过去的十年间，用于引力波探测的压缩光产生技术取得了长足的进步，压缩水平已超 12 dB，并且压缩频率可以下降到几个赫兹。

习　题

9.1 你了解的身边的激光应用系统有哪些？请列举一个自己感兴趣的进行详细说明。

9.2 请说明激光引力波干涉仪天文台中涉及的激光技术，并针对其中的两个进行阐述。

参考文献

[1] 施郁.引力波的世纪追寻(三)：后续发现、历史和未来[J].科学，2018，70(5)：26-31.

[2] 施郁.引力波的世纪追寻(二)：引力波及其首次探测[J].科学，2018，70(4)：15-19.

[3] 施郁.引力波的世纪追寻(一)：LIGO 的成功与人类时空观的演变[J].科学，2018，70(3)：14-17，4.

[4] 李永贵，张晓丽，李英民.激光干涉仪引力波探测器中的光学技术进展[J].中国科学：物理学 力学 天文学，2017，47(1)：23-37.